식물의 이해

By Irene Ridge
역자 조 성 호

월드사이언스

PLANTS

PLANTS was originally published in English in 2002.
This translation is published by arrangement with Oxford University Press.

식물의 이해

인 쇄 • 2006년 6월 10일
발 행 • 2006년 6월 20일
역 자 • 조성호
발행인 • 박선진
발행처 • 도서출판 월드사이언스
주 소 • 서울특별시 동작구 사당5동 240-15
등록일자 • 1987년 12월 14일
등록번호 • 3-136
TEL • (02) 581-5811~3
FAX • (02) 521-6418
E-mail • worldscience@hanmail.net
URL • http://www.worldscience.co.kr

정가 25,000원
ISBN 89-5881-057-2

이 도서의 국립중앙도서관 출판시도서목록(CIP)은 e-CIP 홈페이지
(http://www.nl.go.kr/cip.php)에서 이용하실 수 있습니다.
(CIP제어번호: CIP2006001164)

역자 소개

조성호

인하대학교 생명과학과 교수(1991-)
서울대학교 식물학과 졸업(1977)
미국 텍사스대학교(University of Texas) 이학박사(1987)

shcho@inha.ac.kr

저서 최신 식물생리학(공동, 아카데미서적)
역서 생화학의 이해(공동, 월드사이언스),
Essentials of The Living World(공동, 동화서적)

목 차

4장 식물의 무기영양

5장 식물의 생장과 발달

1장 식물의 진화와 구조

1

1.1 서론

식물을 연구하기 위해서는 식물의 진화 과정, 생활사, 구조 등을 반드시 알아야 한다. 2장부터는 현화식물을 중심으로 식물의 기능, 생장, 미생물과의 상호작용 등을 설명하게 되지만 1장에서는 선태식물(bryophyte)에서 현화식물에 이르는 전 범위의 식물에 대하여 다루기로 한다.

식물의 기원은 물속이지만 진화는 육상에서 이루어졌다. 식물은 육상 생활에 적응하기 위하여 특수화하여 왔는데 이 과정에서 식물 진화의 중요한 경향을 발견할 수 있다. 이러한 경향은 식물의 생활사(1.1절에서 1.4절까지), 식물 세포와 기관의 형태 및 해부학적 구조, 특히 수송과 지지 과정(1.5절과 1.6절)과 관련하여 분명하게 나타난다. 형태와 해부학적 구조는 진화 과정의 결과이기도 하지만 이 책의 다른 부분과도 직접 관련되어 있으므로 식물의 생리와 발달을 연구하기 위하여 필수적으로 알아야 한다.

1.1.1 육상 생활의 문제점

식물 진화의 중요한 경향은 무엇인가? 분자계통학적 증거를 포함한 여러 증거에 의하면 식물은 민물 녹조류(원생생물계에 속함)에서 진화하여 육상으로 올라와 진흙 둑과 호숫가나 개울가에 살게 되었다. 녹조류는 대부분 운동성 배우자(gamete)에 의하여 생식을 한다. 따라서 식물이 육상 환경에 완전하게 그리고 성공적으로 적응하기 위해서 **물에 의존하지 않는 생식 과정**의 발달이 절대적으로 필요하게 되었다.

첫 육상식물들은 포복성으로서 비교적 습한 서식지에서 서로 겹쳐 무성하게 자랐을 것이 거의 확실하다. 이러한 습관의 결과 빛의 흡수가 제한되었을 것이고 빛에 대한 경쟁 때문에 관다발식물과 선태식물에서 똑바로 자라는 줄기(shoot)가 진화하였을 것이다. 화석 증거에 의하면 최초의 직립 식물은 중기 실루리아기(4억 2천5백만 년 전)에 나타났으며 양축분지(dichotomous branching) 형태의 줄기를 가지고 있었다(그림 1.1). 즉 교차점에서 생성되는 한 쌍의 가지가 똑같은 중요성을 가지고 자라는 형태이다. 또한 비슷한 증거를 보면 줄기가 밋밋하여 잎이 진화하지 않았음을 알 수 있다. 그러나 후기 실루리아기에 이미 식물이 직립할 수 있게 도와주는 특수 지지 세포가 조직 내에 존재하였다.

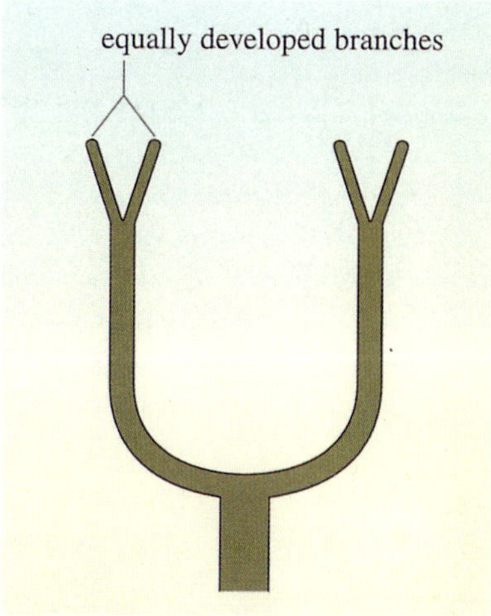

그림 1.1

양축분지. 2개의 가지가 같은 비중을 가지고 발달하며, 다시 분지할 수 있는 능력이 있다.

더욱 효과적으로 빛을 흡수하고 세포로부터의 수분 손실을 제한해야 될 필요성 때문에 큰 잎과 방수 기능을 가지는 외부 세포가 진화하였을 것이다. 잎이 커지고 광합성을 더 효율적으로 하게 됨에 따라 증산작용에 의한 수분 손실을 억제할 필요성이 더 커졌을 것이다. 잎의 구조는 이산화탄소를 흡수하고 동시에 수분을 유지해야 하는 경쟁적 요구에 맞게 설계되었다. 그래서 공기와 접한 표면의 방수를 위한 더 효율적인 방법이 발달하고, 이산화탄소의 접근을 허용하는 기공이 형성되었으며, 수분의 흡수와 수송을 위한 체계가 발달하여 식물의 생존이 촉진되었을 것이다.

초기 육상식물은 흡수 능력이 제한되어 있는 간단한 구조의 **가근(rhizoid)**을 통하여 토양에 고착되었다(그림 1.4). 그 후에 진화하여 데본기와 석탄기(3억 7천만~2억 7천만 년 전)에 다양화한 거의 모든 관다발식물에서는 훨씬 더 효율적으로 수분을 흡수하는 뿌리(root)가 발견된다. 뿌리는 관다발식물보다 먼저 진화한 선태식물에서는 발달하지 않았다. 이와 마찬가지로 후에 발달한 관다발식물의 뿌리와 줄기에는 더 효율적인 수분 운반 조직이 있지만 선태식물과 같은 원시적인 식물에서는 발견되지 않는다.

크기의 증가 또한 더 강하고 수분을 운반하는 조직을 필요로 하기 때문에 중요한 문제이다. 그러므로 전체적으로 식물이 육상에서 적응함에 따라 생활사, 세포의 구조, 형태 및 생리에 있어서 중요한 변화들이 초래되었다. 여러 종류의 식물의 예를 자세하게 살펴보기 전에 생활사의 일반적 사항들을 다음 1.2절에서 설명하기로 한다.

1.2 세대교번

동물과 식물의 중요한 차이는 식물의 생활사에서 다세포의 반수체(haploid)와 2배체(diploid) 단계가 존재하는, 즉 **세대교번**(alternation of generations)이 일어난다는 점이다.

○ 그림 1.2의 빈 상자에 세대(generation)의 이름을 적어 넣으시오.

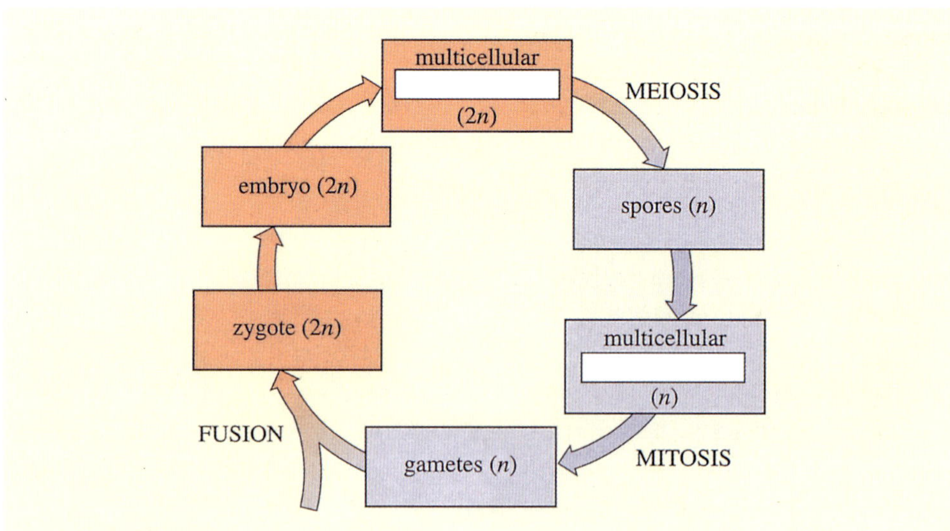

그림 1.2
전형적인 식물 생활사. 같은 또는 다른 식물체에서 만들어진 2개의 배우자가 융합하여 접합체를 형성한다.

● 다세포의 2배체 세대(주황색)는 **포자체(sporophyte)**이다. 포자체는 감수분열(meiosis)을 통해 반수체의 포자(spore)를 생산한다. 다세포의 반수체 세대(보라색)는 **배우체(gametophyte)**이다. 배우체는 유사분열(mitosis)을 통해 배우자(gamete)를 생산한다.

원생생물계(Protoctista)에 속하는 대부분의 조류(algae) 역시 세대교번을 나타낸다. 식물과는 달리 조류에 있어서 두 세대는 하나는 포자를 생산하고 다른 하나는 배우자를 생산한다는 점 이외에는 형태적으로 서로 구분하기 힘든 경우가 많다. 녹조류의 바닷말인 갈파래(*Ulva lactuca*)의 생활사에서 그와 같은 **동형세대교번(isomorphic alternation of generations)** 이 나타난다. 그러나 조류에서도 몇몇 종은 배우체와 포자체의 형태가 서로 다른 **이형세대교번(heteromorphic alternation of generations)**을 한다. 예를 들어 홍조류의 김(*Porphyra*)에서는 두 세대의 형태가 너무 달라 비교적 최근까지도 같은 종에 속하는 것으로 인식되지 못하였다. 이형세대교번이 동형세대교번에 비해 더 발달한 형태, 즉 나중에 진화한 형태라고 여겨진다. 현존하는 모든 식물은 이형세대교번을 한다.

이형세대교번의 특징은 한 세대가 다른 세대에 비해 우세하다는 점이다. 즉 식물체의 크기가 크고 생존 기간이 더 길다.

○ 선태식물(bryophyte), 석송류(club moss), 솔잎란류(whisk fern), 양치류(fern), 소철류(cycad), 구과류(conifer), 현화식물 각각에서 포자체와 배우체 중 어느 세대가 우세한가? (그림 1.3을 참조하여 이 식물들의 관계를 살펴볼 것.)

● 선태식물을 제외한 모든 식물문(phylum, 복수 phyla)에서 포자체가 우세하다.

멸종된 초기 육상식물들은 동형세대교번을 하였을 것으로 생각되나 상황적이고 불분명한 증거밖에 없다. 고생물학자들은 화석이 정말로 같은 식물의 두 세대를 나타내는 지를 입증하는 데 있어서 많은 어려움을 느끼고 있다. 즉 분명한 포자체와 배우체가 서로 붙어 있어 확실하게 같은 종에 속한다는 것을 보여줄 수 없는 것이다. 이러한 이상적인 화석은 발견되지 않았다. 그러나 상황적 증거도 때로는 설득력이 있거나 적어도 사실을 유추하는데 도움을 준다. 예를 들어 스키아도피톤(*Sciadophyton*, 배우자낭 안에 배우자를 포함하고 있는 배우체 형태)과 리니아(*Rhynia*, 포자낭 안에 포자를 포함하고 있는 포자체 형태, 그림 1.4)의 화석은 같은 종의 생활사에서 서로 다른 단계를 나타내고 있을 가능성이 있다. 이들 둘은 형태가 동일하며 같은 화석 지역에서 발견된다.

이러한 불확실성 때문에 관다발식물의 포자체 기원에 대해서는 두 가지의 학설이 있다. **변형설(transformation theory)**은 동형세대교번이 원시적 상태라고 가정하고 둘 중 한 세대가 다른 세대보다 더 발달하게 되었다고 설명한다. 한편에서는 고등식물의 조상 형태는 포자체 세대가 없고 배우체 세대만 있어 세대교번이 없었다고 주장한다. 이러한 **내삽설(interpolation theory)**에 따르면 전에는 수정 후 첫 단계로서 감수분열이 일어났던 접합체(zygote)에서 감수분열이 지연됨에 따라 포자체 세대가 형성되었다고 하는 것이다. 추측컨대 초기의 포자체는 크기가 작고 비교적 분화가 안 되었다고 여겨진다.

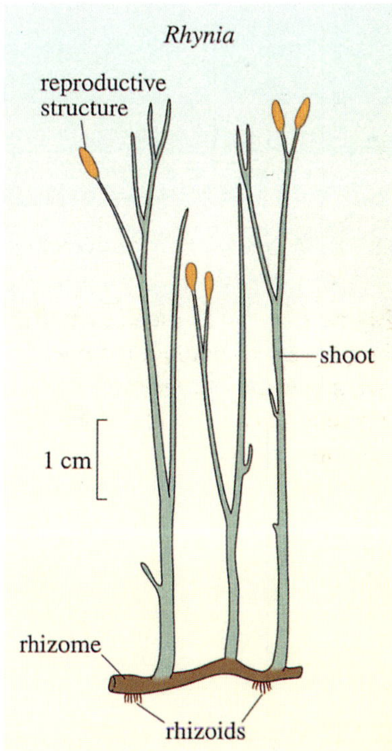

그림 1.4

멸종한 초기 식물 리니아(*Rhynia*, 약 4억 년 전)는 또 다른 화석종인 스키아도피톤(*Sciadophyton*, 배우체)의 동형 포자체 세대라고 여겨진다. 두 화석은 같은 화석층에서 발견된다.

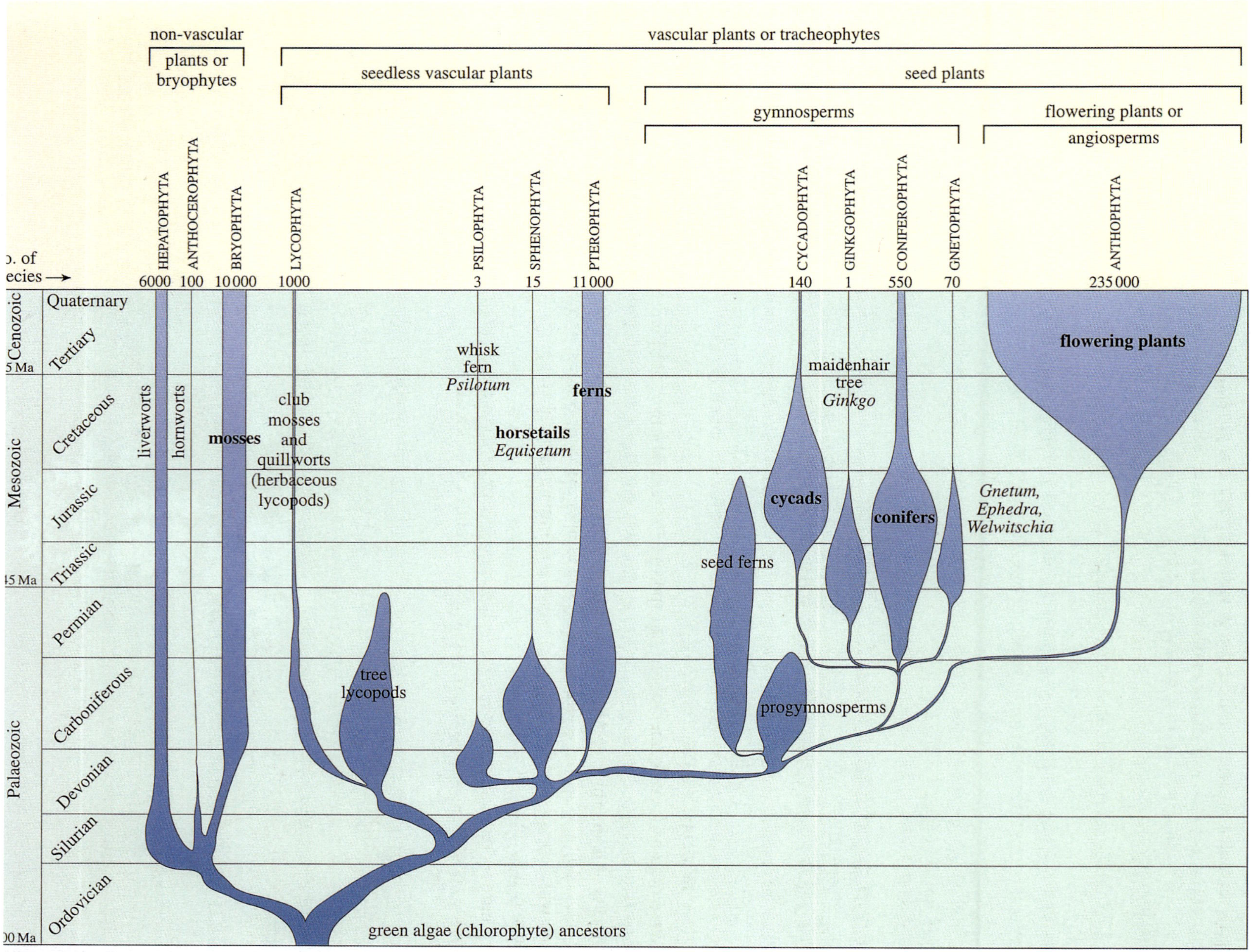

그림 1.3

식물의 계통 발생. 선태식물과 관다발식물의 관계를 나타낸다. 세로축은 시간을, 각 계통의 폭은 상대적인 번성 정도를 나타낸다. 그림 바로 위에 각 문의 이름과 함께 현존하는 종의 수를 나타냈다. 각 문의 일반명 또는 대표적인 속 이름을 그림 안에 표시하였고, 굵은 글씨로 된 것은 잘 알려진 종류들이다.

해부학적으로 분명히 구분되는 배우체와 포자체 식물이 나타나는 이형세대교번은 식물을 분류하는데 있어서 중요한 역할을 하는 식물 생활사의 한 특징에 불과하다. 다음은 특히 중요한 다른 특징들이다.

- 자성배우자와 웅성배우자가 같은 배우체에 의해서 생산되는지 아니면 다른 배우체에 의해 생산되는지의 여부
- 배우체 세대가 환경의 수분에 의존하는 정도. 특히 배우자 운반의 수분 의존도
- 포자체와 배우체의 독립성 정도
- 포자체의 배(embryo)가 싸여있고 보호되는 정도. 가장 잘 보호되어 있는 것은 종자이다.

1.1절과 1.2절의 요약

1. 식물은 민물 녹조류에서 진화하였다. 초기의 식물은 포복성이었으나 후에 잎을 가진 직립의 줄기가 발달하였다.
2. 육상 생활에 적응하기 위하여 발달한 다른 특징들은 다음과 같다. 유성 생식의 수분 의존도 감소; 줄기 표면의 방수; 뿌리; 식물체를 지탱하고 수분과 양분의 체내 수송을 위해 특수화된 세포; 크기의 증가
3. 배우체와 포자체의 상대적 우세 정도가 식물의 분류에 이용된다.
4. 동형세대교번과 이형세대교번의 개념이 재정립되어 변형설과 내삽설의 두 학설에 의해 우세한 포자체 세대의 기원이 설명되었다.
5. 양치류, 이끼류, 석송류, 현화식물을 자세히 연구하기 위해 필요한 생활사의 많은 특징을 소개하였다.

1.3 선태류와 양치류의 생활사

선태식물(bryophyte)은 초기 식물의 형태가 거의 변하지 않고 남아있는 식물이라고 오랫동안 여겨져 왔는데 이러한 생각은 분자생물학적 연구에 의해 뒷받침되고 있다. 따라서 여러분이 잘 알고 있는 선태식물인 **이끼(moss)**의 생활사와 양치식물인 고사리의 생활사를 비교해 보기로 한다. 선태식물은 비관다발식물(non-vascular plant)이며 고사리는 무종자(seedless) 관다발식물이다(그림 1.3 참조).

그림 1.5와 그림 1.6에 전형적인 이끼와 고사리의 생활사를 나타냈다. 두 그림을 비교해 보면 모두 이형세대교번임을 바로 알 수 있으며, 두 종류에서 생활사의 서로 다른 시기가 우세함을 알 수 있다.

두 생활사의 중요한 차이점을 논하기 전에 각각의 생활사를 자세히 기술하기로 한다.

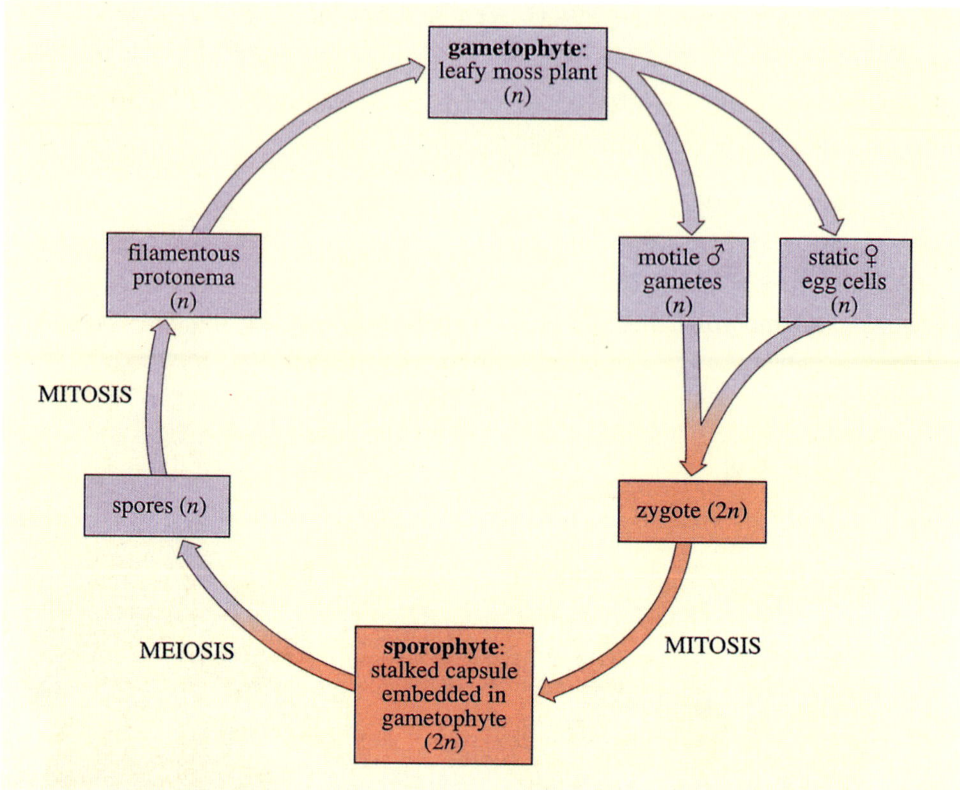

그림 1.5
전형적인 이끼류(솔이끼)의 생활사

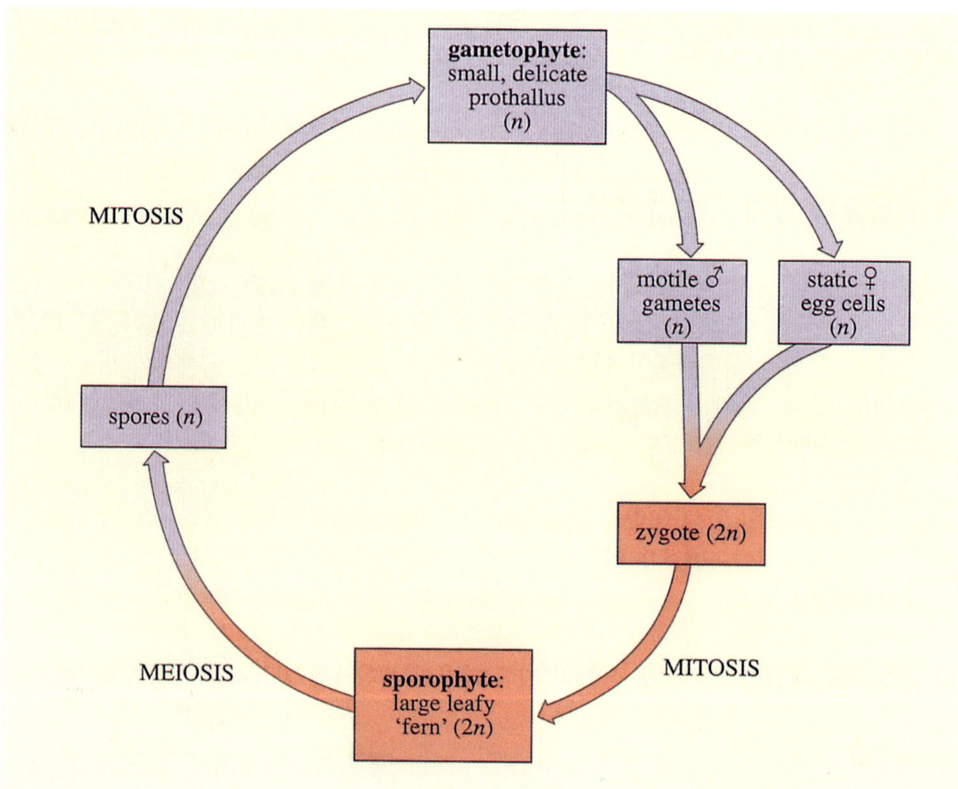

그림 1.6
전형적인 양치류(관중 종류, *Dryopteris filix-mas*)의 생활사

1.3.1 배우체가 우세한 이끼류(선류) 및 기타 선태식물

1.3절과 1.4절에서는 네 가지 식물의 생활사를 소개하며 배우체와 포자체에서 일어나는 유사분열과 감수분열을 요약하여 설명한다.

이끼 식물체는 배우체이다. 그림 1.7에 있는 이끼들은 우리가 쉽게 볼 수 있는 종류들이다. 작고 편평하게 자라는 호노선(*Funaria*), 마른바위이끼(*Grimmia*), 별이끼(*Tortula*) 속의 이끼들은 건조한 돌담에서 흔히 나타난다. 이들보다 크기가 큰 물이끼(*Sphagnum*)와 솔이끼(*Polytrichum*) 종류는 수분이 많은 늪에서 자란다. 털이끼(*Hypnum*)는 평평한 암녹색의 판을 형성하며 주로 나무 밑동에서 자란다. 이들은 모두 줄기(stem)가 비교적 짧으며 3열의 작은 잎(어떤 종류는 매우 작은 크기의 잎)이 종종 줄기에서 매우 가깝게 나있는 압

그림 1.7

흔히 나타나는 이끼 종류의 생장 습성. (a) 호노선 종류(*Funaria hygrometrica*)는 바위 및 화톳불 장소와 같은 파괴된 토양 위에 작은 방석을 형성하며, 특히 화분의 표면에 흔하다. 식물체는 1.5 cm 정도 높이이고 매우 뚜렷한 잎을 가진다. 가을과 겨울에 구부러진 자루 끝에 삭(b)을 형성한다. (c) 물이끼 종류(*Sphagnum papillosum*)는 습지의 작은 언덕 기부에 나타나는 산성의 습한 조건에서 흔히 발견된다. 식물체는 25 cm까지 달하며, 정단부에 로제트 모양의 구조를 형성하는 짧고 굵은 가지가 있다(d). 넓은 덤불을 형성하며, 삭은 흔치 않다. (e) 털이끼 종류(*Hypnum cupressiforme*)는 나무의 기부, 벽, 목재 및 토양에서 자란다. 작고 뾰족한 잎들이 분지한 줄기 위에 서로 겹치면서 빽빽하게 자란다. 삭은 가을에 자주 볼 수 있다(f).

착(adpressed) 형태이다. 줄기의 기부에서, 또는 포복성인 경우 줄기를 따라 가근이 발달하여 식물체를 고착시킨다. 그러나 수분과 영양소는 가근을 통해서 흡수되는 것이 아니라 식물체의 전 표면을 통하여 흡수된다. 일반적으로 이끼의 몸체는 방수가 되지 않고 진정한 통도 조직(관다발 조직)이 없다. 그러나 대부분의 이끼는 말라 버려도 수분을 흡수하면 다시 살 수 있다.

많은 종류의 이끼에서 생식기는 줄기 선단부의 소엽(leaflet)으로 이루어진 평평한 환안에 형성된다(그림 1.8a). 이 지역에 **배우자낭(gametangia, 단수 gametangium)**이 있어서 웅성배우자, 자성배우자, 또는 웅성과 자성의 배우자를 모두 생산한다. 다른 종류에서는 줄기 위쪽의 엽액(axil) 부위에 배우자낭이 형성된다. 배우자낭은 자루에 달려있고 한 열의 세포로 된 벽으로 둘러싸여 있다.

장정기(antheridia, 단수 antheridium)라고 불리는 웅성배우자낭은 곤봉 모양이고(그림 1.8b'), **장란기(archegonia, 단수 archegonium)**라고 불리는 자성배우자낭은 자루에 달려있는 플라스크 모양으로서 길고 속이 빈 경부(neck) 구조를 갖고 있다(그림 1.8b). 장정기 내에서 유사분열에 의해 형성된 세포들은 분화하여 두 개의 편모를 가진 운동성 정자(sperm)를 형성한다(그림 1.8b'). 장란기에는 역시 유사분열에 의해 형성된 한 개의 난세포(egg cell)가 중앙의 난실(chamber)에 포함되어 있다.

장정기가 성숙하면 파열되어 정자들이 방출되고 빗방울에 씻기거나 수분막(water film)을 통하여 헤엄쳐 장란기로 이동한다. 정자들은 경부의 통로를 따라 난실로 이동하고 그중 하나가 커다란 난세포와 융합한다(그림 1.8c). 건조한 날씨에는 장정기가 파열되지 않으므로 웅성배우자(정자)의 운반은 보장되어 있다고 할 수 있다.

○ 자성배우자와 웅성배우자의 크기가 다른 **이형접합(anisogamy)**이 식물에게 어떠한 이득이 되는가?

● 자원의 보존. 운동성 정자의 수가 많아 수정이 실제로 보장된다. 수는 적으나 크기가 큰 난세포는 접합체(zygote)를 유지하기 위한 자원을 보존하는 셈이 된다.

○ 이끼류의 수정을 보장하기 위하여 필요한 환경 조건은 무엇인가?

● 수분. 비 또는 배우체 표면의 수분막을 통하여 정자가 장란기로 헤엄쳐 갈 수 있다.

그림 1.8

솔이끼의 생활사. 배우체(a, a')와 포자체(f)의 구조 및 생식에 중요한 기타 구조들을 보여준다. 장정기와 정자(b'), 장란기(b, c), 접합체(d) 및 발달 중인 포자체(e)의 구조를 볼 수 있다. (g)는 발아 중인 포자, (h)는 어린 배우체인 원사체이다.

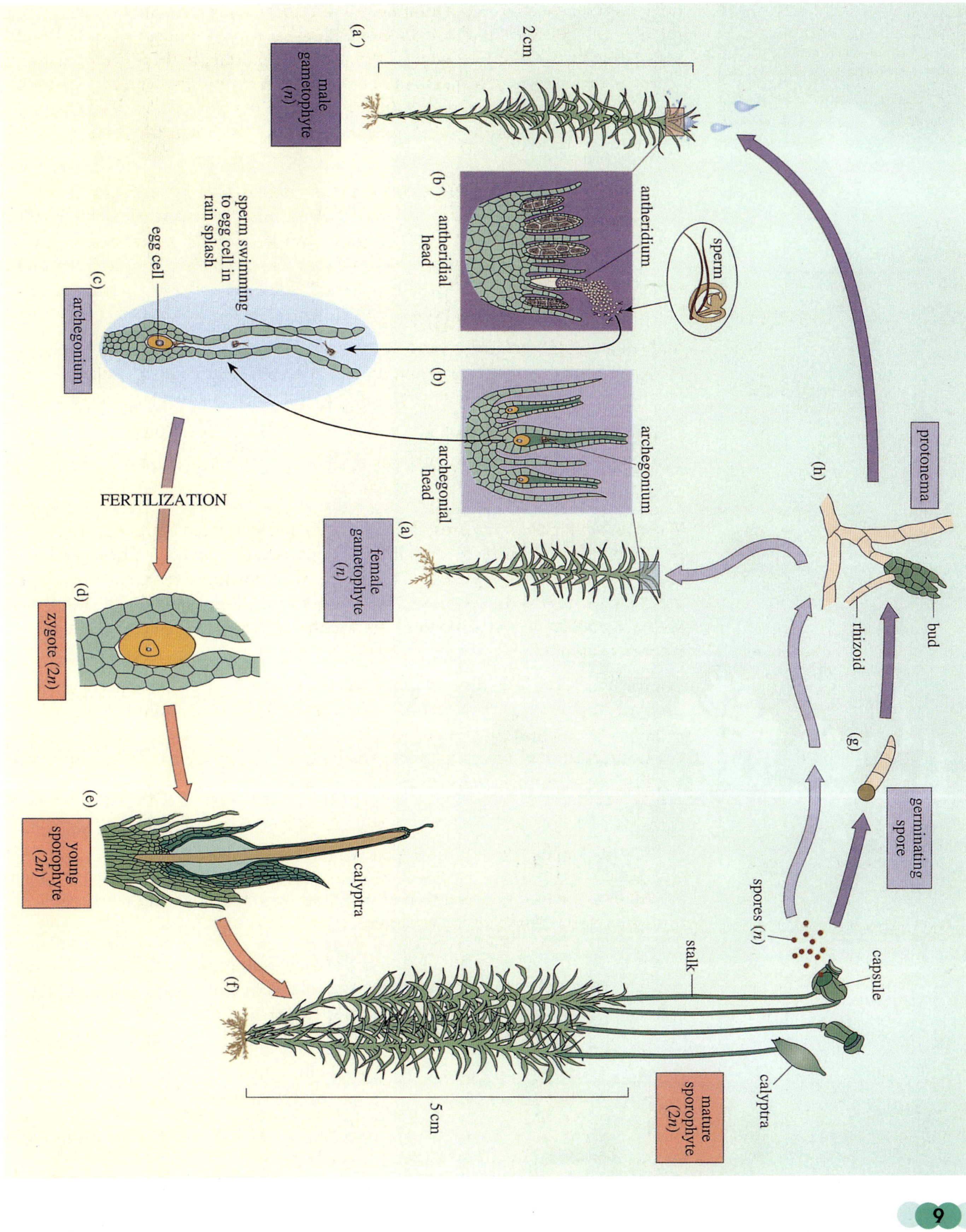
(a′)
male gametophyte (n)
2 cm
(b′)
antheridium
antheridial head
sperm
sperm swimming to egg cell in rain splash
egg cell
(c)
archegonium
(b)
archegonium
archegonial head
(a)
female gametophyte (n)
protonema
(h)
bud
rhizoid
(g)
germinating spore
FERTILIZATION
(d)
zygote (2n)
(e)
young sporophyte (2n)
calyptra
spores (n)
capsule
stalk
calyptra
(f)
mature sporophyte (2n)
5 cm

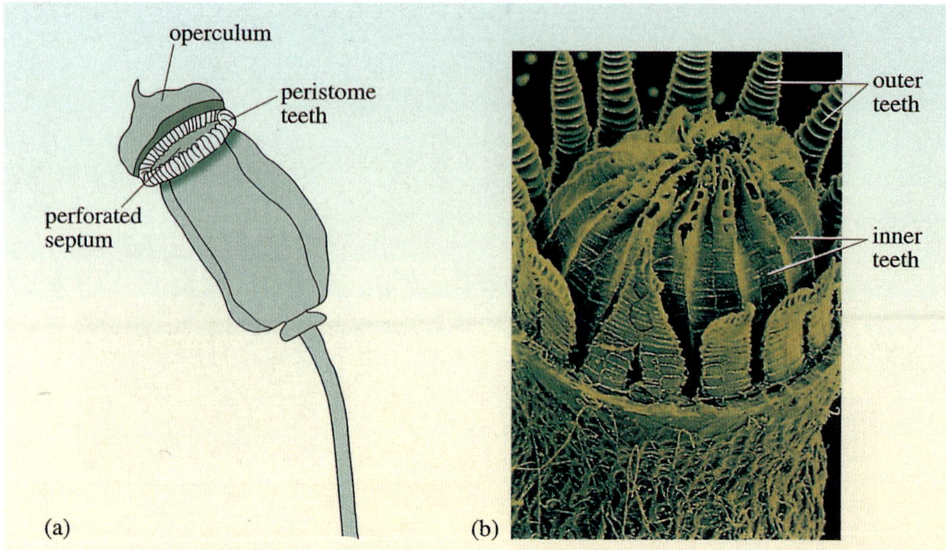

그림 1.9

(a) 솔이끼의 포자체에 형성된 삭. 삭구(perforated septum)를 통하여 포자가 방산된다. (b) 2열의 삭치가 있는 삭 정단부의 주사현미경 사진. 건조한 날씨에는 삭치가 뒤로 휘어져 포자를 방산한다.

수정에 의해 형성된 2배체의 접합체(그림 1.8d)는 **유사분열**을 통하여 배(embryo)를 형성하고 결국은 포자체가 된다. 포자체는 삭병(seta)과 정단부의 **삭(capsule)**으로 구성된다(그림 1.9 참조). 포자체는 기부를 통하여 모체인 배우체에 부착된 상태로 일생을 지낸다(그림 1.8e). 포자체의 일부 조직이 녹색을 띠며 광합성을 할 수 있지만, 배우체로부터 완전히 독립하는 시기는 절대 없다.

일반적으로 포자체의 표면에는 개폐될 수 있는 기공(stomata)이 있는데 이는 관다발식물의 포자체에서도 발견되는 특징이다. 삭 내에서 감수분열(meiosis)이 일어나 각각의 모세포는 네 개의 반수체 포자(spore)를 생산한다. 미성숙한 삭은 종종 얇은 보호막인 **삭모**(calyptra)로 싸여있는데 삭이 성숙하면 삭모는 없어지고 닫힌 뚜껑 모양의 선개(operculum)가 드러난다(그림 1.9). 선개는 삭의 나머지 부분에서 분리되어 삭치(peristome)라고 불리는 치상 돌기의 환이 보이게 된다. 솔이끼(*Polytrichum*)에서는 삭치의 돌기가 모여 삭구를 형성하고 이를 통하여 포자가 방산된다. 다른 종류의 이끼에서는 삭치 돌기들이 자유롭게 수분을 흡수하고 방출하여, 건조 시에는 바깥을 향하고 습할 때에는 안쪽으로 구부러져(건습운동) 삭을 닫게 된다(그림 1.9b). 그 결과 건조한 조건에서 삭치가 열리면 포자가 방산되어 바람을 타고 삭에서 멀리 날아간다. 그러므로 대부분의 이끼류는 포자를 퍼뜨리기 위하여 건조한 조건이 필요하며, 포자는 부패되지 않는 방수성 포자벽으로 보호되어 있다.

포자는 발아하여 먼저 녹색의 분지성 사상체인 **원사체(protonema, 복수 protonemata)**가 된다. 이러한 어린 시기는 조류와 비슷하며 이끼류와 몇몇 태류(liverwort)에서만 특이하게 나타난다. 궁극적으로 원사체는 싹과 같은 구조를 만들고 이로부터 배우체가 발달한다(그림 1.8a와 1.8a').

○ 성숙한 배우체, 포자체, 원사체로 이루어진 이끼의 생활사에서 어느 단계가 건조에 가장 약하겠는가?

● 원사체. 실과 같은 구조 때문에.

○ 그림 1.10의 A, B, C에 들어갈 내용은? (정답은 1장 끝에)

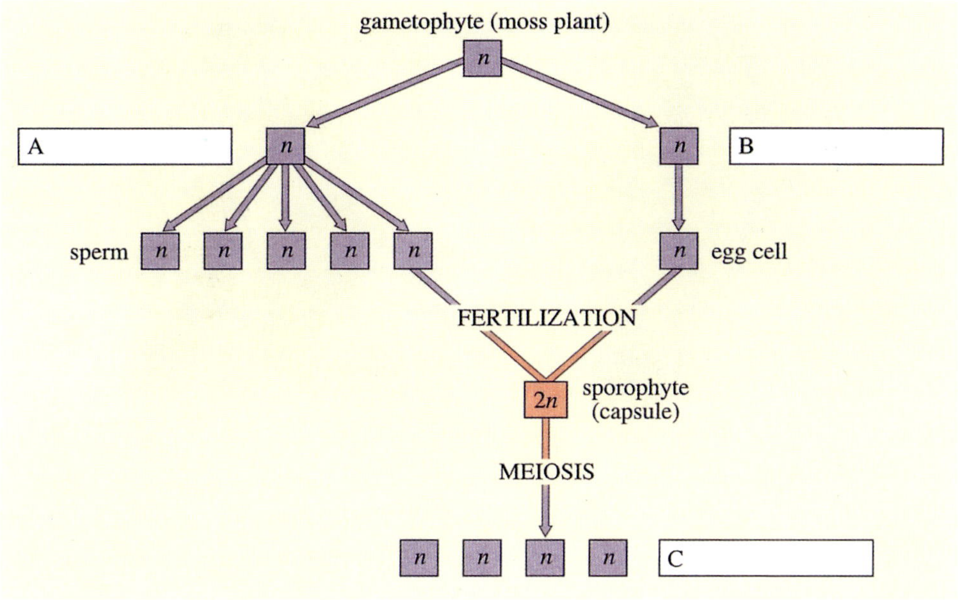

그림 1.10

이끼류의 암수 배우자낭에서 일어나는 유사분열과 포자체 세대의 삭에서 일어나는 감수분열을 요약한 그림

기타 선태식물 : 태류와 각태류

태류(liverwort, Hepatophyta 태식물문)는 이끼류(선류)보다 일찍 진화하여 더 원시적인 식물로 알려져 있다. 태류의 서식지는 매우 습하거나 보호된 장소로 더 제한되어 있다. 배우체는 두 종류의 기본적 생장 형태를 가진다.

○ 그림 1.11a와 b를 보고 설명을 읽기 전에 이 두 가지 형태를 기술하여 보시오.

● 편평한 형태의 **엽상체**(thallus, 복수 thalli)와 이끼류를 닮은 잎 형태

우산이끼(*Marchantia*) 종류는 엽상체 태류로서 식물 화분 표면에 많이 자라기 때문에 낯익은 식물이다. 배우체는 단성(unisexual)이고 자루에 달려 있는 원반 모양의 웅성생식기상(antheridiophore)과 자성생식기상(archegoniophore)에서 각각 장정기와 장란기가 형성된다(그림 1.11c). 우산이끼는 빗물에 의존하여 정자를 장란기로 이동시킨다. 대부분의 다른 태류에서는 생식 기관이 엽상체나 잎 형태의 줄기에 가깝게 군을 형성하고 있어 생활사가 이끼류와 매우 비슷하다.

그러나 이끼류와 태류의 포자체 사이에는 몇 가지 중요한 차이점이 있다. 예를 들어 태류의 포자체는 광합성을 하지 않는다. 자낭(삭)에는 선개와 삭치가 없고, 단순히 쪼개져 열리거나 측벽에 틈이 만들어진다(그림 1.11d). 포자 산포는 **탄사**(elater)라고 하는 독특한 세포의 도움을 받아 이루어진다(그림 1.11e와 f).

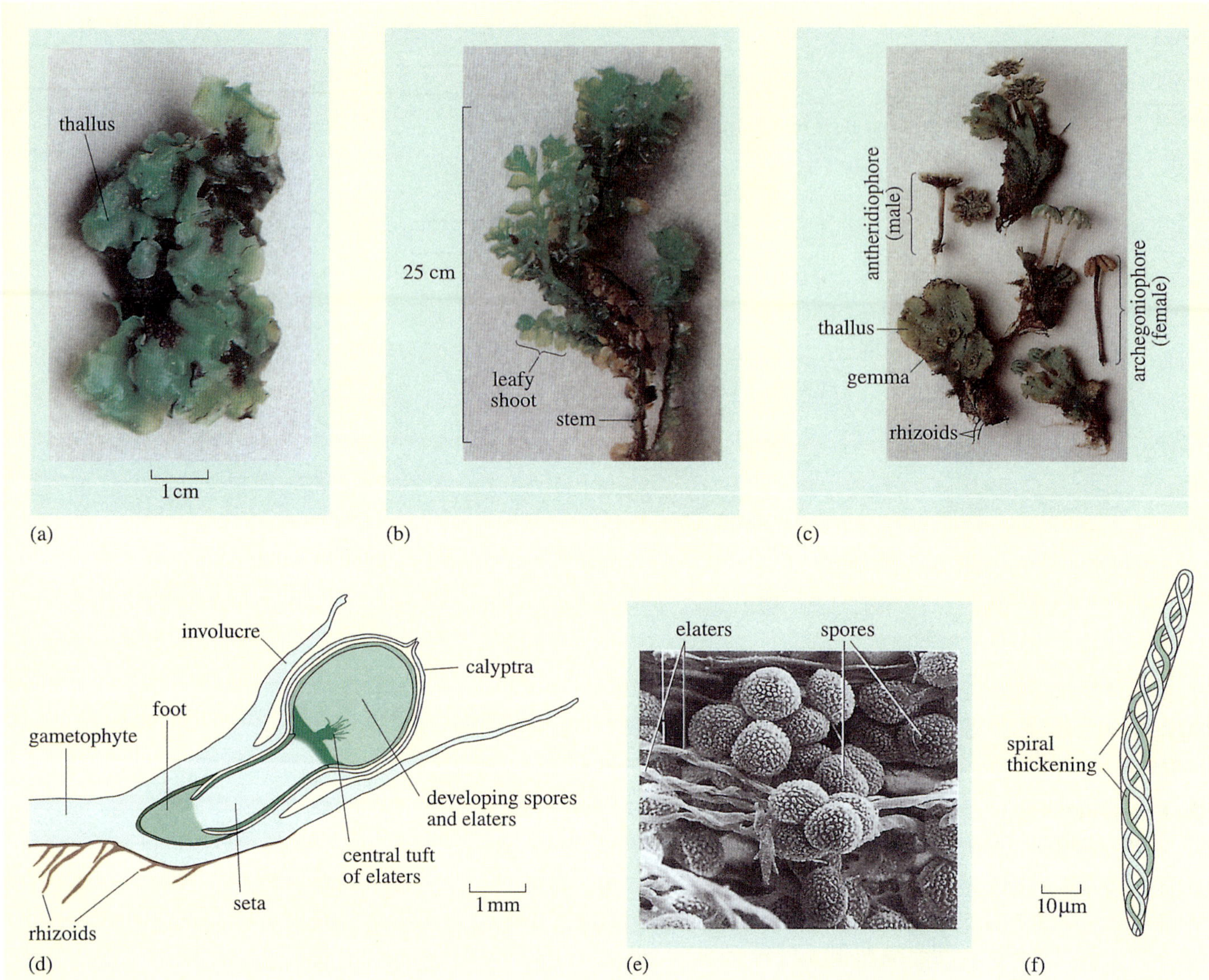

그림 1.11

태류의 특징. (a) 펠리아 종류(*Pellia epiphylla*)의 엽상체 형태 배우체. (b) 트리토메리아(*Tritomeria*)속. 잎 모양의 이끼류와 비슷한 형태. (c) 우산이끼(*Marchantia polymorpha*) 배우체. 웅성생식기상과 자성생식기상을 보여준다. 무성아는 무성생식에 의한 번식체이다. (d) 펠리아 종류(*Pellia epiphylla*)의 삭(포자체). (e) 하플로메트리움 종류(*Haplometrium hookeri*)의 삭 안에 있는 포자와 탄사를 보여주는 전자현미경 사진. (f) 나선형으로 비후해진 탄사.

○ 그림 1.11f에서 탄사의 어떤 구조가 포자의 산포를 촉진하는 것으로 생각되는가?

● 탄사의 벽(건습운동을 함)이 나선형으로 두꺼운 것으로 보아 탄사가 균일하지 않게 건조되어 비틀어지고 이로 인해 포자가 공기 중으로 산포되는 것을 알 수 있다.

각태류(**hornwort**, Anthocerophyta 각태식물문)는 이끼류나 태류에 비해 종류가 다양하지 못하며, 이들에 비해 더 원시적인지 또는 더 발달한 형태인지 분명하지 않다. 몇몇 특징은 녹조류와 비슷하다. 예를 들어 세포에는 특수한 녹말 합성 장소가 있는 한 개의 엽록체

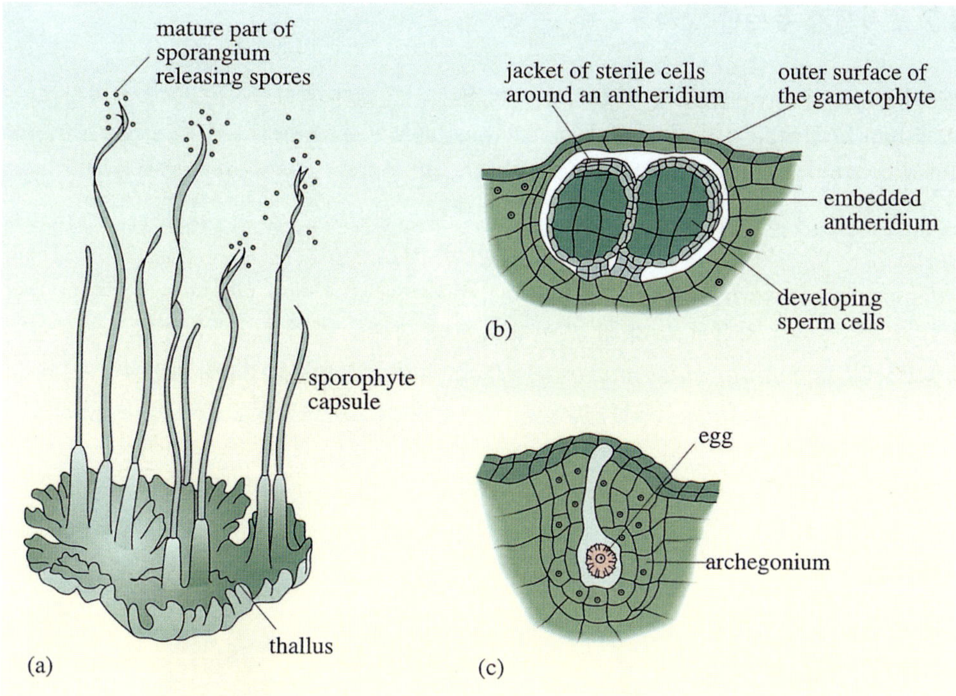

그림 1.12

각태류의 특징. 뿔이끼(*Anthoceros*)속의 일반적 특징. 여러 개의 포자체가 자라고 있는 배우체 엽상체. 장정기(b) 및 장란기(c)의 위치와 해부학적 구조를 보여주는 배우체 단면 그림.

가 포함되어 있다. 다른 특징들은 나중에 진화한 이끼류나 관다발식물과 비슷하다. 포자체에 기공이 있는 것이 그 중 하나이다. 외관상으로 보면 각태류는 작은 엽상체 태류와 비슷하다(그림 1.12a). 그러나 태류나 이끼류와는 달리 각태류는 단명한 1년생식물로서 주로 겨울에 자란다.

○ 그림 1.12를 보고 뿔이끼(*Anthoceros*)의 포자체와 배우자낭이 이끼류나 태류와 다른 점을 말해보시오.

● 포자체가 삭병(seta)과 삭(capsule)로 나누어져 있지 않고 전체 구조가 삭이나 포자낭으로 작용하는 것으로 보인다. 성숙하면서 꼬이고 갈라져서 포자를 방산한다. 배우자낭(장란기와 장정기)은 돌출되어 있지 않고 배우체의 표면에 묻혀있다(그림 1.8b와 b' 참조).

실제로 흡수성 기부를 통해 배우체에 부착되어 있는 각태류의 삭은 평생 동안 자라면서 기저부에서 계속하여 세포를 생성한다. 각태류의 이름은 포자체의 뿔과 같은 모양에 기인한다.

이끼류, 태류, 각태류는 생활사가 비슷하지만 다른 문(phylum)으로 분류할 만한 차이점이 충분히 있다. 이들 사이의 관계는 아직 불분명한데 이는 선태식물의 화석이 매우 드물어 고식물학자나 분류학자의 연구 재료가 부족하기 때문이다. 선태식물은 비록 하등식물로 불리지만 전 세계적으로 분포하며 특히 다우림 지역에서 다양하게 나타난다. 이끼류의 물이끼(*Sphagnum*)속은 지구 표면의 1%를 차지하는 습지의 우점종이다.

1.3.2 포자체가 우세한 양치류

양치류(fern, Pterophyta 양치식물문)는 현존하는 무종자 관다발식물 중에서 가장 다양하고 풍부한 종류이다(그림 1.3 참조). 양치류는 데본기에 출현하여 석탄기 후기(약 3억 년 전)에 절정에 달했다. 석탄기는 큰 수목성 고사리 종류를 포함한 양치류가 우점종인 시기였기 때문에 종종 '양치류 시대'라고도 불린다. 현존하는 종인 고사리(*Pteridium aquilinum*)는 습지와 숲에서 발견되고, 관중 종류(*Dryopteris filix-mas*)와 골고사리(*Asplenium scolopendrium*)는 크기가 크며 삼림지대에서 흔하게 나타나는 종류이다(그림 1.13). 다른 종류는 작아서 눈에 잘 뜨이지 않으나 그래도 흔하게 볼 수 있다. 예를 들면 은행잎고사리(*Asplenium ruta-muraria*)는 영국 전역에서 석회암 벽에 나있는 틈에서 이

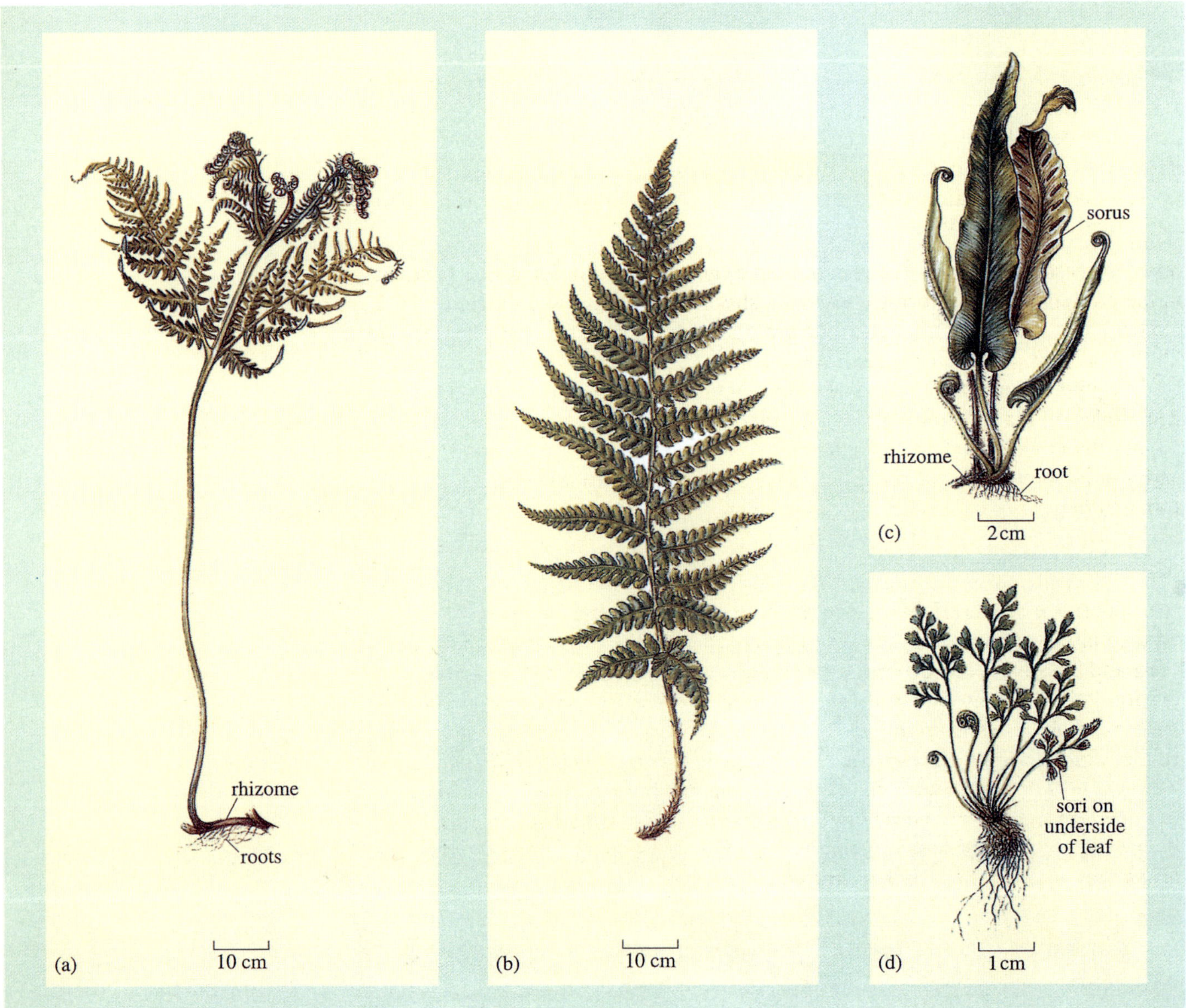

그림 1.13

여러 양치류의 생장 형태. (a) 고사리(*Pteridium aquilinum*)의 키 큰 엽상체(frond) (b) 관중 종류(*Dryopteris filix-mas*)의 가지 없는 엽상체 (c) 혀 모양의 골고사리(*Asplenium scolopendrium*) (d) 은행잎고사리(*Asplenium ruta-muraria*)의 작고 편평한 엽상체

끼류와 함께 자라는 것을 볼 수 있다. 대부분 양치식물의 잎(frond, 엽상체)은 수분의 손실을 방지하는 각피층(cuticle)으로 표면이 덮여 있어 건조에 비교적 강하다(1.5절). 양치류는 하지만 음지 서식지에서 더 흔하게 나타난다. 영국 남동부의 습한 바위에 국한하여 자라는 얇은 막 모양의 수염이끼 종류(*Hymenophyllum tunbridgense*, 그림 1.15c)는 매우 쉽게 건조되는 데, 이와 같이 매우 드물게 나타나며 자그마한 종류도 많이 있다. 이들 고사리 종류는 크기와 형태가 매우 다양하지만 모두 포자체 세대의 예이다.

전형적인 양치류의 배우체는 이끼류와는 달리 크기가 작고, 얇은 끈이나 심장 모양의 **전엽체(prothallus**, 복수 **prothalli)**로서 오래 살지 않는다(그림 1.14a). 전엽체는 습한 땅 위나 또는 땅에 가깝게 자라는데 전엽체의 아래쪽 표면에서 형성된 한 층 세포 구조의 가근에 의해 땅에 부착되어 있다. 전엽체는 보통 엽록체를 포함하지만 대부분은 수분 손실에 대한 보호 장치가 거의 없어 습한 서식지에서만 발달하여 생존한다. 어떤 종은 배우체가 땅속에서 자라서 광합성을 하지 않고, 공생하는 균류에서 에너지를 얻는다.

이끼류와는 달리 양치류의 장정기와 장란기는 배우체의 표면 대신 전엽체 조직 내의 깊숙한 곳에 형성된다(그림 1.14b-d). 이들은 전엽체의 아래쪽에 위치하는데 종종 가근 사이에 발달하기 때문에 현미경으로도 관찰하기 어려운 때가 많다. 하지만 이끼류의 장정기 및 장란기와 구조와 형태가 비슷하고 정자 및 난자의 형성과 수정 과정이 이끼류와 거의 동일하다(그림 1.14b와 c).

수정란 즉 2배체의 접합체가 발아하면 기중 줄기(aerial shoot)와 어린뿌리를 형성할 때까지 전엽체에 의존하다가(그림 1.14e) 전엽체가 죽으면 독립하여 살게 된다. 성숙한 포자체는 잎과 지하경(rhizome)으로 이루어지는데, 지하경은 보통 땅 속에 있으며 뿌리를 낸다(그림 1.14f). 지하경의 마디에서 크고 작은 단엽 또는 복엽 구조의 잎이 자란다. 전체적인 구조는 일반적으로 이끼류의 잎 같은 지상부 구조에 비해 크고 단단하며 전반적으로 육상 생활에 더 적합하게 되어있다. 예를 들면 잎의 표면이 기공이 있는 방수 각피층으로 덮여있고, 뿌리와 줄기 사이에서 수분과 무기 영양분을 운반하는 관다발 구조가 잘 발달되어 있으며 지지 역할을 하는 목본 세포를 포함하고 있다는 점 등이다.

양치류의 포자는 **포자낭(sporangia**, 단수 **sporangium)**에서 감수분열을 통해 생성된다. 일반적으로 여러 개의 포자낭이 모여서 **포자낭군(sori**, 단수 **sorus)**을 형성한다(그림 1.14g와 h). 포자낭군의 분포 양상 및 형태는 특정 과와 속의 특징으로서 분류의 기준이 된다. 그림 1.15에 몇 가지 예가 나와 있다. 백두산고사리삼(*Botrychium lunaria*)과 고비 종류(*Osmunda regalis*)는 잎 전체가 포자 생성 기관으로 변형되어 있는 반면(그림 1.15a와 b), 관중은 포자낭군이 정상적인 잎의 아래쪽 면에 형성되어 **포막**(indusium)이라고 하는 보호막으로 덮여있다(그림 1.14h). 포자낭군은 고사리 잎의 표면에 갈색이나 검은색 반점 또는 선으로 나타나 쉽게 관찰할 수 있다.

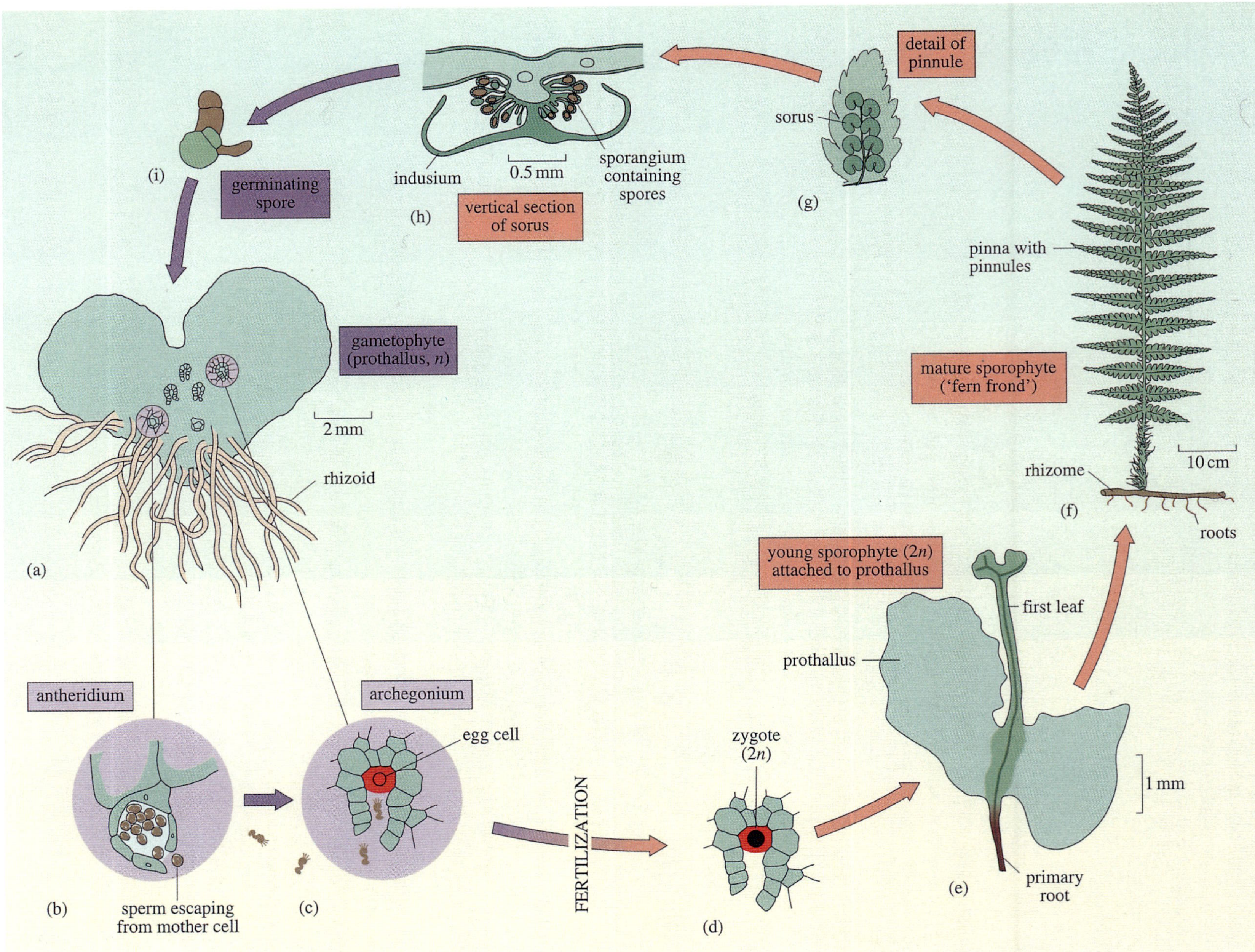

그림 1.14

관중 종류(*Dryopteris filix-mas*)의 생활사. (a) 배우체(전엽체) (b) 전엽체 깊숙한 곳에 발달하는 장정기 (c) 장란기 (d) 장란기 내의 접합체 (e) 전엽체에 부착된 어린 포자체 (f) 지하경, 뿌리, 잎 모양의 엽상체(frond)를 가지고 있는 성숙한 포자체 (g) 엽상체의 포자낭군 (h) 포자낭군의 종단면 (i) 발아 중인 포자

그림 1.15

앙치류의 보사낭. (a) 백두산고사리삼(*Botrychium lunaria*). 포자낭이 잎의 특수한 부위에서 발달한다. (b) 고비 종류(*Osmunda regalis*)는 포자낭이 특수한 소엽(leaflet)에 형성된다. (c) 연약한 수염이끼 종류(*Hymenophyllum tunbridgense*)의 포자낭은 엽상체 가장자리에 형성된다.

두꺼운 벽으로 둘러싸인 포자는 잘 마르지 않으며, 일반적으로 건조한 공기 중으로 강렬하게 산포된다(그림 1.16b와 c). 포자가 발아하면 (이끼류의 원사체와는 달리) 정단세포가 3면으로 새로운 세포를 형성하여 3차원적인 전엽체가 바로 형성된다.

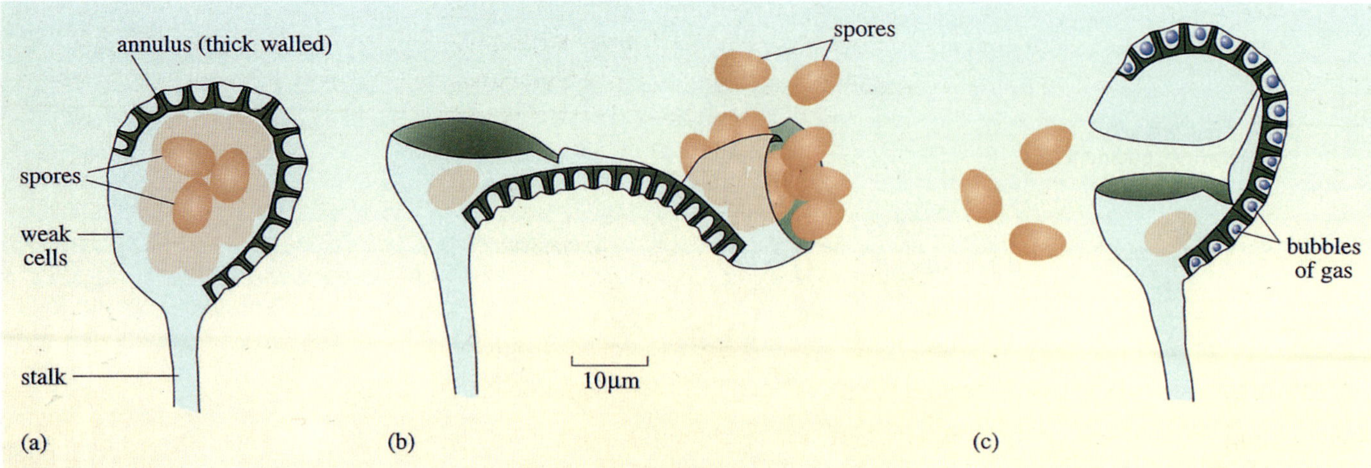

그림 1.16

관중(*Dryopteris*)과 같은 양치류 포자낭의 포자 방산. (a) 포자를 포함하는 미성숙한 포자낭. 환대(annulus)를 구성하고 있는 바깥쪽 세포의 세포벽은 불균형적으로 비후해져 있다. (b) 환대가 건조해지면 포자낭에 장력이 형성되고, 비후하지 않은 지역에서 분열이 일어나 환대가 펴지면서 포자가 일부 방산된다. (c) 환대의 장력이 임계점에 달하고 기체 방울이 형성될 때 남아있는 포자들이 방출된다. 그러면 장력이 없어지고 포자낭의 윗부분이 접혀 원래 위치로 돌아간다.

○ 그림 1.17의 A, B, C에 들어갈 내용은? (정답은 1장 끝에)

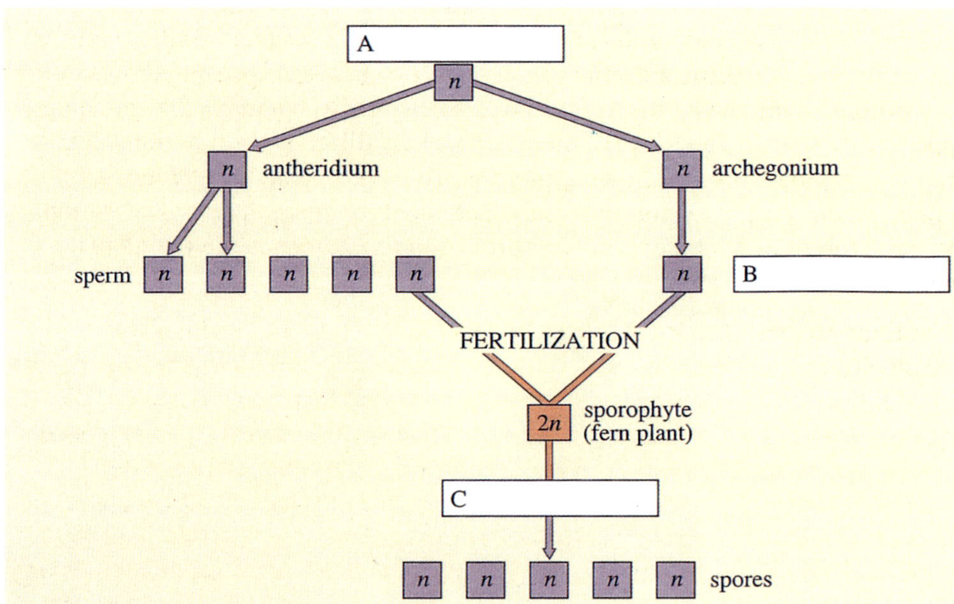

그림 1.17

양치류의 장정기와 장란기에서 일어나는 유사분열과 포자낭에서 일어나는 감수분열

양치류의 포자체는 대부분 건조한 서식지에서 생장하고 생식한다. 그러나 장정기가 성숙하여 정자를 방출할 단계가 되면 정자의 이동을 쉽게 하기 위하여 이슬이나 빗물의 막이 필요하다. 따라서 온대지방의 양치류는 늦은 여름에 포자낭을 생성하는 반면, 전엽체는 비교적 약한 구조에도 불구하고 춥고 습한 겨울 기후 조건에서 더 잘 생장하고 생식한다. 그럼에도 불구하고 장란기의 적절한 수정과 포자체 발달을 위해서는 매우 많은 수의 전엽체와 정자가 필요하다.

마지막으로 논의할 점은 매우 오랫동안 자라온 이끼류가 왜 크고 복잡한 형태로 다양화하지 못했는가에 대한 문제이다. 한 가지 가능한 설명은 유전자 풀에 남아 결과적으로 나타날 수 있는 이롭지 못한 돌연변이에 대하여 2배체의 유전체(genome)는 완충 역할을 할 수 있다는 것이다. 다른 환경에서 돌연변이가 더 변형되면 유익한 생성물을 만들 수도 있을 것이다. 세균과 마찬가지로 반수체 유전체는 덜 유익한 대립유전자(allele)를 유지할 수 없을 것이다. 이 보다 더 그럴듯한 설명은 이끼류와 같이 작은 식물들은 2배체이든 반수체이든 관계없이 언제나 어떤 미소서식지(microhabitat)에서 큰 선택이익(selective advantage)을 가져 왔다는 것이다.

1.3.3 양치류와 이끼류의 생활사 비교

이끼류와 양치류 모두 세대교번을 나타내지만 생활사에서 가장 중요한 차이점은 우세한 식물 세대가 이끼류는 엽상의 배우체인 반면 양치류는 엽상의 포자체라는 것이다. 이것이 선태식물(이끼류, 태류, 각태류)과 관다발식물(식물계의 다른 모든 식물)이 구분되는 중요한 이유이다.

이끼류와 양치류의 배우체 세대는 서로 다른 것처럼 보이지만 유사한 장정기와 장란기를 가지고 있어 유사한 생성물 즉 운동성 정자와 정적인 난자를 생산한다. 이끼류와 양치류의 포자체 역시 서로 매우 다른 모습을 가지고 있고 생존 전략도 서로 다르지만, 포자낭 기구(이끼류의 삭과 양치류의 포자낭군)는 형태적으로 뚜렷이 다르긴 해도 역시 감수분열을 통해 반수체 포자를 생산한다. 튼튼하고 두꺼운 벽을 가진 양치류 포자가 이끼류 포자에 비해 건조한 조건에서 더 오래 생존하기는 하나 두 종류의 식물 모두 어느 정도 수분(더 정확히는 수분의 결여)에 의존하여 포자를 산포하는 점도 유사하다.

이끼류 배우체는 이러한 생활사적 전략 이외에 뭉쳐 자라는 생장 습관 때문에 수분을 보존할 수 있고, 보통 완전히 건조된 다음에도 다시 살 수 있다. 대부분의 양치류 배우체는 조직이 얇고 건조를 잘 견디지 못하여 상처를 입기 쉽다. 따라서 습기가 많은 서식지에서 자라고 생식하려는 경향이 있다. 이끼류 포자체는 생존하는 전 기간 동안 배우체 세대에 의존하며, 조직의 양이 적고 각피층의 흔적이 남아있어 건조한 조건에 그렇게 약한 편은 아니다. 반면에 양치류의 포자체는 매우 짧은 기간 동안만 배우체에 의존하며, 비교적 크고 엽상이지만 잎이 왁스 각피층으로 덮여있어 조직의 수분 손실이 큰 문제가 되지 않는 경우가 많다. 그렇지만 많은 종류의 양치류는 방산된 포자가 스트레스가 적은 조건에서 배우체로 될 수 있는 음지 서식지에서 최적으로 생장한다.

이끼류와 양치류의 생활사를 자세히 살펴보면서 일련의 새로운 과학 용어들과 접하게 되었다. 그러나 이들 생활사를 연구하는 가장 중요한 이유는 생식 기관의 구조를 정확하게 자세히 알고자 하는 것이 아니라 생활사의 어떤 특징 때문에 이들 식물이 육상 환경에 적응하여 성공적으로 정착할 수 있게 되었는지를 이해하는 것이다.

1.3.4 이형포자성 : 진화의 다음 단계

지금까지 논의된 모든 선태식물과 양치식물에서 포자는 동일한 형태를 가지고 있다. 이러한 특징을 **동형포자성(homospory)**이라고 한다. 그러나 양치류의 2개 목(order)과 **석송류(lycophyte**, Lycophyta 석송문)의 2개 과(family)에서는 두 종류의 포자가 만들어지는 **이형포자성(heterospory)**이 나타난다. 이형포자성은 양치류와 석송류 그리고 종자식물에서 각각 독립적으로 진화하였다. 이형포자성은 물에 의존하지 않는 생활사가 진화하는데 있어서 결정적 단계라고 여겨진다. 석송류의 대표 식물인 부처손(club moss, *Selaginella*)속의 생활사를 통하여 종자식물에서 나타나는 더 극단적 형태의 이형포자성(1.4절)을 이해하는데 도움을 얻기로 한다.

이형포자성을 설명하기 위하여 석송의 생활사를 선택하였는데, 이는 이형포자성 양치류(네가래목과 생이가래목)가 역설적으로 모두 수생이기 때문이다. 네가래목(Marsileales)에 속하는 필룰라리아 종류(*Pilularia globulifera*)는 산성 호수와 그 주위에서 발견되는 보기 드문 양치류이고, 생이가래목(Salviniales)의 물개구리밥(*Azolla*)속과 생이가래(*Salvinia*)속은 정원 연못에서 가끔 볼 수 있는 아열대성의 부유성 수생 양치류이다(그림 1.18). 이들 양치류의 이형포자성은 수중 생활에 대한 적응으로 진화한 것으로 보이며 서식지와 관련된 생활사의 특징이 나타난다. 부처손과 종자식물의 이형포자성은 육상 생활에 대한 적응 결과이다.

그림 1.18

수생의 이형포자성 양치류. (a) 필룰라리아(*Pilularia*)속, (b) 생이가래(*Salvinia*)속

그림 1.3에서 석송류는 양치류와 평행하게 진화한 것으로 생각되며, 2억 5천만 년 전 이전의 석탄기와 페름기에 더 다양하게 번성하였던 수목성 석송류와 가까운 관계임을 알 수 있다. 양치류와 마찬가지로 석송류도 포자체 세대가 우세하다.

부처손 종류는 주로 열대지방에서 자라지만 작은부처손(*Selaginella selaginoides*, 그림 1.19a)은 산지의 습한 초지에서 발견되는 영국 고유종이다. 이 식물은 단단한 이끼처럼 보이며, 구과(cone, strobili, 단수 strobilus) 내 잎의 기부에서 포자를 생산한다. 두 가지 형태의 포자가 한 구과 내에 있는 다른 포자낭에서 생산된다. 소포자낭(microsporangium)에서는 많은 수의 작은 **소포자(microspore)**가, 그리고 대포자낭(megasporangium)에서는 종에 따라 한 개에서 12개에 이르는 매우 큰(~1 mm) **대포자(megaspore)**가 생산된다(그림 1.19b). 포자들은 동시에, 그리고 모식물체에 가깝게 산포되어 소포자들과 대포자들이 서로 근접하여 바닥에 떨어지게 된다. 배우체는 포자가 산포되기 이전에 이미 **포자벽 내부**

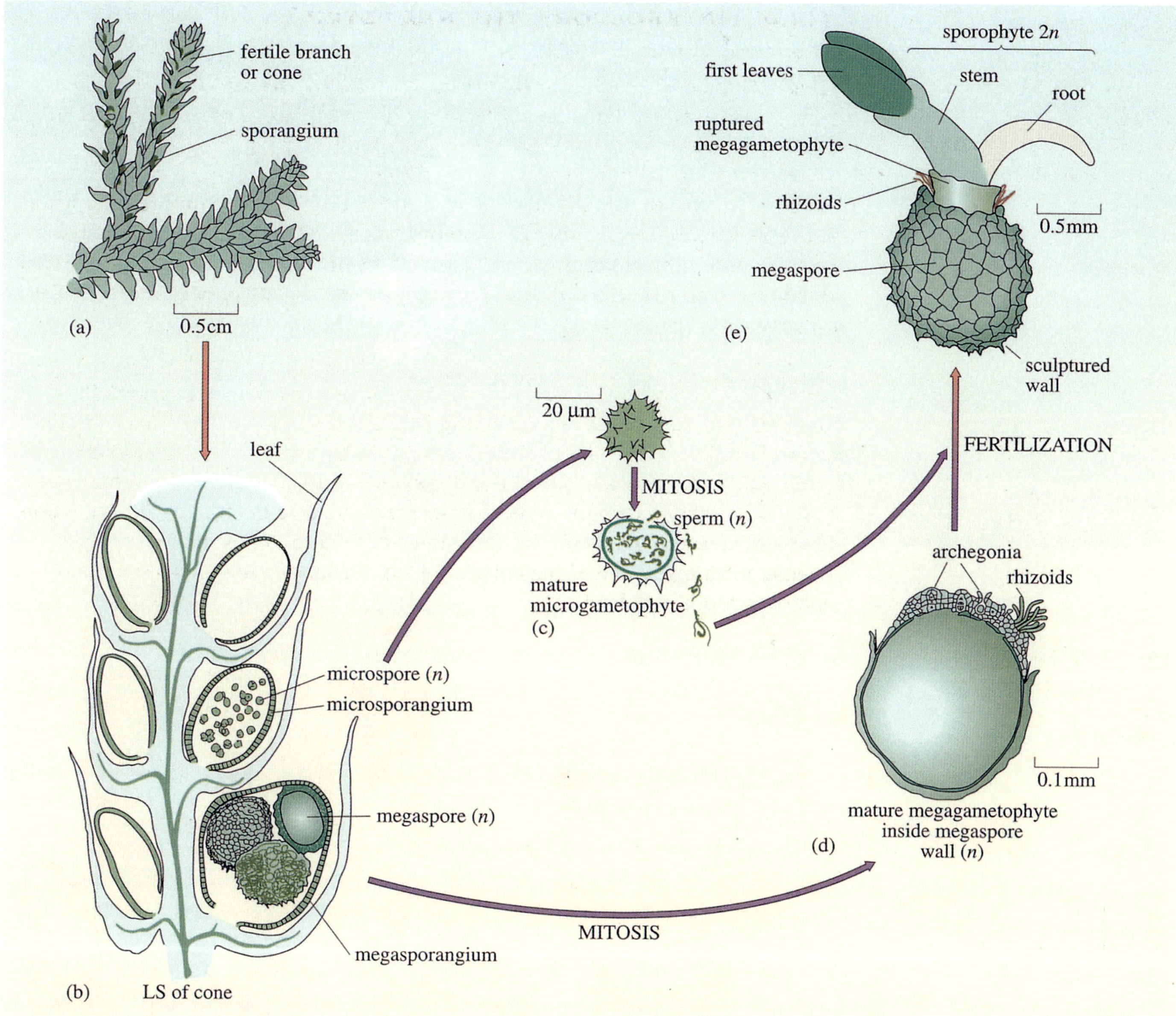

그림 1.19

전형적인 부처손(*Selaginella*)의 생활사. (a) 생식 가지, 즉 구과를 가지는 성숙한 포자체 (b) 소포자와 대포자를 각각 포함하는 소포자낭과 대포자낭을 보여 주는 구과의 종단면 (c) 소포자 및 피괴된 소포자 벽 내부에서 소포자가 소배우체로 발달하여 정자를 방출하는 그림 (d) 대포자의 파괴된 벽을 통하여 내부에서 발달한 대배우체가 빠져 나오는 과정을 보여주는 다세포 대배우체의 종단면 (e) 대배우체에서 생장하여 나오는 어린 포자체로서 아직 대포자 벽 안쪽에 있다.

에서 발달하기 시작한다.

○ 그림 1.19d를 보고 대포자의 발달 과정을 설명하시오.

● 두꺼운 포자벽 내부에서 세포분열이 일어나 궁극적으로 포자벽이 분열되고 대배우체(megagametophyte)가 돌출되어 나온다. 돌출된 표면에는 난세포를 포함하는 장란기 및 가근이 있다. (대배우체의 나머지 부분은 영양 저장 조직으로서 부분적으로만 세포로 분열되어 있고 나머지는 비세포성이다.)

소포자 내에서 형성된 성숙한 소배우체(microgametophyte, 그림 1.19c)는 단 한 개의 영양세포(vegetative cell)와 장정기로 이루어지고, 장정기에서 많은 수의 운동성 웅성배우자가 만들어진다. 정자는 자성배우체로 헤엄쳐 가기 위하여 수막을 필요로 한다. 수정이 일어나면 2배체의 포자체 배(embryo)가 자성배우체 내에서 발달하는데 여전히 대포자의 포자벽 내에 있으면서 저장된 영양물에 의존하여 자란다(그림 1.19e).

따라서 부처손은 정자가 난세포에 도달하기 위해 여전히 주위의 수분을 필요로 한다. 그러나 자성 대배우체와 웅성 소배우체 모두 진정하게 독립하지 못하고 항상 포자벽 내에 갇힌 상태로 포자 내에 저장되어 있는 영양물에 의존한다. 종자식물에서는 실제로 대포자가 대포자낭으로부터 전혀 방출되지 않으며, 웅성 소배우체는 난세포와 매우 가까운 곳에서 배우자를 방출하기 때문에 수정을 위해서 주변의 수분을 필요로 하지 않는다(1.4절).

○ 독립생활을 하는 배우체가 낭비적인 이유는?

● 많은 배우체가 제대로 살지 못하기 때문에 난세포와 융합하여 다음 2배체 세대로 발달하는 접합체를 형성할 수 있는 배우자를 형성하지 못한다.

영양분을 저장하고 있는 대포자를 모 식물체에 유지하고 있음으로 해서 이러한 낭비가 최소화된다. 이와 마찬가지로 난세포와의 수정을 가능하게 하기 위해 생산되어야 하는 많은 수의 웅성배우자도 낭비이다. 그러나 종자식물은 변형된 수정 방식으로 이 낭비조차 감소시킨다.

1.3절의 요약

1. 선태식물은 반수체의 배우체 세대가 우세한 반면 양치류를 비롯한 모든 관다발식물은 2배체인 포자체가 우세하다.

2. 이끼류의 엽상 배우체에 있는 플라스크 모양의 장란기와 곤봉 모양의 장정기에서 각각 난세포와 운동성 정자가 생산된다. 수정이 일어나면 접합체는 발달하여 포자체가 되고, 포자체는 배우체에 부착되어 그에 의존하여 살아간다. 포자체는 부착성 기부, 줄기, 삭으로 구성된다. 삭 내에서 감수분열에 의해 반수체 포자가 생성된다. 포자는 공기 중으로 방산되고, 발아하면 편평하고 연약한 원사체(한 평면으로만 세포분열이 일어남)로 된 다음 (두 평면으로 세포분열이 일어나며) 배우체로 발달한다.

3. 대부분의 양치류는 연약한 녹색 엽상체에 있는 비슷한 모양의 장란기와 장정기가 각각 난세포와 정자를 생산한다. 수정이 일어나면 엽상체에서 포자체가 발달한다. 포자체는 곧 독립하게 된다. 잎의 포자낭군을 형성하고 있는 포자낭에서 포자가 생산되고, 방산되면 전엽체로 발달한다.

4. 일부 양치류(수생)와 일부 석송류(예: 부처손)는 이형포자성을 나타내고 배우체 세대가 축소되어있다. 소포자낭과 대포자낭에서 각각 소포자와 대포자가 방출되고, 이들 안에서 각각 웅성 소배우체와 자성 대배우체가 발달한다. 포자벽이 파괴되면 영양세포와 장정기로 구성된 매우 작은 웅성배우체에서 정자가 방산되어, 영양분을 포함하고 있는 비교적 큰 자성배우체 위에 노출되어 있는 장란기로 이동한다.

5. 선태식물과 양치류를 비롯한 무종자 관다발식물은 모두 배우체에서의 수정을 위하여 주변의 수분을 필요로 한다. 그러나 반수체 포자는 기류와 중력에 의해 산포된다. 이끼류와 양치류는 특수 세포에서 수분 손실이 일어나 포자가 방산된다.
6. 양치류의 포자체는 방수성 각피층, 관다발 조직, 뿌리 등을 가지고 있어 이끼류보다 육상 생활에 더 잘 적응되어 있다. 많은 종류의 이끼류는 뭉쳐있는 특징 때문에 수분 보존이 잘되고 완전히 마른 후에도 다시 살 수 있다.

1.4 종자식물의 생활사

가장 완전하게 육상 생활에 적응한 식물은 나자식물(gymnosperm)과 현화식물(flowering plant, 피자식물이라고 하기도 하고 1억 2천만에서 1억 4천만 년 전 초기 백악기의 화석 기록에 처음 나타남)로 구성된 **종자식물(seed plant)**이다. 양치류와 마찬가지로 '식물체'라고 일컫는 것은 포자체이다. 그러나 현존 양치류와는 달리 종자식물의 포자체는 커다란 목본 구조(수목)로 발달하기도 하며 모두 이형포자성이다. 더구나 웅성 소포자와 자성 대포자를 생산하는 포자낭이 서로 다른 구조에 달려있고 모양도 다르다. 내부에서 소배우체가 발달하는 소포자는 **화분립(pollen grain)**으로서 방산되지만, 자성 대포자는 모체인 **포자체에 남아있는**데 이는 무종자 관다발식물과 다른 중요한 점이다. 이러한 차이로 인해 수정 과정에서 주변의 수분이 필요 없게 되며 종자의 진화가 초래되는데, 현화식물에서 그 내용을 살펴보기로 한다(1.4.1절). 그리고 1.4.2절에서는 나자식물의 생활사와 간단히 비교해 본다.

1.4.1 피자식물

현화식물, 즉 **피자식물(angiosperm)**은 지금까지 모든 식물 중에서 분류학적으로 가장 다양하고 넓게 분포하는 종류이다. 중요한 영양 식물은 거의 모두 피자식물이며, 전 세계적으로 분포하고 더구나 형태와 서식처가 매우 다양하다. 이러한 진화적 성공에는 이들 식물의 구조와 생리적 특성이 기여한 것이 분명하며, 이에 관해서는 후에 논의하기로 한다. 그러나 여기서 다루게 될 생활사 역시 성공의 중요한 요인이었다. 배우체와 배우자가 발달하는 포자를 생산하는 포자체의 구조는 **꽃(flower)**이다.

꽃의 구조

피자식물의 꽃은 주로 줄기의 정단 부위에 위치하며, 전형적으로 변형된 잎이 4개의 화륜(whorl)을 이루고 있다(그림 1.20a). 바깥쪽의 **꽃받침(sepal)**은 주로 녹색이며 꽃눈(flower bud) 속의 꽃을 보호하며, **꽃잎(petal, 화판)**은 밝은 색을 띄는 경우가 많다. **수술(stamen)**은 집합적으로 **수술군(androecium)**이라고 부르고, 수술에 포함된 소포자낭의 내부에서 화분(pollen, 꽃가루)이 발달한다. **심피(carpel)**는 종종 융합하여 집합적으로 **암술군(gynoecium)**이라고 하는데 대포자낭을 포함한다. 실제로 꽃은 변형된 부처손(*Selaginella*)의 구과에 해당한다(그림 1.19b).

일반적으로 수술은 **화사(filament)**라고 하는 자루와 정단부의 **꽃밥(anther, 약)**으로 구성되는데, 꽃밥은 성숙하면 화분을 포함한다(그림 1.20a). 화분은 알레르기성 반응인 건초열(hay fever)의 주요 원인이다. 두 장의 심피가 부분적으로 융합하여 암술이 된다. 두 개의

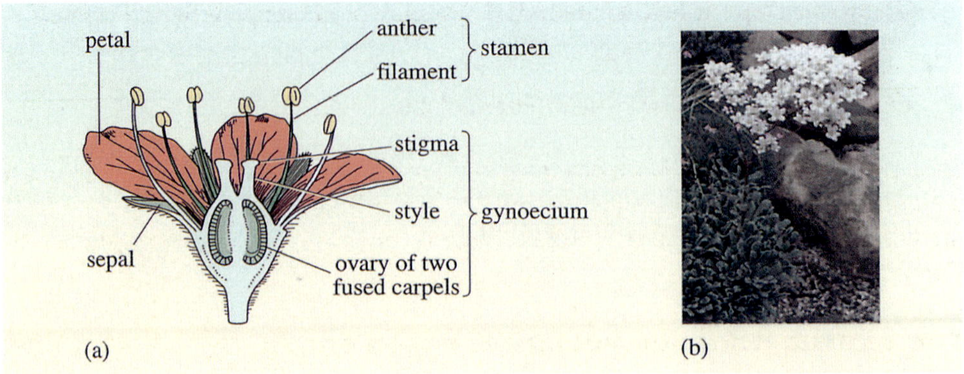

그림 1.20

(a) 범의귀(*Saxifraga*)속 양성화의 해부학적 구조. 중앙부의 종단면 (b) 범의귀의 꽃

암술머리(stigma, 주두)가 화분을 수용하는 표면을 제공하며, 각 암술머리는 **암술대(style, 화주)**에 의해 하나의 **씨방(ovary, 자방)**에 부착되어 있다. 씨방의 내부에는 **배주(ovule)**들이 있고 배주 내에서 대포자가 생산된다. 각 배주 내에 하나씩 있는 대포자(megaspore)가 발달하여 자성배우체가 되고, 자성배우체 내에 하나의 난세포가 있다. 발달 과정은 후에 자세히 설명하기로 하고, 여기서는 대포자가 어느 단계에서도 모체인 포자체에서 방출되지 않는다는 점에 주목하기 바란다. 심피의 융합 정도에 따라 암술의 구조는 크게 변한다. 각각 씨방, 암술대, 암술머리로 구성된 많은 수의 독립된 심피로 이루어진 종류, 씨방은 융합되어 있으나 암술대와 암술머리는 분리되어 있는 종류(그림 1.20a), 그리고 심피가 완전히 융합하여 씨방 내 방의 수로부터 심피 수를 알 수 있는 종류까지 다양하다. 이러한 차이와 함께 꽃받침, 꽃잎, 수술의 수 등의 차이가 현화식물 분류에 있어서 중요한 기준이 된다.

수정이 일어나기 위해서는 화분이 암술머리에 안착하여야 한다. 화분은 꽃밥에서 방산되어 바람, 곤충, 새, 박쥐, 수분 등의 다양한 방법으로 산포된다.

○ 꽃의 구성 요소들이 가지고 있는 화려한 색과 향기의 역할은 무엇이며, 어떻게 그리고 왜 이들이 진화하게 되었는가?

● 곤충 등의 동물을 유인하여 꽃밥으로부터 종종 다른 식물체의 암술머리까지 화분이 운반되게 한다. 꽃기관의 구조와 운반 방법은 동물과 공진화(coevolution)하였다.

○ 동물을 유인하는 특징은 또 어떤 것이 있는가?

● 꿀(nectar, 화밀)의 생산과 꿀샘(nectary, 밀선)으로 통하는 통로가 있다는 점

풍매화의 구성 요소들이 대부분 비교적 작고 녹색이며, 향기가 거의 없다는 점은 놀랄만한 일이 아니다. 화본과(Poaceae) 식물이 대표적인 예이다. 그러나 현화식물은 대부분 **자웅양성(bisexual)**으로서, 화분이 운반 방법과는 관계없이 같은 꽃, 또는 같은 식물체에 있는 꽃의 암술머리에 떨어질 가능성은 언제나 있다. 즉 자가수정(self-fertilization)이 일어나 동계교배(inbreeding)가 가능한 것이다. 동계교배의 정도를 조절하는 수많은 방법이 진화하였다. 예를 들어 **자웅동주(monoecious)** 식물은 꽃은 단성(unisexual)이나, 수꽃과 암꽃이 같은 식물체에 있으면서 일반적으로 각기 다른 시기에 성숙한다.

○ 자가수분(self-pollination)과 동계교배 가능성이 완전히 배제되는 경우는?

● 각각 다른 식물체에 단성화가 있는 경우

이러한 식물을 **자웅이주(dioecious)**라고 하며, 어떤 과에서는 흔하게 나타난다. 버드나무(버드나무과, 그림 1.21), 산쪽풀 종류(*Mercurialis perennis*, 대극과), 홉(*Humulus lupulus*, 삼과) 등이 예이다.

그림 1.21

버드나무 종류(*Salix caprea*)의 단성화가 밀집해있는 미상화서(catkin). 버드나무과(Salicaceae) 식물은 모두 자웅이주이다.

화분과 난세포의 발달

현화식물은 배주에서 난세포가 발달하고 화분에서 웅성배우자가 생성된다. 그러나 배우자 형성에 이르는 단계는 이형포자성인 부처손에 비해 훨씬 작은 규모이며 단축되어 있다. 관련된 구조들의 이름은 다르지만, 구조의 이름을 기억하는 것보다 그 기능을 이해하고, 어떻게 이들 구조가 무종자 식물보다 육상 생활에 더 적합한 유성 생식 형태에 기여하는지를 이해하는 것이 더 중요하다.

그림 1.22에 화분의 생성 및 성숙 과정을 요약하였다. 꽃밥 내에 4개의 화분낭(pollen sac, 꽃가루주머니)이 발달하는데 각각은 소포자낭(microsporangium)에 해당한다(그림 1.19b 참조). 화분낭에 있는 모세포는 감수분열을 하여 사분자(tetrad)의 소포자

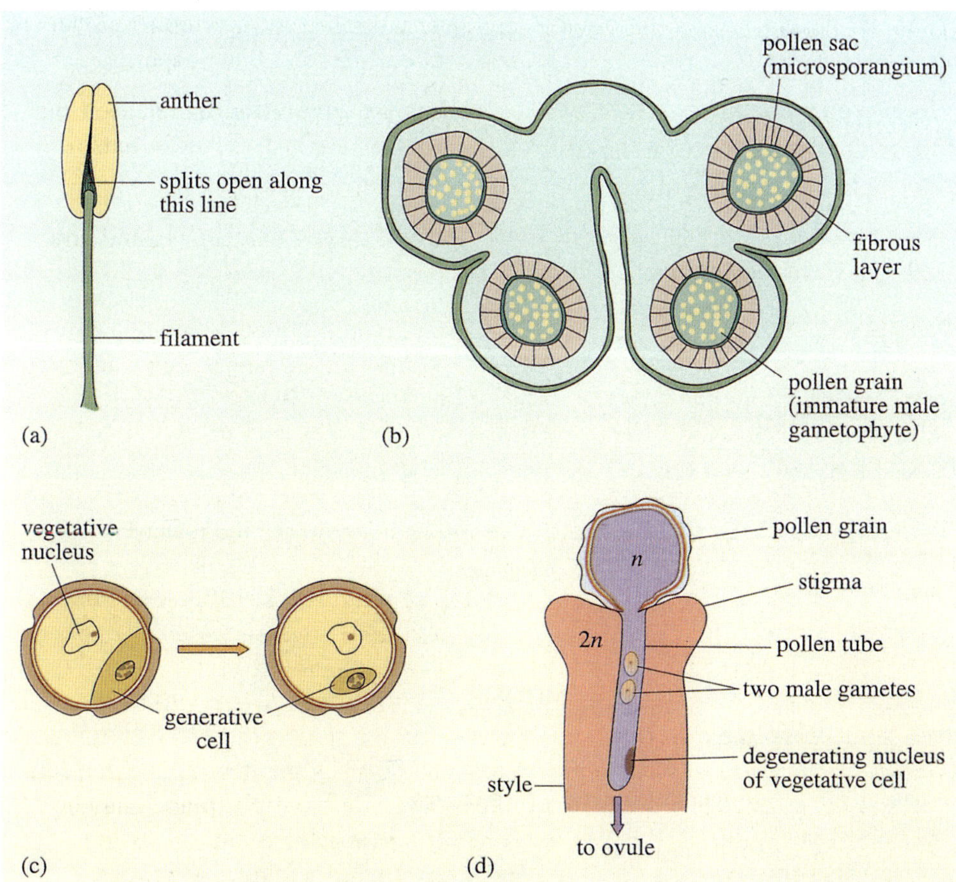

그림 1.22

꽃의 웅성 기관과 화분. (a) 화사 끝에 있는 꽃밥 (b) 꽃밥의 종단면. 4개의 화분낭을 보여준다. (c) 화분립의 성숙 과정. 두꺼운 세포벽 내에서 영양세포와 생식세포가 발달한다. (d) 암술머리(2배체)에서 발아하는 화분(반수체)

(microspore)가 되고, 소포자는 성숙하여 화분립(pollen grain)이 된다. 화분립의 벽은 두꺼우며 이중의 층으로 구성된다. 화분립의 핵은 분열하여 큰 영양세포(vegetative cell)와 작은 생식세포(generative cell)로 나누어지는데(그림 1.22c), 화분립은 이 상태로 산포된다.

○ 산포될 때의 화분립은 어떤 상태인가?

● (비록 포자벽 내부에서 일어나긴 하지만) 세포분열이 일어났기 때문에 화분립은 배우체이다. 그러나 아직 배우자는 형성되지 않았으므로 정확히 표현하면 미성숙 배우체이다.

화분이 수용적인 화합성(compatible) 암술머리에 착륙하면 발아하여 화분관(pollen tube)을 생성한다(그림 1.22d). 화분관은 암술머리를 뚫고 들어가 암술대를 따라 생장한다. 이 단계에서 화분립의 영양세포와 생식세포는 화분관 내로 이동하고, 생식세포는 분열하여 핵과 세포질로만 구성된 2개의 정세포(sperm cell, 웅성배우자)가 된다. 다음에 영양세포는 퇴화한다. 발아한 화분립의 세 세포가 성숙한 웅성배우체에 해당하며, 생장을 위해 필요한 요소들을 암술대로부터 공급받는다.

성숙한 난세포 및 주위를 싸고 있는 영양 조직과 보호 조직의 발달 과정은 매우 복잡하다(그림 1.23). 우선 **주심(nucellus)**이라고 불리는 배주의 일부분이 두 장의 보호 세포층인 주피(integument)로 둘러싸이게 되는데 이 구조가 대포자낭(megasporangium)에 해당한다(그림 1.19b 참조). 주심 내에 있는 하나의 커다란 세포가 감수분열을 하여 4개의 대포자(megaspore)가 되고 그 중 3개는 발달이 중단된다. 남은 하나의 대포자가 핵분열을 계속하고 크기가 커져 자성배우체가 되는데 이를 **배낭(embryo sac)**이라고 한다.

배낭의 핵은 세 번 분열하여 처음에 2개, 다음에 4개, 8개의 핵을 생산하는데 양쪽 끝에 4개씩 위치하게 된다.

2개의 핵은 중앙으로 이동하고 막으로 둘러싸여 2핵 세포를 형성한다. 다른 핵들도 각각 막으로 둘러싸이고, 주공(micropyle, 주심 벽 한쪽 끝에 있는 구멍) 가까이 있는 3개의 세포는 하나의 난세포(egg cell)와 2개의 조세포(accessory cell)로 된다(그림 1.23 오른쪽).

○ 이 단계의 배낭에 대하여 기술하시오.

● 난세포를 포함하여 7개의 세포와 8개의 핵으로 구성된 성숙한 자성배우체이다.

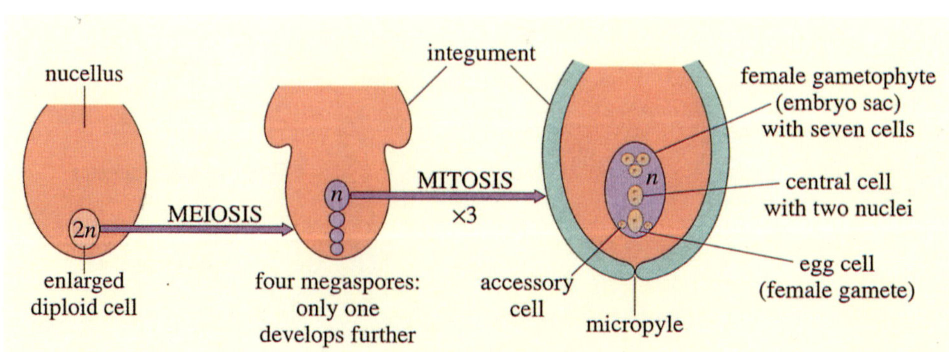

그림 1.23

배주의 발달 과정. 왼쪽 : 대포자모세포(megaspore mother cell)를 포함하는 배주의 일부(주심). 가운데 : 감수분열의 결과로 4개의 대포자가 형성되고 보호층인 주피가 발달한다. 오른쪽 : 하나의 대포자에서 세 번의 핵분열이 일어나 7개의 세포와 8개의 핵을 포함하는 성숙한 배낭이 형성된다. 배낭은 주심과 주피로 둘러싸인다.

수정 및 종자의 발달

화분관이 암술대를 따라 생장한 후(그림 1.22d) 주공을 통해 배주로 들어가 배낭 내로 침투한다. 화분관의 끝 부분이 하나의 조세포로 들어가면 분해되어 정세포를 방출한다. 정세포 중 하나는 난세포로 이동하면서 원형질막과 세포질을 도중에 잃어버리고, 정자의 핵과 난세포의 핵이 융합한다. 다른 정세포는 조세포로부터 중앙으로 이동한 다음(그림 1.24a) 2핵 세포와 융합하여 3배수(triploid, 3n) 세포가 되는데(그림 1.24b), 이는 세포벽을 형성하지 않고 반복하여 분열한다(그림 1.24c). 핵분열이 완전히 끝나면 벽이 만들어지고 이렇게 하여 형성된 조직인 **배유(endosperm)**는 영양물을 저장하게 되는데 나중에 배가 발달할 때 영양원으로 사용된다. 곡류를 모두 포함하는 화본과 식물 등에서는 영양물을 저장하고 있는 배유가 성숙한 종자에 남아 초기 유식물의 생장을 지지한다. 2개의 정핵 모두가 융합에 관여하기 때문에 이 과정을 **중복수정(double fertilization)**이라고 하고 피자식물의 중요한 특징이다.

접합체는 여러 번 분열하여 배 및 자루 형태의 배병(suspensor)을 형성하는데, 배병은 자라면서 배를 배유 깊숙이 밀어 넣는다(그림 1.24c와 d). 배는 미발달한 뿌리와 줄기, 그리고 하나 또는 두 개의 **자엽(cotyledon)**으로 이루어지며 자엽은 영양물을 저장하기도 한다(그림 1.24e). 배주는 발달하여 **종자(seed)**가 되며, 종자는 배를 보호하고 배를 위한 영양물을 축적한다. 두 장의 얇은 주피 층은 크고 단단해져 **종피(testa**, seed coat)가 된다(그림 1.24f). 씨방의 벽은 발달하여 **과실(fruit)**이 되는데 보통 여러 개의 종자를 감싸며, 종종 변형되어 종자의 산포를 돕는다.

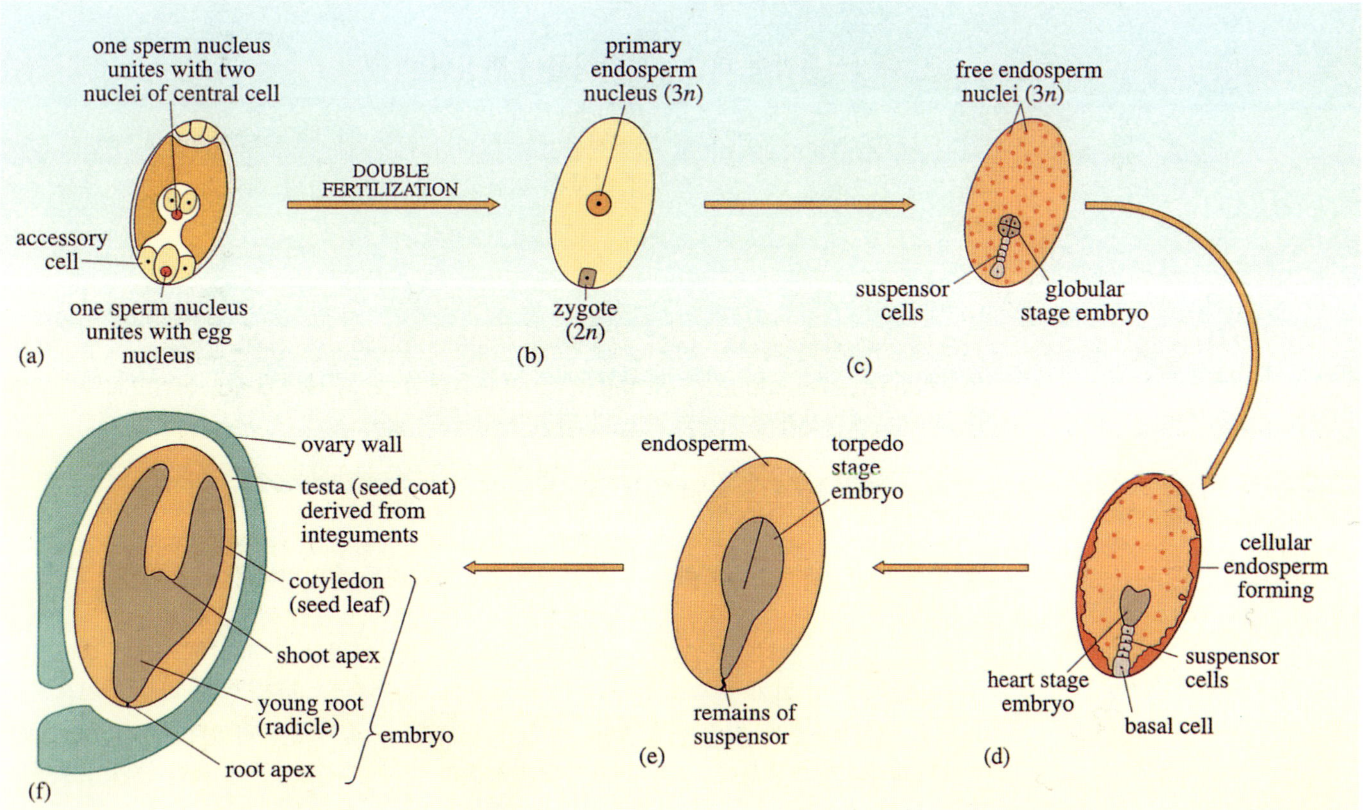

그림 1.24

종자의 발달 과정. 중복수정(a), 배유의 형성(b), 종자 발달의 3단계(구형, 심장형, 어뢰형)(c–e), 성숙한 종자(f)

○ 피자식물의 생활사와 부처손과 같은 단순한 이형포자성 무종자식물의 생활사를 이해했는지 알아보기 위하여 다음 표 1.1을 완성하여 보시오. (정답은 1장 끝에)

표 1.1 유성생식 기관의 비교

	피자식물	부처손
웅성	화분낭	
	화분낭의 감수분열 산물	
	산포 시의 화분	
	발아 중의 화분	
	생식세포분열의 산물	
자성	배주	
	주심	
	배낭	
	종자	

* 해당하는 구조가 없는 경우에는 피자식물 구조의 정의를 쓸 것.

1.4.2 나자식물과의 비교 : 피자식물이 번성한 이유

나자식물(gymnosperm)도 종자식물이지만 피자식물처럼 번성하지도 않고 종류도 다양하지 않다(그림 1.3). 두 종류의 식물을 비교하면서 피자식물의 진화적 성공 이유를 분석하여 본다.

우선 나자식물은 화분과 배주를 가지고 있지만 **꽃이 없다**. 그 대신 꽃잎이나 꽃받침이 없는 웅성과 자성 구과(cone)를 형성하며, 수분(pollination)은 거의 대부분 바람에 의하여 이루어진다. (소철류와 일부 마황류는 곤충이 화분을 옮기기도 한다.) 피자식물에서 바람 대신 동물 매개자가 관여하면 수분의 기회가 더 높아진다.

○ 꽃이 동물(대부분 곤충)에 의한 수분에 필수적인 이유는?

● 꽃은 향기, 색, 꿀이나 화분 등의 보상물로서 매개자를 유인한다(1.4.1절).

꽃과 화분 매개자의 공진화는 이제 매우 특수화되어 특별한 종류의 매개자만 유인된다. 그림 1.25에 몇 가지 예를 나타냈다. 피자식물은 이러한 특수화로 인해 비교적 적은 양의 화분을 생산함으로써 자원을 보존할 수 있다. 그러므로 꽃이 진화하였다는 점과 특수화된 수분매개자와의 연관성이 점점 더 밀접해진 사실이 피자식물이 성공한 요인 중의 일부이다.

그림 1.25

특수화된 수분(꽃가루받이) 과정과 연관된 꽃의 구조. (a) 좁은잎해란초(*Linaria vulgaris*) (b) 아룸 종류(*Arum maculatum*). 썩은 고기로 유인된 작은 파리에 의해 수분이 일어난다. 파리가 꽃의 아래 부분으로 기어 들어가 중앙 축(육수화서, spadix)에 달린 암꽃을 수분시키고, 아래쪽으로 향한 털에 붙잡혀서 수꽃에서 화분이 성숙할 때까지 남는다. 화분 가루가 묻으면 파리는 풀려난다. (c) 연리초(*Lathyrus*)속의 야생 완두 (d) 쥐손이풀 종류(*Geranium robertianum*)의 개방화. 색을 띤 꽃잎에 곤충을 유인하는 안내선이 있다. (e) 난초 종류(*Ophrys apifera*). 유럽 일부 지역에서는 벌처럼 생긴 꽃과 교미를 시도하는 수벌들에 의해 수분이 일어난다.

피자식물과 나자식물의 다른 차이점은 **수정 및 종자 발달** 과정 중에 나타난다. 나자식물은 대부분 중복수정이 일어나지 않고 하나의 핵융합만 일어나다. 따라서 3배수의 배유가 형성되지 않아 발달 중인 배는 자성배우체에 의존하여 영양분을 얻는다. 더구나 나자식불의 종자는 씨방 내에 보호되어 있지 않고 특수화된 인편(scale leaf) 위에 놓여 있으며, 피자식물의 과실에 해당하는 기관도 없다.

피자식물의 종자 산포 방법 또한 나자식물에 비해 더 다양하며, 모 식물로부터 훨씬 더 넓은 지역으로 산포된다. 나자식물의 경우 바람에 의한 산포는 소나무(*Pinus*) 종류처럼 거의 언제나 간단한 구조의 날개가 달린 종자에 의해 이루어진다. 그러나 피자식물은 더 복잡한 날개와 함께 민들레(*Taraxacum*) 종류처럼 낙하산 구조까지 발달하여 있다. 노간주나무(*Juniperus*) 종류와 같은 일부 나자식물 종자는 육질 인편에 종자가 둘러싸여 있어 동물에 의해 운반되기도 하나, 피자식물의 경우는 종자에 나있는 가시를 비롯한 끈끈한 부속물이 지나가는 동물의 털에 부착되는 등의 방법으로 동물에 의한 산포가 더 다양하게 이루어진다. 수분도 피자식물의 종자 산포 방법 중의 하나이다. 코코넛(*Cocus nucifera*)처럼 아무리 무거운 종자라 하더라도 언제나 물에 뜬다.

요약하면 피자식물의 성공 요인은 수분에 의존하지 않는 생식 메커니즘의 진화와 함께, 수정의 기회를 증가시킬 뿐만 아니라 종자를 보호하고 영양을 공급하며 산포시키는 더 효율적인 전략의 발달이라고 할 수 있다. 하지만 생식적 전략만으로 육상 서식지에서의 성공적 정착을 모두 설명할 수는 없다. 기관과 조직의 해부학적 구조 및 생리적 특성 또한 중요하다. 전자에 관하여는 1장 마지막 부분에서, 그리고 후자에 관하여는 2장부터 이 책의 끝까지 설명하게 될 것이다.

1.4절의 요약

1. 종자식물 특히 현화식물의 생식 체계는 관다발식물 중에서 육상 생활에 가장 완전하게 적응되어 있다. 이러한 적응에는 배우체 세대의 유지 및 축소, 더 효율적인 수정 방법, 종자 및 종자 산포 방법과 구조의 진화 등이 포함된다.

2. 피자식물의 꽃은 변형된 잎에서 기원한 많은 종류의 구조(꽃받침, 꽃잎, 수술, 암술의 심피)를 포함하며 이중 일부는 매우 화려한 색을 나타낸다.

3. 웅성 기관인 수술의 꽃밥에서 감수분열에 의해 화분이 생산된다. 초기의 소포자 핵이 분열하여 생식세포와 영양세포가 된다(미성숙 소배우체). 화분은 이 단계에서 산포된다. 화분은 수용적인 암술머리에서 성숙하고 발아하여 화분관을 형성한다. 화분관은 암술대를 따라 생장하고 여기에서 생식세포가 분열하여 두 개의 웅성배우자로 된다.

4. 자성 구조인 배주는 주심 조직 내의 씨방 안에서 발달한다. 하나의 세포가 감수분열을 통하여 4개의 대포자가 되고 그 중 3개는 퇴화한다. 나머지 하나는 배낭(대배우체)이 되고 배낭 내에서 유사분열에 의해 8개의 핵이 생산되고, 양쪽 끝에 3개씩 그리고 중앙에 2핵 세포로 모두 7개의 세포 구조가 형성된다. 배낭 입구 즉 주공 쪽에 위치한 3개 세포 중 중앙의 세포가 난세포이다.

5. 화분관이 배낭으로 침투하여 웅성배우자를 방출하면 중복수정이 일어난다. 하나의 웅성배우자는 난세포와 융합하고 접합체는 발달하여 배가 된다. 다른 웅성배우자는 중앙의 2핵 세포와 융합하고 그 결과 형성된 3배수 세포는 분열하여 영양분을 공급하는 배유 조직이 된다.

6. 배주는 성숙하여 종자가 된다. 종자는 배, 영양물 저장 구조, 그리고 배주의 주피로부터 형성된 보호벽(종피)으로 구성된다. 씨방이 성숙하여 과실을 형성한다.

7. 색, 향기, 꿀과 같은 꽃의 특징은 동물(특히 곤충) 매개체와의 공진화에 의해 발달하였다. 풍매화에는 이러한 특징들이 결여되어 있다.

8. 양성화가 일반적이지만, 단성화가 같은 식물체나 다른 식물체에 형성되기도 한다. 후자인 자웅이주 식물은 타가수분과 이계교배가 보장된다.

9. 피자식물이 나자식물과 비교하여 더 다양하고 진화적으로 성공한 이유는 다음과 같은 요인들과 관련이 있다. 즉, 동물을 수분 매개자로 하는 꽃의 발달, 중복수정과 배유 형성, 보호가 더 잘되는 종자 및 종자 산포 방법, 형태의 다양화와 해부학적 구조의 차이 등이다.

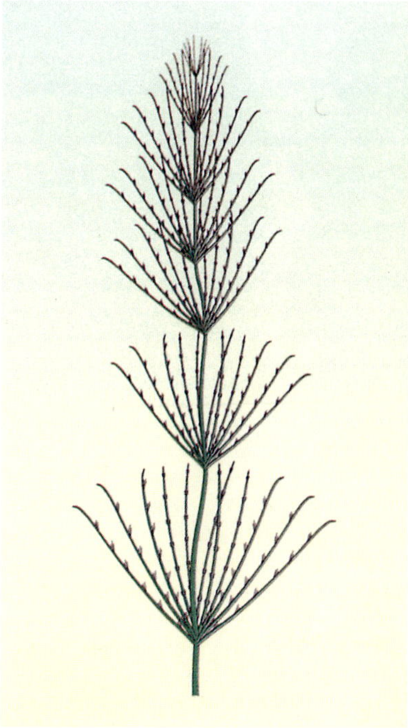

그림 1.26

민물에서 서식하는 다세포 녹조식물인 차축조(*Chara*)

1.5 세포의 구조와 기능

식물의 조상인 녹조류(Chlorophyta, 녹조식물문)는 수분 환경의 부력에 의해 지지된다. 따라서 태양광을 최대로 수용하기 위해 물에 떠 있도록 하는 보강 기관이 필요 없다. 수분에 포함된 영양소가 몸의 전 표면을 통하여 흡수되므로 차축조(*Chara*)와 같은 큰 다세포 조류도 특수화된 흡수 조직이나 통도 조직이 필요 없다(그림 1.26).

모든 관다발식물의 포자체도 다세포성 3차원 구조를 가지고 있는데, 정단세포에서 여러 면으로 새로운 세포가 형성되는 배에서 기원한다. 일반적으로 어린 세포의 세포벽은 얇으며, 세포가 수분을 흡수하고 신장하여 크기가 커진 다음 세포벽에 물질이 추가된다.

1.1절에서 초기 육상식물은 포복성이며, 진흙 둑이나 호수 가장자리에 서식하였을 것이라고 추측하였다. 나아가 식물에 유익한 상향 생장의 습성을 유지할 수 있는 세포 형태가 진화하는데 있어서 빛에 대한 경쟁이 중요한 자극이 되었을 것으로 여겨진다. 이끼류처럼 매우 작은 식물은 세포가 팽만(turgor, 수분으로 가득 찬 세포가 풍선처럼 부풀어서 생기는 견고함)되어 있고 개체들이 뭉쳐 있는 습성 때문에 직립 생장이 가능하였을 것이라고 생각되지만, 식물이 더 크게 자라기에는 효율적이지 않았을 것이며 구조적인 지지가 더 필요하였을 것이고 또한 실제로 필요하다. **줄기(shoot)**가 더 크고 직립으로 생장하는 것은 주위의 자원, 예를 들어 토양의 영양소와 수분, 대기의 빛과 이산화탄소 등을 이용하기 위한 대사 활동의 분할을 의미한다. 이러한 상황에서 지지 기능이 있고, 주어진 자원을 이용하며, 필요하면 식물체 주위의 원료와 생성물을 운반할 수 있는 세포 형태와 조직이 진화하여 온 것이다. 따라서 식물의 형태와 기능을 이해하기 위해서는 세포와 조직의 형태 및 기능에 대하여 반드시 알아야 한다. 특수화된 세포와 조직은 육상 생활의 생식 전략과 병행하여 발달하여 왔다.

그러나 특수화에도 불구하고 모든 식물 조직의 기본적 구조 요소로서 한 종류의 세포 형태가 지배적으로 나타나는데 이것이 바로 유조직세포(parenchyma cell)이다.

1.5.1 유조직

유조직세포(parenchyma cell)는 그림 1.27a와 b처럼 크기와 형태가 매우 다양하다. 이들의 공통된 특징은 살아있는 세포라는 것으로서 핵과 세포질을 포함하고, 형태는 사방정계 형에서 다면체에 이르며, 섬유소(cellulose)로 이루어진 얇은 세포벽을 가지고 있다. 세포벽이 얇기 때문에 인접한 조직으로부터 압력을 받으면 형태가 변할 수 있다(그림 1.27c). 인접한 세포들은 세포벽에 있는 구멍에 의해 서로 연결되어 있는데 이를 **원형질연락사(plasmodesmata**, 단수 **plasmodesma)**라고 한다. 원형질연락사의 안쪽은 원형질막으로 둘러싸여 있고 가운데 통로는 세포질과 소포체의 세관(tubule)을 포함한다. 일반적으로 작은 분자들은 원형질연락사를 통하여 자유롭게 이동하기 때문에 원형질연락사의 수와 위치가 세포 사이의 수송과 통신(communication)에 있어서 결정적 역할을 한다. 많은 수의 유조직세포는 이러한 기본적 특성을 일생동안 유지한다. 유조직세포는 일부는 기본조직(ground tissue)으로서 채우거나 메우는 작용을 하고, 일부는 견고함을 제공하는 내부 압력(팽압)을 이용하여 비목본성 조직을 지지하는 작용을 하며, 때로는 감자의 괴경(tuber)에 있는 녹말처럼 영양 물질 저장소로 작용하기도 한다.

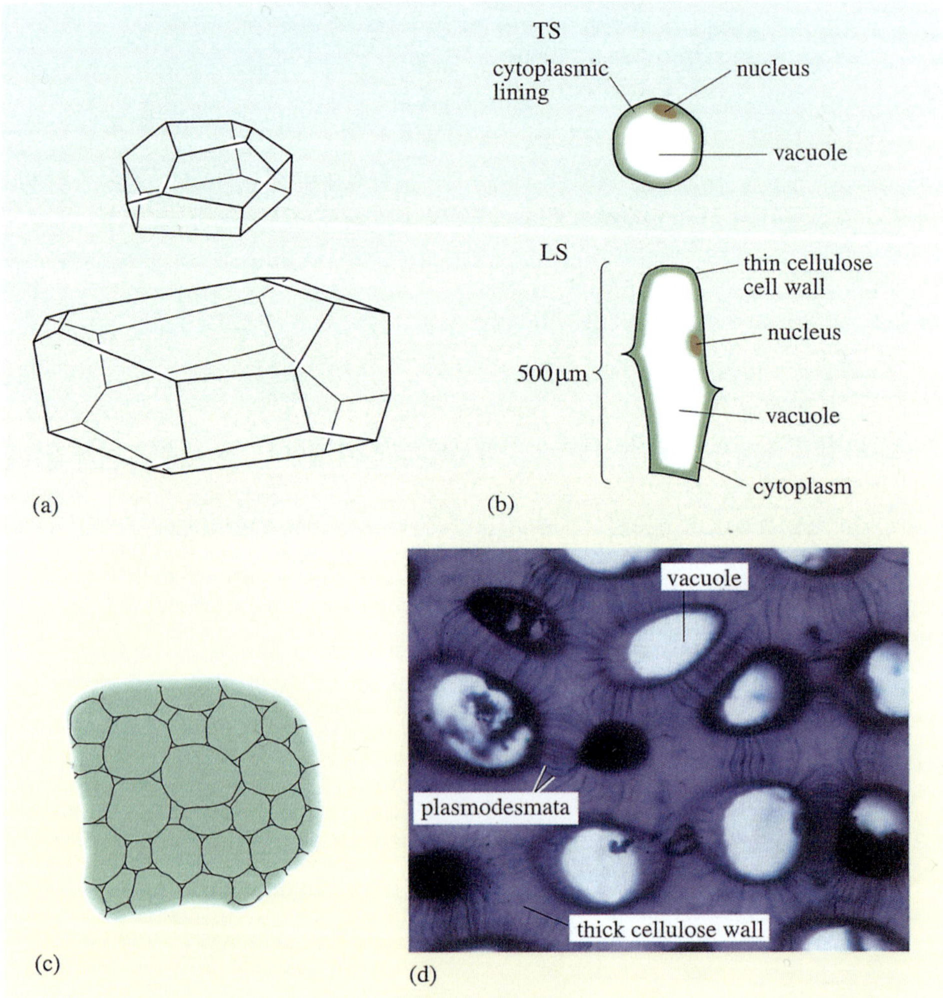

그림 1.27

(a) 유조직세포의 3차원적 형태 (b) 유조직세포의 횡단면 및 종단면 (c) 유조직의 횡단면 (d) 내피조직에 있는 두꺼운 벽의 유조직세포. 인접 세포사이의 원형질연락사가 보인다.

유조직으로 분류될 수 있는 세포는 모든 식물에서 발견된다. 예를 들어 선태식물 배우체의 내부 조직과 포자체 조직이 유조직이다. 하지만 그림 1.28에서 보는 것처럼 이끼류 배우체 줄기(그리고 포자체의 삭병)의 바깥쪽 4~5층은 세포벽에 섬유소가 추가로 포함되어 있다.

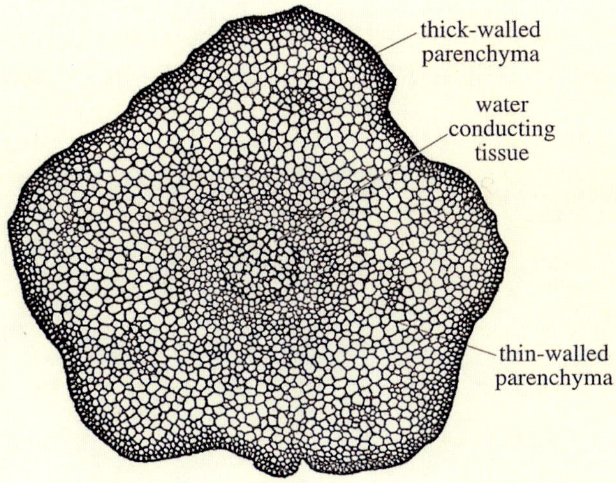

그림 1.28

솔이끼(*Polytrichum*) 배우체 줄기의 횡단면. 안쪽에 비후하지 않은 세포벽을 가진 유조직이 있고, 주변에 비후한 세포벽을 가진 유조직이 있다.

1.5.2 살아있는 식물 세포의 특수화

비후하지 않은 세포벽을 가진 세포

세포는 변형되었으나 세포벽은 변형되지 않은 중요한 세포 형태 네 가지는 **저장유조직, 책상조직세포, 체관부, 전달세포**이다.

저장유조직(storage parenchyma)은 녹말과 같은 저장물로 채워져 있다. 녹말은 **녹말립**(starch grain)의 형태로 엽록체 또는 기타 색소체에 포함되어 있다(그림 1.29).

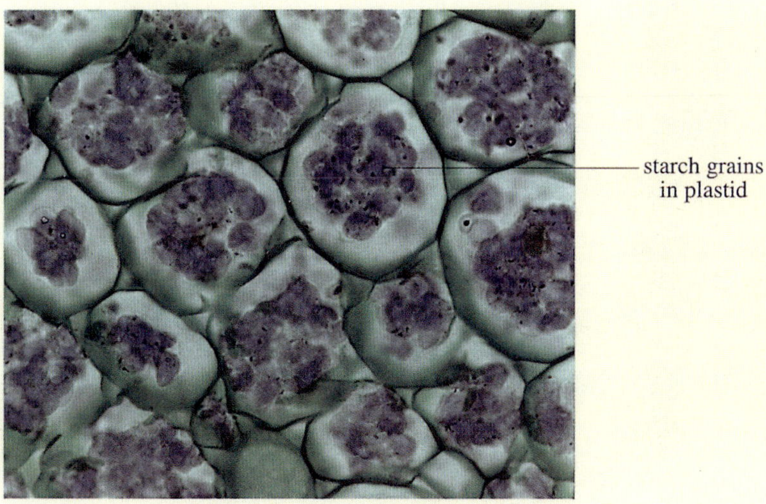

그림 1.29

색소체(빛을 받으면 엽록체로 발달하는 세포소기관) 내에 이심원(eccentric) 형태의 녹말립으로 가득 찬 감자 괴경 유조직세포

책상조직세포(palisade cell)는 피자식물의 잎 위쪽 표면 아래에 여러 열로 배열되어 있는 말뚝 형태의 세포이다. 책상조직세포는 세로축이 바깥쪽 세포와 직각을 이루고 있고(그림 1.30), 엽록체로 가득 차 있다. 광합성의 주 장소이다(2장).

체관부(phloem)는 광합성 생산물을 식물 전체로 운반하며 관다발계(vascular system)의 일부이다. 체관부는 하나의 세포 형태가 아니고 조직(tissue)으로서 세 가지 형태의 세포로 구성된다. 즉 기본적 유조직, **체관요소(sieve-tube element)**와 **반세포(companion cell)**, 그리고 섬유(fiber)가 가끔 포함된다(그림 1.31a). 피자식물은 체관요소들의 끝 부분

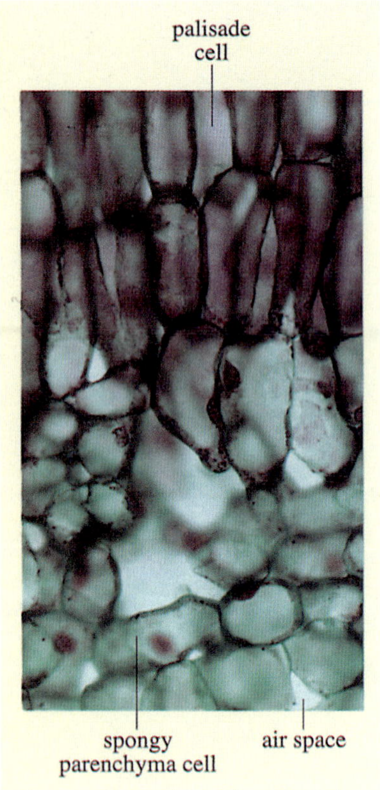

그림 1.30

벚나무(*Prunus*)속 식물의 잎 책상조직 종단면. 세포벽이 얇고 폭에 비해 길이가 약 4배 정도 길다

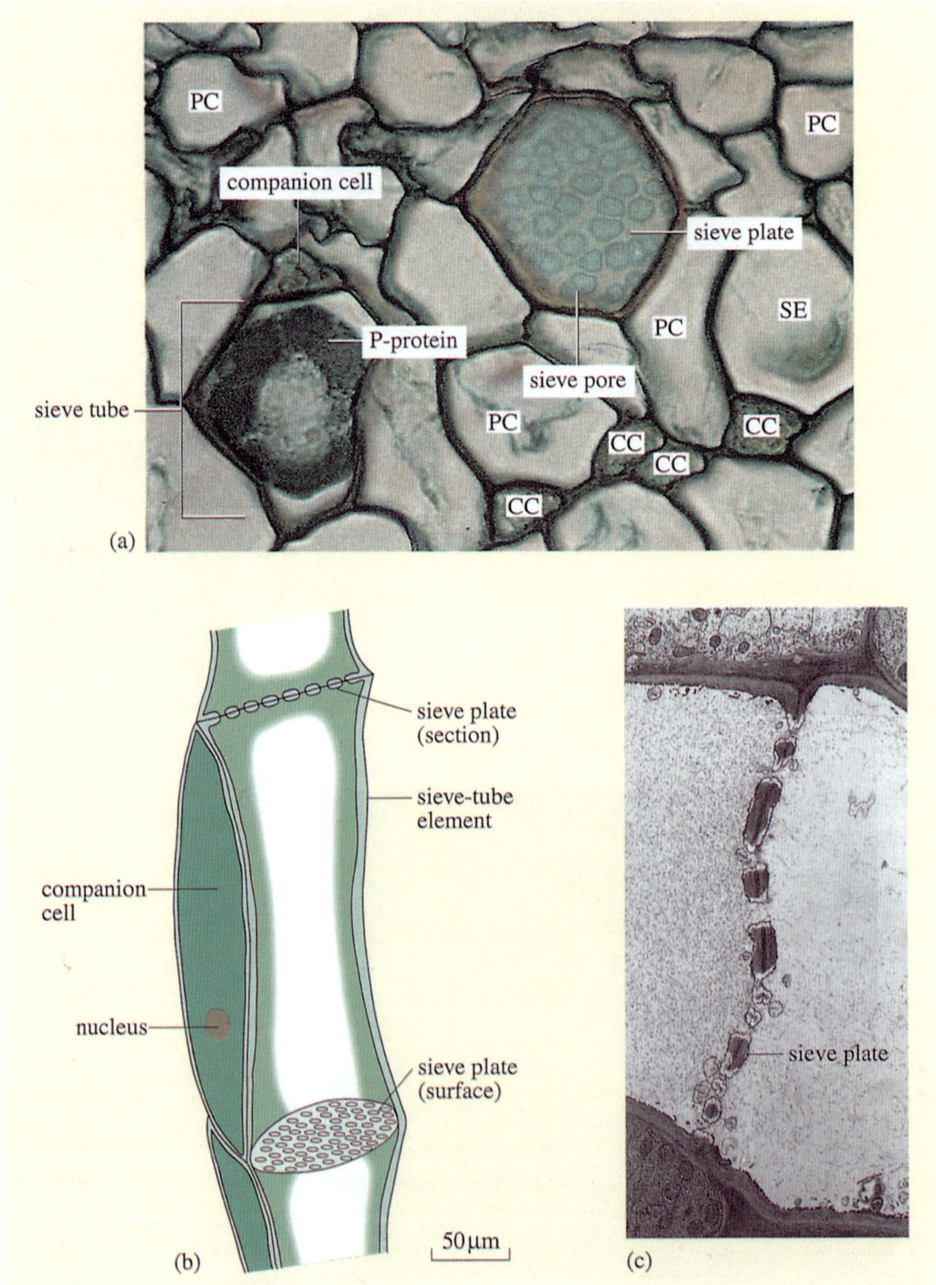

그림 1.31

(a) 체관부의 횡단면 광학현미경 사진. PC, 체관부유조직; CC, 반세포; SE, 체관요소 (b) 체관요소와 반세포의 종단면 모식도 (c) 체관요소 사이의 체판을 보여주는 체관의 종단면 전자현미경 사진

이 서로 이어져 **체관**(sieve tube)을 형성하여 실제 통도 요소가 된다. 성숙한 체관요소는 핵이나 세포소기관을 포함하지 않으나 세포질에는 많은 양의 P단백질(P-protein)이 포함되어 있다(3장). 세포 끝의 세포벽, 그리고 일부의 경우에 인접한 체관을 분리하는 세로축의 세포벽 부분에 세포질이 통과하는 일단의 체공(pore)이 있어 세포와 세포 사이의 연속성을 제공한다. 체공을 포함하는 이 지역을 **체판**(sieve plate)이라고 한다(그림 1.31b와 c). 반세포는 체관이 필요로 하는 에너지를 제공하며 따라서 미토콘드리아가 풍부하다. 반세포는 체모세포(sieve mother cell)의 세로 분열에 의해 형성되며 체관벽에 가깝게 정렬하여 있다.

전달세포(transfer cell)는 광학현미경으로 보면 보통 유조직세포와 비슷하게 보인다(그림 1.32). 흡수 기능을 가지며, 때로는 반세포가 특수화되어 전달세포로 작용한다.

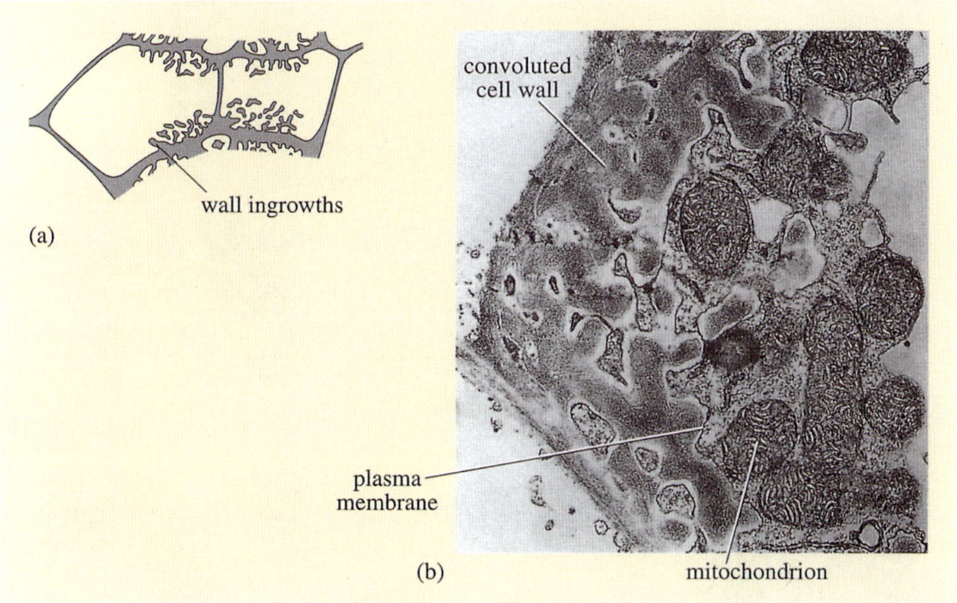

그림 1.32

(a) 복잡하게 접힌 세포벽을 가진 전형적인 전달세포 (b) 전달세포의 전형적인 세포벽과 원형질막을 보여주는 전자현미경 사진. 많은 미토콘드리아를 볼 수 있다.

○ 그림 1.32에서 전달세포는 어떤 특징 때문에 흡수의 기능을 갖는 것으로 생각되는가?

● 복잡하게 접혀 들어간 세포벽과 원형질막이 세포의 흡수 표면을 증가시킨다.

체관과 전달세포의 기능 및 작용은 3장에서 자세히 설명하기로 한다.

분열세포: 형성층

형성층(cambium) 세포는 크기가 작은 어린 유조직세포와 비슷하고, 가로와 세로로 모두 직사각형 모양을 하고 있다(그림 1.33a와 b). 세포벽이 얇으며, 종종 규칙적으로 열을 만들어 정렬한 것처럼 보인다(그림 1.33b). 형성층 세포는 분열 능력이 있고, 1기분열조직과 2기분열조직으로 분류된다. **정단분열조직**(apical meristem)과 **1기분열조직**(primary meristem)은 생장점(growing point)에 위치하며, 따라서 주로 뿌리나 줄기 정단부, 또는 일부 잎의 기부에서 일어나는 길이 생장과 연관되어 있다(그림 1.33c와 d). 이러한 분열조직은 정단부 뒤쪽 가까운 곳에 형성되어 있으며, 유조직같이 가장 먼저 특수화된 세포를 만들게 된다. **2기분열조직(secondary meristem)**은 2차조직과 연관되어 있다. 예를 들어 식물 기관이 비대성장을 할 때나, 상처 부위에서 수피(bark)와 같은 외부 보호층을 형성할 때 작용한다. 식물 조직의 횡단면을 보면 일반적으로 체관의 내부에서 2기분열조직이 발견되는데, 여기에서 새로운 세포가 형성되어 조직의 바깥쪽과 안쪽으로 공급된다. 또한 외부 피층(outer cortex)에는 **코르크형성층(cork cambium)**이 있는데(그림 1.33e), 여기에서 세포분열이 일어나 안쪽으로는 유조직세포를 만들고 바깥쪽으로는 두꺼운 세포벽을 가진 죽은 **코르크(cork)** 세포를 만들어 수피가 형성된다. 코르크형성층 및 여기서 만들어진 세포를 합하여 **주피(periderm)**라고 한다. 수피의 피목(lenticel)은 세포막이 얇으며 느슨하게 모여 있는 세포들로 이루어져 있는데 공기가 조직 내로 통하는 통로로 작용한다.

그림 1.33

(a) 형성층 세포의 종단면과 (b) 횡단면 (c) 1기분열조직과 정단분열조직이 있는 뿌리 정단부의 종단면 (d) 1기분열조직이 있는 줄기 정단부의 종단면 (e) 목본성 줄기의 횡단면으로서 표피 바로 밑에 코르크형성층이 있고, 바깥쪽에 떨어져 나가는 코르크 세포와 안쪽에 비후한 벽을 가진 유조직이 있다.

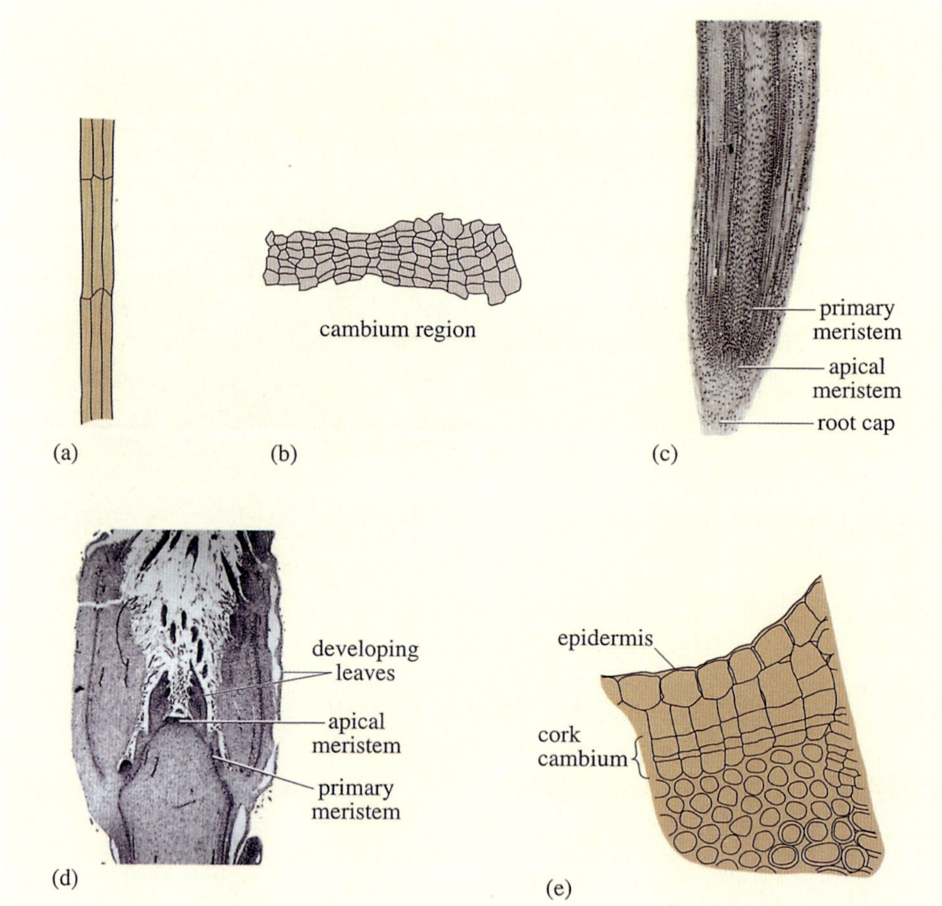

비후한 세포벽을 가지고 있는 살아 있는 세포

많은 수의 세포들이 특수화되면서 유조직이 가지고 있는 얇은 세포벽 특성을 잃어버린다. 이끼류의 바깥층처럼(그림 1.28) 세포벽에 **섬유소(cellulose)**가 추가되어 비후하기도 하고, 부분적으로 각피질(cutin)이나 코르크질(suberin)과 같은 방수 물질이나 또는 현미경상으로 관찰되는 왁스층으로 덮여있기도 한다. 이러한 종류에 **표피**, **내피**, 그리고 **하피**(또는 **외피**) 세포들이 속한다.

표피세포(epidermal cell)는 뿌리와 지상부(shoot)의 바깥쪽 **표피**(epidermis)를 구성하는 세포이다(그림 1.34a와 b). 표피세포는 바깥쪽 세포벽이 더 두껍고, 지상부에서는 **각피질**로 된 **각피**(cuticle)로 덮여있다(그림 1.34b와 c). 또한 대부분의 식물은 왁스를 분비하여 지상부의 각피 내 또는 그 위에 침착하는데, 이렇게 하여 각피는 방수성이 더욱 증가하고 곤충에 대한 보호 작용이 강화된다(그림 1.34d).

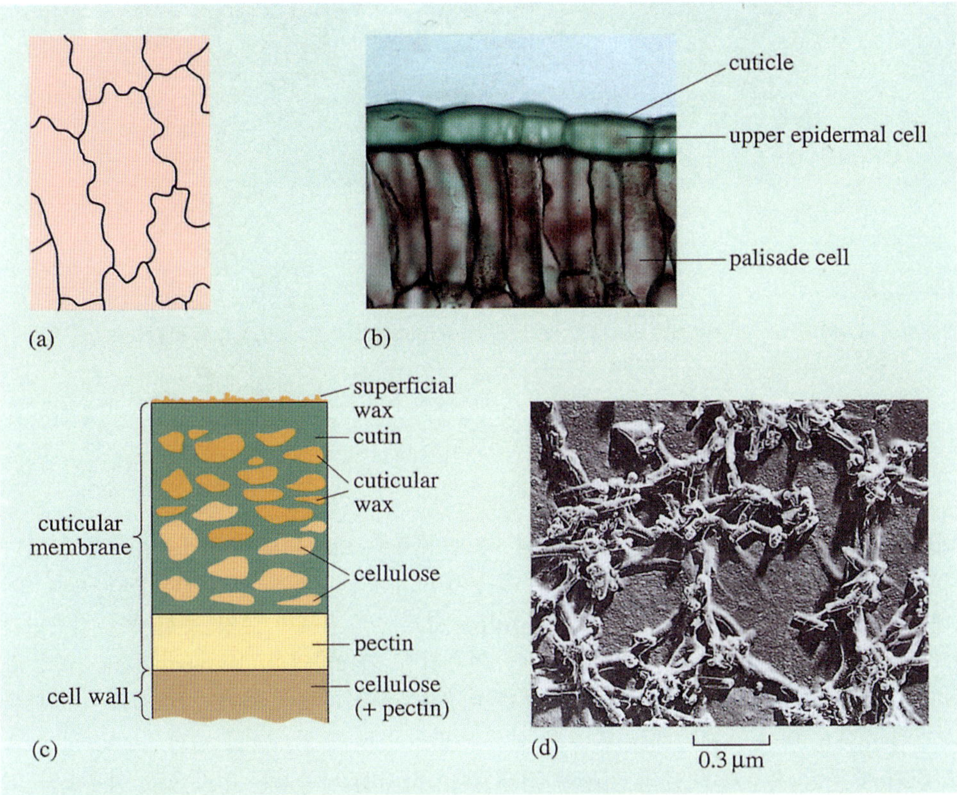

그림 1.34

(a) 잎의 표피세포 표면과 (b) 종단면 (c) 각피질 기질 내의 왁스와 섬유소의 복잡한 구조를 보여주는 잎의 종단면 모식도 (d) 잎 표면 왁스 침착물의 주사현미경 사진

선태식물이 쉽게 마르는 이유는 각피가 잘 발달되어 있지 않기 때문이다. 지상부 기관의 주 방수층을 구성하는 **각피질**(cutin)은 지방성 물질이다. 많은 수의 다가불포화지방산(polyunsaturated fatty acid)은 산소가 풍부한 환경에서 자연적으로 중합체가 되기 때문에 각피질 형성에는 복잡한 효소 촉매 반응이 관여하지 않는다. 따라서 세포가 지방산을 분비하면 저절로 각피질이 생성된다. 그러므로 비록 이끼류에서는 보기 힘들지만, 대부분의 식물에서 각피질이 발견된다는 사실은 놀랄 일이 아니다.

후각세포(collenchyma cell)는 주로 내부 조직을 둘러싸고 있으며, 세포벽에 섬유소가 추가되면서 세포 사이의 간격을 빈 공간으로 남겨둔다(그림 1.35). 후각세포는 조직을 단단하게 하지 않으면서 강화하는 작용을 한다. 주로 생장 중의 어린 기관에 많으며, 살아 있는 세포로서 계속 신장한다.

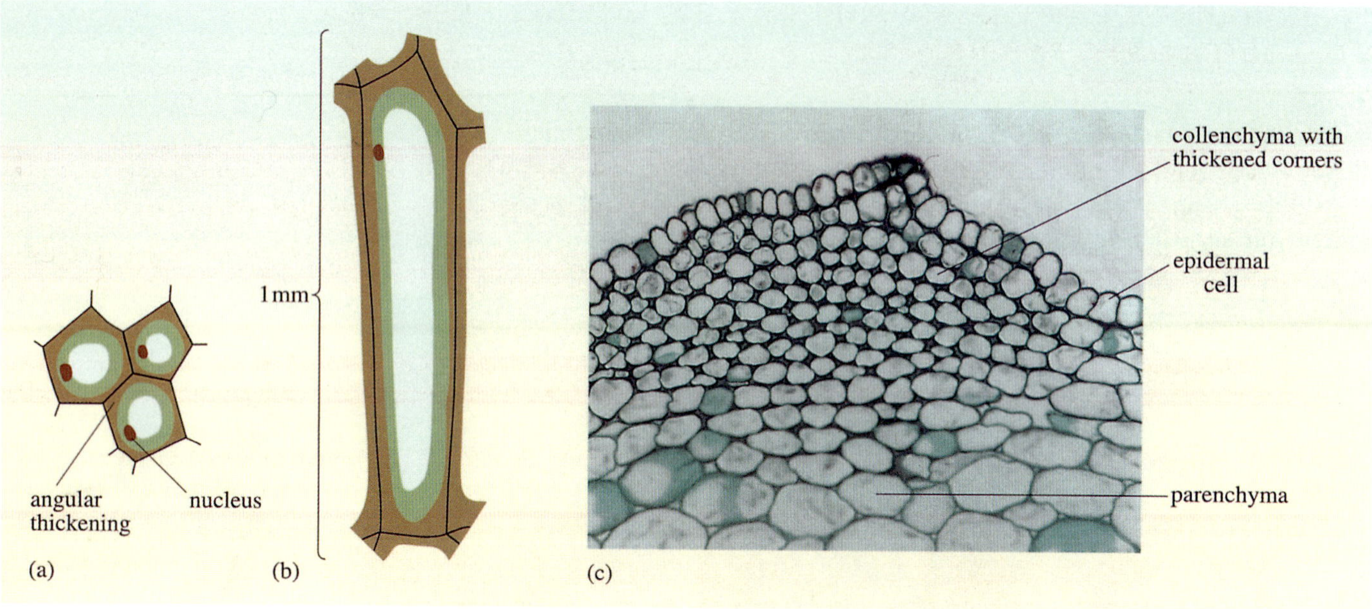

그림 1.35

후각세포의 횡단면(a)과 종단면(b). 세포벽의 형태 및 불균등하게 비후한 세포벽을 주목할 것. (c) 후각세포 집단을 보여주는 줄기 가장자리의 횡단면

내피세포(endodermal cell)는 뚜렷한 한 층의 세포층으로 **내피**(endodermis)를 구성하는데, 내피는 뿌리의 통도조직을 둘러싸며 중심주(stele)의 경계를 형성한다(1.6.3절). 어린 내피세포의 측벽과 세로 벽에 **리그닌**(lignin)-코르크질(세포벽 보강 중합체인 리그닌과 지방인 코르크질의 복합체)의 띠가 축적되어 연속적인 **카스파리띠**(Casparian strip)가 만들어지는데, 이는 내피 세포벽을 통한 수분과 이온의 수동 수송을 대폭 감소시키는 역할을 한다(그림 1.36a와 b). 초기에는 단순히 섬유소벽에 있는 구멍이 리그닌과 코르크질에 의해 막히기 때문에 수분과 이온의 이동이 저해된다. 하지만 나중에는 안쪽으로 섬유소와 코르크질로 이루어진 판들이 축적되어 세포벽이 층 구조를 이루게 되면서 전반적으로 두껍게 된다. 단자엽식물은 쌍자엽식물과 달리 내부의 벽이 더 두꺼워져 U자 형태가 된다(그림 1.36c). 내피의 여기저기에 얇은 벽을 가진 세포들이 있는데 이들을 통과세포(passage cell)라고 부른다. 줄기에는 내피가 없다.

오래된 뿌리의 표피 바로 아래에는 종종 **하피**(hypodermis)를 구성하는 비후한 **하피세포**(hypodermal cell) 층들이 있다(그림 1.37). 세포벽이 내피처럼 비후해지면 **외피**(exodermis)라고 부른다. 내피처럼 카스파리띠를 형성하면서 비후화가 시작되고, 나중에 1차세포벽 안쪽에 코르크질과 섬유소의 침착으로 보강된다. 뿌리가 생장하면서 토양 입자 사이를 지나감에 따라 표피는 점점 감퇴한다. 그래서 오래된 뿌리는 외피가 식물체 내외부로의 수분과 이온 이동을 제한하는 작용을 한다.

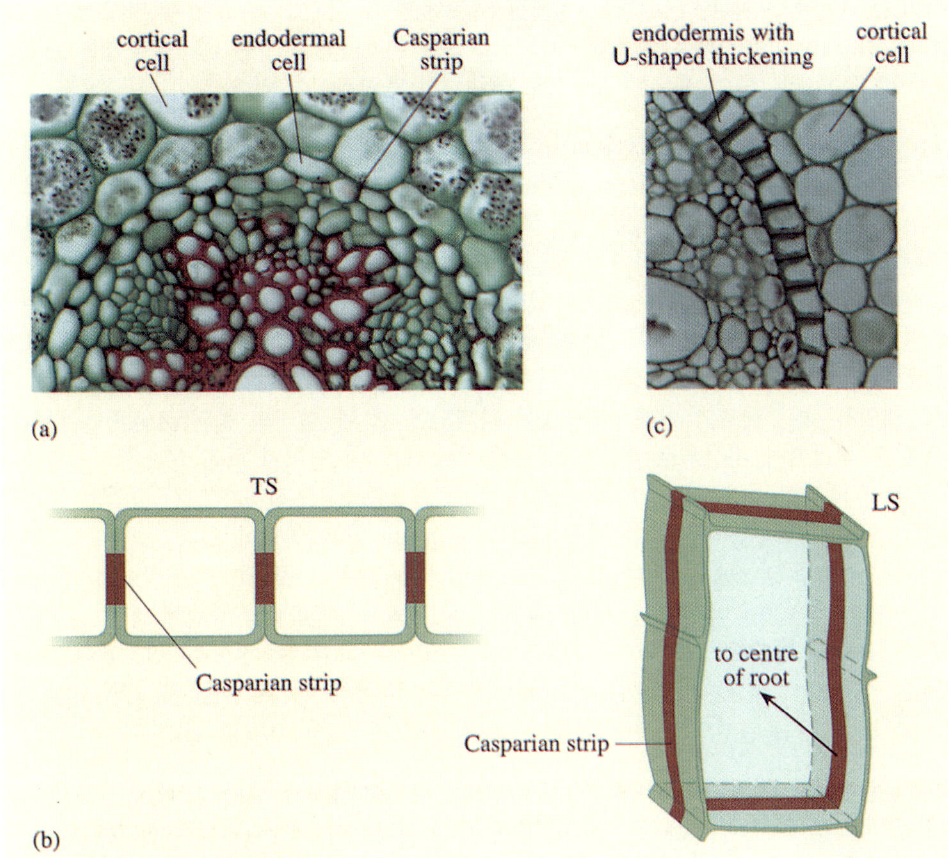

그림 1.36

뿌리 내피세포. (a) 쌍자엽식물의 어린뿌리 횡단면. 내피 측벽에 카스파리띠가 형성되어 있다. (b) 내피세포의 횡단면과 종단면 모식도 (c) 단자엽식물의 뿌리 횡단면. U자형으로 비후한 내피 세포벽을 볼 수 있다.

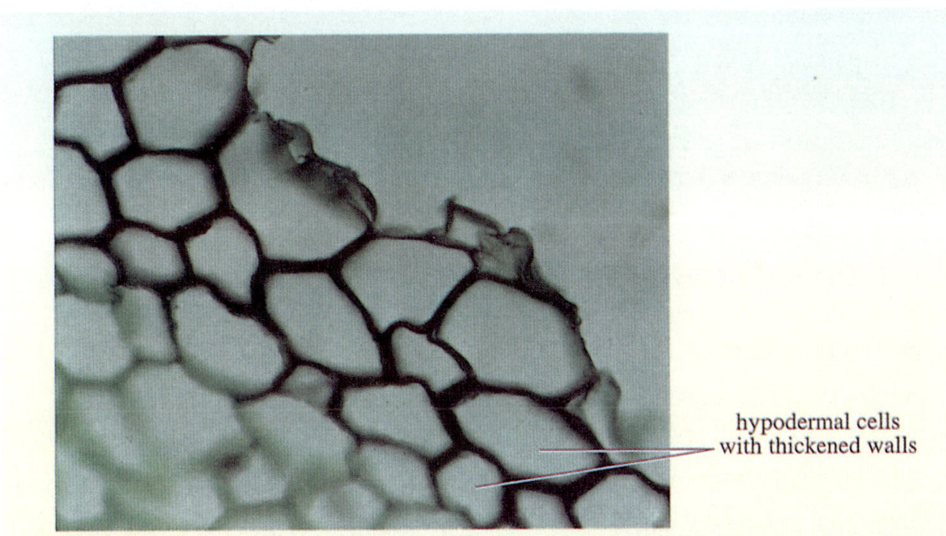

그림 1.37

두꺼운 벽을 가진 하피세포를 보여주는 뿌리 횡단면. 세포가 약간 불규칙한 형태인 경향이 있다.

1.5.3 죽은 세포

어떤 세포들은 수분이 통과하지 못하는 리그닌으로 비후된 벽을 가지고 있다. 리그닌은 복잡한 구조의 중합체로서 세포벽에 침착되어 섬유소 사이에 층을 형성한다. 일단 리그닌으로 목질화된 세포는 죽는데, 이것은 예정세포사(programmed cell death) 즉 **세포자살**

(apoptosis)의 한 예이다. 목질화된 세포는 매우 강하여 지지조직으로서 가치가 있다. 선태식물은 리그닌이 없기 때문에 조직 내에 리그닌이 존재한다는 것은 관다발식물을 규정하는 특징이 된다. 리그닌이 풍부한 조직으로 **물관부**와 **후벽조직**이 있다.

체관부와 마찬가지로 **물관부(xylem)**는 조직으로서, **물관**, **가도관(헛물관)**, **섬유**, 그리고 비후하지 않은 **물관부유조직(xylem parenchyma)**으로 이루어져 있다. 물관과 가도관(그림 1.38a)은 수분을 수송하고 조직에 지지 기능을 제공하는 반면, 섬유는 지지 역할만 한다. 유조직은 기본조직으로서 작용하거나 저장 기능을 갖는다. **가도관(tracheid)**은 일반적으로 길고 가늘며 끝부분의 세포벽이 좁아져 있다. 횡단면을 보면 가도관의 세포벽은 매우 두꺼운 반면 비어 있는 세포 내부(**내강**, lumen)는 좁은 것을 알 수 있다. 반대로 **물관요소(vessel element)** 세포는 폭이 넓고 길이가 짧으며 내강이 더 넓다. 물관요소들은 기둥 모양으로 배열하는데, 세포의 아래 위 격벽이 파괴되어 긴 관 형태의 **물관(vessel)**을 형성한다. 물관은 뿌리에서 지상부로 수분을 빠르게 수송하는 데 있어서 특히 중요한데, 내강이 넓기 때문에 수분이 이동하면서 거의 저항을 받지 않는다. 유조직, 가도관, 그리고 물관의 측벽에는 인접 세포들을 연결하는 **벽공(pit)**을 포함하는 얇은 지역이 있다. 벽공은 단벽공(simple pit, 그림 1.38b)이거나 유연공(bordered pit, 특히 물관과 가도관에서 나타남, 그림 1.38c)인데, 벽공의 형태는 세포벽의 비후 정도와 벽공의 형성 양상에 따라 결정된다(그림 1.38d). 체관부, 물관부, 그리고 형성층(있는 경우)을 집합적으로 **관다발조직(vascular tissue)**이라고 하고, 이들로 이루어진 독립 구조를 **관다발(vascular bundle**, 유관속)이라고 한다. 물관부의 기능에 대해서는 3장에서 자세히 다루기로 한다.

리그닌은 처음에 가도관과 물관(그림 1.38d)의 섬유소 세포벽 내에 띠 모양으로 형성되지만(**환상비후**, annular thickening) 더 많은 양의 리그닌이 침착되면서 나선 형태로 바뀐다(**나선상비후**, spiral thickening). 초기에 형성되는 물관부인 원생물관부(protoxylem)는 이러한 방법으로 비후하고, 이 경우 세포는 계속 신장할 수 있다. 나중에 형성되는 후생물관부(metaxylem)의 물관과 가도관은 더욱 비후해져서, 나선 형태는 계단 형태로 바뀌고(**계문비후**, scalariform thickening), 궁극적으로 벽공 주위의 간극을 제외한 내측 표면 전체가 비후하여 그물 모양의 **망문비후**(reticulate thickening)가 일어난다. 이러한 비후는 세포가 신장을 멈춘 다음에만 일어난다.

가도관은 데본기의 고생솔잎란류(psilophyte) 화석에서 처음 발견되는데, 그 이후에 나타난 모든 식물에서 관찰된다. 전체적으로 가도관은 키가 큰 나무를 지지하기에 충분한 강도를 제공하는데, 여기에는 높이가 90 미터에 달하는 초기 수목성 고사리류와 침엽수류도 포함된다. 이와는 대조적으로 물관은 기본적으로 양치류와 피자식물의 특징인데, 일부 석송류(lycophyte)와 속새류(horsetail)에서 발견되기도 한다. 이와 같은 사실은 이들 식물들이 근연 관계에 있다는 의미가 아니라 수렴진화(convergent evolution)의 한 예를 보여주는 것이다.

후벽세포(sclerenchyma cell)와 **후벽이형세포(sclereid)**는 단순한 지지 작용만 한다(그림 1.39). 후벽세포는 특히 물관부와 같은 다른 조직의 일부로 있을 때는 섬유로도 알려져 있다. 그러나 물관부 외측에 뚜렷한 띠 모양으로 존재할 때(비교적 유연하고 수명이 짧은 조직에서 종종 나타나는 특징)는 후벽섬유(sclerenchyma fiber)라고 한다. 아마(flax)나 삼(hemp) 같은 일부 식물의 마른 섬유는 경제적으로 매우 중요하다. 섬유세포는 매우 길고 가늘며, 세포벽이 매우 두껍고 인접세포와의 사이에 단벽공(simple pit)이 있다. 횡단면을

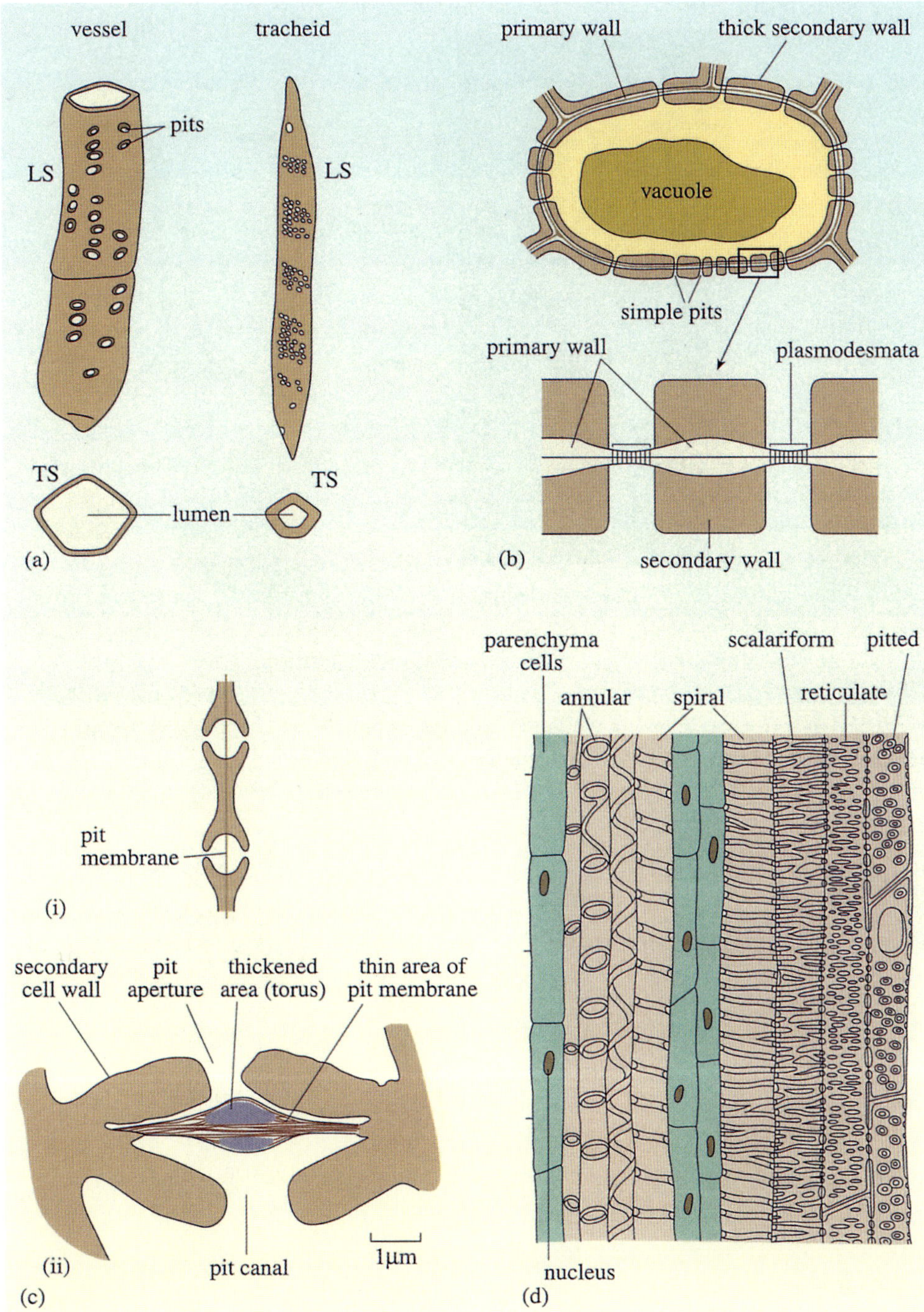

그림 1.38

(a) 물관과 가도관의 종단면과 횡단면. 가도관이 물관요소보다 길고 가늘며, 세포벽이 더 비후해져 내강이 좁다. (b) 물관부유조직 세포의 단벽공. 벽공 지역에는 2차세포벽이 침착되지 않으며, 수많은 원형질연락사가 1차세포벽을 가로지르고 있다. (c) 세포벽이 호를 그리며 벽공 일부를 덮고 있는 유연공. (i) 쌍자엽식물의 물관 (ii) 구과식물의 가도관. 1차세포벽의 남아 있는 부분이 벽공 막을 형성한다. 공기 방울이 형성되면 구과식물의 가도관에서 비후한 원절(torus)이 벽공 통로를 막는다. (d) 여러 가지 유형의 목질화에 의한 비후 현상

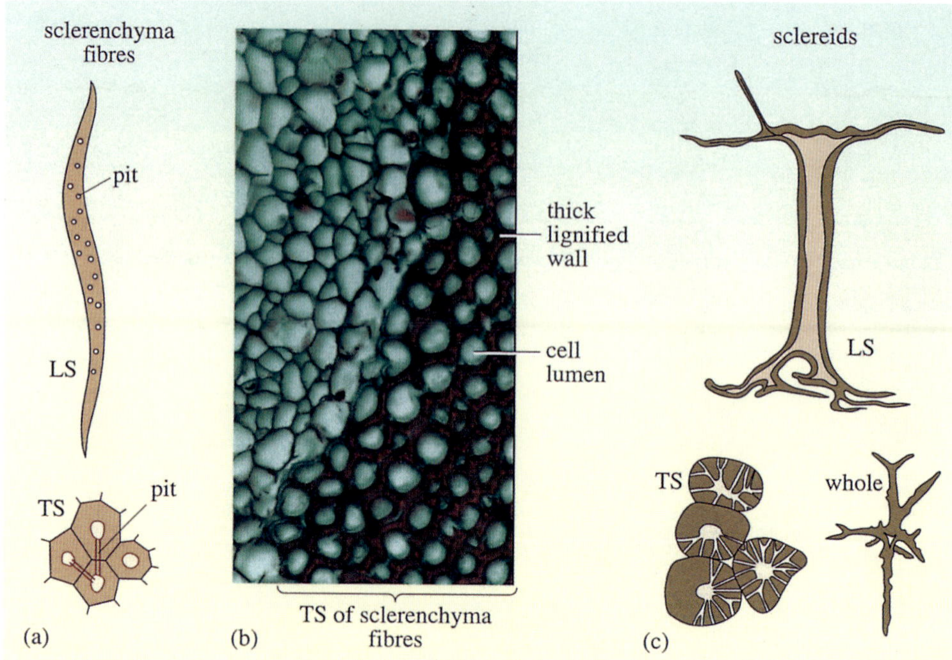

그림 1.39

후벽세포. (a) 섬유의 종단면과 횡단면 (b) 섬유 다발의 횡단면 현미경 사진. 매우 비후한 세포벽과 작은 내강을 볼 수 있다. (c) 후벽이형세포의 종단면과 횡단면 및 전체 세포

보면 모든 세포가 각진 구석에서 매우 가깝게 부착되어 있는 것을 관찰할 수 있고, 그래서 섬유세포는 후각조직보다는 더 강하고 물관이나 가도관보다는 더 약한 견고함을 나타낸다. 후벽이형세포는 세포벽이 균일하게 비후해져 있으나 하나씩 나타나며, 형태도 기이한 것이 있는데 예를 들어 긴 팔 모양의 돌기를 가진 것도 있다. 섬유세포 중에 석세포(stone cell)는 배와 같은 과일의 모래 같은 느낌을 준다.

연약하고 단명한 조직의 지지 역할을 주로 담당하는 후각조직과 후벽조직의 진화는 종종 초본성 습성의 시작과 연관되어 있다. 최초의 피자식물은 아마도 현재의 진정쌍자엽식물(eudicot) 및 단자엽식물과 별도로 분류되는, 원시적 특징의 피자식물 종류인 목련과의 목본 식물들과 비슷한 목본성 다년생식물이었을 것이다.

1.5절의 요약

1. 식물 세포벽의 기본적 지지 성분은 살아 있는 세포에서는 섬유소이고, 죽은 세포에서는 섬유소와 리그닌 및 코르크질이다.

2. 유조직은 기본적 세포 형태이다. 살아 있는 세포 중 특수한 기능에 적응된 다른 종류는 다음과 같다. 저장유조직; 엽록체가 풍부하여 광합성이 일어나는 책상조직; 광합성 산물을 운반하는 체관부의 체관과 반세포; 전달세포.

3. 비후한 세포벽을 가진 살아 있는 세포는 다음과 같다. 외부에 각피와 왁스를 추가로 가지기도 하는 표피세포; 어리고 단명한 기관의 외부 조직을 지지하는 후각조직; 선택적으로 수분과 이온을 내부 조직으로 이동시키도록 세포벽이 비후한 내피세포; 오래된 뿌리 외부의 하피세포와 외피세포.

4. 식물 조직의 크기(길이와 폭) 증가는 1기분열조직과 2기분열조직에서 일어난다. 분열조직 세포들은 작고 직사각형 모양이며, 세포벽이 얇다. 2기분열조직(형성층) 세포들은 열을 지어 정렬되어 있고, 세포벽은 조직에서 가장 오래된 세포들의 계통을 보여준다. 코르크형성층은 바깥쪽으로 코르크세포를 생산하여 수피를 형성한다.

5. 지지 작용을 하는 죽은 세포는 후벽세포와 후벽이형세포, 물관부섬유, 가도관, 그리고 물관 등이다. 가도관과 물관은 뿌리에서 지상부로 수분과 무기물을 운반하는 통로이다.

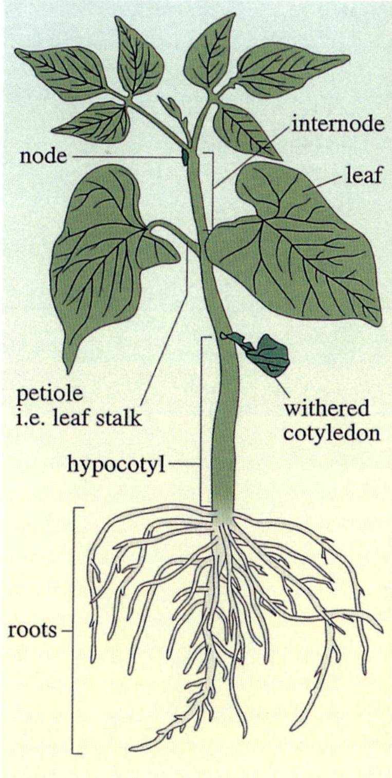

그림 1.40

식물의 일반 구조

1.6 중요한 구조적 변화

그림 1.40은 식물의 기본 구조이다. 각 구조에 대하여는 나중에 자세히 기술하기로 한다.

1.6.1 지지

앞에서 설명한 바와 같이 비후한 세포벽을 가진 세포들(후각조직과 후벽조직)은 관다발 조직의 바깥쪽에 위치할 때에도 지지 역할을 한다. 또한 이러한 세포들은 어린 조직과 단명한 기관의 특성이다. 예를 들어 후각조직은 줄기와 잎자루의 표피 바로 안쪽에 고리 모양의 조직으로 위치하고 있는 것을 자주 관찰할 수 있다. 또한 후각조직은 초본성 줄기의 구석과 돌출부를 강화하거나, 쌍자엽식물의 잎에서 엽맥(vein)의 경계를 형성한다. 일반적으로 피자식물, 특히 쌍자엽식물의 후각조직이 잘 발달되어 있다.

후벽섬유(sclerenchyma fiber)도 주로 피자식물의 비목본성 줄기 피층에 뚜렷한 선으로 나타난다. 벼과와 사초과 식물, 그리고 용설란과 같은 사막 식물의 단단한 섬유성 줄기 및 잎에서 후벽조직은 관다발의 바깥쪽을 보강하는 대들보 역할을 한다. 단단한 줄기와 잎은 초식동물에 대하여 억제력을 제공하기도 한다. 그러나 후벽섬유 띠는 세포벽이 약한 조직인 체관부 내에서도 종종 발견되는데(그림 1.41, 피나무), 체관부는 후벽섬유의 지지가 없으면 안쪽과 바깥쪽의 조직에서 오는 압력에 의해 파괴되어 버릴 것이다. 조직에 견고함을 주는 다른 구조로는 보호 역할도 하는 표피의 이삭과 가시, 그리고 피층의 후벽이형세포가 있다. 견과류의 껍질과 같은 목본성 종피는 주로 후벽이형세포로 구성되어 있다.

그림 1.41

3년생 피나무(*Tilia*) 줄기의 횡단면. 체관부에서 후벽조직의 띠(진한 녹색)와 활동 중인 체관부 세포(체관세포와 반세포)의 띠가 교대로 나타난다.

어리거나 단명한 기관의 후각조직과 후벽조직이 제공하는 지지 작용은 물관부에 의한 지지 작용과 대조적이다. 물관부섬유, 가도관, 물관은 뿌리와 줄기 그리고 엽맥의 중심주(central cylinder)에서 단기적 그리고 장기적인 지지 작용을 모두 제공한다. 초본성 기관의 가도관과 그리고 특히 물관의 역할은 아마도 지지 작용보다는 수분 수송(1.5.3절)에 더 중요할 것이다. 그러나 2차비후현상이 일어나는 목본성 종자식물에서 중앙의 물관부 조직은 더 이상 수분을 수송하지 않고 지지 기능만 가진다. 나무들이 직립 상태를 유지하는 것은 바로 이 때문이다. 흥미롭게도 현존하는 수목성 양치류(tree fern)와 화석종의 수목성 석송류(tree lycopod)는 물관부가 아니라 외부 피층의 목질화한 세포가 지지 작용을 한다.

그러므로 물관부와 체관부는 우선 수송계의 필요성 때문에 진화하였고, 물관부의 지지적 역할은 나중에 진화한 것으로 보인다. 두 조직 모두 오래된 화석 기록을 가지고 있다. 가도관과 체관부는 최초로 진화한 관다발식물인 초기 화석종 솔잎란류와 고생솔잎란류(*Psilotum*)에서 발견되는데, 피자식물처럼 조직적이지 않고 중심부에 선 모양으로 나타난다. 뿌리, 줄기, 잎의 특수한 기능이 진화한 것은 관다발 때문에 가능하였다고 할 수 있다.

1.6.2 뿌리

육상식물의 뿌리는 두 가지 기능을 가지고 있다. 식물체를 토양에 고착시키며 수분과 무기 영양분을 흡수한다. 그러나 초기에 진화한 식물들은 전적으로 뿌리에 의존하여 식물체를 고착시키는 것은 아니고, 일부 피자식물처럼 가는 뿌리를 내는 지하경(**근경**, rhizome)을 가지고 있다. 줄기의 일부에서 자라나는 뿌리를 **부정근**(adventitious root)이라고 한다(그림 1.42a). 지하경은 다년생이며 보통 토양의 표면 바로 밑에서 자란다(그림 1.42c). 최초의 지하경은 화석종의 고생솔잎란류에서 나타나므로 선태식물만 뿌리가 없다.

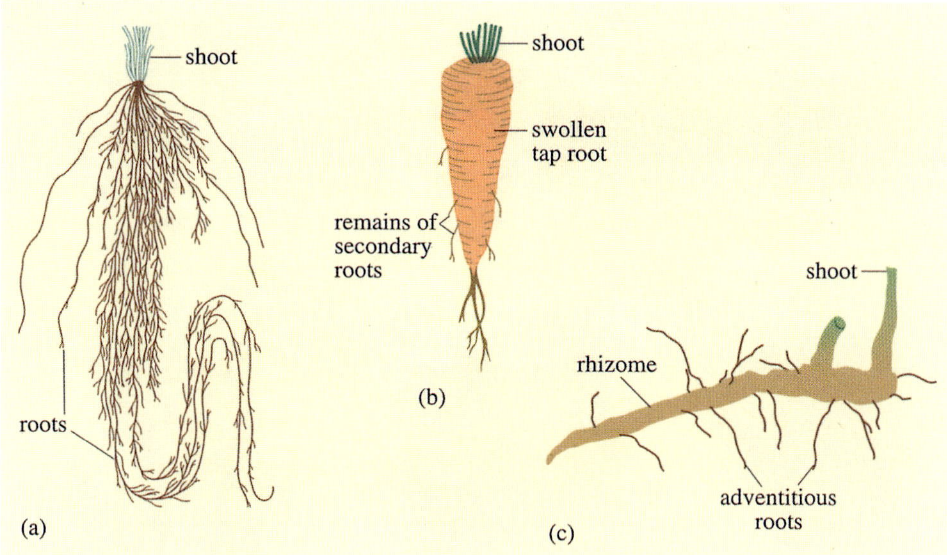

그림 1.42

(a) 수염뿌리계(fibrous root system)를 형성하는 밀(*Triticum aestivum*)의 부정근 (b) 영양물을 저장하는 당근(*Daucus carota*)의 주근 (c) 부정근을 가진 고사리(*Pteridium aquilinum*) 지하경

일반적으로 비부정근, 즉 배의 줄기 기부 연속으로 자라는 뿌리는 나자식물과 피자식물에만 국한되어 있다. 이들 식물의 뿌리는 땅속 깊이 파고드는 단단한 주근(tap root)의 형태를 취하며 영양분을 저장하기도 한다(그림 1.42b). 다른 형태의 뿌리는 가늘고, 토양 표면에 분지한 그물모양으로 퍼져있다. 대부분의 쌍자엽식물은 이와 같이 분지한 비부정근 근계(root system)를 가지고 있다. 그러나 단자엽식물은 대부분 비교적 키가 작고 초본성이며 단명이기 때문에, 처음 나온 뿌리는 곧 줄기에서 자라난 수많은 부정근으로 대치된다(그림 1.42a). 모든 종류의 뿌리에는 **뿌리털(root hair)**이 선단부 바로 뒤쪽에 나있는데, 수분과 필수 무기영양분의 흡수가 일어나는 주 장소이다(3장).

뿌리의 특징인 내피(1.5.2절)는 물관부조직과 평행하여 진화한 것으로 보이며, 중앙의 중심주에서 수분과 무기물의 선택적 출입을 확보하기 위한 필요성의 결과물로 생각된다.

1.6.3 중심주

뿌리와 줄기의 피층 안쪽으로 있는 모든 조직을 **중심주(stele)**라고 하며 모든 관다발조직을 포함한다. 기관과 식물 종류에 따라 다른 종류의 중심주가 진화하였다. 예를 들어 물관부로 차있는 중심주는 뿌리와 대부분의 수목성 줄기의 특징이고, 불완전한 고리 모양의 관다발조직은 해바라기(*Helianthus*)와 같은 어린 쌍자엽식물 줄기의 특징이다. 단자엽식물의 관다발조직은 중심주 전체에 퍼져있다.

비후한 세포들로 채워진 기둥 형태의 중심주를 **원생중심주**(protostele, 그림 1.43a)라고 하는데, 주로 뿌리처럼 조직이 압력을 받을 때 유용한 구조적 장치이다. 그러나 바람에 휘는 줄기처럼 유연성이 필요한 경우에는 이러한 구조가 비효율적이다. 비후한 세포들이 속빈 기둥 형태로 배열하면 유연성이 훨씬 증가할 수 있다(그림 1.43b). 내부의 수(pith)는 유조직으로 채워지기도 한다. 이러한 구조는 예를 들어 아직 연약한 1년산 피나무(*Tilia*)나 초본성 쌍자엽식물의 오래된 줄기에서 볼 수 있다. 끝으로 전열중심주(dissected stele)는

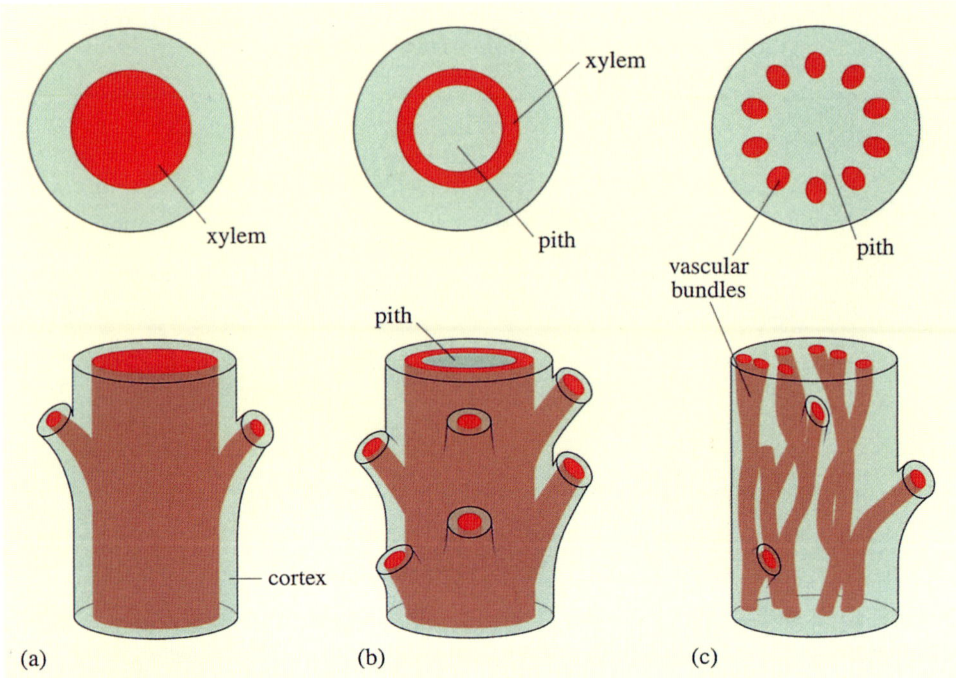

그림 1.43

중심주의 여러 형태에서 관다발조직의 배열을 보여주는 모식도. 횡단면(위)과 입체적 구조(아래). (a) 전형적인 원생중심주 (b) 속이 빈 중심주 (c) 전열중심주

죽은 광대나물 종류(*Lamium*)나 또는 오이(*Cucumis*) 같은 덩굴식물(climbing plant)에서 볼 수 있는데, 기둥이 파괴되어 세로로 누운 대들보의 고리(절개형 기둥)를 형성하여 줄기의 유연성이 더욱 증가한다(그림 1.43c). 이 대들보를 **관다발**(vascular bundle)이라고 한다.

일반적으로 종자식물의 어린 줄기는 전열중심주이다. (이러한 특징은 뿌리에서는 그렇게 뚜렷하지 않은데 개개의 관다발이 매우 가깝게 정렬하여 중앙의 조직을 채우고 있다.) 줄기가 자라면서, 특히 다년생식물(예를 들어 수목)의 경우에는 2기분열조직이 새로운 관다발조직을 만들어서 속이 빈 기둥 형태나 속이 찬 기둥 형태로 중심주가 바뀌게 된다. 다년생식물은 전열중심주가 지속되는 초본성 습성보다 수목 형태가 먼저 나타난 것으로 생각된다.

기관의 직경을 증가시키는 2차생장(secondary growth)은 중심주를 구성하는 물질이 부분적으로 추가된 결과이다.

○ 직경 증가에 관여하는 세포 형태는?

● 2기분열조직의 형성층 세포(1.5.2절)

○ 새로운 관다발조직을 형성하는 2기분열조직은 어디에 있는가?

● 물관부와 체관부 사이

쌍자엽식물 줄기에서, 처음 형성된 형성층(관다발내형성층, fascicular cambium)은 1기관다발에서만 발견된다. 여기에서 세포분열이 일어나 체관부와 물관부로 분화될 새로운 세포가 형성된다(그림 1.44a). 그러나 점차적으로 관다발 사이의 유조직세포층이 분열하기 시작하고 전혀 새로운 관다발이 형성된다(그림 1.44b). 시간이 지나면서 속이 찬 중심주와 속이 빈 중심주에서 모두 관다발이 줄기를 둘러싸게 된다. 전열중심주를 가진 줄기는 새로 형성된 세포의 일부분이 유조직으로 분화하여 관다발 사이에 놓이게 된다.

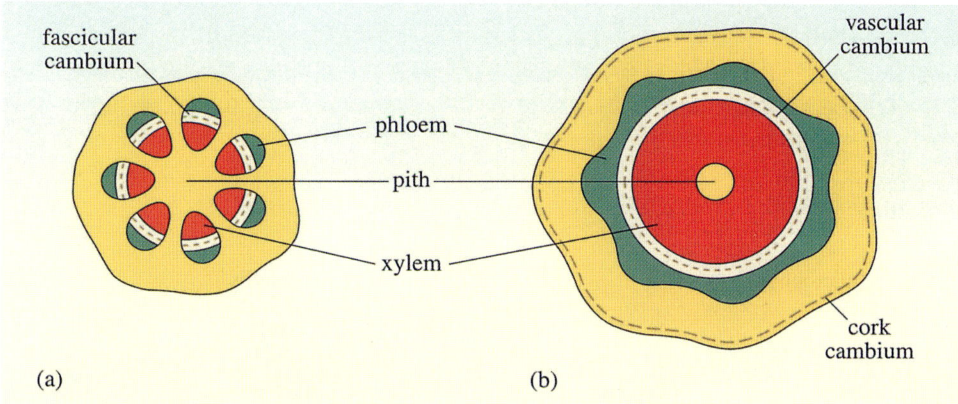

그림 1.44

줄기의 2차비후 현상. (a) 1기관다발 내의 초기 형성층(관다발내형성층) 위치 (b) 관다발형성층이 줄기 전체로 원을 그리며 이어지고 새로운 물관부와 체관부를 형성한다. 가장자리에 코르크형성층이 형성된다.

뿌리의 2차생장 과정도 이와 같다. 그러나 뿌리의 관다발 수는 좀처럼 5개를 넘지 않고, 체관부가 물관부의 바깥쪽이 아닌 물관부 사이에 위치하므로, 일련의 새로운 활동적 형성층 세포는 처음에 여러 개의 호(arc)를 형성하고, 나중에 체관부의 안쪽과 물관부의 바깥쪽을 메워나가게 된다(그림 1.45a와 b). 시간이 지나면서, 특히 더 큰 목본성 뿌리에서 더 많은 세포가 바깥쪽이 아닌 안쪽으로 형성됨에 따라, 활동적 형성층 고리가 형성된다.

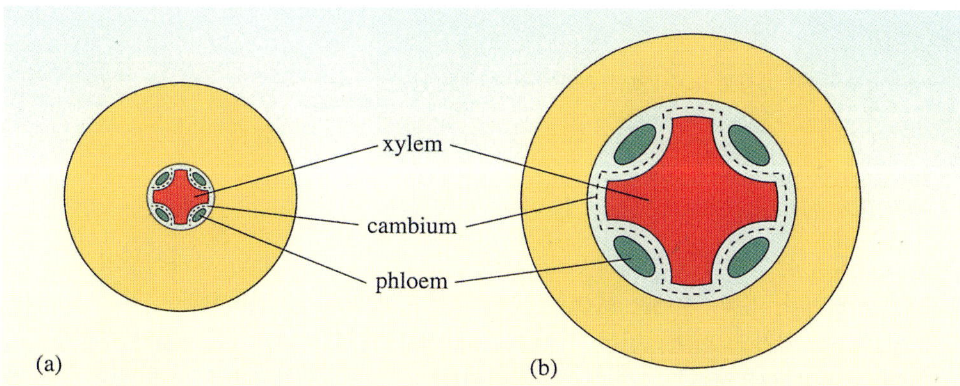

그림 1.45

뿌리의 2차비후 현상. (a) 물관부와 체관부 사이에 위치한 초기 형성층 (b) 형성층이 뿌리 전체로 원을 만들면서 이어지고, 새로운 물관부와 체관부를 형성한다.

1.6.4 잎

잎은 어떻게 진화하였는가? 현재의 솔잎란류와 마찬가지로 최초 육상식물인 고생솔잎란류(*Psilotum*)의 지상부(shoot)는 양축분지(dichotomous branching)를 하며 원생중심주를 갖는 직립 형태였을 것이다(그림 1.3). 역시 솔잎란류와 마찬가지로 이들 식물의 지상부에는 아마도 광합성을 하는 줄기(stem)에서 단순하게 돌출된 **소엽(microphyll)**이라고 불리는 인편(scale)이 있었을 것이다. 이것이 엽맥이 하나밖에 없는 가장 단순한 잎 형태로서, 관다발식물 잎의 진화에 있어서 두 가지의 주요한 형태 중 처음 것으로 여겨진다. 소엽 계통은 석송류에서 절정을 이루었으며 어떤 화석종들은 소엽의 길이가 60 cm에 달하는 것도 있었다(그림 1.46a). 현재는 석송류와 고생솔잎란류만 소엽을 가지고 있다.

잎의 다른 형태는 **대엽**(megaphyll)으로서, 역시 솔잎란류처럼 양축분지 줄기에서 기원하였을 것으로 생각된다. 그러나 이 경우에는 가지가 합쳐졌다. 가능한 진화 단계는 처음에 하나의 주 가지가 양축분지 상의 다른 가지를 덮고(그림 1.46b), 다음에 끝에서 둘째로 형성된 가지들과 이들 사이에서 자라나온 유조직 망과의 **평면화**(planation)가 일어났다고 하는 것이다. 대엽은 진화 초기 단계부터 여러 개의 관다발이 내재하고 있었을 것이다. 잎 면적이 확대됨으로써 식물의 광합성 능력은 분명히 증가하였으며, 대엽은 이후에 진화한 모든 식물문에서 나타난다.

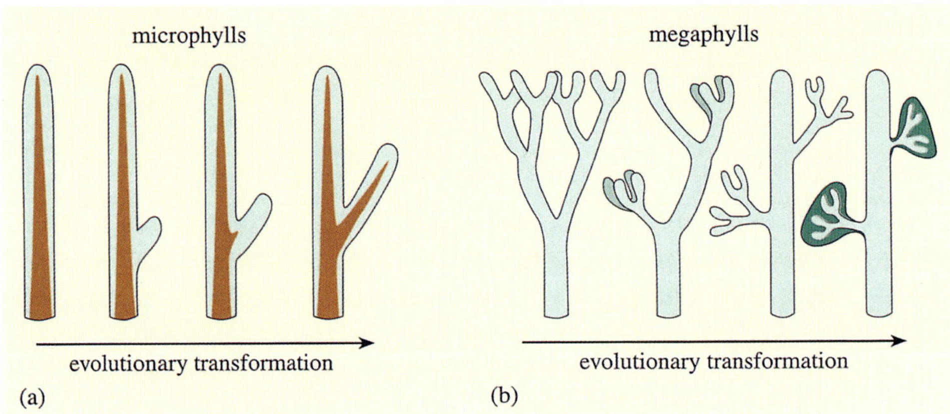

그림 1.46

(a) 소엽의 진화 과정 예상도 (b) 대엽의 진화 과정 예상도

특히 쌍자엽식물의 대엽은 형태와 구조가 매우 다양하다. 양치류와 나자식물의 잎도 상당히 다양한 편이다. 잎의 형태는 특별한 생장 조건에 따라 크게 변화한다. 잎이 변형되어 가시나 덩굴손이 되기도 하며, 일부 식물(화본과 식물과 일부 양치류)은 잎의 분열조직이 땅 근처에 있다(그래서 잔디를 깎아도 계속 자란다). 특수한 경첩세포를 가진 잎은 건조할 때나 만질 때 또는 밤중에 접히거나 말려 올라간다.

1.6.5 지상부계 및 기체 교환

증산작용(transpiration)에 의해 잎 표면에서 대기로 수분이 항상 증발하고 있으며, 만약 식물이 수분 손실을 제한하려면 지상부 표면에 어떤 형태의 보호 장치가 있어야 한다.

○ 지상부 바깥쪽에 있는 방수층을 무엇이라고 하는가?

● 각피층(cuticle)이 주 방수층이다. 각피층은 종종 왁스로 침투되어 있거나 덮여있다(그림 1.34).

소수 선태식물에서 잎이나 편평한 엽상체의 위쪽 표면에 흔적 같은 각피층이 발견되므로, 이러한 특징은 식물의 진화 초기에 건조한 육상에서 발달한 것으로 생각된다. 당연히 잎의 아래쪽과 같이 공기 흐름의 영향을 적게 받는 지상부 표면과, 수분스트레스를 받지 않는 수생식물의 표면은 종종 각피층이 얇거나 결핍되어 있다. 많은 식물의 표면에는 단순한 또는 분지한 털이 나있어 식물체 주위의 표면층에 있는 공기를 붙잡는데 이 또한 수분 손실을 감소시키는데 도움을 줄 수 있다.

잎은 폐쇄된 구조가 아니라 표피에 있는 **기공(stomata, 단수 stoma)**이 열고 닫히면서 기체 교환이 이루어진다(그림 1.47). 기공이 닫히면 수분 손실이 매우 감소한다.

그러나 기체 교환은 광합성에 있어 필수적이다. 이산화탄소가 식물 내로 들어와야 하고 산소는 떠나야 한다. 또한 뿌리에서 잎까지 물관부를 통하여 수분과 무기영양분을 운반하는 증산류(transpiration stream)가 가능하도록 하는 데는 일부 수분 손실이 필요하다. 따라서 수분 손실을 제한하면서 적절한 기체 교환을 허용하는 균형 장치가 필요하게 된다. 기공은 거의 대부분 잎의 아래쪽 표면이나 줄기 표면의 접힌 부분과 같이 보호된 지역에 나타난다. 기공의 가장자리에는 **공변세포(guard cell)**가 있다. 공변세포는 내부와 외부 자극에 반응하여 형태를 바꾸면서 기공을 열고 닫으며, 기체 교환과 수분 손실을 조절한다. 선태식물의 배우체는 기공이 없는데 포자체의 삭(capsule)에는 종종 나타난다. 기공은 모든 관다발식물의 포자체에 존재한다.

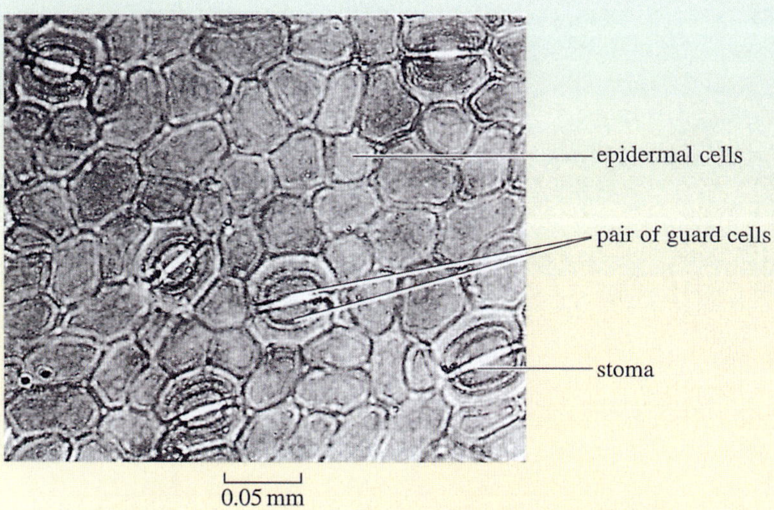

그림 1.47

기공과 공변세포를 보여주는 잎의 표피

현미경 관찰과 1.6절에서 기술된 식물해부학적 구조의 요약

1. 세포는 특정한 기관과 종에 따라 정해지는 다양한 크기의 조직(표피, 피층, 내피, 관다발조직, 수)으로 정렬되어 있다. 예를 들어 쌍자엽식물의 뿌리는 전형적으로 피층이 넓은 반면, 초본성 쌍자엽식물(예: 해바라기)의 줄기는 수가 넓고 피층이 좁다.

2. 단자엽식물 줄기와 뿌리의 조직 정렬은 쌍자엽식물과 다르다. 단자엽식물(예: 옥수수)의 줄기는 관다발이 중심주 내에 퍼져 있으나, 뿌리는 바깥쪽으로 원을 그리며 빽빽하게 정렬되어 있다. 두 경우 모두 피층은 비교적 좁다.

3. 잎은 비교적 얇은 구조물로서, 광합성을 하는 책상조직과 해면상 엽육조직(spongy mesophyll)으로 구성된 피층을 외부의 표피가 둘러싸고 있다. 피층에 하나의 커다란 관다발이 중앙에 있다. 이 보다 더 작은 관다발들(반드시 같은 평면은 아니더라도)이 있는 것이 쌍자엽식물의 특징이며, 같은 크기의 관다발 여러 개가 같은 평면에 있는 것이 단자엽식물의 특징이다.

4. 지지 조직 및 통도 조직은 직립 생장의 습성을 가진 육상식물에 필수적이다.

5. 조직의 발달 정도는 조직의 기능과 종(species)의 습성 모두와 연관이 있다.

6. 관다발조직, 특히 물관, 가도관, 그리고 체관부는 오랜 진화 역사를 가지고 있지만, 양치류와 현화식물에서 가장 발달하였다. 나자식물은 가도관은 있으나 물관이 없다.

7. 이보다 더 최근에 발달한 특성은 다년생 초본의 습성으로서, 줄기의 피층 및 잎에 후각조직과 후벽조직이 존재하는 것이다.

8. 뿌리는 식물체의 고착과 토양으로부터의 수분과 무기물 흡수 및 초기 수송을 위하여 필수적이다. 뿌리는 부정근 형태(줄기를 따라 형성)이거나, 또는 줄기 기부의 연장으로서 배의 뿌리에서 발달한다.

9. 체관부, 물관부, 섬유 및 수로 이루어진 중심주는 세 가지 형태가 있는데 각각 특별한 지지 기능을 가진다. 속이 찬 원생중심주는 뿌리 및 수명이 긴 목본의 특징으로서 단단하고 가압에 잘 견딘다. 속이 빈 기둥은 더 연약하다. 전열중심주는 이보다도 더 유연하다. 속이 빈 중심주와 전열중심주는 측면 압력과 굴곡 압력에 대하여 적절한 지지 기능을 제공한다.

10. 쌍자엽식물의 줄기와 뿌리는 2기분열조직(형성층)이 분열하여 중심주 직경이 증가한다. 형성층은 주로 안쪽으로 물관부를, 바깥쪽으로 체관부를 형성한다. 형성층은 초기에 끊어진 고리 형태이나 나중에는 기관을 둘러싼다.

11. 식물의 잎은 소엽과 대엽 두 가지 경로로 진화하였다. 소엽은 고생솔잎란류와 석송류에서, 대엽은 이들을 제외한 모든 관다발식물에서 발견된다.

12. 잎과 줄기는 광합성 장소이며 대부분의 기체 및 수분 교환이 일어나는 장소이다. 이들 기관은 기체 교환을 허용하는 것과 동시에 수분 손실을 조절하는 것이 필수적이다. 해부학적 구조에서 이에 대한 해결 방법을 알 수 있다. 즉 방수층의 각피질이 발달한 점과 교환의 주 통로인 표피의 기공 열림이 조절되는 점이다.

결론

식물문(phylum) 사이의 진화적 관계를 밝히기 위해서는 생활사와 식물 구조에서 나타나는 증거를 모두 고려해야 한다. 예를 들어 배우체가 우세한 선태식물은 포자체가 우세한 관다발식물과 근연관계가 가깝지 않다. 그러나 화석 및 비교해부학적 증거도 선태식물이 별개의 식물군이라는 사실을 정당화하는데 유용하다. 형태와 해부학적 구조에서 나타난 모든 증거는 그림 1.3에 제시한 관다발식물의 분류와 기원에 대한 합리적인 근거가 된다. 예를 들어 식물의 분지 방법, 관다발 구조와 물관부 세포의 종류, 소엽 또는 대엽의 존재 등이다. 그러나 이들 증거가 결정적일 때는 거의 없으며, 그림 1.3은 분자생물학적 증거에 따라 일부 문 사이의 관계를 부분적으로 재평가한 결과이다. 새로운 증거가 나타나면 이러한 분류는 다시 재평가될 수 있을 것이다. 진화적 분석의 해석은 좀처럼 쉽지 않으며, 새로운 연구에서 새로운 문제점이 제기될 때가 많다.

새로운 분자생물학적 자료에 의해 식물문의 분류 방법이 달라질 수 있겠지만, 선태식물에서 현화식물에 이르는 뚜렷한 경향은 식별할 수 있다. 즉 수분에 대한 비의존성 증가와 육상생활을 위한 다양한 특수화 현상 등이 그것이다.

References

Dyson, M. (2001) Reproduction. In *Generating Diversity*, M. Gillman (ed.), The Open University, Milton Keynes, pp. 111–50.

Ridge, I. (2001A) Ordering Diversity. In *Introduction to Diversity*, I. Ridge and C. M. Pond (eds), The Open University, Milton Keynes, pp. 1–54.

Ridge, I. (2001B) Diversity in Protoctists. In *Introduction to Diversity*, I. Ridge and C. M. Pond (eds), The Open University, Milton Keynes, pp. 55–92.

Further Reading

Bell, P. R. (1992) *Green Plants — their Origin and Diversity* (10th edn), CUP [An excellent, clearly written textbook, available in paperback.]

Bowes, B. G. (1997) *A Colour Atlas of Plant Structure*, Manson Publishing. [A useful and extensive collection of annotated photomicrographs, with short summary chapters about plant organs.]

Mauseth, J. D. (1998) *Botany: an Introduction to Plant Biology* (multimedia enhanced edition), Jones & Bartlett. [A standard textbook, well illustrated with material relevant to this and later chapters of this book.]

Raven, P. H., Evert, R. F., and Eichorn, S. E. (1999) *Biology of Plants* (6th edn), Freeman–Worth. [A standard textbook, beautifully illustrated, and containing material relevant to this and later chapters in this book.]

Rudall, P. (1987) *Anatomy of Flowering Plants*, Edward Arnold. [A slim book, which deals specifically with plant anatomy and development.]

해답

1. A, 장정기; B, 장란기; C, 포자.
2. A, 배우체 또는 전엽체; B, 난세포; C, 감수분열.

표 1.1 피자식물과 부처손(이형포자성 무종자식물)의 유성생식 기관 비교

	피자식물	부처손
웅성	화분낭	소포자낭
	화분낭의 감수분열 산물	소포자
	산포 시의 화분	미성숙한 소배우체
	발아 중의 화분	성숙한 소배우체
	생식세포분열의 산물	정자세포 또는 소배우자(부처손은 편모가 있으나 피자식물은 없음)
자성	배주	해당하는 기관이 없음. 배 형성까지의 모든 단계가 진행되는 대포자낭을 포함하는 구조로서 궁극적으로 종자가 된다.
	주심	대포자낭
	배낭	초기에는 대포자이나 궁극적으로 8개의 핵과 7개의 세포를 포함하는 대배우체로 발달
	종자	해당하는 기관 없음. 수정 후 배주로부터 형성되고 포자체의 배, 저장 영양물, 딱딱한 종피로 구성됨

2장 광합성

2.1 서론

녹색식물은 빛을 화학에너지로 변환시키는 과정인 광합성(photosynthesis)에서 모든 에너지를 얻는다. 명반응(light reaction)은 광합성의 '광(photo)' 부분이며, 이른바 암반응(dark reaction)은 탄소고정(carbon fixation)이라고도 불리는 '합성(synthesis)' 부분을 구성한다. 명반응과 암반응은 밀접하게 연결되어 있으며, 반응식 2.1에 좌에서 우 방향으로 식물, 조류(algae), 남세균(cyanobacteria)에서 일어나는 광합성의 전체 반응식이 나타나 있다.

$[CH_2O]$는 탄수화물을 나타낸다.

$$CO_2 + H_2O \underset{\text{RESPIRATION (in light and dark)}}{\overset{\text{PHOTOSYNTHESIS (in light)}}{\rightleftharpoons}} [CH_2O] + O_2 \qquad (2.1)$$

위 반응식에서 우에서 좌 방향으로의 반응은 식물도 다른 모든 호기성 생물과 마찬가지로 광합성의 역과정으로 요약할 수 있는 호흡(respiration)을 수행한다는 것을 강조한다. 이 단순한 사실은 광합성의 연구 수준에 따라 광합성속도를 측정하는 데 있어서 중요한 의미가 있다. 광합성은(호흡과 마찬가지로) 분자 수준에서 연구될 수 있으나, 다른 수준에서도 연구할 수 있다(표 2.1 참조).

표 2.1 생물 재료에 따라 다른 실험 환경과 시간 척도를 사용하는 광합성 연구 수준

연구 수준	연구 분야	연구 재료	측정의 일반적 형태	측정 시간 척도
수준 1: 분자, 세포소기관, 세포	생화학	분리된 엽록체, 단세포 녹조, 또는 정제된 효소	O_2 방출, CO_2 흡수, 효소 활성, 엽록소 형광	초(또는 그 이하)에서 분 단위
수준 2: 식물체 또는 잎 전체	식물생리학	제어된 조건 하의 단일 식물체 또는 잎	O_2 방출, CO_2 흡수	분에서 시간 단위
수준 3: 군집 또는 작물	생태학 또는 작물생리학(농학)	(i) 자연적 조건에서 생육하는 일단의 식물	건량 증가	주, 달에서 년 단위
		(ii) 대양의 식물성 플랑크톤	O_2 방출, CO_2 흡수	분에서 시간 단위

○ 반응식 2.1을 염두에 두고, 수준 2(식물체 또는 잎 전체)에서 호흡이 어떻게 광합성속도의 측정에 영향을 미칠 수 있는지 설명하시오.

● 흡수된 CO_2(또는 방출된 O_2)의 일부가 호흡에서 방출된 CO_2(또는 흡수된 O_2)에 의해 상쇄되기 때문에 호흡은 (측정된) 외관상의 광합성속도를 감소시킨다.

수준 2에서 측정되는 광합성속도를 **순광합성량**(net photosynthesis, *NP*)이라 하고, 이는 **총광합성량**(gross photosynthesis, *GP*)에서 호흡량(R)을 뺀 값으로서 다음과 같이 표시할 수 있다.

$$NP = GP - R \tag{2.2}$$

○ 수준 1과 3에서 측정된 광합성량에 호흡이 영향을 미치는가? 광합성량은 총광합성량인가, 아니면 순광합성량인가?

● 수준 1의 경우에 호흡의 영향은 없다. 호흡을 하는 세포소기관(미토콘드리아)이 없기 때문에 분리된 엽록체에서 측정된 광합성량은 총광합성량이 된다. 조류나 식물 세포 전체를 사용한 경우에도 매우 짧은 시간 동안의 측정에서는 호흡량을 무시할 수 있다. 수준 3에서는 물론 호흡이 영향을 미친다. 건량(dry weight)의 순증가량은 순광합성량(탄소고정)과 유기물을 구성하는 다른 모든 원소들(질소, 인 등)의 동화량을 합한 것과 같다. 오랜 시간을 통하여 고정된 탄소의 상당량이 호흡을 통하여 손실된다.

위 경우는 측정이나 연구 수준이 실험 결과의 해석에 어떻게 영향을 주는가를 보여주는 단순한 예이다. 광합성속도에 관한 자료가 제시되면 총광합성량과 순광합성량 중 어느 것을 의미하는지 알아야 한다.

2장에서는 주로 수준 1과 2에서 다루게 되며 세 가지 관점에서 광합성을 설명한다.

(i) 모든 녹색식물에서 공통적으로 일어나는 기본 생화학적 과정(명반응과 탄소고정)을 정리한다.
(ii) 분자생물학적 과정의 조절을 설명하고, 분자와 식물체 수준에서 온도와 광도 등 환경요인이 광합성에 미치는 영향을 설명한다.
(iii) 분자와 식물체 수준에서 여러 환경에 적응하기 위한 식물체의 변형을 설명한다. 예를 들어 어떤 식물은 다른 식물에 가려진 깊은 그늘에서도 생장할 수 있는데, 이는 잎의 구조가 변형되고(수준 2), 빛의 포획과 조절 과정에 있어서 분자 수준의 변화가 수반되었기 때문이다(수준 1, 2.2절에서 설명). 광합성 체계의 변화는 식물 다양성에 기여하는 한 가지 요인이다.

2.2절에서 명반응과 그 조절, 조정, 보호에 관한 내용으로 광합성에 대한 설명을 시작한다. 예를 들어 식물이 고광도 빛을 흡수하면 자유라디칼이 생성되어 산화에 의한 손실이 발생할 수 있기 때문에 식물에 위험할 수 있는데, 이를 피하기 위하여 정교한 보호 방법이 진화하였다(2.2.3절).

2.3절에서는 탄소고정의 기본적 암반응인 C3회로(C3 cycle) 또는 캘빈회로(Calvin cycle)에 관하여 기술한다(2.3.1절). 녹색식물(그리고 독립영양을 하는 많은 종류의 세균)은 C3회로에서만 순(net)CO_2 고정이 일어난다. C3회로의 첫 단계는 카르복실화효소(carboxylase)에 의해 CO_2가 고정되는 과정으로서, 중요한 조절 역할을 하는 거대한 효소 복합체 루비스코(Rubisco)에 의하여 촉매된다. CO_2와 결합하는 루비스코의 활성부위(active site)는 O_2와도 결합할 수 있어 산화효소(oxidase) 반응도 일어난다. 그러므로 C3회로에서 산소는 탄소고정의 경쟁적 억제자(competitive inhibitor)로 작용하며, 산화효소 반응의 산물은 C2회로(C2 cycle) 또는 광호흡(photorespiration)이라고 알려진 '반(anti)'-광합성 경로의 기질이 된다(2.4절). C2회로의 전체 반응은 호흡과 마찬가지로 O_2 흡수와 CO_2 방출이지만, 호흡과는 달리 ATP가 생성되지 않는다. 역설적으로 들리겠지만 현재는 C2회로가 광합성 탄소대사의 일부이며 아마 필수적인 부분일 것이라고 생각된다.

2.5절과 2.6절에서는 식물체 전체에 중점을 두며, 광합성속도에 영향을 주는 환경 요인에 관하여 살펴볼 것이다. 환경 요인 중에서도 특히 고광도, 고온, CO_2 부족 등은 카르복실화효소 반응에 비해 산화효소 반응에 유리하게 작용하여 순광합성량 및 식물 생장 감소를 초래한다. 그러나 일부 식물은 루비스코가 작용하는 장소에 효율적으로 CO_2를 농축시켜, O_2에 대한 CO_2의 경쟁력을 높임으로써 문제를 회피하는 과정을 진화시켰다. 생화학 경로의 추가 및 녹색 조직의 구조적 변화를 수반하는 이 과정은 이른바 C4식물(C4 plant)과 캠식물(CAM plant)에서 발견되며(2.5.2절과 2.5.3절), 식물 다양화와 넓은 범위의 환경에 대한 식물의 적응에 있어서 중요한 양상이다.

광합성의 조절과 전체적 속도를 결정하는 요인들은 2장의 중요한 주제일 뿐만 아니라, 작물의 광합성은 식물 생장 및 식량 생산을 의미하기 때문에 학술적 관심 이상의 주제이다. 예를 들어 대기 CO_2 양의 증가가 작물 생장의 증가에 유리한지에 대하여는 논란이 많으며, 2장을 끝내고 나서 이 문제에 대하여 다시 생각해 보기 바란다. 또 다른 문제는 유전공학적 방법을 이용하여 새로운 유전자나 변형된 유전자를 식물에 도입함으로써 광합성이 증진될 수 있는지에 대한 것이다.

2.2 광합성의 명반응 : 조절 및 보호

2.2.1 엽록체 및 명반응의 연구

명반응의 생화학에 대해서는 이미 알고 있겠지만, 식물의 관점에서 더 살펴보기로 한다. 그림 2.1과 2.2에 기본적인 명반응과 엽록체의 구조를 나타냈다.

○ (i) 그림 2.1에 약어로 표시된 모든 구조의 정식 명칭을 정리하시오. (ii) 그림 2.2b를 보고 그림 2.1a의 A-D로 표시된 구조나 지역의 명칭을 말해보시오.

● (i) 그림 2.1 설명을 볼 것. (ii) A, 외막(그림 2.2b에는 외막과 내막이 구분되어 표시). B, 스트로마(stroma, 수용성 기질). C, 스트로마라멜라(stroma lamella). D, 틸라코이드(thylakoid)라고 불리는 막성 소포가 쌓여있는 그라나(grana, 단수 granum).

집광계(antenna system, antennae)는 엽록소*a*(chlorophyll *a*) 외에 두 가지 다른 형태의 색소를 포함한다. 즉 엽록소*b*(chlorophyll *b*)와 카로티노이드(carotenoid, 당근의 오렌지색을 나타내며 가을의 단풍에 기여)이다. 이들은 **보조색소(accessory pigment)**로서 엽록소a보다 짧은 파장(고 에너지)의 빛을 흡수하여, 광합성에 이용되는 빛의 파장 범위를 증가시킨다. 에너지 전달은 카로티노이드 → 엽록소*b* → 엽록소*a* → 반응중심(reaction center) 순서로 일어나며, 집광계 전체가 하나의 깔때기처럼 작용하여 흡수된 양자(quanta)의 에너

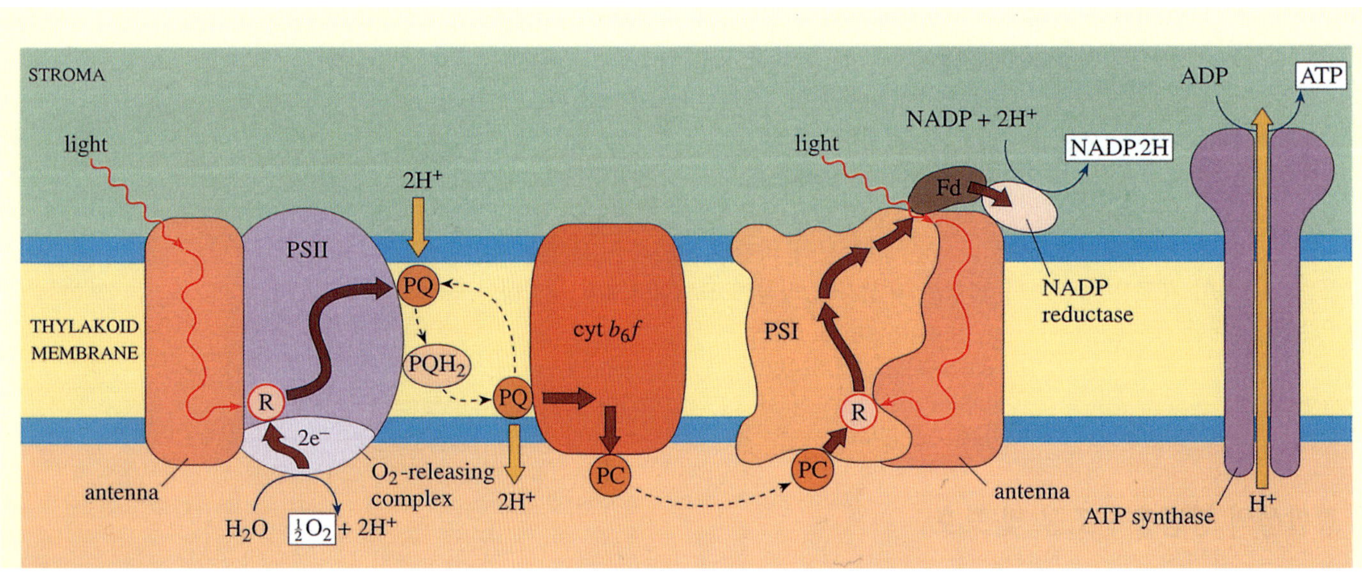

그림 2.1

녹색식물의 비순환적 전자전달(non-cyclic electron transport)과 광인산화반응의 구성 요소 및 경로. 색소분자(**집광계, antennae**)에 의해 흡수된 빛은 우선 **광계II(photosystem II, PSII)**의 반응중심(R)으로 모인다. 각 광자(photon)가 흡수될 때 마다 하나의 전자가 여기되어 PSII의 전자수용체(electron acceptor)로 전달되고, 부족한 전자1는 물로부터 산소방출복합체(oxygen-releasing complex)를 거쳐서 채워진다. 물 한 분자가 산화될 때 2개의 전자가 전달되고, 산소 한 분자가 방출될 때 4개의 전자가 전달된다. 전자는 이동성 운반체인 플라스토퀴논(plastoquinone, PQ)에 의해 PSII로부터 시토크롬b_6(cytochrome b_6)과 시토크롬*f*의 복합체(cyt b_6f)로 전달되고, 다시 이동성 운반체인 플라스토시아닌(plastocyanin, PC)으로 전달된다. PC는 빛을 흡수하여 여기된 전자를 방출한 광계I(PSI)로 전자를 주고, 전자는 PSI으로부터 운반체인 페레독신(ferredoxin, Fd)을 거쳐 NADP환원효소(NADP reductase)로 이동한다. 이 마지막 효소가 NADP를 환원시켜 NADPH의 형태로 환원력(reducing power)을 생산한다. 전자전달 과정에서 형성된 양성자기울기(양성자가 틸라코이드 내강에 축적됨)가 ATP합성효소(ATP synthase)에 의해 무너지면서 ATP 합성의 동력을 제공한다. 갈색 화살표는 전자 전달을 가리킨다.

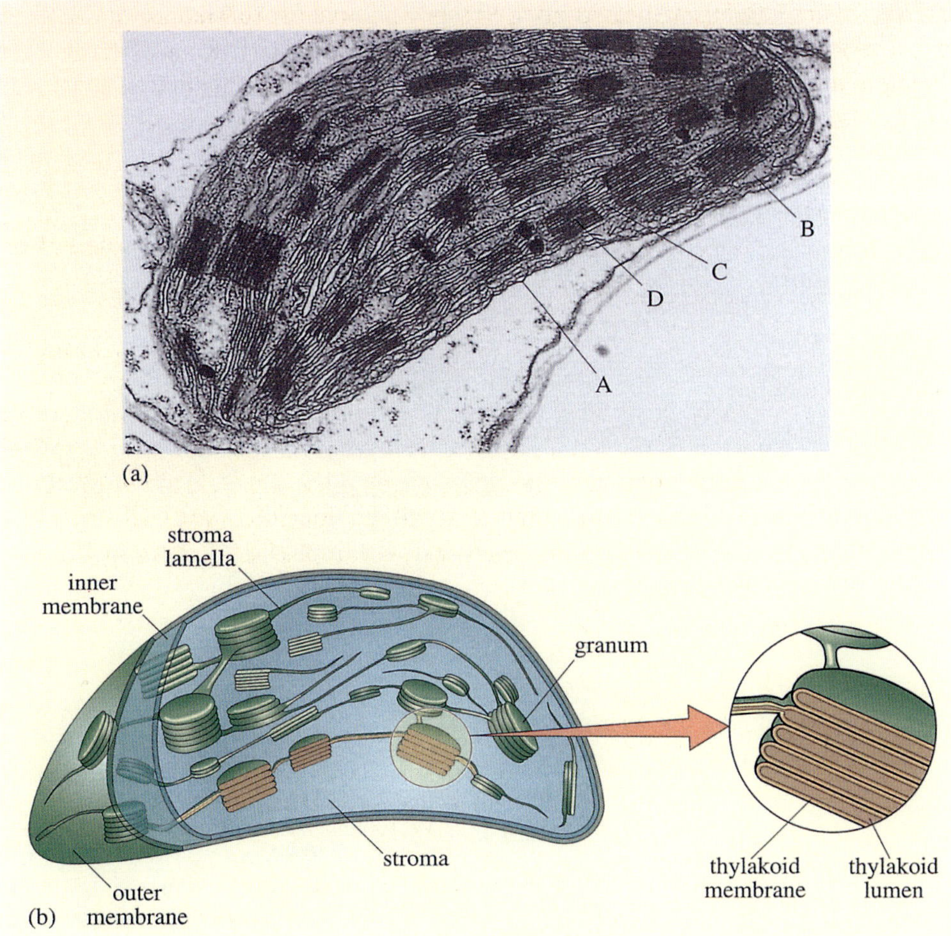

그림 2.2

(a) 엽록체의 전자현미경 사진. A-D는 본문의 문제를 볼 것. (b) 엽록체 구조의 모식도.

지를 반응중심으로 흐르게 한다. 생물체에 따라 보조색소의 종류가 다른데, 예를 들어 홍조류와 남세균은 엽록소*d*, 카로티노이드, 피코빌리단백질(phycobiliprotein, 녹색광을 흡수)을 포함한다.

○ 식물의 엽록체에 있는 세 종류의 색소가 최대로 흡수하는 빛의 파장은 다음과 같다. 각각 어떤 색소에 해당하는가? (i) 540 nm (ii) 670 nm (iii) 650 nm

● (i) 카로티노이드(가장 짧은 파장을 최대로 흡수하기 때문에) (ii) 엽록소*a* (iii) 엽록소*b*

집광계는 색소 외에 구조단백질(structural protein)을 포함한다. 광계I(photosystem I, PSI)과 광계II(photosystem II, PSII)의 구조단백질은 다르며 중요한 보호 작용을 한다(2.2.2절). PSI 및 PSII와 연관된 색소단백질복합체를 각각 **광수집복합체I(light-harvesting complex I, LHCI)**, **광수집복합체II(LHCII)**라고 한다.

광합성의 전자전달(electron transport)과 광인산화(photophosphorylation)는 엽록체 내의 막, 즉 라멜라에서 일어난다. 그러나 그림 2.3에서 보는 것처럼 구성 분자들(그림 2.1)은 무작위로 정렬되어 있지 않다. 이러한 정렬은 명반응의 조절(control)과 조정(coordination)에 있어서 중요한 의미가 있기 때문에 더 자세히 설명하기로 한다.

그림 2.3

그라나라멜라와 스트로마라멜라의 분자 복합체 위치.

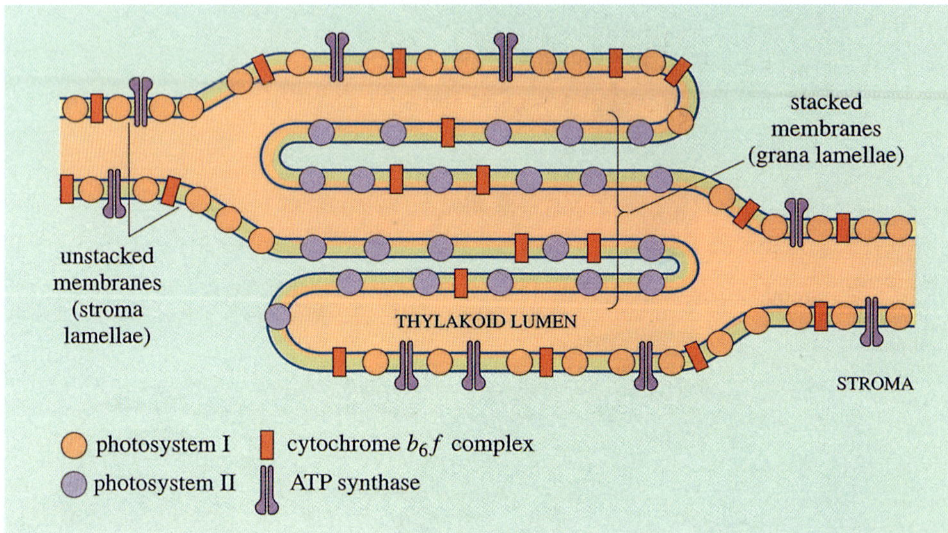

우선 PSII는 중첩막(appressed membranes)이라고 하는 그라나 내부 막(라멜라)에 주로 분포하며 서로 가깝게 위치한다. PSI과 ATP합성효소(ATP synthase)는 그라나와 그라나를 연결하는 막과 그라나의 가장 바깥쪽 막, 즉 쌓여있지 않은 스트로마라멜라(그림 2.2)에 국한되어 있다. 시토크롬b_6f 복합체는 모든 라멜라에 존재한다. 그러므로 대부분의 PSII는 PSI에서 비교적 멀리 떨어져 있다. 비순환적 전자전달(non-cyclic electron transport, 그림 2.1에서 PSII → 시토크롬b_6f → PSI)과 관련하여 이러한 구조적 배열에 대하여 고려해 보자. 비순환적 전자전달을 위해서는 플라스토퀴논(plastoquinone, PQ) 및 플라스토시아닌(plastocyanin, PC)과 같은 이동성 전자운반체(electron carrier)가 상당히 먼 거리를 왕복하여야 하는데, 그러면 왜 PSI과 PSII는 서로 먼 곳에 분리되어 있어야 하는가?

한 가지 가능성은, 비순환적 전자전달에서 PSI과 PSII가 같은 수의 양자를 받도록 빛의 유입을 조절하고 균형을 맞추기 위해 공간적으로 분리되어야 한다는 것이다. 빛의 유입이 균형을 잃으면 분자 기구가 손상을 입을 수 있다(2.2.2절). 다른 가능성은 물리적 분리 때문에 **순환적 전자전달**(cyclic electron flow)이 쉬워지고, 그 결과 ATP를 생성하면서 환원력(NADPH)을 생성하지 않는다는 것이다.

○ 엽록체의 순환적 전자전달을 구성하는 요소와 그 경로는?

- 순환적 전자전달은 PSI의 광흡수에 의해 여기된(excited) 전자가 페레독신(ferredoxin), 플라스토퀴논, 시토크롬b_6f 그리고 이동성 운반체인 플라스토시아닌을 거쳐 다시 PSI으로 돌아오는 과정이다. NADPH는 생성되지 않으나 전자전달과 짝지어진 양성자펌핑(proton pumping)이 ATP를 합성한다.

순환적 전자전달은 주로 스트로마라멜라에서 일어나고, ATP는 필요하나 환원력 요구가 비교적 적은 경우에 ATP를 생성하는 방법을 제공한다. 그러나 현재는 엽록체 라멜라에서 두 광계가 멀리 분리되어 있는 데 대한 **완전하게** 만족스러운 설명이 없다. 이러한 배열은 미토콘드리아와는 크게 다른 것인데, 미토콘드리아는 전자운반자들이 매우 가깝게 모여 있다.

엽록체막에서 분자복합체들의 위치에 대한 정보를 얻는 방법이 궁금할 것이다. 심층학습 2.1에서 연구 방법을 설명한다. 다음에 식물이 넓은 범위의 광도 하에서 어떻게 생장할 수 있는지를 설명한다.

심층학습 2.1 엽록체막의 연구

막의 분획

분자복합체(molecular complex)의 위치를 확인하기 위해서는 우선 엽록체막을 스트로마라멜라와 그라나라멜라로 분리하여야 한다. 분리된 엽록체에 초음파(high-frequency sound wave) 또는 고압을 가한 다음 차등원심분리(differential centrifugation) 방법을 이용하면 높은 밀도의 그라나 막과 그 보다 밀도가 낮은 스트로마라멜라를 대략적으로 분리할 수 있다. 이보다 더 정제된 방법은 그림 2.4에 나타나 있다. 초고압을 가하여 막을 조각으로 만든 다음 각 조각의 양끝을 연결하여 소포(vesicle)를 만든다. 스트로마라멜라와 그라나 바깥쪽 막은 소포를 만들면서 원래 바깥 표면이 바깥쪽에 남아있게 된다(정상소포, right-side-out vesicle). 내부 중첩 부위의 그라나라멜라는 원래 바깥 표면이 소포를 형성하면서 안쪽으로 들어간다(역위소포, inside-out vesicle). 두 종류의 소포는 표면전하(surface charge)가 다르기 때문에 분자질량이 다른 중합체 용액에서 분리된다.

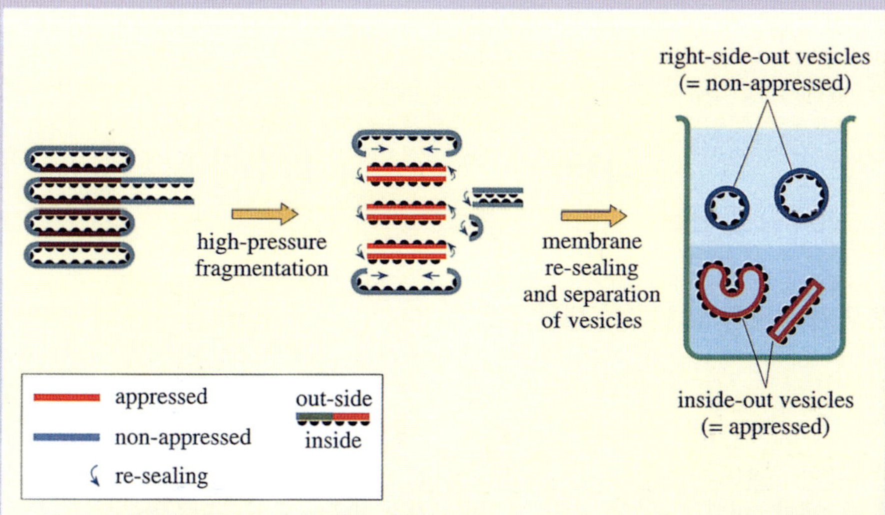

그림 2.4
정상소포와 역위소포가 엽록체막의 다른 부위로부터 형성되어 분리되는 과정.

분자복합체의 동정

막 분획 상의 분자복합체 위치는 세 가지 주요한 방법으로 입증할 수 있다.

1. **면역조직화학(immunohistochemistry)** 분자복합체의 항체를 만들어 (형광 등으로)적절하게 표지하고, 표지된 항체에 엽록체막을 노출시키면 분자복합체의 위치를 눈으로 확인할 수 있다.

2. **광합성 돌연변이체의 동결식각(freeze-etch)/동결할단(freeze-fracture) 전자현미경 사진** 진공 상태에서 광합성막을 고속으로 동결시키고 수분을 증발시키면, 막 표면으로부터 돌출된 분자복합체는 전자현미경 사진에서 특징적인 손잡이 형태로 보인다. 막에 박혀 있는 복합체 부분은 지질 이중층을 자르면 볼 수 있다(동결할단). 이러한 기술을 사용하여, 정상 식물과 PSII 또는 PSI이 결여된 돌연변이체의 그라나에서 만들어진 역위소포의 손잡이 분포를 비교하였다. 그 결과 PSI 돌연변이체는 스트로마 소포의 특징인 손잡이가 결여되어 있는 반면, PSII 돌연변이체는 그라나 소포의 특징인 손잡이가 결여되어 있었다.

3. **저온형광방사분광법(low-temperature fluorescence emission spectroscopy)** 광자를 흡수하여 여기된 엽록소 분자는 다른 분자에 에너지를 전달하거나(광합성 전자전달로 연결됨) 또는 일부는 열로서 일부는 흡수한 광자보다 적은 에너지의 광자(긴 파장)를 방사함으로써 흡수한 에너지를 제거할 수 있다. 이러한 방사를 **형광(fluorescence)**이라고 한다. 매우 낮은 온도(77K, -196℃)에서 빛을 주면 두 광계는 서로 다른 파장에서 형광을 방사한다. PSII는 685 nm에서, PSI은 735 nm에서 최대형광방사를 나타낸다. 그러므로 엽록체막 분획의 형광방사스펙트럼을 비교함으로써 광계의 위치를 추측할 수 있다.

○ 그림 2.5는 엽록체막 분획의 저온형광방사스펙트럼(low-temperature fluorescence emission spectra)을 나타낸다. PSI과 PSII의 분포를 참고하여 분획1과 분획2는 각각 그라나 내부 막과 스트로마 막 중 어느 것에 해당하는가?

● 분획1은 PSII의 특징인 685 nm에서 최대형광방사를 나타내므로 PSII가 주로 분포하는 그라나 내부 막을 포함한다. 분획2는 PSI만 포함된 스트로마 막을 포함한다.

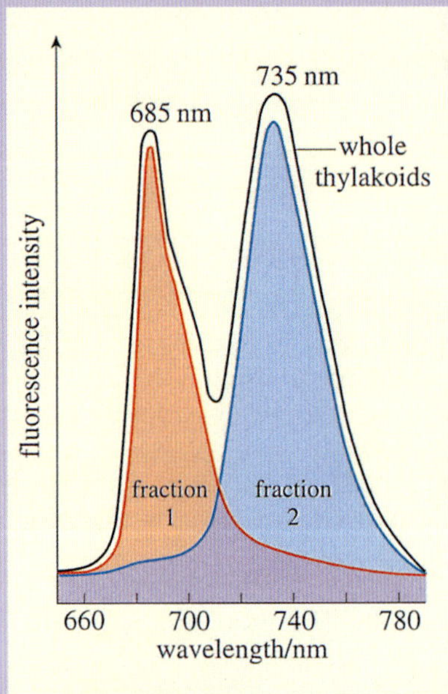

그림 2.5

내부 그라나와 스트로마에서 유도된 엽록체막의 저온형광방사분광법

2.2.2 여러 가지의 빛 환경에 대한 적응

울창한 숲의 그늘진 바닥과 한낮의 열대 태양 하의 광도 차이는 약 160배나 되어 400~700 nm 파장의 **광합성유효광량자밀도(photosynthetic photon flux density, PPFD)**가 15~2,400 μmol m^{-2} s^{-1}의 범위에 이르지만, 그러나 식물은 전 범위의 빛 조건 하에서 번성한다. 어떤 식물들은 음지 환경이나 강한 햇빛에 유전적으로 적응되어 있고, 어떤 식물들은 넓은 범위의 빛 조건에 생리적으로 내성을 가지거나 적응한다. 이러한 생리적

적응과정을 **순화(acclimation)**라고 한다. 우선 식물이 음지 서식지에서 생존하고 성장할 수 있게 하는 구조적 및 생화학적 메커니즘에 대하여 살펴보기로 하자.

임관(canopy) 아래에 거의 언제나 형성되는 음지 서식지는 평균 광도가 낮을 뿐만 아니라 식물에 영향을 주는 두 가지 다른 특징이 있다.

(i) 임관이 빛을 선택적으로 흡수함으로써 빛의 성질 즉 스펙트럼 조성이 변한다.

○ 그림 2.6을 보고 임관 아래와 위에서의 빛의 차이를 설명하시오.

● 음지의 빛은 강한 태양에 비해 400~680 nm 범위에서는 비례적으로 적은 양의 양자를 포함하지만, 680 nm 이상, 특히 원적외선과 적외선에서는 비례적으로 더 많은 양자를 포함한다.

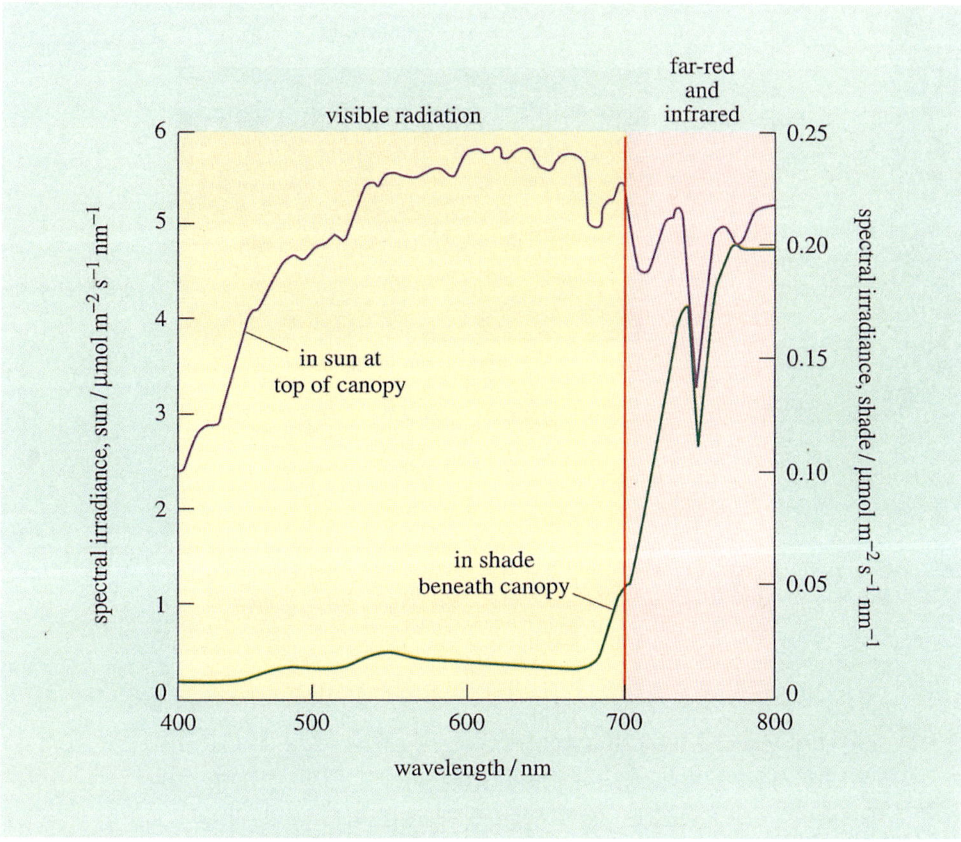

그림 2.6

임관 꼭대기와 아래에서의 태양광 분포. 광합성유효광량자밀도의 단위는 μmol m^{-2} s^{-1} nm^{-1}(단위 파장 당 1초 동안 $1m^2$ 넓이의 잎 표면에 대한 광량자의 μmole 수)이다.

(ii) 빛 조건은 하루 중에도 갑자기 변할 수 있다. 예를 들어 임관이 불연속적인 곳은 광선이 종종 바닥까지 도달하여 **광반(sunfleck)**을 형성한다. 그늘진 구석의 잎들이 갑자기 단 몇 분 동안에 광반으로부터 평소의 10배 이상의 광량을 받을 수 있다.

음지식물(shade plant)은 유전적으로 결정되거나 순화 결과로 얻어진 여러 가지 방법으로 환경에 적응한다. 예를 들어 음지식물은 호흡률이 매우 낮다(2.6.1절). 그러나 여기서는 평균 광도가 낮고, 태양광에 비해 비교적 긴 파장의 빛이 풍부하며, 광반의 짧고 강한 빛 조건에서 매우 효율적으로 빛을 수확하는 식물의 적응을 고려해보기로 한다.

첫째 유형의 적응은 잎 전체 수준에서 일어나며 그림 2.7에 나타나 있다. 음지에서 발달한 잎(음엽)은 태양광 하에서 발달한 잎(양엽, sun leaf)에 비해 전체적으로 훨씬 더 얇으며, 특히 책상조직층이 빈약하고, 해면조직층은 기실(air space)이 넓고 엉성하게 조직되어 있다. 두꺼운 잎을 구성하고 유지하기 위해서는 에너지와 자원이 필요하며, 따라서 음엽은 이러한 기본적 구조만을 가짐으로써 빈약하게 공급되는 빛을 효율적으로 수확하여 이용한다.

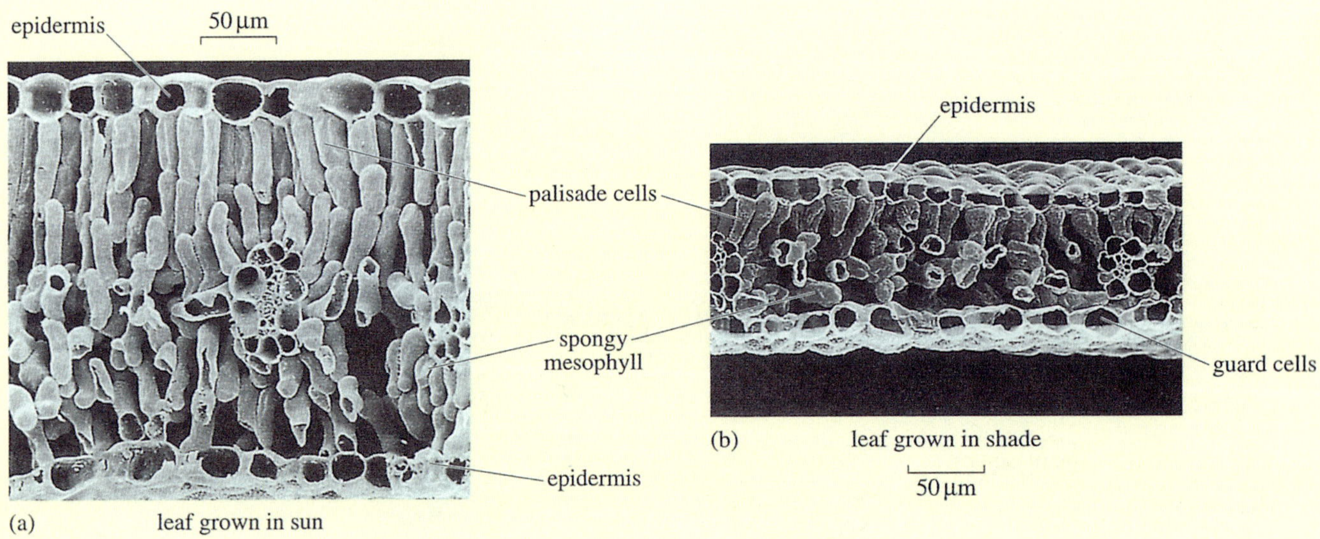

그림 2.7

봉선화 종류(*Impatiens parviflora*) 잎 종단면의 주사현미경 사진. (a) 강한 빛에서 자란 잎(양엽) (b) 약한 빛에서 자란 잎(음엽).

다른 유형의 적응들은 엽록체 내에서 생화학적 수준으로 일어난다. 예를 들어 음엽은 빛에너지를 수확하여 반응중심(reaction center)으로 공급하는 집광계의 엽록소 분자 수가 더 많다. 음엽은 또한 PSI에 비해 상대적으로 PSII의 비율이 훨씬 높은데, 이와 같은 사실은 구조에도 반영되어 그라나가 크고, 쌓여 있는 틸라코이드막의 수가 많아서 비중첩라멜라에 대한 중첩라멜라의 비율이 양엽에 비해 5배 이상이나 높다.

○ 이러한 배열이 어떻게 PSI에 대한 PSII의 비율을 증가시키는가?

● PSII는 주로 그라나의 중첩라멜라에 위치하는 반면 PSI은 그라나의 바깥쪽이나 스트로마의 비중첩라멜라에 위치한다(그림 2.3).

음지식물의 PSII가 증가하는 사실은 그늘진 곳의 빛이 원적외선이 풍부한 것과 관련이 있다. PSII 반응중심(680 nm)은 PSI 반응중심(700 nm)에 비해 최대 흡수 파장이 약간 짧으며, 따라서 각각의 명칭도 P680과 P700이다(P는 색소를 나타냄). 이러한 흡수 특성의 차이로 인해 원적외선이 풍부한 빛에서는 PSII보다 PSI이 비교적 더 많이 여기된다(에너지를 받은 전자를 더 빠른 속도로 방사함). 그러나 비순환적 전자전달이 원만하게 일어나기 위해서는 두 광계가 **균일하게** 여기되어야 하고, 따라서 PSII 반응중심의 수를 늘리거나 각 반응중심으로 에너지를 전달하는 집광계의 크기를 증가시켜 음지 서식지에서 PSII에 의한 빛의 흡수를 증가시키는 것이다.

마지막으로 광반에 대하여 논의해보자. 광반은 아주 그늘진 곳에서 자라는 잎에게 하루 일조량의 거의 반을 공급할 수 있지만, 실제로는 해를 입힐 가능성이 있다. 광반은 원적외선이 풍부하지 않고 따라서 PSII가 과도하게 여기되어 해를 줄 수 있는 것이다. 이러한 과도 여기 상태에서, 다시 말하여 PSII 반응중심이 수용할 수 있는 이상의 에너지를 전달받거나, 반응중심에서 여기된 전자의 흐름을 감당할 만한 전자수용체 양이 너무 작은 경우에는 **광저해(photoinhibition)** 라고 하는 가역적 광합성 저해에 이르게 된다. 광저해는 많은 종류의 식물에서 나타나는 현상으로 광반에 노출된 음지식물에 국한되어 있는 것이 아니며, 따라서 2.2.3절에서 광저해 및 이에 대한 식물 방어 과정의 일반적 특성에 대해 논의할 것이다. 귀중한 광반의 빛을 유용하게 사용하기 위한 적응으로서, 명반응 자체와는 관련이 없는 다음과 같은 능력이 있다.

- 탄소고정 속도를 증가시키는 능력, 즉 증가된 NADPH와 ATP 공급량을 이용하는 능력

- 수분 손실 증가로 인해 식물을 시들게 할 수 있는 급작스러운 잎 온도의 증가(긴 시간의 밝은 광반의 경우 20℃까지 증가)에 대한 내성. 증거에 의하면 광반이 비교적 오래 계속 되거나 풍부하며, 적당히 그늘진 서식지에서 생육하는 식물은 근계가 잘 발달하여 있기 때문에, 많이 그늘진 지역에 적응한 식물에 비해 수분 흡수가 쉽게 일어난다.

그러므로 잎이나 식물이 여러 가지 빛 조건(광반 등)에 적응하는 데에는 여러 생리적 양상이 관여한다. 생리적 적응 과정은 나중에 다시 살펴보기로 한다.

하지만 모든 광반이 광저해를 야기할 만큼 강하지 않으며, 따라서 음엽에서는 두 광계가 균등하게 여기될 수 있도록 PSII에서 PSI으로의 빛에너지 재분배가 일어나야 한다. 하루 중 시간에 따라 또는 대기 조건에 따라 빛의 스펙트럼 조성이 변하기 때문에 음엽은 **에너지 재분배(energy redistribution)**가 자주 일어난다고 생각된다. 명반응의 짧고 미세한 조정에 의해 빛이 최대 효율로 이용될 수 있다. 그림 2.8은 1980년대와 1990년대의 연구 결과 밝혀진 에너지재분배 과정이다. PSII는 거대한 2합체(dimer) 복합체 구조로서, 두 개의 반응중심 및 이와 연관된 단백질, 그리고 두 개의 색소단백질 복합체 즉 광수집복합체(LHCII)로 구성된다.

그림 2.8

광계II의 과도 여기 상태 이후 에너지재분배 및 회복 과정. 각 단계에 대한 설명은 본문에 있다. 6 단계에 있는 붉은 색의 작은 화살표는 PSI으로의 에너지 전달을 표시한다.

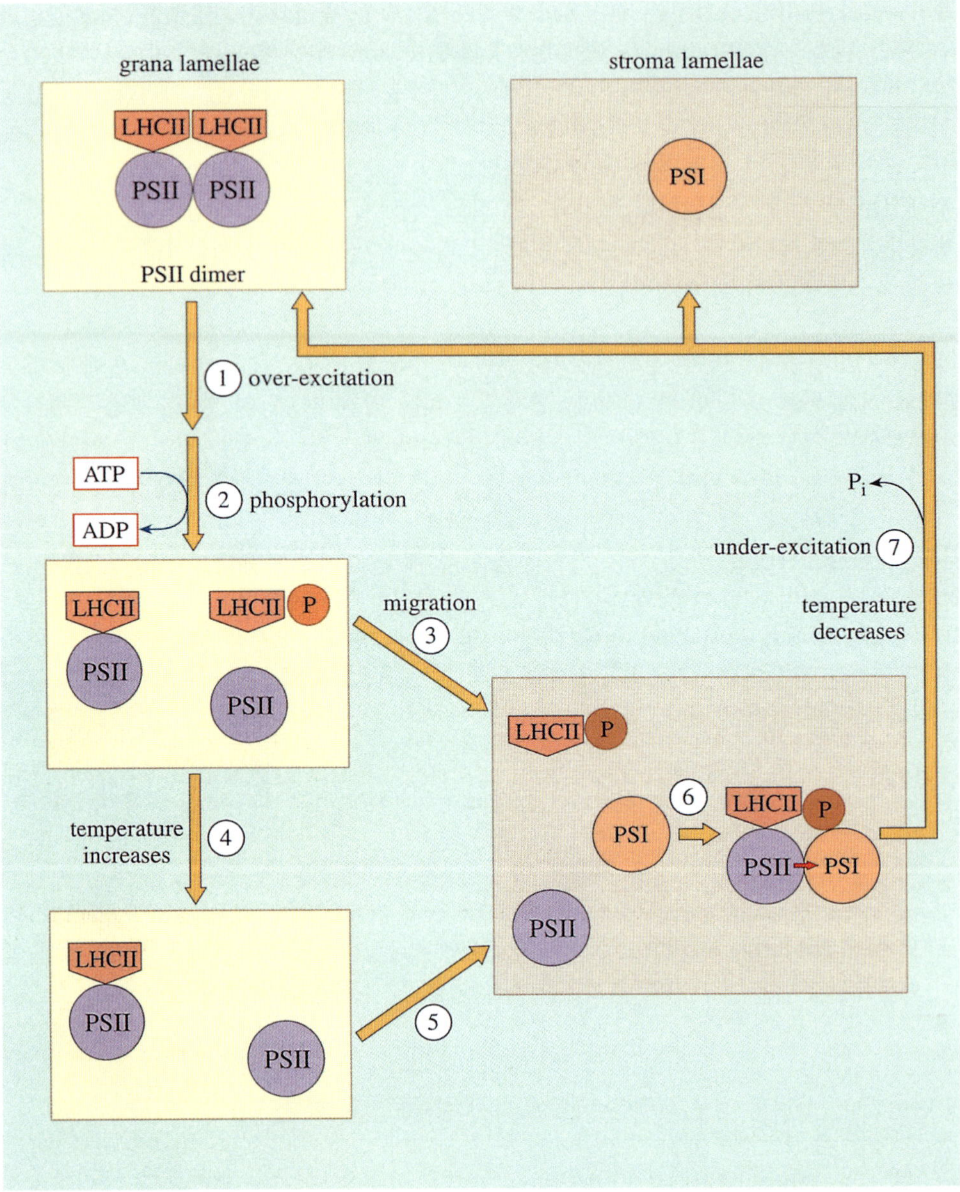

PSII가 과도하게 여기되면(1단계) 다음 두 가지 결과가 나타난다.

(a) 인산화효소(kinase)가 활성화되어 2합체의 LHCII 중 하나에 있는 단백질을 인산화(phosphorylation)시킨다(2단계). 이러한 변화로 LHCII의 전하 상태가 바뀌고, 쌓인 라멜라 사이의 결합이 약화되어 2합체가 서로 떨어지며, 그런 다음 인산화된 LHCII가 PSII에서 분리되어 비중첩 스트로마 지역으로 이동한다(3단계).

(b) PSII에 유입된 잉여 빛에너지가 열로 방산되어 온도가 높아지고(4단계), 그 결과 분리된 PSII 복합체가 스트로마라멜라로 이동한다(5단계).

인산화된 LHCII와 PSII는 스트로마라멜라에서 PSI과 재조합되고(6 단계), PSI으로 더 많은 에너지가 효율적으로 유입된다. PSII의 여기가 부족하면(7 단계) 전체 과정은 역으로 진행될 수 있다(LHCII의 탈인산화, 온도 저하, PSII와 LHCII의 역이동).

이 과정은 공유결합적 변형(LHCII 복합체의 인산화)으로 단백질 특성이 바뀌는 좋은 예이다. 에너지재분배는 빛의 질과 양이 불규칙하게 변화하는 저광도 조건 하에서의 식물 생존 메커니즘 중 하나이다.

2.2.3 과도한 빛에 대한 보호 작용 : 광저해와 광산화

앞에서 설명한 바와 같이 과도한 빛은 식물에게 해를 줄 수 있으며, 식물은 에너지와 자원적인 면에서 최소한의 '비용'으로 이러한 해를 방지하거나 최소화하는 다양한 방법을 진화시켜왔다. 1차 방어선은 잎의 행동과 구조에서 나타나며, 빛의 흡수 감소와 연관이 있다. 어떤 식물들은 태양 광선과 평행하게 엽신(leaf blade)의 방향을 조정하여 빛과 만나는 면을 최소화한다. 예를 들어 음지식물인 괭이밥 종류(*Oxalis oregana*)는 북아메리카의 삼나무 숲에서 자라는데 20분 이상 지속되는 광반에 종종 노출된다. 광반에 노출되면 몇 분 안에 잎이 아래로 접힌다. 표 2.2에 이러한 행동으로 일어나는 광합성 결과를 인위적으로 잎이 접히지 않도록 했을 때와 비교하였다.

표 2.2 광반에 노출된 괭이밥 종류(*Oxalis oregana*)의 잎이 접힐 때 나타나는 광합성에 대한 영향. 양자효율(quantum efficiency, 발생하는 O_2 한 분자 당 흡수되는 광량자 수)과 정비례하는 형광 특징을 측정하여 명반응 효율을 추정하였음

광반 노출 시의 조건	광반 노출 시 명반응 효율의 감소 비율(%)	광반 노출 후 저광도 하에서 CO_2 흡수 속도의 감소 비율(%)
아래로 접힌 잎	9	0
접히지 않도록 만든 잎	47	30

○ 표 2.2를 보고 광반 노출 시 잎이 접히는 것이 왜 유리한지 두 가지 이유를 말해보시오.

● 잎이 접히면 다음과 같은 결과가 일어난다. (1) 광반 노출 시에 명반응의 효율 증가, 즉 광저해의 감소 (2) 광반 노출 후에 광합성 저해가 없음. 접히지 않은 잎에서 저해 현상이 일어나는 것은 손상이 일어났기 때문인데 이를 회복하는데 시간(그리고 에너지)이 필요하다.

훤히 트인 서식지에 사는 일부 식물도 이러한 잎의 움직임이 나타나지만 이는 과도한 빛에 대한 일반적 반응은 아니다. 고광도 환경에서 더 일반적으로 나타나는 반응은 잎 표면에 두꺼운 왁스층이 발달하는 것과 같은 장기적 적응 현상이다. 왁스층은 곤충이나 균류의 침입에 대한 보호 작용, 수분 손실 감소 등과 같은 기능을 수행할 수 있는데, 이러한 작용과 함께 매우 효율적으로 빛을 반사시키는 작용도 한다. 예를 들어 다육식물(succulent plant)인 윤회(*Cotyledon orbiculata*)는 실험적으로 표면의 왁스를 제거하면 빛 흡수가 50% 증가하여 강한 빛에서 광저해가 매우 증가하게 된다.

과도한 빛에 대한 다른 방어 작용들은 모든 식물에 일반적으로 나타나면서, 서식지에 따라 다른 정도로 발달한 분자생물학적 메커니즘과 연관이 있다. 이러한 메커니즘을 기술하기 전에 왜 빛이 손상을 일으킬 수 있는지를 더 자세히 알아야 한다. 빛에 의한 손상의 기본적 원인은 과산화물음이온라디칼(superoxide anion radical)인 $O_2 \bullet^-$(근본적으로 전자가 하나 더 있는 산소분자) 등 **활성산소종(reactive oxygen species, ROS)**이라고 하는 매우 해로운 형태의 산소가 생성되기 때문이다. ROS는 모두 자유라디칼로서 특히 세포막에 해롭다. ROS는 광합성 명반응에서 여기된 엽록소분자로부터 O_2로 에너지가 전달될 때(반응중심의 수가 너무 적어 흡수된 에너지를 모두 수용할 수 없을 때), 또는 페레독신과 같은 전자운반체가 O_2로 전자를 전달할 때(적절한 전자수용체의 수가 너무 부족할 때) 생성된다.

분자생물학적 보호 메커니즘

빛에 의해 유도된 ROS에 대한 분자생물학적 보호 메커니즘은 다음과 같은 세 가지 수준에서 작용한다.

1. 색소가 흡수한 과도한 빛에너지를 열로 방산함으로써 ROS 형성을 방해한다. 열 방산은 카로티노이드(2.2.1절) 계통의 색소로서 크산토필(xanthophyll) 종류에 속하는 제아크산틴(zeaxanthin)에 의해 일어난다. 빛의 세기가 증가하면 효소에 의해 다른 크산토필 전구체로부터 제아크산틴이 합성되어 엽록체 내에 축적된다. 빛의 세기가 감소하면 반대로 제아크산틴이 그 전구체로 변환되는데, 이와 같은 **크산토필회로(xanthophyll cycle)**가 빛 조건에 따라 정교하게 작용함으로써 열에너지 방산을 통하여 잎을 보호한다.

2. 형성된 ROS를 빠른 속도로 파괴한다. 예를 들어 과산화물제거효소(superoxide dismutase, SOD)는 매우 효율적으로 $O_2 \bullet^-$를 과산화수소(H_2O_2, hydrogen peroxide)로 전환시킨다. 형성된 과산화수소 역시 매우 해롭기 때문에 다른 효소들에 의해 제거된다.

3. ROS가 축적되기 시작하면 먼저 PSII가 손상을 입는데, PSII 복합체 내의 약한 연결 고리로 작용하는 D1단백질의 파괴로 그 절정에 달하게 된다. D1은 대사회전율이 매우 빨라 반감기가 약 2시간에 불과하고 수 시간 또는 수 일 내에 회복될 수 있다. 따라서 쉽게 회복될 수 있는 연결 고리에서 전자전달계를 파괴시킴으로써 광합성의 다른 기구에 주는 손상을 최소화한다.

○ 3번 수준의 광저해 손상을 수리하는 데에 새로운 D1단백질의 합성이 관여한다는 가설을 실험을 통하여 입증하려고 한다. 먼저 해야 할 일은 광저해로부터 회복하는 데에 단백질 합성이 필요하다는 것을 보이는 것이다(실험 1). 실험 1을 위하여 제공되는 재료와 장치는 3번 수준에서 강한 광저해를 받은 잎이 달린 식물, 잎에 의해 흡수되는 단백질 합성 저해제, 적절한 배양액, O_2 발생에 의한 광합성속도 측정 장치 등이다.

(a) (i) 적절한 대조구를 사용하여 어떤 방법으로 실험 1을 수행하여야 하는가? (ii) 이 가설을 지지하려면 어떤 결과가 나와야 하는가?

실험 1이 가설을 지지하였다고 가정하고, 광저해로부터 회복하는 잎에서 대조구에 비해 더 많은 D1단백질이 합성된다는 것을 보여주는 실험 2가 필요하다. 실험 2에 제공되는 재료와 장치는 광저해를 받은 식물의 잎과 광저해를 받지 않은 식물의 잎, 방사성으로 표지된 아미노산, 배양액, 엽록체 분리 장치, 엽록체 단백질 추출 장치, 단백질 분리를 위한 전기영동 장치, 전기영동 후 D1의 위치에 대한 정보, 방사성으로 표지된 D1단백질의 양을 측정하기 위한 장치 등이다.

(b) (i) 적절한 대조구를 사용하여 어떤 방법으로 실험 2를 수행하여야 하는가? (ii) 이 가설을 지지하려면 어떤 결과가 나와야 하는가?

● (a) 실험 1 (i) 광저해를 받은 잎을 단백질 합성 저해제를 처리한 배양액과 처리하지 않은 배양액(대조구)에서 저광도(광저해로부터 회복이 가능)로 배양한다. 동시에 광합성속도(O_2 방출)를 측정한다. (ii) 대조구에서 광합성속도가 증가하고, 저해제를 처리한 잎에서 증가하지 않으면 이 가설이 지지될 것이다. 즉 수준 3의 광저해로부터 회복되기 위해서는 단백질 합성이 필요하다.

(b) 실험 2 (i) 광저해 잎과 대조구 잎을 방사성 표지 아미노산(새로 합성되는 단백질로 유입됨)이 포함된 배양액에서 배양한다. 잎에서 엽록체를 분리하고 이로부터 단백질을 추출한 다음 전기영동으로 단백질을 전개한다. D1단백질과 연관된 방사능 양을 측정한다. (ii) 광저해 잎의 D1이 대조구 잎에 비해 방사능을 더 많이 가지고 있으면 광저해로부터의 회복 시에 D1이 더 많이 합성된다는 것을 의미한다. 이러한 결과는 가설과 부합하므로 가설을 지지할 것이다.

모든 종류의 보호 작용에도 불구하고 ROS가 계속 축적되면 **광산화**(photo-oxidation)라고 하는 비가역적 손상이 일어난다. 광산화로 손상된 잎이 죽기 전에 나타내는 공통된 신호는 탈색이다. 그림 2.9a는 빛의 광도가 증가함에 따라 잎에서 작용하는 여러 가지 보호 방법과 광산화에 이르기까지의 단계를 보여준다. 초록색 지역은 빛이 광합성속도를 제한하는 환경으로서, 명반응이 수확된 모든 빛을 완전히 이용할 뿐만 아니라, ATP와 NADPH가 합성되는 즉시 탄소고정에 이용된다. 따라서 이 단계를 '이용(utilization)'이라고 표시하였다.

그림 2.9b는 세 종류의 잎에서 광도에 따른 이용, 보호, 손상의 단계를 상대적으로 보여준다. 2.2.1절에서 양엽과 음엽에 대하여 설명했던 내용을 이 그림과 비교해 보기 바란다.

○ (a) 음엽(그림 2.9b 위)이 빛의 이용 범위가 매우 좁고, 빛 유입이 매우 적은 상태에서 광보호 단계에 들어가는 이유는? (b) 양엽에 비하여 빛 유입이 매우 적은 상태에서 손상 단계에 들어가는 이유는?

● (a) 음엽은 저광도 조건에 적응되어 있으며, 반응중심에 대한 집광색소의 비율이 높다. 광도가 증가하면 반응중심은 빠르게 과도 여기상태가 되고, 더구나 탄소고정이 명반응 속도를 따라가지 못하게 된다. 그러므로 저광도에서 광보호 작용이 필요하다. (b) 수준 1과 2에서의 보호 작용이 약하기 때문이다.

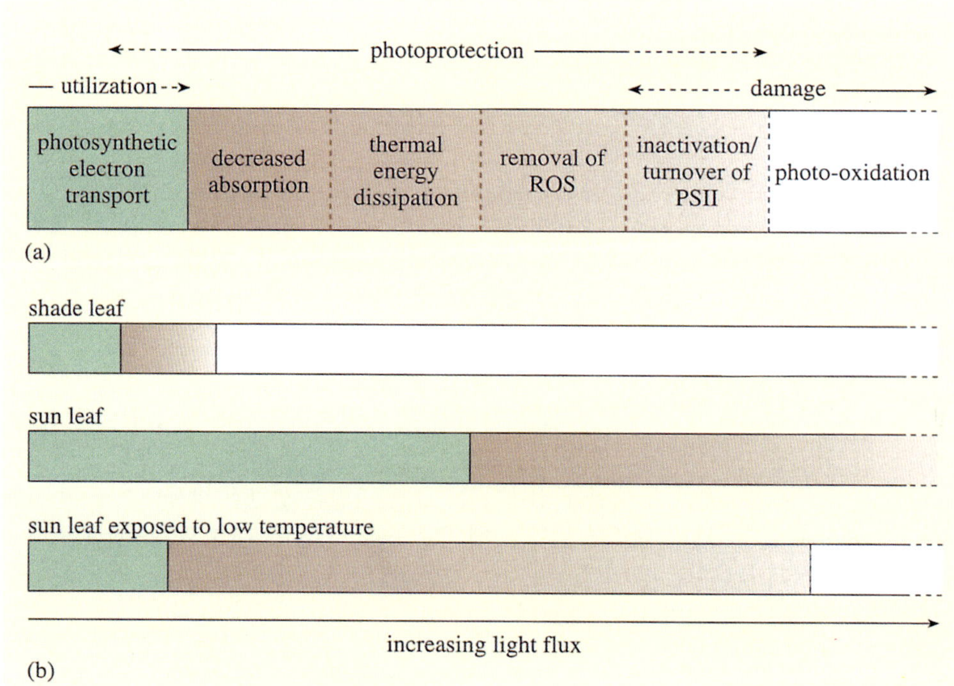

그림 2.9
(a) 빛 유입 증가에 따른 잎의 반응 변화. 녹색은 흡수된 거의 모든 빛이 광합성 전자전달로 이어지는 단계이고, 갈색은 쉽게 가역되는 광보호의 여러 단계를 나타내며, 흰색은 손상 단계로서 가역에 많은 시간이 필요하거나 비가역적인 광산화를 표시한다. (b) 세 종류의 잎에 대한 각 단계의 상대적 비율.

음엽은 소량의 제아크산틴 밖에 형성할 수 없으며, SOD와 같은 보호 효소의 활성이 낮다. 그림 2.9b(가운데)에서 주목하여야 할 점은 양엽은 절대로 손상 단계에 들어가는 일이 없다는 것이다. 양엽은 크산토필 색소의 양이 매우 많아서, 흡수한 빛에너지의 50% 이상을 해가 없이 열로서 방산할 수 있다. 양엽은 또한 보호 효소의 활성도 높아서, 제일 강한 태양광 하에서도 약간의 광저해만 발생한다. 일부 음지식물은 강한 빛에서 생장하면 생리적으로 이러한 조건들에 적응(순화)할 수 있어 양지식물만큼 효율적으로 광합성을 수행할 수 있다. 이러한 순화작용은 (동일 유전자형의 생물체가 환경에 따라 표현형이 다른) **표현형적 응성(phenotypic plasticity)**의 예로서, 고광도의 빛에 순화하지 못하고 음지 서식지에 국한된 절대 음지식물의 유전적 적응과는 대조된다.

마지막으로 그림 2.9b 아래는 저온에 노출된 양엽의 반응이다. 실험실 연구에 의하면 양엽은 저온에서 한낮 태양광의 반 정도에 해당하는 빛이 유입되어도 종종 강한 광저해 현상을 나타내고, 그 이상의 빛에서는 광산화 손상을 보인다. 열대지방 기원의 화초들이 서늘한 방(10℃ 내외)에서 강한 빛에 노출되었을 때 생육이 저조하며 영구적 손상을 받는 것은 이 때문이다. 이러한 현상과 관련하여 명심해야 할 것은 광화학반응(photochemical reaction)은 온도와 무관하며, 효소반응이나 전자전달이 저온에서 감소한다는 사실이다.

○ 저온에서 양엽의 행동이 변하는 이유를 생각해보시오.

● 첫째, 흡수한 빛의 이용 속도가 현저히 줄어든다. 빛의 강도가 증가하면서 광합성의 전자전달 및 탄소고정 속도가 광화학반응 속도를 따라가지 못한다. 둘째, 크산토필회로와 SOD 작용에 효소반응이 관여하기 때문에 이들에 의한 보호 작용의 효율이 감소한다.

추운 날의 강한 빛은 작물과 야생 식물에게 해로운 영향을 준다. 예를 들어 옥수수(*Zea mays*)와 같은 작물은 아침 기온이 10℃ 이하이며 햇빛이 날 때 45%까지 광저해현상을 보이며, 따뜻하고 흐린 날이 2~3일 계속되어야 회복된다. 마찬가지로 유채(*Brassica napus*)와 같은 작물 및 양호랑가시나무(*Ilex aquifolium*), 구주소나무(*Pinus sylvestris*) 같은 상록수도 맑은 겨울날에 광저해현상이 증가한다. 실제로 수분 부족, 고온 또는 저온, 무기영양물의 부족 등 탄소고정 속도를 감소시키는 모든 스트레스는 빛 이용 단계의 규모를 감소시킴으로써 광저해를 악화시키는 경향이 있다. 광합성의 명반응과 암반응 사이의 균형은 정교하고 밀접하게 조절된다. 다음 절에서는 암반응에 대해서 더 자세히 살펴보기로 한다.

2.2절의 요약

1. 광합성 명반응의 분자 구성원 배열을 보면 PSII는 주로 그라나의 중첩라멜라에, PSI은 비중첩 스트로마라멜라에 국한되어 있다.

2. 엽록체막 상의 분자 배열에 대한 정보는 특정 막 분획의 저온형광방산스펙트럼, 면역조직화학, 동결식각/동결할단 전자현미경 관찰에 의해 얻을 수 있다.

3. 음지식물은 원적외선이 풍부한 저광도 조건, 광반 노출 등에 유전적 또는 생리적으로 적응되어 있다. 음지식물은 이러한 조건에서 효율적으로 빛을 수확하며, 과도 여기에 의한 PSII의 손상을 최소화한다.

4. 음지식물은 잎이 얇고, 증산작용의 속도가 느리며, 집광(광수집)계가 크고, PSII/PSI 비율 이 높은 것이 특징이다. 광반 노출에 대한 보호 작용은 생리적 그리고 분자생물학적(공유결합적 변형과 PSII 구성원의 이동) 방법으로 일어난다.

5. 강한 빛(높은 PPFD)은 자유라디칼(ROS)을 생산하여 잎에 손상을 줄 수 있다. ROS에 대한 일반적 보호 작용은 잎의 움직임 및 크산토필회로(ROS의 형성을 억제), 효소에 의한 ROS의 파괴, PSII D1단백질의 빠른 파괴와 수리 등과 같은 일련의 분자생물학적 방법에 의해 이루어질 수 있다.

6. 강한 빛에 의한 가역적 손상을 광저해라고 한다. 비가역적 손상은 광산화라고 한다. 음엽은 손상 회복 능력이 매우 제한적이고 광산화가 쉽게 일어나는 반면에, 양엽은 (저온 등과 같은 스트레스를 받지 않으면) 회복 능력이 강하고 광산화가 잘 일어나지 않는다.

2.3 탄소고정 : C3회로

탄소고정(carbon fixation)은 무기탄소(CO_2 또는 탄산수소염, HCO_3^-)가 유기화합물로 전환되는 과정으로서, 일반적으로 독립영양생물의 대사 활동을 규정하는 특징이다. 남세균에서 진핵성 조류, 그리고 식물계에 이르기까지 오직 하나의 반응경로만이 순탄소고정(net carbon fixation)을 이룰 수 있는데 이것이 바로 **C3회로(C3 cycle)** 또는 **캘빈회로(Calvin cycle)**이다. 식물과 동물에서 다른 과정으로 CO_2가 고정될 수 있으나, 한 분자의 CO_2가 고정될 때 마다 나중 단계에서 한 분자가 방출되므로 순탄소고정은 일어나지 않는다. 혐기성 광합성세균과 화학합성 고세균 중에 순탄소고정 경로가 있는 것도 있으나, 지구 전체적으로 보면 C3회로가 단연 우세하다. 여기서는 C3회로의 반응과 합성 산물에 대하여 설명하고(2.3.1절), 회로의 가장 중요한 효소인 루비스코(Rubisco)를 살펴보며(2.3.2절), 끝으로 회로의 조절과정과 명반응과의 조정에 대하여 보기로 한다(2.3.3절).

2.3.1 C3회로의 반응

C3회로에서는 CO_2와 물이 5탄소 수용체 분자와 결합하고, 생성물들이 (명반응에서 만들어진 NADPH의 환원력과 ATP를 사용하여) 수용체 분자를 재생성하면서 당(sugar)으로 전환된다. C3회로는 엽록체의 스트로마(2.2.1절 참조)에서 일어나고, 많은 반응으로 이루어지나 전체적으로 세 단계로 나누어 볼 수 있다. 그림 2.10a는 이를 정리한 것이며, 그림 2.10b에 조금 자세히 표시하였다.

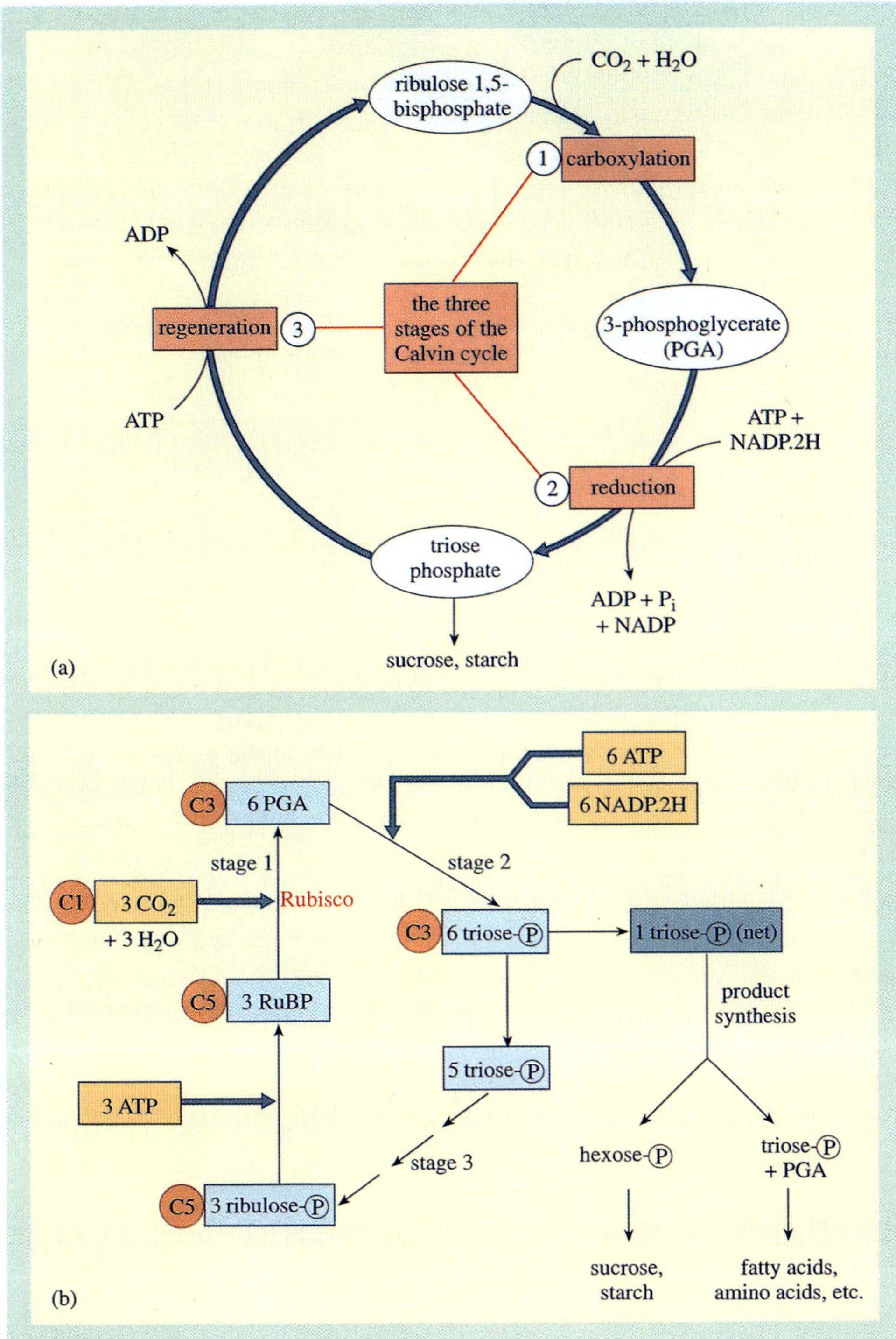

그림 2.10

(a) C3회로(캘빈회로)의 세 단계를 요약한 그림. (b) 캘빈회로의 정량적 분석. 각 물질의 앞에 오렌지색 원으로 표시한 C1, C2 등은 물질 내 탄소원자 수를 나타냄. RuBP = 리불로오스-1,5-2인산.

1단계 카르복실화반응(carboxylation) 수용체인 리불로오스2인산(ribulose bisphosphate, 2개의 인산기를 가진 5탄당으로서 RuBP로 약함)이 CO_2와 결합하여 카르복실화하고, 반응 산물은 3탄소 중간대사물질인 3-포스포글리세르산(3-phosphoglycerate, PGA) 두 분자로 분해된다.

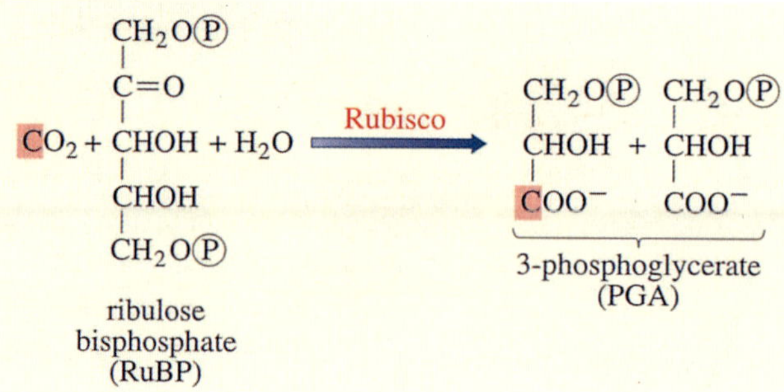

(2.3)

이 중요한 반응을 촉매하는 효소는 이름이 긴데(2.3.2절에서 설명) 보통 **루비스코(Rubisco)**라고 줄여 부른다. 캘빈회로에서 처음 생성되는 안정된 산물이 3탄소 화합물이기 때문에 캘빈회로를 C3회로라고 부른다.

2단계 환원(reduction) PGA가 글리세르알데히드 3-인산(glyceraldehyde 3-phosphate)이라고 불리는 3탄당인산으로 환원되는 과정은 해당과정의 중심적 에너지 방출 반응의 정확한 역과정이다. 따라서 이 반응이 많은 양의 에너지 유입을 필요로 하는 것은 놀랄만한 일이 아니다. PGA 한 분자가 환원될 때 한 분자의 ATP와 한 분자의 NADPH가 필요하다.

3단계 재생성(regeneration) 형성된 3탄당인산 여섯 분자 중 다섯은 수용체인 리불로오스2인산의 재생성에 사용된다. 나머지 하나는 유용한 최종산물 합성에 이용된다. 최종산물에는 설탕(sucrose)과 저장 탄수화물(녹말 등) 및 구조 탄수화물(섬유소 등)의 원료인 포도당(glucose) 등의 6탄당(hexose) 뿐만 아니라 지방산과 아미노산도 포함된다. 수용체 재생성 단계의 당 전환 반응을 모두 설명하지는 않겠으나, 그림 2.10b에서 5분자의 3탄당인산(C3) 이 3분자의 리불로오스인산(C5)을 생산하는 것을 볼 수 있다. 리불로오스인산(ribulose phosphate)에서 RuBP가 형성되는 과정에 에너지(ATP) 유입이 또 필요하다.

○ 위의 설명과 그림 2.10b를 이용하여 **한** 분자의 CO_2를 고정하기 위하여 필요한 ATP와 NADPH의 수를 계산해 보시오.

● 3분자의 ATP와 2분자의 NADPH가 필요하다. 초기 카르복실화반응에서 생산되는 2분자의 PGA를 환원시키기 위하여 각각 2분자의 ATP와 NADPH가 필요하다. 재생성 단계에서 한 분자의 ATP가 더 사용된다.

○ 한 분자의 6탄당이 순합성되기 위하여 몇 회전의 C3회로가 필요한가?

● 여섯 회전이 필요하다. 한 번 회전할 때마다 한 분자의 CO_2가 순고정된다. 그림 2.10b에서 세 번 회전에 한 분자의 3탄당인산이 합성되는 것을 볼 수 있다. 그러므로 여섯 회전에서 한 분자의 6탄당이 합성된다.

C3회로의 모든 반응을 규명한 것은 생화학적 대걸작이라고 할 수 있으며, 따라서 연구팀을 이끈 미국 과학자 멜빈 캘빈(Melvin Calvin, 그의 이름을 따서 회로를 명명함)의 1961년 노벨화학상 수상은 당연한 일이다. 생화학적 경로를 규명하기 위한 고전적 방법의 예로서 캘빈의 실험 방법 원리를 심층학습 2.2에서 설명한다. 이 부분은 지금 읽어도 되고 2.3절 끝 부분에 참고하여도 된다.

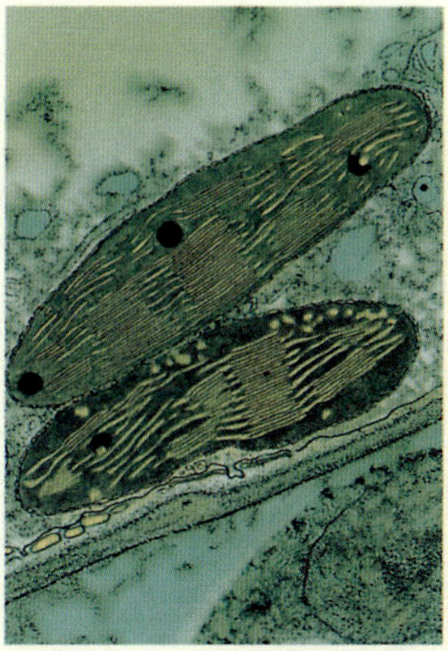

그림 2.11

완두 잎의 엽록체 투과전자현미경 사진. 엽록체의 종단면으로서, 저장된 녹말 과립이 보인다(작고 흐린 부분).

녹말과 설탕의 합성

캘빈회로의 주요 최종산물은 2당류(disaccharide)인 설탕(포도당-과당)과 녹말(포도당의 중합체)이다. 설탕(sucrose)은 세포기질(cytosol)에서 합성되고, 체관부(1장)를 통해 운반되어 다른 조직에서 사용되거나 저장된다. 설탕 합성이 캘빈회로의 속도를 따라가지 못할 때는 엽록체에서 녹말이 합성되어, 낮에는 엽록체에 저장되고(그림 2.11) 밤에 포도당으로 분해되어 식물에 의해 이용된다.

설탕과 녹말 생산의 시발점은 3탄당인산(triose phosphate)이다. 3탄당인산은 우선 포도당 1-인산(glucose 1-phosphate)으로 전환되고, 녹말 합성 시에는 ATP, 설탕 합성 시에는 UTP(uridine triphosphate, 유리딘삼인산)와 반응하여 '활성화'된다. 이렇게 형성된 ADP-포도당과 UDP-포도당은 바로 각각 녹말과 설탕 합성의 전구체가 된다(그림 2.12). 3탄당인산은 엽록체막 내막에 위치한 운반단백질인 **인산운반체(phosphate translocator)**의 작용으로 엽록체에서 유출되며, 엽록체의 3탄당인산과 세포기질의 무기인산(inorganic phosphate, P_i)이 맞교환된다. 인산운반체는 3탄당인산에 대한 무기인산의 비율을 효율적으로 조절하는데, 이는 다시 녹말과 설탕의 합성 속도를 조절하고 조정하는 주요 요인이 된다.

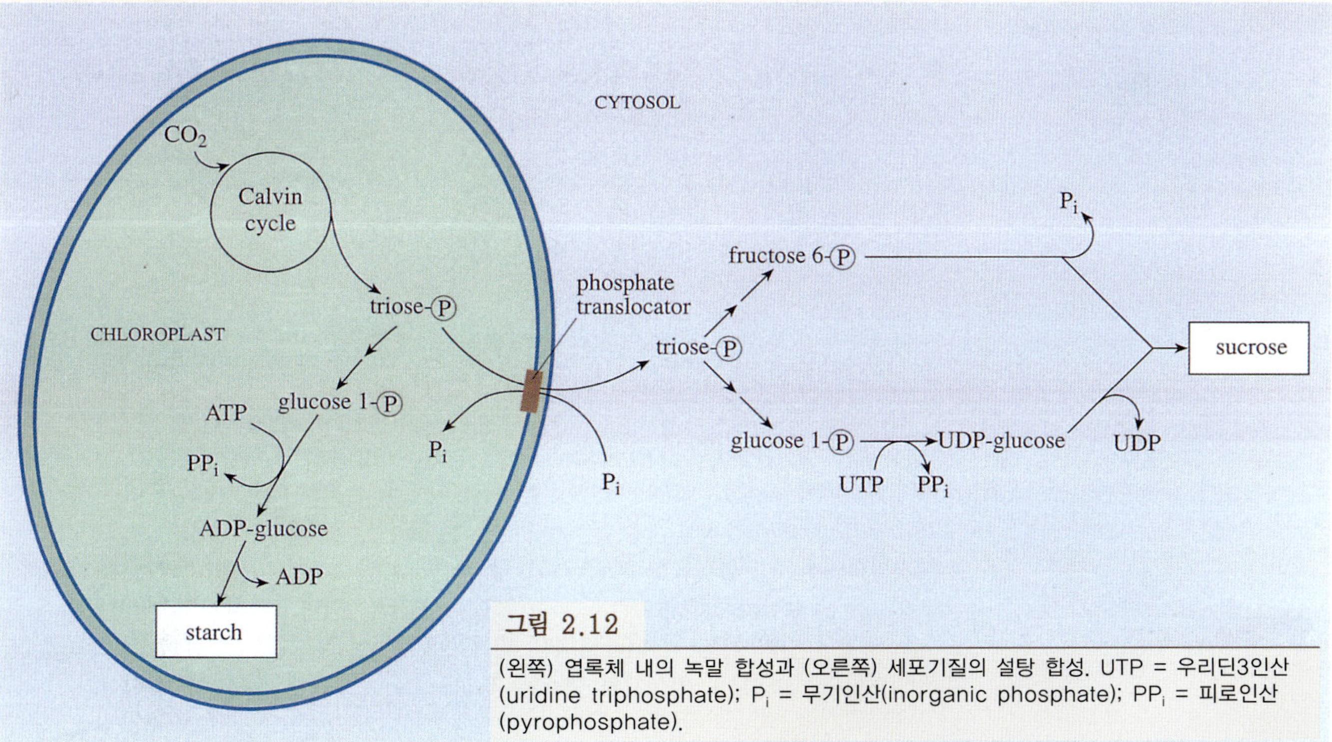

그림 2.12

(왼쪽) 엽록체 내의 녹말 합성과 (오른쪽) 세포기질의 설탕 합성. UTP = 우리딘3인산(uridine triphosphate); P_i = 무기인산(inorganic phosphate); PP_i = 피로인산(pyrophosphate).

심층학습 2.2 C3회로의 규명

C3회로의 연구가 시작된 것은 원자로에서 반감기가 긴 탄소의 방사성 동위원소인 ^{14}C 사용이 가능해지고 난 다음해인 1946년이다. '추적자'로서 ^{14}C 사용은 연구의 성공을 위하여 절대로 필요한 사항이었으며, 다음과 같이 세 가지 주요한 실험 과정이 포함되었다.

(1) 일정 속도로 광합성을 하고 있는 세포를 5초에서 수분까지 $^{14}CO_2$에 노출시켰다. 일정 시간 후, 끓는 메탄올에 빠른 속도로 세포를 죽이고 내용물을 추출한 다음 ^{14}C로 표지된 화합물을 분리하였다. 이 실험에 적당한 유일한 생물 재료는 클로렐라(*Chlorella*)와 같은 단세포 녹조류였는데, 균일한 배양액에서 생장할 수 있으며 빠른 속도로 죽일 수 있고, 녹색식물의 직전 조상으로서 생화학적으로 녹색식물과 매우 비슷하였다. 연구의 성공을 위하여 조류 배양을 이용한 것은 둘째 중요 요인이 되었다.

(2) ^{14}C 표지 화합물의 추출 배경은 가장 짧은 시간 동안 표지한 후 가장 많은 양의 ^{14}C를 포함하는 화합물이 탄소고정 과정의 최초 안정 산물일 것이라는 이론이다. 방사성표지 화합물의 분리 동정을 위하여 (당시로서는)비교적 새로운 기술인 2차원 종이크로마토그래피(paper chromatography)를 사용하였는데, 이는 이 연구 계획의 셋째 중요 요인이다(지금은 훨씬 빠른 방법을 사용한다). 그림 2.13은 분리된 방사성표지 화합물의 위치를 자기방사법(autoradiography, 방사선자동사진법)으로 결정하는 과정이다. 연구 초기 단계에는 3탄소 화합물인 3-포스포글리세르산(PGA)이 최초 산물로 동정되었다. 그래서 CO_2의 초기 수용체가 2탄소화합물이라는 잘못된 믿음을 가지고 오랫동안 이 물질을 찾았으나 성과가 없었다.

○ 그림 2.13b의 방사선자동사진(autoradiogram)이 탄소고정의 최초 안정 산물이 PGA라는 의견을 지지하는가?

● 그렇다. 가장 먼저 강하게 표지된(점이 가장 커서 방사능 측정에서 가장 많은 방사능을 나타낼 것으로 보임) 화합물이 PGA이다.

(3) C3회로의 단계, 특히 재생성 단계의 확인과 규명을 위하여, 방사성 표지 화합물의 화학적 분해를 통한 ^{14}C 원자의 위치 결정이 필요하였다. 예를 들어 반응식 2.3에서 CO_2의 탄소원자(분홍색)가 생성물인 두 분자의 PGA 중 한 분자의 카르복실기(-COO-) 탄소원자로 되는 것을 알 수 있다.

(1)~(3) 방법으로 C3회로의 단계를 결정한 다음, 각 단계의 효소를 분리함으로써 경로의 존재를 최종 확인하였다. C3회로의 모든 효소들이 동정되었다.

캘빈회로에서 직간접적으로 생산된 3탄당인산과 3-포스포글리세르산(PGA)은 또한 지방산과 아미노산 합성의 시작점이기도 하다(그림 2.10b). 녹색 조직의 지방산 합성은 전적으로 엽록체에서 일어나고, 비녹색 조직은 엽록체에 해당하는 세포소기관인 색소체(plastid)에서 일어난다. 그러므로 엽록체와 색소체 및 C3회로는 식물체의 생합성 중심이다.

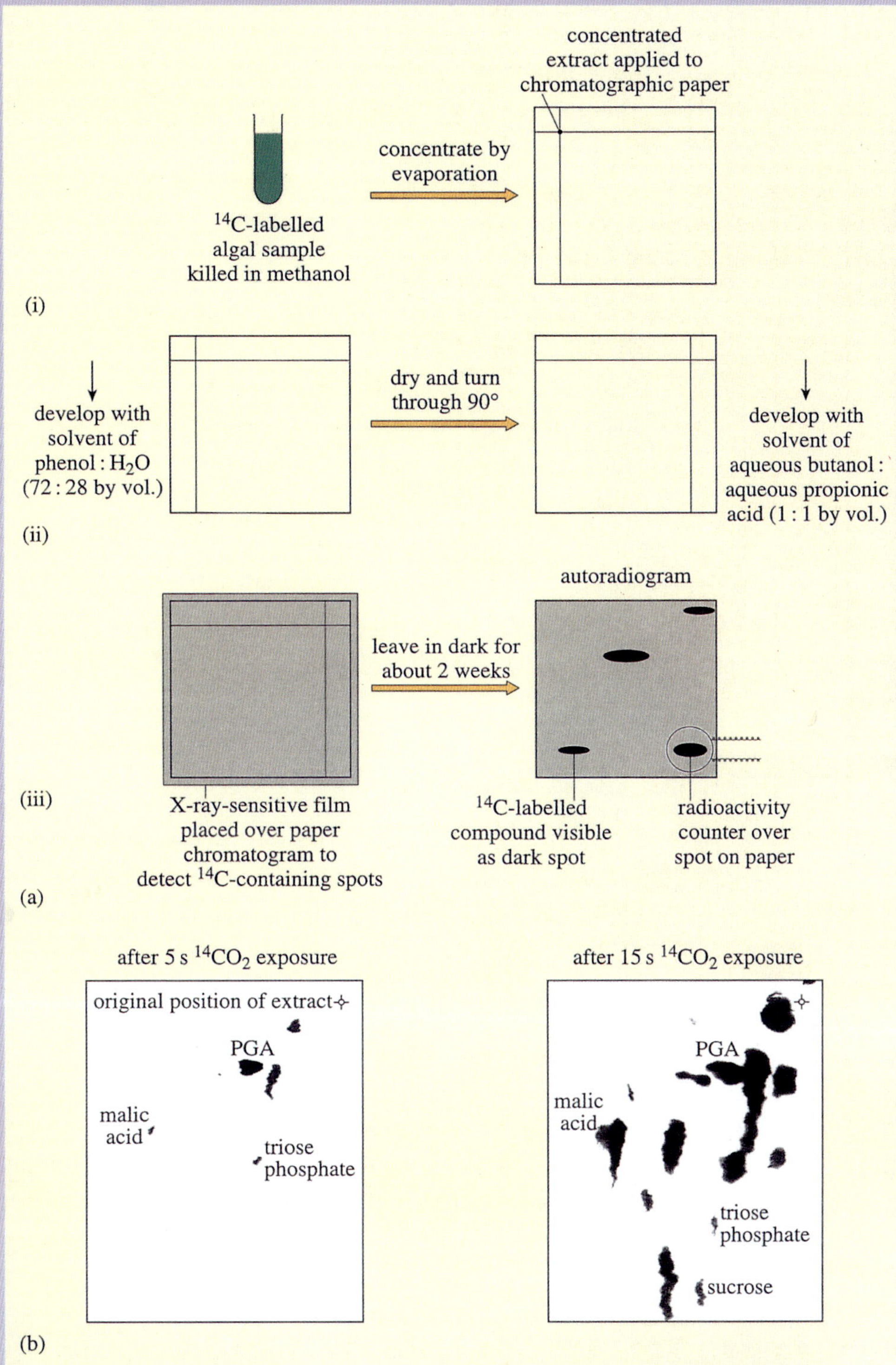

그림 2.13

(a) 2차원 종이크로마토그래피를 이용하여 $^{14}CO_2$에 노출된 클로렐라의 탄소고정 산물을 분리함. (b) 5초와 15초 동안 표지 후의 방사선자동사진(autoradiogram). PGA = 3-포스포글리세르산(3-phosphoglycerate).

2.3.2 루비스코 - 가장 중요한 효소

루비스코(Rubisco)를 가장 중요한 효소라고 부르는 근거는 두 가지이다. 광합성의 첫 반응에서 CO_2를 포획하며, 지구상에서 가장 풍부한 단백질로서 잎 전체 단백질 양의 약 반을 차지한다. 루비스코의 정식 이름은 리불로오스2인산카르복실화효소-산소화효소(ribulose bisphosphate carboxylase/oxygenase)로서, 효소의 기질과 작용에 대한 많은 정보를 포함한다. 앞에서 이미 RuBP가 루비스코의 카르복실화 기질(CO_2와 결합)이라는 것을 보았다. '산소화효소'는 루비스코가 RuBP를 산소화(O_2와 결합)할 수도 있다는 것을 의미한다.

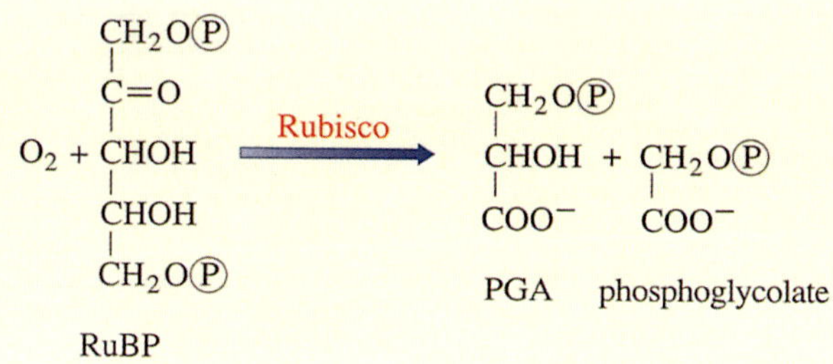

(2.4)

CO_2와 O_2는 경쟁적으로 루비스코의 기질로 작용한다. 산소화반응 결과로 생산된 포스포글리콜산(phosphoglycolate)은 또 다른 회로인 C2회로(C2 cycle)의 기질이 된다(2.4절에서 논의).

루비스코의 구조와 특성

루비스코는 분자량이 약 560,000(분자질량 560 kD)에 이르는 매우 큰 효소이다. 남세균 및 대부분 진핵생물의 루비스코는 8개의 큰 단위체와 8개의 작은 단위체로 구성되는데, 녹색식물의 경우 큰 단위체는 엽록체 유전자, 작은 단위체는 핵 유전자에 의하여 암호화된다. 엽록체 내에서 모든 단위체들이 바르게 조립되기 위해서는 보호자단백질(chaperone)이 필요하다. 루비스코는 분류학적으로 넓은 범위에 걸쳐 형태가 일정한데, 이는 루비스코가 매우 오래전부터 존재하던 효소이고, 지금보다 훨씬 많은 CO_2가 대기 중에 포함되고 O_2는 충분치 않았던 시기에 남세균 조상에서 진화하였음을 의미한다.

루비스코의 산소화작용은 우연히 발생한 것으로 여겨지며 '진화적 사고'라고도 표현할 수 있을 것이다. 현재 대기 중 O_2 농도에서 산소화효소에 의한 경쟁적 반응은 카르복실화반응을 약 30% 정도 감소시킨다. 대부분 식물이 탄소고정 속도를 적절하게 유지할 수 있는 유일한 방법은 루비스코가 풍부하게 있는 것이다. 일부 식물은 비용을 들여 엽록체 내에 CO_2를 축적함으로써 루비스코의 비효율성을 부분적으로 극복하는 방법을 진화시켜왔다(2.5절과 2.6절). 또한 O_2에 대한 CO_2 특이성, 즉 산소화반응에 대한 카르복실화반응의 속도와 관련하여 루비스코의 진화적 '개량'이 이루어져 왔다. 일부 광합성세균의 루비스코는 기질특이성이 낮은 단순한 형태로서(단위체의 수가 적음) O_2 존재 하에서는 충분한 양의 CO_2를 고정할 수 없고, 그래서 실제로 이들 세균은 모두 절대혐기성(strict anaerobe)이다. O_2에 대한 CO_2 특이성은 남세균의 경우 5에서 녹조류는 6, 그리고 현화식물의 경우는 8에서 10까지 증가한다.

C3회로에서 루비스코의 역할이 매우 중요하기 때문에 루비스코의 활성 조절에 대하여 많은 연구가 이루어졌고, 루비스코의 양 또는 활성이 탄소고정의 전체 속도를 결정하는지에 대한 많은 논의가 이루어져왔다. 이 문제에 대하여 다음 절에서 논의하기로 한다.

2.3.3 탄소고정의 조절

호흡과 마찬가지로 C3회로와 같이 복잡하고 단계가 많은 과정은 조절 메커니즘이 여러 수준에서 작용하며 몇 가지 구성 요소를 포함한다. 조절 메커니즘에 관하여 설명하기 전에 다음과 같은 질문을 해보는 것이 유익할 것이다. 왜 조절이 필요한가? (식물의 입장에서) C3회로의 속도를 증가시키거나 감소시킬 수 있는 단계는 어디인가? 잎에서 회로의 최대 속도에 영향을 미치는 요인들은 무엇인가? 우선 광합성의 전체적 기능에 대하여 생각해보자. 광합성은 빛을 수확하여 화학에너지로 변환시키고, 이 화학에너지가 다시 탄소고정 즉 유기물 형태로의 동화를 위하여 사용되는 과정이다. 고정된 탄소는 저장되거나 또는 생장이나 생존에 필요한 새로운 물질의 합성에 이용된다. 그러므로 광합성 전체 속도가 저광도(즉 낮은 PPFD)에 의해 제한되는 음지 조건에서처럼, C3회로의 속도는 가능한 한 명반응 속도와 같아야 하며, ATP와 환원력이 생성되는 즉시 소모되어야 한다.

그러나 광반에 대한 논의(2.2.2절)에서 지적하였듯이, 빛의 유입이 갑자기 증가하여 몇 초 안에 C3회로의 속도가 증가되어야 하는 경우가 있다. C3회로를 가속화하거나 일출시에 즉시 C3회로를 가동하기 위해서는, 활성 효소들과 대사물질, 특히 CO_2의 최초 수용체인 리불로오스2인산(RuBP) 등이 적절한 양으로 존재하여야 한다. 이러한 준비 상태를 이루기 위해서는 강력한 제어 장치가 있어서, 어두운 상태에서 회로 속도를 감소시키거나 갑자기 멈추게 하여 공회전이 일어나지 않도록 하여야 한다.

○ 어두운 상태에서 C3회로가 계속 돌아가면 RuBP는 어떻게 되는가?

● CO_2가 계속 고정되면서 RuBP를 사용하므로 양이 급격히 줄어들 것이다. 그러나 NADPH와 ATP가 다 사용되어 없어지면서 회로의 나머지 부분이 멈춘다. 따라서 일출 시에 RuBP를 보충하기 위하여 귀중한 시간이 낭비될 것이다.

마지막으로, 식물체 또는 잎을 가장 '경제적'인 방식, 즉 에너지와 자원을 최적으로 이용하는 방식으로 환경과 결부시켜 보자. C3회로의 효소 합성에는 많은 자원이 필요하며, 따라서 자원의 양이 C3회로의 예상 최대 속도에 맞아야 한다. 이 최대 속도는 환경에 따라 결정된다. 음지는 빛의 양이 회로 속도를 결정하지만, 빛이 과도한 양지는 대기의 CO_2 공급량이나 C3회로의 효소 양이 결정 요인이며, 회전 속도가 훨씬 빠르게 유지될 수 있다. 그래서 절대음지식물은 절대양지식물보다 C3회로 효소의 양이 상당히 적다. 빛의 세기가 자주 그리고 많이 변하는 식물의 경우(예를 들어 광반 등으로) C3회로 효소의 양은 중간 정도이다. C3회로 효소의 양은 전체적으로 식물체의 유전적 구성 및 환경 신호에 대한 반응 능력(즉 표현형적응성)에 의해 결정된다.

표 2.3은 C3회로의 여러 단계에서 일어나는 조절 수준이다.

표 2.3 C3회로의 조절 수준

수준	영향을 받는 구성 요소	효과
1 유전적 조절 및 환경 요인(빛)	효소의 양(특히 루비스코)	회로의 최대 속도 결정
2 대략적인 생화학적 조절 (빛과 기타 환경 요인)	루비스코를 비롯한 다섯 효소의 활성화 정도	회로의 정지나 감속 또는 시작이나 가속
3 미세한 생화학적 조절(빛)	효소의 반응 속도와 활성	회로의 미세 속도 조절

대략적인 생화학적 조절 (I) : 루비스코의 활성화

루비스코의 활성은 C3회로의 다른 어느 효소보다도 환경 요인의 영향을 많이 받는다. 빛, CO_2와 O_2의 농도, 온도 등이 모두 루비스코의 활성에 영향을 미친다. 빛의 경우를 고려해보면, 루비스코가 암처에서 비활성화되고 빛에 의해 활성화된다는 것은 오래전부터 알려져 왔다. 이러한 사실에 대한 단서가 처음 등장한 것은 1980년대에 CO_2 농도가 극도로 높지 않으면 빛에 의한 활성화가 일어나지 않는 애기장대(*Arabidopsis thaliana*, 식물분자생물학에서 많이 이용되는 1년생식물) 돌연변이체가 발견되면서였다. 이 돌연변이체는 현재 **루비스코활성화효소**(Rubisco activase)라고 알려진 효소 하나만 결핍되어 있었다. 빛이 있는 상태에서 루비스코활성화효소는 암처에서 루비스코와 결합하여 루비스코를 비활성화 형태로 유지하고 있던 물질들(RuBP 포함)을 제거한다(그림 2.14). 그러므로 이 과정이 루비스코의 활성과 빛을 연관시키는 가장 중요한 단계이다.

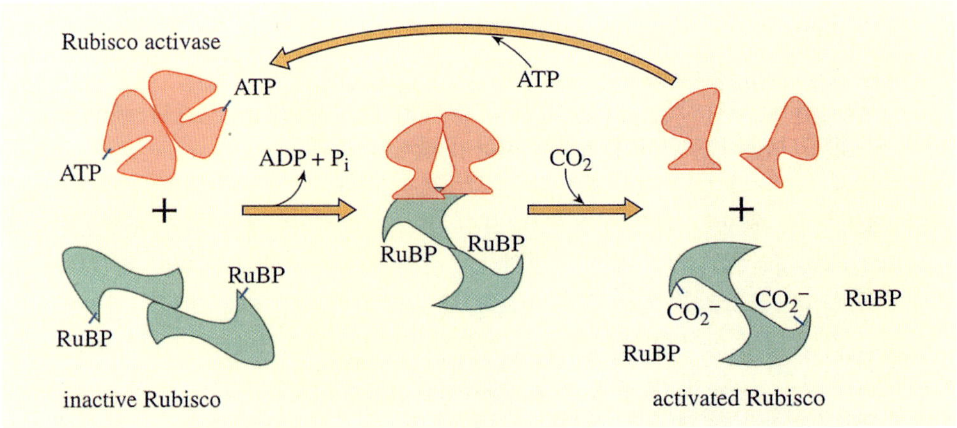

그림 2.14

빛에서 루비스코활성화효소에 의한 루비스코 활성화. 활성화효소는 ATP 가수분해와 비활성 루비스코로부터의 RuBP 방출을 짝짓는다. 비활성 루비스코는 CO_2가 다른자리입체성 부위(기질결합자리가 아닌 다른 자리, allosteric site)에 결합하면서 활성화된다.

CO_2와 O_2의 농도는 산소화반응에 대한 카르복실화반응의 비율을 변화시켜 탄소고정 속도에 영향을 준다. 온도의 상승도 탄소화반응 속도를 감소시키고 산소화반응 속도를 증가시킨다. 높은 온도에서는 O_2에 대한 CO_2의 용해도가 감소하고, 따라서 상대적으로 CO_2에 대한 루비스코의 친화도가 감소한다. 온실 효과에 의해 대기 중 CO_2 농도가 증가하고 지구의 온도가 높아짐에 따라 루비스코의 활성은 큰 관심의 대상이 되고 있다.

○ 대기 중 CO_2 농도 증가와 기온 상승이 루비스코의 활성과 탄소고정에 어떠한 영향을 주겠는가?

● CO_2 농도의 증가는 카르복실화효소 활성과 탄소 고정을 증가시킬 것이다. 그러나 온도 상승은 적어도 부분적으로 이러한 증가를 상쇄시킬 수 있을 것이다.

그러므로 현재로서는 최종적인 결과를 예상하는 것이 불가능하며, 강수 형태의 변화 및 일부 지역에서 식물 생장에 필요한 수분의 감소 현상에 의해 상황은 더욱 복잡해질 전망이다.

대략적인 생화학적 조절 (II) : 빛에 의한 다른 효소들의 활성화

C3회로의 네 효소가 공통된 방법으로 암처에서 비활성화되고 빛에 의해 활성화된다. 세 효소는 RuBP 재생성에 관여하고, 하나는 PGA가 3탄당인산으로 변환되는데 관여한다. 공통된 방법이란 **페레독신-티오레독신계(ferredoxin-thioredoxin system)**로서 1990년대 초에 밝혀졌으며, 이황화기(disulfide group, -S-S-)의 공유결합적 변형(covalent modification)이 관여한다. 빛에서 효소가 활성을 나타내며 이때 이황화기는 환원(-SH HS-)되어 있는 상태이지만, 암처에서는 다시 -S-S-로 산화되어 활성이 없는 상태로 된다. 페레독신은 광계I의 수용성 전자수용체로서(2.1절) 빛에 의해 환원되고 암처에서 산화된다. 환원된 페레독신은 티오레독신을 환원시키고, 티오레독신은 다시 C3회로 효소의 이황화기를 환원시킨다(그림 2.15).

페레독신-티오레독신계는 암처에서 C3회로를 정지시키고 빛에서 다시 재가동시키는 강력한 제어장치 중 가장 중요한 요소이다. 페레독신-티오레독신계는 또한 엽록체 내 당 분해 조절효소를 빛에서 비활성화시키고 암처에서 활성화시키는 작용을 한다. 그러므로 페레독신-티오레독신계는 탄수화물의 합성과 분해를 조절하여, 빛에서는 합성이 일어나고 암처에서는 분해가 일어나도록 조정 작용을 하고 있다고 볼 수 있다.

미세한 생화학적 조절

여기서 기술하는 메커니즘은 C3회로의 정지나 가동과 연관이 있는 것이 아니라 회로의 속도를 조절하는 작용을 한다. 루비스코를 비롯한 몇몇 C3 효소들은 최적 pH가 8정도로 높으며, 그 중 루비스코와 일부 효소는 마그네슘 이온(Mg^{2+})의 농도가 증가하면 활성이 증가한다.

그림 2.15

빛에서 페레독신-티오레독신계에 의한 C3회로 효소들의 환원과 활성화.

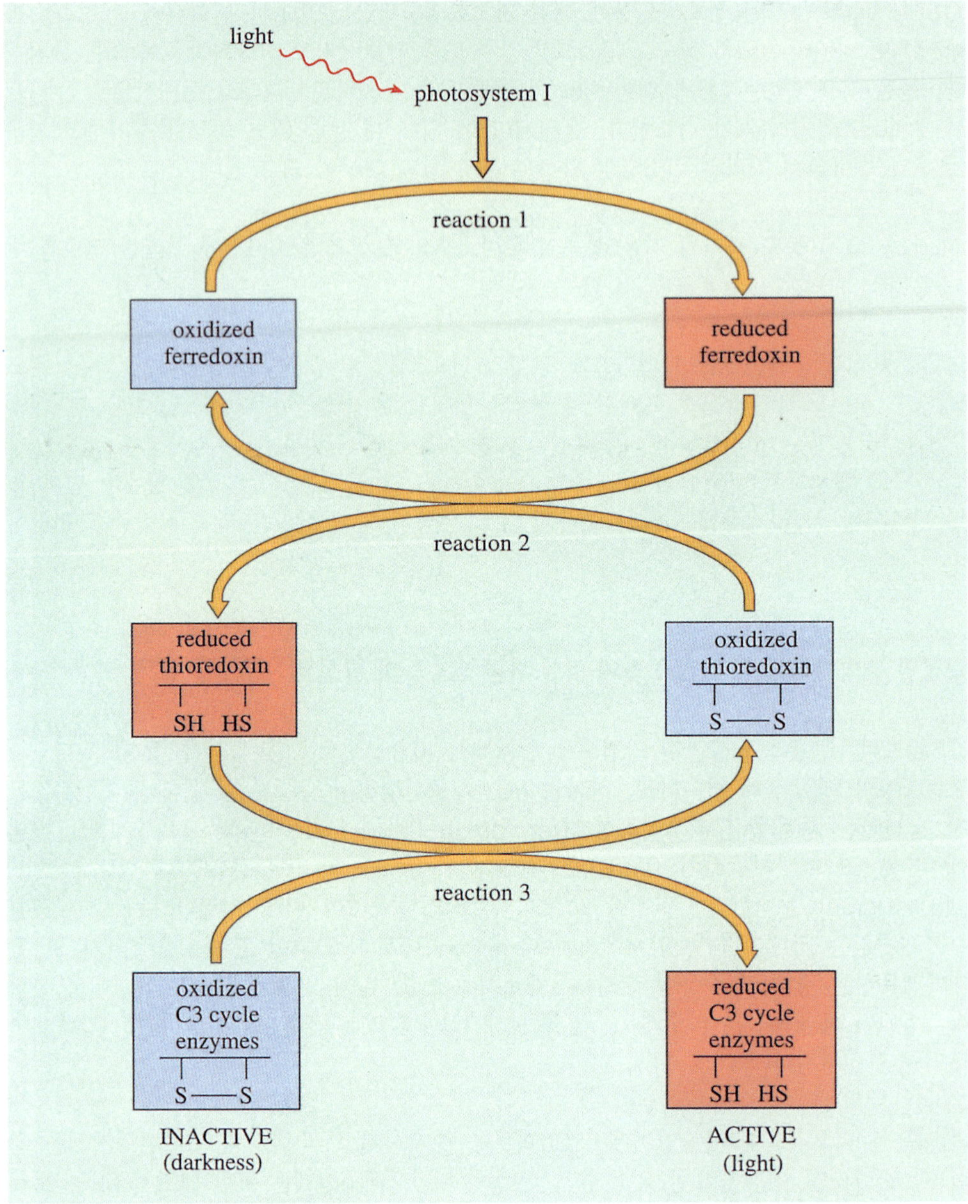

○ 광합성의 명반응이 진행되는 동안 스트로마의 pH에는 어떤 변화가 일어나는가?

● 양성자가 스트로마로부터 틸라코이드 공간 즉 내강(lumen)으로 펌핑되어, 스트로마의 pH가 높아지고 내강의 pH는 낮아진다.

명반응에서 양성자가 스트로마**로부터** 펌핑될 때 Mg^{2+}가 스트로마 **내로** 유입된다. 따라서 빛에 의한 pH와 이온 농도의 변화 모두가 C3 효소들의 활성을 증가시킨다.

미세 조절의 다른 형태는 ATP와 NADPH의 농도에 의해 작동한다. 환원 단계(그림 2.10)는 ATP와 NADPH의 농도에 매우 민감하여 농도가 감소하면 느려진다. 이러한 현상은 명반응의 속도가 감소할 때 일어나기 쉽다.

전체적으로 탄소고정의 조절은, 특수한 환경(예를 들어 깊은 그늘)에서 식물의 유전적 특성에 의한 조절에서부터 빛 조건의 변화에 따라 수 초 또는 수 분 내에 작동하는 메커니즘에 이르기까지 매우 효율적인 방법에 의해 이루어진다. 아직 논의하지 않은 사항은 루비스코 산소화효소 반응의 결과인데, 탄소고정과 명반응에 있어 의미가 있다.

2.3절의 요약

1. 캘빈회로 즉 C3회로는 진핵생물에서 탄소 순고정이 일어나는 유일한 경로이다. 카르복실화, 환원, 재생성의 3단계로 이루어지며, 한 분자의 CO_2를 고정하기 위하여 3분자의 ATP와 2분자의 NADPH를 사용한다.
2. C3회로에서 생성된 3탄당인산은 (세포 밖으로의 수송을 위하여)세포기질에서 설탕 합성에 사용되거나 (임시 저장을 위하여)엽록체 내에서 녹말 합성에 사용된다. 인산운반체가 두 과정의 균형을 맞추고 조절하는데 중요한 역할을 한다.
3. 루비스코는 크고 매우 풍부한 효소로서, RuBP가 CO_2에 의해 카르복실화하여 3탄소 중간물질인 3-포스포글리세르산(PGA)을 생성하는 C3회로의 첫 반응을 촉매한다. 루비스코는 산소화효소로도 작용하여 RuBP를 산소와 결합시켜 PGA와 포스포글리콜산을 생산한다. CO_2와 O_2는 루비스코의 기질로서 서로 경쟁한다.
4. C3회로의 속도는 최대 효율성과 경제성을 위하여 명반응 속도와 일치하며 빛의 유입량 변화에 민감하게 반응한다.
5. C3회로의 전체적 조절은 효소(특히 루비스코)의 양에 의해 이루어진다. 대략적인 생화학적 조절은 빛에서 회로를 작동시키고 암처에서 정지시키는 방법으로 루비스코(루비스코활성화효소에 의해)를 비롯한 회로 효소들(페레독신-티오레독신계에 의해)의 활성 조절에 의해 이루어진다. 미세한 생화학적 조절은 pH와 Mg^{2+}, ATP, NADPH의 양에 의해 작동하며, C3회로의 특정 효소의 활성에 영향을 미친다.

2.4 C2회로

C2회로는 루비스코에 의한 산소화반응(반응식 2.4)의 직접적인 결과로서, 반응 생성물인 포스포글리콜산(phosphoglycolate)의 대사과정이다. C2회로는 빛에서만 작동하고 O_2 흡수와 CO_2 방출이 일어나기 때문에 오랫동안 **광호흡(photorespiration)**으로 알려져 왔으나, 진짜 호흡과의 유사점은 여기서 끝나며 C2회로는 에너지가 전혀 생성되지 않고 오히려 소량의 ATP가 **사용된다**. 이 때문에 현재 광호흡이란 용어는 잘 사용하지 않고 **C2회로(C2 cycle)** 또는 더 완전한 표현으로 **산화적 광합성탄소회로**(oxidative photosynthetic carbon cycle)라는 용어가 더 많이 사용된다.

현재 대기 중의 O_2(21%)와 CO_2(0.036%, 360ppm) 농도에서는 루비스코의 산소화반응에 의해 순탄소고정량이 25~50% 정도 감소하므로 C2회로는 결코 비중이 적은 경로가 아니다. C2회로의 작용(2.4.1절)과 생물학적 기능이 무엇인지(2.4.2절) 더 자세히 살펴볼 필요가 있다.

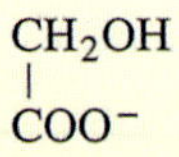

glycolate

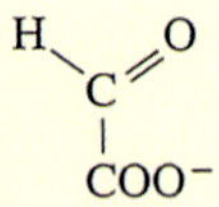

glyoxylate

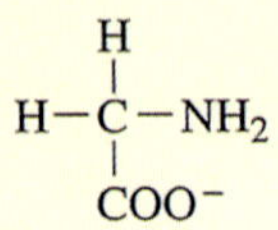

glycine

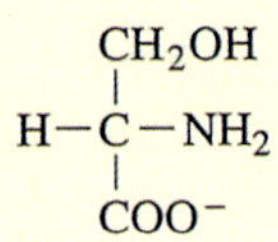

serine

2.4.1 C2회로의 반응

C2회로의 상세한 과정을 규명하기 위해 C3회로보다 훨씬 더 많은 시간이 소요되었는데, 연구 결과 C2회로에는 엽록체, 페르옥시솜(peroxisome), 미토콘드리아 등 세 개의 세포내 소기관이 관여하는 것으로 밝혀졌다. 그림 2.16은 대략적인 회로의 과정이며 왼쪽에 중요한 대사중간물질의 구조를 나타냈다. 주목하여야 할 점은 RuBP로부터 생산된 포스포글리콜산 두 분자 마다(2×C2) 한 분자의 포스포글리세르산(phosphoglycerate, C3)이 C3회로로 돌아와 탄소의 3/4이 회수된다는 사실이다.

C2회로에서 주목할 것은 산화(oxidation), 탈카르복실화(decarboxylation), 아미노화(amination)/탈아미노화(deamination) 단계로 회로가 구성되어 있다는 점이다.

○ 포스포글리콜산에서 시작하여 처음으로 산화 과정이 일어나는 곳은 어디인가? 그리고 그 반응을 설명하시오.

● 페르옥시솜에서 일어나며, 글리콜산(glycolate)이 산소분자에 의해 산화되어 글리옥실산(glyoxylate)과 과산화수소(hydrogen peroxide, H_2O_2)로 된다.

과산화수소는 잠재적 위험성이 매우 높기 때문에 페르옥시솜 효소들에 의하여 빠른 속도로 산소와 물로 분해된다. 다음 단계에서 글리옥실산에 아미노기($-NH_2$)가 첨가되는 아미노화반응이 일어나 2탄소 아미노산인 글리신(glycine)으로 변환된다.

○ 글리신의 변화에 대하여 기술하시오.

● 글리신은 미토콘드리아로 이동하여, 두 분자의 글리신으로부터 한 분자의 세린(serine)이 생성되고 암모니아(NH_3)와 CO_2가 한 분자씩 방출된다.

이들 반응의 결과 글리신의 반이 탈카르복실화하고 산화하는데, 이는 회로에 유입된 원래의 탄소 4분자(2분자의 포스포글리콜산) 중 3개가 아미노산인 세린에 남아 있다는 것을 의미한다. 세린은 다시 페르옥시솜으로 돌아가 탈아미노화반응을 거치고, 생성된 3탄소의 중간물질은 결국 글리세르산으로 변환된다.

○ C2회로의 마지막 단계를 기술하시오.

● 글리세르산이 엽록체로 이동하여 ATP와 반응하고 3-포스포글리세르산(PGA)으로 변환되어 C3회로로 들어간다.

이렇게 하여 탄소원자 3개의 회수가 완성된다. 더구나 암모니아 형태로 방출된 귀중한 질소(붉은 선)는 엽록체에서 ATP와 환원력(환원형 페레독신)을 사용하여 아미노산으로 유입됨으로써 회수된다. C2회로와 아미노산 재생성은 전체적으로 거의 C3회로만큼 많은 양의 ATP와 환원력을 사용한다.

C2회로의 과정은 부분적으로 C3회로 연구와 비슷한 방법으로, 무거운 O^{18} 동위원소로 표지된 O_2를 추적하고 효소들을 분리함으로써 밝혀졌다(심층학습 2.2). 그러나 역시 경로의 최종 규명에는 애기장대의 C2회로 돌연변이체들이 중요한 역할을 하였다.

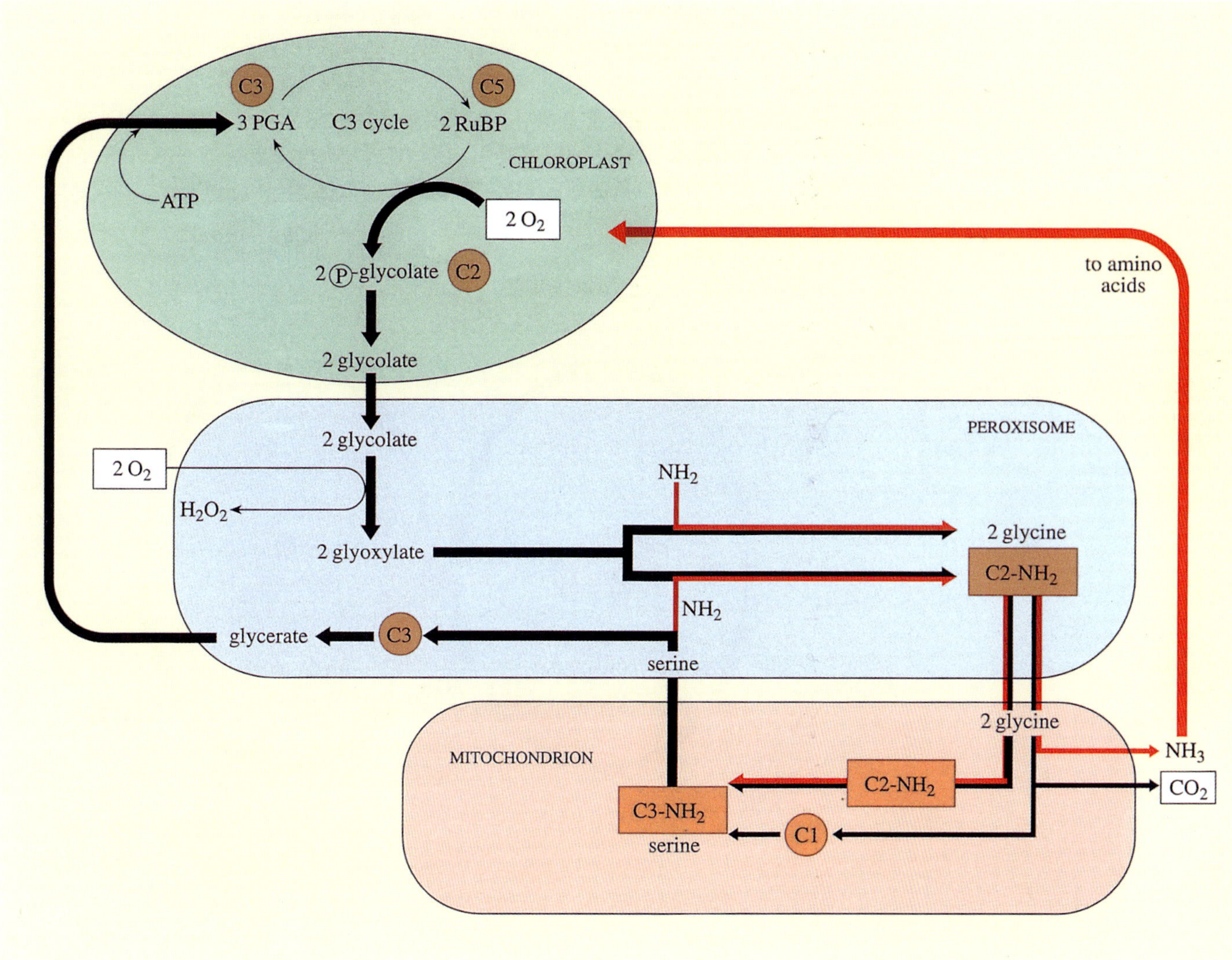

그림 2.16

C2회로 요약. 설명은 본문을 참조.

2.4.2 C2회로의 생물학적 의미

광호흡은 과거에는 낭비 과정 또는 기껏해야 필요악(포스포글리콜산을 사용하여 탄소의 75%만 회수하는 점에서) 정도로 여겨졌다. 그러나 1990년대 말에 근본적으로 다른 관점이 제시되었다. 현재 일부 생물학자들은 C_2회로가 광합성 탄소대사의 중요한 일부분이라고 여기고 있으며, 톨버트(N. E. Tolbert)는 자신의 평생 연구 결과를 정리한 종설 논문에서 다음과 같이 기술하였다.

> 이제는 루비스코의 산소화효소 작용 및 그 결과 일어나는 C2회로가 광합성 탄소대사에 있어서 CO_2 감소 또는 O_2 증가와 같이 필수적이며 동등한 부분임을 인식하여야 할 것이다. C2회로는 C3회로와 함께 순광합성량 및 대기 중 CO_2와 O_2 농도의 균형을 잡아준다. 광합성 탄소대사는 O_2 고정 시에는 다른 전자수용체를 사용한다. 광합성은 루비스코의 기질 특이성에 의해 정해진 범위 내에서 대기 중 CO_2 대 O_2 비율의 균형을 맞춤으로써 스스로 제한된다. [보상점보다] 낮은 농도의

CO_2 또는 높은 농도의 O_2에서 식물은 생장할 수 없다.

그러므로 톨버트의 주장에 의하면, C2회로에 의한 O_2 흡수와 CO_2 방출은 적어도 대기 중 두 기체의 비율을 결정하는데 있어서는 종속영양생물의 호흡만큼 중요하다. 그림 2.17은 현재 약 3:1 비율로 작동하고 있는 C3회로와 C2회로의 상호 연관성을 나타낸다.

그림 2.17

C3회로와 C2회로의 연관성. 잎의 탄소 이동과 대기 중 O_2와 CO_2의 균형은 모두 서로 반대로 작용하는 이들 두 회로의 균형에 의해 대부분 결정된다.

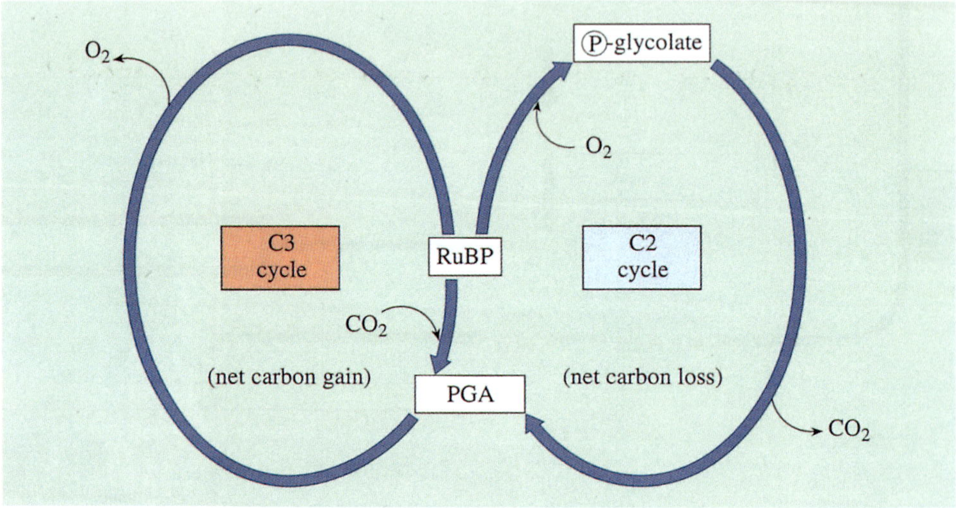

톨버트의 인용에서 언급된 **보상점**(compensation point)은 2.6절에서 더 논의될 것이지만, 간단히 설명하면 순탄소고정이 이루어지는 대기 중 최저 CO_2 농도 또는 최대 O_2 농도를 말한다. 예를 들어 3억 년 전 대기 중 O_2 농도는 지금보다 훨씬 더 높았을 것으로 생각되는데(현재 21%에 비해 당시는 35% 정도로 추정), 이는 루비스코에 의한 순탄소고정과 C3회로를 달성하기 위해서 CO_2 농도가 0.07%(700ppm) 정도는 되었어야 하는 것을 의미한다. 지질학적 시간이 지남에 따라 CO_2 농도가 감소하였고 O_2 농도 또한 감소하였음에 틀림없다. 그렇지 않았으면 C3식물은 살아남지 못하였을 것이다. 루비스코 주위에 CO_2를 농축시킴으로써 CO_2와 O_2의 경쟁 문제를 해결한 비교적 적은 수의 육상식물(C4식물과 캠식물)은 700만 년 전까지 진화하지 않았다.

톨버트의 견해는 C2회로의 '유용성' 또는 더 넓은 관련성을 보는 한 가지 방법이다. 다른 견해에 따르면, C2회로는 광억제에 대하여, 특히 높은 강도와 고온, 그리고 낮은 CO_2 농도 조건에서 식물을 보호하는 '안전밸브'로서 중요한 역할을 한다.

○ 이용 단계가 명반응을 쫓아가지 못할 때(그림 2.9) 광억제가 증가하는 경향이 있다는 것을 염두에 두고, 위에서 제안된 C2회로의 보호 역할에 대하여 설명하여 보시오.

● 보호 역할이 가장 뚜렷할 것으로 여겨지는 조건은 루비스코의 카르복실화반응과 C3회로의 제한요인이 CO_2 공급인 경우이다. CO_2가 부족한 경우 C3회로에 의한 ATP 및 환원력 이용이 감소하거나 명반응 속도를 따라가지 못한다. 그러나 이러한 조건에서 루비스코 산소화효소 반응과 C2회로는 촉진될 것이고, C2회로 역시 엽록체에서 ATP와 환원력을 사용하므로 적어도 짧은 시간 동안에는 C2회로가 이용 단계로서 작용할 것이다.

C2회로의 유용성 여부는 학문적 이상의 흥미를 끌고 있다. 전 세계적 식량 생산 증가를 위한 관심 때문에, 루비스코 카르복실화반응의 효율성을 증가시키고 그리하여 C2회로에 의한 O_2 흡수와 탄소 손실을 감소시키기 위한 방향으로 많은 노력이 이루어지고 있다. 단세포 녹조인 클라미도모나스(*Chlamydomonas reinhardtii*)에서 CO_2에 대하여 높은 친화도를 나타내는 루비스코 돌연변이체가 발견되었는데, 이러한 '개량' 루비스코의 작물 도입 가능성이 제안되기도 하였다. 그러나 그러한 계획을 착수하기 전에 C2회로의 감소가 단기적, 장기적으로 모두 정말 유익한 것인지에 대한 절대적 확신이 필요하다.

2.4절의 요약

1. RuBP와의 루비스코 산소화반응에 의해 생산된 포스포글리콜산의 대사가 C2회로에서 이루어지고, 탄소의 75%가 포스포글리세르산으로 캘빈회로로 돌아온다. 이 과정에서 O_2가 흡수되고 CO_2가 방출되며, ATP와 환원력이 이용된다. C2회로를 광호흡이라고도 한다.

2. C2회로의 반응들은 엽록체, 페르옥시솜, 미토콘드리아에서 일어나며, 산화, 탈카르복실화, 아미노화/탈아미노화가 관여한다. O_2가 페르옥시솜에서 사용되며, CO_2가 미토콘드리아에서 방출된다. 이들 세 소기관 사이에 질소 회로가 형성되어, 암모니아가 미토콘드리아로부터 엽록체로 이동한다.

3. C2회로는 (a) 대기 중 O_2와 CO_2의 균형을 조절하고(톨버트의 견해), (b) 이용 가능한 CO_2 양이 적을 때 ATP와 환원력을 사용함으로써 광억제에 대하여 보호하는 안전밸브와 임시 이용 단계로서 작용한다.

2.5 이산화탄소 농축 체계

잠재적 유용성이 무엇이던 간에 C2회로는 C3식물의 순탄소고정량을 감소시킨다. CO_2에 대한 루비스코의 선택성 증가(2.3.2절)는 이 문제를 완화시킬 수 있으나 완전히 해결할 수는 없다. 그러나 일부 식물, 조류, 남세균에서 다른 종류의 해결책이 진화하였는데, 루비스코 작용 부위에 CO_2를 농축시켜서 CO_2 대 O_2 비율을 증가시키는 방법이 그것이다.

CO_2 농축 메커니즘을 가진 현화식물이 처음 대량으로 등장한 것은 약 700만 년 전이다. 이러한 식물을 **C4식물(C4 plant)**이라고 부르는데(2.5.2절), 그 이유는 CO_2가 먼저

4탄소 대사물질로 고정되고 나중에 루비스코의 작용 장소에서 방출(농축)되기 때문이다. C4식물은 대부분 화본과(grass family)나 사초과(sedge family) 식물이다. CO_2 농축 과정에서 식물 조직으로 고정되는 안정된 형태의 동위원소인 ^{12}C(일반적 형태)와 ^{13}C(드문 형태)의 상대적 양이 변화한다. 즉 C4식물은 C3식물보다 훨씬 적은 양의 ^{13}C를 도입한다. 식물 화석의 $^{12}C/^{13}C$의 비율을 질량분석법(mass spectrometry)으로 측정함으로써 C4식물이 처음으로 대량 번식한 시기를 정확히 알 수 있다.

일단의 다른 식물들은 C4식물과 같은 CO_2 농축 원리(초기에 4탄소 대사물질로 고정된 다음 다시 방출됨)를 이용하나 약간 다른 메커니즘을 가지고 있다. 이 메커니즘을 **다육식물유기산대사**(Crassulacean acid metabolism)라고 부르고 보통 **캠**(CAM)이라고 약하는데, 처음 발견된 돌나물과(Crassulaceae)의 이름을 따서 명명되었다. 다육식물유기산대사는 비현화식물과 C4경로보다 훨씬 더 많은 현화식물에서 일어나며, 그래서 캠식물은 C4식물보다 더 일찍 진화한 것으로 생각되지만 풍부하게 번식하지 못하여 $^{12}C/^{13}C$ 분석으로 화석 기록을 측정하기는 어렵다.

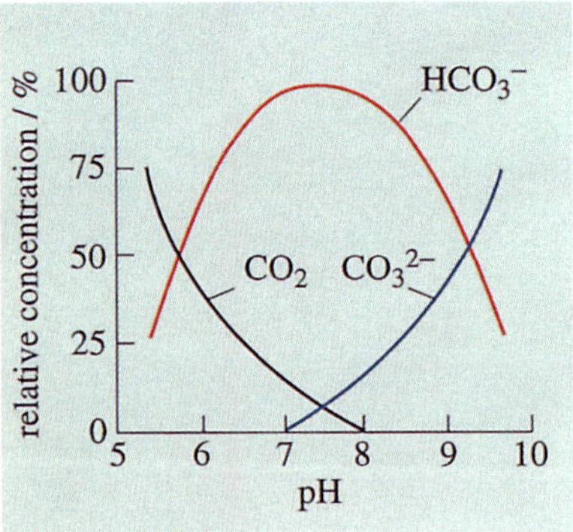

그림 2.18

pH와 $CO_2/HCO_3^-/CO_3^{2-}$와의 관계.

수생 광합성생물, 즉 남세균이나 많은 종류의 조류, 그리고 일부 수생식물(이차적으로 수생이 된 가래속 수초 등)에서는 또 다른 형태의 CO_2 농축 메커니즘이 다른 이유(선택압)로 진화하였다. 다음 절에서 그 이유와 특성을 살펴보기로 한다.

2.5.1 수생생물

수생 광합성생물은 이중의 문제를 가지고 있다. 첫째, CO_2는 물속에서 대기에 비해 훨씬 느리게 확산한다는 것이다. 즉 정지된 물속에서 CO_2의 공급이 빠르게 제한된다. 둘째, pH 7~8에서는 용해된 CO_2가 대부분 탄산수소염(HCO_3^-)으로 전환되어 유리 CO_2가 거의 없다(그림 2.18).

바닷물의 pH는 약 7.5이고, 저지대 민물 수역은 대부분 7에서 8 사이이다. 그러므로 그림 2.18에서 무기탄소는 주로 HCO_3^- 형태임을 알 수 있다. 수생생물의 CO_2 농축 메커니즘에서는 HCO_3^-가 사용되며 루비스코의 작용 장소에서 CO_2가 방출된다. 메커니즘에서 중요한 작용을 하는 것은 활성이 높은 막결합 펌프 및 다음 가역 반응을 촉매하는 **탄산무수화효소**(carbonic anhydrase)이다.

$$HCO_3^- + H^+ \rightleftarrows H_2O + CO_2 \qquad (2.5)$$

그림 2.19a는 남세균의 농축 메커니즘으로서, HCO_3^- 이온의 흡수, 세포 내 농축 및 루비스코 작용 장소에서의 방출이 가장 간단하며 잘 이해되는 과정으로 진행된다. 원형질막에 있는 무기탄소(C_i) 펌프가 HCO_3^-와 CO_2를 농도기울기에 반하여 세포질로 운반한다(2차능동수송). 세포질의 무기탄소 농도는 생물체 주위의 물에 비해 수 천 배 높을 수 있다.

○ 빛에서 세포질의 pH가 약 8이라고 하면 무기탄소의 형태는?

● 그림 2.18에서 대부분(약 90%)이 HCO_3^- 형태이다.

HCO_3^-은 확산에 의해 루비스코가 있는 **카르복시솜(carboxysome)**이라는 구조로 이동하고, 탄산무수화효소의 작용에 의해 CO_2가 방출된다. 카르복시솜은 단백질 껍질(생체막이 아님)로 둘러싸여 있으며 CO_2가 외부로 확산되는 것을 제한한다.

진핵생물(조류와 고등식물)은 이 보다 더 복잡한 과정을 거치는데, 엽록체에서 남세균처럼 CO_2 농축이 일어나지만 세포질에도 CO_2 농축 과정이 있다(그림 2.19b). 원형질막에 HCO_3^- 능동수송체가 있으며, 세포벽 안쪽에 종종 탄산무수화효소가 있어 HCO_3^-로부터 CO_2를 방출하는 것으로 보인다. 방출된 CO_2는 가파른 농도기울기에 따라 세포 내로 확산된다. 세포질과 엽록체에 다른 탄산무수화효소가 있으나 그 기능에 대해서는 논의의 여지가 있다.

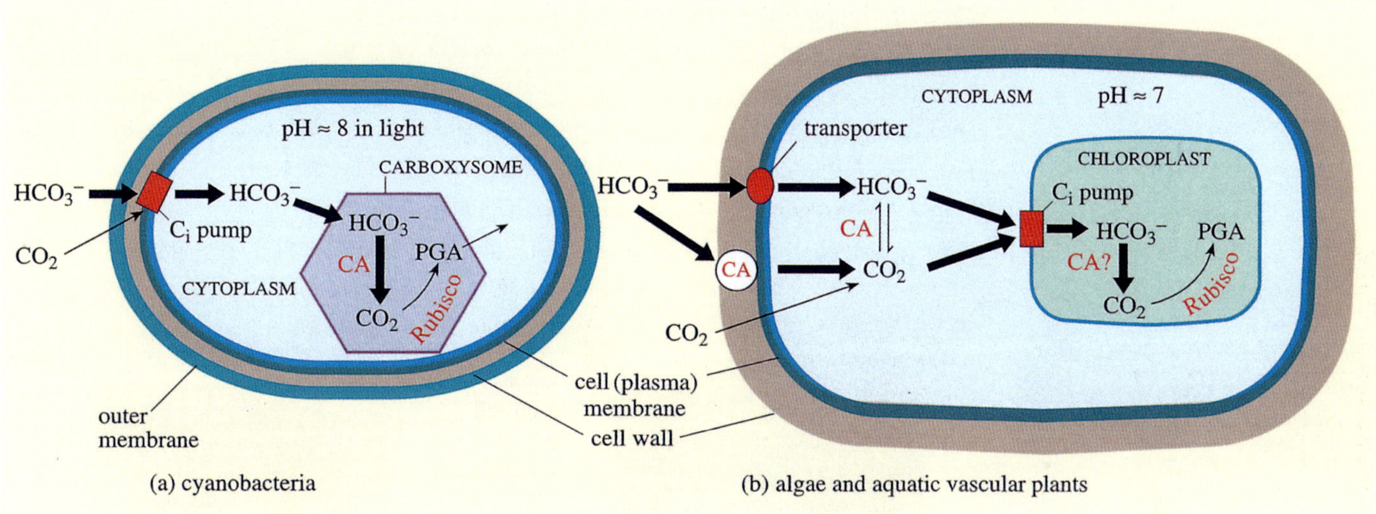

그림 2.19

CO_2 농축 메커니즘의 작용 모델. (a) 남세균 (b) 조류 (c) 수생관다발식물. CA = 탄산무수화효소. (남세균의 외막과 세포벽은 CO_2와 HCO_3^-의 출입에 장애가 되지 않는 것을 주목할 것.)

수생생물이 CO_2 농축 메커니즘을 가지고 있다는 것은 루비스코의 산소화반응이 효율적으로 억제된다는 것을 의미한다. 이 메커니즘은 간단하고 매우 효율적으로서, 식물의 조상인 조류에 있는 CO_2 농축 과정이 C3식물에 남아있지 않다는 것은 의문스러운 일이다. 육상의 C3식물은 엽록체에 탄산무수화효소가 있지만 C_i 펌프가 없다. 대신에 다음과 같이 훨씬 더 복잡한 과정이 진화하였다.

2.5.2 C4식물

C4식물의 종 수는 전체 현화식물의 1%에 불과하지만, 가장 풍부한 일부 열대성 화본과 식물과 중요한 일부 작물(예를 들어 옥수수와 사탕수수)이 이에 포함된다. 특히 화본과(Poaceae)와 사초과(Cyperaceae)에 C4식물이 많지만, 쌍자엽식물과 단자엽식물 전체적으

로 16개 과에 C4식물이 포함된다. C4식물에는 초본과 관목이 포함되나 큰 수목은 포함되지 않고, 대부분은 저지대 열대 및 아열대 지역의 훤히 트인 양지 서식지에서 발견된다.

C4식물이 다른 식물과 구별되는 두 가지 특징은 잎의 특수한 형태와 CO_2를 고정하고 방출하는 별도의 생화학적 경로(C4회로, C4 cycle)의 존재이다. 이들 특징으로 인해 루비스코와 C3회로의 장소에서 효율적인 CO_2 농축이 이루어진다.

잎의 해부 구조

전형적인 C3식물과 C4식물의 잎 단면을 비교해보면(그림 2.20) 가장 뚜렷한 차이점은 C4식물의 경우 잎맥(관다발) 주위에 **다발초(bundle sheath)**라고 하는 뚜렷한 세포층이 발달하여 있다는 것이다. 다발초 세포들은 다른 세포들(엽육세포)에 비해 엽록체 수가 많고 엽록체 크기도 크며, 일반적으로 엽육세포와 인접한 세포벽은 코르크질(suberin)이 침전되어 두껍다. 그러나 이 인접부에는 수많은 원형질연락사(plasmodesmata, 세포벽을 가로 지르는 세포질 통로)가 있다. C4식물의 이러한 세포 배열을 보통 **크란츠해부(Kranz anatomy**, 독일어로 화환이라는 뜻이며 다발초 형태를 나타내는 말)라고 부른다. 빛을 향해 잎을 들어보면 잎맥 주위에 어두운 녹색 띠를 관찰할 수 있다. 크란츠해부 구조는 1884년에 독일 식물생리학자인 하버란트(Haberlandt)에 의해 처음 관찰되었다.

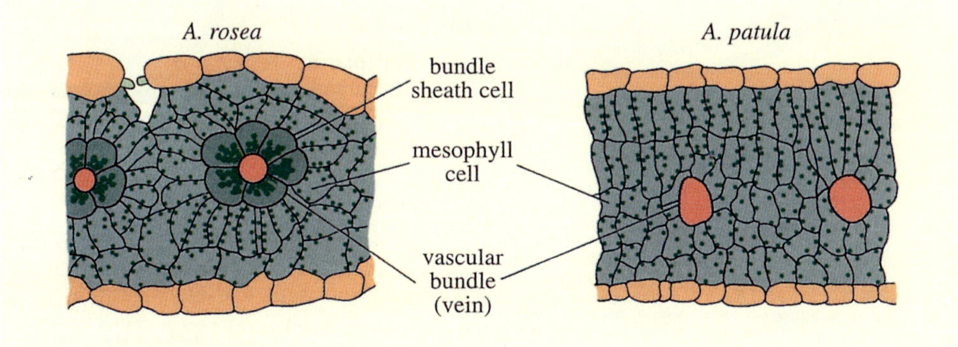

그림 2.20
갯능쟁이속에 속하는 *Atriplex rosea*(C4식물)와 *A. patula*(C3식물)의 잎 단면 모식도.

C4식물은 C3식물에 비해 잎맥이 서로 가까이 위치하고 잎이 얇기 때문에 대부분의 엽육세포가 다발초세포로부터 두 세포 이내의 거리에 있다. 미세구조를 보면 다발초세포와 엽육세포는 엽록체 구조도 차이가 나는데, 많은 종의 다발초세포는 그라나의 수가 비교적 적다.

○ 이러한 구조적 특징이 PSI과 PSII의 균형(2.2.1절)에 어떤 영향을 미치는가?

● 다발초세포의 엽록체는 그라나가 적기 때문에 PSII가 부족하다.

PSII는 광합성 명반응에서 O_2가 방출되는 장소이다. 그러므로 다발초세포에서는 적은 양의 O_2가 생산된다. 이러한 생화학적 차이 이외에도 협동적으로 C4회로를 구성하는 다발초세포와 엽육세포 사이에는 많은 차이점이 있다.

C4회로

다발초세포와 엽육세포의 구조적 및 생화학적 차이점은, 초기 CO_2 고정은 엽육세포에서 일어나고 CO_2 방출 및 루비스코의 'C3 고정' 즉 광합성에 의한 고정은 다발초세포에서 일어나는 것과 연관이 있다. 생화학적 활동이 공간적으로 분리되어 있기 때문에 많은 수의 엽육세포에서 고정된 CO_2가 비교적 적은 수의 다발초세포의 루비스코 작용 장소에 농축될 수 있는 것이다. 루비스코와 C3회로는 다발초세포에서만 작용하며, 따라서 녹말 합성도 주로 다발초세포에서 이루어진다.

따라서 C4회로는 C3회로의 부록이라고 할 수 있다. 그림 2.21은 개략적인 C4회로이다.

그림 2.21

C4회로 요약. CA = 탄산무수화효소; PEP = 포스포에놀피루브산; C3회로의 약어는 그림 2.10 참조.

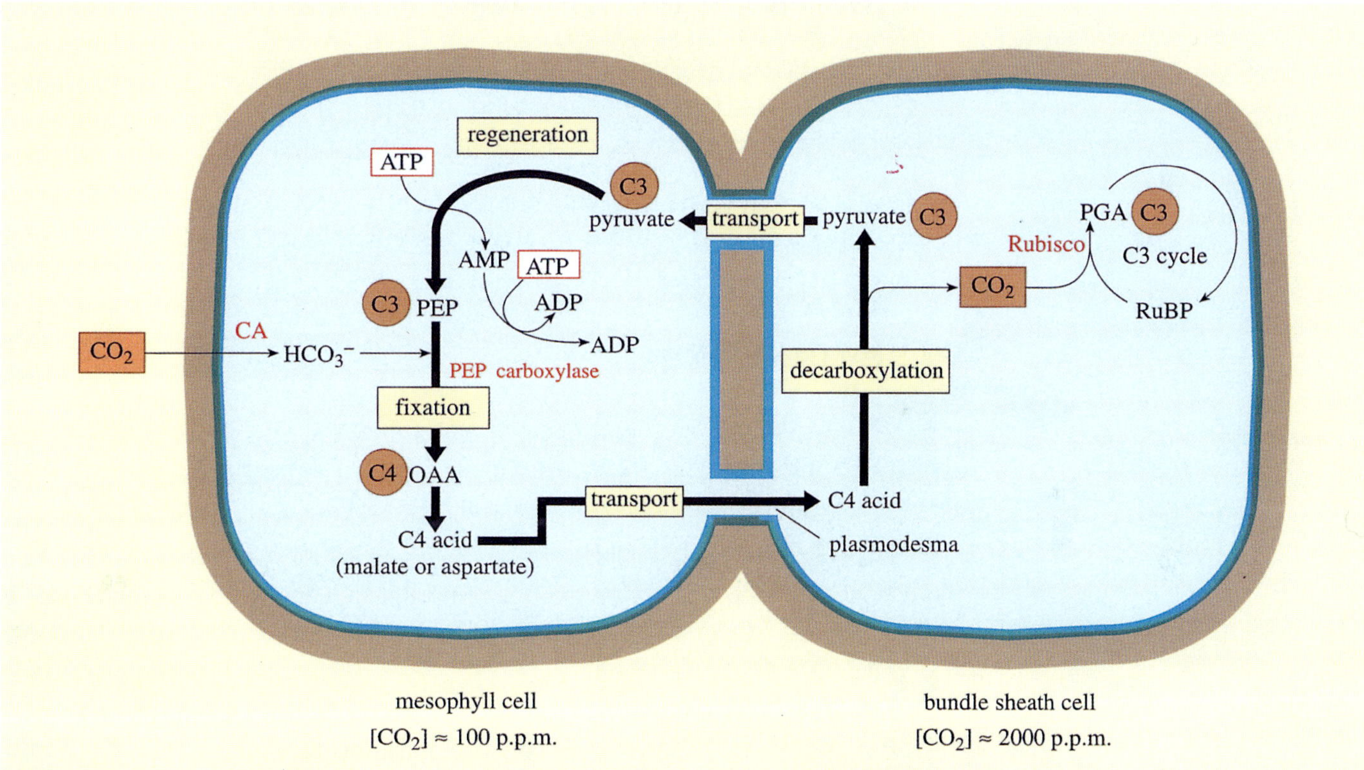

그림 2.21의 왼쪽부터 보면, CO_2가 기공을 통하여 잎으로 유입된 후 첫 반응은 탄산무수화효소에 의해 CO_2가 HCO_3^-로 전환되는 과정이다(반응식 2.5). 초기 고정을 담당하는 세포기질의 **PEP카르복실화효소(PEP carboxylase)**는 (CO_2가 아닌)HCO_3^-와 반응하여 3탄소 중간물질인 포스포에놀피루브산(phosphoenolpyruvate, PEP)을 카르복실화시키기 때문에 HCO_3^-로의 전환은 반드시 필요한 과정이다. PEP는 해당과정(glycolysis)의 중간물질이기도 하다. PEP의 카르복실화반응으로 4탄소 중간물질인 옥살로아세트산(oxaloacetate, OAA)이 만들어지면서 회로의 **고정 단계(fixation stage)**가 완성된다.

다음 단계는 C4식물의 종류에 따라 다른데, 일부는 옥살로아세트산을 말산(malate)으로 환원시키며, 일부는 아스파르트산(aspartate)으로 변환시킨다. 형성된 4탄소 유기산은 확산에 의해 원형질연락사를 통하여 다발초세포로 이동하고 이렇게 하여 **1차 운반단계**가 완성된다.

C4회로의 마지막 세 단계는 다음과 같다.

- 다발초세포 내에서 4탄소 유기산의 **탈카르복실화반응**으로 CO_2가 방출된다. 두꺼운 세포벽 때문에 CO_2의 외부 확산이 감소한다.
- 탈카르복실화반응에서 남은 3탄소 유기산이 다시 엽육세포로 이동한다(**2차 운반단계**).
- PEP가 **재생**되면서 회로가 다시 시작된다.

C4회로의 골격을 잘 기억하고 있어야 한다. 또한 C4회로는 에너지 유입을 필요로 하며, 몇몇 효소가 새로 합성되어야 한다는 사실도 기억하기 바란다.

○ (a) C4회로가 한 번 회전하는 데 필요한 에너지 비용(ATP와 환원력)은? (b) C4식물에서 한 분자의 CO_2를 탄수화물로 고정하는 데 필요한 전체 에너지 비용은?

● (a) 2분자의 ATP가 필요하다. 한 분자는 피루브산으로부터 PEP를 합성하는데, 그리고 또 한 분자는 AMP로부터 ADP를 재생하는데 필요하다. 환원력은 필요 없다. (b) 5ATP + 2NADPH. 즉 C4회로(2ATP)와 C3회로(3ATP + 2NADPH)의 에너지 비용의 합이다.

C4회로에서 추가되는 에너지 비용은 일종의 거래이다. 예를 들어 광도가 높을 때처럼 CO_2 공급이 부족하면, 특히 고온에서 C2회로가 선호되는 경우에는 이 비용을 지불할 만한 가치가 있지만, 다른 조건 하에서는 큰 불이익이 된다.

수분의 보존과 C4식물의 생태

C4식물이 덥고 햇빛이 강한 서식지에서 번성한다고 앞에서 언급한 바 있지만, 실제로 그러한 장소의 공통된 특징은 수분의 부족이다. C4식물은 특별히 효율적으로 수분을 이용하며, 특히 아프리카의 사바나와 같이 계절적인 건조 지역에 흔히 나타난다. 그 이유는 CO_2가 잎으로 유입되는 통로인 기공이 증산을 통하여 수분이 손실되는 통로로도 사용된다는 사실에 있다. 기공의 크기는 조정될 수 있으며(3장에서 논함) 부분적으로 열려 있을 때만 수분이 보존된다. CO_2 유입의 제한에도 불구하고, C4식물은 이러한 상태에서 상당한 양의 광합성을 수행한다.

단위 건량 증가 당 단위 수분 증산(**증산율, transpiration ratio**)을 비교함으로써 광합성을 하는 동안 C3식물과 C4식물의 수분 보존의 상대적 효율성을 양적으로 측정할 수 있다. C3식물의 증산율은 450~950:1이고, C4식물의 증산율은 250~350:1이다. 이러한 차이는 매우 인상적이다. 그러나 극도로 건조한 서식지의 식물에서 진화한 또 다른 종류의 광합성 체계는 증산율이 18~125:1에 불과하다. 수분 손실을 최소화하면서 CO_2 농축이 가능한 이 광합성 체계에 대하여 살펴보기로 한다.

2.5.3 다육식물유기산대사(CAM)

수분 손실을 줄이는 것이 가장 중요한 문제라면 기공을 열기에 가장 좋은 시간은 밤이다. 밤에는 공기가 차고 습하지만, 문제는 광합성에 빛이 필요하다는 사실이다. 선인장과 같이 잎이나 줄기가 다육질인 식물(succulent plant)은 이러한 문제를 해결하는 훌륭한 메커니즘이 진화하였는데 이것을 **다육식물유기산대사(Crassulacean acid metabolism)** 또는 약어로 **캠(CAM)**이라고 한다.

밤에 캠식물(CAM plant)의 잎을 씹어보면 쓰고 신 맛이 나지만, 낮에는 이러한 맛이 사라진다. 바로 이것이 캠식물의 전략을 설명한다. 즉 캠식물은 주로 **밤에** 기공을 열고, PEP 카르복실화효소(PEP carboxylase)를 이용하여 CO_2를 고정하고 말산염(malate)을 생산한다. 말산염은 말산(malic acid) 형태로 액포에 **저장되고**(그래서 잎이 쓴 맛이 남), 낮 동안에 세포질로 방출되어 탈카르복실화 되고, 생산된 CO_2는 루비스코와 C3회로에 의해 고정된다. 낮에 기공은 닫힌 채로 있고, 캠식물에 전형적으로 나타나는 두꺼운 각피층으로 인해 잎에서 수분이나 CO_2의 손실이 거의 일어나지 않는다. 낮에 캠식물 내부의 CO_2 농도는 2.5%(25,000 ppm)까지 달하여 매우 효율적인 CO_2 농축 메커니즘이라고 할 수 있다.

캠식물에서 일어나는 현상을 단계별로 그림 2.22에 나타냈는데, 다음과 같은 특징을 주목하기 바란다.

- 말산 농도의 일중(낮과 밤) 변화
- 대기로부터의 CO_2 고정이 주로 밤에 일어남
- 기공이 밤에 열리고 낮 시간에는 대부분 닫혀 있음

○ 그림 2.22에서 오후 늦게 일어나는 현상은 무엇인가?

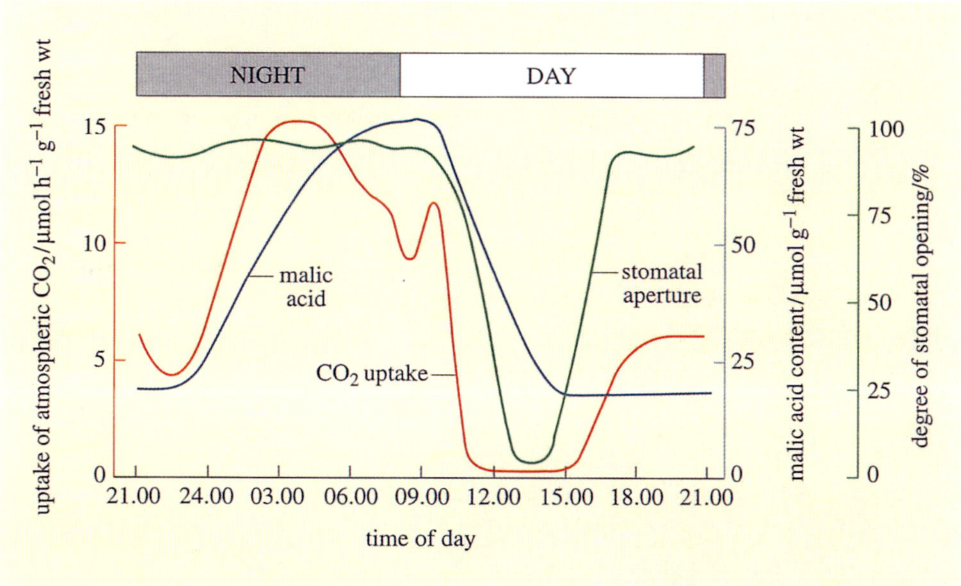

그림 2.22
전형적인 캠식물의 낮과 밤 동안의 대기 CO_2 흡수 속도, 말산 함량, 기공 개폐 정도 변화.

● 오후 3시가 지나면서 대기 중 CO_2 흡수가 증가하기 시작한다. 이 시간에는 저장된 말산이 대부분 소모되나, 4시 경에는 상당한 부분의 기공이 열린다. 그래서 CO_2가 잎으로 유입되고, C3식물과 마찬가지로 루비스코에 의해 직접 고정된다.

캠식물에서 하루 중 C3 대사가 진행되는 시간은 광범위하며 C2회로는 이때 작동한다. 파인애플과 같은 **조건적 캠식물**(facultative CAM species)은 수분 공급과 온도에 따라 캠으로부터 C3 대사 또는 혼합형으로 바뀌기도 한다. 따라서 C4식물의 대사와 비교하여 캠은 적응성이 더 강한 대사과정이다.

캠식물과 C4식물의 가장 중요한 차이점은, 캠의 경우 초기 CO_2 고정과 C3회로가 같은 세포에서 **다른 시간**에 일어나는 반면에, C4식물의 경우는 같은 시간에 **다른 세포에서** 일어난다는 것이다. 그림 2.23은 상세한 캠 과정이며 그림 2.21(C4 대사)과 비교하기 바란다.

○ 1차 수용물질인 PEP의 재생과 관련하여 C4식물과 캠식물의 차이점은?

그림 2.23

암처와 빛에서의 다육식물유기산대사(CAM) 반응.

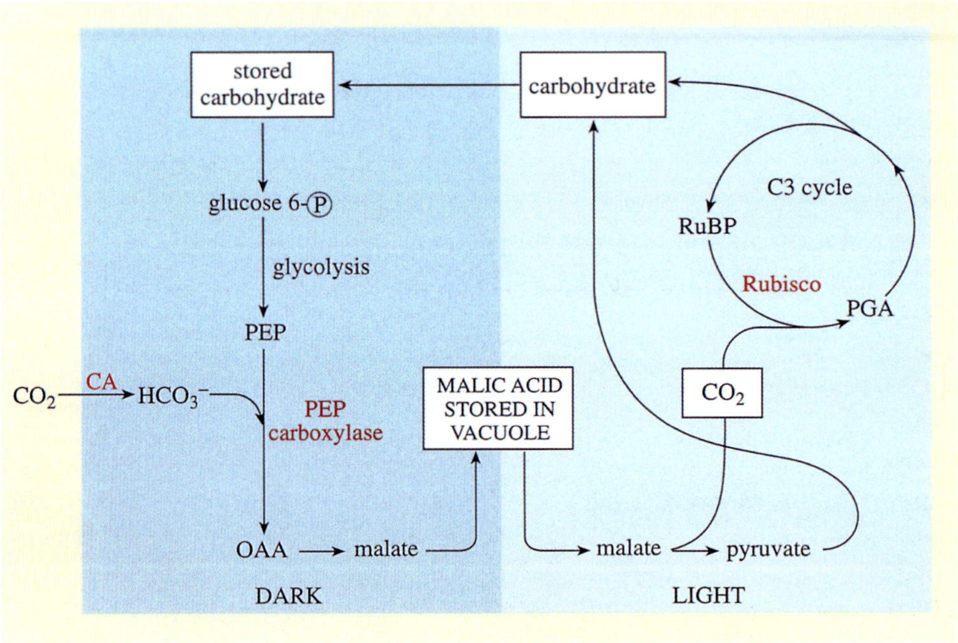

● 캠식물은 저장된 탄수화물을 이용하여 밤에 해당과정에서 PEP를 재생한다. 낮에는 말산염의 탈카르복실화반응에서 생성된 피루브산으로부터 탄수화물이 합성되고 저장된다. C4식물에서는 이 피루브산이 직접 PEP 재생에 사용된다.

그러므로 캠식물의 또 다른 특징은 녹말 또는 수용성 6탄당 형태의 저장 탄수화물 양의 일중 변화이다. 저장 탄수화물의 양은 낮에 증가하고 밤에 감소하는데 이는 말산 농도의 변화와 정반대이다(말산은 밤에 증가하고 낮에 감소). 액포 내 말산의 축적은 에너지를 필요로 하며, 양성자펌핑과 연관된 2차능동수송에 의해 이루어진다. 두 개의 양성자가 펌핑에 의해 액포로 유입될 때 마다 하나의 말산염이온(malate ion)이 유입되며, 액포 내 낮은 pH에서 말산염(malate)은 말산(malic acid)으로 전환된다. 캠 대사에서 말산염 수송에 추가 에너지 비용이 필요하다는 사실은 캠 대사가 C4회로보다 에너지 면에서 비용이 더 많이 드는 과정이라는 것을 의미한다. 즉 효율적 수분 보존을 위하여 대가를 치루는 것이다. 더구나 저장되는 말산의 양은 제한적인데, 일반적으로 말산의 양이 '느리게 성장하는 식물'이라고 알려진 캠식물의 전체 광합성 능력을 결정한다.

캠식물은 실제로 매우 건조한 조건에서 느리게 생장하며, 극한적 가뭄 시에는 생장을 멈추고 기공을 항상 닫고 있는 단순한 생존 전략을 취하기도 한다. 그러나 **호흡의** CO_2 고정 및 방출과 연관된 일중 말산 함량 변화는 존재하는데 이 현상을 캠공전(CAM idling)이라고 한다. 정반대의 경우, 조건적 캠식물인 파인애플 등의 작물 및 중남미의 경작 식물인 용설란(*Agave*)과 손바닥선인장(*Opuntia*) 등의 생장은 생산력이 가장 큰 C3식물을 능가하며, C4 작물에도 그리 뒤지지 않는다(표 2.4). 건조한 기간에 자신을 떠내려가게 할 수 있는 수분을 매우 효율적으로 이용한다는 점에서, 캠식물은 동물의 먹이, 인간의 소비, 그리고 여러 가지 다른 목적을 위한 작물로서 점점 더 중요해질 것으로 예측된다.

표 2.4 생산력이 가장 큰 캠식물, C3 작물, C4 작물의 연간 생산량 비교. 수치는 헥타르 당 지상부 건량의 연간 생산량을 톤으로 나타냄. 캠식물의 경우 강우량이 풍부할 때나 관개 시에 수 년 동안의 평균. 각 종류의 평균은 여러 장소에서 측정한 4종의 평균값임.

형태 및 종	장소	연간 생산량(톤/헥타르)
캠식물		
용설란(*Agave salmiana*)	멕시코	42
손바닥선인장(*Opuntia ficus-indica*)	칠레, 멕시코	47-50
평균		**44**
C3작물		
아프리카기름야자나무(*Elaeis guineensis*)	말레이시아	40
자주개자리(*Medicago sativa*)	애리조나, 캘리포니아(미국)	30-34
평균		**36**
C3수목작물		
삼나무(*Cryptomeria japonica*)	일본	44
라디아타소나무(*Pinus radiata*)	뉴질랜드	34-38
평균		**40**
C4작물		
수크령 종류(*Pennisetum purpureum*)	중미	70
사탕수수(*Saccharum officinarum*)	가이아나, 하와이, 호주	50-67
평균		**52**

C4식물보다 캠식물의 대사적 다양성이 더 크다는 점은 분류학적 다양성과도 일치한다. 대략적으로 현화식물의 8%를 차지하는 약 2만 종이 캠 대사를 나타낸다. 이 중에는 선인장, 용설란, 대극과 같은 사막의 전형적인 다육식물뿐만이 아니라, 열대우림 임관의 착생식물(epiphyte)인 많은 종류의 난(orchid)과 브롬엘리아드(bromeliad) 등도 포함된다. 1980년대에는 다른 나무를 타고 올라가 감싼 다음 결국은 죽게 만드는 클루시아(*Clusia*)속 열대성 수목들이 조건적 캠식물인 것으로 밝혀졌다. 다음은 캠식물의 다양성을 보여주는 예이다.

그림 2.24

산성 호수의 물속에서 생장하는 물부추.

그림 2.25

페루 안데스 산맥의 열대 고산 육상식물인 물부추 종류(*Isoetes andicola*). 줄기 끝의 짙은 부분만 엽록소를 포함하고 있다. 근계가 매우 잘 발달되어 있다.

물부추

물부추(*Isoetes*)는 석송문(Lycophyta)에 속하는 식물이다. 몇몇 종은 얕은 산성 호수에서 물에 잠겨 생장하며(그림 2.24), 캠 대사를 한다. 이러한 호수는 낮에 이용할 수 있는 CO_2 양이 매우 적고 밤에는 많아서, 캠 대사는 무기탄소원의 일중 변동과 관련이 있다.

○ 이러한 서식지에서 무기탄소원으로 CO_2 대신 HCO_3^-가 사용될 수 없는 이유는 무엇인가?

● 낮은 pH에서는 무기탄소가 대부분 CO_2로 존재하기 때문이다(그림 2.18).

수생 물부추는 호수 침전물로부터 뿌리를 통한 확산에 의해 많은(아마도 대부분) 양의 CO_2를 공급받는데, 열대 산악지대의 **육상** 물부추도 이러한 방법으로 CO_2를 공급받으며 캠 대사를 한다. 그림 2.25는 가장 잘 알려진 물부추 종류(*Isoetes andicola*)로서 페루 안데스 산맥 고유종이다. 생체중량의 96%가 지하에 묻혀있고 잎의 끝 부분만 지상에 나와 있는데 잎에는 엽록소가 있으나 기공이 전혀 없다. 이러한 식물은 침전물로부터 CO_2가 계속적으로 공급되면 캠 대사를 통해 밤에 계속적으로 CO_2를 고정하고, 낮에 CO_2 농도를 높이게 된다. 잎에 기공이 없어서 호흡 및 뿌리로부터의 외부 확산에 의해서만 O_2가 제거될 수 있기 때문에, 아마도 이러한 전략이 낮에 O_2와의 경쟁을 감소시키는 데 도움을 줄 것이다. 이러한 식물에 있어서 캠 대사의 완전한 의미는 아직 잘 알려져 있지 않다.

적응과정으로서 캠 대사의 의미는 종에 따라 분명히 다르며, 분자계통학적 증거에 따르면 이러한 광합성 형태는 식물 계통의 다른 시기에 여러 번에 걸쳐 진화한 것으로 나타난다. 캠 대사는 식물 다양화에 있어서 중요한 역할을 하였을 것으로 추측된다.

2.5절의 요약

CO_2 농축 체계는 루비스코의 작용 장소에서 CO_2 농도를 높이며, 따라서 산소화효소 반응과 C2회로가 최소화한다. 세 가지 형태의 농축 방법이 있다.

- 수생 광합성생물(남세균, 일부 조류, 일부 수생식물)은 무기탄소(C_i) 펌프와 탄산탈수소효소를 이용한다.
- C4식물은 크란츠해부와 C4회로가 연관되어 있다. CO_2는 먼저 엽육세포에서 4탄소 유기산으로 고정되고, 루비스코의 작용 장소인 다발초세포에서 방출된다. 대부분의 C4식물은 트인 열대 서식지의 화본과와 사초과 식물이다. 한 분자의 CO_2를 고정하기 위하여 두 분자의 ATP가 추가로 필요하며, 수분 이용의 효율성이 C3식물보다 높다.
- 캠식물은 CO_2 고정과 C3회로가 시간적으로 분리되어 있다. CO_2는 밤에 고정되어 말산 형태로 액포에 저장되고, 낮에 방출되어 루비스코에 의해 사용된다. C4식물에 비해 캠식물들 사이의 분류학적 및 구조적 다양성이 훨씬 더 높다. 또한 캠 대사는 C4 대사보다 적응성이 더 강하여 종종 조건적(facultative)으로 작동하기도 한다. 캠식물은 낮에 기공이 닫힌 채로 있을 수 있기 때문에 증산율이 매우 낮다(수분 이용 효율이 높다). 사막에서 생장하는 많은 종류의 다육식물이 여기에 포함된다.

2.6 광합성의 생리학

광합성의 생리학은 지금까지와는 다른 수준의 연구로서, 일반적으로 잎, 전체 식물체 또는 일단의 식물을 대상으로 명반응, 탄소고정, 그리고 C2회로에 이르기까지 광합성을 전체적으로 연구하는 것이다. 이 수준(표 2.1에서 수준 2)에서는 식물이 다양한 서식지나 기후조건에 어떤 방법으로 적응하는지, 그리고 C4회로와 같은 메커니즘이 어떻게 생장에 영향을 주는지를 더 쉽게 관찰할 수 있다. 측정은 일반적으로 CO_2 흡수나 O_2 방출, 즉 기체교환으로 순광합성량(*NP*)을 나타낸다(표 2.1).

○ 몇 시간 동안의 측정 결과, 빛 조건에서 O_2 방출이 16(상대적 단위)이고 암 조건에서 CO_2 흡수가 5였다. 이 자료와 반응식 2.2(2.1절)로부터 (a) *NP*와 (b) 외관상 총광합성량(*GP*)을 구하고 (c) 왜 *GP*가 실제 값이 아닌 외관상 값인지를 설명하라.

● (a) $NP = 16$. 빛 조건에서 산소의 순방출량. (b) $GP = NP + R$(반응식 2.2)이고 암조건에서 O_2 흡수가 *R* 값이므로, *GP*는 외관상으로 $16 + 5 = 21$이다. (c) 그러나 이 자료에서는 빛 조건에서 C2회로에 의한 O_2 흡수를 추정할 수 없으므로 실제 *GP* 값은 더 높을 것이다.

다음은 빛, 온도, CO_2 및 O_2의 양 등 네 가지 환경 요인이 *NP*에 미치는 영향을 살펴보기로 한다. 앞의 세 가지는 서식지나 조건에 따라 변화가 심한 반면에, 대기 중 O_2 양은 현재는 비교적 일정하지만 지질학적 시대에 걸쳐 변화하여 왔다.

2.6.1 보상점과 빛, CO_2 및 O_2의 영향

환경 조건에 따라 $GP = R$이 될 때 순광합성량은 0이고, 이때 식물은 **보상점(compensation point)**에 있다고 한다. 보상점은 도달하는 빛의 세기나 CO_2 농도로 규정되며, 다음 설명처럼 주변 조건에 대한 식물의 적응 정도를 나타내는 유용한 척도로 사용된다.

광합성에 대한 빛의 영향

빛과 CO_2 공급은 순광합성속도를 제한하는 요인이다. 그림 2.26은 고정된 CO_2 농도에서 빛 유입(PPFD, 2.2.2절) 증가에 따른 순광합성의 변화를 보여준다. 다음 네 가지 사항을 주목하기 바란다.

1. 빛의 유입이 적을 때 *NP*는 PPFD에 비례하여 증가한다. 즉 광합성의 제한요인은 빛이다.
2. 일정 PPFD 이상에서 반응 곡선은 수평이 된다. 이는 빛이 아닌 다른 요인(일반적으로 CO_2 공급)이 광합성의 제한 요인이라는 것을 의미한다. 광합성은 광포화(light-saturated) 상태에 있다, 또는 CO_2에 의해 제한되어 있다(CO_2-limited)라고 표현한다.
3. 낮은 범위의 일정 PPFD에서 *NP*는 0이 된다. 즉 CO_2 흡수량이 CO_2 방출량과 같으며($GP = R$), 이때의 PPFD 값을 **광보상점(light compensation point)**이라고 한다.

4. PPFD가 광보상점 이하로 낮아지면 CO_2의 **순방출**(R이 GP를 초과함)이 일어난다. 완전한 암처의 CO_2 방출량(곡선과 y축이 만나는 점)은 암호흡량(dark respiration)이다(그림 2.26에 이 점을 표시할 것).

그림 2.26

고정 CO_2 농도에서 빛 유입(PPFD) 증가에 따른 순광합성량 변화.

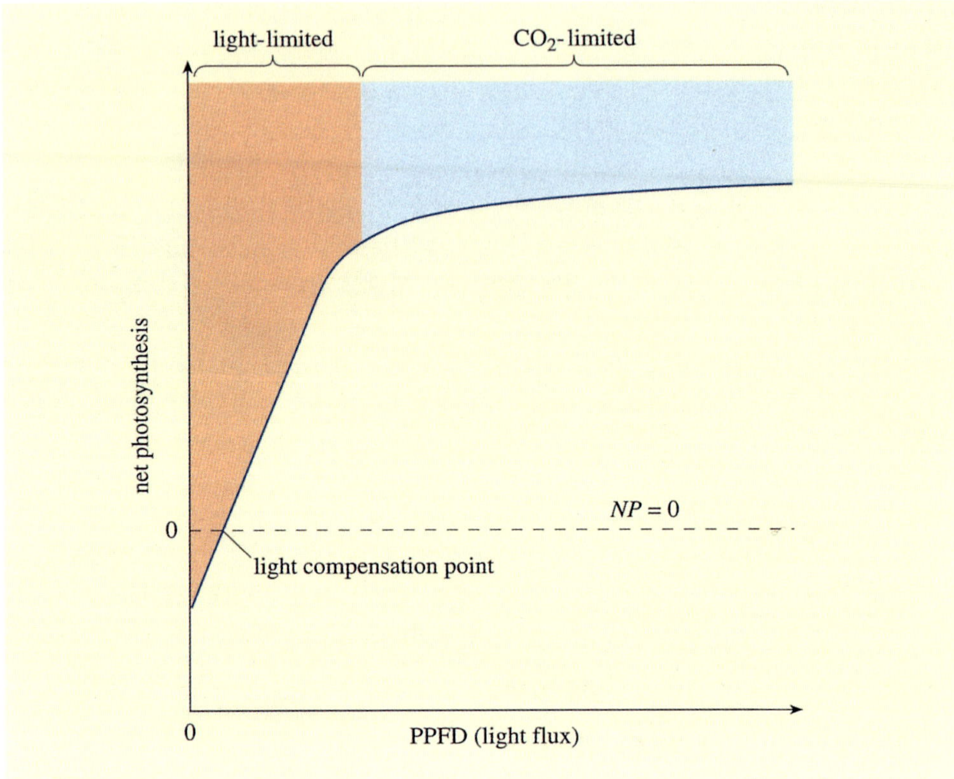

음지식물(또는 음엽)의 광보상점은 양지식물보다 낮다(그림 2.27). 따라서 광보상점은 빛 조건에 대한 적응 상태를 나타내는 데 유용하다. 음지식물은 두 가지 특성 때문에 빛 유입이 양지식물보다 적은 상태에서 순탄소고정을 할 수 있다.

○ 이 특성 중 2.2절에서 상세히 논의한 것은 어느 것인가?

● 음지식물은 생화학적, 그리고 구조적 특징으로 인해 낮은 광도에서 양지식물보다 훨씬 더 효율적으로 빛을 흡수하고 이용한다.

음지식물의 낮은 광보상점을 설명하는 데 있어서 더 중요한 요인은 낮은 호흡률이다. 음지식물의 잎은 양지식물에 비해 얇고 단위 면적당 세포의 수가 적어서, 에너지 관점에서 보면 적은 비용으로 운용을 하고 있는 셈이다. 전체적으로, 낮은 광도에서 음지식물이 양지식물보다 광합성이 우세하다는 것을 예상할 수 있다. 그러나 **높은** 광도(그림 2.27)에서 양지식물과 음지식물의 상대적 광합성량은 바뀌게 된다. 2.2절에서 논의된 바와 같이 음지식물

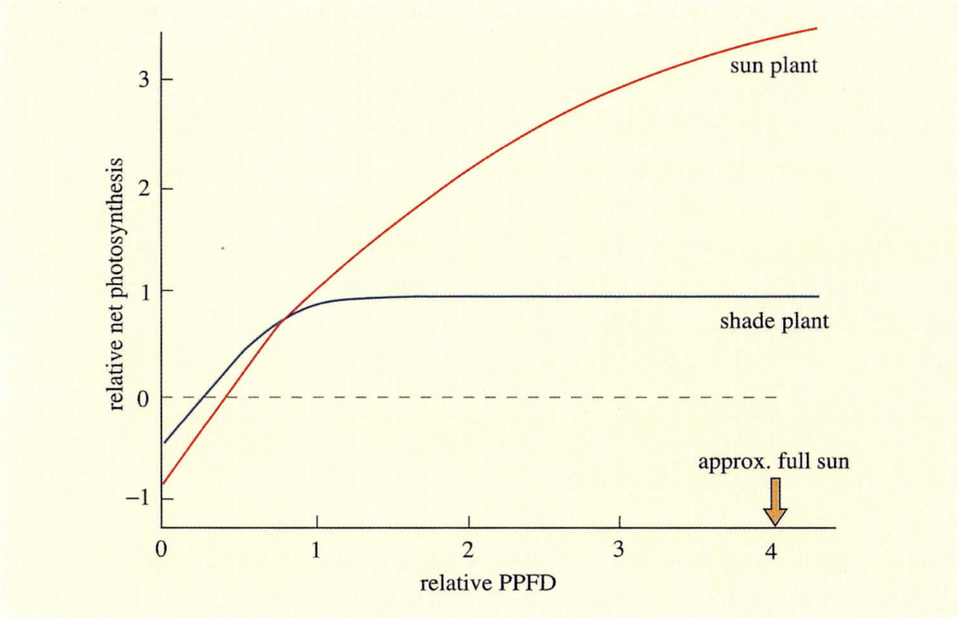

그림 2.27

빛 유입(PPFD) 증가에 따른 양지식물과 음지식물의 전형적 광합성 반응.

은 양지식물보다 훨씬 더 낮은 광도에서 광포화가 일어나고 광억제 피해를 받을 가능성이 매우 높다. 그래서 양지식물은 높은 광도에서 광합성이 더 우세하다. 그림 2.28은 발달 과정 중에 다양한 빛 조건에 적응하는 일부 식물의 능력, 즉 순화(acclimation)의 생리적 결과를 나타낸다. 갯능쟁이 종류(*Atriplex patula*)는 낮은 PPFD에서 자라면 음지식물처럼 행동하며, 높은 PPFD에서 자라면 양지식물처럼 행동한다. 이 예는 표현형적응성의 원칙을 잘 설명하고 있다(2.2.3절).

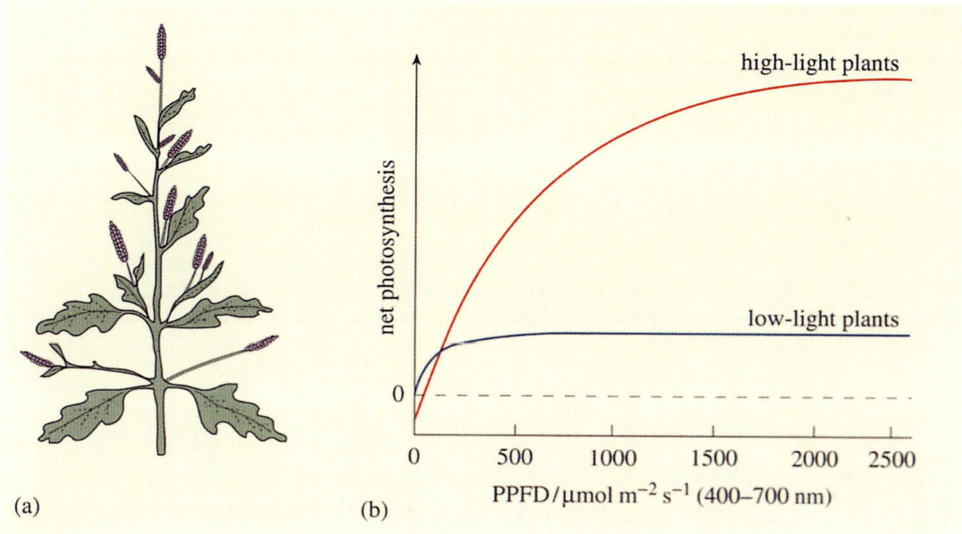

그림 2.28

(a) 갯능쟁이 종류(*Atriplex patula*). (b) 92 μmol m^{-2} s^{-1}의 낮은 PPFD와 920 μmol m^{-2} s^{-1}의 높은 PPFD(400~700 nm)에서 생장한 갯능쟁이 종류의 순화.

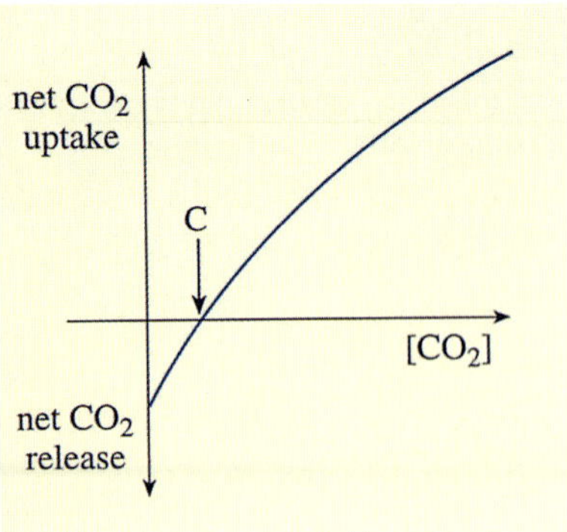

그림 2.29

CO_2 보상점(C) : CO_2 순유입이나 방출이 없는, 즉 $GP = R$이 되는 CO_2 농도.

광합성에 대한 CO_2의 영향

$GP = R$이 되는 보상점 개념은 CO_2 농도 변화에 대한 반응에도 적용할 수 있다. 고정된 (포화)광도와 고정된 O_2 농도에서 CO_2 농도에 따른 순광합성량을 측정했을 때 $NP = 0$이 되는 CO_2 농도가 CO_2보상점(CO_2 compensation point)이다(그림 2.29).

어떤 식물의 CO_2보상점이 낮다는 것은 낮은 농도의 CO_2를 매우 효율적으로 활용하며, 호흡률이 낮다는 것을 의미한다. 광보상점이 낮은 식물들도 역시 호흡률이 낮지만 이들 사이에는 중요한 차이가 있다. 즉 CO_2 농도가 낮고 PPFD가 높은 경우 C2회로가 작동하기 때문에, 호흡률이 낮다는 것은 C_2 경로가 강하게 억제되고 있다는 것이지 암호흡률이 낮다는 것을 의미하는 것은 아니다.

○ 어떻게 C2회로가 억제될 수 있는가?

● 잎에서 논의된 바와 같이 루비스코의 작용 장소에 CO_2를 농축시키고, C2회로의 기질을 공급하는 경쟁적 산소화효소 반응(2.4절)을 억제함으로써 C2회로가 억제된다.

표 2.5에서 CO_2 농축 메커니즘(2.5절)이 있는 C4식물들 및 녹조류 클로렐라(*Chlorella*)의 CO_2보상점이 실제로 낮은 것을 볼 수 있다. 이와는 대조적으로 CO_2 농축 메커니즘이 없는 C3식물의 CO_2보상점은 높다.

표 2.5 여러 식물과 클로렐라의 CO_2보상점

종	식물 형태	CO_2보상점(ppm)
사탕수수(*Saccharum officinarum*)	C4	약 0
옥수수(*Zea mays*)	C4	1.3 ± 1.2
클로렐라(단세포 녹조류)	(C3)	< 3
해바라기(*Helianthus annuus*)	C3	53
보리(*Hordeum vulgare*)	C3	55~65
온대 수목(단풍 종류, *Acer platanoides*)	C3	55

높은 광도에서, 루비스코 산소화효소 반응과 C2회로가 작동하기에 유리한 조건이면 C3식물의 광합성은 C4식물보다 열등하다(즉 순광합성률이 낮다). 중요한 것은 잎의 세포간 공간에 있는 CO_2 농도 대 O_2 농도 비율이다. 이 비율이 낮을수록 산소화반응 속도는 빠르다. 실험적으로 외부 CO_2 농도를 감소시켜 이 비율을 낮출 수 있는데, 그림 2.30에서 보는 것처럼 외부 CO_2 농도가 700 ppm 이하일 때 같은 갯능쟁이(*Atriplex*)속에서도 C4식물이 C3식물보다 광합성을 더 잘 수행한다.

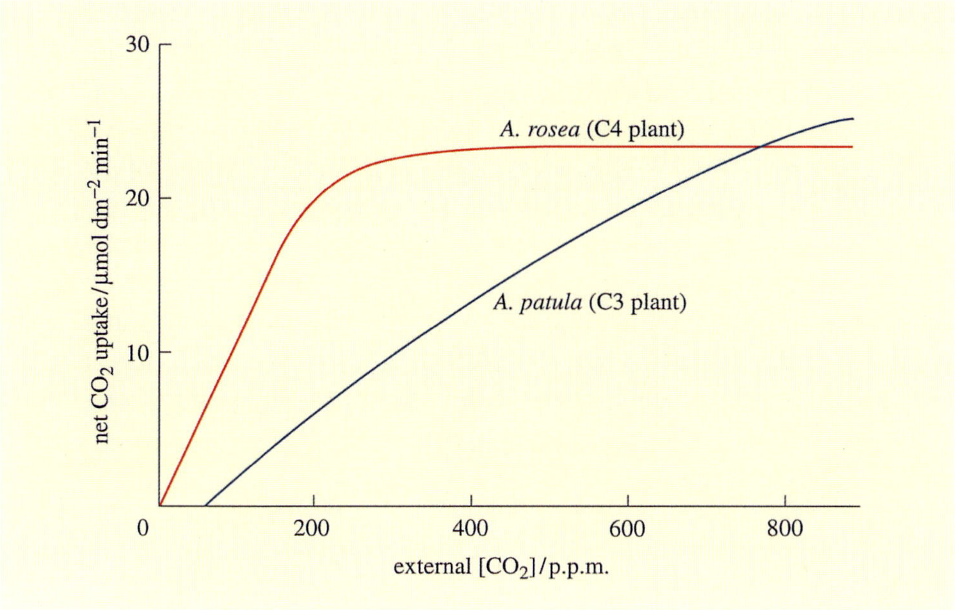

그림 2.30

외부 CO_2 농도 변화가 갯능쟁이(*Atriplex*)속 C3식물 및 C4식물의 순광합성량에 미치는 영향. 빛은 포화상태, 온도는 27℃에서 실험이 수행되었다.

○ C4식물은 그 대신 어떤 결함이 있는가?

● CO_2 농도가 700 ppm 이상이면 C4식물의 광합성이 열등한데(CO_2 포화시의 광합성속도가 느림), 이는 이러한 전략을 갖기 위해 비용이 든다는 것을 의미한다(2.5절에서 논의).

대기 CO_2 농도가 이미 약 360 ppm이고 21세기에는 훨씬 더 증가할 것이라고 예측되는 점을 고려하면, C4식물의 생태학은 중요한 의미를 내포하고 있다. 예를 들어 광합성에 있어서 C3식물에 대한 C4식물의 장점이 사라지면서 두 종류 사이에 경쟁이 있을 때마다 C4식물은 패배할 것이다.

광합성에 대한 O_2의 영향

CO_2 농축 메커니즘이 없는 식물에서 O_2 농도는 루비스코 산소화효소 반응과 C2회로 작동에 작용함으로써 순광합성률에 심각한 영향을 미친다. O_2 농도 변화에 따른 순탄소고정 및 CO_2보상점의 상대적 변화를 그림 2.31에 나타냈다.

○ 그림 2.31a에서 1~2% O_2 농도와 비교하여 현재 대기 중 O_2 농도에서 순탄소고정량이 어느 정도 감소하는가?

● 약 1/3가량 감소한다. *NP*는 O_2 농도가 21%(현재 대기 중 농도)일 때 약 10 단위이고, 1~2%일 때 약 15 단위이다.

O_2 농도가 21%일 때의 *NP* 감소는 C3식물에게 심각한 불이익을 주며, CO_2 농축 메커니즘의 선택적 이득은 분명하다. 그림 2.31b에서도 O_2 농도 증가에 따라 C3식물의 CO_2 보상점이 비례하여 증가하는 것을 볼 수 있다. 거의 변화가 없는 C4식물과는 완전히 대조적이다.

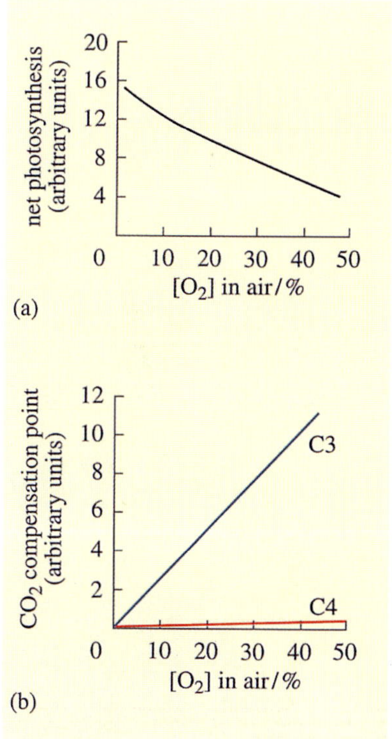

그림 2.31

C3식물 잎에서 (a) 순광합성량(탄소고정)과 (b) CO_2 보상점에 미치는 O_2 농도의 영향. 비교를 위하여 C4식물의 경우를 나타냄. 측정 온도는 25℃, CO_2 농도는 360 ppm. 수치는 상대적이며 임의의 단위로 나타냄.

C3식물과 C4식물의 생리적 반응이 의미하는 것은 일반적으로 덥고, 햇빛이 강하며 훤히 트인 건조한 조건에서는 C4식물이 C3식물보다 우세하다는 것이며, 실제로 자연 상태에서 이러한 지역에 C4식물이 생장한다(2.5절). C3식물은 선선한 기후와 음지 서식지에서 여전히 우점종으로서 C4식물보다 광합성이 우세하다. 더구나 큰 수목은 모두 C3식물이다. 이는 아마도 바깥층의 잎들만 완전히 태양에 노출되어 있고 안쪽의 많은 잎들은 정도는 다르지만 그늘져 있어서 전체적으로 수목의 광합성이 빛의 제한을 받기 때문일 것이다.

그러므로 광합성의 관점에서 초본성과 관목성 C3식물은 선선하고 빛이 약한 기후에 적응되어 있고, 반면에 C4식물은 따뜻하고 빛이 강한 기후에 적응되어 있다. 그러나 예외도 많이 있다. 영국 염습지에 흔한 스파르티나 종류(*Spartina anglica*)는 C4 화본과 식물이고, 북미 사막지대 일부의 우점종인 라레아 종류(*Larrea divaricata*)는 C3 관목이다. 정상적 환경에 대한 식물의 생리적 적응은 중요한 일반 원칙으로서, 다음 절에서 더 설명한다.

2.6.2 광합성과 온도

온도는 지구 전체적으로 매우 넓은 범위에 걸쳐 변화하는 환경 조건으로서 실제로 식물 생장과 생존의 모든 양상에 영향을 준다. 지구상의 주요 식생(열대우림, 사바나, 온대낙엽수림 등)은 대체적으로 온도와 강우의 상호작용에 의해 결정되고, 산맥이나 극지의 수목 한계선과 같은 분포 경계선도 역시 궁극적으로 온도에 따라 결정된다. 생화학적 수준에서 세포막의 특성, 효소 활성, 화학 반응 속도 등에 미치는 온도의 영향은 매우 중요하다. 이미 앞에서 루비스코의 산소화효소 활성, C2회로 및 순광합성에 미치는 온도의 영향을 살펴본 바 있다(2.4.1절). 극단적 고온이나 저온은 주로 막결합 효소에 영향을 주어 광합성 기구를 손상시킨다.

○ 저온은 높은 광도의 빛과 어떤 상호작용을 통하여 광합성에 손상을 주는가?

● 저온과 고광도 빛은 종종 심각한 광억제 작용을 나타내거나 또는 비가역적 광산화현상까지 일으킨다(2.2.3절).

열대지역 식물은 약 10℃에서 냉해(chilling damage)를 입는 등 '극단' 온도의 정확한 값은 지역에 따라 큰 차이가 있다. 그러므로 식물은 자연 환경의 모든 온도 영역에 대하여, 즉 극단 온도뿐만이 아니라 순광합성속도가 최대가 되는 적정 온도에 대해서도 적응되어 있는 것이 분명하다. 다음은 온도 적응의 예이다.

우선 그림 2.32를 보자.

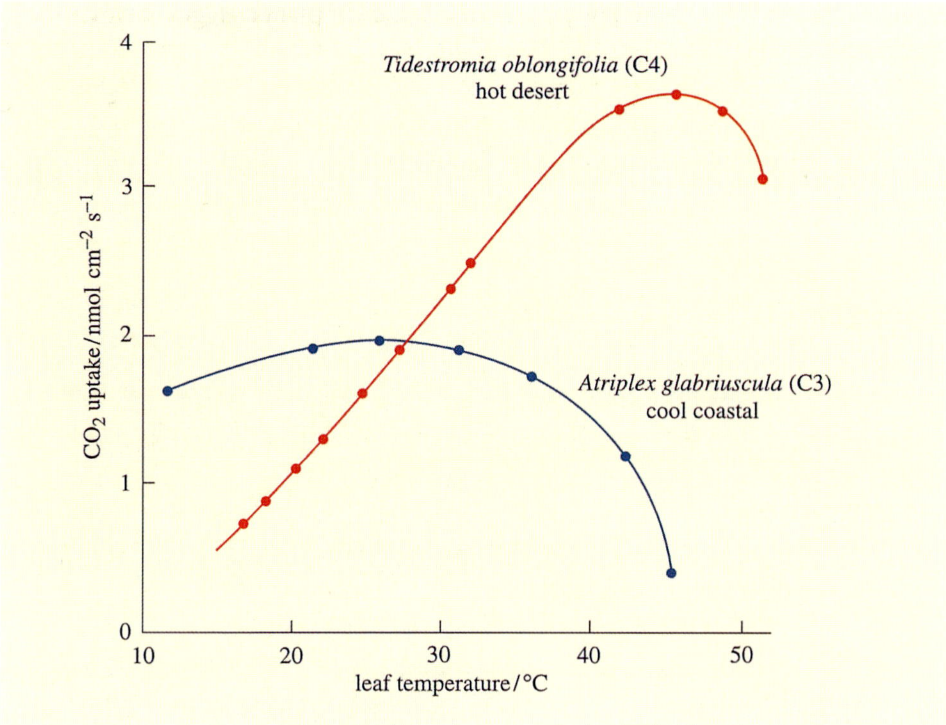

그림 2.32

광합성의 온도 의존도. 캘리포니아 죽음의 계곡에서 여름에 자라는 사막 식물인 트리데스토로미아 종류(*Tidestromia oblongifolia*, C4식물); 근처의 시원한 해안 서식지의 온도 범위에서 키운 갯능쟁이 종류(*Atriplex glabriuscula*, C3 식물).

○ (a) 트리데스트로미아 종류(*Tidestromia oblongifolia*)와 갯능쟁이 종류(*Atriplex glabriuscula*)의 순광합성에 대한 최적 온도는? (b) 그림 2.32는 온도에 대한 광합성 적응을 어떻게 설명하고 있는가?

● (a) 트리데스트로미아 종류의 최적 온도는 약 46℃이고 갯능쟁이 종류의 최적 온도는 23℃이다. (b) 죽음의 계곡은 혹염으로 악명이 높은데, 트리데스트로미아 종류는 갯능쟁이 종류에 비해 높은 온도에서 광합성을 잘 수행한다(최적 온도가 높음). 그러나 갯능쟁이 종류는 자신의 정상 환경과 비슷한 낮은 온도에서 광합성을 잘 수행한다. 이 식물들은 유전적으로 다른 온도 영역에 적응되어 있다.

그러나 광합성의 최적 온도는 고정된 특성이 아니고, 식물의 성장 조건에 따라 여러 환경의 빛에 순화하듯이(그림 2.30) **온도순화(temperature acclimation)** 현상도 나타낸다. 순화 능력은 유전적으로 정해지는데, 종에 따라 큰 차이가 있으나 생육 기간 동안 큰 온도 변화를 겪는 식물에서 잘 발달되어 있다. 예를 들어 알래스카의 배로(Barrow)는 이른 봄에서부터 가장 더운 시기까지 평균 온도가 14℃증가하는데, 이곳에서 자라는 세 종류의 이끼는 광합성 최적 온도가 12~13℃에서 19~21℃로 증가한다.

이 절에서 논의된 내용의 중요한 결론은 다음과 같다.

- 환경 요인들은 복합적 상호작용을 통하여 광합성속도에 영향을 주며, 다른 환경에서 또는 같은 환경 하의 다른 식물들에 대하여 제한 요인이 달라질 수 있다.

- 식물은 광합성에 있어서 다양하게 자연 환경에 적응한다. 이러한 적응을 통하여 주요 스트레스(고온 등)나 속도 제한 요인의 충격을 최소화시킨다.

아마도 가장 눈에 띄는 광합성 적응은 CO_2 농축 메커니즘으로서, 온도와 빛을 포함한 많은 환경 변수에 대한 반응에 영향을 주며, 또한 수분 이용의 효율성에도 강력한 영향을 미친다(2.5절).

2.6절의 요약

1. 생리적 수준에서 순광합성(그리고 생장)은 빛과 CO_2 공급 또는 온도에 의해 제한될 수 있다. 식물은 제한된 범위 내의 환경 조건에 대하여 유전적으로 적응되어 있거나, 넓은 범위의 조건에 대하여 순화할 수 있는 표현형적응성을 나타낸다.

2. 광보상점은 주위의 광도에 대한 식물의 적응을 나타낸다. CO_2 보상점은 강한 빛에서 CO_2 농축 메커니즘의 효율성을 나타낸다.

3. 음지식물은 낮은 PPFD에서 빛을 더 효율적으로 사용할 수 있기 때문에 양지식물보다 광보상점이 낮으며 호흡률도 낮다. 그 대신 높은 PPFD에서는 양지식물보다 *NP*가 낮다.

4. CO_2 농축 메커니즘이 있는 식물은 루비스코 산소화효소 반응과 C2회로가 억제되기 때문에 CO_2 보상점이 낮다. C4식물과 캠식물은 C2회로에 대한 조건이 좋을 때 C3식물보다 *NP*가 높지만, 선선하고 광도가 약한 조건에서는 C3식물보다 낮다.

5. 현재 대기 중 O_2 농도는 강한 빛과 높은 온도 조건에서 C3식물의 *NP*를 상당량 감소시키지만 C4식물과 캠식물에는 아무 영향을 미치지 않는다.

6. 광합성의 최적 온도와 제한 온도는 식물의 일상 서식지나 생장 조건에 따라 변화한다.

2.7 광합성과 미래

일반적으로 과학자들은 지구 환경이 변화하고 있다는 데 동의한다. 대기 중 CO_2 농도와 평균 온도가 증가하며, 많은 지역에서 생육기가 길어지고 강수 양상이 변화할 조짐을 보인다. 그렇다면 이러한 변화는 광합성, 작물 생산량, 자연 군집의 생존 등에 있어서 어떤 의미가 있는 것일까?

우선 온도 문제를 고려해보자.

○ 지구의 평균 온도 증가가 C3식물의 광합성과 생장에 영향을 준다면 어떤 결과가 나타날 것인가?

● 2.6.2절에서 많은 식물은 지역 환경에 맞는 적정 온도의 범위가 넓다는 것을 알았다. 그래서 온도 증가가 광합성에 미치는 직접적 영향은 크지 않을 것으로 보인다. 온도 증

가로 인한 부정적 측면은 C2회로의 속도 증가이고, 긍정적 측면은 온대 식물의 생장기 연장이다. 그러므로 생장에 필요한 적절한 수분과 영양분을 공급받는다면 최종적인 영향은 열대 식물에는 부정적이고 온대 식물에는 긍정적이다.

C4식물은 C2회로가 억제되고 C3식물에 비해 수분 이용의 효율이 더 높으므로, 역시 적절한 수분과 영양분 공급이 있으면 온도 증가의 혜택을 받아 생장할 것으로 여겨진다. 여름이 건조해지거나 건기가 길어지면서 강우 양상이 변하는 것이 작물 생산에 영향을 주는 가장 중요한 요인이 될 것이다.

이제 CO_2 증가의 영향을 고려해보자. 어떤 식물이라도 빛이나 온도, 그리고 수분과 영양분의 부족에 의해 제한받지 않으면 순광합성과 생장은 증가할 것이다.

○ CO_2 증가가 C3식물과 C4식물에 미치는 영향은 비슷한 정도일까?

● 아니다. C2회로에 의한 탄소 손실이 감소하기 때문에 C3식물에 미치는 영향이 더 클 것이다.

자연 군집에서 C3식물의 생장이 증가하면 경쟁 균형이 변하여 C4식물의 감소가 초래될 수 있다.

분명한 점은 이 절 앞부분에서 제기된 질문에 대한 답은 쉽지 않다는 것이며, 지구 기후 변화가 광합성과 생장에 미치는 영향에 대하여 현재 많은 연구가 진행되고 있다. 그러나 위에서 강조된 중요한 점은 식물 생장은 광합성속도뿐만이 아니라 수분과 영양분 공급에도 의존한다는 것이다. 다음 두 장에서 이 문제들을 다루게 된다.

References

Nobel, P. S. (1994) *Remarkable Agaves and Cacti*, Oxford University Press, New York, Oxford.

Powles, B. and Björkman, O. B. (1981) Leaf movement in the shade species *Oxalis oregana* II. Role in protection against injury by intense light, *Carnegie Institute of Washington Yearbook*, **80**, pp. 63–66.

Tolbert, N. E. (1997) The C_2 oxidative photosynthetic carbon cycle, *Annual Review of Plant Physiology and Plant Molecular Biology*, **48**, pp. 1–25.

Further Reading

Taiz, L. and Zeiger, E. (1998) *Plant Physiology* (2nd edn), Sinauer Associates, Inc. Sunderland, Massachusetts. [An excellent textbook intended for honours-level undergraduates.]

Hall, D. and Rao, K. K. (1994), *Photosynthesis* (5th edn), Cambridge University Press. [Available in paperback; gives useful descriptions of techniques and particularly strong on the biochemical aspects of photosynthesis.]

3장 수분과 식물체 내 수송

3

3.1 서론

육상식물의 부드러운 조직은 평균 90~95%가 수분(water)으로 이루어지며, 수분은 모두 뿌리에 의해 토양으로부터 흡수되어(또는 일부 착생식물의 경우 공기 중에서), 줄기, 잎 등을 비롯한 다른 조직으로 이동한다. 그러나 흡수된 수분의 대부분(95% 이상)은 식물체 내에 유지되지 않고, **증산작용**(transpiration)에 의하여 잎 표면의 기공을 통하여 증발한다. 증산이 활발한 잎의 경우 매 시간 마다 자신의 중량에 해당하는 만큼의 수분을 증발한다. 이러한 외관상의 수분 낭비는 식물의 구조상 결함이라기보다는 육상 광합성 생물체의 필요 불가결한 결과라고 할 수 있다.

○ 광합성에 수분의 손실이 반드시 동반되는 이유는 무엇인가?

● CO_2 유입을 위해서는 기공이 반드시 열려 있어야 한다. (기공은 열려있을 수도 있고 닫혀있을 수도 있다.) 그러나 이때 세포간극의 수증기가 기공을 통하여 잎 밖으로 나간다.

식물은 CO_2 획득과 수분 손실의 충돌을 최소화하는 방향으로 작용한다. 예를 들어 기공은 보통 빛에서만 열리고 밤에는 증산이 멈춘다. 그러나 심각한 수분 부족 상태에서는 낮에 기공이 닫히게 되어 수분 보존이 광합성에 우선한다. 식물은 또한 기공이 열려 있을 때 수분 손실을 최소화하기 위하여 많은 종류의 적응 현상을 나타내며(3.6절 참조), 수분 공급(강우)이 온도와 함께 여러 지리적 지역에서 삼림, 초지, 사막 등 광의의 식생 형태를 결정하는 조절 요인이 된다. 인간은 종종 정상적인 식생 지역 밖에서 작물을 기르거나, 또는 국지적 가뭄의 영향을 완화시키려고 노력하기 때문에 지구 전체적으로 보면 관개(irrigation)가 지금까지 가장 많은 수분을 소비하고 있다.

또한 증산작용은 육상식물에서 매우 중요한 두 가지 기능을 수행한다.

- 잎 표면에 도달한 방사에너지 일부가 수분 증발에 사용되기 때문에(그리고 잠복성 증발열로 소실됨) 잎을 냉각시키는 작용을 한다. 덥고 강한 빛의 환경에서는 이러한 작용이 생존의 중요한 요인이 될 수 있다.

- 증산작용은 또한 식물체 내의 수분 유동 즉 **증산류**(transpiration stream)를 유도함으로써 뿌리에 의해 흡수된 무기영양물질이 용액 내에서 잎으로 운반되는 것을 촉진한다.

증산작용은 따라서 전적으로 나쁜 것만은 아니다. 그럼에도 불구하고 많은 식물의 증산작용은 기공 통로 조절 메커니즘에 의해 엄격하게 조절된다(3.5절).

3장 전반부에서는 식물의 수분 관계에 관한 몇 가지 기본적 질문, 즉 식물체 내 수분 이동 통로와 이동 메커니즘(3.2절), 높은 나무 꼭대기까지 수분을 이동시키는 **구동력**(driving force)과 이동 속도 및 이동량 결정 요인 등을 살펴보기로 한다(3.3절, 3.4절).

후반부에서는 기공 조절과 수분 부족 문제를 논의한 다음(3.5절, 3.6절), 2장과 3장의 정보를 이용하여 당(sugar)의 원거리 이동에 관여하는 조직인 체관부(phloem)의 수송에 대하여 연구할 것이다(3.7절, 3.8절). 3장에서 기술되는 일반 원칙은 모든 관다발식물에 적용되며, 이들 식물은 다양한 구조와 조절 방법의 진화로 인해 실질적으로 모든 육상 서식지에 정착하게 되었고, 자그마한 초본식물에서부터 거대한 수목에 이르기까지 크기도 다양해졌다.

3.2 수분의 이동 경로

수분이 토양에서부터 뿌리를 통하여 줄기, 잎으로 이동한다는 것은 다 알고 있지만, 정확한 이동 경로 및 이동에 관여하는 조직과 이동의 형태(확산 또는 대량유동)에 대하여 고려해 볼 필요가 있다. 그림 3.1을 **보기 전에** 앞의 내용을 복습하면서, 그리고 (식물을 기르거나 꽃꽂이를 하면서) 직접 경험으로부터 다음 질문에 대하여 대답해보자.

○ (a) 수분이 뿌리로부터 줄기를 통하여 잎으로 이동할 때 어떤 조직을 통하는가?
(b) 이 조직은 뿌리의 어느 부위에 위치하며, 수분은 토양에서 뿌리로 들어온 다음 어느 방향으로 이동해야 하는가?
(c) 이 조직은 잎의 어느 부위에 위치하며, 이 통로를 통하여 잎으로 들어온 수분은 어떻게 그리고 어떤 형태로 기공에 도달하는가?

● (a) 관다발조직(vascular tissue). 더 정확하게는 물관(xylem vessel) 또는 가도관(tracheid) (1장).
(b) 뿌리 중앙(그림 1.45)에 위치한다. 따라서 뿌리로 흡수된 수분은 표피로부터 뿌리 반지름을 가로질러 중심주로 이동해야 한다.
(c) 잎맥 내에 있으며, 잎맥은 주로 윗부분의 엽육조직(책상조직)과 아랫부분의 엽육조직(해면유조직) 사이에 위치한다(그림 1.30). 기공에 도달하기 위하여 수분은 액체 형태로 세포를 통하여, 또는 세포벽을 따라 이동한 다음 기실(air space)로 증발하고, 기체(수증기) 형태로 기공으로 확산될 수 있다.

그림 3.1에서 수분의 이동 경로를 확인해보자. 그러나 잎에 도달한 수분의 일부는 당을 수송하는 체관부를 통하여 뿌리(그리고 다른 기관)로 다시 재순환된다는 것을 명심해야 한다(1장과 2장).

이제 수분 이동의 형태인 **대량유동**(mass flow, 압력 차이에 의해서 수분과 용질이 한쪽 방향으로 동시에 이동함)과 **확산**(diffusion, 물 분자가 모든 방향으로 무작위로 이동하는 것으로서, 자유에너지가 높은 지역에서 낮은 지역으로 순유동이 일어나고 이것이 이동의 구동력이 된다)에 대하여 고려해보자. 대량유동은 용액이 빨대를 따라 빨려오거나 관을 통하여 펌핑될 때 일어나는 이동 형태로서 속도가 매우 빠를 수 있다. 이때 물의 유동량은 압력 기울기 및 관 반지름의 4제곱에 비례한다. 이와 반대로 확산은 짧은 거리(1 mm까지)에서는 빠르지만 먼 거리(1 m 이상)에서는 매우 느려서, 확산에 의해서 수분이 높은 나무의 뿌리에서 잎까지 도달하려면 수년이 걸릴 것이다. 그러므로 물관부의 수분 이동은 대량유동에 의하여 이루어지는 것이 분명하다. 하지만 수분이 세포벽을 통하여 살아있는 세포의 세포기질로 유입될 때에는 일반적으로 확산에 의한다.

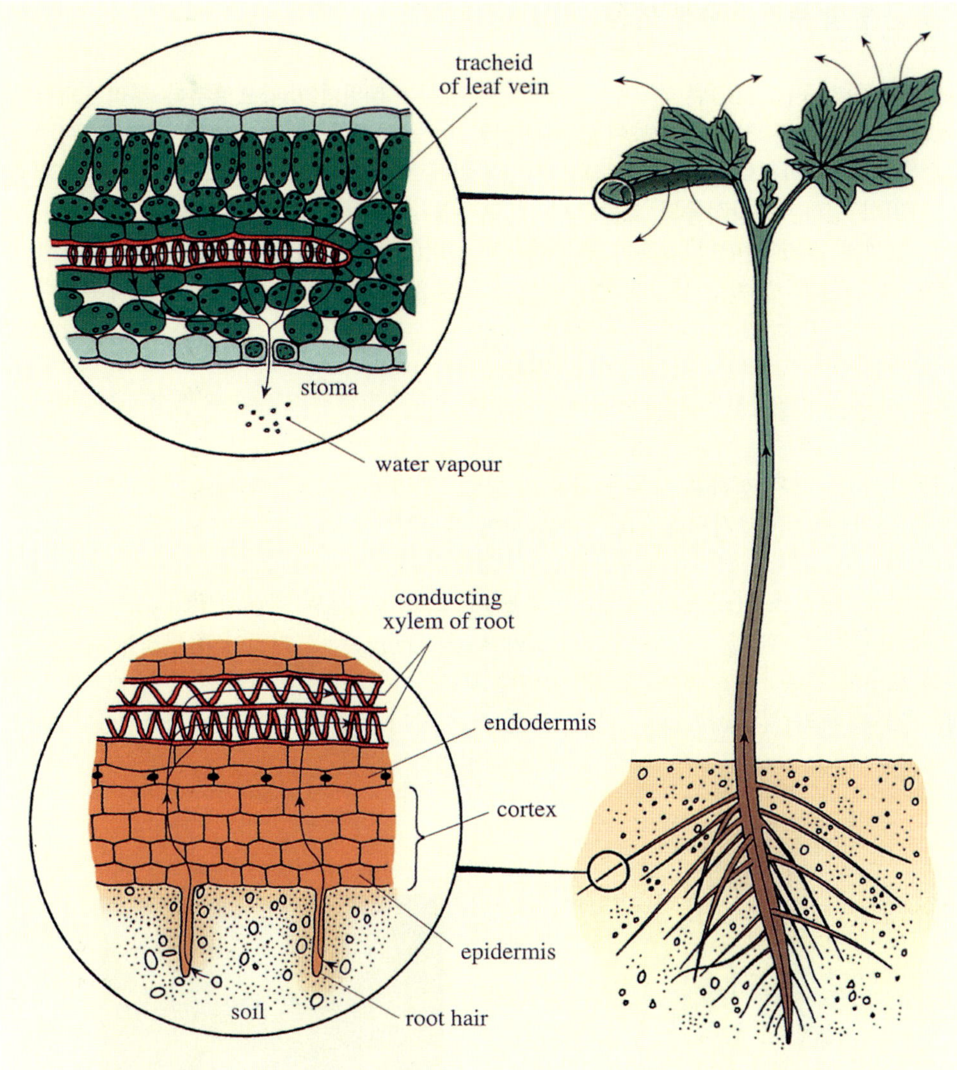

그림 3.1

뿌리에서 잎까지의 수분의 이동 경로. 검은 화살표는 식물체 전체의 경로를 가리키며(오른쪽) 뿌리와 잎에서의 자세한 경로는 왼쪽 원 안에 나타냈다.

○ 대부분의 세포에서 수동적 확산에 의해서만 통과할 수 있는 장벽은?

● 세포벽과 세포기질 사이에 있는 세포막(원형질막, plasma membrane 또는 plasmalemma).

비록 특수한 선택적 통로(아쿠아포린, aquaporin, 3.2.1절)의 도움을 받기는 하지만, 많은 종류의 용질 분자와는 달리 수분의 막통과는 절대로 수송분자의 **능동 수송**에 의하여 일어나지 않는다. 수분이 토양으로부터 뿌리 반지름을 따라 중심주의 물관부로 이동하는 동안 이동 경로의 대부분은 세포벽을 따라 대량유동으로 이동할 수 있지만, 적어도 하나의 세포막은 확산으로 이동하여야 한다. 이러한 세포벽 경로를 **아포플라스트(apoplast)성**이라고 한다. 3.2.1절에서 수분의 뿌리 횡단 이동을 자세하게 설명할 것이다.

잎의 수분 이동(잎맥의 물관부로부터 세포간극과 외부 대기로)에도 확산과 아포플라스트성 이동이 관여한다. 기공이 열려있고 빠른 속도로 증산을 하는 잎은 아포플라스트를 통한 대량유동이 주로 일어난다.

3.2.1 근계 및 뿌리의 수분 이동

식물생리학자들은 150년 가까이 근계의 수분 흡수 부위와 토양으로부터 뿌리 물관부로의 정확한 수분 이동 경로에 대하여 논쟁하였다. 이들 문제는 그 자체로도 관심의 대상이지만, 수분 이용의 최적화를 위한 식물의 경작 방법에 영향을 주기 때문에 농업(그리고 원예)과도 관련이 있다. 육상식물의 효율적 수분 흡수를 위해서는 두 가지 사항이 필수적이다. 첫째로 토양과 뿌리 사이의 접촉이 밀접하여야 하며(그래서 유식물을 이식할 때 단단히 심는 것이 중요하다), 둘째로 토양이 영구적으로 수분을 포함하지 않으면 뿌리는 계속하여 생장해야 한다.

○ 뿌리의 생장이 중요한 이유는?

● 식물은 종종 매우 심하게 수분을 필요로 하여, 뿌리의 수분 흡수 때문에 토양이 국지적으로 말라버린다. 그러므로 뿌리가 생장하여 계속적으로 새로운 토양을 이용한다.

4주 동안 자란 소맥(wheat, 밀)의 유식물체는 그림 3.2a와 같은 근계(root system)를 가진다. 단단하게 흡착된 토양(**근초, rhizosheath**; *rhizo*는 그리스어로 뿌리를 의미함)은 뿌리와 토양의 접촉을 밀접하게 할 뿐 아니라 뿌리를 토양에 고착시키는 중요한 기능도 가진다. 근초는 뿌리골무(root cap, 근관, 그림 1.33c)나 세균에서 유래된 점액질에 의해 고

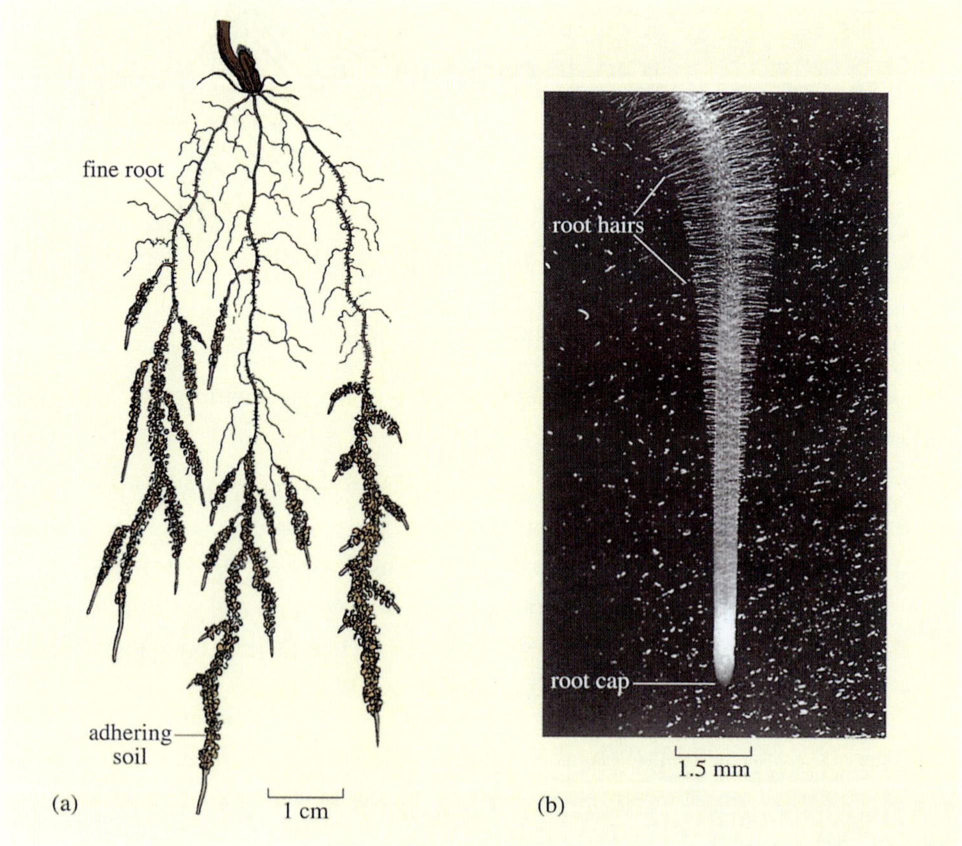

그림 3.2

(a) 4주 생장한 소맥 유식물체의 근계. 뿌리골무에서 얼마 떨어지지 않은 곳에 단단하게 부착된 토양을 볼 수 있다. (b) 무(radish) 유식물체 주근의 뿌리골무.

정되어 있다. 근초가 형성되는 뿌리 부위는 표피가 손상되지 않고 뿌리털이 나있는 부분으로서(그림 3.2b), 수분과 무기영양물질(4장)이 흡수되는 장소이다. 근초는 **주근(framework root)**과 측근(fine root)에 모두 있다(그림 3.2). 주근(framework root)은 종자로부터 처음 발달하거나 나중에 줄기의 지하부로부터 발달한 뿌리로서, 식물체가 살아있는 동안 계속 생장하여 **무한(indeterminate)**생장이라고 표현한다. **측근(fine root)**은 주근으로부터 발달하며 대부분 길이가 3~10 cm로서 **유한(determinate)**생장을 한다. 즉 측근은 흡수 기능은 유지하지만 뿌리골무와 정단분열조직이 사라지면서 생장을 멈춘다. 실제로 측근의 전체 길이는 주근에 비해 약 30배나 되어 수분과 이온 흡수에 있어서 주근보다 훨씬 더 중요한 역할을 한다. 측근은 질산염과 같은 영양분의 농도가 국지적으로 높은 토양 구획에서 놀라울 정도로 번성한다(그림 3.3). 이는 분열조직에 있는 질산염감지계(nitrate-sensing system)가 반응하여 일부 유전자의 발현을 유도하기 때문인 것으로 보인다. 측근은 또한 가뭄에도 중요한 역할을 한다. 많은 과(family)에 속하는 식물에서 가뭄 시에 측근의 가뭄 저항성 원기(primordium, 복수 primordia)가 발달하여, 주근의 분열조직이 죽더라도 토양이 다시 수분을 포함하면 측근이 빠르게 생장하여 활동한다.

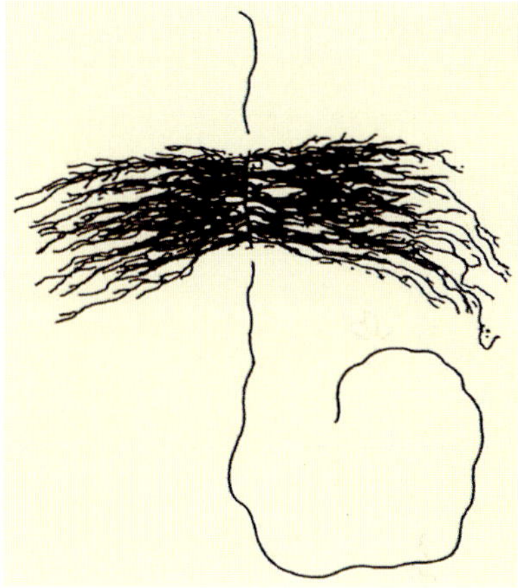

그림 3.3

질산염 농도가 높은 지역(0.1 mmol l^{-1}과 비교하여 1.0 mmol l^{-1})에서 대맥의 주근으로부터 생장이 유도된 측근이 부분적으로 번성하고 있는 모습.

하지만 뿌리의 기능에 대한 연구는 대부분 훨씬 더 크고 다루기 쉬운 주근을 이용하여 수행된다. 측근 발달을 포함하여 주근의 생장에 따라 일어나는 일련의 변화를 그림 3.4에 더 자세하게 나타냈다.

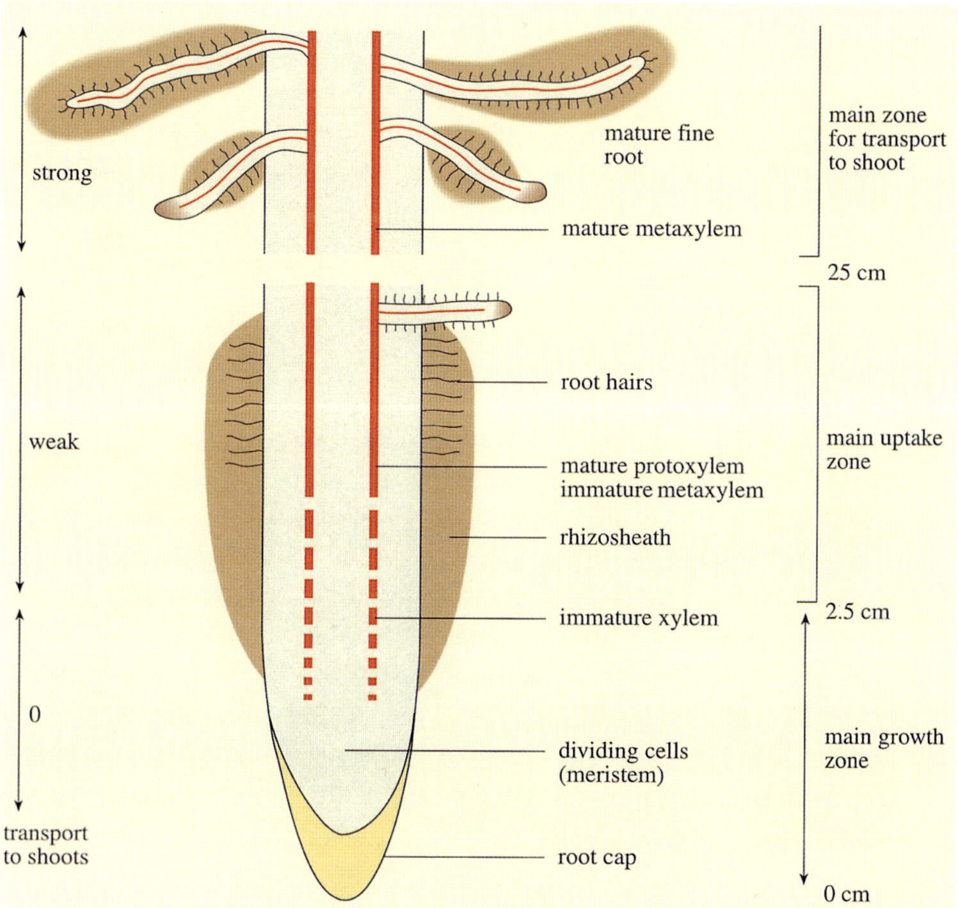

그림 3.4

옥수수(*Zea mays*) 주근의 종단면. 발달 중의 변화와 수분 흡수 및 줄기로의 수송에 미치는 효과 등을 표시하였다.

○ 물관은 성숙하면 살아있는 세포 내용물을 잃어버리고 양쪽 끝 세포벽이 파괴된다. 후생물관부(metaxylem)의 큰 물관들이 주 수송 지역(main transport zone)에 해당하는 이유는 무엇인가?

● 물관은 성숙해야만 대량유동에 의하여 수분을 줄기로 이동시킬 수 있다. 지름이 큰 후생물관부가 훨씬 더 빠른 속도로 수분을 이동시킨다(대량유동은 반지름의 4제곱에 비례함을 상기할 것).

전형적인 옥수수 뿌리의 경우 후생물관부의 큰 물관들이 성숙하면 줄기로의 통도 능력이 1800배나 증가한다. 다음에 고려할 것은 수분이 토양으로부터 뿌리 반지름을 따라 물관부로 이동하는 과정으로서, 주근과 측근에서 본질적으로 같은 과정으로 진행된다.

뿌리 반지름을 따른 수분 수송

그림 3.5는 뿌리의 피층을 가로지르는 세 가지 수분 이동 경로를 나타낸다. 아포플라스트성 경로(apoplastic pathway, 그림 3.5a)는 앞에서 언급한 바 있다.

○ 그림 3.5의 다른 두 경로를 설명하시오.

● **심플라스트성 경로(symplastic pathway)**는 세포기질 내 수분 이동과 세포벽을 가로지르는 원형질연락사(plasmodesmata)를 통한 세포 간 수분 이동을 말한다(그림 3.5b). 세포횡단 경로(transcellular pathway) 역시 세포 내 수분 이동이 관여하지만 세포 간 수분 이동은 주로 세포벽과 세포막을 가로 질러 일어나며 원형질연락사가 관여하지 않는다.

○ 세 가지 경로에서 수분이 표피와 피층을 가로 질러 내피에 이르기까지 건너야 할 막의 수는?

● 아포플라스트성 경로의 경우는 없다. 심플라스트성 경로에서는 하나이다(수분이 표피를 통하여 들어오는 경우 표피에서). 세포횡단 경로의 경우는 많다. 이 경우 하나의 세포를 횡단할 때 마다 두 개의 막을 가로지른다. (세포에 들어갈 때 하나, 나올 때 하나. 그리고 액포로 수분이 들어가면 그 수는 더 많다.)

환경 조건과 식물의 종에 따라 정도는 다르지만 세 가지 경로 모두 내피까지의 수분 이동에 사용되는 것으로 생각된다. 증산이 빠르면 아포플라스트성 경로가 주가 된다. 하지만 이 경우에도 수분에 대한 막투과성(membrane permeability)이 높아서 막을 통과하는 것이 세포벽을 따라 이동하는 것만큼 쉬운 식물의 경우는 예외이다. 증산이 느리거나 정지하면(예를 들어 밤에) 심플라스트성 경로와 세포횡단 경로가 주로 사용되고, 내피를 가로질러 이동하는 데에는 이들 두 방법만 가능하다.

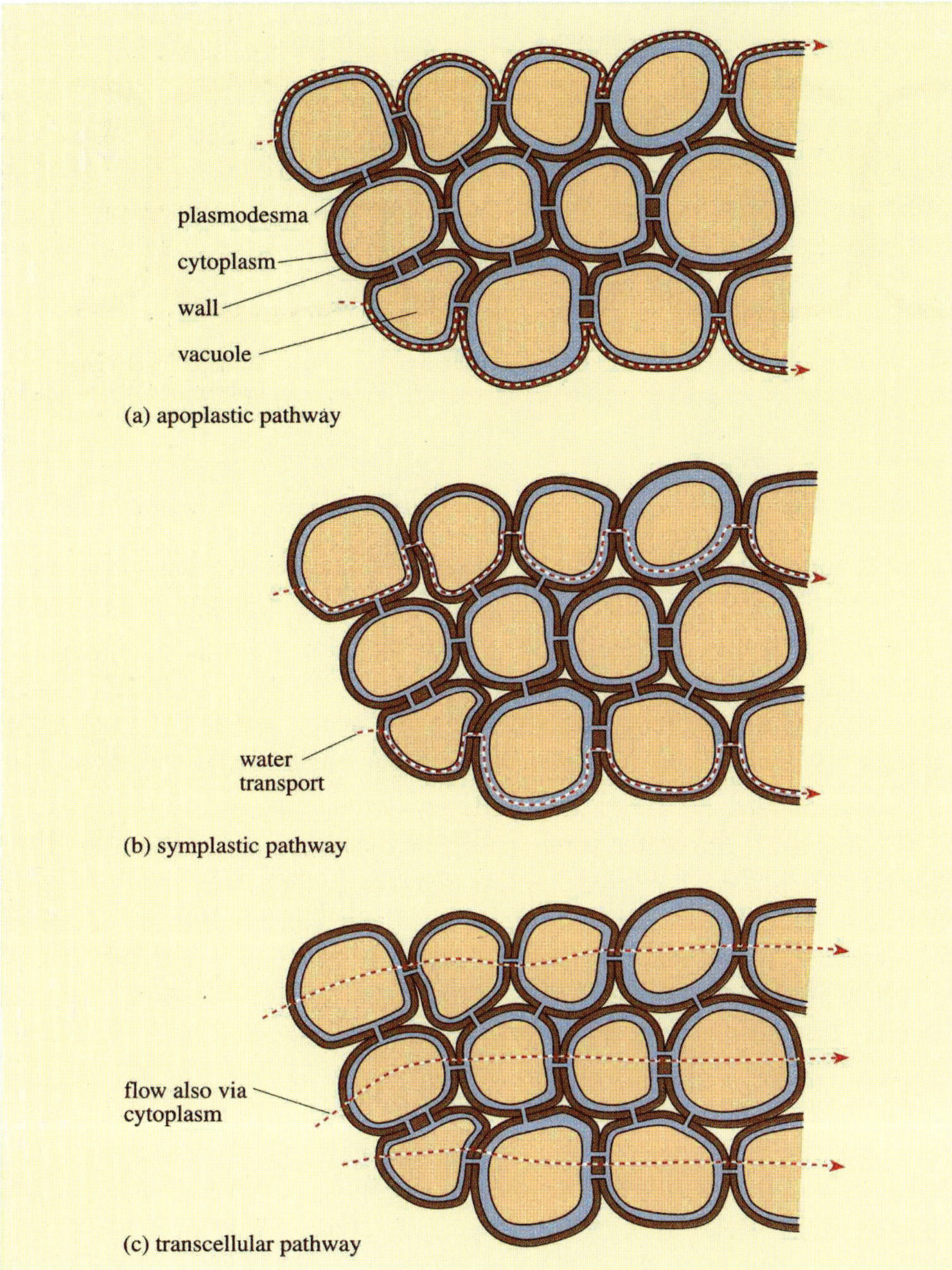

그림 3.5

뿌리 피층을 가로지르는 수분 수송 경로.

○ 그림 3.6a와 1장에서 수분이 내피를 가로지를 때 아포플라스트성 경로를 이용할 수 없는 이유는?

● 측벽의 방수성 코르크질 띠(카스파리띠)에 원형질막이 강하게 부착되어 있고, 이 띠가 아포플라스트성 경로를 차단한다.

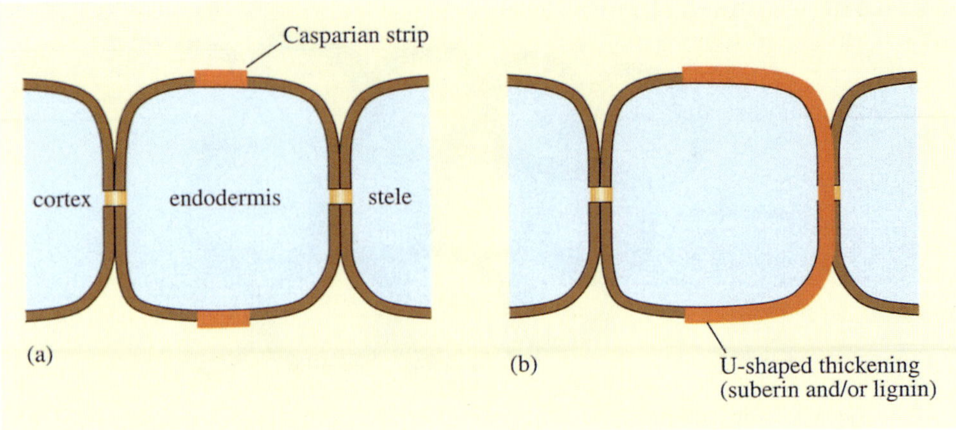

그림 3.6

옥수수 내피세포의 횡단면. (a) 흡수 지역 (b) 후생물관부의 큰 물관이 성숙한 지역.

옥수수를 비롯한 벼과 식물 뿌리에서 후생물관부의 큰 물관들이 성숙해진 오래된 부분은 내피를 가로지르는 것이 더욱 어렵다. 그림 3.6b가 그 이유를 설명한다. 내피의 안쪽 벽(측벽, 가로벽, 세로벽)은 모두 코르크질과 리그닌이 침적되어 두꺼워지고 방수성이다. 더구나 표피 바로 안쪽에 또 다른 층의 세포(**외피**)가 있는데, 아포플라스트성 경로의 수분 이동에 어느 정도 방해가 되는지는 아직 분명하지 않지만, 적어도 측벽에 코르크화된 세포층을 발달시키기도 한다. 심하게 코르크화된 내피를 수분이 통과할 수 있는 곳은 측근이 나오는 부분, 또는 세포벽은 비후화되어 있지 않으나 카스파리띠가 있는 특수 통과세포이다. 후자의 경우 원형질막의 **수공**(water pore) 즉 **아쿠아포린**(aquaporin)에 의하여 수분 이동이 조절된다는 증거가 있다. 아쿠아포린은 수분의 막통과를 용이하게 하는 단백질 통로이다. 아쿠아포린의 작용은 통로를 형성하는 단백질의 가역적 인산화반응을 통한 대사 활동에 의존하는 것으로 보인다. 실제로 아쿠아포린은 개폐 과정을 통하여, 또는 원형질막으로의 첨가나 제거 과정을 통하여 수분 유동을 증가시키거나 감소시킴으로써 수분 흡수를 미세 조정할 수 있다. 특히 가뭄이나 토양 염분도 증가 시에 중요한 작용을 할 수 있다.

그러나 왜 내피와 외피 같은 장애물이 뿌리에 있어야 하는가 하는 의문을 가질 수 있다. 실제로 카스파리띠만 있는 단순 내피는 수분 이동에 대해서는 비교적 약한 장애물이지만, 아포플라스트를 통한 용질 이동의 억제에는 매우 효율적이다. 근본적으로 용질(예를 들어 무기이온)은 중심주 쪽으로 한 쪽 방향만, 능동적으로, 그리고 선택적으로 수송되며, 카스파리띠는 용질이 새어나가지 않도록 보장하는 역할을 한다. 이와는 반대로 수분은 내피의 세포막과 원형질연락사를 통하여 양쪽 방향으로 모두 쉽게 이동하며, 특히 토양이 매우 건조하면 중심주와 뿌리로부터 빠져나갈 수도 있다. 이러한 수분 유출은 밤에 일어나는 것으로 보이며 근초를 적시는 효과를 나타내는데, 이는 미생물 활동의 유지와 토양으로부터의 이온 흡수를 도와준다. 땅속 깊숙이 젖어 있는 토양까지 뿌리를 내리는 식물은 밤에 깊은 땅속의 수분을 흡수하여 건조한 표면 토양으로 방출하기도 한다. **수분상승**(hydraulic lift)이라고 알려진 이 현상은 일부 사막 서식지에서 특히 중요하지만(3.6절) 온대 지역에서도 관찰된다. 수목은 매일 밤 수분상승 현상에 의하여 수백 리터의 수분을 재분배하기도 하고, 수목 근처에서 생장하는 초본식물이나 관목은 자신이 필요로 하는 수분의 60%에 이르는 양을 수목 뿌리에서 방출되는 수분에서 얻는 것으로 밝혀졌다.

뿌리의 수분 이동 경로에 대해서는 이 정도로 설명한다. 하지만 왜 수분이 특정한 방향으로, 그리고 정해진 속도로 이동해야 하는지를 이해하기 위해서는 이동의 구동력과 이동에 대한 저항의 특성을 고려해야 한다. 다음 절에서 이에 대하여 설명하기로 한다.

3.2절의 요약

1. 토양에서 흡수된 수분은 뿌리 반지름을 따라 물관부로 이동하며, 다음에 대량유동에 의하여 잎까지 이동한다.
2. 뿌리가 효율적으로 수분을 흡수하기 위해서는 지속적인 뿌리의 생장이 필요하며 또한 토양 입자와 가깝게 접촉해야 하는데 이는 근초의 형성으로 용이해진다.
3. 뿌리 표피로부터 내피로의 수분 수송은 식물의 종과 환경 조건에 따라 아포플라스트성 경로, 심플라스트성 경로, 세포횡단 경로 중 한 방법 또는 세 가지 방법 모두에 의하여 이루어진다.
4. 내피와 외피를 가로지르는 수분 이동은 측면 세포벽의 방수성 비후화로 인하여 반드시 세포막이나 원형질연락사를 통하여 이루어진다. 아쿠아포린이 뿌리세포막을 통한 수분 유동을 조절하고 미세조정할 수 있다.
5. 중심주로의 용질 이동은 일방적인 반면에, 수분은 내피를 가로질러 중심주로 이동하거나 중심주로부터 밖으로 이동할 수 있다.
6. 뿌리가 깊은 식물은 수분상승 작용에 의해 상당한 량의 수분을 표면 토양으로 분배할 수 있다.

3.3 수분전위와 수분 이동 방향

3.3.1 수분전위

여러분은 이미 수분 이동의 몇몇 요인들을 알고 있다. 수분은 강을 따라 하류로 이동한다. 빨대를 따라 빨아올릴 수 있고 주사기를 통해 배출할 수도 있으며, 시든 식물의 줄기 조각을 증류수에 띄워 놓으면 수분이 세포내로 들어감에 따라 줄기 조각은 점점 단단해진다.

○ 각각의 예에서 수분 이동을 가능하게 하는 힘의 성질에 내하여 설명해보라.

● 중력에 기인한 압력에 의해 강물이 흐른다. 음압(negative pressure, 장력) 또는 양압(positive pressure)에 의해 빨대나 주사기 내의 수분이 이동한다. 용질 농도 차이에 의한 삼투현상에 의해 수분이 시든 식물 조직 내로 들어간다.

식물체의 경우 중력은 무시할 수 있는데, 수분 이동에서 정수압(hydrostatic pressure)이나 용질 농도의 역할과 연관된 중력이 작기 때문이다. 수분의 이동 능력은 **수분전위(water potential) Ψ(싸이)**에 의해 규정된다. 즉 수분은 **수분전위 기울기를 따라** Ψ가 높은 곳에서 낮은 곳으로 이동한다. Ψ는 수분의 자유에너지 척도이며, 일반적으로 압력 단위

(파스칼 Pa, 또는 메가파스칼 MPa)로 표현된다. Ψ는 **상대적** 척도로서, 고도가 해수면을 기준으로 측정되듯이 수분전위는 상온과 상압에서 순수한 액체 상태의 물을 0으로 하고 이에 상대적인 값으로 나타낸다.

○ 순수한 물이 시든 줄기 조각으로 이동하는 예에서 줄기의 Ψ_{stem}는 외부 수분의 Ψ보다 높은 값인가, 또는 낮은 값인가?

● 수분은 수분전위 기울기를 따라 아래로 이동하므로 낮은 값이다.

수분 이동의 구동력은 줄기 조각과 외부 증류수의 수분전위 차이인 $\Delta\Psi$(델타싸이, Δ는 차이를 나타냄)이다. 순수한 물의 Ψ가 0이므로 줄기 세포의 Ψ는 **음수**이어야 한다. 이 원칙은 중요하다. 극히 드문 경우를 제외하고 **살아있는 세포의 수분전위는 음수이다**. 이러한 관찰을 설명하기 위하여 수분전위의 구성을 살펴볼 필요가 있다.

3.3.2 수분전위의 구성

압력 P (더 정확하게는 정수압)와 용질 농도가 수분 이동에 영향을 준다는 것을 이미 알고 있다. 그렇다면 이들은 어떻게 수분전위에 영향을 주는가? 양압은 물 분자의 이동성을 증가시키고 따라서 Ψ를 증가시킨다. 중요한 점은 이 경우에 정수압은 0으로 정한 **대기압보다 위 또는 아래 값으로** 정해진다는 것이다.

반대로 용질 분자는 극성인 물 분자를 끌어당기고, 남은 물 분자 사이의 수소결합을 증가시켜 자유에너지와 이동성을 감소시킨다. 그러므로 용질은 Ψ를 감소시킨다. 용질 농도의 효과는 π(파이)로 나타내는 **삼투압(osmotic pressure)**으로 기술된다. 두 개의 계(system)를 반투과성막(수분 통과는 허용하고 용질 통과는 허용하지 않음)으로 분리하면 용질 농도가 낮은 계에서 높은 계로 수분 순확산(**삼투, osmosis**)이 일어난다.

수분전위를 정의하는 가장 간단한 방정식은 다음과 같다.

$$\Psi = P - \pi \qquad (3.1)$$

○ 삼투압이 1 MPa인 소금물 한 잔의 수분전위는?

● −1 MPa. 여기서 P는 0(대기압)이므로 3.1식에 의해 $\Psi = 0 - 1 = -1$이다.

다음 절에서 방정식 3.1은 살아있는 식물세포에 적용된다. 그러나 그 전에 이 식을 가다듬고 변형시켜 물관부나 토양과 같은 비생물계를 포함한 넓은 범위에 적용시킬 수 있도록 만들어야 한다. 막이 완전히 반투과성인 경우(즉 용질 분자의 수동적 확산을 전혀 허용하지 않음)는 거의 드물며, 고농도 용액에서 저농도 용액으로 용질 분자가 확산되면서 고농도 용액의 π가 감소한다. 용질 투과는 π를 **σ(시그마)**로 곱하여 반영하는데, σ는 **반영계수(reflection coefficient)**라고 하고 절대적 반투과성막의 경우 1, 물과 용질에 대하여 똑같이 투과성을 나타내면(또는 막이 없는 경우) 0의 값을 갖는다. 방정식 3.1은 다음과 같이 변형된다.

$$\Psi = P - \sigma\pi \quad (3.2)$$

수분전위에 영향을 주는 다른 요인은 수막(film of water)으로 둘러싸인 콜로이드(colloid)나 고체 표면이다. 물 분자는 표면에 흡착되는 경향이 있는데, 이는 자유에너지를 낮추고 따라서 Ψ의 값을 감소시킨다. 이러한 흡착 효과 또는 **기질효과**(matric effect)는 완전히 수화된 살아있는 세포에서는 무시할 수 있지만 건조한 토양이나 종자 등에서는 매우 큰 값이 될 수도 있다. 흡착 효과를 보정하기 위해 방정식 3.2에 **기질압**(matric pressure)을 나타내는 m을 포함시킨다.

○ m은 3.2 식의 우변에 더해지는가 아니면 우변에서 감해지는가?

● 기질압은 π처럼 Ψ를 감소시키기 때문에 감해진다.

따라서 이 방정식의 마지막 형태는 다음과 같다.

$$\Psi = P - \sigma\pi - m \quad (3.2)$$

표 3.1은 수분전위의 구성 요소에 영향을 주는 요인을 요약한 것이다.

표 3.1 수분전위에 영향을 주는 요인.

요인	기호	측정값	증가시의 효과
정수압	P	대기압보다 높거나(팽압) 낮은 압력(장력)	Ψ의 증가
용질	π	삼투압	Ψ의 감소
계면 또는 콜로이드	m	기질압	Ψ의 감소

3.3.3 살아있는 세포와 삼투 및 팽압

그림 3.7은 동물세포와 식물세포가 삼투에 의해 수분을 흡수할 때 나타나는 중요한 차이점을 보여준다. 식물세포는 비교적 견고한 세포벽이 있기 때문에, 삼투에 의한 수분 유입으로 세포가 팽창하는 과정이 **팽압**(turgor pressure)이라고 부르는 내부 정수압 P가 증가하면서 대항하게 된다. 팽압은 원형질체가 세포벽에 가하는 압력(대기압 이상) 또는 마찬가지로 세포벽이 원형질체에 가하는 압력으로 정의할 수 있으며 이 둘은 같은 값이다.

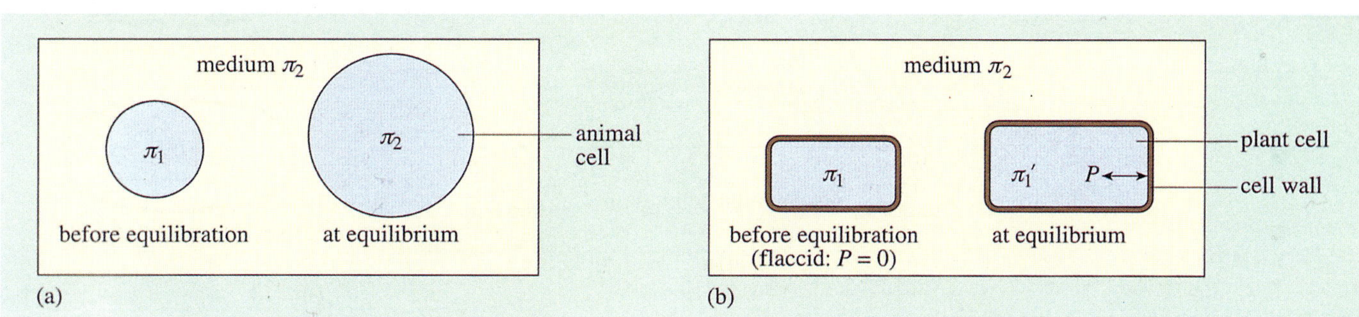

그림 3.7
대기압에서 세포 삼투압(π_1)보다 낮은 삼투압 π_2의 용액에 세포를 넣었을 때 일어나는 현상의 비교. (a) 세포벽이 없는 세포(동물세포). (b) 세포벽이 있는 세포(식물세포). 식물세포는 초기에 $P = 0$인 축 늘어진 상태이다.

○ 적절한 용어를 사용하여 그림 3.7의 동물세포(a)와 식물세포(b)를 π_2의 용액에 넣었을 때 일어나는 현상을 기술하시오. 각각에 대하여 평형상태에 있는 세포의 수분전위를 정의하시오.

● (a) 동물세포는 삼투에 의한 수분 유입 때문에 평형상태(수분의 유입과 유출이 같은 상태)에서 내부 삼투압이 외부 용액의 삼투압과 같고 $\Psi = -\pi_2$(한 잔의 소금물에서 계산했던 것처럼)가 될 때까지 팽창한다. (b) 식물세포는 세포가 더 이상 늘어나지 못하여 평형상태에서 세포의 삼투압 π_1'가 아직 π_2보다 낮고 P가 0에서 양수로 증가할 때까지 팽창한다. 평형상태에서 $\sigma = 1$이라고 가정하고, m은 무시할 수 있기 때문에 $\Psi = P - \pi_1$.

그러므로 전형적인 동물세포의 수분전위는 전적으로 세포 삼투압에 의해 결정되는 반면 식물세포의 경우 Ψ는 π와 P에 모두 의존한다. 팽창한 세포는 견고하기 때문에 팽만(turgor)은 비목질성 조직의 지지에 중요하다. 내부 압력(팽압)에 의하여 연약한 어린 세포벽이 늘어나 세포가 팽창하기 때문에, 팽만은 또한 식물 생장에 있어서도 매우 중요한 역할을 한다.

그림 3.8a는 외부 수분전위 변화에 따라 세포의 부피와 π 및 P 값의 변화를 요약한 것이다. 왼쪽부터 시작하여, 순수한 물($\Psi = 0$)과 평형상태에 있는 세포의 부피와 팽압은 최대 상태이고 $P = \pi$. 세포의 용질 농도(그러므로 π 값)가 높을수록 팽압도 크며, 이러한 관계는 체관부 수송에서 매우 중요하다(3.7절).

○ 3.1 식으로부터 순수한 물에 있는 세포의 $P = \pi$인 것을 어떻게 유도할 수 있는가?

● $\Psi_{cell} = 0$(외부 용액에 관해서)이므로 $0 = P - \pi$이고, 그러므로 $P = \pi$이다.

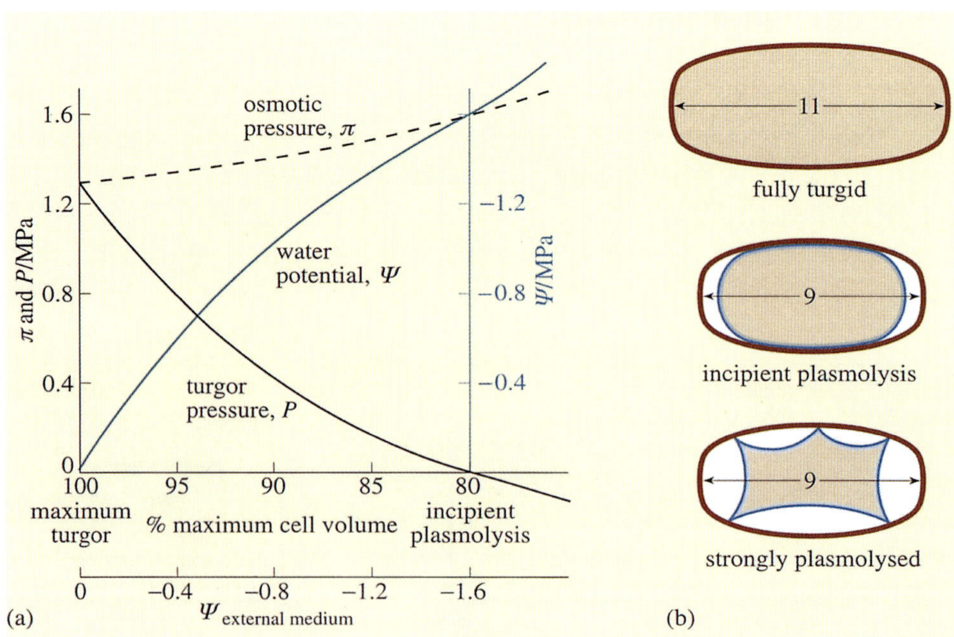

그림 3.8

(a) 약간 탄력적인 세포벽을 가진 세포의 부피, 수분전위, 삼투압, 팽압의 상관관계. 이러한 변화는 세포와 평형상태에 있는 외부 수분전위와 관계가 있다(아래 축). (b) 최대 팽압 상태, 한계원형질분리(incipient plasmolysis) 상태, 그리고 심한 원형질분리 상태에서의 세포의 모양과 상대적 크기. 수치는 상대적인 임의 단위이다.

외부의 수분전위(그리고 이와 평형상태에 있는 세포의 수분전위)가 낮아지면서, 팽압이 빠르게 감소하고 세포는 수축하며, 용질 농도가 더 높아지면서 π가 증가하고 결국에는 **한계원형질분리(incipient plasmolysis)** 상태에 이른다(그림 3.8a 오른쪽 끝). 이 상태에서는 세포벽이 더 이상 수축할 수 없어 세포 부피가 최소로 되며 팽압은 0이 된다. 원형질막은 세포벽으로부터 떨어져 나가기 시작한다(그림 3.8b 중간). Ψ가 더 낮아지면 강한 원형질분리가 일어나 세포 내용물이 중앙으로 모이고(그림 3.8b 아래), 그림 3.8a에서 보듯이 P는 음수가 된다. 이 상태에 도달하면 세포는 비가역적 손상을 받을 수 있다.

○ 한계원형질분리 상태에서 (a) 뿌리를 내리고 사는 초본식물의 외관은 어떻게 변하겠는가? (b) Ψ 와 π의 관계는 어떠한가? (c) 식물 생장에 미치는 영향은 어떠할까?

● (a) 식물은 팽만 부족으로 시들고 축 늘어진다. (b) 수치상으로 같다. 이는 그림 3.8a에서 볼 수 있고 또한 3.1 식으로도 계산할 수 있다(Ψ = 0 − π이므로 Ψ = − π이다). (c) 세포 팽창을 위해서는 팽압이 양수이어야 하므로 생장이 멈출 것이다.

실제로 생장은 팽압이 조금만 감소해도 매우 민감하게 반응하여 한계원형질분리 상태에 이르기 훨씬 전에 생장이 중단할 수 있다.

그러므로 수분은 팽압과 삼투압에 의존하는 수분전위 기울기에 따라 살아있는 식물세포 내로 또는 세포들 사이로 확산한다. 그러나 이동 **속도**를 결정하는 것은 수분에 대한 세포막의 투과성으로서 **수분전도도(hydraulic conductivity) L_p**로 기술되는 특성이다. 단위 시간에 단위 면적의 세포막을 통과하는 수분의 유동량($m^3\ m^{-2}\ s^{-1}$)은 유동속도($m\ s^{-1}$)로 간단하게 표시되고

유동속도($m\ s^{-1}$) = 수분전도도($m\ s^{-1}\ MPa^{-1}$) × 구동력(MPa)

이 된다.

$$\text{수분유동 또는 유동속도} = L_p \times \Delta\Psi \qquad (3.4)$$

따라서 예를 들어 수분전도도나 수분전위 기울기를 증가시킴으로써 뿌리를 가로지르는 수분 유동이 증가할 수 있으며, 수분 부족 시 농도가 증가하는 호르몬인 낙엽산(abscisic acid)은 둘 다 증가시킨다는 증거가 있다(5장).

○ L_p가 변경될 수 있는 방법 한 가지만 기술해보라.

● 아쿠아포린(3.2.1절)의 활성화 또는 합성에 의해 변한다. 더 일반적인 막 특성의 변화도 L_p에 영향을 줄 수 있을 것이다.

세포막의 수분전도도는 하루 중 시간과 식물의 종에 따라서도 많은 차이가 있다. 예를 들어 강낭콩 종류(*Phaseolus coccineus*)의 최대 수분전도도는 보리나 밀에 비해 40배나 크다. 실제로 이 식물 뿌리의 세포막은 수분에 대한 투과성이 매우 높아서, 세포횡단 경로로 수분이 이동하는 것이 세포벽을 통하여(아포플라스트성 경로, 3.2절) 이동하는 것만큼 쉽다. 보통은 세포막이 없는 경로(예를 들어 세포벽, 토양, 물관부)가 세포막을 포함하는 경로보다 수분전도도가 훨씬 크다. 다음 절에서 이들 '살아있지 않은' 경로에 대하여 더 자세히 설명할 것이다. 그러나 그 전에 살아있는 세포의 수분 관계를 측정하는 방법에 대하여 살펴보기로 한다.

3.3.4 식물세포의 Ψ, P 및 π 값 측정

식물의 수분 상태를 연구하는 방법은 1980년 경 이후에 극적으로 개선되어 수분의 이동 방법과 장소를 이해하는 데에 중요한 진전을 가져왔다. 특히 중요한 방법은

- 단일 세포 측정이 가능한 현미경수술 방법
- 팽압과 용질 농도 등의 작은 변화를 측정할 수 있는 매우 민감한 전자 장치
- 세포나 조직을 파괴하지 않고 연구할 수 있는 핵자기공명(NMR) 촬영법 등 최근에 발달한 비파괴적 방법 등이다.

여기서는 살아있는 세포의 수분전위와 P, π 등을 직접 측정하는 방법의 원리를 소개하고, 심층학습 3.1과 3.2에서 일부 방법을 자세히 기술하기로 한다. 물관부의 연구 방법은 3.4절에서 기술한다.

Ψ의 직접 측정 방법

식물 조직을 용액에 넣었을 때 조직 내로 또는 조직으로부터 수분의 순이동이 없다면(그래서 조직의 부피, 길이, 무게가 변하지 않으면), 조직과 용액은 평형 상태에 있으며 수분전위가 같다. Ψ_{ext}를 알면 조직의 **평균** 수분전위를 알 수 있는 것이다. 심층학습 3.1은 이러한 원리에 입각한 방법(건습계측정법)을 기술하고 있다. 여기서는 Ψ값을 알고 있는 용액에 조직을 넣는 대신 밀폐된 용기에 조직을 넣고, 용액과 수증기 평형에 이르도록 놔두었다.

심층학습 3.1 건습계를 이용한 수분전위 측정

용액의 수분전위가 감소함에 따라 용액으로부터 단위 시간에 증발하는 물 분자의 수도 감소하면서 증기압(vapor pressure, 용액과 평형상태에 있는 기체상 물의 압력)이 감소한다. Ψ_{tissue}는 평형상태의 증기압(또는 상대 습도)과 직접적으로 관련이 있다. 이 방법에서는 Ψ를 알고 있는 용액 한 방울이 담긴 용기(건습계, psychrometer, 그림 3.9a)에 조직을 넣고 밀폐시킨 다음, 용기 내의 공기가 포화될 때까지 둔 다음 방울의 **온도**를 측정한다. 방울의 수분전위가 조직과 같으면 방울의 온도는 변하지 않는다. 방울의 수분전위가 더 높으면(더 적은 음수) 방울에서 수분이 증발하면서 온도가 낮아지고, 공기 중으로 확산되어 조직으로 흡수된다. $\Psi_{solution}$이 Ψ_{tissue}보다 낮으면(더 큰 음수) 반대 현상이 일어난다. 즉 수분이 조직으로부터 증기상(vapor phase)을 거쳐 용액으로 이동하면서 용액의 온도가 올라간다. 실제로 여러 용액을 이용하여 측정하고, 그림 3.9b와 같은 그래프가 얻어진다.

○ 그림 3.9b에서 조직의 수분전위는 얼마인가?

● 약 -1.2 MPa이다. 온도 변화가 없는 용액의 수분전위와 같다.

용기 내 방울의 온도는 매우 정밀한 열전지로 측정하며, 전체 장치는 일정한 온도로 유지된다. 조직 전체 대신에 조직을 마쇄하여 액즙 한 방울을 사용하면, 액즙의 삼투압을 측정할 수 있다. 조직의 Ψ와 π를 알면 팽압 P는 방정식 3.1에서 구할 수 있다.

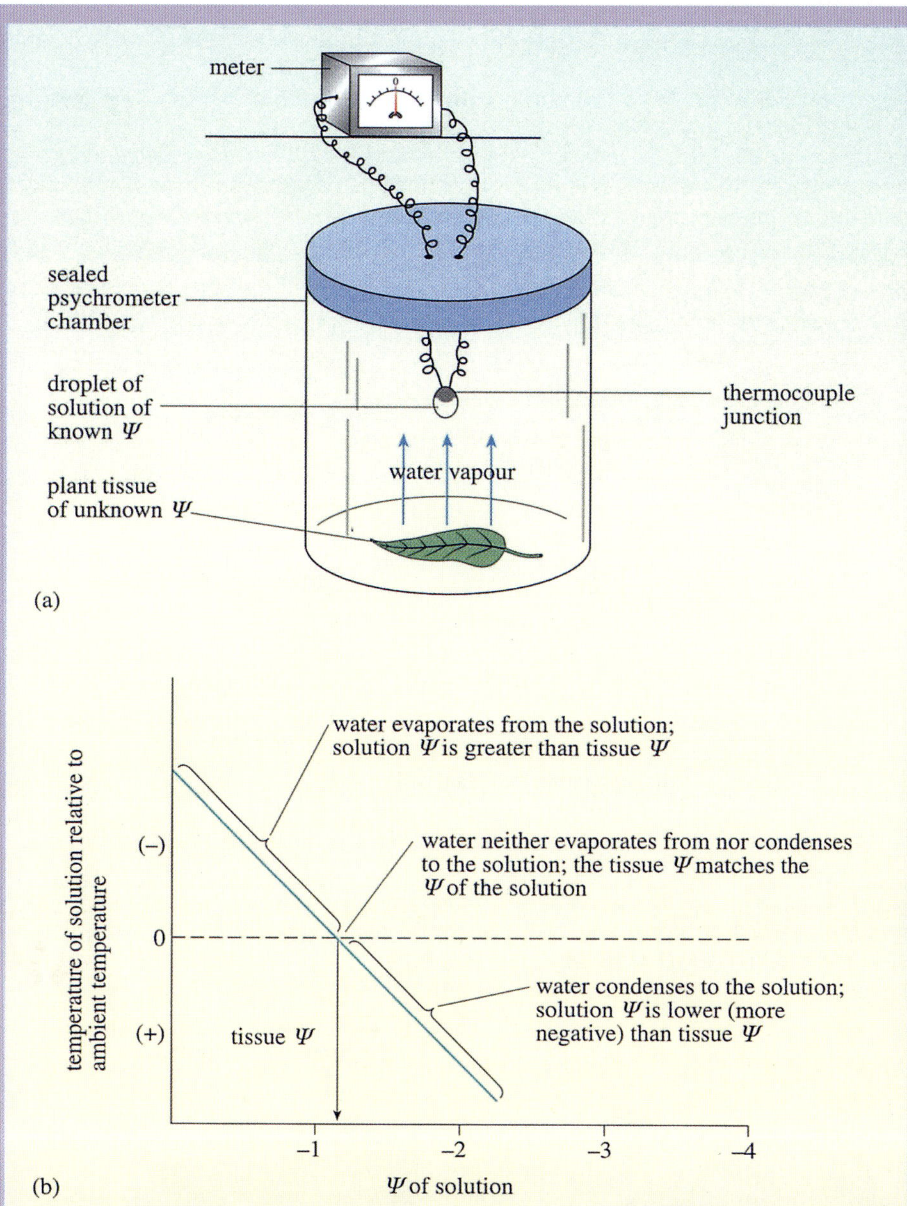

그림 3.9

건습계를 이용한 수분전위 측정 방법. (a) 실험 장치. (b) 방울의 수분전위(MPa)에 대한 온도 변화.

π와 P의 측정

액즙의 용질 농도를 측정하는 방법은 위에서 언급한 건습계 이용 방법 이외에 **빙점삼투압측정법**(cryoscopic osmometry)이 있다. 요점을 말하면 액즙의 빙점(freezing point)을 측정하여 순수한 물의 빙점(0℃)과 비교하는 것이다. 용질 분자들은 빙점을 0℃ 이하로 낮추고, 농도가 높을수록 그 정도는 크다.

하지만 식물의 수분 관계를 완전히 이해하기 위해서는 개별 세포의 Ψ 또는 π 값이 필요한데, 위의 두 방법은 모두 세포들의 **평균값**을 측정하는 것이다. 단일 세포의 Ψ 또는 π 값 측정도 가능하며 심층학습 3.2에 기술하였다.

심층학습 3.2 압력탐침과 단일 세포 샘플의 채취

압력탐침(pressure probe)은 1960년대에 개발되어 큰 크기의 조류 세포(algal cell)에 사용되었다. 그림 3.10은 초기 장치의 작용을 나타낸다. 그러나 모세관 내에서 액즙이 너무 많이 소실되기 때문에 작은 세포에는 사용할 수 없다. 그림 3.11은 이 문제가 해결된 최근 장치이다. 중요한 변화는 모세관을 실리콘 오일로 채우고, 압력 감지기와 원격 조절 피스톤에 연결된 오일 저장소에 삽입하는 것이다. 세포의 팽압에 의해 모세관을 따라 오일 표면이 이동하면, 피스톤을 통하여 역방향의 압력을 주고 감지기로 이를 측정할 수 있다. 오일 표면을 세포벽까지 되돌리는데 필요한 역방향의 압력이 세포의 팽압이 된다.

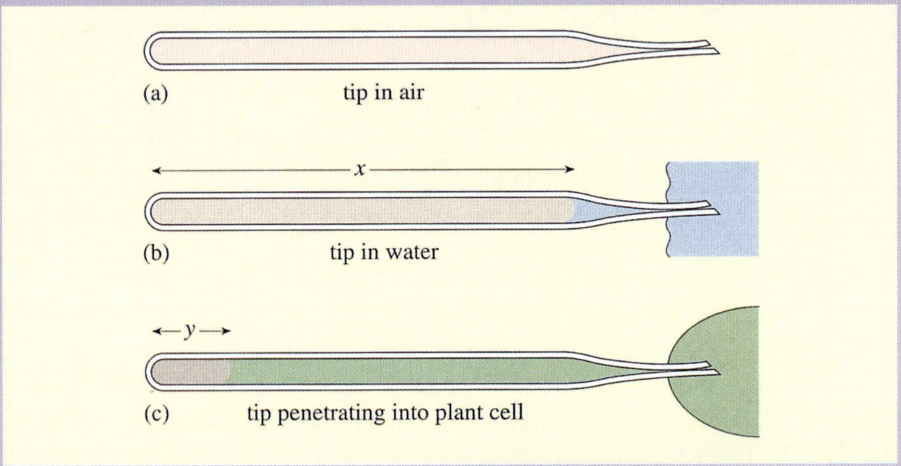

그림 3.10

초대형 조류 세포의 팽압 측정에 사용된 초기 압력탐침의 원리. 한쪽 끝이 막힌 작은 유리 모세관 피펫이 사용된다(a). 피펫의 끝을 먼저 물에 넣고(b) 다음에 세포의 액포에 삽입한다(c). 팽압 P에 의해 공기가 모세관 피펫 내로 압축되고 압축되는 양($x-y$)은 P에 비례한다.

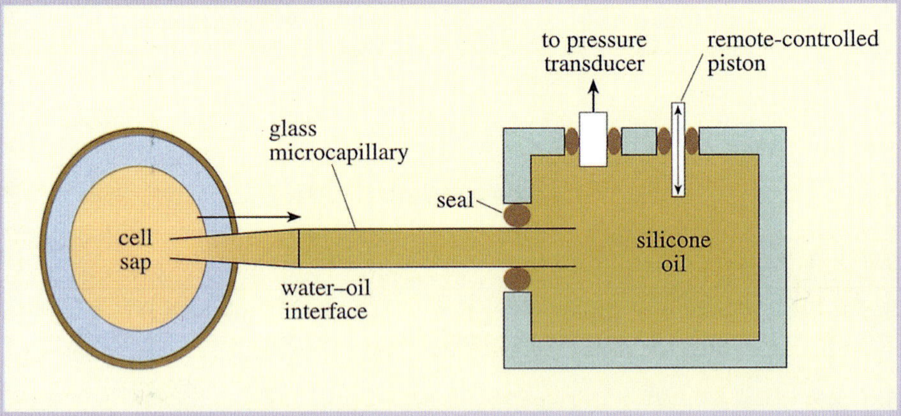

그림 3.11

고등식물의 작은 세포에 적절한 압력탐침. 세포 액즙과 오일 표면 사이의 경계면이 세포벽에 이를 때까지 피스톤을 통하여 역방향 압력을 가한다.

압력탐침을 이용하여 용질 농도 등의 분석을 위한 단일 세포 액즙을 얻을 수 있다. 이러한 방법으로 단일 세포의 삼투압 측정이 가능하다(단일 세포 시료채취 및 분석, Single Cell Sampling and Analysis, SiCSA). 뿌리끝(root tip)을 잘라내고 탐침을 부착시켜 물관부의 양압(근압, root pressure)을 측정할 수도 있는데 이에 대해서는 3.4.2절에서 논한다.

단일 세포의 팽압과 삼투압, 또는 조직 조각들의 평균값을 알고 있으면 3.1 식에서 Ψ를 계산할 수 있다. 기술이 발달함에 따라 살아있는 식물 조직 내의 수분전위 기울기와 이러한 기울기에 대한 환경 변화의 영향에 대하여 더 자세한 정보가 서서히 얻어지고 있다.

3.3절의 요약

1. 수분전위 Ψ는 수분 자유에너지의 상대적 척도로서 순수한 물의 경우 0이다. 수분은 수분전위 기울기를 따라 이동하며, 이동 속도는 $\Delta\Psi$와 수분전도도 L_p에 의해 결정된다.
2. 살아있는 세포는 보통 수분전위가 음수이다. 수분전위의 값은 대기압 이상에서 정수압(팽압 P)과 용질 농도(삼투압, π)에 따라 결정되며, 후자는 다시 막의 반영 상수 σ에 의존한다. 고체 대 액체 비율이 높은 계(예로 토양)에서는 기질압도 수분전위에 기여한다. 이러한 상호작용은 방정식 3.3에서 나타난다.
3. 팽만은 식물세포의 신장 생장과 비목질성 조직의 지지에 필수적이다.
4. 조직의 평균 Ψ 또는 π 값은 건습계 방법으로 측정할 수 있고, P는 방정식 3.2에서 계산할 수 있다. 단일 세포의 P와 π 값은 압력탐침을 사용하여 구할 수 있다.

3.4 토양과 물관부의 수분 유동

토양이나 성숙한 물관부에는 반투과성막이 없기 때문에 이곳에서의 수분 이동은 압력(물관부)이나 기질전위(토양)의 기울기에 의해 결정된다. $\sigma = 0$이기 때문에 방정식 3.2에서 $\sigma\pi$항은 없어진다.

3.4.1 토양 속에서의 이동

근본적으로 토양은 수막으로 둘러싸인 입자의 혼합체로서, 입자 사이에 공기나 수분을 포함하는 간극이 있다. 뿌리가 수분을 흡수하면 토양이 국지적으로 마르고, 수분은 더 강하게 토양 입자에 흡착한다. 그 결과 낮아진 기질전위(matric potential)는 음압, 즉 흡입력(suction)으로 작용하고, 수분전위는 감소하여 토양 속에서 $\Psi = -m$이 된다. 수분은 기질전위 기울기를 따라 토양의 젖은 부분에서 마른 부분으로, 부분적으로 확산에 의해서, 그러나 대부분 부피 유동에 의해서 이동한다(3.3.1절).

수분이 토양을 통하여 뿌리에 이르기까지의 이동 속도는 수분전위 기울기의 경사도와 **토양수분전도도**(hydraulic conductivity of the soil, 방정식 3.4에 해당)에 의해 결정된다. 토양수분전도도는 토양을 통한 수분 이동 용이성의 척도이며, 토양의 형태(예를 들어 모래 또는 점토)와 수분 함량에 따라 결정된다.

○ 모래땅과 점토질 토양 중에서, 수분 함량이 같다면 어느 것이 수분전도도가 더 높을 것이라고 생각하는가?

● 모래땅이다. 점토보다 모래 사이로 물이 훨씬 더 빨리 빠진다.

점토 입자는 모래보다 훨씬 더 작아서 수분과 결합하는 표면적이 넓고 입자 사이의 통로가 좁다. 그래서 점토는 수분과 강하게 결합하고 보유 능력도 크다. 이것이 점토를 '무겁다'고 하는 이유이다. 토양이 마르면 수분전위가 감소하고(m이 증가하므로), 수분전도도는 몇 배 감소한다. 따라서 수분을 흡수하려면 뿌리의 수분전위가 더 낮아져야 한다. 가장 효과적인 것은 많고 가는 뿌리가 토양에 퍼지는 것이고, 쉽게 마르나 무기영양분이 풍부한 표면 토양에서 특히 효과적이다. 가는 뿌리는 수분 흡수 표면적을 넓힘으로써 속도/(면적×시간)로 계산되는 수분 유동을 감소시킨다. 가뭄 지역이나 배수가 빠른 토양(예로 사구)에서 생장하는 일부 식물은 토양 표면의 뿌리 그물망 이외에 하나 이상의 깊은 뿌리가 있어 깊은 토양층의 수분을 흡수하고, 수분은 수분상승(3.2절)에 의해 건조한 표면층으로 재분배되기도 한다. 건조한 토양에서는 뿌리가 오그라들기 때문에(경우에 따라 50%까지) 뿌리와 토양과의 접촉을 유지시켜 주는 근초(3.2.1절) 또한 가뭄 기간에 중요한 역할을 한다. 근초는 사막의 선인장에 잘 발달되어 있다.

3.4.2 물관부를 통한 이동 : 수액의 상승

수분이 물관부를 통하여 뿌리로부터 100미터나 되는 나무의 꼭대기까지 이동할 수 있다는 사실은 정말 놀라운 일이다. 그리고 어떻게 이러한 이동이 일어나는지에 대한 논쟁은 지금도 격렬하게 이루어진다. 가장 널리 인정되는 메커니즘은 1890년대에 제안된 **응집장력설**(cohesion-tension theory 또는 **응집력설**)로서 다음과 같이 주장하고 있다.

1. 잎의 증산에 의해 세포를 통해 잎맥까지 수분전위 기울기가 형성되고, 수분이 물관부로부터 외부로 이동한다.

2. 그 결과 잎맥의 물관부 내 수분전위가 낮아지며, 이는 정수압이 낮아지는 것을 의미한다(물관부에서는 P가 Ψ의 유일한 구성원이다). 흡입력(suction force), 즉 음압 또는 **장력**이 생성되어 증산류(transpiration stream)의 구동력이 된다.

3. **만약** 물관부 내에 연속적 물기둥이 유지된다면, 잎 물관부 내 장력은 뿌리까지 전달된다. 이는 다음 절에서 보듯이 중요한 조건이다. 장력 하에서 연속적인 물기둥 형성이 가능한 이유는 다음과 같다. (a) 물관부 통도세포의 목질화된 세포벽은 강하기 때문에 장력에 의해 붕괴되지 않는다. (b) 물 분자는 수소결합에 의해 물관부 도관의 세포벽에 강하게 흡착하기 때문에 물기둥이 벽에서 떨어지지 않는다. (c) 가장 중요한 점은 수소결합에 의해 물 분자 끼리의 **응집력**이 형성된다는 것으로서, 이 때문에 물기둥이 하나로 유지되고 낮은 압력에서도 수분이 증발하지 않는다.

수분이 이 메커니즘에 의해 중력과 마찰 저항에 반하여 뿌리로부터 100미터 높이의 나무 꼭대기까지 이동하려면 물관부 내에 3 MPa나 되는 수분전위 기울기(즉 압력 기울기)가 형성되어야 한다. 실제로 그렇게 큰 압력 기울기가 존재하는지는 논쟁의 대상이다. 오래된 방법인 압력실(pressure chamber)을 사용하여 측정하면 실제로 이러한 기울기가 존재한다. 그러나 심층학습 3.2에서 살아있는 세포에 대하여 기술된 압력탐침을 이용하여 얻은 자료에 의하면 이러한 기울기는 존재하지 않는다.

압력실(pressure chamber)**법** 또는 **압력기**(pressure bomb)**법**을 그림 3.12에 나타냈다. 가지나 줄기를 자르면 물관부 압력이 낮기 때문에 물관부의 수분이 잘린 표면으로부터 수축된다. 잘린 부분을 바깥으로 하여 압력실 내에 가지를 고정시키고, 압력을 가하여 수분 전위를 증가시키면 수분은 물관부를 따라 잘린 표면으로 이동한다. 수분이 잘린 표면에 도달하는 순간의 압력실 압력이 원래 물관부의 장력과 정확하게 같아야 한다.

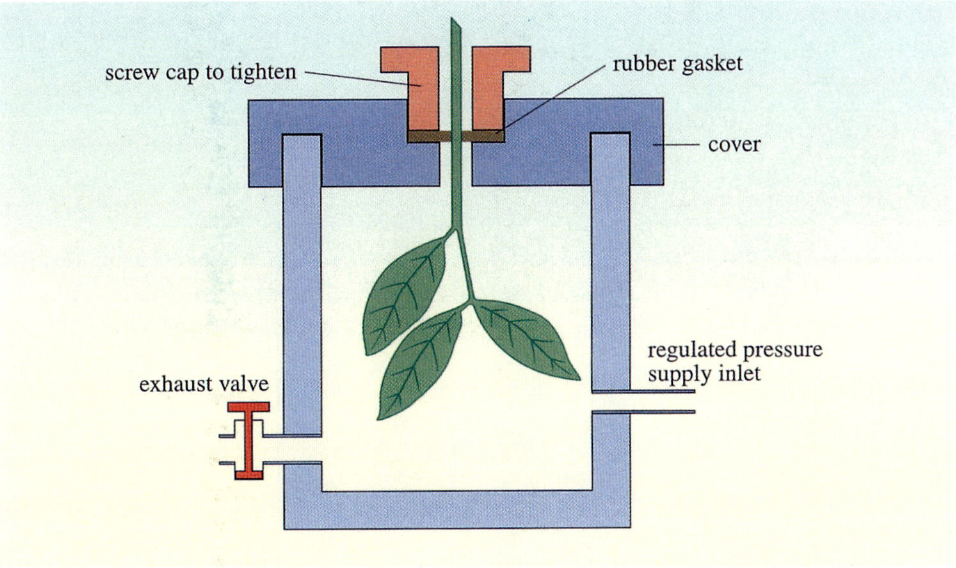

그림 3.12

압력실 또는 압력기. 압축된 기체를 이용하여 밀폐된 방 안에 압력을 가한다.

압력실법을 이용하여 측정한 물관부 압력은 약 -2 MPa로서, 이는 적당히 높은 나무의 수분 이동을 설명하기에 충분한 값이다. 그러나 압력탐침으로 측정하면 물관부 압력은 -0.6 MPa 이하로 내려가지 않아 이동을 설명하기에 충분한 값이 되지 못한다. 그러므로 압력탐침으로는 물관부의 낮은 압력을 측정할 수 없거나, 또는 응집장력설에 더해서, 아니면 응집장력설 대신에 다른 메커니즘이 작동해야 한다. 현재 의견은 앞의 설명이 맞는 것으로 보인다. 그러나 압력탐침으로 물관부의 낮은 압력을 측정할 수 없는 이유는 분명하지 않다. 가장 그럴듯한 설명은 탐침이 물관부 내에 공동화(cavitation)를 초래한다는 것이다.

물관부의 공동화와 관다발폐색

물관부 장력 하에 형성된 물기둥은 응집력에도 불구하고 다소 불안정한데, 이를 보통 준안정(metastable) 상태라고 표현한다. 압력이 낮을수록 물기둥은 불안정하다. 물관부 압력이 너무 낮거나 줄기가 방목 가축이나 갑작스런 충격에 의해 상처를 받으면 준안정 상태의 수분이 국지적으로 증발하여, 물관부 도관에 수증기와 약간의 공기를 포함한 공동이 형성될 수 있다. 이 과정을 **공동화**(cavitation)라고 하며, 공동이 형성되면 용액에서 공기가 더 빠져나와 기포를 형성하는 **관다발폐색**(embolism) 현상에 이르고, 기포는 팽창하여 도관을 막고 수분 유동을 방해한다. 기포가 형성된 가도관이나 물관은 기능장애 현상이 나타난다.

그림 3.13은 공동화와 관다발폐색 과정 중에 일어나는 현상을 보여준다. 공동화가 일어나면 압력 증가에 따라 세포벽이 진동하면서 딱딱 소리가 난다. 1970년대에 특수한 마이크를 사용하여 이러한 초음파로부터 살아있는 식물의 공동화 빈도를 측정하였다. 공동화 빈도는 이전에 생각했던 것 보다 훨씬 더 높게 나타났다. 예를 들어 옥수수는 관다발폐색 때문에 하루 동안 수분 유동이 50%나 감소하였고, 어린 설탕단풍(*Acer saccharum*)은 줄기의 수분 유동 감소율이 이른 가을에 31%, 다음 해 봄에 60%에 이르렀고, 많은 수의 작은 가지에서는 수분 유동이 전혀 일어나지 않았다. 이 정도의 손상은 잠재적 위험이 있으며, 이에 대해 세 가지 의문점이 제시된다. 관다발폐색에 대한 식물의 취약성을 결정하는 요인은 무엇인가? 어떤 조건들이 공동화를 일으키는가? 식물이 관다발폐색에서 어떻게 회복되는가?

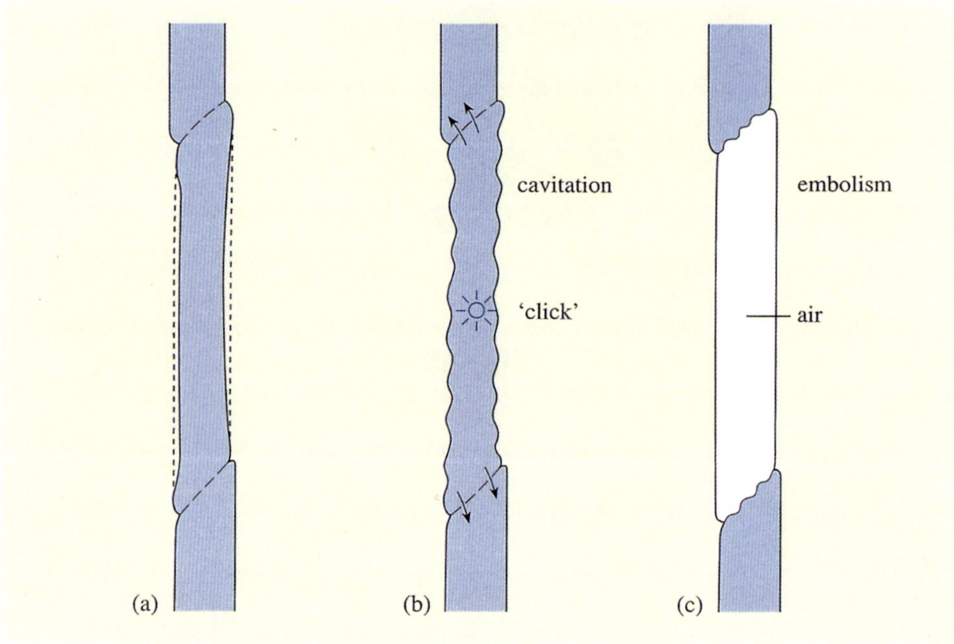

그림 3.13

물관 내의 공동화와 관다발폐색. (a) 극도의 장력(낮은 압력) 하에서 물관의 벽이 점선으로부터 안쪽으로 당겨진다. (b) 주로 수증기로 채워진 공동화 기포가 형성되고 당겨진 벽이 진동하여 음파를 생성한다. 수분이 인근 물관으로 이동한다. (c) 공기가 용액에서 빠져나오고 기체의 기포가 형성된다.

1. 취약성

첫째로, 중요한 것은 **물관부 구조**이다. 좁은 도관보다 넓은 도관에서 공동화가 잘 일어나며, 따라서 물관이 수가 적고 넓고 긴 식물은 공동화가 잘 일어날 뿐만 아니라, 물관에 기포가 형성되면 통도계의 많은 부분을 잃어버린다. 구과식물은 물관이 아니라 가도관을 가지고 있음을 언급한 바 있다(1장).

○ 구과식물에 물관이 없는 것이 어떠한 장점과 단점이 있는가? 가도관을 갖는 이점은 무엇인가?

● 우선 가도관은 물관에 비해 좁고 짧기 때문에(1장) 구과식물은 다른 식물에 비해 공동화 현상이 덜 일어난다. 그러나 물관은 넓고 길어서 저항이 적기 때문에 수분 유동이 큰 부피로 일어난다. 구과식물은 증산 작용이 활발한 잎에 충분히 빠른 속도로 수분을 공급하지 못할 수도 있는데, 실제로 구과식물의 바늘 모양 잎은 증산 속도를 제한하는 작용을 한다.

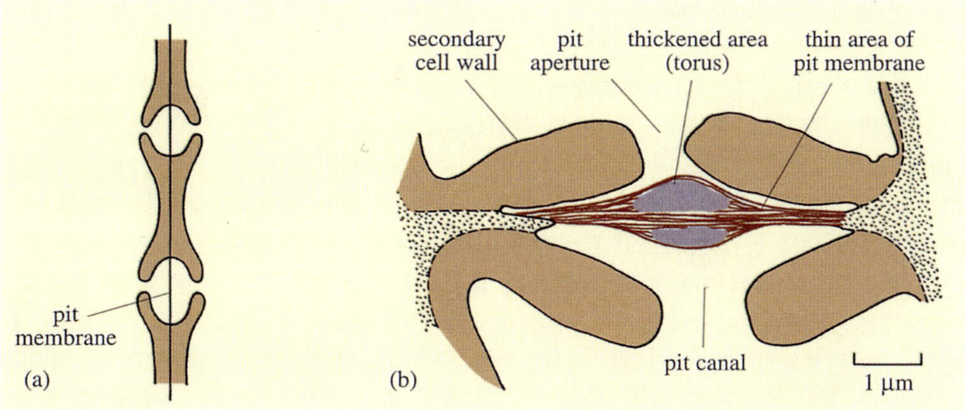

그림 3.14

물관부의 유연공(bordered pit) 구조. (a) 단순형. (b) 구과식물에서 나타나는 더 복잡한 형태. 중앙에 비후된 원절(torus)이 있다. 벽공막은 중간박막층(middle lamella)과 1차세포벽의 흔적이며, 벽공 통로(pit aperture) 방향으로 측면으로 압축되면 기포가 한 물관요소에서 다른 물관요소로 이동하는 것을 방해하게 된다.

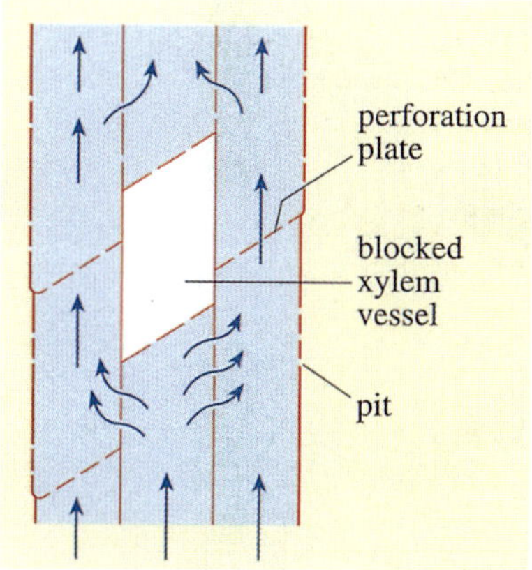

그림 3.15

물관요소의 벽공을 통한 수분의 측면 유동이 막힌 도관을 우회할 수 있음을 보여주는 그림.

둘째로, **벽공막(pit membrane)의 투과성과 강도**(그림 3.14 참조)가 관다발폐색에 대한 취약성에 크게 영향을 준다. 수분은 물관부 벽에 있는 벽공을 통하여 막힌 도관을 우회하여 옆으로 이동할 수 있고(그림 3.15), 벽공막의 투과성이 높을수록 유동이 쉽다. 하지만 벽공막은 기포가 다른 도관으로 퍼지는 것을 막는 결정적 장애물이 되기도 하고(그림 3.14), 물관부 압력이 매우 낮은 경우에는 장애물로서의 효율성이 감소한다는 유력한 증거가 있다. 아주 작은 기포는 벽공막의 통로를 통하여 빠져나가 인접 도관의 공동화를 유발한다. 통로가 클수록 이러한 공기 전파(air seeding)는 잘 일어난다. 통로의 크기는 대체로 물관이나 가도관의 반경과 상관관계가 있어서, 수분 유동이 쉽고 빠르면 공동화 및 관다발폐색 위험성이 높아 두 요소 사이의 타협을 보여주는 다른 예라 할 수 있다. 음파 측정에 의하면 공동화가 높은 비율로 일어나는데 이는 대부분 우연히 관다발폐색 현상이 일어난 물관요소로부터의 공기 전파에 의한 것이다.

2. 공동화와 관다발폐색의 원인

높은 비율의 공동화는 주로 두 가지 조건에 기인한다. (a) 수분스트레스(water stress) 하에서는 증산 속도가 빠르고 물관부 압력이 낮아서 공기 전파가 촉진된다. 가뭄은 공동화의 위험성을 크게 증가시키며, 건조 지역에서 생장하는 식물에서는 이러한 위험성을 감소시키는 몇 가지 메커니즘이 진화하였다(3.6.1절). (b) 겨울에 목본식물의 물관액(xylem sap)이 **얼었다가** 녹으면서 다량의 기포가 형성되어 퍼지게 된다. (c) 셋째 요인은 덜 일반적인 것으로 **병원체유도성 관다발폐색(pathogen-induced embolism)**이다. 예를 들어 영국 느릅나무를 황폐화시킨 네덜란드 느릅나무병(Dutch elm disease) 곰팡이에 의한 첫 손상이 관다발폐색이며, 클레머티스시들병(*Clematis* wilt disease)의 증상인 빠른 속도의 시들음 역시 곰팡이에 의해 유도된 관다발폐색에 의한 것으로 여겨진다. 이러한 현상은 병원체가 물관액으로 옥살산과 같은 표면 활성제를 방출하여 표면 장력을 낮추고, 그 결과 벽공막을 통한 공기 전파가 용이해지기 때문인 것으로 생각된다.

3. 관다발폐색으로부터의 회복

초본식물은 생육기 동안에 관다발폐색 현상을 제거하는 방법이 없으면 생존하지 못한다. 일반적 방법은 물관부 내 양의 정수압인 **근압(root pressure)**을 통한 것이다. 관다발폐색에 의한 공기는 물관부 압력이 대기압 가까이 상승하면 다시 용액으로 되돌아가는데, 이는 대부분의 경우 밤에 근압에 의해 이루어진다. 밤에는 기공이 닫히고(2장) 증산이 멈춘다. 그러나 식물에 수분 공급이 비교적 잘되면 능동적 이온 흡수와 수분 유입은 계속된다. 뿌리 물관부 유조직에 축적된 이온은 확산에 의해 물관으로 이동하여 수분전위가 외부 환경보다 더 낮게 되고, 수분은 이온의 물관부 유입 속도와 같은 속도로 뿌리를 가로 질러 물관부로 이동한다. 물관부의 P는 양수가 될 때가지 점차 증가하고 액체 기둥은 상승한다. 표 3.2는 증산 속도가 느릴 때(1단계) 또는 증산이 거의 없을 때(2단계) 물관부로 수분을 이동시킬 수 있는 수분전위 기울기의 특성을 나타내는 자료이다. 실제로 뿌리의 살아있는 세포들은 물관부와 토양으로부터 반투과성막에 의해 분리된 하나의 단위로 작용한다.

표 3.2 증산 속도가 느린 식물의 근압 발달 단계. 단위는 MPa이고, 물관부 내로의 수분 이동에서 물관액의 삼투압이 고려되었음을 주목할 것.

	뿌리		뿌리 근처의 젖은 토양
	물관부	피층	
1단계			
m	거의 없음	거의 없음	0.03
π	0.10	0.50	거의 없음
P	−0.30	+0.40	−
Ψ			
	수분 유동이 일어나는 Ψ의 기울기		
2단계			
m	거의 없음	거의 없음	0.03
π	0.30	0.50	거의 없음
P	+0.05	+0.40	−
Ψ			
	수분 유동이 일어나는 Ψ의 기울기		

○ 방정식 3.3을 이용하여(σ = 1이라고 가정하고) 표 3.2에서 수분전위를 계산하고, 수분전위 기울기의 방향을 화살표로 나타내시오.

● 1단계에서 왼쪽부터 Ψ = −0.4, −0.1, −0.03이고, 2단계에서는 Ψ = −0.25, −0.1, −0.03이다. 두 경우 모두 화살표는 왼쪽을 향한다. 즉 Ψ 기울기는 토양으로부터 물관부를 향하여 형성된다.

근압은 보통 작은 값(0.05~0.50 MPa)이지만, 물관부를 통하여 천천히 수분을 밀어 올려 폐색된 도관을 다시 채울 만큼 충분한 값이다. 근압의 흥미 있는 결과는 **일액현상(guttation)**이다. 밤이나 습도가 높은 조건에서 증산이 적을 때, 잎의 끝에 이슬처럼 달려 있는 액체 방울을 본 적이 있을 것이다. 실제로 이 방울은 근압에 의해 엽맥(vein) 끝에서 기공을 통하여, 또는 경우에 따라 **배수조직**(hydathode)이라고 불리는 잎 표면의 특수한 모상체를 통하여 밀려 나온 액체이다.

수목의 경우 일반적으로 생육기에 폐색된 물관을 채우기에는 근압이 충분하지 못하고, 그래서 낮에 물관부 압력이 너무 낮아지는 것을 방지하기 위하여 기공이 열려 있기도 한다. 이 대신에 또는 이와 함께 줄기의 비통도조직(non-conducting tissue)이 낮에는 물관부 도관에 수분을 공급하고, 밤에는 다시 채워지는 커다란 수분저장소로 작용한다. 그러나 자작나무(*Betula*)와 포도나무(*Vitis*) 같은 일부 목본식물은 이른 봄에 싹이 나와 생장이 시작되기 전에 높은 근압이 발달한다. 포도나무의 경우 이러한 수액 상승이 너무나 뚜렷하여 잘린 줄기에서 며칠 동안이나 수액이 흘러나오며, 폐색된 물관이 수분으로 다시 채워지고 공기가 밀려나오면서 거품이 형성되는 것을 볼 수 있다. 목본식물이 겨울에 결빙에 의한 관다발폐색 현상으로부터 회복되는 더 중요한 방법은 봄에 새로운 물관부 세포들을 생장시키는 것이다.

공동화의 정도, 관다발폐색에 대한 내성, 그리고 이로부터의 회복 능력 등은 육상식물의 종류와 분포, 그리고 특히 가뭄과 결빙에 대한 이들 식물의 내성에 영향을 주는 가장 중요한 요인이다. 식물이 어떤 곳에서 생장할 수 있는지에 강하게 영향을 주는 다른 요인은 잎의 수분 손실 조절이다. 이에 대해서는 다음 절에서 논하기로 한다.

3.4절의 요약

1. 막이 없는 토양과 물관부의 수분 이동은 각각 기질압과 정수압 기울기에 따라 결정된다.
2. 토양의 수분 이동 속도는 수분 함량 및 수분전도도를 결정하는 토양 형태에 따라 결정된다. 토양 입자가 작을수록 수분전도도는 낮다.
3. 물관부를 통하여 높은 수목의 꼭대기까지 수분이 이동하는데 대하여 널리 인정되는 메커니즘은 응집장력설이다.
4. 물관부의 음압을 측정하기 위한 가장 신뢰적인 방법은 압력실(또는 압력기) 방법이다.
5. 물관부의 압력이 낮기 때문에 물기둥이 불안정하고, 이는 공동화와 관다발폐색으로 이어져 도관이 막히게 된다.
6. 공동화와 관다발폐색은 주로 물관부 구조(도관의 직경)와 벽공막의 투과성 및 강도(공기 전파에 영향을 줌)의 영향을 받는다.
7. 공동화와 관다발폐색의 원인은 수분스트레스(물관부의 P가 낮아짐), 물관액 결빙, 그리고 병원체 등이다.
8. 초본식물은 밤에 뿌리의 능동적 이온 흡수 결과로 발달하는 근압을 통해서 관다발폐색으로부터 회복된다. 이러한 메커니즘은 봄에 일부 목본식물에서도 작동하나 생육기에는 보통 적당하지 않다.

3.5 증산작용과 기공의 조절

식물이 증산작용을 하는 동안 뿌리에서 흡수된 대부분의 수분이 잎으로부터 수증기로 증발된다(3.1절). 증산의 구동력은 수증기전위(수분전위가 아님)의 차이이다. 수증기전위 기울기에 영향을 주는 가장 중요한 요인은 외부 공기의 수증기 함량, 즉 **상대습도(relative humidity, r.h.)**이다. 상대습도는 포화 공기에 대한 상대적 수분 함량이며($c_{wv}/c_{wv(sat)}$, 보통 %로 나타냄), 수증기전위의 주 결정 요인이다. 또 다른 요인은 온도로서, 잎의 온도가 높을수록 수증기전위는 낮다(더 큰 음수). 잎 내의 포화 공기(상대습도 100%)와 온대 지역에서 보통 50~70% 정도인 대기 습도 사이에는 큰 차이가 있다.

증산의 수증기 유동량(J_{wv})은 구동력 $\Delta\Psi$(또는 일정 온도에서 Δr.h.)과 수증기가 잎으로부터 대기로 확산할 때의 용이성에 따라 결정되며, 용이성은 전도도(conductance) g 또는 그 역수인 저항(resistance) r로 표현될 수 있다.

$$J_{wv} = \Delta\Psi \times g = \Delta\Psi / r \qquad (3.5)$$

증산의 구동력은 크고 지속적이기 때문에 수분 손실을 조절하는 요인은 보통 g (또는 r)이고, 따라서 이들 요인을 자세히 살펴볼 필요가 있다.

3.5.1 수분 손실에 대한 저항

육상식물의 지상부는 왁스를 포함하는 방수성 각피질로 덮여 있어, 수분 손실에 대한 저항이 매우 크다(전도도가 낮음). 따라서 수증기는 주로 열린 기공을 통하여 잎으로부터 확산된다(그림 3.16).

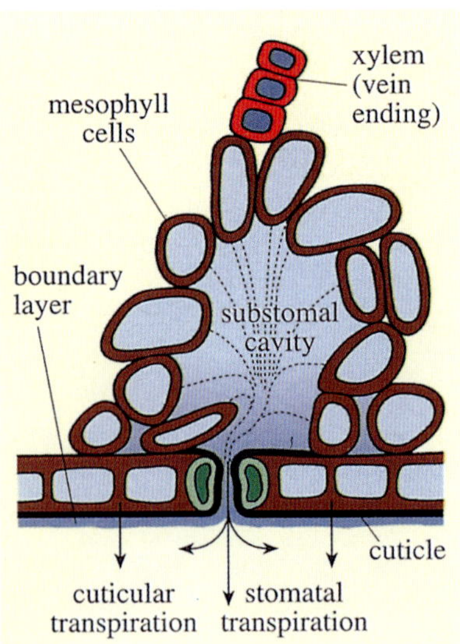

그림 3.16

수증기의 외부 확산 경로(검은 화살표)를 보여주는 잎의 단면. 화살표는 기공과 각피층을 통한 증산이다. 대부분의 수분은 물관부의 잎맥 말단과 근접 세포의 벽으로부터 증발하는 것을 볼 수 있다.

여기서 중요한 단어는 '열린'이다. 통로가 열려있을 때 기공을 통한 저항이 적지만, 통로가 닫혀있을 때는 각피질과 거의 같은 값으로 저항이 커진다. 따라서 **기공저항(stomatal resistance, r_s)**은 통로의 반경에 의존하며, 3.5.3절에서 통로의 반경이 어떻게 조절되는지 논의할 것이다.

수분 손실에 대한 저항은 기공저항 이외에 **경계층(boundary layer)**에 의해서도 형성되는데, 경계층이란 잎의 표면을 덮고 있으며, 수분으로 거의 포화된 정지 상태의 공기를 말한다(그림 3.16). **경계층저항(boundary layer resistance, r_b)**은 잎의 폭(w)에 비례하는 경계층 두께(l)와 풍속(v)에 따라 결정된다.

$$r_b \propto l \propto w/v \qquad (3.6)$$

○ 방정식 3.6에서 (a) 경계층저항은 일정한 값의 저항인가 아니면 변하는 저항인가? (b) 플라타너스의 편평한 잎과 소나무의 바늘잎 중 어느 것이 더 경계층저항이 큰가?

● (a) 변하는 풍속에 따라 결정되므로 변하는 저항이다. (b) 폭이 더 넓은 플라타너스이다.

식물은 다양한 구조와 과정을 통하여 경계층의 두께를 늘린다. 예를 들어 털의 존재, 기공의 위치, 잎이 말려서 기공이 있는 표면이 보호되는 것 등이다(그림 3.17).

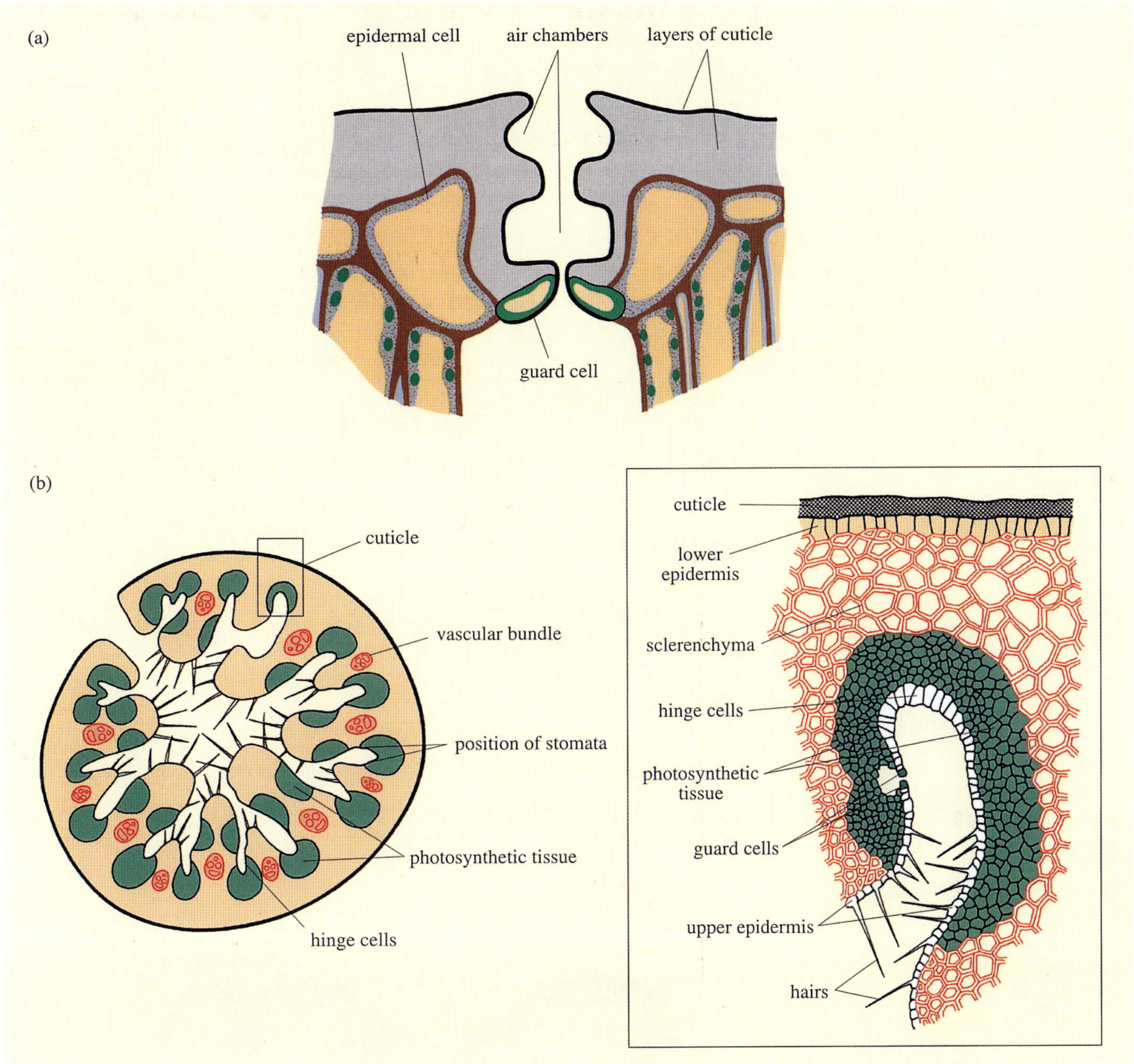

그림 3.17

경계층의 두께를 늘리는 방법. (a) 사막식물인 다실리리온(*Dasylirion*) 종류의 잎 표면 아래로 깊숙이 가라앉은 기공. (b) 모래 언덕에 자라는 화본과 잡초 식물인 암모필라 종류(*Ammophila arenaria*)의 말린 잎. 경첩세포(hinge cell)가 팽압을 잃으면서 잎이 말리고 기공이 있는 표면을 감싸게 된다. 확대 그림은 접힌 안쪽의 기공을 보여준다.

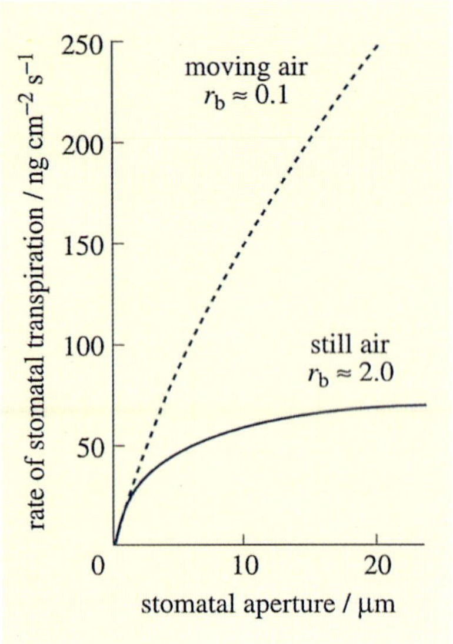

그림 3.18

정지된 공기와 움직이는 공기에서 증산 속도와 기공 통로 반경과의 관계. r_b의 단위는 s cm^{-1}이다.

r_s와 r_b는 연속하여 작용하기 때문에 수증기 확산에 대한 전체 저항은 이들을 합하여 얻어질 수 있다. 일반적으로 기공저항이 경계층저항에 비해 상당히 크기 때문에 기공저항을 조절 요인으로 여길 수 있다. 그러나 그림 3.18에 나와 있는 결과를 보자.

○ (a) 움직이는 공기와 (b) 정지된 공기에서 기공 개폐에 따라 증산 속도가 어떻게 변하는지 기술하시오. 각각의 경우에 r_s와 r_b 중에서 어느 것의 조절이 더 강한지 말해보시오.

● (a) 움직이는 공기에서 증산 속도는 기공의 열린 정도와 거의 정비례하여 증가한다. 따라서 r_s의 조절이 더 강하다. (b) 정지된 공기에서는 기공이 매우 조금 열려 있거나 거의 닫혀 있을 때만 증산 속도에 의미 있는 영향을 미친다. 기공이 많이 열린 경우에는 경계층저항이 주로 조절 작용을 담당한다.

실제로 자연 상태에서 공기가 완전히 정지해 있는 경우는 거의 없어 r_b가 1.7 s cm^{-1}이상인 경우는 매우 드물다. 그러므로 일반적으로 **잎에서 수분 손실의 속도를 조절하는 가장 중요한 요인은 기공 개폐**이다. 다음에 기공 개폐의 조절 메커니즘을 기술한다.

3.5.2 기공 개폐 메커니즘

기공(stomata, 단수는 stoma로서 그리스어로 '입'을 뜻함)의 구조는 개폐 통로로서의 기능과 밀접한 관계가 있으므로 먼저 그 구조를 살펴보기로 한다.

기공의 구조

기공은 콩팥 또는 아령(화본과 식물)처럼 생긴 두 개의 **공변세포(guard cell)**로 둘러싸인 통로이다(그림 3.19). 인접한 표피세포는 공변세포의 작용과 밀접하게 연관되어 있는데 **부세포(subsidiary cell)**라고 부른다. 공변세포와 부세포를 합하여 **기공복합체(stomatal complex)**라고 한다.

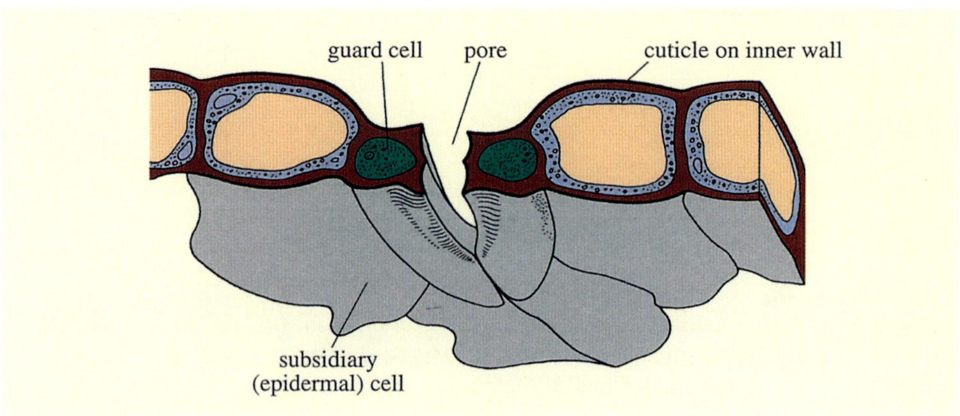

그림 3.19

잎의 아래 표면에 있는 기공의 단면. 각피층이 공변세포를 비롯한 표피세포의 안쪽 표면 일부를 덮고 있다.

통로의 반경은 공변세포의 모양에 따라 결정되고, 공변세포의 모양은 다시 세포벽의 특성 및 인접세포와의 상대적인 팽압(3.3.3절)에 의해 결정된다. 공변세포의 주요 특징은 다음과 같다.

1. 공변세포는 빠르게 그리고 가역적으로 팽압을 변화시킨다. 수분이 흡수되고 팽압이 인접 세포보다 높아지면서 공변세포의 부피가 변하는데 경우에 따라 두 배까지 증가한다.

2. 팽압의 높고 낮음에 따른 공변세포의 모양은 세포벽의 특성에 의해 결정된다. 신축성이 없는 셀룰로오스 분자 다발(미세섬유)은 공변세포의 안쪽 벽(통로 쪽)이 바깥쪽 벽보다 세로 방향으로 신축성이 더 약하게 정렬되어 있다. 또한 안쪽 벽은 종종 비후되어 있다. 이에 따른 효과는 콩팥 모양의 공변세포가 자동차의 레이디얼 타이어처럼 변한다는 것이다. 즉 횡단면의 모양은 변하여도 둘레는 변하지 않는다(그림 3.20a). 그래서 팽압이 증가하면 바깥벽이 안쪽 벽보다 더 많이 길어지고 공변세포는 활 모양이 된다(기공이 열린다). 팽압이 감소하면 공변세포는 다소 직선 모양이 된다(기공이 닫힌다). 아령처럼 생긴 화본과의 공변세포는 전구 모양의 양끝 부분은 팽창하지만, 그 사이의 두꺼운 세포벽 부분은 팽창하지 않아서 중앙의 틈새가 벌어지고 기공이 열리게 된다(그림 3.20b).

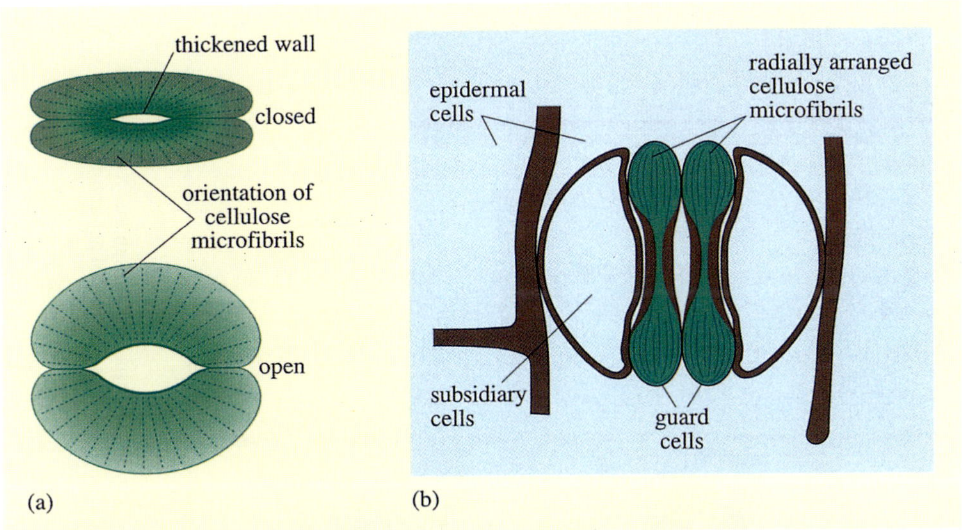

그림 3.20

(a) 콩팥 모양의 공변세포를 가진 기공이 닫히고 열려 있는 상태. (b) 아령 모양의 공변세포를 가진 기공이 닫혀 있는 상태. 셀룰로오스 미세섬유(점선)가 방사상으로 정렬되어 있으며, 통로와 인접한 세포벽이 비후한 것을 볼 수 있다.

공변세포는 두 가지 또 다른 점에서 다른 표피세포와 다르다. (i) 공변세포는 종종 인접세포와의 사이에 원형질연락사가 없다. 즉 심플라스트가 고립되어 있다. (ii) 공변세포는 엽록체를 포함하기 때문에 현미경하에서 표피세포 중에 유일하게 녹색으로 구분된다. 두 가지 특징 모두 아래에서 논의한 것처럼 기공 개폐 조절에 있어서 중요한 역할을 하는 것으로 생각된다. 공변세포는 매우 특수화된 표피 세포로서, 기공 개폐는 공변세포의 상대적 팽압 변화에 따라 결정된다.

공변세포의 팽압 변화

공변세포 구조와 기공 개폐와의 관계를 위에서 살펴보았으므로 지금부터 생리적 내용으로 옮겨가기로 한다. 기공이 열릴 때 일어나는 가장 중요한 현상은 공변세포의 용질 함량이 대량으로 증가한다는 것이다. 예를 들어 잠두(broad bean) 잎은 4배까지 증가한다.

○ 용질 함량 증가가 어떻게 공변세포의 팽압과 기공 개폐에 영향을 주는가? (3.3절의 방정식 3.1과 그림 3.8을 참고할 것)

● 방정식 3.1($\Psi = P - \pi$)에서 용질 함량 증가로 삼투압이 증가하고 따라서 수분전위가 감소한다. 가 큰 음수가 되면서 수분전위 기울기에 따라 수분이 공변세포 내로 들어오고, 평형에 도달할 때까지 팽압(P)이 증가한다(그림 3.8).

삼투압의 증가는 종에 따라서, 그리고 환경 조건과 하루 중 시간에 따라서 다른 종류의 용질이 관여한다. 기공 개폐는 전형적으로 하루 주기(새벽녘에 열리고 황혼에 닫힘)로 이루어진다. 새벽에 기공이 열릴 때 공변세포에서 특정 이온들의 농도가 급속히 증가한다.

○ 그림 3.21에서 기공이 열리는 과정에 관여하는 중요한 이온은 무엇인가?

● 칼륨(potassium, K^+)의 농도가 10배 이상 증가한다.

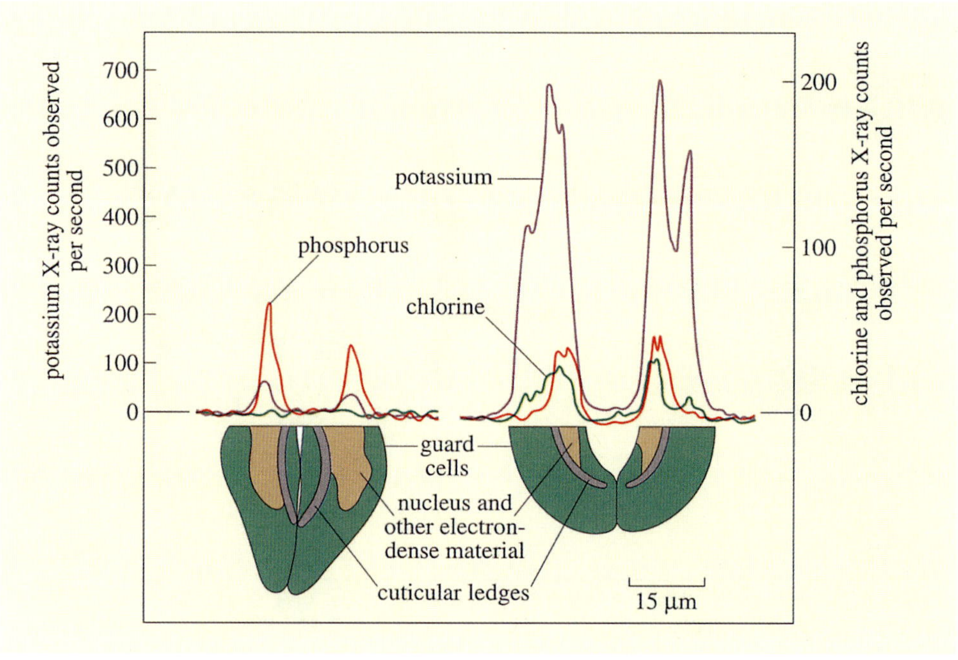

그림 3.21
기공이 닫혀 있을 때(왼쪽)와 열려 있을 때(오른쪽) 공변세포 내 칼륨(보라색), 염소(녹색), 인(붉은색)의 상대적 양. 동결건조 세포의 전자 탐침 미세분석 결과 자료이다. 재료에 미세한 전자광선(electron beam)을 주사하면, 서로 다른 원소의 원자들이 특징적 파장의 엑스선(X-ray)을 방출하고 이를 측정하여 원소의 농도를 추정한다. 칼륨의 경우 다른 눈금을 사용하고 있음을 주의할 것.

새벽에(그리고 많은 경우의 실험 환경에서) 기공이 열릴 때 칼륨 이온은 세포벽과 주변세포로부터 공변세포 내로 이동하고, 기공이 닫힐 때 공변세포로부터 밖으로 이동한다. K^+ 유입을 유도하는 가장 중요한 현상은 **막결합 양성자-ATP가수분해효소(H^+-ATPase)의 활성화**로서, 이에 의해 공변세포로부터 능동적으로 양성자가 밖으로 펌핑된다. 다시 말하여 기공이 열리는 것은 전형적인 화학삼투적 메커니즘에 의한다. 양성자 유출에 의하여 형성된 전기화학적 기울기에 의해 K^+이 전하기울기를 따라 수동적으로 내부로 이동한다. 즉 능동적 양성자펌핑에 직접 의존하는 2차능동수송이다. K^+ 흡수는 원형질막의 선택적 칼륨 통로를 통해 이루어지는데, 이 통로는 막을 가로지르는 전압과 세포기질의 칼슘 농도 및 pH와 같은 신호에 반응하여 열리게 된다. 다른 형태의 K^+ 통로는 K^+를 액포 내로 운반하여 저장한다.

○ 위 메커니즘에서 공변세포는 왜 고립된 심플라스트인가?

● 공변세포 내로 이동된 이온이 원형질연락사를 통하여 외부로 확산되지 않기 때문이다.

이러한 형태로 기공이 열리는 과정은 그림 3.22a로 나타낼 수 있다. 주로 물에서 유도된 양성자(H^+)는 히드록실이온(hydroxyl ion, OH^-)을 남기고 공변세포로부터 유출된다. 외부 pH가 낮아지면서 세포 내 pH는 높아지고, 막전위가 높아지면(세포 내에 음이온이 더 많아짐) K^+가 유입된다. 하지만 세포 내 pH는 엄격하게 조절되기 때문에, 결국에는 OH^-가 K^+의 조절 음이온으로서 역할을 하지 못하고 다른 조절 음이온이 있어야 한다. 이러한 음이온 중 하나가 염소(Cl^-)로서 그림 3.21에서 보듯이 기공이 열릴 때 Cl^-도 증가한다. Cl^-는 pH 기울기의 힘으로 양성자와 함께 공변세포 내로 들어온다(H^+-Cl^- 공동수송). 또한 그림 3.22b에서 보듯이 공변세포 내에서 합성된 말산(malate)이 조절 음이온으로 Cl^-와 함께 작용하기도 한다. 두 음이온 중에서 어느 것이 더 중요하게 작용하는지는 종 내에서, 그리고 종 사이에 변이가 있다. K^+, Cl^-, 그리고 말산이 삼투압의 용질로 주로 작용할 때, 기공이 닫히면서 일어나는 현상을 그림 3.22c에 나타냈다. 여러 이온들이 액포와 세포질을 출입할 때 서로 다른 통로를 이용하는 것을 주목하기 바란다.

그림 3.22

칼륨에 의해 주도되는 기공 개폐 과정 중에 공변세포에서 일어나는 이온의 이동과 대사. (a) 열림의 초기 단계. (b) 열림의 나중 단계. (c) 닫힘. 점선 화살표는 2차능동수송에 의한 유입과 수동확산에 의한 유출을 나타낸다. 노란색 화살표는 ATP-의존성 양성자펌핑(proton pumping)을 나타낸다. 말산은 PEP카르복실화효소(PEP carboxylase)의 작용으로 CO_2 고정에 의해 합성되며(2장의 C4식물에서 기술), 말산 농도는 붉은색 막대의 높이로 나타냈다.

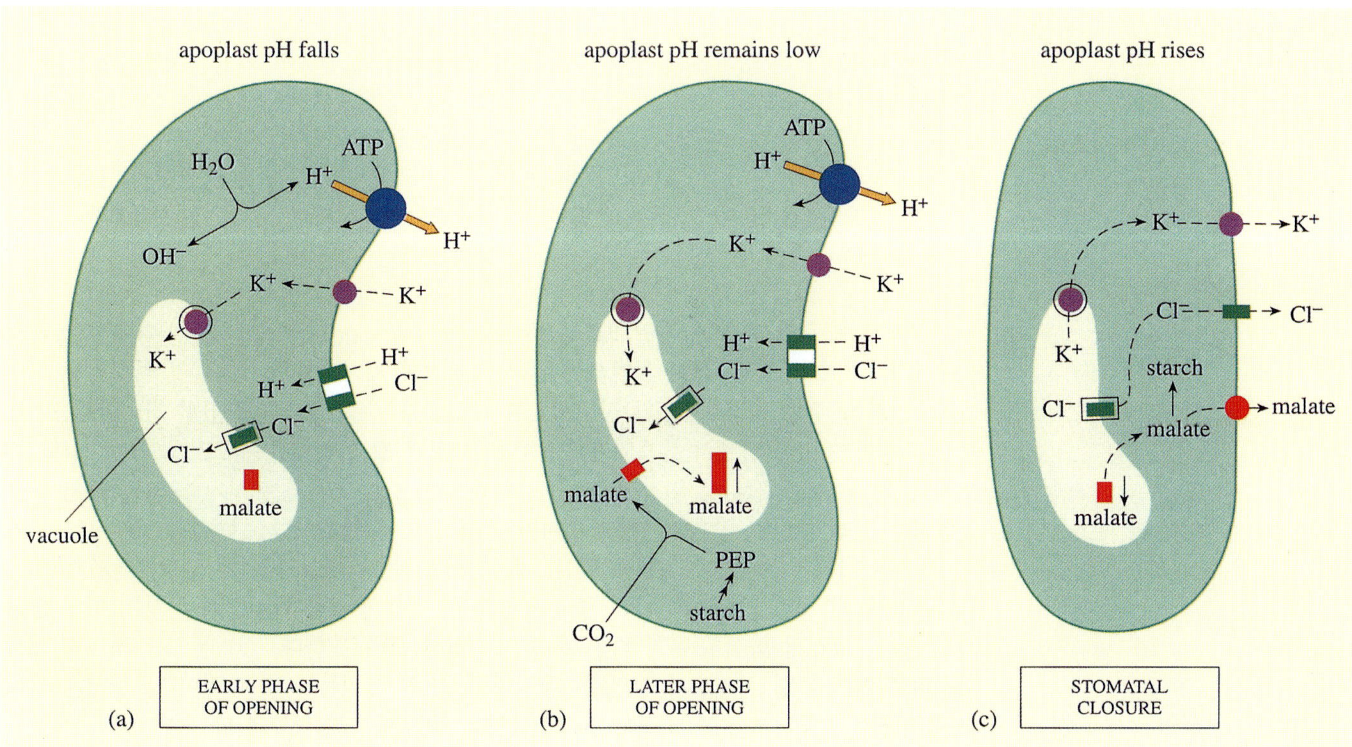

기공 개폐에 대한 분자생물학적 연구, 예를 들어 이온 통로의 특성, 구조, 조절 등에 대한 연구는 거의 모두 위에서 기술한 메커니즘에 초점을 맞추고, 분리된 공변세포와 표피 조직을 사용하여 이루어졌다. 그러나 그림 3.23에 식물체 전체와 분석 직전 분리된 잎을 사용하여 얻은 자료를 보기로 하자.

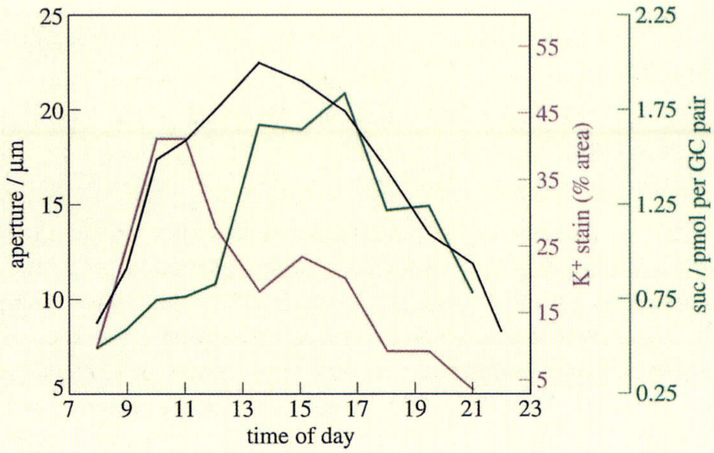

그림 3.23

잠두(*Vicia faba*) 공변세포에서 일주기적 기공 개폐가 일어나는 동안의 기공 통로 크기(검은색)와 K^+(보라색) 및 설탕(녹색) 함량. 조절된 환경의 배양실에서 생장한 식물의 잎을 사용하였다. 설탕 함량은 한 쌍의 공변세포 당 피코몰(picomole)로, K^+ 함량은 K^+ 특수 염색에 의해 나타난 공변세포 면적의 %로 표시하였다.

○ 잠두 공변세포의 팽압에 관여하는 용질 및 기공 통로에 관하여 어떤 결론을 내릴 수 있는가?

● 오전의 기공 통로 크기 증가와 공변세포의 K^+ 농도 증가가 밀접한 상관관계가 있다. 하지만 정오를 전후하여 기공은 열린 채로 있지만, 공변세포의 K^+ 농도는 감소하기 시작하고 설탕 농도가 증가한다. 오후에 가장 많은 용질은 설탕이다.

공변세포 삼투압 조절의 **설탕의존시기(sucrose-dependent phase)**는 다양한 종류의 식물에서 확인되었으며, 이와 관련하여 많은 의문점이 제기되었으나 소수만이 해결된 상태이다. 설탕이 주변 조직으로부터 공변세포로 유입된다는 증거가 일부 있긴 하지만, 공변세포 엽록체의 저장 녹말에서 유래되거나 C3회로에서 직접 합성되는 것으로 보인다. 설탕 농도의 조절 경위 및 삼투압 결정 용질이 K^+에서 설탕으로 전환되는 시기의 조절 요인이 무엇인지는 알려져 있지 않으나, 항상 전자가 후자에 앞서 일어난다. 즉 실험 조작으로 기공이 열리는 시간을 오후로 지연시켜도 K^+의존시기가 먼저 오고 다음에 설탕의존시기가 온다. 식물이 왜 공변세포에 두 가지 형태의 삼투압 조절 방법을 가지고 있는지는 아직 명확하지 않다. 그래서 화제를 옮겨 다른 문제를 고려해 보기로 한다. 첫째는 진화적 관점에서 기공의 역할에 관한 문제로서, 식물은 왜 기공을 가지고 있는가 하는 것이다. 둘째는 생리적 관점에서 기공의 통로를 조절하는 환경 신호의 범위에 대한 문제이다.

3.5.3 기공의 진화와 기공 통로의 조절

지금까지 논의된 내용에서, 육상식물은 대기의 CO_2를 잎으로 유입시키는 방법을 제공하면서 동시에 수분 손실을 제한하기 위한 선택적 압력(selective pressure)에 의해 기공을 진화시켰다고 정리해 볼 수 있다. 그래서 수분이 절대로 부족하지 않는 식물 및 대기 이외의 다른 곳에서 CO_2를 얻는 식물은 기공이 필요 없다고 주장할 수 있을 것이다. 이러한 가설과 일치하는 것으로서 석송식물에 속하는 물부추 종류(*Isoetes* spp.) 일부는 기공이 없이 토양에서 CO_2를 얻으며(2장), 홍산무엽란(*Neottia nidus-avis*)과 같은 기생성 비광합성 현화식물도 기공이 없다. 물에 잠긴 수생식물도 기공이 없으며, 수련 종류(*Nymphaea alba*), 개연꽃 종류(*Nuphar lutea*) 및 좀개구리밥(*Lemna* spp.)과 같이 부엽을 갖는 식물은 기공이 영구적으로 열려있다.

CO_2 이용 가능성이 기공 진화에 있어서 선택적 힘(selective force)으로서 중요하다는 사실은 잘 보존된 각피(cuticle)에서 기공이 뚜렷하게 관찰되는 화석식물 연구에서 파악할 수 있다(그림 3.24b). 4억~4억 5천만 년 전 육상식물이 처음 등장했을 때의 CO_2 농도 추정치는 현재보다 약 10 배 높은 값으로서, 초기식물의 기공 발달 빈도는 매우 낮았다(그림 3.24a 왼쪽, 푸른색 점). CO_2 농도가 낮아지고(3억 년 전) 다시 높아진 후(2억 5천만 년 전) 현재 농도로 천천히 낮아지면서 기공 빈도는 대체적으로 이러한 변화를 따르고, 그래서 기공 빈도와 대기 CO_2 농도 사이에는 **역비례** 관계가 성립한다(그림 3.24a).

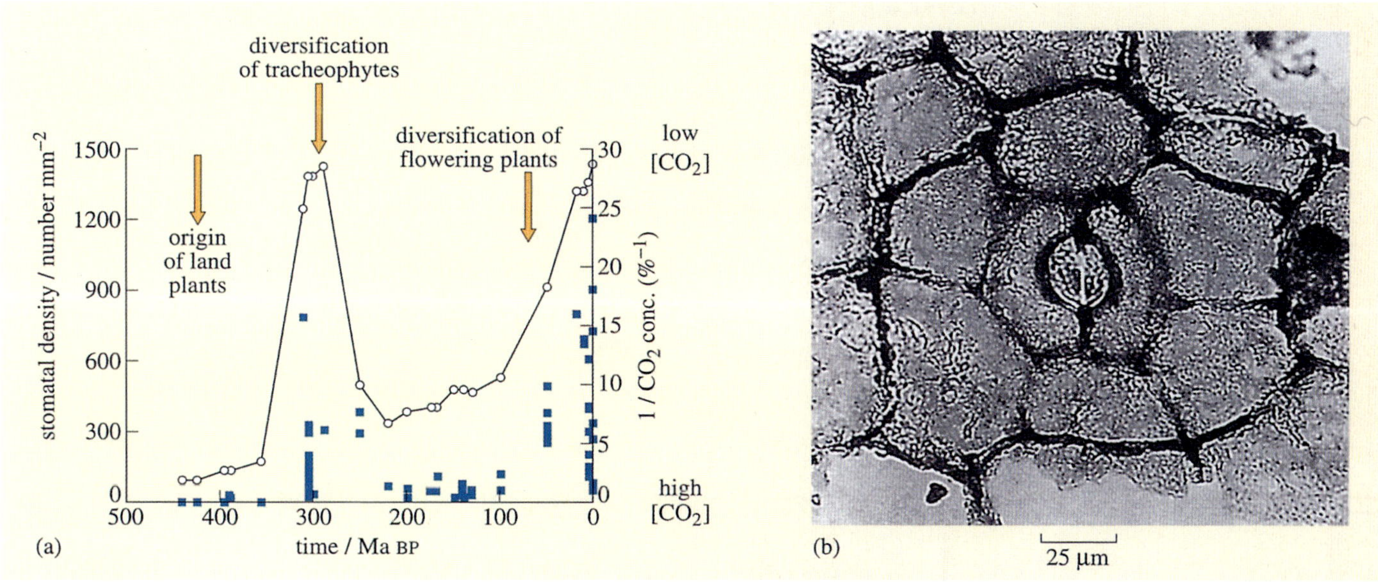

그림 3.24

(a) 기공 밀도의 화석 기록(청색 사각형)과 그 당시 CO_2 농도 추정치의 역수를 나타낸 그래프. (b) 데본기 석송식물인 드레파노피쿠스 종류(*Drepanophycus spinaeformis*, 약 3억 7천만 년 전)의 기공과 공변세포.

흥미롭게도 식물다양성, 특히 큰 수목 형태 식물의 다양성이 높게 나타난 것은 CO_2 농도가 낮고 기공 밀도가 높은 시기였다(속새, 양치류, 종자양치류, 구과류는 약 3억 년 전에, 현화식물은 현세에). 이에 대한 설명으로, 큰 식물은 (a) (기공이 열려 있을 때) 강한 증산류를 형성하여 높은 꼭대기까지 수분과 영양분을 수송할 수 있는 동력을 제공하고 (b) (기공이 닫혀 있을 때) 수분 부족에서 오는 해로운 영향, 특히 물관부 공동화로부터 유연하게 식물을 보호하기 위하여 높은 밀도의 기공을 필요로 한다는 것이다. 그래서 CO_2에 대한 요구 때문에 기공의 진화와 밀도가 결정되었다고 하더라도, 증산과 보호에 있어서도 기공이 필수적이 되었을 것이다.

이러한 배경을 바탕으로 기공 개폐 조절과 관련된 복잡한 신호전달계를 살펴보기로 한다. 위에서 기술한 것처럼 기공은 이중적 기능을 가지기 때문에 두 가지 다른 종류의 신호에 의해 기공 개폐가 조절된다는 것은 놀라운 일이 아니다. 한 종류는 광합성의 CO_2 요구와 관련하여 기공 통로 크기에 영향을 주고, 다른 종류는 수분 공급이 부족하고 공동화와 건조 위험성이 있을 때 기공 통로를 축소시키거나 기공을 닫는다. 전자에 속하는 것으로서 빛과 CO_2가 있고, 후자에는 대기 습도, 토양 수분전위, 그리고 종종 온도가 속하게 된다. 또 다른 종류의 신호인 무기영양분(질산염, 인산염, 황산염) 부족은 기공 통로를 축소시키지만 어느 한 쪽에 뚜렷이 속하지 않는다.

빛과 이산화탄소 : 광합성과의 연관성

이산화탄소

잎 내의 CO_2가 부족하면 기공 통로 크기가 증가하고 CO_2 농도가 높으면 기공 통로 크기가 감소한다. 따라서 세포 간극의 CO_2 농도를 광합성 활동 지표로 사용하면 광합성의 CO_2 요구량과 기공 통로 크기를 정확히 결부시킬 수 있다. CO_2에 대한 민감도는 종에 따라 상당한 차이가 있지만, 평균적으로 대기의 CO_2 농도가 2배 증가하면 기공전도도(stomatal conductance, 통로 크기)는 약 40% 가량 감소한다. 공변세포의 CO_2 농도 감지는 분리된 공변세포 쌍이 CO_2에 반응하는 사실로 증명되며, 최근 증거에 의하면 이러한 감지 작용은 엽록체 색소인 제아크산틴(zeaxanthin)의 양과 연관이 있는데, 제아크산틴은 광보호작용(photoprotection) 및 빛에 대한 기공 반응과도 연관되어 있다.

빛

수분 공급이 원활하고 비교적 습한 대기에서 식물이 생장할 때, 기공 통로 크기는 광량(광합성유효방사, photosynthetically active radiation, PAR, 400~700 nm, PPFD와 같음, 2장 참조)과 매우 밀접하게 일치하며(그림 3.25), 기공은 낮에 열리고 밤에 닫힌다.

빛의 감지에는 두 가지 체계가 관여한다. 첫째는 PAR 체계로서, PAR는 공변세포 엽록체의 엽록소에 의해 흡수되고, ATP와 유기용질(말산 등)을 공급함으로써 기공 열림을 촉진하는 것으로 생각된다. PAR 체계는 한낮에 빛이 비교적 강할 때 더 중요한 것으로 생각되며, 기공이 넓게 열리는 데 필수적이다.

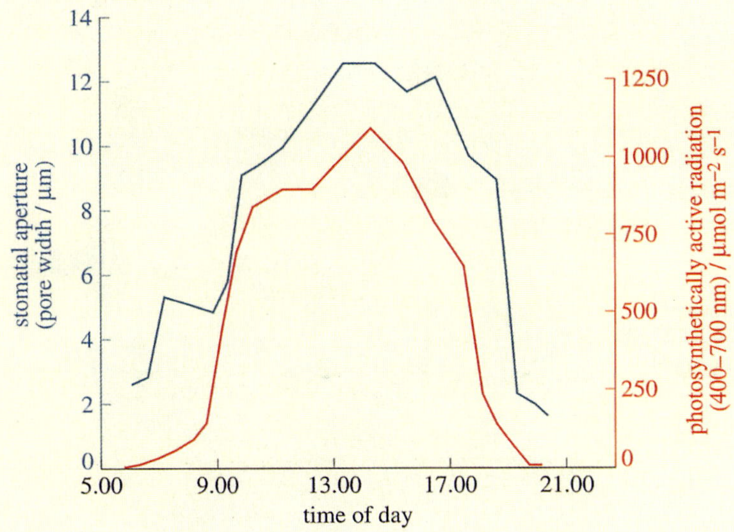

그림 3.25

잠두 잎 아래쪽 표면의 기공 통로 크기와 잎에 투사되는 광합성유효방사(PAR) 양의 변화.

둘째로 크산토필 색소인 제아크산틴에 의존하는 청색광의존 체계(blue light-dependent system)가 있다. 청색광 체계의 작용 모델과 설명을 그림 3.26에 나타냈다. 자세한 내용까지 기억할 필요는 없지만, 청색광이 양성자펌핑 및 말산 생산을 위한 녹말 가수분해를 촉진함으로써 기공 열림을 활성화시키는 것을 주목하기 바란다. 청색광 체계는 청색광의 세기에 매우 민감하지만 PAR 체계에 비해 낮은 광밀도에서 포화되며, PAR 체계만큼 기공을 넓게 열지 않는다. 청색광 체계는 새벽에(빛이 주로 청색 파장으로 이루어져 있을 때), 그리고 광반(sunfleck)에 잠깐 노출되는 동안 빠르게 기공을 여는데 관여하는 것으로 생각된다(2장). 매우 그늘진 서식지에서 생장하는 열대식물인 파피오페디움(*Paphiopedium*)속 난 종류는 공변세포에 엽록체 대신 무색의 색소체(plastid)가 있는데, 빛에 대한 반응은 주로 청색광의 광계를 통해서 이루어지는 것으로 보인다.

○ 파피오페디움의 이러한 특성이 어떻게 깊은 그늘에서 생장하는 식물의 적응인가?

● 깊은 그늘에서의 광합성 제한 요인은 CO_2가 아니라 빛이다(2장). 따라서 충분한 CO_2를 얻기 위해서, PAR 체계를 통하여 기공이 넓게 열릴 필요가 없을 것이다.

기공 조절에 있어서 제아크산틴의 역할은 광보호적 크산토필회로(2장)에서의 역할과는 전혀 다른 것이며, 제아크산틴은 이 외에도 줄기의 굴광성(phototropism)을 포함한 또 다른 일련의 청색광 반응을 중재하기도 하는데 이에 대하여는 5장에서 논의하기로 한다.

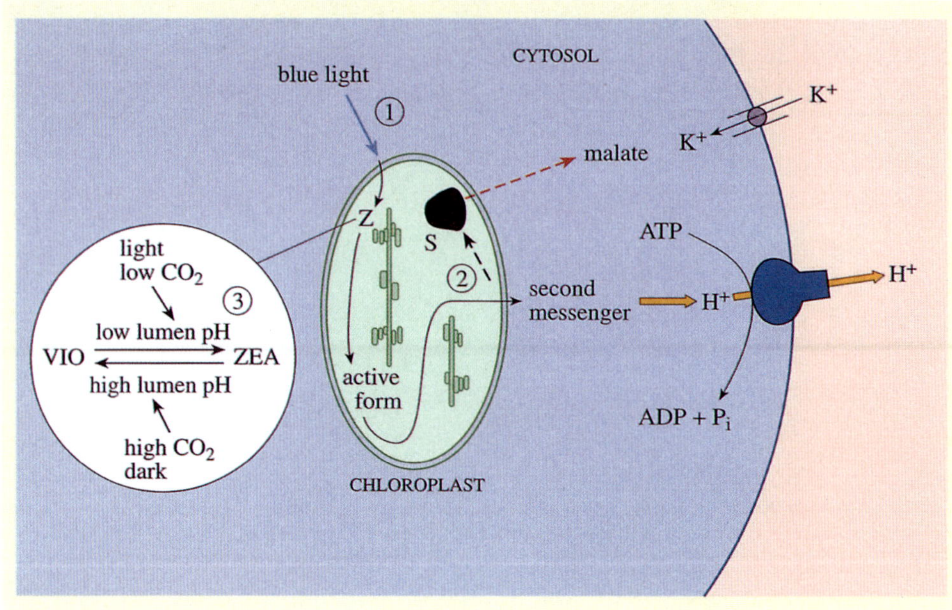

그림 3.26

청색광에 의한 기공 열림. (1) 막과 결합한 엽록체 색소인 제아크산틴 Z가 청색광을 흡수하여, 일련의 반응을 시작하는 형태로 변환된다. (2) 이 일련의 반응은 2차전달자(second messenger)를 통해 원형질막의 양성자펌프를 활성화시키고, 말산 또는 설탕을 공급하기 위하여 녹말 S의 가수분해를 촉진한다. 이들 현상은 공변세포 내의 용질 농도를 증가시킬 수 있다. (3) 엽록체의 제아크산틴 농도는 틸라코이드 내강(lumen)의 pH에 의존한다. 빛에 의한 광합성과 낮은 농도의 CO_2에 의해 내강의 pH가 낮아지면, 비올라크산틴(violaxanthin, VIO)으로부터 제아크산틴(ZEA)의 형성이 촉진되며, 암과 높은 농도의 CO_2에 의해 pH가 높아지면 역반응이 촉진된다.

낙엽산 및 수분과의 연관성

수분 공급이 증산을 따라가지 못하여 잎이 수분스트레스(water stress)를 받으면 세 가지 바람직하지 않은 결과가 초래될 수 있다. 잎의 팽압이 감소하여 세포 팽창이 계속되지 못하며, 물관부 압력이 떨어져 공동화의 위험성이 증가한다. 또한 ATP 공급과 CO_2 고정 감소로(CO_2 공급과는 독립적으로) 광합성이 억제될 수 있다. 많은 식물에 있어서 수분스트레스의 초기 징후가 나타날 때 생존을 위해 기공 통로 축소가 필수적이며 CO_2 요구는 보류된다. 그림 3.27은 수분 보존 필요성을 반영한 기공 닫힘 양상을 보여준다.

수분스트레스로 기공이 닫힐 때의 최초 신호는 생장조절물질인 **낙엽산**(abscisic acid, ABA)이 공변세포 내에 증가하는 것이다. 낙엽산은 스트레스 호르몬이라고 부르기도 하는데, 1990년대에 많이 연구되었던 공변세포의 팽압 감소 메커니즘에 대하여 먼저 살펴보기로 한다. ABA는 우선 공변세포 원형질막의 수용체에 결합하고, 그 결과 두 가지 변화가 시작된다. 즉 세포질의 칼슘 이온 농도가 증가하고(액포에서 방출) 세포질 pH가 0.3 정도 증가한다. 두 가지 변화는 모두 빠른 속도로 K^+과 조절 음이온을 액포로부터 유출시키며, 원형질막의 유출 통로를 활성화시키고 유입 통로를 억제함으로써 이들 이온을 세포 밖으로 유출시킨다(그림 3.28). 이온 손실로 인해 공변세포의 팽압이 감소하며, 기공은 부분적으로 또는 완전히 닫힌다.

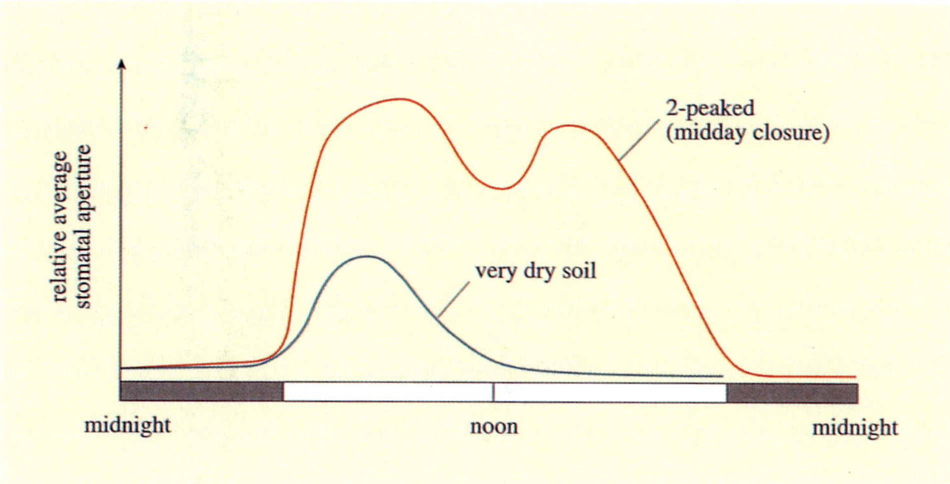

그림 3.27

적당한 수분스트레스(위, 한낮에 기공이 닫히며 수목에서 종종 관찰됨)와 매우 건조한 토양으로 인한 심각한 수분스트레스(아래, 아침에만 열리며 건기 말미에 초본과 관목에서 종종 관찰됨) 시의 기공 개폐 양상.

○ 이와 같은 ABA 작용 모델에서 ABA에 의한 기공 닫힘 현상이 오후에 일어난다면(실제로 자주 일어남) 어떤 문제를 예견할 수 있겠는가?

● 오후에 공변세포에 포함된 용질은 K^+와 음이온이 아니고 주로 설탕이다. 그러므로 ABA는 다른 종류의 변화를 야기하여야 한다. 예를 들어 설탕을 녹말로 전환시키거나 원형질막을 통하여 설탕을 유출시켜야 한다.

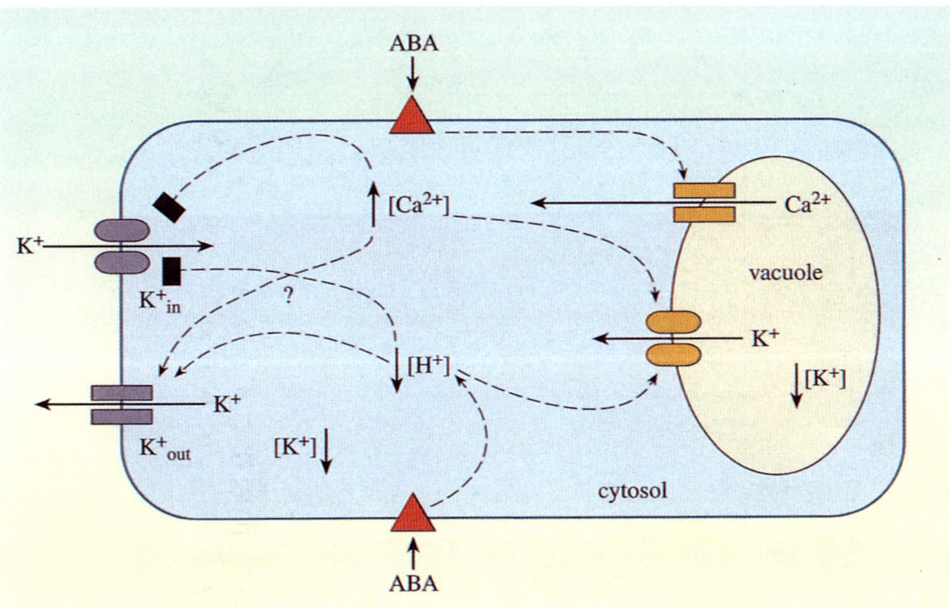

그림 3.28

공변세포로부터의 이온 손실을 촉진시켜 팽압을 감소시킴으로써 기공 닫힘을 유도하는 ABA의 작용 모델. 세포 내 화살표의 위, 아래 방향은 농도 변화를 나타낸다. 점선 끝의 막대와 화살표는 펌프나 통로의 저해 또는 활성화를 각각 나타낸다.

ABA가 어떻게 공변세포로부터 설탕의 손실을 야기하는가에 대한 문제는 제쳐놓고, ABA의 작용 메커니즘에 대해서는 비교적 명확한 설명이 제시되어 있는데 이는 많은 식물에 공통적인 것으로 보인다. 공변세포 주위의 ABA 농도 조절 메커니즘과 수분 부족의 일차적 신호 전달 메커니즘은 이만큼 명확하지 않으며 식물 사이의 변이도 심하다. 널리 인정되는 사실은 다음과 같다.

1. ABA는 **뿌리에서** 연속적으로 합성되어 물관부를 통하여 잎으로 이동한다.
2. ABA는 잎에서 대부분 엽육세포에 의해 흡수되고, 분해되어 비활성화된다.
3. ABA가 뿌리 물관부 및 엽육세포로 유입될 때, 그리고 세포벽(아포플라스트) 구획으로 방출(여기에서 공변세포에 도달할 수 있음)될 때 세포 내외의 pH 영향을 모두 받는다.

일반적으로 기공 통로 조절은 토양의 수분 가용성(Ψ_{soil})에 일차적으로 의존하며, 이는 다시 뿌리의 수분전위, pH, 그리고 ABA 합성 및 물관부로의 방출에 영향을 준다. 어떤 식물들은 약한 수분스트레스에 대해 기공을 닫을 것인지를 결정하는데 있어서 잎의 수분 상태(Ψ_{leaf})가 거의 아무런 역할도 하지 않는다. 중요한 것은 뿌리로부터의 ABA 공급이다. 이러한 식물을 **부등수분전위성(anisohydric)**이라고 하는데, 잎의 수분전위가 일정하지 않고 뿌리의 수분 공급에 따라 달라진다는 것을 의미한다. 그림 3.29는 해바라기(*Helianthus annuus*)의 예이다.

그림 3.29

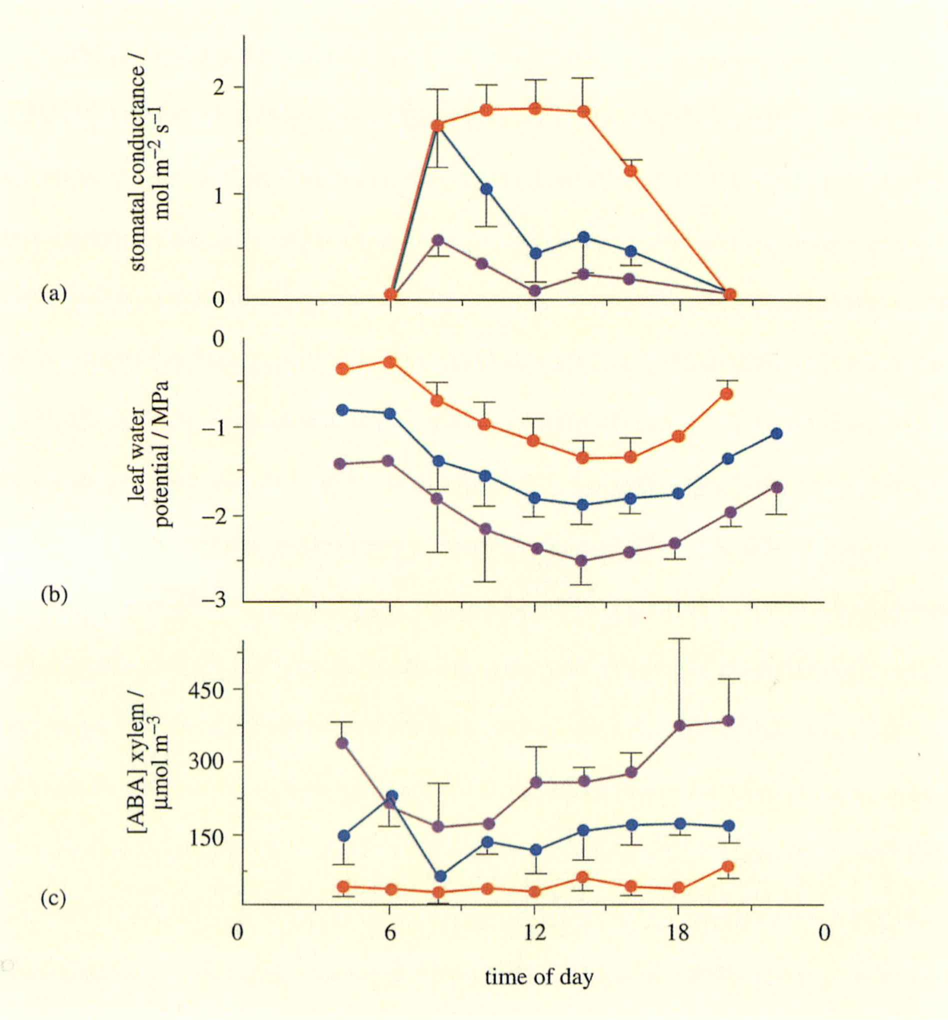

해바라기에서 토양 수분 공급이 (a) 기공 전도도(mol m^{-2} s^{-1}), (b) 잎의 수분전위, (c) 물관액의 ABA 농도(μmol m^{-3})에 미치는 영향. 자연 상태에서 원활한 수분 공급 하에 생장한 식물(붉은색), 토양 수분 결핍 정도가 약한 상태(푸른색) 또는 심한 상태(보라색)에서 생장한 식물을 비교하였다. 오차 막대는 95% 수준에서의 신뢰구간을 나타낸다.

○ 그림 3.29a를 보고 토양 수분에 의하여 기공 통로가 어떻게 영향을 받는지 설명하시오.

● 기공 통로의 크기는 기공 전도도와 연관이 있다. 즉 높은 전도도는 넓은 통로와 같은 의미이다. 수분 공급이 좋으면 아침에 전형적인 기공 열림 양상(그림 3.23)이 나타나고, 낮 동안 넓게 열려 있다가 늦은 오후에 닫힌다. 토양 수분 결핍 현상이 약할 때 기공은 아침에만 넓게 열리고, 정오에 부분적으로 닫힌 다음 오후 늦게 완전히 닫힌다. 토양 수분 결핍 현상이 심하면 기공은 아침에 약간 열렸다가 하루 종일 거의 닫혀 있는 상태가 된다.

이러한 양상은 잎의 수분전위(그림 3.29b) 및 물관액의 ABA 농도(그림 3.29c)와 일치한다. 다른 실험에서 물관액의 ABA 농도가 기공 전도도를 조절하며, ABA와 독립적으로 잎의 수분전위와 대기 습도를 변화시켰을 때 기공 전도도가 거의 영향을 받지 않는 것이 확인되었다. 편도, 복숭아, 대두, 보리, 밀 등에서도 비슷한 현상이 관찰된다.

그러나 어떤 식물들은 토양의 수분 공급과는 관계없이 낮에 잎의 수분전위를 일정한 상태로 유지한다. 이런 식물에 속하는 것이 루피너스 종류(*Lupinus* sp.), 옥수수, 이태리포플러(*Populus* sp.), 완두, 사탕수수 등으로서 이러한 특징을 **등수분전위성(isohydric)**이라고 한다.

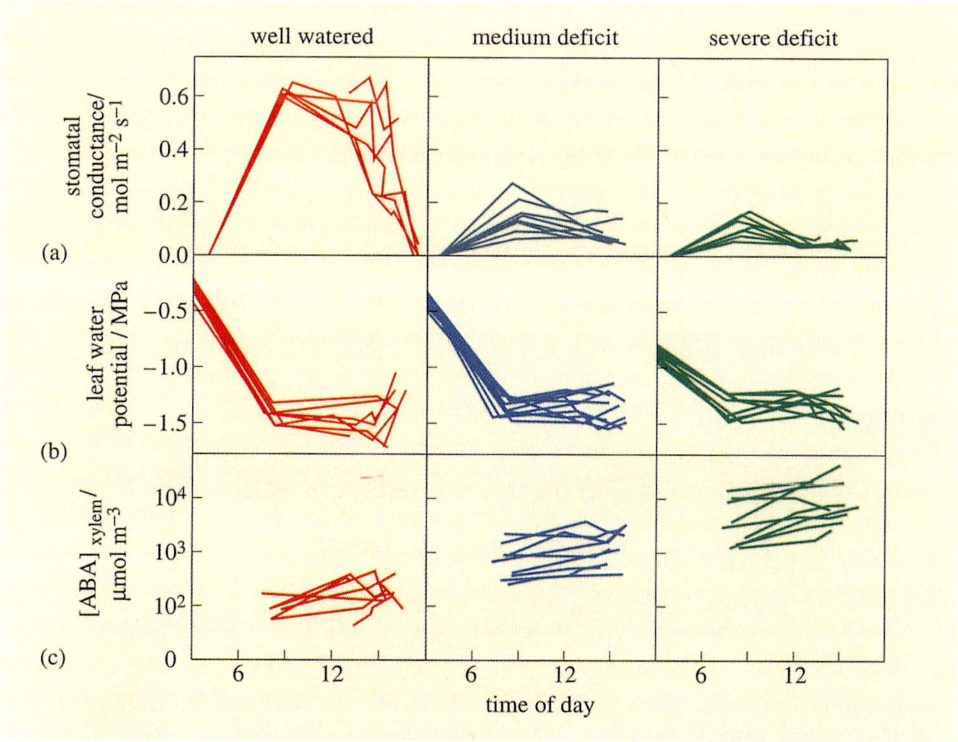

그림 3.30

이태리포플러(*Populus euramericana*) 묘목에서 토양 수분 공급이 (a) 기공전도도(mol m^{-2} s^{-1}), (b) 잎의 수분전위, (c) 물관액의 ABA 농도(μmol m^{-3})에 미치는 영향. 자연 상태에서 원활한 수분 공급 하에 생장한 식물(붉은색), 토양 수분 결핍 정도가 약한 상태(푸른색) 또는 심한 상태(녹색)에서 생장한 식물을 비교하였다. 각각의 선은 한 식물에 대한 값을 나타낸다.

등수분전위성 식물은 오후에 잎의 온도가 높아지고, 공기 습도가 떨어지며 증산 속도가 증가하면서 점진적으로 기공을 닫는다. 그러나 이러한 식물은 또한 오후에 일주기적으로 뿌리 수분전도도가 감소하는 것으로 밝혀졌는데, 이러한 변화는 잎으로의 수분 이동 및 증산작용을 감소시킨다. 그 결과 낮에 잎의 수분전위는 일정한 상태를 유지한다(그림 3.30b). 엽육세포에 의한 ABA 흡수가 줄어들기 때문에 공변세포로의 ABA 운반이 증가할 수 있고, 전체적으로 식물은 수분 공급(물관부의 ABA 농도)과 수분 손실 속도와의 상호작용으로 기공 전도도가 조절되는 것으로 보인다. 기공 통로 조절을 위한 이러한 미세 조절이 실패하여 잎이 시들기 시작하면, 이때는 긴급 방법이 동원된다. 즉 ABA가 잎에서 합성되고 대량으로 방출되어 즉시 기공이 닫히게 된다.

등수분전위성 식물은 주요 영양소(질소, 황, 인)가 부족하면 기공 통로의 크기가 축소되며, 이는 오후에 기공이 닫히는 것처럼 뿌리 수분전도도의 변화와 상관이 있는 것으로 밝혀졌다. 뿌리 수분전도도의 변화는 중심주 세포의 아쿠아포린(aquaporin)이 감소하기 때문인 것으로 보인다(3.2.1절). 그러나 이 변화가 잎의 ABA 공급에 영향을 주는지의 여부, 그리고 영향을 준다면 경위는 무엇인지 등에 대해서는 알려지지 않았다.

지금까지 기공에 대하여 비교적 자세히 설명하였는데, 그 이유는 기공이 여러 수준에서 작용하며 또한 내부와 외부(환경) 신호 사이의 상호작용이 관여하고 있어서 조절 작용에 대한 고전적 대표 연구이기 때문이다. CO_2 요구량에 대한 기공 밀도는 진화적인 시간 척도에 따라 변화한다. 기공 통로의 크기는 광합성 조건들이 변함에 따라 빛과 CO_2 농도에 반응하여 24시간 주기로 변화한다. 기공 통로의 크기는 또한 광합성에 의한 조절을 무시하며 식물 수분 상태에 따라 변하여, 물관부 공동화와 잎의 건조 상태를 피한다. 이러한 메커니즘은 많은 식물에서 일정하게 나타나지만, 열대성 개불알꽃속(lady's slipper) 난초 종류나 캠식물(CAM plant)과 같은 특수 식물들에서는 다양성이 나타난다.

○ 캠식물(2장)의 기공 개폐에서는 어떤 신호가 무시되는가?

● 빛에 의한 신호이다. 캠식물의 기공은 낮에 닫혀 있고 밤에 열려 있다. 하지만 기공 통로의 크기는 여전히 CO_2 농도와 수분 상태에 민감하다.

다음 절에서는 육상식물이 수분이 부족한 시기에 살아남고 매우 열악한 서식지에서 생장할 수 있게 하는 여러 구조와 메커니즘(기공 조절을 포함하여)을 살펴보기로 한다.

3.5절의 요약

1. 증산 속도는 경계층저항이 조절 요인이 되는 완전히 정지된 공기를 제외하고 주로 기공 통로 크기(즉 기공저항 또는 기공전도도)에 의해 결정된다.

2. 공변세포는 세포벽 구조 때문에 팽압에 따라 모양이 변하여 팽압이 높으면 기공이 열리고 팽압이 낮으면 기공이 닫힌다.

3. 공변세포의 팽압(따라서 기공 통로 크기)은 용질 함량에 따라 변한다. 새벽에 기공이 열리는 것은 원형질막의 H^+-ATP가수분해효소가 활성화되고 칼륨 이온의 이차 능동적 유

입이 일어나며, 균형을 맞추기 위해 염소와 말산 이온이 같이 유입되는 것에 기인한다. 낮에는 팽압을 조절하는 용질로서 설탕이 이온들을 대신하기도 한다.

4. 지질학적 연대에 걸쳐 대기 CO_2 농도와 기공 밀도는 역 관계가 성립한다. 또한 기공은 특히 키가 큰 식물에서 줄기 위쪽으로 수분과 영양소를 운반하는 증산류의 형성 및 물관부의 공동화 현상에 대한 빠른 반응계로서(닫힘으로써) 필수적이다.
5. 기공 통로의 크기를 조절하는 환경 신호와 내부 신호는 CO_2 요구 및 수분 손실 감소의 필요성과 관련이 있다. 영양소 결핍 또한 기공전도도를 감소시키는 작용을 한다.
6. 식물이 적절한 수분을 포함하고 있으면, 잎의 낮은 CO_2 농도와 빛은 기공 열림을 촉진한다. 빛에 대한 반응은 PAR 체계와 제아크산틴에 기초한 청색광 광계에 의해 매개된다.
7. ABA는 수분 부족에 대한 반응으로서 기공을 닫게 하는 가장 중요한 신호이다. ABA는 뿌리에서 합성되며, 공변세포에 대한 ABA의 효과는 잎의 수분 상태에 의해 영향을 받기도 하고(등수분전위성 식물) 받지 않기도 한다(부등수분전위성 식물). 긴급한 경우에 잎에서 ABA가 합성되어 즉시 기공이 닫힌다.

3.6 수분 부족시의 생존 전략

식물의 생존과 작물 수확량은 수분 가용성과 밀접한 관계가 있다. 따라서 식물이 수분 부족 시기를 견디는 방법을 이해하는 것은 과학적으로, 그리고 실용적으로 가치가 있다. 가뭄은 두 가지 형태로 구분할 수 있는데, 토양에 실질적으로 수분이 부족한 경우(**진정 가뭄, true drought**)와 수분이 있으나 염도가 너무 높거나 결빙 상태에 있어 식물이 이용할 수 없는 경우(**생리적 가뭄, physiological drought**)가 있다. 먼저 진정 가뭄을 살펴보기로 하자.

3.6.1 진정 가뭄

매우 건조한 서식지의 식물 생존 능력은 주로 사막 지대에서 연구되어 왔다. 그러나 온대 지역 서식지도 작은 사막을 닮은 것이 많이 있다.

○ 온대 지역 서식지 중에서 작은 사막을 닮은 것은 어떤 종류가 있나?

● 토양이 거의 없거나 전혀 없는 서식지(예를 들어 바위, 벽, 토양층이 매우 얇은 곳) 또는 배수가 빠르고 쉽게 일어나는 모래 언덕

진정 가뭄과 관련하여서는 주로 사막식물에 관하여 논의할 예정이다. 그러나 온대식물도 덜 극단적인 형태이긴 하지만 가뭄에 대하여 비슷한 적응 전략을 가질 수 있음을 명심하여야 한다.

식물은 일생동안 식물체 전체적 구조로부터 세포에 이르기까지 여러 수준에서 가뭄에 적응한다. 표 3.3은 수분 부족을 회피하는 식물과 내성을 나타내는 식물을 대략적으로 분류해 놓은 것이다.

표 3.3 수분 부족 상태에서의 사막식물 생존 전략.

전략	예
회피(avoidance)	
1. 휴면(dormancy) - 잎이 떨어지거나 종자 또는 괴경과 같은 지하 기관 형태로 생존	가뭄낙엽성(drought-deciduous) 관목이나 수목 및 단명 사막식물
2. 수분개발 - 깊은 뿌리들이 지하수면을 향하여 자람	아카시아 종류; 메스키트콩 종류(*Prosopis* spp.)
3. 수분저장 - 다육엽 또는 다육경	선인장, 용설란, 대극(*Euphorbia*)속 사막식물
4. 건조 - 조직이 완전히 마른 다음 수분 공급에 의해 다시 회복됨	많은 종류의 이끼, 일부 양치류와 석송류, 회생식물(resurrection plant), 종자
내성(tolerance)	
건생식물(xerophyte) - 건조 시에 구조적으로 중요한 변화 없이 광합성을 계속함	다년생 상록성 사막 관목 및 초본식물

수분 부족 회피

전략 1과 4(표 3.3)를 가진 식물들은 수분 흡수 증진이나 수분 손실 제한을 위한 눈에 띄는 특징이 거의 없는 경우가 많다. 예를 들어 **단명 사막식물**은 장기간의 강우 후에만 종자가 발아하며, 매우 빨리 생장하여(C4식물이 많음, 2장 참조) 토양이 건조해지기 전 수주 동안에 생활주기를 마친다. 따라서 수분 부족에 대한 이들 식물의 적응은 생활주기와 관련이 있다.

가뭄낙엽성 관목(drought-deciduous shrub, 전략 1)은 이보다 훨씬 더 다양하다(그림 3.31). 한편으로는, 날씨가 차갑고 습기가 많은 계절(일반적으로 겨울)에 규칙적으로 큰 잎을 생산하고, 가뭄철(일반적으로 여름)이 오기 전에 잎이 떨어지고 휴면을 하는 식물이

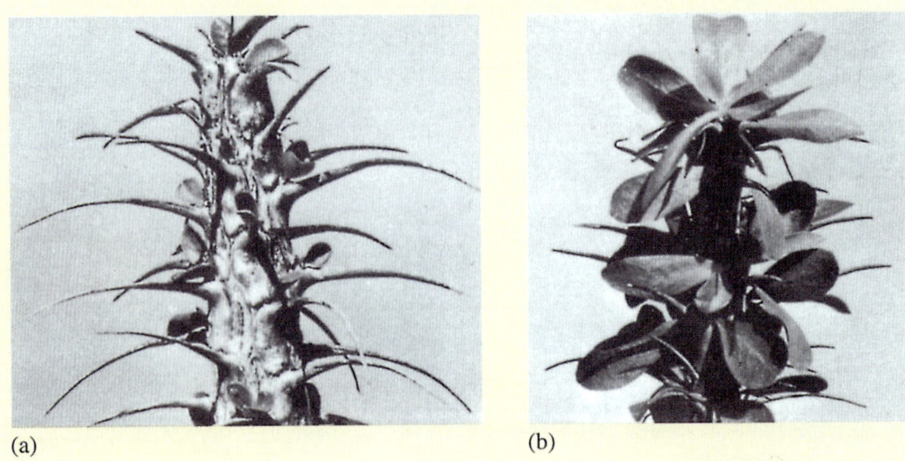

그림 3.31
오코티요(*Fouquieria splendens*). (a) 기존 잎을 대신할 새로운 잎을 만들고 있는 어린 가지. (b) 적절한 수분 공급으로 완전히 발달한 잎이 나 있는 가지. 가시는 먼저 있던 1차 잎의 주맥(midrib)과 엽병(petiole)이다.

있다. 다른 한편으로는, 엔켈리아 종류(*Encelia farinosa*, 국화과)처럼 잎다형성(leaf polymorphism)을 나타내는 식물도 있는데, 겨울에는 크고(50 cm^2) 부드러운 잎이 생산되나 여름에는 작고(작은 것은 0.3 cm^2인 것도 있음) 털이 난 잎으로 대체된다. 여름 잎에 난 털은 빛을 반사하여 열의 양과 증산작용을 감소시킨다. 그리고 여름 잎은 겨울 잎에 비해 광합성 능력이 낮지만, 그래도 건조한 계절에 적절한 정도로 탄소고정을 할 수 있다. 이들 두 종류의 극단적 형태 사이에 있는 오코티요(*Fouquieria splendens*)와 같은 식물은 비가 온 후 일 년에 여러 번 잎을 생산하고 가뭄이 돌아오면 잎이 떨어진다(그림 3.31). 이러한 줄기광합성식물(stem photosynthesizer)은 일반적으로 기공을 통한 수분 손실이 적은 녹색 줄기가 높은 온도에 대하여 잎 보다 내성이 더 강하기 때문에, 습기(wet season)에 형성된 잎을 떨어뜨린 후에 낮은 광합성속도를 유지한다. 가뭄낙엽성 식물은 전체적으로 생리적 또는 생화학적 적응이 아니라 생장 양상이나 형태에 의해 수분 부족을 회피하게 된다.

이와는 대조적으로 **내건성(desiccation-tolerant)** 전략(표 3.3의 전략 4)에는 생화학적으로 극단적인 특수 형태가 관여한다. 대부분의 식물은 수분전위가 너무 낮아지면 죽는 반면에, **회생식물(resurrection plant)**의 조직은 파삭파삭하게 말라 버리나 몇 시간 동안 다시 적셔주면 회복된다. 많은 종류의 이끼와 몇몇 양치류(그림 3.32), 석송류, 현화식물이 이러한 전략을 나타낸다. 회생식물은 수분 손실 방지나 수분 흡수 증가를 위한 특별한 방법은 없으나, 아직 완전히 밝혀지지는 않았지만 세포가 건조된 후 다시 회복되는 생화학적 메커니즘을 가지고 있다.

가장 단순한 형태의 **수분개발(water-tapping)** 전략(표 3.3의 전략 2)을 가진 식물도 수분 손실에 대한 지상부(shoot)의 적응은 거의 없으나, 사막의 영구적 지하수가 있는 깊이 50 미터까지 뿌리를 내리는 놀랄만한 근계를 가지고 있다. 그림 3.33은 영국에서 볼 수 있는 예이다.

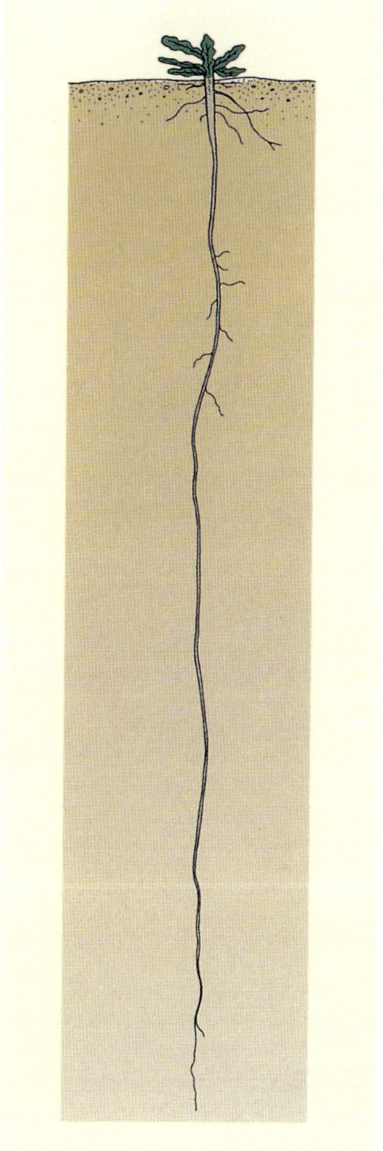

그림 3.33

1년 된 서양금혼초(*Hypochoeris radicata*) 유식물이 모래 언덕에서 뿌리를 깊이 내리고 있다.

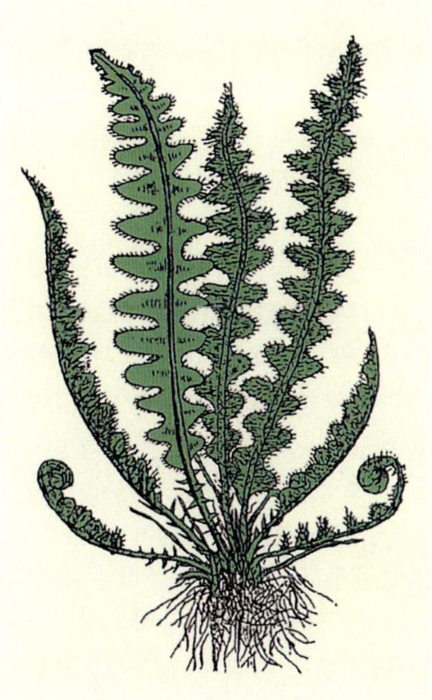

그림 3.32

회생식물인 고사리 종류(rustyback fern, *Ceterarch officinarum*).

수분개발 전략을 가진 식물의 유식물은 뿌리가 매우 빠른 속도로 자라는 습한 시기에만 자랄 수 있다. 그러나 이들 식물의 문제점은 바싹 마른 토양 상층에 무기영양소가 농축되어 있는 경우가 많다는 것이다. 이러한 경우 수분상승(3.2절)에 의해 영양소 흡수가 쉬워진다. 밤에 증산이 멈추면 깊이 내린 뿌리의 수분 흡수로 인해 표면 뿌리의 수분전위가 주위 마른 토양의 수분전위보다 높아져 수분이 빠져나간다. 이렇게 해서 표면 토양이 적셔지면 수분이 흡수되면서 영양소 흡수가 가능해진다. 유식물의 뿌리가 마른 토양을 통해 아래로 생장하고 있으나 아직 지하수면에 도달하지 못한 시기에는 **역수분상승**(reverse hydraulic lift)이 작용하는 것으로 생각된다. 즉 상층의 습한 토양의 수분이 뿌리를 타고 내려와 근단(뿌리끝)이 신장할 수 있게 된다. 실제로 일부 아카시아 종류는 영구적 지하수면까지 도달하지 않고 깊은 토양층까지만 뿌리가 내리는데, 이런 식물은 가뭄이 오래 지속되면 수분 부족 현상을 겪는다. 이들 식물은 건생식물의 특징을 나타내거나, 수분스트레스를 받을 때 잎이 떨어진다.

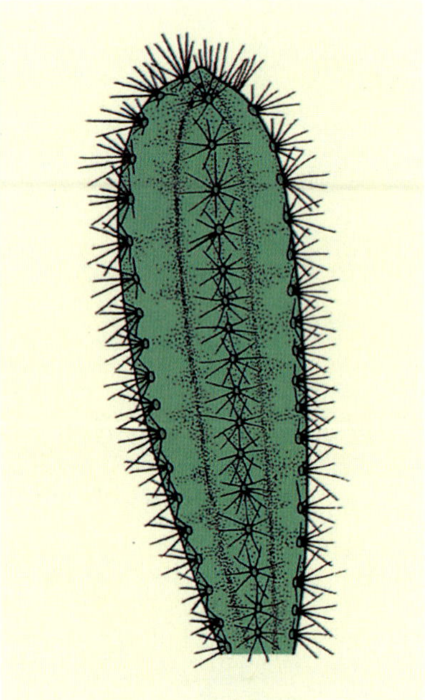

그림 3.34

사막 지대의 암석주 종류(*Cereus* sp.). 잎이 축소되어 가시로 변해 있고, 팽창된 녹색 줄기에 수분을 저장한다.

다육질(succulence, **수분저장** - 전략 3)은 수분 부족에 대하여 구조적, 생리적, 생화학적 관점에서 고도로 특수화된 적응 현상이다. 실제로 다육식물(succulent)은 수분이 있을 때 줄기(선인장, 그림 3.34)나 잎(용설란, 꿩의비름)의 특수 유조직세포(parenchyma cell)에 저장함으로써 수분 부족을 회피한다. 하지만 다육식물은 수분 손실이 매우 천천히 일어나게 하는 여러 가지 특징도 가지고 있다.

○ 2장과 3장의 내용에서 생화학적 특징과 생리적 특징이 모두 관여하는 다육식물의 적응 현상 한 가지를 말해보시오.

● 다육식물유기산대사(crassulacean acid metabolism, CAM). 서늘하고 증산 수분 손실이 적은 밤에 CO_2가 고정되고 기공이 열린다.

실제로 많은 다육식물은 **조건적 캠**(facultative CAM)을 가지고 있는데, 수분이 충분할 때는 C3경로를 통하여 낮에 CO_2를 고정하다가 가뭄 시는 캠으로 전환할 수 있다. 캠식물은 극심한 가뭄 시에는 **캠공전현상**(CAM idling)에 의존하기도 하는데, 기공을 영구히 닫은 상태로 호흡에 의한 CO_2를 내부적으로 재순환시켜(캠에 의해) 건량을 일정하게 유지하는 전략이다. 다육식물이 낮에 증산이 없다는 것은 증산에 의한 온도 저하가 일어나지 않고, 따라서 햇빛이 있는 날에는 식물체가 많이 더워진다는 것을 의미한다. 높은 온도(일부 선인장의 경우 약 50℃까지)에 대한 줄기의 내성은 많은 다육식물의 특징이다.

다육식물의 다른 특징들은 근계 및 수분 흡수와 연관이 있다. 다육식물의 뿌리는 짧고 넓게 퍼져있어 매우 효율적으로 표면 토양 수분을 흡수한다. 표면 토양이 다 마르면 가는 뿌리는 죽고 방수성 고정뿌리(anchoring root)만 남는다. 그러나 토양이 다시 적셔지면 새로운 '강수뿌리(rain root)'가 놀랄 정도로 빠르게 생산된다. 가장 극단적인 서식지, 예를 들어 비가 내리지 않는 남아메리카의 아타카마사막(Atacama desert)은 토양이 적셔지는 적은 절대 없으나 안개에 의해 주기적으로 줄기에 물방울이 축적된다. 이런 곳에서 틸란드시아(*Tillandsia*)속 식물은 잎 표면의 특수한 털(hair)이나 인편(scale)을 통하여 수분을 흡수하여 살아가며, 근계는 실질적으로 없다. 스페인이끼(Spanish moss)라고 불리는 유명한 수염틸란드시아(*Tillandsia usneoides*)는 착생식물로서 이러한 방법으로 생장하는데, 나무와 전선에 꽃줄을 만들며 남부 미국에서 아르헨티나에 이르는 넓은 지역에 걸쳐 살고 있다(그림 3.35).

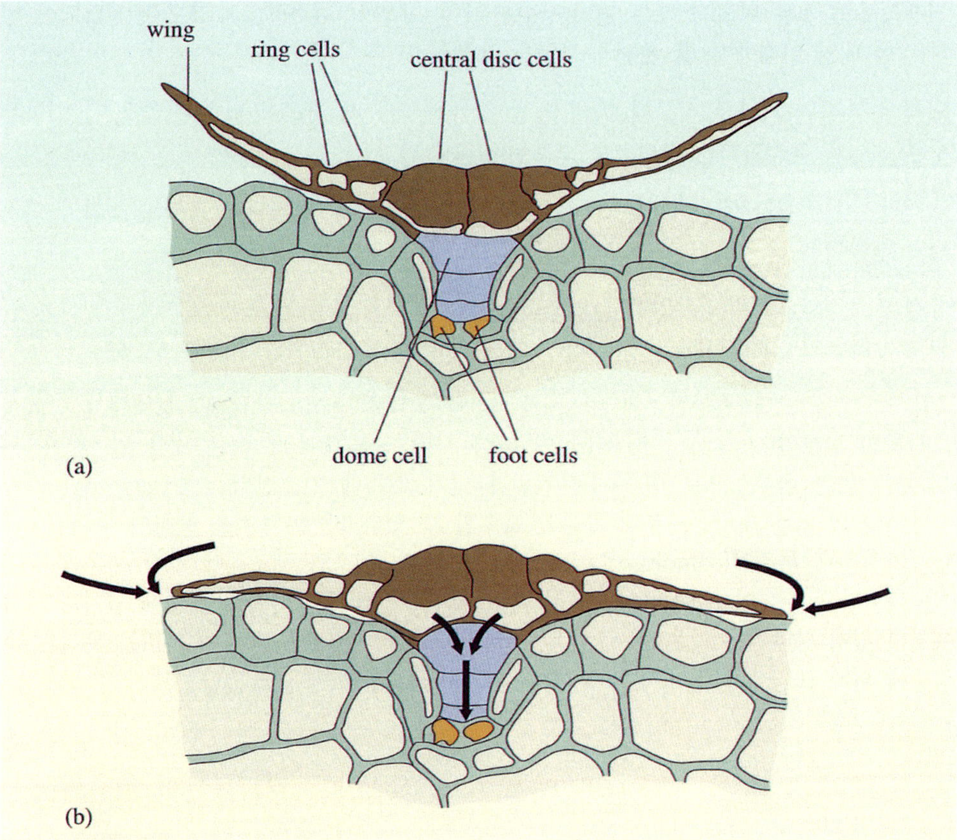

그림 3.35

수염틸란드시아(*Tillandsia usneoides*)의 표면에 있는 수분흡수 인편. 마른 인편(a)과 수분을 흡수하고 있는 인편(b)의 횡단면. 원반세포(disc cell)에 수분이 떨어지면 원반세포가 부풀고 날개가 아래쪽으로 접히면서, 날개 아래로 수분이 흡입되어 중앙의 덮개세포(dome cell)와 기부세포(foot cell) 내로 이동한다(화살표).

그림 3.36

북아메리카와 중앙아메리카 지역의 사막 건생식물인 관목 종류(*Larrea tridentata*).

다육식물은 반사막지대에 가장 많이 살고 있는데, 일 년에 두 번 습한 시기가 있어 수분 저장 조직에 수분 공급이 가능하다. 이러한 서식지에서는 크게 팽창한 나무 기둥에 수분을 저장하는 바오밥나무(*Adansonia digitata*)와 같이 캠식물이 아닌 식물들도 살 수 있다. 다육식물은 또한 열대 수림에 착생식물로도 살고 있는데, 수목 높은 곳에서 토양과 접촉 없이 생장한다(많은 종류의 난과 브롬엘리아드 등). 최근에 관찰된 흥미 있는 사실은 캠대사를 하는 브롬엘리아드 종류(*Aechmea magdalenae*)가 계절적으로 건조한 중앙아메리카 우림(rainforest)의 그늘진 지면에서 생장한다는 것이다. 실험에 의하면 이 식물은 건기에 C3 식물보다 생장이 더 좋을 뿐만 아니라 광반(sunfleck)에 대하여 광합성 반응이 더 빠르게 나타난다. 광합성과 수분의 밀접한 연관성을 여기서 다시 확인할 수 있다.

수분 부족에 대한 내성 : 건생식물

건생식물(xerophyte, xero-는 그리스어로 '건조한'을 뜻함)은 수분 손실을 제한하고, 효율적으로 수분을 흡수하며, 낮은 수분전위에 대한 조직의 강한 내성 등을 통하여 가뭄 시에도 대사적으로 활동하는 식물이다. 전형적인 예는 상록의 사막 관목(그림 3.36)과 목초 등으로서 아래에 중요한 특징을 나열하였다.

1. 건생식물의 잎은 비교적 작은 편이며(수분 손실 표면의 최소화), 수직으로 정렬되어 있다(강한 태양 아래에서 빛 흡수와 가열을 감소시킴).

2. 잎의 수분전위가 다른 식물에 비해 훨씬 낮아질 때까지 기공이 닫히지 않으며, 기공은 수분 손실을 최소화하는 방법으로 보호된다(그림 3.17).

3. 조직의 수분전위가 매우 낮아져도 살아 있는 세포가 해를 입거나 물관부 공동화가 야기되지 않는다.

4. 용질을 축적함으로써(삼투압을 높임, 그림 3.8 참조), 또는 세포를 오그라들게 하는 탄력적인 세포벽을 가짐으로써 팽압의 손실 없이 낮은 수분전위를 달성할 수 있다.

그림 3.37을 보면 원형질분리(plasmolysis)와 최대팽압(full turgor) 상태에서 상록성 사막 관목의 삼투압(osmotic pressure)이 다른 사막 식물에 비해 높은 것을 알 수 있다. 건생식물은 높은 삼투압으로 인해 수분전위가 낮기 때문에 기질전위(matric potential)가 매우 낮은 거의 마른 토양으로부터 수분을 흡수할 수 있다. 용질 축적을 통하여 수분전위를 낮추는 과정을 **삼투조절(osmoregulation)**이라고 하고, 액포와 세포질에 각각 이온과 유기 용질을 축적함으로써 이루어진다(4장에서 다시 설명). 건생식물의 뿌리는 넓게 펼쳐져 있으나 특별히 깊이 자라지는 않는다. 하지만 수분개발 식물의 경우처럼 깊이 자라는 뿌리가 수분 상승에 의해 표면에 있는 뿌리와 토양에 수분을 공급하는 경우도 있다.

그림 3.37

북아메리카 사막에 살고 있는 네 종류의 사막 식물에서 원형질분리 상태의 삼투압과 최대팽압 상태(Ψ = 0)의 삼투압 사이의 관계.

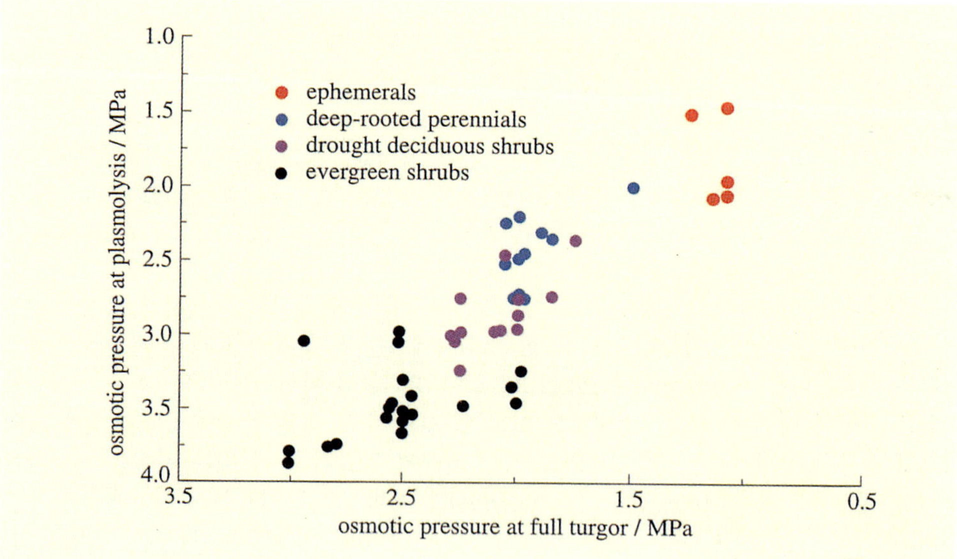

실제로 작물을 포함한 많은 '정상' 식물(건생식물이 아닌 다른 식물)들은 수분(또는 영양소) 부족 때문에 더욱 광대한 근계를 발달시키며, 그 결과 줄기에 대한 뿌리의 건량 비율이 수배 증가하여 수분 및 영양소의 흡수 능력이 증가한다.

3.6.2 생리적 가뭄

사막과 염습지에 종종 나타나는 고염도 토양에서는 뿌리 표면의 수분전위가 낮기 때문에 수분 흡수가 더욱 어렵다. 식물은 이러한 경우에 용질을 축적함으로써 수분전위가 토양보다 낮아지는 삼투조절(3.6.1절)을 통하여 적응한다. 결빙의 경우에도 토양과 물관부의 수분이 이용되지 못함으로써 비슷한 문제가 발생한다. 이러한 **서리가뭄**(frost drought) 환경에서는 기공이 닫히고 수분이 잎의 세포로부터 세포간극으로 빠져나가 세포 내에 얼음 결정이 형성되는 치명적 현상을 방지한다. 서리가 심한 경우 이러한 부분적 건조로 인해 상록엽이 처지는 현상을 볼 수 있다.

세포막은 특정 과당류(oligosaccharide) 및 아미노산인 프롤린(proline)을 포함하는 보호 용질의 존재에 의해 고농도 용질에 의한 손상으로부터 보호되는 것으로 보인다. 예를 들어 양배추 잎이 프롤린을 흡수하면 서리에 저항성을 가지게 된다. 모든 식물이 이러한 방법으로 결빙에 대한 저항성을 발달시킬 수 있는 것은 아니며, 이 방법이 가능한 식물은 가을에 세포의 생화학적 변화가 일어나는데 이 과정을 **내한성 강화**(cold hardening) 또는 **저온순화**(cold acclimation)라고 한다. 농업의 가장 중요한 목표 중의 하나가 가을에 파종하는 곡물의 내한성 강화를 증진시키는 것이다. 가을곡물의 수확량은 봄 파종 품종에 비해 40%나 높으나 제한된 내동성(freezing resistance)으로 인해 미국 대부분 지역에서 재배가 불가능하다. 화학적 처리 또는 교배에 의한 신품종 생산 등을 통한 내한성 강화의 증가는 세계적인 식량 생산에 커다란 영향을 미칠 것이다.

지금까지 식물의 수분 관련 사항에 관하여 살펴보았다. 다음 두 절에서는 수분 관련 지식을 필요로 하는 식물 수송 양상인 체관부의 용질 수송을 설명한다.

3.6절의 요약

1. 식물은 회피 또는 내성에 의해 진정 가뭄에 살아남을 수 있다.

2. 회피의 방법에는 휴면, 수분개발, 수분저장, 건조 등이 있다. 다육질의 캠식물을 제외하고는 대사적으로 활동적이면서 수분 획득 증가나 수분 손실 감소 메커니즘을 가진 식물은 거의 없다.

3. 건생식물은 내성 메커니즘을 가진다. 건생식물은 조직의 수분전위가 낮아도 대사적으로 활동적이며, 종종 수분 손실을 최소화하는 방법을 가지고 있다. 근계는 광대하며 수분 상승을 이용하기도 한다.

4. 식물은 고염에 의한 생리적 가뭄 시에 세포의 수분전위를 감소시키는 삼투조절에 의해 수분 흡수를 유지한다. 서리가뭄 및 동결에 의한 상해에서 살아남는 데에는 내한성 강화가 관여한다. 세포는 부분적으로 건조하게 되고, 막을 보호하는 특수한 용질이 축적된다.

3.7 체관부의 구조와 기능

식물의 기능이 적절히 나타나기 위해서는 한 기관에서 다른 기관으로 계속해서 물질이 이동해야 한다. 앞에서 본 바와 같이(3.1절) 뿌리에서 흡수된 이온과 수분은 물관부(xylem)를 통하여 지상부로 이동한다. 마찬가지로 광합성 산물(**동화물질, assimilate**) 및 아미노산과 글루타티온(glutathione) 같은 티올(thiol) 등의 질소 및 황의 대사물질들은 합성 기관이나 저장 기관(공급원, source)으로부터 사용 장소(수용부, sink)로 운반되어야 한다. 이러한 **공급원-수용부(source to sink)** 수송은 체관부(phloem)에서 일어난다. 그러므로 물관부와 체관부는 식물의 수도관이라 할 수 있고, 기관 사이의 수분, 용질, 생장조절물질과 같은 신호전달 복합체 등의 장거리 수송(**전류, translocation**)을 담당한다.

여기서는 체관부전류(phloem translocation)를 살펴보기로 한다. 1928년이 되어서야 체관부가 동화물질 수송에 관여하는 유일한 조직이라는 것이 확실히 입증되었고, 1970년대 후반에 이르러서 겨우 수송 메커니즘에 관한 공통된 의견이 확립되었다. 이후의 연구는 당(sugar)이 체관부로 적재(loading)되고 하적(unloading)되는 메커니즘 및 공급원의 물질 공급이 수용부의 요구를 충족시키는 조절과 조정 과정에 초점이 놓이게 되었다. 체관부의 기능을 이해하기 위하여 우선 체관부의 구조를 더 자세히 살펴볼 필요가 있다.

3.7.1 체관부의 구조

1장에서 본 바와 같이 체관부는 관다발조직(vascular tissue)에 위치하며, 체관부유조직, 체관요소, 반세포 등 세 가지 살아있는 세포를 포함한다(그림 3.38). 체관부유조직(phloem parenchyma)은 주로 채우는(packing) 역할을 하지만 다른 두 종류의 세포는 전류와 밀접하게 연관되어 있다.

체관요소

전류는 실제로 고도로 분화된 세포인 체관요소(sieve tube element)를 통하여 일어난다. 현화식물의 체관요소는 서로 연결되어 **체관(sieve tube)**이라고 불리는 긴 도관을 형성하며, 양끝의 벽(**체판, sieve plate**)에는 큰 체공이 있다. 체관요소는 발달 과정 중에 핵과 리보솜이 없어지고, 액포막(tonoplast)과 함께 미토콘드리아와 색소체(plastid)의 내부 막이 분해된다. 궁극적으로 체관요소의 주요 구성원은 두꺼운 셀룰로오스 세포벽, 원형질막, 그리고 주로 한 종류의 특별한 단백질을 많이 포함하는 수용성 액즙이다. 이 **P단백질(P-protein)**은 섬유 형태로 존재하며, 체관부 손상으로부터 식물체를 보호한다.

체관은 팽압이 매우 높아서 구멍이 나거나 잘리면 많은 양의 액즙이 소실되므로 보호가 필요하다. P단백질과 칼로오스(callose, 글루코오스 중합체)라고 불리는 비수용성 다당류가 침적되어 상처를 막는데 사용된다. 현미경(특히 전자현미경) 관찰을 위하여 조직을 준비할 때 이러한 침적물을 피하기 어렵기 때문에 큰 문제가 발생한다. 체관부의 수송 메커니즘(현재 넓게 인정되고 있음)을 설명하는 데는 체판의 체공이 막히지 않는 것이 필수적이기 때문에, 체공이 부분적으로 P단백질 또는 칼로오스에 의하여 막히는지 여부에 대한 논의가 수년 동안 있었다. 현재 설득력 있는 증거에 의하면 기능이 있는 체관은 체공이 막히지 않는다.

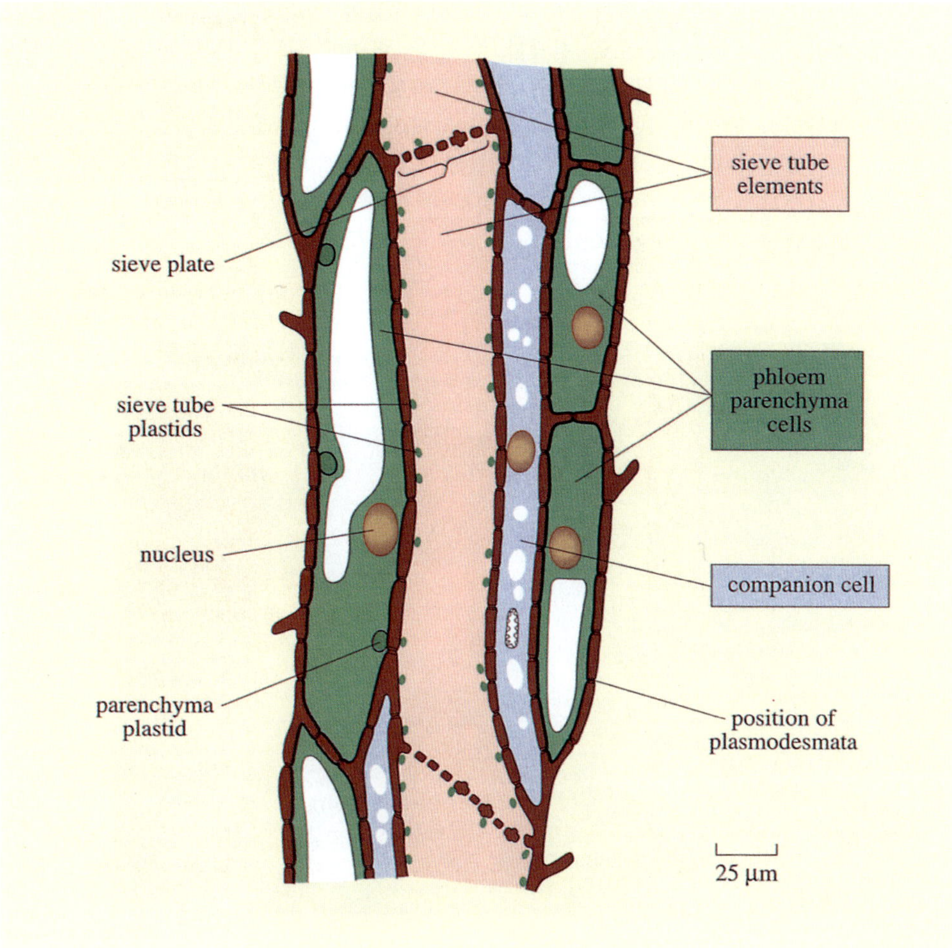

그림 3.38

담배(*Nicotiana tabacum*) 줄기의 체관부 조직 종단면.

반세포

체관요소는 언제나 하나 이상의 반세포(companion cell)와 연관되어 있고, 원형질연락사(plasmodesmata)에 의해 반세포와 연결되어 있다(그림 3.38). 반세포는 세포소기관을 모두 포함하며, ATP, 단백질, 기타 필수 분자들을 체관요소에 전달한다.

○ 체관요소가 이러한 도움을 필요로 하는 이유는?

● 체관요소는 핵, 리보솜, 미토콘드리아가 결핍되어 있기 때문이다. 세포 유지에 필요한 새로운 P단백질, 효소, 기질 등은 모두 다른 세포에서 공급받아야 한다.

반세포는 세 가지 형태가 관찰되는데, 보통반세포, 전달세포, 중간세포로 구분된다. **보통반세포(ordinary companion cell)**는 평탄한 세포벽을 가지며, 체관요소를 제외한 주위의 다른 세포와는 원형질연락사(심플라스트)로 연결되어 있지 않다. **전달세포(transfer cell)**는 원형질연락사의 배열은 같으나, 다른 세포와 인접한 세포벽은 수많은 함입 구조가 있어서 표면적이 매우 넓다. **중간세포(intermediary cell)**는 평탄한 세포벽을 가지나, 수많은 원형질연락사에 의해 주위 세포들과 연결되어 있다(그림 3.39). 이러한 배열의 의미는 당의 체관부적재(3.8.2절)와 관련이 있는데, 보통반세포와 전달세포는 세포벽(아포플라스트)으로부터 용질을 모아서 체관으로 전달할 수 있는 반면에, 중간세포만이 심플라스트를 통하여 용질을 모을 수 있기 때문이다. 전달세포는 아포플라스트로부터 용질을 흡수하기 위하여 고도로 분화되어 있으며, 많은 경우에 전달이 일어나는 장소에서 발견되는데, 예를 들어 물관부의 도관세포에 인접하여 있으면서 체관부 등의 다른 세포로 용질을 전달한다(그림 3.39). 원형질연락사를 통한 전달은 수동적 확산에 의해 이루어지는 반면에, 용질의 능동수송은 접힌 세포벽의 원형질막을 통하여 일어난다.

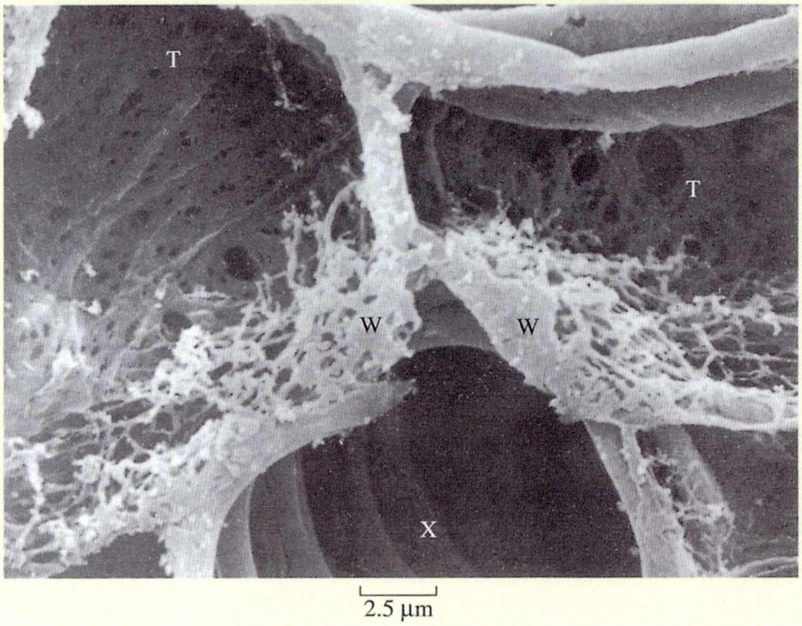

그림 3.39

자주달개비(*Tradescantia*)속 식물 줄기 관다발의 주사현미경사진. 세포질을 제거하여 세포벽만 남았다. 두 개의 전달세포(T)가 물관요소(X)와 접해있고 세포벽의 함입 부위(W)가 이 물관요소에 인접해있다.

3.7.2 실험적 연구와 체관부 기능

체관부의 구조를 파악했으므로 여기서는 체관액(phloem sap)의 구성, 이동 속도, 이동 방향 등 체관부의 기능에 관하여 살펴보기로 한다. 또한 체관부전류의 연구 방법도 몇 가지 소개한다. 최초의 실험은 체관부의 존재가 알려지기 전인 1679년에 수행되었는데, 수목의 목재(wood) 외부를 고리 모양으로 벗겨 내는 **환상박피(girdling**, 수피 및 체관부를 포함하는 유연 조직을 제거함)라는 유익한 방법이 도입되었다. 이탈리아의 말피기(Malpighi)가 목재 줄기를 이용하여 수행한 환상박피 실험의 결과와 결론을 그림 3.40에 기술하였다.

그림 3.40

말피기의 실험. (a) 목재 줄기의 환상박피에 의해 물관부는 남아있고 체관부는 제거된다. (b) 환상박피 후 몇 주가 지나서, 녹색 잎이 빛을 받으면 윗부분의 조직은 부풀려진다. 말피기는 잎에서 영양소가 만들어져 줄기를 따라 아래로 수송되었고, 물관부의 증산류는 줄기를 따라 위로 이동하기 때문에 이는 물관부가 아닌 다른 조직이 잎으로부터의 영양소 수송에 관여하는 것을 의미한다고 결론을 내렸다.

1930년대에 실험을 통하여 체관부가 잎으로부터의 전류에 관여하는 조직임이 확인되었고, 1945년에는 탄소 동위원소 ^{13}C을 사용하여 체관부 수송의 방향과 유연성, 즉 줄기의 위쪽과 아래쪽으로 모두 이동하는 것을 입증하였다(그림 3.41).

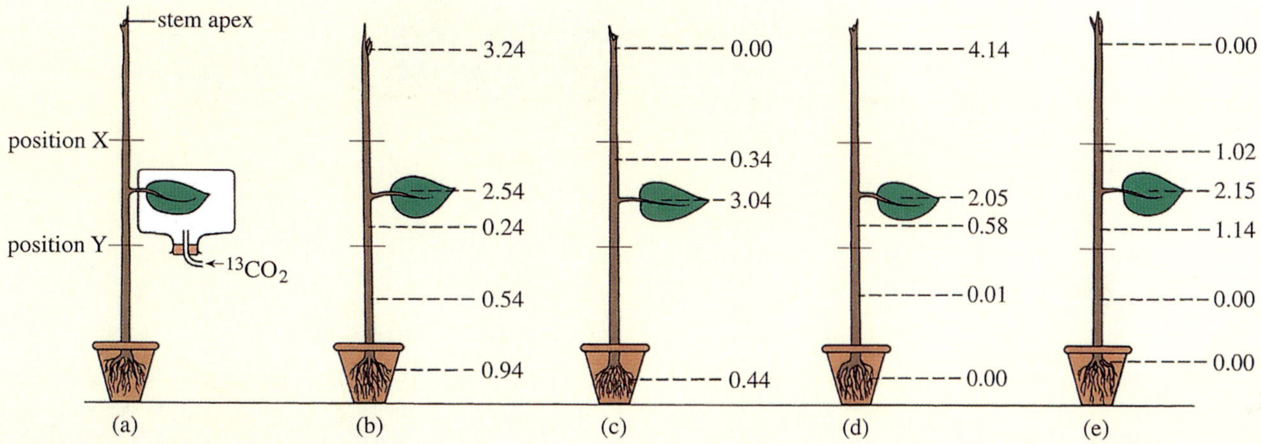

그림 3.41

강낭콩(*Phaseolus vulgaris*)을 이용한 실험. (a) 잎에 ^{13}C를 공급하는 기구. 다른 잎들은 제거하였다. X와 Y는 환상박피의 위치를 나타낸다. (b)~(e) 잎이 $^{13}CO_2$를 고정하고 전류가 일어난 후 ^{13}C의 상대적 분포.

○ 그림 3.41b~e에서 ^{13}C의 분포를 보고, 환상박피 부위가 X인지, Y인지, 둘 다 인지 또는 둘 다 아닌지를 결정하시오. 그림 3.41에 답을 표시하시오.

● 그림 3.41b의 식물은 환상박피 부위가 없다. 방사성 표지는 줄기의 아래위로 모두 이동하였으나 주로 위쪽으로 이동하였다. 3.41c, d, e에서 환상박피 부위의 위치는 각각 X, Y, 둘 모두이다.

1950년대에 ^{14}C이 사용되기 시작한 후에는 자기방사법(autoradiography)을 이용하여 체관이 전류에 이용되는 도관임을 밝힐 수 있었고(그림 3.42), 체관액 조성과 수송 속도에 관한 정보가 축적되기 시작하였다. 일부 식물(아주까리, 루핀 등)의 체관부를 칼로 잘라, 체관 내 높은 압력 때문에 흘러나오는 수액을 모아 분석에 사용할 수 있다. 그러나 대부분 식물의 경우 잘린 체관부는 P단백질이나 칼로오스에 의해 빠르게 막혀 버리며, 또한 주위 조직으로부터의 오염 가능성도 상존한다. 체관부 연구를 위한 더 정교하고 정확한 방법은 진디나 멸구 같이 수액을 빨아먹는 곤충을 이용하는 **문침법**(stylet technique)이다(그림 3.43).

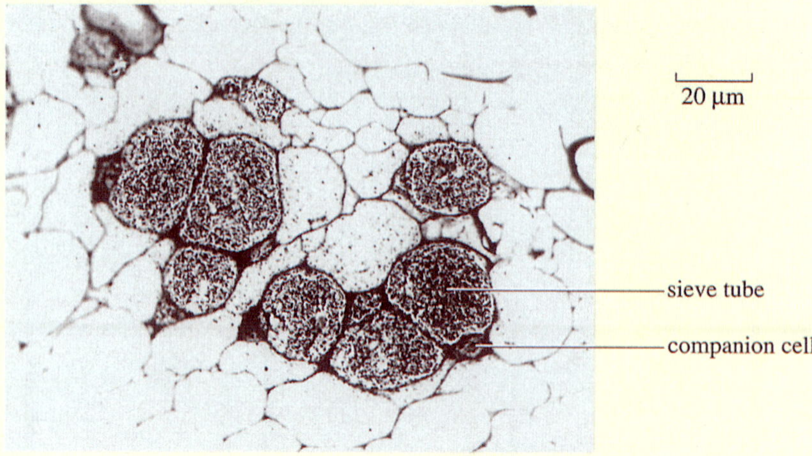

그림 3.42

잎의 동화물질이 체관에 의해 수송된다는 것을 보여주는 자기방사법 증거. ^{14}C로 표지된 동화물질이 미국나팔꽃(*Ipomoea hederacea*)의 체관과 반세포에서 발견된다. $^{14}CO_2$를 6시간 동안 공급한 잎에서 10 cm 떨어진 줄기 횡단면이다.

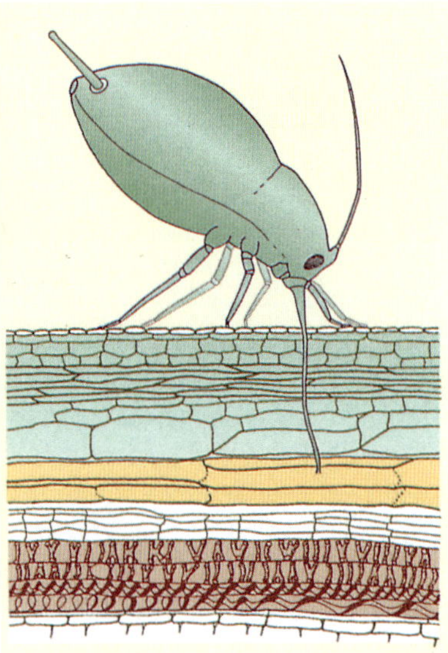

그림 3.43

진디가 문침을 체관요소에 찌르고 먹이를 취하는 그림. 체관부 조직을 노란색으로 나타냈다.

진디와 같은 곤충은 관 모양의 입 구조(문침, 빨대)를 하나의 체관에 삽입하여 고압에 의해 빨려오는 수액을 먹는다. 수액을 빨고 있는 진디를 마취시켜 문침을 빼지 못하도록 하고 몸통을 문침으로부터 분리하면, 잘린 문침으로부터 종종 수 일 동안이나 체관액이 계속 흘러나와 이를 모아서 분석에 사용할 수 있다. 진디의 침에는 P단백질이나 칼로오스의 침적을 방해하는 저해제가 포함되어 있는 것으로 생각된다. 이와 같이 수집된 수액은 비록 양이 적긴 하지만 화학적 분석이 가능하며, 이 방법을 방사성 표지 방법과 함께 사용하면 전류의 속도 및 전류 과정에 미치는 저온의 영향 등을 측정할 수 있다. 수액이 나오는 문침으로부터 일정 거리 떨어진 곳에서 방사성으로 표지된 당을 체관부로 주입하여 방사능이 문침에 도달하는 데 걸리는 시간을 기록하면 된다.

체관액의 조성

체관액은 물관액에 비해 농도가 훨씬 높은 용액이며 pH가 매우 높다. 물관액은 전형적으로 묽으며 약간 산성인 반면(0.01%, w/v, pH 6.0), 체관액은 15~30%(w/v) 농도의 용해된 고체를 포함하고 7.2~8.5의 pH 값을 나타낸다. 무게 비율로 보아 보통 체관부 용질의 90% 이상이 비환원당(non-reducing sugar)이고, 그 중에 이당류인 설탕(포도당과 과당)이 단연 가장 많이 발견된다. 그러나 어떤 식물은 설탕에 하나 이상의 갈락토오스가 첨가된 라피노오스(raffinose)와 같은 흔치 않은 당이 상당량 발견되며, 만니톨(mannitol)과 같은 당알코올(sugar alcohol)이 있는 경우도 있다. 이러한 관찰은 체관부적재와 관련하여 의미가 있다(3.8.2절). 그림 3.44는 체관액의 조성이며, 표에 있는 구성원 이외에 미량의 생장조절물질(growth regulator), 단백질, 그리고 바이러스까지 포함되어 있는 경우도 있다.

○ 체관액의 설탕 농도는 주위 조직에 비해 매우 높다. 이러한 농도기울기로 보아 설탕은 어떠한 방법으로 체관에 들어가겠는가?

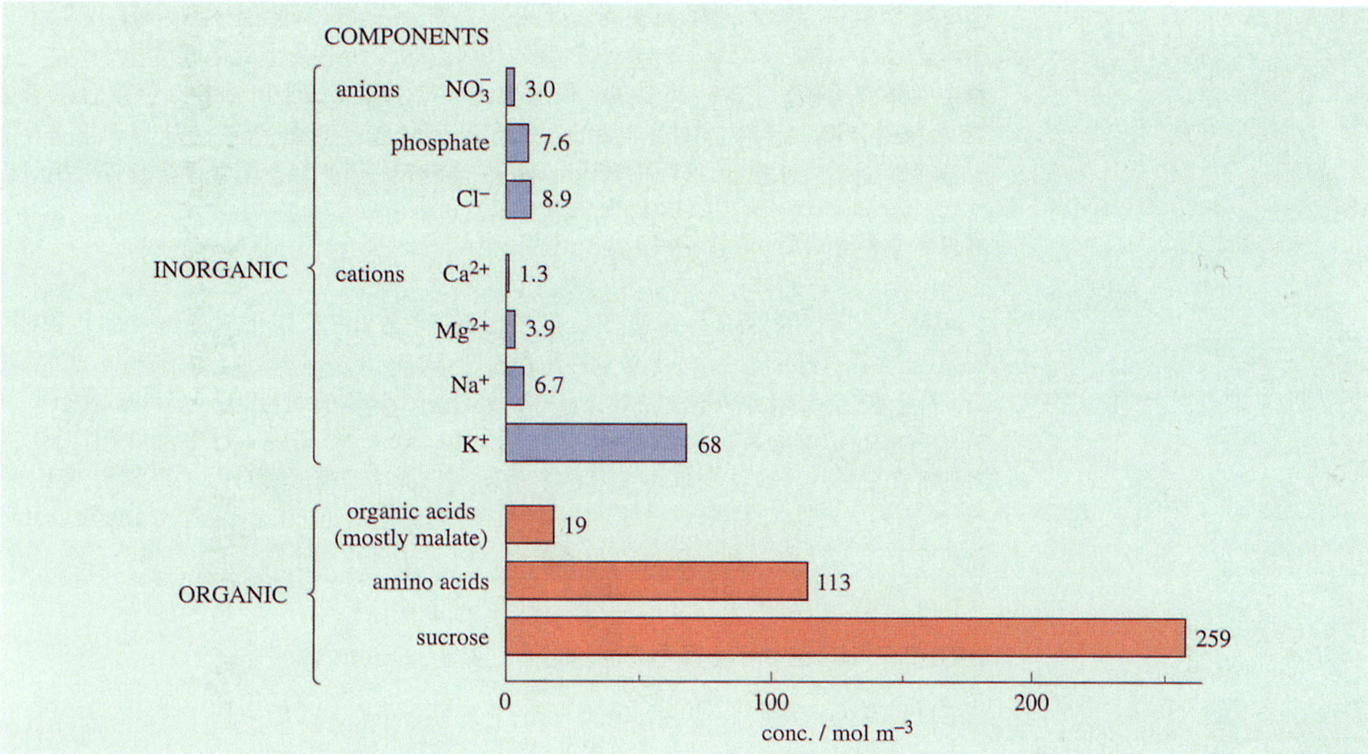

그림 3.44

아주까리(*Ricinus* sp.) 줄기에 상처를 내고 반복하여 흔들어서 얻은 체관액의 평균 조성.

● 설탕의 유입이 농도기울기에 반하기 때문에 에너지를 필요로 할 것이다. 즉 설탕은 일종의 능동수송에 의해 체관에 적재된다.

○ 체관에 용질이 많이 포함되어 있는 것과 높은 팽압과의 관계는?

● 용질 함량이 높다는 것은 삼투압이 높다는 것을 의미하며, 따라서 수분전위가 낮다는 것을 의미한다(3.1식). 수분은 주위 조직으로부터 수분전위가 낮은 체관부로 들어가며 팽압이 증가한다. 그림 3.8a에서 π가 클수록 완전 팽창 상태에서의 P 값이 높아지는 것을 볼 수 있다.

그림 3.44를 보면 체관에서 질소는 질산염 형태가 아니라 주로 아미노산 형태로 수송되며, 칼륨이 단연 가장 풍부한 이온임을 알 수 있다. 마그네슘, 인산염, 나트륨, 염소 이온 등이 체관액에서 많이 발견된다. 그러나 칼슘은 수액 pH에서 비수용성 인산염을 형성하는 경향이 있기 때문에 매우 적은 양으로 존재한다.

체관부의 이온 이동성이 서로 다른 것은 식물체 내의 분포와 연관이 있다. 토양에서 흡수된 이온이 요구와는 무관하게 물관부를 통하여 호흡을 하는 모든 기관으로 운반된다는 것을 상기하기 바란다. 대부분의 이온은 오래되어 생장하지 않는 잎(공급원 기관)으로부터 줄기 정단부(shoot apex), 꽃, 과실 등의 수용부 지역으로 재분배되지만, 칼슘과 철은 이러한 방법으로 재분배되지 못한다.

○ 식물이 칼슘 부족 상태가 되면 어느 부위에서 결핍 증상이 가장 잘 나타나겠는가?

● 나중에 형성되는 수용부 기관이다. 즉 줄기 끝, 어린잎, 꽃, 과실 등이다. 줄기 끝과 과실은 종종 가장 심하게 영향을 받는다. 이들 기관은 증산작용을 거의 하지 않고 최소한의 물관부 유입이 있지만, 오래된 잎에서 체관부를 통해 재분배되는 칼슘을 받을 수 없다.

체관부 수송의 속도

체관부의 당 수송 속도는 보통 3~150 cm h^{-1}의 범위이고 평균 약 100 cm h^{-1}이다. 종종 실험 환경에서 짧은 시간 동안이긴 하지만 500~1500 cm h^{-1}의 속도가 기록되었고, 사탕야자(*Arenga*)에서는 7.2 m h^{-1}의 놀라운 속도도 관찰되었다. 그러나 식물에 있어서 속도보다 더 중요한 것은 용질 유동량(solute flux), 즉 단위 시간에 체관부를 통하여 기관에 도달하는 용질의 양으로서 기관의 생장 정도와 속도를 결정하는 주된 요인이다. 용질 유동량은 체관부 사관의 전체 면적과 **비질량전달속도(specific mass transfer rate, SMT**, 단위 시간에 체관부 단위 횡단면을 통하여 운반되는 용질의 질량)에 따라 결정되며, 후자는 다음과 같이 표현할 수 있다.

SMT(g cm^{-2} h^{-1}) = 수액 농도(g cm^{-3}) × 평균 속도(cm h^{-1})

SMT 값은 대개 0.5~6.3 g cm^{-2} h^{-1}로 측정되지만 사탕야자의 화서줄기(inflorescence stalk)를 잘라 측정하면 99 g cm^{-2} h^{-1}에 달하며, 130일 동안 흘러나오는 수액에서 252 Kg의 설탕이 모이기도 하였다. 그러므로 체관부 수송은 대량의 당을 빠른 속도로 수송할 수 있으며, 이는 당이 체관을 따라 확산될 때에 비해 10만 배 가량이나 빠른 속도이고, 따라서 체관부 수송의 메커니즘이 무엇이든지간에 단순확산은 아니다. 다음 절에서 그 메커니즘이 무엇인지 보기로 한다.

3.7절의 요약

1. 체관부는 공급원으로부터 수용부로 용질, 특히 동화물질의 장거리 수송에 관여하는 조직이다.

2. 현화식물에서 전류는 체관에서 일어나고, 체관은 전달세포나 중간세포로 특수화된 반세포와 밀접하게 상호작용한다. 체관은 높은 팽압을 나타내며, P단백질이나 칼로오스의 침적에 의해 쉽게 막힌다.

3. 줄기의 환상박피, 동위원소로 표지된 용질의 사용, 자기방사법, 문침법 등은 체관부 수송 연구에 사용되는 방법의 예이다.

4. 체관액은 약간 알칼리성이며 용질의 함량이 매우 높다. 가장 중요한 용질은 설탕이지만 라피노오스와 같은 흔치 않은 당도 일부 식물에서 나타난다. 일부 이온 및 아미노산 형태의 질소가 흔히 발견된다.

5. 체관부의 평균 수송 속도는 약 100 cm h^{-1}이고, 용질 유동량은 비질량전달속도(g cm^{-2} h^{-1})로 측정된다.

3.8 체관부적재 메커니즘과 조절

1980년경부터 대부분의 연구자들은 체관부적재 메커니즘으로서 **압류설(pressure flow hypothesis)**을 받아들이고 있다. 압류설의 설명과 함께 20세기 내내 왜 그 타당성에 대하여 의견이 분분하였는지 고려해 보기로 한다.

3.8.1 압류설

압류설은 독일 생리학자인 뮌치(Münch)에 의해 1930년 처음 제안되었다. 이후 약간 다듬어지긴 하였지만 근본적으로 단순한 개념이다. 주요 주장은 다음과 같다.

1. 체관부 수송의 구동력은 **체관 내 정수압(hydrostatic pressure)의 기울기**이다. 즉 수송 경로의 공급원 쪽 끝부분의 팽압이 수용부 쪽 끝부분보다 높다. 수분 이동은 수분전위 기울기에 따르는 것이 원칙이지만, Ψ의 요소 중 체관부 수송에서 작용하는 유일한 성분은 물관부와 마찬가지로 압력이다.

2. 능동수송에 의해 용질이 공급원 기관의 체관 내로 이동하고 이로 인해 압력 기울기가 형성된다. 다음에 수분이 삼투에 의해 유입되고 높은 팽압이 생성된다. 반면에 수용부에서는 용질이 수분과 함께 유출되어(능동적 또는 수동적으로) 팽압이 비교적 낮다. 이러한 개념을 그림 3.45에 나타냈다. 에너지는 체관 적재에만(그리고 아마도 하적 시에도) 사용되고 수송을 유지하는 데는 필요 없다.

3. 압력 기울기가 구동력이 되어 체관을 따라 대량유동(mass flow)에 의해 이동한다.

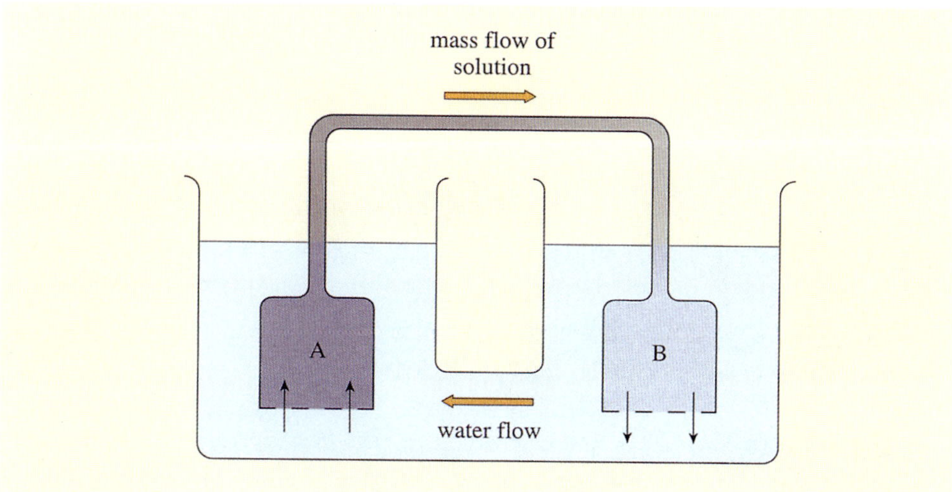

그림 3.45

압류설의 모델. 공급원 A는 수용부 B에 비해 용질 농도가 높다. 삼투에 의해 수분이 반투과성 막(점선)을 통하여 A로 유입되고, 이로 인해 정수압(팽압)이 생성되어 연결관을 따라 B까지 대량유동이 일어난다. A의 삼투압(용질 농도)이 B보다 높기 때문에 수분은 역삼투(reverse osmosis)에 의해 B로부터 반투과성막을 통하여 유출된다. 자연 상태에서는 수용부의 능동적 체관 하적에 의해 외부 용질 농도가 더 높아지고, 수분은 정상적인 삼투에 의해 유출된다.

압류설에 의한 예상

압류설을 둘러싼 논쟁은 압류설의 두 가지 예상에 반하는 증거에 기인한다. 예상이란 다음과 같다.

1. **관찰된 수송 속도를 지지하기에 충분한 압력 기울기가 체관을 따라 형성되어야 한다.** 압력 측정 장치가 부착된 가는 주사바늘이나 진디의 문침(3.7.2절)을 이용하여 공급원에서 수용부에 이르는 경로를 따라 여러 곳에서 체관의 팽압을 측정하였다. 그 결과, **만약 경로의 저항이 낮다면** 관찰된 수송 속도를 설명하기에 충분한 압력 기울기(예를 들어 떡갈나무에서 0.043~0.050 MPa m^{-1})가 존재하는 것으로 나타났다. 경로의 저항은 체판의 체공 수와 크기, 그리고 체공이 P단백질이나 칼로오스에 의해 막혀 있는지 여부에 따라 압도적으로 결정된다. 체관부의 초기 전자현미경 관찰에 따르면 대부분의 체공이 막혀 있고(그림 3.46), 따라서 압류만으로는 체관부 수송을 설명할 수 없다는 주장이 제기되었다. 그러나 3.7.1절에서 설명한 것처럼 P단백질이나 칼로오스의 침적을 야기하지 않고 전자현미경 관찰을 위한 체관부 시료를 준비하는 것이 매우 어렵고, 후에 살아 있는 체관부의 공초점현미경(confocal microscopy) 관찰에 의하면 체공은 막히지 **않은** 것으로 밝혀졌다. 현화식물의 경우 압류설의 예상이 전적으로 지지되고 있지만, 나자식물의 경우에는 사정이 다른데 나자식물의 체관세포는 원시적이어서 실제로 막에 의해 체공이 막혀 있다. 그러므로 나자식물은 압류설이 작용하는지 또는 어떻게 작용하는지에 대하여 여전히 의문점이 남아 있다.

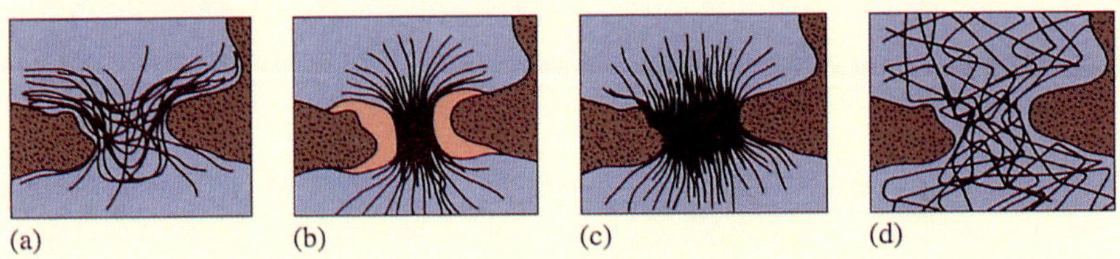

그림 3.46

전자현미경으로 관찰된 체공의 P단백질 필라멘트(검은색)와 칼로오스(분홍색)의 배열 상태. 이렇게 체공이 막혀 있으면 압류 메커니즘만으로 체관부 수송을 설명할 수 없다.

2. 둘째 예상은 **수분과 용질이 체관을 따라 같은 방향으로 그리고 같은 속도로 이동하여야 한다**는 것이다. 대량유동에 필수적으로 따라야 하는 이와 같은 결과는, 예를 들어 방사성으로 표지된 당과 K^+와 같은 두 개의 표지를 동시에 체관에 도입하면 체관을 따라 같은 속도로 이동하여야 한다는 것이다. 두 개의 표지 이동 속도가 다르다는 것을 보여준다고 주장하는 실험은 대부분 수용부가 다른 체관으로 표지들이 유입되었기 때문인 것으로 설명된다. 하나의 체관 내에서 용질들이 서로 반대 방향으로 이동하는 **양향적 유동**(bidirectional flow)은 아직까지 입증되지 못하였다.

다른 실험에 의하면 공급원에서 수용부에 이르는 경로를 따라 국지적으로 온도를 낮추어 호흡으로부터의 에너지 공급을 감소시켜도 체관부 수송은 크게 영향을 받지 않는다. 압류설에 따르면 체관부적재에 필요한 에너지 공급이 감소할 때만 수송이 억제될 것이다. 그러므로 적어도 현화식물의 경우 압류설은 체관부 수송에 대한 실험적 결과 및 알려진 모든 사실과 일치한다. 그러나 체관부 수송을 바로 이해하기 위해서는 체관부적재와 하적의 주요 과정을 살펴볼 필요가 있다.

3.8.2 체관부적재

체관에 포함된 체관액은 주위 세포의 세포기질과는 매우 다른 조성(3.7.2절)을 나타내어 일부 용질(특히 설탕)은 훨씬 높은 농도로 존재한다. 그러므로 체관부적재(phloem loading)는 **선택적**(selective)이어야 하며, 대사 에너지를 소모하는 **능동적**(active) 과정이어야 한다. 저온과 대사 저해제에 대한 체관부적재의 민감성은 능동적 과정이라는 것을 지지하는 증거이다. 그러나 어떻게 선택적이며 능동적인 적재가 이루어지는가? 그림 3.47a는 **아포플라스트성 적재**(apoplastic loading)라고 불리는 메커니즘으로서, 주로 초본성 식물의 여러 과(콩과, 국화과, 십자화과 등)에서 많은 증거가 발견된다. 설탕과 같은 용질이 공급원 세포로부터 원형질연락사를 통하여 심플라스트성 경로(3.2절)를 따라 체관부를 향하여 이동하며, 반세포나 체관요소에 도달하면 세포벽(아포플라스트)으로 유출되어 능동적으로 체관부로 적재된다.

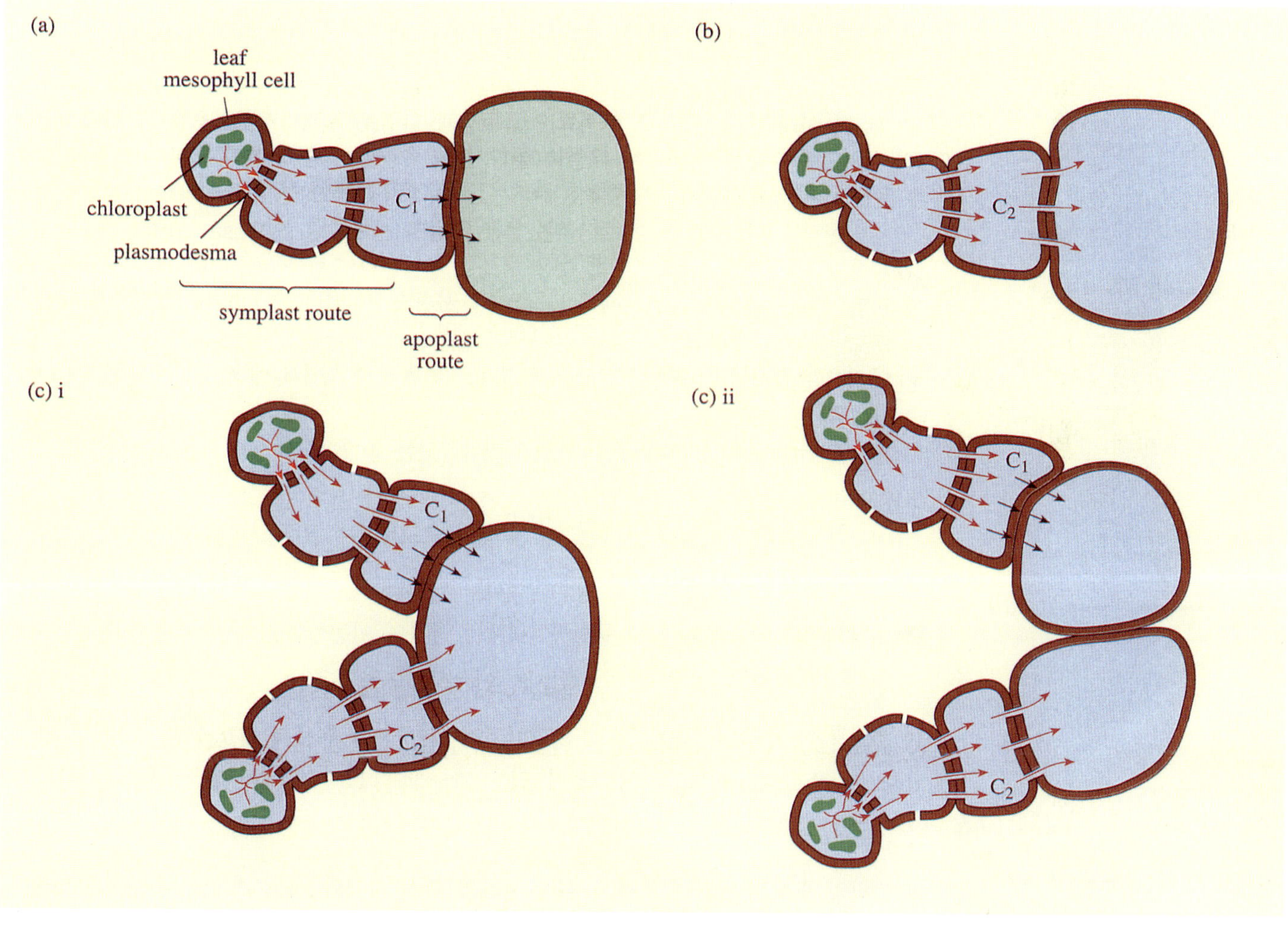

그림 3.47

체관부적재 메커니즘. (a) 아포플라스트성 적재. 용질은 잎의 엽육세포(및 기타 공급원 세포)로부터 원형질연락사를 통하여 반세포(C)까지 심플라스트로 이동하며, 능동수송(검은색 화살표)에 의해 아포플라스트를 통하여 체관으로 들어간다. (b) 심플라스트성 적재. 용질은 공급원 세포로부터 체관까지 전적으로 심플라스트를 통하여 이동한다. (c) 아포플라스트성 적재와 심플라스트성 적재의 혼합. (i) 같은 체관요소로 유입 (ii) 다른 체관요소로 유입.

하지만 주로 목본성 식물로 구성된 일부 과에서는 그림 3.47b의 **심플라스트성 적재(symplastic loading)**가 작용하는 것으로 보인다.

○ 그림 3.47에서 아포플라스트성 적재(그림 3.47a)와 심플라스트성 적재(그림 3.47b)의 중요한 차이점 두 가지를 찾아보시오.

● (i) 심플라스트성 적재 식물은 공급원 세포로부터 체관에 이르는 경로의 모든 세포들이 원형질연락사로 연결되어 있으나, 아포플라스트성 적재 식물은 그렇지 않다. (ii) 심플라스트성 적재 식물의 반세포는 중간세포 형태(3.7.1절)로서 원형질연락사에 의해 체관 및 주위 세포와 모두 연결되어 있다. 하지만 아포플라스트성 적재 식물의 반세포는 보통 반세포나 운반세포 형태로서 주위 세포나, 또는 그림 3.47의 경우처럼 체관과의 원형질연락사 연결이 없다.

일부 식물은 두 형태의 체관부적재가 모두 일어나는데, 어떤 때는 같은 체관으로 그리고 어떤 때는 다른 체관으로 적재가 일어난다(그림 3.47c).

그러면 이러한 체관부적재 메커니즘의 장점과 단점은 무엇인가? 아포플라스트성 적재에서는 2차능동수송을 이용하는 특수한 운반체(transporter)에 의해 용질이 아포플라스트로부터 이동한다. 체관부 수용 세포로부터 1차능동수송인 양성자펌핑에 의해 전기화학적 기울기가 형성되고, 예를 들어 설탕은 **설탕-양성자 공동수송(sucrose-proton co-transport)**에 의해 아포플라스트로부터 수용 세포로 유입된다(그림 3.48). 이 과정에서 왜 에너지가 필요한지, 그리고 운반체에 의해 어떻게 선택적 수송이 가능한지가 분명하다. 예를 들어 포도당은 이를 적재할 수 있는 운반체가 없으므로 체관부로 적재될 수 없다. 반대로 설탕-양성자 운반체의 합성을 조절하는 유전자는 체관부 조직에서 매우 강하게 발현된다.

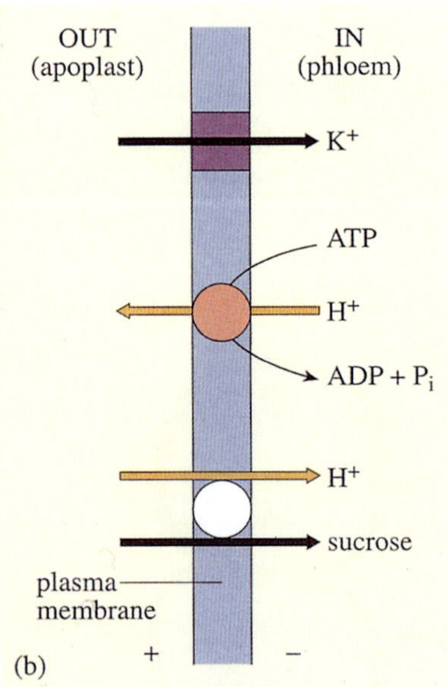

그림 3.48
아포플라스트성 체관부적재의 설탕-양성자 공동수송. ATP분해효소(분홍색 원)를 통하여 양성자 이온의 1차능동적 유출이 일어나고, 설탕의 2차능동수송은 설탕 운반체(흰색 원)에 의해 양성자와 짝지어져 일어난다. K^+를 비롯한 다른 용질의 2차능동적 유입이 일어나기도 한다.

하지만 어떻게 심플라스트성 적재가 일어나는지는 불명확하다.

○ 심플라스트성 적재는 체관 내에 설탕을 농축시키는데 있어서 어떤 문제점을 가지고 있는가?

● 설탕이 농도기울기를 따라 원형질연락사를 통하여 이동한다면 체관 내에 농축되기 위해서 농도기울기에 반하여 체관 내로 유입되어야 할 것이다.

심플라스트성 적재 메커니즘은 아직 논쟁의 대상이지만, **중합체포획 메커니즘(polymer trap mechanism)**이라고 하는 흥미 있는 가능성이 1991년에 제안되었는데 이를 그림 3.49에 나타내었다.

그림의 도식적 식물 구조에서 설탕 분자의 합성 장소와 이동 경로에 주목하기 바란다. 잎의 엽육세포에서 합성된 설탕은 원형질연락사를 통하여 중간세포(반세포)로 이동하고, 여기에서 갈락토오스와 결합하여 3당류인 라피노오스를 형성한다. 추가적인 반응으로 더 큰 당(올리고당)이 만들어질 수도 있다. 이들 당 중합체는 너무 커서 유입될 때 통과한 원형질연락사를 통하여 다시 확산되어 나갈 수 없으나(포획됨), 중간세포 내의 농도가 높아지면서

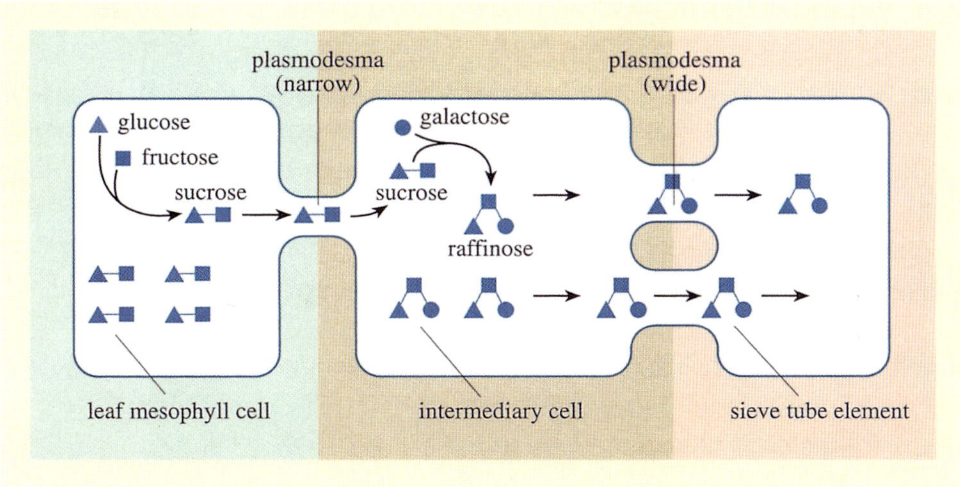

그림 3.49

심플라스트성 체관부적재의 중합체포획 메커니즘.

더 큰 원형질연락사를 통하여 체관 내로 들어갈 수 있다. 체관액은 종종 라피노오스와 같은 흔치 않은 당을 포함하고 있음을 상기하기 바라며, 이와 같은 당이 발견되는 식물은 중간세포 형태의 반세포와 심플라스트성 적재가 나타나는 식물이다(3.7.2절). 모든 자료가 중합체포획 메커니즘과 일치하는 것은 아니기 때문에 추가적 증명이 필요한 가설로 남아 있으나, 심플라스트성 체관부적재의 선택성과 에너지 요구(올리고당 합성을 위한)에 대한 설명은 충족시킨다.

○ 다음과 관련하여 중합체포획 메커니즘에서 어떤 예상을 할 수 있는가?
(a) 중간세포와 엽육세포 내 설탕의 상대적 농도
(b) 라피노오스를 비롯한 올리고당 합성에 관여하는 효소들의 위치
(c) 중간세포와 외부 세포를 연결하는 원형질연락사의 투과성

● (a) 설탕의 농도는 엽육세포보다 중간세포가 낮아야 한다. (b) 주로 중간세포에 있어야 한다. (c) 설탕보다 큰 분자는 통과할 수 없어야 한다.

아포플라스트성 체관부적재는 나중에 진화한 식물에서 나타나기 때문에 심플라스트성 적재에 비해 더 발달한 형태로 여겨진다. 더구나 아포플라스트성 적재는 온대 지역과 건조 지역에서 많이 나타나는데 비해, 심플라스트성 적재는 열대우림 지역에서 주로 나타나므로 건조하고 차가운 조건에서 불리할 것으로 예상할 수 있다. 예를 들어 내한성이 없는 우림지역 식물들은 10℃ 이하에서 칼로오스 침적에 의해 원형질연락사가 막히기 쉽다는 증거가 있다. 또한 올리고당의 합성은 특히 저온에 민감하여 실제로 온대 기후에서 심플라스트성 적재 식물은 아포플라스트성 적재 식물에 비해 질량전달속도(mass transfer rate)가 낮아 덜 효율적이라는 증거가 있다. 그러므로 아포플라스트성 적재가 심플라스트성 적재보다 나중에 진화하였으며, 식물이 건조하고 차가운 서식지로 이주하는 것이 용이해졌다.

3.8.3 체관부하적

뿌리, 꽃, 종자, 발달 중의 잎 등과 같은 수용부 기관(sink organ)의 생장은 수용되는 동화물질(assimilate)의 양에 따라 대부분 결정되는데, 이를 **수용력(sink strength)**의 척도라고 할 수 있다. 농부들의 가장 중요한 목표는 작물의 과실이나 저장 기관 같은 수확 기관의 수용력을 증가시키는 것이며, 작물과 야생종을 비교하면 언제나 작물의 수확 기관이 더 큰 것을 알 수 있다. 그러므로 수용력은 궁극적으로는 유전적 조절에 의해 결정되는 식물 발달의 한 양상이지만, 수용부의 대사 활동과 체관부하적 능력에 의해서 강한 영향을 받는다.

체관부하적의 메커니즘과 조절

체관부하적(phloem unloading)은 용질이 체관으로부터 유출되어 주로 유조직세포(parenchyma cell)를 통하여 수용부 세포로 수송되어 궁극적으로 대사 또는 저장으로 이어지는 과정이다. 최종 수용부에서 두 가지 형태의 체관부하적이 나타난다.

(i) 체관요소에서 시작하여 동화물질을 이용하거나 저장하는 세포까지 **전부 심플라스트성**인 경우(그림 3.50a). 체관의 팽압이 높고 수용 세포의 팽압이 낮아 형성되는 위치에너지 기울기를 따라 확산이나 대량유동(mass flow)에 의해 원형질연락사를 통하여 용질 이동이 일어난다. 그러므로 하적량은 원형질연락사의 수분전도도 및 수용 세포의 동화물질 사용이나 (녹말 등의 형태로)저장에 의해 낮은 팽압을 유지하는 능력에 따라 조절된다. 대부분의 수용부 기관은 이러한 메커니즘을 사용하는 것으로 보인다.

(ii) 체관 하적 후 아포플라스트 단계가 있는 심플라스트성 하적. 경로를 따라 심플라스트성 수송이 멈추고 동화물질이 아포플라스트로 이동하는 단계는 식물에 따라 다르며, 종종 전달세포가 세포벽으로부터 용질을 회수한다(그림 3.50b). 이 메커니즘은 두 가지 경우에 작동하는 것으로 알려져 있다. 첫째, 종자와 공생생물(균근의 균류와 기생식물)의 경우처럼

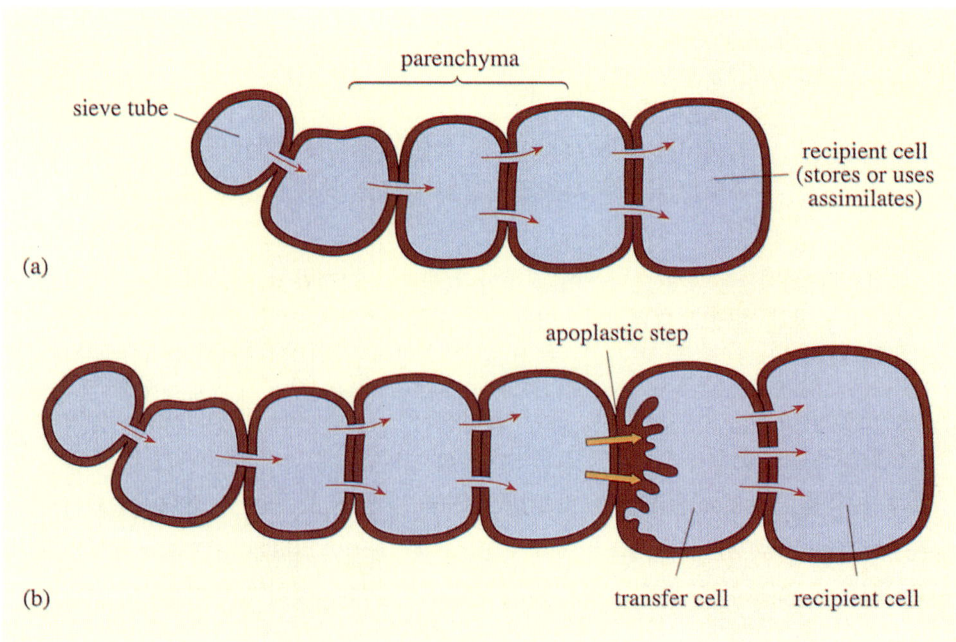

그림 3.50

체관부하적. (a) 전적으로 심플라스트성인 경우. (b) 아포플라스트성 단계가 있는 심플라스트성.

수용부의 유전체(genome)가 달라 실질적으로 다른 독립체로서, 불가결하게 숙주나 모체와 심플라스트성 연결이 없는 경우이다. 둘째는 설탕(녹말이 아니고)의 저장 기관, 예를 들어 사탕수수의 줄기나 사탕무의 뿌리와 같은 경우이다. 농도기울기에 반하여 설탕이 축적되어야 하므로 체관부적재와 같은 구속력이 여기서도 적용된다.

동화물질이 계속하여 아포플라스트로 유출되고 수용부 세포 내로 흡수되도록 다양한 메커니즘이 작용한다. 유출은 단순확산이나 촉진확산(facilitated diffusion)처럼 전적으로 수동적이거나, 또는 부분적으로 능동적일 수 있다(양성자-설탕 공동수송계). 발달 중인 종자의 세포벽에는 설탕을 포도당과 과당으로 전환시키는 전화효소(invertase)가 흔히 나타난다.

○ 체관부하적 시에 세포벽에 결합된 전화효소가 어떻게 설탕이 아포플라스트로 유출되는 것을 촉진할 수 있겠는가?

● 설탕이 세포벽에서 제거됨으로써 세포기질로부터 세포벽 방향으로 가파른 농도기울기가 유지되며 따라서 확산 속도가 빨라진다.

아포플라스트로부터 설탕 및 포도당과 과당의 흡수는 일반적으로 (2차)능동수송으로서 양성자와 짝지어진 것으로 보인다. 흡수에 관여하는 운반체의 활성은 세포의 팽압에 의해 조절되는 것으로 생각되며, 따라서 팽압은 동화물질에 대한 수용부의 요구 정도를 나타내는 지시자로 작용한다. 즉 수용부가 더 이상 동화물질이 필요 없으면 팽압이 증가하고 체관부하적은 감소하거나 중단된다.

수용부의 대사 활동, 즉 동화물질의 이용 및 저장 속도와 체관부하적의 효율성이 함께 용질이 체관을 떠나는 속도와 체관의 팽압을 결정한다. 최종 체관요소의 팽압이 낮을수록 공급원에서 수용부로의 압력 기울기는 가파르게 되고 따라서 질량운반속도도 빨라진다. 하지만 체관부적재 속도가 유지될 때에만 가파른 기울기가 유지되고, 실제로 공급원 기관의 체관 팽압의 감소가 체관부적재를 촉진하는 것이 발견되기도 하였다. 그러므로 천체적인 체계가 고도로 통합되어 있는 것이다.

하지만 이러한 통합은 체관부 이상으로 확장된다. 예를 들어 다음과 같은 관찰을 고려해 보자.

1. 감자의 괴경이 형성되기 시작할 때 잎의 광합성속도가 증가한다.

2. 감자 식물체에서 어린 괴경을 제거하면 잎의 광합성이 감소한다.

이와 마찬가지로 식물 뿌리의 균근에 균류가 존재하는 것이 광합성속도를 증가시키는 것으로 나타났다. 조절 메커니즘은 아직 확실하게 알려져 있지 않지만, 공급원의 전반적 대사 활동에 영향을 주는 되먹임이 수용부에서 공급원으로 작용하는 것이 분명하다. 식물은 일생 동안 생장에 따라 요구량이 변하는 다양한 수용부로의 동화물질 공급을 조정하여야 하는데 이러한 과정을 **동화물질분배(assimilate partitioning)**라고 한다. 수용부의 개시(수용부가 생장하기 시작할 때)와 종결(생장이나 저장을 중단할 때)은 주로 생장조절물질(growth regulator)에 의해 결정되므로, 이제 식물의 수송 연구로부터 발달 및 생장 연구로 이동하기로 한다. 그러나 그 전에 식물의 필수 물질 획득과 분배 과정에 대한 중요한 사항을 먼저 공부해야 하는데, 이것이 4장의 주제인 무기영양(mineral nutrition)이다.

3.8절의 요약

1. 현재 체관부 수송의 메커니즘으로서 압류설이 인정된다. 공급원 기관에서 용질의 능동적 체관 적재와 수용부 기관에서 (능동적 또는 수동적) 제거를 통하여 발생하는 정수압 기울기에 의해 추진되는 대량유동에 의해 이동이 일어난다.
2. 압류설의 중요한 예상, 즉 체관을 따른 적절한 압력 기울기, 막히지 않은 체판, 단일 체관 내의 양방향 유동 결핍, 경로를 따른 대사적 제어에 대한 수송 불감성 등이 실험 연구에 의하여 지지된다.
3. 체관부적재는 에너지 유입을 필요로 하며 아포플라스트성(설탕-양성자 공동수송)이거나 심플라스트성(원형질연락사와 중합체포획 메커니즘을 통하여)이다. 아포플라스트성 적재가 나중에 진화한 메커니즘으로 생각되며 건조하고 차가운 서식지에서 더 잘 작용한다.
4. 체관부하적은 전적으로 심플라스트성이거나, 또는 양성자와 짝지어진 2차능동수송이 필요한 아포플라스트 단계가 관여한다.
5. 동화물질의 분배에는 체관부적재와 하적의 조정뿐만이 아니라 공급원과 수용부 대사 활동의 조정도 관여한다.

References

Allen, G. J., Amtmann, A. and Sanders, D. (1998) Calcium-dependent and calcium-independent K^+ mobilization channels in *Vicia faba* guard cell vacuoles, in *Stomatal biology*, A. Hetherington and W. Davies (eds), *Journal of Experimental Botany*, **49**, Special Issue, pp. 305–318.

Beerling, D. J. and Woodward, F. I. (1997) Changes in land plant function over the Phanerozoic: reconstructions based on fossil records, *Botanical Journal of the Linnean Society*, **123**, 137–53.

Clarkson, D. T., Carvajal, M., Henzler, T., Waterhouse, R. N., Smyth, A. J., Cooke, D. T. and Steudle, E. (2000) Root hydraulic conductance: diurnal aquaporin expression and the effects of nutrient stress, *Journal of Experimental Botany*, **51**, pp. 61–70.

Fischer, R. A. (1971) Role of potassium in stomatal opening in the leaf of *Vicia faba*, *Plant Physiology*, **47**, pp. 555–8.

Furth, A. (2001) Making ATP, in *The Core of Life*, *Vol. I*, J. Saffrey (ed.), The Open University, Milton Keynes, pp. 209–240.

McCully, M. E. (1999) Roots in soil: unearthing the complexities of roots and their rhizospheres, *Annual Review of Plant Phys*iology, **50**, pp. 695–718.

Monson, R. K. and Smith, S. D. (1982) Seasonal water potential components of Sonoran Desert plants, *Ecology*, **63**, pp. 113–123.

Rabideau and Burr, (1945) *American Journal of Botany*, **32**, Botanical Society of America.

Skillman, J. B., Garcia, M. and Winter, K. (1999) Whole plant consequences of Crassulacean acid metabolism for a tropical forest understory plant, *Ecology*, **80**, pp. 1584–93.

Steudle, E. and Peterson, C.A. (1998) How does water get through roots? *Journal of Experimental Botany*, **49**, pp. 775–788.

Srivastava, A. and Zeiger, E. (1995) Guard cell zeaxanthin tracks photosynthetically active radiation and stomatal apertures in *Vicia faba* leaves, *Plant Cell Environment*, **18**, pp. 813–817.

Swithenby, M. S. and O'Shea, P. (2001) Membranes and transport, in *The Core of Life, Vol. I*, J. Saffrey (ed.), The Open University, Milton Keynes, pp. 107–164.

Taiz, L. and Zeiger, E. (1998) (2nd edn) *Plant Physiology*, Sinauer Associates Inc., Sunderland, Mass., p. 89.

Talbott, L. D. and Zeiger, E. (1996) Central roles for potassium and sucrose in guard-cell osmoregulation, *Plant Physiology*, **111**, pp. 1051–7.

Tardieu, F., Lafarge, T. and Simmoneau, Th. (1996) Stomatal control by fed or endogenous xylem ABA in sunflower: interpretation of observed correlations between leaf water potential and stomatal conductance in anisohydric species, *Plant, Cell and Environment*, **19**, pp. 75–84.

Tardieu, F. and Simonneau, T. (1998) Variability among species of stomatal control under fluctuating soil water status and evaporative demand: modelling isohydric and anisohydric behaviours, in *Stomatal biology*, A. Hetherington and W. Davies (eds), *Journal of Experimental Botany*, **49**, Special Issue, pp. 419–432.

Tardieu, F. and Trejo, unpublished data, in Tardieu, F. and Simmoneau, T. (1998) Variability among species of stomatal control under fluctuating soil water status and evaporative demand: modelling isohydric and anisohydric behaviours, *Journal of Experimental Botany*, **49**, Special Issue, *Stomatal biology*, A. Hetherington and W. Davies (eds), pp. 419–432.

Tezara, W., Mitchell, V. J., Driscoll, S. D. and Lawlor, D. W. (1999) Water stress inhibits plant photosynthesis by decreasing coupling factor and ATP, *Nature*, **401**, pp. 914–917.

Turgeon, R. (1991) Symplastic phloem loading and the sink–source transition in leaves: a model, in *Recent Advances in Phloem Transport and Assimilate Compartmentation*, J. L. Bonnemain, S. Delrot, W. J. Lucas and J. Dainty (eds), Nantes, France, Ouest Editions, pp. 18–22.

Tyree, M. T. (1997) The Cohesion–Tension theory of sap ascent: current controversies, *Journal of Experimental Botany*, **48**, pp. 1753–65.

Tyree, M. T. and Sperry, J. S. (1989) Vulnerability of xylem to cavitation and embolism, *Annual Review of Plant Physiology*, **40**, pp. 19–38.

Woodward, F. (1998) Do plants really need stomata? in *Stomatal biology*, A. Hetherington and W. Davies (eds), *Journal of Experimental Botany*, **49**, Special Issue, pp. 471–480.

Zeiger, E. and Zhu, J. (1998) Role of zeaxanthin in blue light photoreception and the modulation of light–CO_2 interactions in guard cells, in *Stomatal biology*, A. Hetherington and W. Davies (eds), *Journal of Experimental Botany*, **49**, Special Issue, pp. 433–442.

Further Reading

Taiz, L. and Zeiger, E. (1998) (2nd edn) *Plant Physiology*, Sinauer Associates Inc., Sunderland, Mass. [An excellent textbook that covers most of the material in this chapter, often at a more advanced level.]

Smith, S. D., Monson, R. K. and Anderson, J. E. (1997) *Physiological Ecology of North American Desert Plants*, Springer. [A textbook that examines the features of desert plants and relates morphology to physiology.]

4장 식물의 무기영양

4

4.1 서론

살아있는 모든 생물은 에너지원 및 자신의 구성과 유지를 위한 화학원소들을 필요로 한다는 것은 주지의 사실이다. 식물은 광합성을 이용하여 빛에서 에너지를 얻고 이산화탄소와 물로부터 탄소, 수소, 산소를 얻는다. 당의 형태로 모여 있는 이들 **유기영양소**(organic nutrient)를 보충하는 것은 주로 토양에서 무기 이온이나 분자 형태로 얻어지는 화학원소인 **무기영양소**(inorganic nutrient)이다. 재나 석회 형태로 토양에 영양소를 첨가하면 식물의 생장이 증진된다는 것은 2000년 이상 동안 알려진 사실이지만, 20세기에 들어서야 이러한 효과를 설명하는 연구가 수행되었다. 우리가 알고 있는 것처럼 식물체에 어떤 원소가 존재한다고 해서 반드시 필수원소라는 것을 의미하지는 않는다. 식물이 필요한 무기영양소를 토양에서 얻는다는 것은 주목할 만하지만, 완벽하게 선택적인 것은 아니기 때문에 필수영양소 이외에 필요 없거나 해로운 무기물까지 흡수할 수 있다.

필수무기원소(essential mineral element) 또는 필수무기영양소(essential mineral nutrient)라는 용어는 1930년대 말 아논(Arnon)과 스타우트(Stout)가 만들었다. 이들의 제안에 따르면 어떤 원소가 필수원소로 여겨지기 위해서는 다음 세 가지 기준을 충족해야 한다.

1. 원소가 없으면 식물이 일생을 마칠 수 없다.

2. 원소의 기능을 다른 원소가 수행할 수 없다.

3. 예를 들어 원소가 효소와 같은 필수 구성원의 구성요소로서 직접 식물 대사에 관여하거나, 또는 효소 반응과 같은 뚜렷한 대사 단계에 필요하여야 한다. 다른 원소의 해로운 영향을 상쇄시키는 원소나, 또는 삼투압 유지와 같이 덜 특수한 일부 작용에 있어서 단순히 무기영양소를 대신하는 원소는 필수원소라고 하지 않고, 대신 **이로운 원소**(beneficial element)라고 기술할 수 있을 것이다.

종자식물의 경우 13개의 무기영양소가 모든 식물에 필수적이라고 여겨지며, 3개 원소는 일부 식물에서만 필수적으로 알려져 있다. 일부 원소들은 비교적 많은 양이 필요하다. 이들 **다량영양소**(macronutrient)들은 단백질이나 핵산 같은 유기화합물의 구성원이거나 삼투압조절물질(osmoticum, 세포나 세포소기관의 삼투압에 기여)로 작용한다. **미량영양소**(micronutrient)는 미량으로 필요하며 효소의 보조인자(cofactor)와 전자전달 단백질의 구성요소 등을 포함한다. 분석 기술이 계속 발달함에 따라 미량영양소의 종류는 늘어날 수 있다. 표 4.1은 무기영양소의 종류와 주요 기능, 식물의 흡수 형태, 식물 건량 비 평균 상대 농도를 나타낸 것이다.

표 4.1 종자식물의 필수무기영양소. 식물의 흡수 형태, 건량 비 평균 상대 농도, 주요 기능의 예를 나타낸다. 덜 일반적인 흡수 형태는 [ ] 안에 표시하였다. Na, Si, Ni는 모든 식물에 필수적인 것은 아님을 주목할 것.

원소(원소기호, 영어)	식물의 흡수 형태	건량 비 평균 상대 농도	주요 기능(모든 기능을 망라한 것은 아님)
다량영양소			
질소(N, nitrogen)	NO_3^-(질산염, nitrate) [NH_4^+(암모늄, ammonium)]	1000	단백질과 뉴클레오티드의 구성원
칼륨(K, potassium)	K^+	250	삼투압조절; 전기화학적 평형 유지; 효소 활성 조절(단백질 합성, ATP 분해효소 등); 단백질 구조에 영향
칼슘(Ca, calcium)	Ca^{2+}	125	세포벽과 세포막의 안정화; 세포의 조절과 조정 작용에 중요한 역할을 하는 2차전달자
마그네슘(Mg, magnesium)	Mg^{2+}	80	ATP 가수분해효소 등의 효소 및 엽록소의 구성원; 세포 내 pH 및 전하의 조절 작용
인(P, phosphorus)	$H_2PO_4^-$(인산염) [HPO_4^{2-}, PO_4^{3-}]	60	핵산, 인지질, ATP, ADP 등의 구성원; 단백질 합성, 막, 에너지 전달 등에서의 역할; 인산화에 의한 조절 작용
황(S, sulfur)	SO_4^{2-}(황산염)	30	단백질과 글루타티온(중요한 항산화물질)의 구성원
미량 영양소			
염소(Cl, chlorine)	Cl^-(염소이온)	3	삼투압조절; 전기화학적 평형; 광계II 등에서 효소 조절
철(Fe, iron)	Fe^{2+}[Fe^{3+}]	2	산화환원계 구성원; 시토크롬 등의 전자전달자; 카탈라아제 등의 효소; 단백질 합성
붕소(B, boron)	H_3BO_3(붕산) BO_3^{3-}(붕산염)	2	정확한 기능은 알려져 있지 않으나 세포 신장, 핵산 합성, 막의 작용 등에 역할
망간(Mn, manganese)	Mn^{2+}	1	광계II에서의 역할; 항산화작용을 하는 과산화물제거효소의 구성원

아연(Zn, zinc)	Zn^{2+}	0.3	탄산무수화효소 등 효소의 구성원
구리(Cu, copper)	$Cu^{+}[Cu^{2+}]$	0.1	플라스토시아닌의 구성원; 전자전달에서의 역할
몰리브덴(Mo, molybdenum)	MoO_4^{2-} (몰리브덴염)	1×10^{-3}	질산염환원효소의 구성원; 질소 대사에서의 주요 역할
나트륨(Na, sodium)	Na^{+}	가변적	일부 식물에서 필수적이며 동물처럼 요구량이 많지 않음
규소(Si, silicon)	SiO_3^{2-}(규산염)	가변적	화본과 등 일부 식물에서 세포벽 구성원으로 필수적
니켈(Ni, nickel)	Ni^{2+}	가변적	일부 식물에서 필수적

○ 표 4.1에 모든 식물에 필수적으로 기술된 원소 중에서 양이온의 형태로 흡수되는 것은? 음이온의 형태로 흡수되는 것은? 비전형적인 원소는?

● 양이온으로 흡수되는 것은 K, Ca, Mg, Fe, Mn, Zn 등이고, 음이온으로 흡수되는 것은 P, S, Cl, B, Mo이다. 질소는 양이온인 NH_4^+나 음이온인 NO_3^-로 흡수될 수 있다.

식물이 번성하기 위해서는 세포, 조직, 기관 내의 적절한 장소에 적절한 양으로 이들 원소들을 포함할 필요가 있다. 식물은 과다하거나 과소한 양의 영양소로 인해 해로운 영향을 받거나 결핍 증상을 나타낸다. 일부 무기영양소에 의한 독성은 세계적으로 중요한데, 이에 대해서는 후에 논의하기로 한다(4.6.1~3절). 표 4.2는 특정 원소의 공급이 부족할 때 식물에 나타나는 증상이다.

○ 어떤 영양소가 결핍될 때 황백화현상(chlorosis, 잎이 노랗게 됨)의 징후가 나타나는가?

● N, Mg, K, Mn, S, Fe 중 하나라도 결핍되면 황백화가 나타난다.

식물은 무기영양소의 위치를 찾아 흡수하고 분배하며 조직의 무기영양소 양을 조절하는 메커니즘이 필요하다는 것을 알 수 있다. 식물이 어떻게 이러한 선택적 작용을 수행하는지는 4.2~4.5절에서 설명한다.

또한 환경이 변화함에 따라 진화에 의해 새로운 종과 지역적 조건에 알맞게 적응된 개체군(**생태형, ecotype**)이 탄생하였다. 이러한 적응의 예는 4장 전체에 걸쳐 언급되어 있으나, 특히 4.6절은 세계적인 관심사로서 대부분 인간에 의해 유발된 토양 무기염류의 잠재적 유해 농도에 적응한 세 가지 예, 즉 금속 채취에 의한 독성, 관개에 의한 과량의 염분, 산성 강수에 의한 알루미늄 독성 등에 적응한 예를 다루고 있다. 4.7절에서는 이러한 자연적 변이가 파괴된 지역의 회복 촉진뿐만 아니라 농업적 효율성과 지속성을 증진시키는데 어떻게 이용되는지에 대하여 논의한다.

표 4.2 특정 무기영양소 결핍에 의한 현화식물의 증상

결핍 원소	증상
	식물 전체에 일반화되어 나타나는 영향, 그러나 오래되고 아래쪽에 있는 잎이 가장 영향을 많이 받음; 아래쪽 잎이 마름
N	식물체가 옅은 녹색; 아래쪽 잎이 노랗고, 말라서 옅은 갈색이 됨; 생장 후기 단계에서 원소가 결핍되면 자루가 짧고 가늘어짐
P	식물체가 검은 녹색이며 종종 붉은색과 자주색이 나타남; 생장 후기 단계에서 원소가 결핍되면 자루가 짧고 가늘어짐
	대부분 부분적인 영향, 오래되고 아래쪽에 있는 잎이 가장 영향을 많이 받음; 아래쪽 잎에 얼룩반점이 나타나지만 마름 현상은 최소화
Mg	얼룩지거나 황백화된 잎, 전형적으로 붉어지기도 함; 죽은 반점이 나타날 때도 있음; 정단부나 가장자리가 위쪽으로 향하거나 휘어짐; 가는 자루
K	주로 정단부와 잎맥 사이 특히 잎의 가장자리에서 죽은 조직의 작은 반점이 나타나는 얼룩지거나 황백화된 잎; 가는 자루
Zn	죽은 반점이 일반화되어 있고, 보통 잎맥 사이에서 빠르게 확대됨; 두꺼운 잎; 짧은 마디의 자루
	새로운 잎이나 아엽(bud leaf)이 영향을 받음; 국지적 증상; 어린 잎의 정단부나 기저부가 뒤틀리고 나서 정아(terminal bud)가 죽음
Ca	정아의 어린잎이 먼저 고리 모양으로 휘고 나중에 정단부와 가장자리가 죽음; 정아 자루가 가장 나중에 죽음
B	정아의 어린잎 기저부가 옅은 녹색이 됨; 나중에 생장한 잎은 뒤틀림; 정아 자루는 끝내 죽음
	새로운 잎이나 아엽이 영향을 받음; 국지적 증상; 정아 생존
Cu	어린잎이 반점이나 황백화 없이 영구히 시듦; 후기 단계에서 정단부와 종자 바로 밑의 가지나 자루가 종종 시듦
Mn	어린잎은 시들지 않음; 잎 전체에 죽은 조직의 반점이 흩어져 나타나는 황백화; 작은 잎맥들은 바둑판무늬나 그물 모양을 만들며 녹색을 유지함
S	어린잎은 시들지 않음; 황백화로 인해 어린잎이 완전히 옅은 녹색이 됨; 죽은 반점이 거의 나타나지 않거나 없음
Fe	어린잎은 시들지 않으나 황백화됨; 주맥은 녹색으로 남아 있음; 자루는 짧고 가늠; 죽은 반점이 거의 나타나지 않거나 없음

4.1절의 요약

1. 무기영양소는 식물의 흡수 표면(주로 뿌리)을 둘러싸고 있는 용액으로부터 흡수된다.

2. 모든 식물에 13가지의 영양소가 반드시 필요하다. 이 중에서 6가지는 다량영양소라고 불리며 비교적 많은 양으로 필요하고, 7가지는 미량영양소라고 불리며 비교적 적은 양으로 필요하다.

3. 식물은 하나 이상의 영양소 공급이 부족하면 결핍 증상을 나타낸다.

4. 일부 식물에서 미량영양소가 과다하면 유해할 수 있다.

4.2 무기영양소의 흡수

이온은 수생식물(가래속의 수초 등)과 비관다발식물(선태식물 등)의 몸 전체 표면을 통하여 흡수될 수 있다. 하지만 대부분의 관다발식물에서 이온 흡수는 뿌리에 국한되어 있고, 이온은 토양 입자를 둘러싸는 묽은 용액으로부터 수분과 함께 흡수된다. 잎에 의해 소량의 이온이 빗물에서 흡수될 수 있지만(잎에 비료 용액을 산포하여 영양을 공급하는 방법은 이러한 흡수 경로에 의존함, **엽면시비, foliar feeding**), 일반적으로 이온 흡수는 뿌리에서 시작된다. 여기서 의문점은 이온이 토양용액으로부터 무기영양소 요구가 높은 줄기 생장 부위로 어떻게 이동하는가에 대한 것이다.

무기원소는 생장하고 있는 줄기 정단에 도달하기 위하여 우선 표피에서 중심주로 뿌리를 가로질러 가야하고(그림 4.1), 다음에 물관부 통도 세포 내에서 줄기 위쪽으로 이동해야 한다.

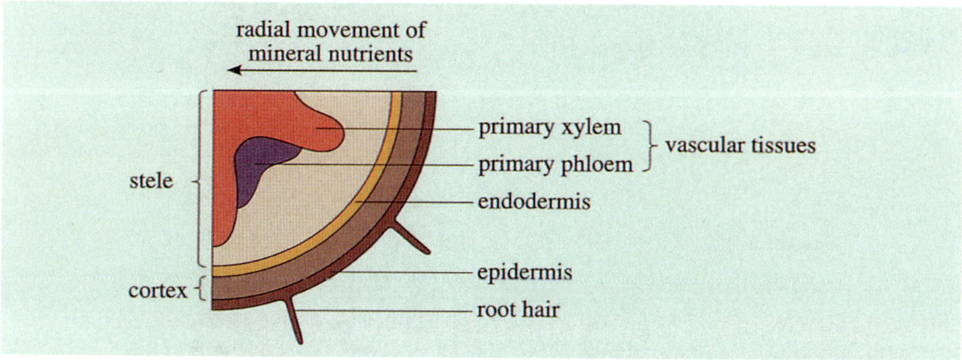

그림 4.1
초본 뿌리의 횡단면으로서 무기영양소가 외부 용액에서 관다발조직을 향하여 뿌리를 횡단하여 이동하는 것을 보여준다.

4.2.1 아포플라스트성 수송

이온은 우선 피층의 아포플라스트로 확산되면서 뿌리로 들어간다(3장). 구조적으로 세포벽은 대나무 가지로 엮은 바구니와 같아서 구멍이 많이 나있지만 강하고 단단하다. 세포벽 섬유 사이의 공간은 최대 직경이 약 5 nm로서, K^+, Ca^{2+} 등의 이온 및 설탕, 아미노산, 유기산 등 분자질량이 적은 용질이 통과하기에 충분하다. 용질은 모두 같은 속도로 이동하지 않는다. 세포벽의 펙틴은 고정된 음전하 배열을 가지고 있어서, 양이온은 NO_3^-나 특히 SO_4^{2-}와 같은 음이온에 비해 쉽게 아포플라스트 쪽으로 이동할 수 있고, 음이온은 반발로 인해 양이온에 비해 훨씬 더 천천히 확산한다. 하지만 K^+와 Ca^{2+} 등의 양이온은 세포벽의 카르복실기가 양이온과 가역적으로 결합하는 양이온 교환물질로 작용하기 때문에 세포벽 내의 공간을 전적으로 자유롭게 통과할 수는 없다. 세포벽 내의 외관상 자유 공간은 이온과 비전하 분자가 자유롭게 접근할 수 있는 **수분자유공간**(water free space, WFS)과 양이온 교환과 음이온 반발이 일어나는 **도넌자유공간**(Donnan free space, DFS)으로 나누어진다. DFS 내의 이온 분포는 토양에서 음전하 표면을 가진 점토 입자의 경우와 비슷하다(4.2.4절). Ca^{2+}과 같은 2가이온은 1가이온에 비해 양이온 교환 부위에 쉽게 결합하고 또한 더 천천히 확산한다. 하지만 분자질량이 큰 용질(금속화합물, 유기 독소, 바이러스를 비롯한 병원체 등)은 너무 커서 섬유 사이의 틈을 통과할 수 없고 따라서 세포벽으로부터 배출된다.

용질 이동에 대한 뿌리 아포플라스트의 가장 큰 방해물은 피층 가장 안쪽의 세포열인 내피(endodermis)이다.

○ 1장과 3장에서 배운 내피의 구조에서, 내피가 아포플라스트 수송에 어떤 문제를 야기하는가?

● 내피 세포벽에는 세포를 한 바퀴 도는 카스파리띠(Casparian strip)라고 하는 코르크질 띠가 발달되어 있다. 카스파리띠는 용질이 아포플라스트를 통하여 중심주로 이동하는데 효과적인 걸림돌이 된다.

내피세포의 원형질막은 세포벽과 세포막을 다리처럼 연결하는 특수 단백질에 의해 카스파리띠에 매우 강하게 부착되어 있다(그림 4.2). 이러한 부착이 내피 구조의 결정적인 특징이다. 이로 인해 피층에서 중심주로 이동하는 물질은 세포막을 통과하여야 한다. 이러한 방법만이 선택적 흡수를 가능하게 한다. 하지만 칼슘은 특수한 경우로서, 주로 아포플라스트성 경로이다(4.2.2절 참조).

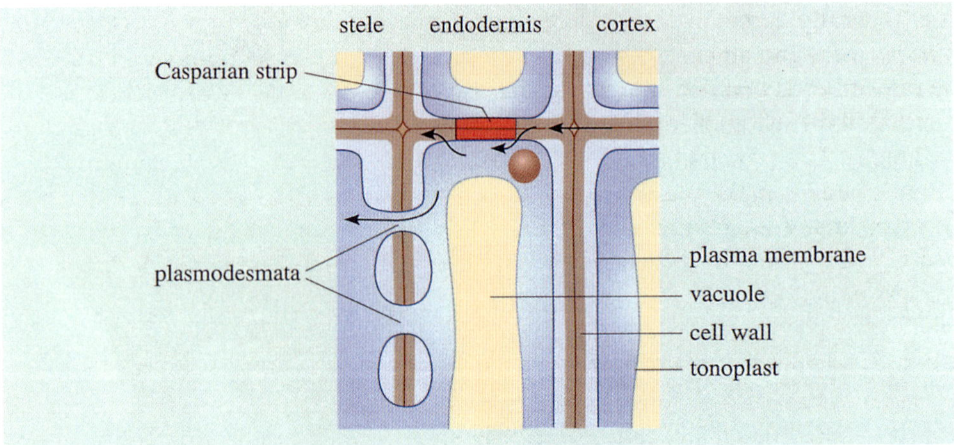

그림 4.2

부분 원형질분리가 일어난 세포에서 원형질막과 카스파리띠가 부착되어 있는 것을 볼 수 있다. 이 세포는 인접 세포와 원형질연락사에 의해 연결되어 있다. 검은색 화살표는 세포벽을 따라 이동하는 용질이 카스파리띠에 의해 세포질로 우회되는 것을 보여준다.

4.2.2 세포막의 통과

대부분의 경우에 외부 용액의 무기영양소 함량과 세포의 무기영양소 요구량 사이에는 상당한 차이가 있다. 그러므로 **식물 세포의 영양소 흡수는 선택적이어야 한다.** 이러한 **이온선택성**(ion selectivity) 원리를 원생생물인 히드로딕티온(*Hydrodictyon*)의 거대 세포를 이용하여 그림 4.3에 나타내었다. 이들 세포는 크기 때문에 이온선택성 미세전극을 사용하여 쉽게 연구할 수 있다. 세포의 여러 구획 안에 전극을 삽입하여 특정 이온의 농도를 정량할 수 있다.

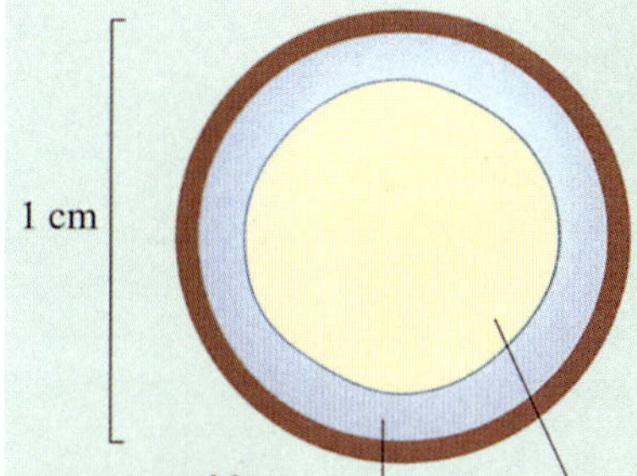

	outside solution	cytoplasm	vacuole
$[K^+]$	0.1	93	40
$[Na^+]$	1.0	51	17
$[Cl^-]$	1.3	58	38

그림 4.3

거대 조류 세포(히드로딕티온)의 세포 구획과 외부 용액의 이온 농도(nmol l^{-1}).

○ 그림 4.3의 이온들이 세포질과 외부 용액에 같은 비율로 존재하는가?

● 아니다. 외부 용액은 Cl^->Na^+>K^+의 순으로 양이 많고, 세포질에서는 K^+>Cl^->Na^+이다.

주목할 것은 히드로딕티온은 염도가 높은 수분에서 생장할 수 있으며, 삼투압조절물질로서 Na^+를 필요로 한다는 점이다. 육상식물은 대부분 Na^+의 선택적 배출에 있어서 히드로딕티온보다 더 효율적이다(4.6.2절 참조). 이 예는 또한 이온 흡수의 다른 특징인 **축적**(accumulation)을 설명하고 있다. 무기원소의 농도는 식물세포액이 외부 용액보다 훨씬 더 높을 수 있다. K^+, Na^+, Cl^-의 농도는 히드로딕티온의 세포질이 외부 용액보다 훨씬 높다(50 배에서 1000배에 이르기까지). 그림 4.3의 자료는 또 다른 중요한 현상을 설명한다.

○ 그림 4.3의 이온 농도를 액포와 세포질에서 비교하시오.

● K^+, Na^+, Cl^- 모두 세포질의 농도가 액포보다 높다(1.5 배에서 3배까지).

여러 세포 구획의 원소 농도가 서로 다른 상태를 유지하는 능력은 중요한 것으로서 나중에 다시 논하기로 한다.

이러한 선택성과 축적이 가능하기 위해서는 **특수결합부위** 및 구동력을 제공하는 **에너지 공급**이 필요하다는 것은 일반적으로 인정되는 사실이다(하지만 모든 이온이 능동수송에 의해 세포로 유입되는 것은 아니라는 것을 명심해야 한다. 수송단백질(**단일이동, uniport**)에 의한 수동적 촉진확산도 매우 흔하다). 양이온과 음이온을 비롯한 용질의 선택적, 능동적 흡수의 주요 장소는 각 세포의 원형질막이다. 막수송(membrane transport)의 메커니즘은 다양하지만, 식물은 동물과 비교하여 아래에 설명한 것처럼 몇 가지 중요한 차이가 있다.

막수송 메커니즘 : 구동력의 생성

1차능동수송은 전반적 전기화학전위(electrochemical potential)의 기울기를 생성하며, 이 기울기는 1차펌프와 짝지어진(2차능동수송) 이온특이성 수송단백질(운반체와 통로)에 의한 이온 흡수의 구동력이 된다. 동물세포는 나트륨펌프(Na^+-pump)와 H^+-ATP가수분해효소(H^+-ATPase) 형태의 양성자펌프(proton pump)를 1차수송에 이용한다.

동물세포와는 달리 **관다발식물**은 1차적 나트륨 능동수송이 없는 것으로 보인다. 그 대신 진균류 및 세균처럼 막을 통한 용질 이동의 구동력을 제공하는 것은 양성자펌프이다(그림 4.4의 펌프 1). 식물이 동물과 다른 또 하나의 차이점은 크기가 크고 액체로 가득 찬 액포가 있다는 점인데, 액포막(tonoplast)도 1차와 2차능동수송 메커니즘을 가지고 있다. 액포막의 1차능동수송은 **두 종류의 양성자펌프** 중 하나에 의해서 일어난다. 하나는 H^+-ATP가수분해효소(그림 4.4의 펌프 2)로서 원형질막의 것과는 매우 다른 특성을 가지며, 다른 하나는 **무기인산가수분해효소(inorganic phosphatase, H^+-PP_iase**, 그림 4.4의 펌프 3, PP_i는 무기피로인산을 나타내며 인산이온이 쌍으로 연결되어 있다. PP_i는 ATP가 ADP로 전환될 때 생성된다)이다. 양성자펌핑의 에너지는 피로인산 2합체(dimer)가 2개의 인산 단위체(monomer)로 전환될 때 제공된다. 원형질막과 액포막의 양성자펌프는 각각 아포플라스트와 액포로 H^+를 이동시킨다.

○ 이러한 양성자펌핑은 액포 및 외부 용액과 비교하여 세포질의 전하와 pH에 어떠한 영향을 주는가?

● H^+가 세포질로부터 액포나 세포 바깥으로 이동함으로써, 세포질은 주위 구획에 비해 음전하를 비교적 더 많이 띄고 더 알칼리성이 된다. (일반적으로 세포질의 pH는 7.3~7.6, 액포는 4.5~5.9, 아포플라스트는 약 5.5이다.)

이러한 전하 및 pH 기울기는 막을 통한 다른 용질들의 2차능동수송에서 이동의 구동력이 되는 전기화학전위 기울기를 생성한다.

그림 4.4에는 다른 형태의 1차능동수송도 나타나있는데(펌프 4), 인산이온이 아닌 전자전달(광합성과 호흡의 전자전달과 같은)에 의해 가동된다. 그림 4.4가 제시하듯이 뿌리를 포함한 식물세포로부터의 양성자펌핑이 **막관통 산화환원펌프(transmembrane redox pump)**라고 불리는 원형질막의 전자전달사슬과 연결되어 있다는 몇몇 증거가 있다. 이 펌프는 또한 철의 흡수에도 관여하는 것으로 보인다. 대부분의 토양에 용해된 철은 Fe^{3+}로 존재하나 뿌리는 Fe^{2+} 형태로 흡수한다. 이는 뿌리 표면에서 분비되는 환원제에 의해 Fe^{3+}가 Fe^{2+}로 전환되기 때문이다. 즉 Fe^{3+}가 전자전달사슬의 최종 전자수용체로 작용할 수 있을 것이며, 그러면서 Fe^{2+}로 환원된다. 뿌리에서의 양성자 분비와 Fe^{3+} 환원이 막관통 산화환원펌프와 연결되어 있는 모델을 그림 4.5에 나타냈다.

관다발식물에서 1차능동수송에 의해 운반되는 다른 이온은 Ca^{2+}와 Cl^- 뿐이나, 이들 이온은 세포질 **안으로**가 아니고 세포질에서 **바깥으로** 펌핑된다(칼슘은 특수한 경우로서 아래를 볼 것).

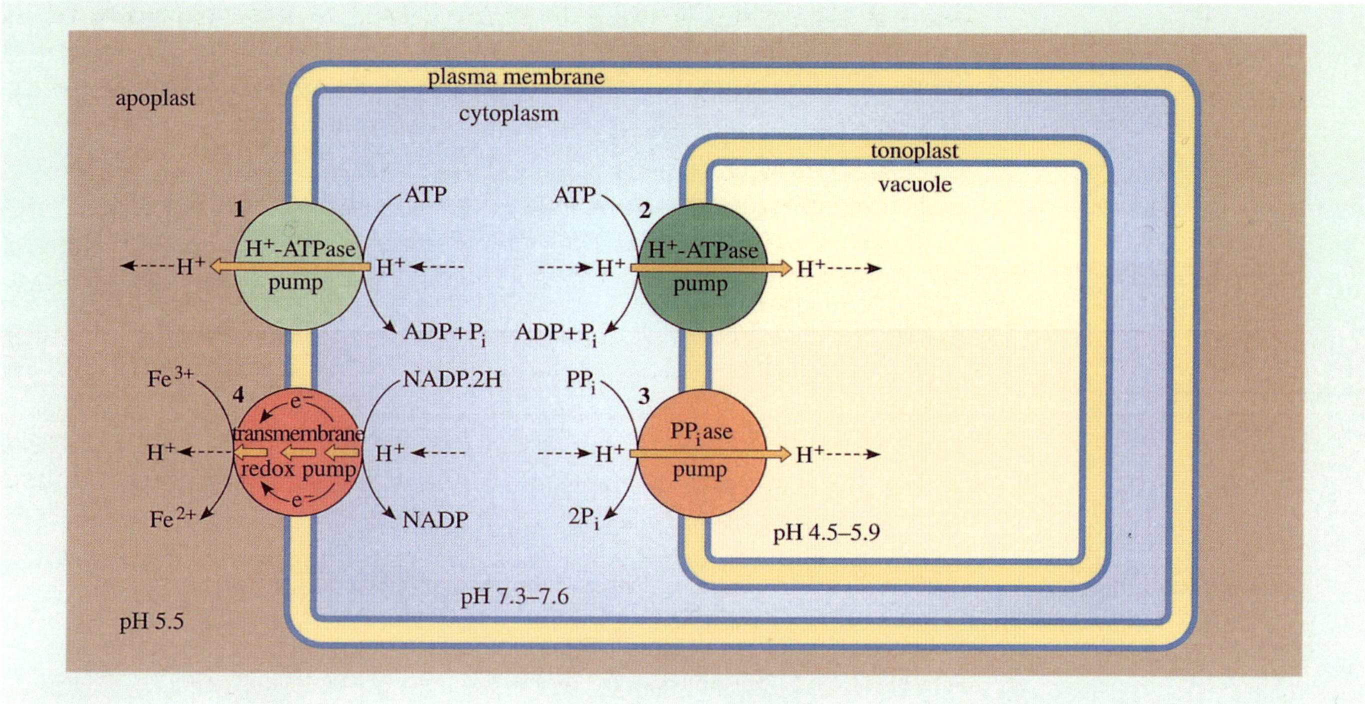

그림 4.4

식물세포의 1차능동수송에 관여하는 양성자펌프와 막관통 산화환원펌프의 위치 및 기능에 대한 모델. 각 펌프에 대한 자세한 설명은 본문을 볼 것.

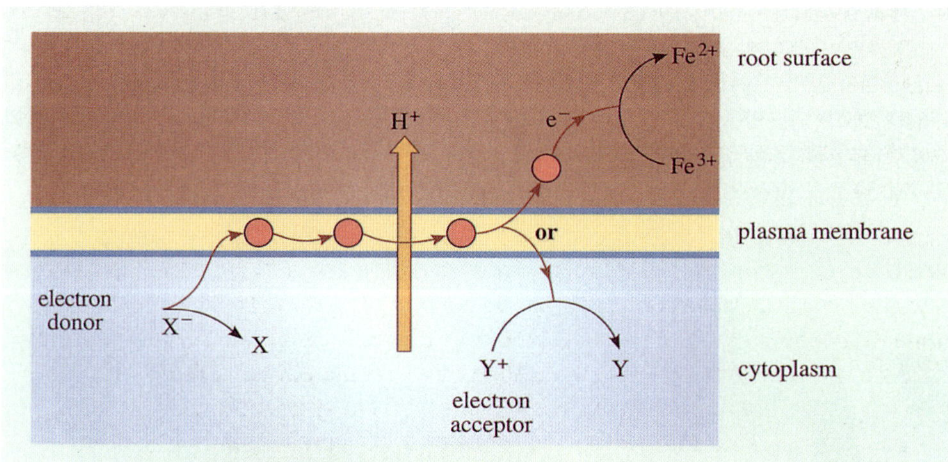

그림 4.5

식물 뿌리세포 원형질막의 양성자 분비 및 철 환원과 연결된 막관통 산화환원펌프. Fe^{3+} 환원이 세포내 기질 Y^{+}의 환원을 대체한다.

2차능동수송 : 막을 통한 선택적 통과

2차능동수송(secondary active transport)은 이온운반체(ion carrier)와 이온통로(ion channel)의 중간적 특징을 가지고 있는 막단백질에 의해 일어난다.

이온운반체에 의해 수송되는 물질은 우선 운반체의 특정 부위에 결합한다. 이로 인해 단백질의 구조 변화가 일어나고 막의 반대편 용액으로 물질이 노출된다. 물질이 단백질의 결합 부위에서 분리되면 수송이 완료된다. 이러한 형태의 수송은 능동적일 수도 있고 수동적일 수도 있다.

이온통로의 경우 단백질은 막의 선택적 통로로 작용한다. 통로의 크기와 통로에 면한 내부 표면의 전하 밀도에 의해 수송 특이성이 결정된다. 운반체는 외부 신호에 반응하여 통로를 열고 닫는 '문'을 가지고 있다. 이러한 방법으로 막을 통과하는 수송 방법은 언제나 수동적이며, 이온운반체에 비해 수송 속도가 100만 배까지 빠르다.

통로와 같은 특성을 가진 막단백질이 세포막에 존재한다는 것은 동물세포의 경우 1930년대 이후부터 알려져 왔지만 식물에서는 비교적 최근에 그 존재가 발견되었다. 이러한 막단백질은 이온 흡수 기능 이외에도 Ca^{2+}에 의한 신호전달과 공변세포의 작동에도 작용한다. 또한 이온의 물관부 적재(4.2.4절), 균근 연합의 인산 흡수(4.5.3절), 유기산 유출(4.6.3절) 등에도 작용하는 것으로 보인다.

일반적으로 특정 수송단백질은 수송 물질의 종류에 대하여 특이성을 나타내지만 경우에 따라 연관된 물질도 수송할 수 있다. 예를 들어 식물 원형질막에 있는 K^+운반체는 주로 K^+를 선호하지만 Rb^+와 Na^+도 수송할 수 있다. 하지만 고염 조건처럼 주위에 경쟁 이온이 대단히 풍부한 경우(4.6.2절)가 아니면, 불완전한 선택성으로 인한 문제는 발생하지 않는다.

수송단백질은 단일수송(uniport), 공동수송(symport), 역수송(antiport)으로 작용할 수 있다.

○ 그림 4.6에 있는 세 가지 수송단백질 중 어느 것이 공동수송으로 작용하는가? 단일수송은? 역수송은?

● A가 공동수송이다. H^+의 수동적 유동이 물질 A의 능동적 이동과 **같은** 방향으로, 그러나 전기화학전위 기울기에 반하여 짝지어져 있다. B는 단일수송이다. 용질이 전기화학전위 기울기에 따라 **수동적**으로 이동한다. C는 역수송으로서 H^+의 수동적 이동이 다른 용질의 펌핑과 반대 방향으로, 그러나 전기화학전위 기울기에 반하여 짝지어져 있다.

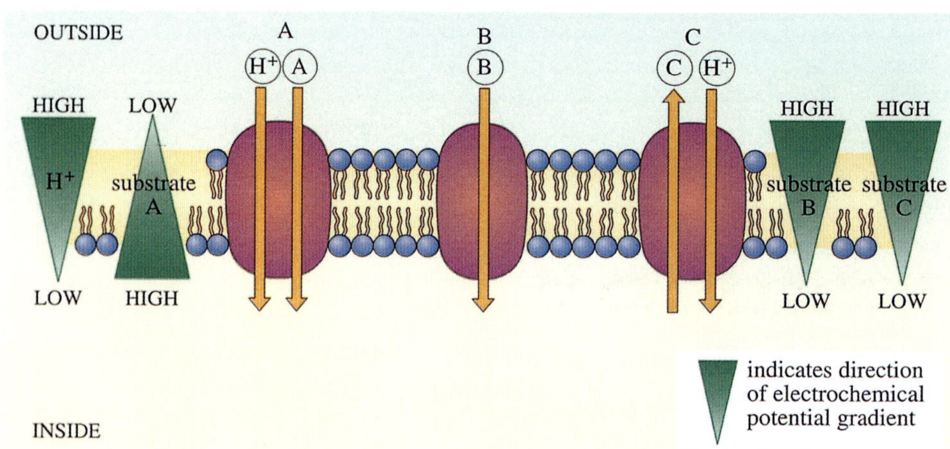

그림 4.6

식물의 막을 통한 용질 이동 방법. (A) 세포로 돌아오는 한 개의 양성자에서 방출된 에너지가 기질(예로서 설탕) 한 분자의 세포 내 흡수와 짝지어져 있다. (B) 막 단백질은 물질이 높은 농도에서 낮은 농도로, 즉 에너지 유입이 없이 농도기울기를 따라 막을 통과하게 해준다. (C) 세포로 돌아오는 한 개의 양성자에서 방출된 에너지가 기질(예로서 Na^+)이 세포 밖으로 능동수송되는 과정과 짝지어져 있다. (A)와 (C)에서 기질은 전기화학전위 기울기에 반하여 이동한다.

용질의 흡수

대부분의 양이온은 단일수송으로 작용하는 특수 이온통로에 의해 뿌리세포 내로 확산된다. 하지만 외부 농도가 낮은 K^+의 경우에는 큰 농도기울기에 반하여 이동해야 하기 때문에 이러한 방법이 적용될 수 없다. 그래서 **능동적인** '고친화성 K^+ 흡수계'가 필요하며, 이는 능동적 공동수송체(symporter)의 형태를 취하고 있다. Cl^-, NO_3^-, $H_2PO_4^-$(표 4.1), 아미노산, 당 등의 다른 용질들은 특수한 양성자 공동수송체에 의해 (전하기울기를 따라) 세포 내로 유입되는 것으로 보인다. 그림 4.7은 포도당 흡수 실험의 결과로서 당 수송에 대한 증거를 제공한다.

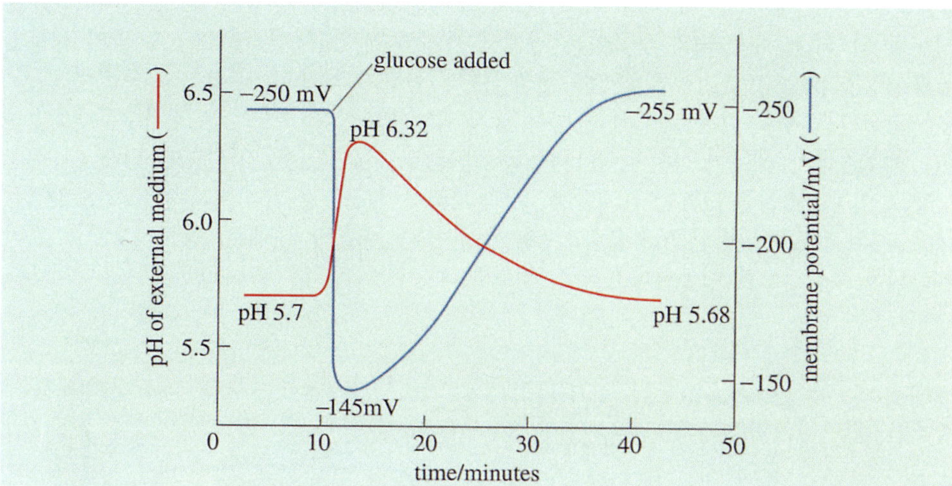

그림 4.7

포도당-양성자 공동수송의 증거. 수생식물인 좀개구리밥(*Lemna gibba*)의 표면을 담고 있는 배양액의 pH와 막전위를 동시에 측정한 결과이다. 곡선 앞부분은 일정한 pH와 막전위를 보여주며 50 mmol l^{-1}의 포도당을 용액에 첨가하면 조건이 변한다.

○ (단순한 무기염류 용액에 들어있는) 식물세포에 포도당이 공급되고 세포에 의해 흡수될 때 막전위(membrane potential)와 외부 pH에 어떤 변화가 일어나는가?

● 막전위 감소와 외부 pH 증가가 동시에 일어난다.

외부 pH 증가는 양성자가 배양액에서 없어지고 이와 동시에 세포의 막전위가 감소하는 것을 의미한다. 막전위가 감소하는 것은 양전하(H^+)가 포도당과 함께 세포 내로 이동하기 때문이다. 이러한 관찰은 포도당-양성자 공동수송에 의해 포도당이 양성자와 함께 세포 내로 수송된다면 예견할 수 있는 일이다. 하지만 막의 전압이 감소함으로 인해 H^+ 펌프가 더 빠르게 작용하고, 계속되는 포도당 흡수 상태 하에서 막 전압과 pH 기울기를 회복하기 때문에 막의 탈분극화는 수명이 짧다.

이온의 배출

양이온은 역수송에 의해 세포 밖으로 배출된다. 내염성 식물은 고염 조건에서 이 메커니즘을 이용하여 원하지 않는 나트륨 이온을 제거한다. 음이온은 전위 기울기를 따라서, 즉 음이온 단일수송에 의해 세포로부터 주위로 확산된다(그림 4.8).

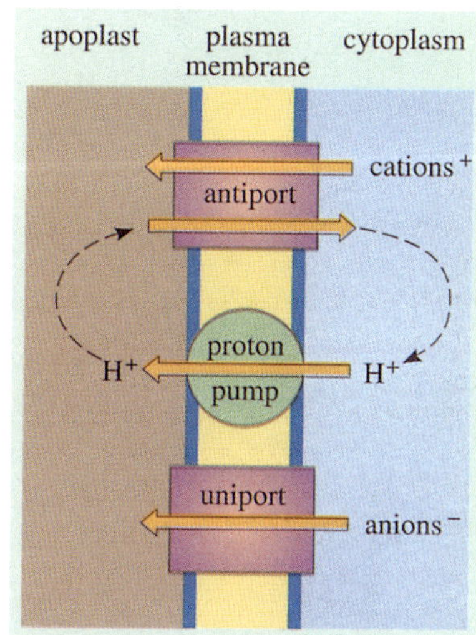

그림 4.8

식물 뿌리 원형질막의 수송단백질에 의한 무기염류의 배출. 용질은 역수송의 경우에만 농도기울기에 반하여 수송된다.

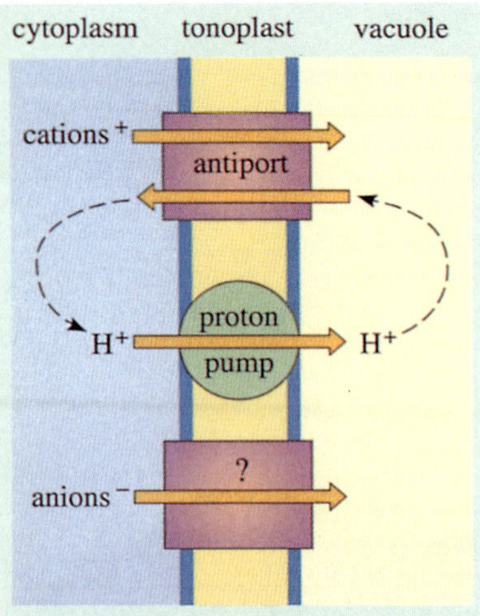

그림 4.9

식물세포 액포막의 수송단백질에 의한 이온의 액포 내 이동. 양이온은 농도기울기에 반하여 능동수송되지만, 음이온은 전하기울기에 의해 수동적으로 이동하고 있음을 볼 수 있다.

액포막의 역할

양이온은 역수송에 의하여 액포 내로 이동하며, 이렇게 함으로써 액포 내 높은 K^+ 농도를 통하여 팽압을 조절하고, 세포질 내의 Na^+와 Ca^{2+} 농도를 낮게 유지할 수 있다. 음이온이 액포 내로 이동하는 과정은 분명하지 않으나, 액포가 세포질에 대하여 상대적으로 음전하를 가짐으로써 전기화학적 기울기를 따라 이동하는 것으로 보인다(그림 4.9).

칼슘 : 특수한 경우

칼슘은 토양에 매우 풍부한 원소이고, 실제로 식물 조직보다 환경에 더 높은 농도로 존재하는 몇 안 되는 이온 중의 하나라는 점에서 특이하다. Ca^{2+}은 해로울 수 있기 때문에 강한 항상성(homeostasis)에 의해 세포질의 Ca^{2+} 농도가 낮게 유지된다. 세포질의 Ca^{2+} 농도가 조금만 변해도 많은 효소의 활성이 급격하게 변화한다. Ca^{2+}-ATP가수분해효소는 칼슘을 세포질에서 세포벽으로 펌핑(1차능동수송)하고, H^+/Ca^{2+} 역수송에 의해 Ca^{2+}이 액포 내로 이동(2차능동수송)한다(그림 4.10). 따라서 세포질을 통하여 피층을 가로지르는 Ca^{2+}은 거의 없으며, 대신 아포플라스트를 통하여(즉 세포벽 내에서) 농도기울기를 따라 확산에 의해 수동적으로 이동한다.

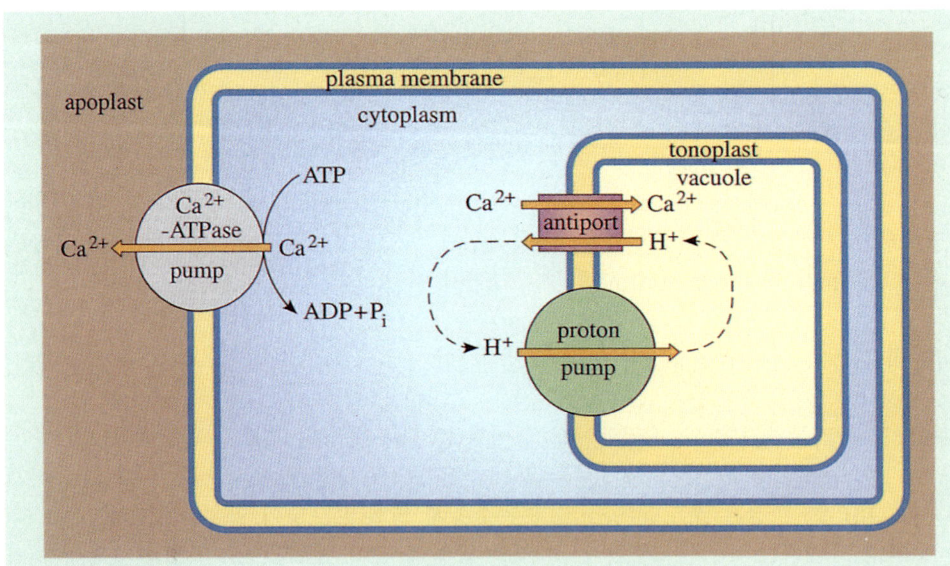

그림 4.10

아포플라스트로의 1차칼슘펌프와 액포 내로의 2차역수송에 의해 세포질에서 칼슘이 배출되는 과정.

Ca^{2+}이 어떻게 내피와 카스파리띠를 통과하는지는 전혀 알려져 있지 않다. 추측컨대 Ca^{2+}은 피층쪽 내피 세포질로 유입되고 반대쪽 세포벽으로 펌핑되어 나가는 일종의 심플라스트성 우회로를 이용하거나, 내피 세포벽에서 방수 기능이 없는 소수의 일부 지역, 즉 뿌리 정단부(근단)와 가까운 곳이나 2차뿌리가 생장해 나오는 곳에서 아포플라스트를 따라 이동하는 것으로 생각된다. 어떤 방법이든 Ca^{2+}의 흡수와 물관부로의 수송은 심플라스트

수송 이온과 비교하여 호흡 저해제에 상대적으로 불감성인데, 이는 칼슘 흡수가 주로 수동적이라는 것을 의미한다. 하지만 Ca^{2+}은 독성에도 불구하고 세포 내에서 매우 중요한 역할을 담당한다. 세포벽 구조에는 Ca^{2+}이 다량영양소 양으로 필요할 만큼 매우 중요하다. 이는 식물이 해결하려고 노력은 하지만 언제나 성공적이지는 못한 역설이다. 그러므로 Ca^{2+} 결핍에 의한 이상 증상은 원예 작물의 가장 흔한 질병에 속한다. 칼슘은 또한 세포 내 신호전달에서 매우 중요한 역할을 한다. 아마도 세포 내 분배를 정확히 조절하는 바로 그 메커니즘이 있기 때문에 칼슘이 2차전달자(second messenger)로서 작용할 수 있을 것이다.

4.2.3 세포질 내의 수송

영양소가 일단 뿌리 피층세포의 원형질막을 통과하여 세포질 내로 들어가면, 이온은 심플라스트를 통하여 확산에 의해 피층을 가로지르고 액포에 축적된 저장 이온과 평형을 이룬다.

○ 3.2.1절에서 어떤 구조에 의해 물질이 세포질에서 나가거나 원형질막을 통과하지 않고 피층을 가로 질러 세포와 세포 사이에서 수송될 수 있는가?

● 세포 사이의 이동은 세포벽을 관통하는 원형질연락사를 통해 일어난다. 원형질연락사는 세포질을 포함하는 좁은 통로로서 원형질막으로 둘러싸여 있다(그림 4.2 참조).

어떤 무기영양소는 식물 내에 원래 상태로 남아있는 반면에(K^+, Na^+, Cl^- 등), 일부는 최종 목적지에 도착하면 바로 유기분자 내로 편입된다(인산, 철, Ca^{2+} 등). 하지만 질소와 황은 화학적으로 환원되어 유기분자로의 동화에 이용된다. 즉 탄소가 광합성에 의해 고정되어 대사과정을 거치는 것과 마찬가지로 질소와 황도 대사과정을 거쳐야 하는 것이다. 질산염과 황산염의 환원은 에너지 면에서 비용이 매우 많이 드는 과정이다. 식물과 일부 미생물만이 이러한 반응을 수행할 수 있으며, 전적으로 무기물 질소와 황으로도 살아갈 수 있는 것이다. 다른 생물들은 음식으로부터 또는 소화기관에 공생하는 미생물로부터 유기화합물의 형태로 대사과정을 거친 질소와 황을 얻어야 한다.

4.2.4 물관부로의 이온 방출

일단 이온이 원형질막을 통과하여 뿌리 표면의 세포 내로 들어오면, 일부는 남아서 사용되거나 액포 내에 저장된다. 그러나 대부분은 계속 이동하여 심플라스트를 통해 피층을 통과하고, 결국에는 물관부의 목질화된 통도요소 내로 이동한다. 완전히 분화되고 생명이 없는 물관으로 이온이 방출되는 과정은 심플라스트에서 다시 아포플라스트로의 재수송을 의미한다. 이온의 물관부 적재 과정은 아직 분명하지 않지만, 현재 증거에 따르면 뿌리 표면 가까운 곳이나 또는 내피 쪽으로 가까운 곳의 아포플라스트에서 능동적으로 흡수된 다음 수동적으로 뿌리를 가로지르고, 다음에 이온 수송단백질을 통하여 물관액(xylem sap)으로 방출된다(그림 4.11).

그림 4.11

이온이 뿌리를 가로질러 물관으로 이동하는 과정. (1) 심플라스트성 경로, (2) 아포플라스트성 경로.

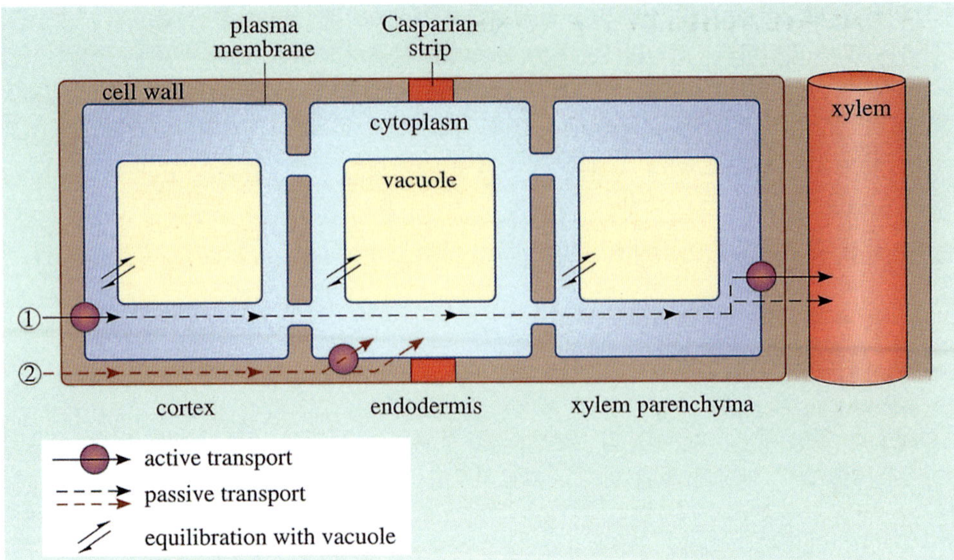

상세한 메커니즘은 현재 활발히 연구하는 중이다. 이온은 물관으로 새어나가는 것이 아니다. 그 대신 물관으로의 수송은 원형질막의 H^+-ATP가수분해효소 및 이온 유출 통로를 통한 엄격한 대사적 조절을 받는다. 막을 통한 이온의 이동은 막전위 및 세포질의 칼슘 농도에 의해 조절된다. 물관부 적재는 피층세포의 이온 흡수와는 별도로 조절되는 것으로 알려져 있는데, 이는 수송의 제어와 조절에 있어서 중요한 의미가 있다(4.4.1절 참조).

무기영양소의 흡수를 위한 생화학적 기구가 반드시 식물 전체가 토양에서 무기원소를 흡수하는 속도를 결정하는 것은 아니다. 영양소의 순흡수는 환경에서의 가용성, 내부적 요구량 및 식물의 영양소획득 능력 등 수많은 다른 요인들에 의해 결정된다. 이들 요인들이 다음 세 절의 주제이다.

4.2절의 요약

1. 내피의 카스파리띠는 아포플라스트를 통한 이온의 양 방향 확산, 즉 뿌리 내로와 뿌리 밖으로의 이온 확산에 장애가 된다.

2. 그러므로 뿌리의 이온 흡수는 칼슘의 경우를 제외하고 적어도 하나의 뿌리세포 원형질막을 통과하여야 한다.

3. 이 단계에서 선택적 흡수 과정이 작용한다.

4. 선택적 막 수송에는 양성자펌핑 ATP가수분해효소와 같은 에너지 공급(1차능동수송) 및 이온특이성 운반체(2차능동수송)가 필요하다.

5. 주로 이온특이성 운반체의 수와 분포가 이온의 분포를 결정한다.

6. 줄기로의 수송은 통도세포 인접 물관부유조직에서 작용하는 것과 같은 종류의 요인들을 필요로 한다.

7. 심플라스트 내에서 영양소는 원형질연락사를 통하여 세포 사이를 이동한다.

4.3 이온 가용성

상식적으로 식물 내부의 원소 농도는 토양에서의 가용성(availability)에 의해 영향을 받을 것으로 생각된다. 하지만 토양 내 무기원소의 절대 농도는 식물에의 가용성에 대한 정보를 거의 주지 못한다. 각 영양소의 가용성은 화학적 물리적 환경 및 이와 관련된 요인들의 영향을 받으며, 토양의 pH는 그중 가장 중요한 요인 중 하나이다.

4.3.1 토양의 pH

토양의 pH는 토양용액 내 수소이온 농도에 의해 결정되며, 염기성 양이온, 즉 알칼리성 토양 이온 및 Ca^{2+}, Mg^{2+}, Na^{+}, K^{+}와 같은 알칼리성 금속의 상대적 양에 의해 영향을 받는다. 이러한 염기성 이온들이 풍부한 토양은 그렇지 않은 토양에 비해 pH가 높다. 토양을 통해 아래로 걸러 내려가는 수분은 H^{+}이온을 대신 남기며 염기성 양이온을 가지고 가는 경향이 있다.

○ 다른 조건들이 모두 같다면 강수량이 풍부한 지역은 적은 지역에 비해 토양의 pH가 높겠는가, 낮겠는가?

● 강수량이 높은 지역은 토양 pH가 낮을 것이다. 왜냐하면 토양이 점차적으로 강우에 의해 씻겨 내려갈 때(용탈작용, leaching) 염기성 양이온들이 H^{+}에 의해 대체되어 소실되기 때문이다.

유기물과 특히 점토 입자에는 많은 수의 표면 음전하가 있어 여기에 양이온이 흡착된다. 점토 입자들은 토양의 물리 화학적 특성에 많은 영향을 끼친다. 점토 무기질은 판 형태의 여러 층으로 구성된 결정 구조를 가지는데(그림 4.12), 일부에서 이들 판들이 수분에 의해 서로 떨어져 내부 표면이 노출될 수 있다.

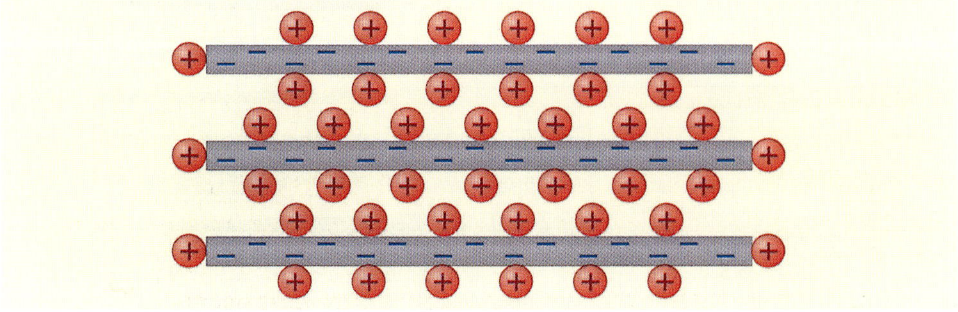

그림 4.12

점토 무기물의 판구조를 나타낸 모식도. 점토 무기물의 규산염 층은 음전하를 띠고, H^{+}, K^{+}, Na^{+}, Ca^{2+}, Mg^{2+} 등의 교환 가능한 양이온 층으로 둘러싸여 있다.

이와 같은 음전하 입자의 존재가 토양용액의 이온 분포에 영향을 준다. H^{+}, K^{+}, Na^{+}, Ca^{2+}, Mg^{2+}와 같은 양이온은 입자 표면에 흡착되어 입자 주위에 양전하 층을 형성하는데 이러한 배열을 **전기이중층(electric double layer)**이라고 한다. 저가(low valency) 양이온은 고가(high valency) 양이온에 비해 입자와의 결합이 약하나, 이들 모두 토양용액을 비롯한 전하를 가진 다른 토양 구성원들과 교환될 수 있다. Cl^{-}, NO_3^{-} 등 토양용액의 음이온은 반발에 의해 점토 입자에서 멀어진다. 하지만 모래는 대부분 전하를 가지지 않고, 따라서 모래 토양은 점토 토양에 비해 용탈작용이 심하다. 이러한 사실은 토양 비옥도와 밀접한 관련이 있다.

○ 이러한 관찰에 비추어, 일반적으로 모래 토양이 점토 토양에 비해 다소 비옥하다고 예상할 수 있는가?

● 모래 토양이 덜 비옥할 것이다. 왜냐하면 염기성 양이온이 더 쉽게 없어지기 때문이다. 하지만 점토 토양은 용탈작용에 의해 NO_3^-와 같은 음이온이 쉽게 손실된다.

정원사들은 모래 토양이 점토 토양에 비해 일반적으로 덜 비옥하고, 연속적인 작물 수확에 의해 양분이 더 빨리 고갈되며, 산성이 더 강하다는 것을 알고 있으며, 토양에 퇴비와 거름을 첨가하는 것이 영양소를 첨가하는 것일 뿐만이 아니라 영양소 보유 특성도 증진시킨다는 것을 잘 알고 있다. 토양 pH는 여러 가지 방법으로 이온 가용성에 영향을 주는데, 예를 들어 몇몇 이온은 특별한 결합으로 존재하면 용액으로부터 불용성 염으로 침전되어 식물이 이용할 수 없게 되는데 철이나 알루미늄 인산이 그 예이다. 다른 한편으로 일부 원소들은 여러 가지 이온 형태로 존재할 수 있으나 그 중 한 가지만이 뿌리에 의해 쉽게 흡수되는데 철과 인이 그 예에 속한다. 더구나 가장 쉽게 흡수되는 형태는 pH에 따라 변할 수 있다. 예를 들어 질소는 토양에 NO_3^-와 NH_4^+의 형태로 존재하나, 낮은 pH에서는 NH_4^+가 식물에 의한 가용성이 높은 형태이고, 반면에 NO_3^-는 높은 pH에서 더 쉽게 흡수된다.

그림 4.13은 토양 pH에 따라 변하는 영양소의 가용성을 나타낸다.

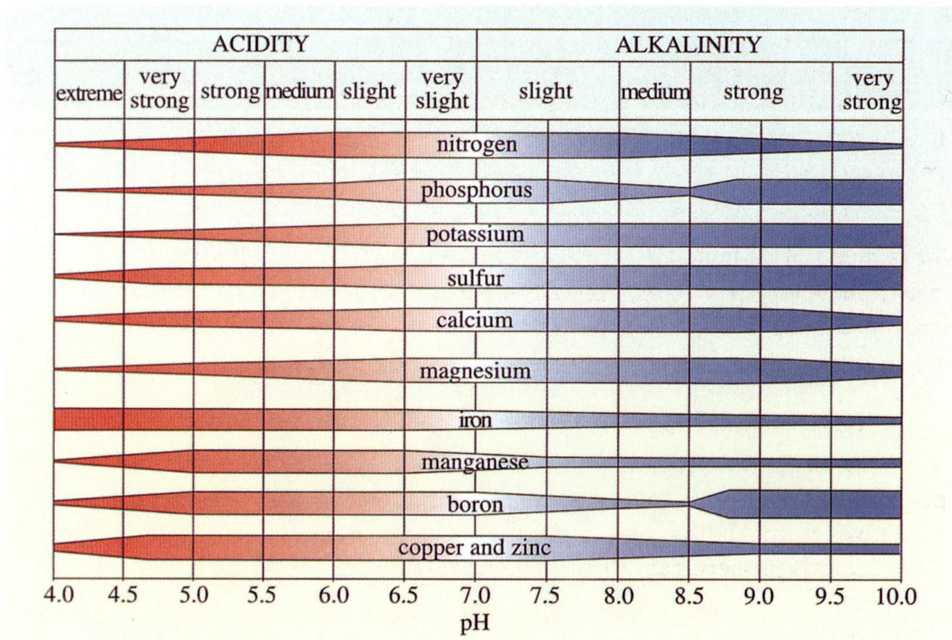

그림 4.13

토양 pH와 무기영양소 가용성의 관계. 막대가 넓을수록 가용성이 크다.

○ 적당히 알칼리성인 토양에서 공급이 부족할 것 같은 다량영양소와 미량영양소는 어떤 것인가?

● 다량영양소인 인과 미량영양소인 철, 망간, 붕소, 구리, 아연 등이다.

많은 식물의 생태학적 분포는 토양 pH의 영향을 강하게 받는다. 대부분의 식물은 대략 pH 6.5에서 잘 생장하도록 적응되어 있는데, 이 pH에서는 대부분의 필수원소들의 가용성이 높다. 만약 백악과 석회암을 덮고 있는 토양처럼 pH가 7.5 이상으로 증가하면, 인, 철, 망간, 붕소, 아연 등과 같은 원소는 비교적 가용성이 낮아지고 따라서 결핍 증상이 나타날 수 있다. pH 6.0 이하에서는 이들 미량원소들이 독성 농도에까지 이르게 되고, 칼슘, 마그네슘, 인 등은 가용성이 없어질 수 있다. 산성 조건은 전형적으로 토탄질 토양이나 또는 화강암처럼 석영이 풍부한 암석을 덮고 있는 용탈작용이 심한 토양에서 발견된다. 산성 pH에서는 알루미늄 독성도 심각한 문제가 될 수 있다. 알루미늄은 필수영양소는 아니지만 지각에 가장 풍부하게 존재하는 원소 중의 하나이다. 알루미늄 독성은 산성 토양의 농업적 잠재성을 심각하게 제한하는데, 이 문제는 산성 강수(산성비)의 증가에 의해 악화되고 있다. 알루미늄 독성에 대한 문제는 4.6.3절에서 자세하게 다루기로 한다.

석회석질 토양에서 생장하도록 적응된 식물을 **호석회식물(calcicole)**이라고 하며, 앵초 종류(*Primula veris*)나 헬리안테뭄 종류(*Helianthemum nummularium*) 등이 그 예이다. 호석회식물은 종종 산성 토양에서 생존이 가능하지만, 아마도 주요 영양소가 결핍되고 미량영양소 독성의 영향을 쉽게 받기 때문에 잘 생장하지는 못한다. 반대로 산성 토양에서의 생장에 적응된 식물을 **혐석회식물(calcifuge)**이라고 하고, 산앵도나무 종류(*Vaccinium myrtillus*), 칼루나 종류(*Calluna vulgaris*), 에리카 종류(*Erica cinerea*), 진달래 종류(*Rhododendron* spp.) 등과 같이 고산 황무지와 모래 황야의 전형적인 식물을 포함한다.

혐석회식물은 알루미늄 독성에 견디도록 적응되어 있으나, 만약 알칼리성 토양에서 생장하면 보통 철 결핍으로 인하여 **석회황백화(lime chlorosis)**라고 불리는 심각한 황화현상을 나타낸다. 이러한 조건은 알루미늄이 마그네슘 통로나 또는 화본과 식물처럼 철수송계를 통하여 식물로 유입되는 사실과 연관이 있다. 화본과 식물은 철 공급이 부족하면 **피토시데로포어(phytosiderophore)** 라고 불리는 비단백질성 아미노산을 방출하는데 이것이 Fe^{3+}와 안정된 복합체를 형성한다. 다음에 원형질막의 특수 운반체를 통하여 이 복합체가 뿌리세포로 흡수된다. 따라서 만약 혐석회식물이 잠재적 흡수 부위의 수를 감소시킴으로써 Al^{3+}으로부터 자신을 보호한다면, 높은 pII에서 철과 마그네슘의 가용성이 낮아질 때 철이나 마그네슘 결핍(두 경우 모두 황백화가 일어날 것임)에 특히 민감할 것이다. 이러한 이론은 역으로 호석회식물이 산성 조건에서 생장할 때 금속 독성에 민감한 이유를 설명할 수 있다. 그러나 다른 이론에 따르면 호석회식물이 산성 토양에서 잘 생장하지 못하는 주된 이유가 NH_4^+ 독성 때문이라고 하는데 이 요인의 영향이 무시되어서는 안 될 것이다.

4.4 무기영양소의 내부 농도 조절

식물의 영양소 함유량은 토양 내 가용성에 의해 크게 영향을 받지만, 식물 자신도 어느 정도까지 체내 무기물 함량을 조절할 수 있다. 세포와 조직 수준에서 중요한 조절 장소는 이온 이동이 능동적으로 제어되는 세포막이다. 이러한 **세포내 조절(intracellular regulation)**은 세포막의 수송단백질이 관여한다(4.4.1절). 하지만 이러한 조절계는 근계(root system) 수준의 현상에도 영향을 줄 수 있다. 식물은 국지적 조건에 따라 무기원소에 대한 뿌리 노출을 최적화하는 전략을 취한다. 이러한 전략에는 다음이 포함된다.

- 토양의 이온 가용성을 변화시키는 메커니즘
- 뿌리 구조의 변화
- 미생물 및 다른 식물과의 공생

무기원소의 획득을 최적화하기 위한 이러한 전략에는 세포 밖의 현상과 근계 전체가 관여하는데, 이를 **영양소획득(nutrient foraging)**이라는 용어로 부르며 세포내 조절과 대립되는 개념이다(4.5절).

4.4.1 세포내 조절

식물은 많은 무기영양소의 순흡수 속도(net rate of uptake)를 조절하는 되먹임(feedback) 메커니즘을 가지고 있다(그림 4.14).

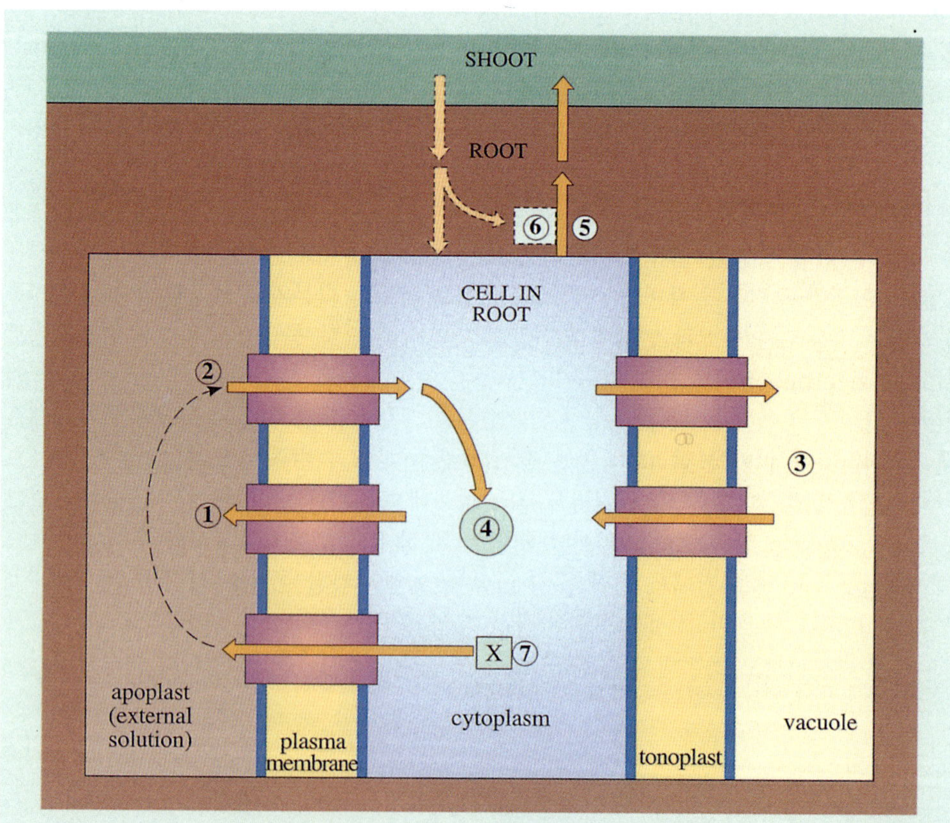

그림 4.14

뿌리의 이온 흡수에 대한 세포, 조직, 근계 수준의 되먹임 조절 메커니즘. (1) 유출, (2) 유입, (3) 액포의 농도, (4) 변형 및 세포질로의 유입, (5) 줄기로의 물관부 수송, (6) 줄기로부터의 되먹임 조절, (7) 영양소 결핍/독성에 의한 유기용질 X의 삼출 증가(유기산 등).

원소의 순흡수 속도는 **유입**(influx)과 **유출**(efflux)의 차이에 의해 결정된다(즉 세포, 조직, 또는 뿌리로 들어오고 나가는 이동 속도). 식물에 영양소가 결핍되면 식물은 유출①을 감소시키거나 유입②을 증가시켜서(아마도 유입이 더 중요) 이온의 순흡수 속도를 증가시킨다. 실험에 의하면 식물에 인, 칼륨, 황 등이 며칠 동안 결핍되면, 종종 운반단백질의 수가 증가하며(아마도 운반단백질을 암호화하는 유전자의 발현 증가에 의해서), 이온에 대한 친화도는 증가하지 않는다. 영양소 결핍에 의해 유도되는 반응은 추가적 단백질 합성을 필요로 한다. 그림 4.15는 외부에 황산염이 결핍될 때 보리의 황산염 및 인산염 흡수 변화를 나타낸다. (식물은 황산염 형태로 황을 흡수한다.) 황산염의 흡수 양상은 예상대로이다. 즉 결핍 3~5일 이내에 빠른 속도로 황산염의 유입이 증가하나(그림 4.15a), 황산염을 다시 공급하면 수 시간 이내에 유입이 급격히 감소하며 하루 이내에 멈춘다(그림 4.15b).

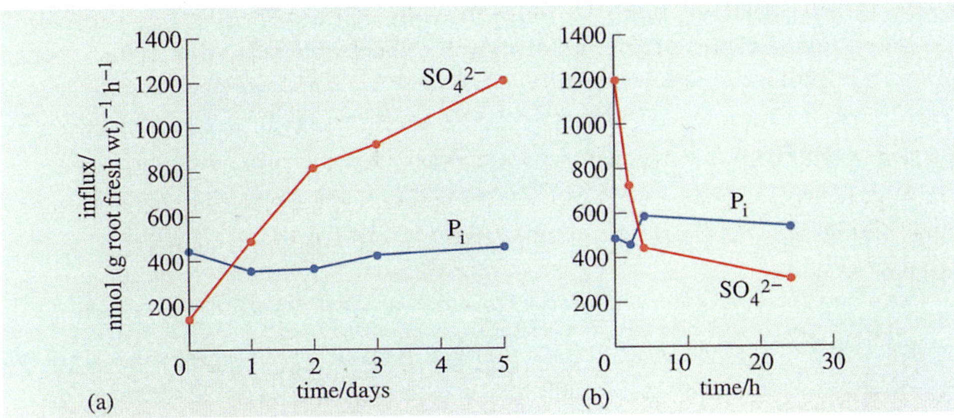

그림 4.15

시간에 따른 보리 뿌리의 황산염(SO_4^{2-})과 인산(P_i) 유입. (a) 5일 동안 외부 황산염 공급을 중단시킴. (b) 하루 동안 황산염을 재공급함.

그러나 인산염의 흡수 양상은 이와 다르다.

○ 그림 4.15에서 식물에 황산염이 결핍될 때 인산염 흡수에는 어떤 영향이 있는가?

● 황산염의 가용성은 인산염의 유입에 거의 영향을 주지 않는다. 인산염의 유입은 거의 일정하게 유지된다.

○ 이러한 관찰은 황산염 및 인산염 운반단백질의 특성과 황산염 결핍에 의해 유도된 반응의 특성에 대하여 어떤 정보를 제공하는가?

● 인산염은 황산염과 다른 운반단백질에 의해 흡수되며, **결핍에 의해 유도되는 반응은 관여하는 원소에 특이적**이라는 것을 의미한다.

반응의 활성화 메커니즘, 즉 단백질 합성의 유도는 액포③, 세포질④, 또는 줄기⑤ 내 원소 농도의 변화와 관련이 있다(그림 4.14). 예를 들어 황산염의 유입은 액포의 황산염 농도 변화 및 세포질의 시스테인(아미노산) 등의 황화합물 농도 변화의 영향을 받는다. 반면에 질산염의 유입은 액포 내 질산염과 세포질 내 암모늄이온(NH_4^+)이나 또는 글루타민 등의 질소화합물에 의해 조절된다. 칼륨, 인, 철, 질소, 황과 같은 원소의 흡수는 줄기의 조건에 의해 영향을 받는다. 일정 기간 영양소가 결핍된 후 다시 공급하면, 줄기의 요구량이 충족될 때까지 뿌리세포의 액포나 세포질 내 축적은 지연된다(이는 궁극적으로 원형질막에서의 유입을 조절한다). 이러한 적응은 당연한 것으로 보이며, 그렇지 않으면 실제적으로 뿌리가 줄기의 영양소를 빼앗게 되기 때문이다. 체관액(phloem sap)의 무기영양소 농도는 줄기의 영양소 상태에 관한 정보를 뿌리에 다시 제공하는 것으로 보인다⑥.

마지막으로 뿌리 조직에 일부 중요 원소들이 결핍되면(또는 과도하게 많으면) 뿌리의 다른 반응들이 유도되기도 한다⑦. 반응은 여러 가지 형태로 나타날 수 있지만, 기본적으로 다음과 같은 현상들이 일어난다. 즉 아포플라스트 공간과 근권(rhizosphere)으로 물질 방출(**뿌리삼출물, root exudate**)이 일어나 원소들이 다소 흡수 가용 상태가 되고, 근계의 분지 양상 및 줄기에 대한 전체 근계 크기가 변하는 등 뿌리 형태가 변하며, 토양 미생물과의 상호공생 형성의 감수성이 변화한다. 이러한 뿌리의 반응들을 영양소획득(nutrient foraging)이라 한다. 이들 요인들에 대하여 다음 두 절에서 살펴본다.

4.3절과 4.4절의 요약

1. 식물 조직 내 원소의 농도는 환경의 원소 가용성과 식물 내 영양소 요구량에 의해 결정된다.

2. 토양의 pH는 영양소 가용성에 영향을 주는 중요한 환경 요인 중의 하나이다. Ca^{2+}과 K^{+} 등의 염기성 양이온이 풍부한 토양은 결핍된 토양에 비해 pH가 높은 경향이 있다.

3. 모래 토양은 점토질 토양에 비해 강수에 의해 쉽게 용탈되고 따라서 산성이 되는 경향이 있다.

4. 인, 철, 망간, 붕소, 구리, 아연 등은 중간 정도의 알칼리성 토양에서 가용성이 없을 수 있으며, 산성 토양에서는 독성 농도의 가용성을 가질 수 있다. Al^{3+}은 산성 토양에서 독성을 나타낼 수 있으며 산성 강우에 의해 악화된다.

5. 염기가 풍부한 석회질 토양에 적응하여 생장하는 식물을 호석회식물이라고 하고, 산성 토양에 적응하여 생장하는 식물을 혐석회식물이라고 한다. 혐석회식물은 알칼리성 토양에서 철 결핍 때문에 석회황백화 현상이 나타난다.

6. 식물은 세포내 조절과 영양소획득을 통해 내부 영양소 농도에 영향을 준다.

7. 영양소의 순흡수는 유입과 유출의 차이이다. 특정 영양소의 결핍은 특정 수송단백질의 추가적 합성을 유도할 수 있다.

8. 세포막의 수송단백질의 작용 및 특수한 뿌리삼출물 생산은 식물의 영양소 상태에 대한 세포질, 액포 그리고 줄기의 되먹임에 의해 결정된다.

4.5 영양소획득

영양소획득(nutrient foraging)에는 식물이 뿌리삼출물, 뿌리 구조, 상호공생 등에 의하여 특정 환경 조건 하에서 무기영양소 흡수를 최적화할 수 있는 근계의 반응들이 포함된다.

4.5.1 뿌리삼출물의 역할

3.2.1절에서 근초(rhizosheath)를 설명할 때 뿌리삼출물(root exudate)이 언급된 적이 있다. 뿌리삼출물은 뿌리골무 및 주위의 표피 아정단세포(subapical cell)가 토양으로 방출하거나 분비하는 고분자량 또는 저분자량 용질들로 구성되어 있다. 고분자량 구성원은 주로 **세포외효소**(exoenzyme, 세포막 바깥에서 작용하는 효소)와 **점액(mucilage**, 다당류로 구성된 젤라틴성 물질)이다. 저분자량 구성원은 시트르산이나 말산 등의 유기산, 당, 페놀화합물, 아미노산 등이다. 자연 상태에서 뿌리삼출물은 미생물과 무기물 입자들과 섞이며 이 혼합물을 **점액겔(mucigel)**이라고 한다(그림 4.16).

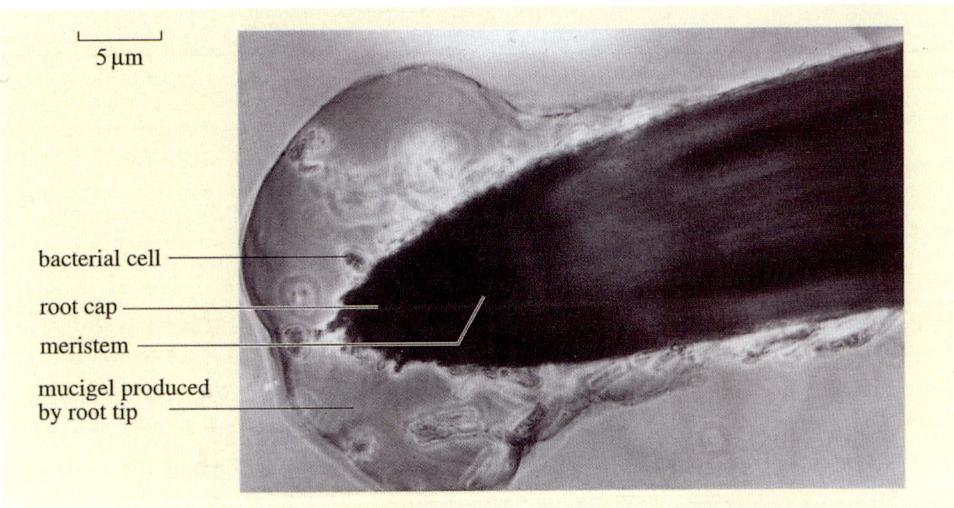

그림 4.16

세균 및 뿌리골무에서 벗겨져 나온 세포들을 포함하는 점액겔 층을 보여주는 옥수수 근단의 광학현미경 사진.

뿌리삼출물은 근단을 마르지 않게 보호하고 토양을 통과할 때 윤활 작용을 하는 이외에 영양소획득에 있어서 중요한 역할을 한다. 뿌리삼출물은 원소의 가용성을 증가시킴으로써 빈영양 토양에서 영양소 흡수를 증진시키고, 일부 잠재적 독성 농도의 원소로부터 뿌리를 보호한다. 근단 근처의 표면 세포에서 분비되는 점액은 토양 구조에 영향을 줌으로써 간접적으로 영양소 가용성에 영향을 준다. 뿌리와 토양 입자 사이의 간격을 연결함으로써 영양소 흡수에 필요한 뿌리와 토양 사이의 밀접한 접촉이 유지된다.

사례 연구 - 유채의 인 포획

그림 4.13에서 일반적으로 인 및 철, 망간, 붕소, 아연 등의 미량영양소들이 중간 정도의 알칼리성 토양에서 부족한 양으로 공급된다는 것을 보았다. 양성자의 능동적 분비는 뿌

리 표면의 pH를 감소시켜 이들 원소의 가용성을 높일 수 있다. 유채(*Brassica napus*)는 인 결핍 토양에서 특히 효율적으로 인산염을 획득하는 식물 중의 하나이다. 가용성 인(불용성 형태가 아닌)이 모두 흡수되면 유기산(말산이나 시트르산)의 분비 속도가 증가한다. 표 4.3은 유채가 인이 있는 조건과 없는 조건에서 7일 동안 생장했을 때 유기산 삼출 현상을 분석한 것이다.

표 4.3 인의 존재 유무에 따라 7일 동안 생장한 유채 뿌리의 부분별 삼출물에 포함된 유기산.

		삼출물의 유기산 함량/ nmol (뿌리 cm)$^{-1}$(2h)$^{-1}$	
인 공급	뿌리 부분	말산	시트르산
−P	정단부	0.87	0.27
	기부	0.20	0.13
+P	정단부	0.15	0.06
	기부	0.03	0.03

○ 표 4.3의 자료에서 뿌리의 어느 부분이 시트르산과 말산 삼출에 있어서 가장 중요한가?

● 말산과 시트르산 모두 기부보다 정단부에서 더 많이 생산된다.

이들 유기산은 높은 pH에서 거의 불용성인 인산염을 용해시켜 인의 흡수를 10배까지 증가시킨다. 유기산의 작용은 H^+의 증가에 의해 근권의 pH를 감소시키는 것뿐만 아니라, 전하를 가진 토양 표면으로부터 **리간드**(음이온)**교환(ligand exchange)**에 의해 인산염을 방출시킴으로써 이루어진다(이온은 자신과 가장 강하게 결합하는 리간드를 선호하여 결합하는 경향이 있다). 예를 들어 시트르산(염)은 이러한 방법으로 점토 표면으로부터 인산염을 방출한다. 하지만 시트르산이 철 및 알루미늄과 결합하면, 인산철이나 인산알루미늄으로부터 철과 알루미늄이 방출될 뿐 아니라 인산염이 가용화된다. 시트르산과 말산은 철 및 알루미늄과 비교적 안정된 화합물을 형성하며, 그로 인해 인의 용해도와 흡수 속도를 증가시킨다(그림 4.17). 알루미늄과의 결합은 알루미늄의 독성 극복에도 효과가 있다(4.6.3절). 산의 분비는 같은 방법으로 비가용적인 불용성 인산염으로부터 망간을 용해시키는 것을 도와준다.

하지만 유채를 포함한 식물들은 토양에서 인산염을 얻기 위한 더 특수한 방법이 있다. 토양의 전체 인산염 중 30%~70%는 유기물의 구성원(P_{org})으로 존재한다. P_{org} 중 많은 양은 토양 미생물에 의해 가동되나, P_{org}의 가수분해는 식물 뿌리에서 생산되는 **산성 인산가수분해효소(acid phosphatase)**에 의해서도 이루어진다. 그림 4.18은 미사질양토(silt loam soil)에서 생장하는 유채의 근권에서 산성 인산가수분해효소의 활성을 나타낸다.

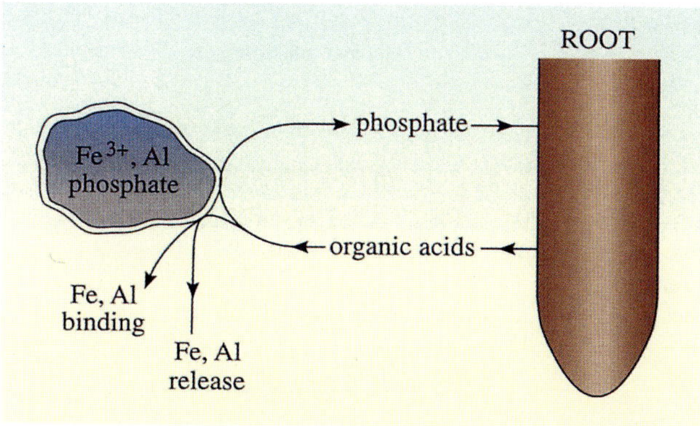

그림 4.17

뿌리삼출물에 의해 용해도가 매우 낮은 철인산과 알루미늄인산이 용해되는 과정.

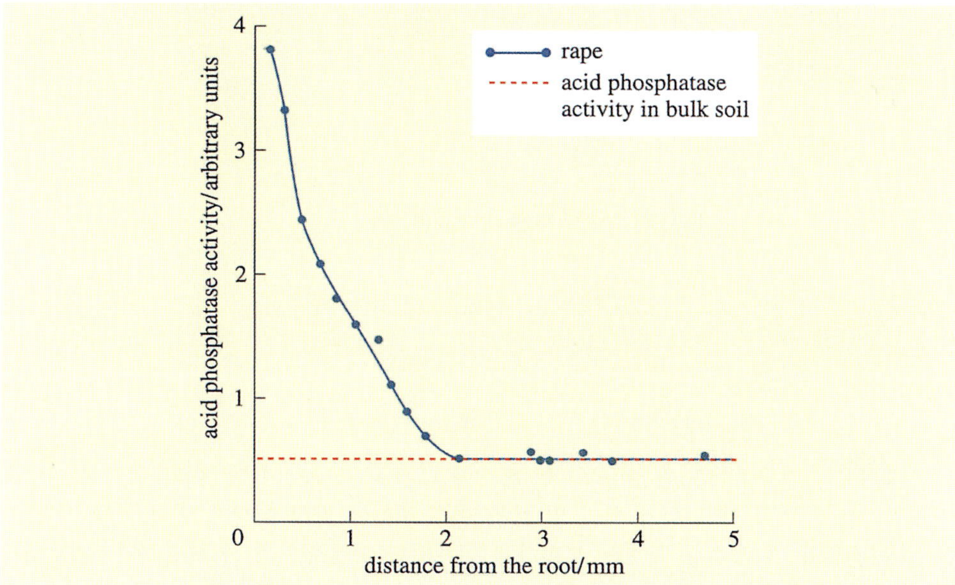

그림 4.18

미사질양토에서 생장한 유채 근권의 산성 인산가수분해효소 활성.

○ 유채 뿌리에서 어느 정도 거리까지 산성 인산가수분해효소 활성이 나타나는가?

● 산성 인산가수분해효소의 활성은 뿌리로부터 약 2 mm 거리에서 토양에서 나타나는 기본 값으로 떨어진다.

유채는 유기산과 산성 인산가수분해효소를 분비함으로써 인의 공급이 부족할 때 효율적으로 인을 포획할 수 있다.

4.5.2 영양소획득을 위한 뿌리 구조의 중요성

앞의 논의에서 얻을 수 있는 결론은 식물이 충분한 양의 영양소를 흡수하는지 아닌지를 결정하는데 있어서 가장 중요한 요인은 뿌리의 양성자펌프 및 이온운반체의 수와 특성, 또는 뿌리삼출물의 조성 등과 같은 영양소 요구에 대한 세포 반응일 것이라고 생각할 수 있을 것이다. 그러나 그림 4.19를 보면 이러한 가정이 언제나 사실은 아니라는 것을 알 수 있다.

그림 4.19

부영양토의 화분에서 생장한 대두의 예상 인 흡수량에 미치는 변수의 영향. K_t와 J_{max}는 각각 인산 수송단백질의 친화도와 수송 능력이고, C_o는 토양 내 인산의 초기 농도이며, k는 뿌리 신장 속도이고, d_r은 뿌리 직경이다. 계산된 인 흡수의 예상치는 변화율 척도의 1.0의 실제 값과 상관관계가 있다.

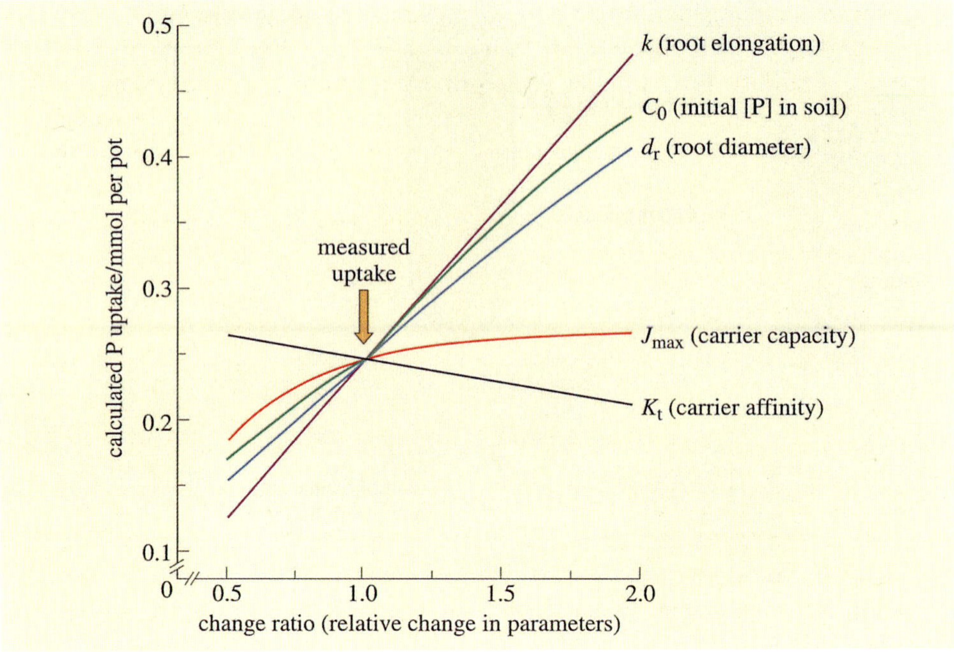

그림 4.19는 대두(*Glycine max*)의 인 흡수에 대한 예측 곡선이다. 이 그림은 부영양토에서 생장하는 식물의 인 흡수가 뿌리 및 토양 변수 변화에 따라 어떻게 변하게 될 지를 보여준다. 세로축의 인 흡수량 척도는 분명하게 이해되나 가로축은 약간 복잡하다. 가로축은 변화율을 나타낸다. 기본적으로 특정 변수의 값을 2배로 하면 변화율은 1에서 2로 증가하고, 반으로 줄이면 변화율은 1에서 0.5로 된다. 그러므로 가장 가파른 기울기의 곡선이 인 흡수에 가장 큰 영향을 주는 요인이다.

○ 인의 흡수 속도에 가장 큰 영향을 주는 변수는 무엇인가?

● 뿌리의 신장 속도 k이다. k 값이 2배가 될 때(변화율이 1에서 2가 됨) 인의 흡수도 약 2배가 된다(0.25에서 0.5로 증가).

뿌리의 직경(d_r)과 토양용액 내 인의 초기 농도(C_O)도 흡수 속도에 큰 영향을 주나, 이온운반체의 경우에는 인산염에 대한 친화도(K_t)나 수송 능력(J_{max}) 모두 거의 영향을 주지 못한다. 이러한 영향은 인의 흡수에 있어서 토양용액의 이온 농도뿐만 아니라 근계의 특성, 예를 들어 생장 속도와 뿌리 직경 등이 이온운반체의 특성보다 더 중요할 수 있다는 것을 의미한다. 여기서 강조하여야 할 점은 이러한 경우는 **정상적인** 토양에만 적용된다는 것이다. 토양의 잠재적 이온 결핍(4.4.1절) 또는 독성 상태의 경우에는 이온 수송계의 변화가 중요한 역할을 한다는 확실한 증거가 있다(4.6.2절). 여기서는 식물의 영양소획득 능력에 영향을 주는 다른 요인들에 중점을 두고 살펴볼 것이다.

하지만 이러한 요인들을 자세히 살펴보기 전에 강조하여야 할 점은, 뿌리의 구조가 영양소 가용성 이외의 여러 요인들에 의해 영향을 받는다는 것이다. 예를 들어 뿌리는 식물체를 고정시키는 역할을 하기 때문에 근계의 구조는 식물체 크기와 뿌리 주위 환경의 영향을 받는다. 식물의 생활사도 뿌리 구조에 영향을 준다. 즉 목본성 관목의 뿌리는 1년생초본과 다르며, 이들은 모두 다년생초본과도 다르다. 따라서 영양소 가용성에 대한 뿌리의 반응은 이들 다른 요인들에 의해 제한된다.

뿌리의 신장 및 영양소고갈 지역

뿌리는 분열조직의 세포분열과 생산된 세포의 신장을 통해 생육기동안 계속하여 생장한다. 그림 4.19에서 보듯이 뿌리의 신장 속도는 이온 흡수에 강한 영향을 미친다. 그 이유를 이해하기 위하여 뿌리가 새로운 토양으로 확장할 때 어떤 현상이 일어나는지 고려해보자. 처음에는 주로 토양의 이온 농도에 의존하는 속도로 이온이 흡수된다. 이 과정은 뿌리 표면에 인접한 이온의 농도를 감소시켜 농도기울기를 형성하고, 이 기울기를 따라 뿌리 쪽으로 이온이 확산한다. 그러나 흡수가 확산에 비해 훨씬 빠른 속도로 일어나서 이온이 고갈되는 **영양소고갈 지역(nutrient depletion zone)**이 뿌리 주위에 점차로 확장된다(그림 4.20a).

영양소고갈 지역은 '소모된' 토양으로 여길 수 있으며, 일단 이러한 지역이 형성되면 뿌리가 계속하여 일정한 속도로 수분을 흡수할지라도 수분과 이온은 서로 독립적으로 확산하기 때문에 이온 흡수 속도는 상당히 감소한다. 5일이 지난 후 고갈 지역은 거의 증가하지 않으나 그 반경은 이온에 따라 차이가 많이 난다(그림 4.20b). 이러한 차이는 토양에서의 이온 이동성 즉 확산 속도를 반영하며, 이는 이온과 전하를 가진 토양 구성원(점토와 유기물) 사이의 결합 세기에 따라 결정된다. 이온의 이동성이 클수록 고갈 지역은 넓다.

○ 그림 4.20b에서 질산염과 인산염 이온의 상대적 이동성에 대하여 유추할 수 있는 것은?

● 질산염의 고갈 지역이 인산염에 비해 넓으며 이는 질산염이 인산염보다 이동성이 큰 것을 의미한다. 실제로 질산염은 인산염에 비해 이동성이 1000배 크며, 이는 인산염이 질산염보다 훨씬 강하게 토양 구성원과 결합하기 때문이다.

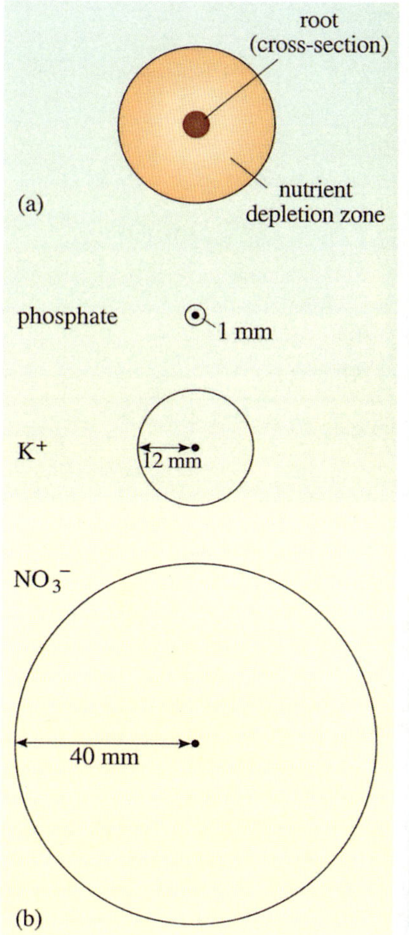

그림 4.20

(a) 뿌리의 영양소고갈 지역. (b) 세 가지 이온에 대한 영양소고갈 지역의 크기.

따라서 뿌리가 이온 흡수를 최대화하기 위해서는 토양에서 이용되지 않은 새로운 지역으로 계속하여 생장하여야 한다. 하나의 뿌리에 이해 고갈되는 토양의 부피가 너무 작기 때문에 이러한 생장은 인산염과 아연처럼 비교적 이동성이 없는 이온들에 있어서 특히 중요하다. 또한 다른 뿌리의 고갈 지역으로 생장하지 않는 것도 필요하며, 따라서 근계의 기하학적 구조가 중요하게 된다.

근계 및 뿌리의 기하학적 구조

뿌리의 밀도가 높으면 고갈 지역이 중복되고, 뿌리들은 서로 영양소를 얻기 위해 경쟁한다. 이러한 현상은 고갈 지역이 넓은 질산염과 황산염 등 이동성이 높은 이온에 있어서는 매우 낮은 농도에서 일어날 수 있다. 그러므로 이러한 영양소가 생장을 제한하면 식물 경제성의 관점에서 뿌리 가지 사이를 넓고 일정한 간격으로 유지하는 것, 즉 뿌리의 최소 건량으로 일정 토양 부피로부터 최대한도로 영양소를 추출하는 것이 바람직하다. 이러한 관점에서 바람직한 다른 특징은 예를 들어 수목의 유식물과 같이 소수의 굵은 가지가 있는 근계가 아니라 화본과의 수염뿌리(fibrous root)처럼 많고 작은 가지가 있는 근계인데, 가는 뿌리는 생물량(biomass) 당 표면적이 최대이기 때문이다. 그림 4.21은 다른 근계를 포함하는 동일 면적의 두 지역을 비교한 것이다.

그림 4.21

직경 2 mm의 뿌리 4개(a)와 직경 4 mm의 뿌리 2개(b)를 포함하는 동일 면적의 지역. 고갈 지역의 폭은 모두 1 mm이다.

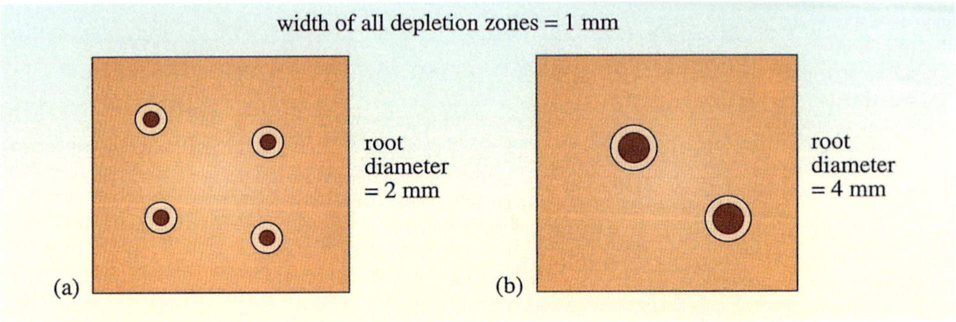

○ 그림 4.21 (a)와 (b)에서 다음을 구하여라. (i) 뿌리 횡단면의 총면적(원통형 뿌리의 면적은 생산된 뿌리 조직의 부피에 비례하는데, 이는 식물이 뿌리에 얼마나 '지출'했는지를 나타낸다고 할 수 있다). (ii) 고갈 지역의 총면적(마찬가지로 원통형 뿌리에서의 면적은 이용된 토양 부피에 비례하여 영양소 흡수량의 측정이 된다). (iii) 뿌리 단위 면적 당 상대적 영양소 흡수량(이는 '뿌리의 경제성'을 측정하는 것으로서 얼마나 효과적으로 일정한 양의 뿌리 조직이 토양을 이용하였는가를 나타낸다).

참고 : 원의 면적은 πr^2이다(r은 반경, π는 약 3.14).

● (i) (a)의 전체 뿌리 면적은 $4\times\pi\times1^2$=12.6㎟ 이고 (b)의 경우는 $2\times\pi\times2^2$=25.1㎟ 이다.

(ii) 고갈 지역의 총면적은 다음과 같이 계산된다.

(뿌리 면적+고갈 지역)-(뿌리 면적)

(a)의 경우 $(4\times\pi\times2^2)$-12.6=50.2-12.6=37.6㎟
(b)의 경우 $(2\times\pi\times3^2)$-25.1=56.5-25.1=31.4㎟

(iii) (a)의 단위 면적 당 상대적 흡수량은 37.6/12.6=3.0
(b)는 31.4/25.1=1.25이다.

그러므로 직경 2 mm의 뿌리 4개를 가지는 것이 직경 4 mm의 뿌리 2개를 가지는 것보다 두 배 이상 효과적이다!

실제로 근계는 타협의 필연적 산물이라 할 수 있다. 만약 인산염처럼 비교적 비이동성인 영양소가 생장 제한요인이면 식물의 요구량을 충족하기 위하여 뿌리 가지들이 가깝게 모여 있는 구조가 필요하다. 하지만 질산염 흡수에 있어서는 많은 가지들의 고갈 지역이 중복되기 때문에 이런 구조가 거의 소용이 없다.

그림 4.22에서 보는 바와 같이 토양 영양소의 분포가 균일하지 않을 때에도 뿌리 분지의 정도가 변할 수 있다. 기하학적으로 국지적인 이러한 변화 능력으로 인해 근계의 영양소 획득 능력이 크게 증가한다.

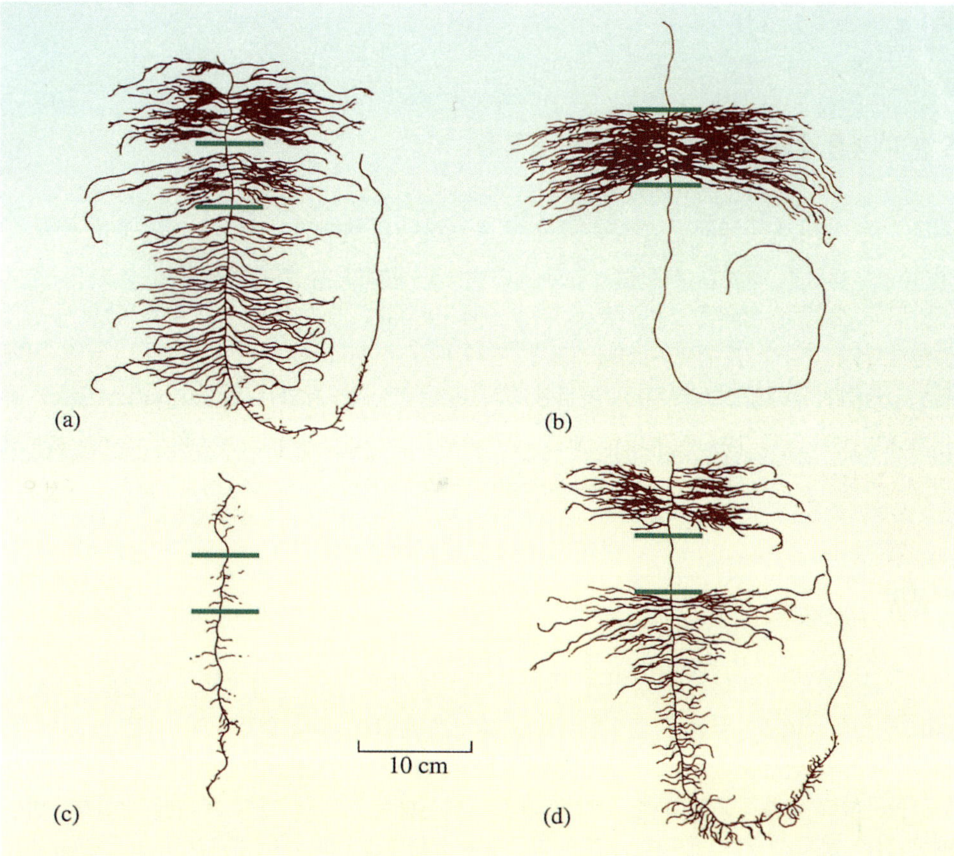

그림 4.22

보리의 주근을 따라, 각각 고농도(1.0 mmol l^{-1})와 저농도(0.01 mmol l^{-1})의 질산염을 포함하는 연속된 세 지역에서 생장이 유도된 측근의 양 변화. 지역 구분은 녹색 선으로 나타냈다. 각 지역의 질산염 농도는 (a) 고농도, 고농도, 고농도; (b) 저농도, 고농도, 저농도; (c) 저농도, 저농도, 저농도; (d) 고농도, 저농도, 고농도. 이 실험은 26일 동안 수행되었다.

개개의 뿌리가 영양소획득 능력을 증가시키는 방법은 뿌리털의 발달이다(그림 4.23). 표피세포로부터 돌출된 미세한 뿌리털은 길이가 보통 0.5~8 mm이고 뿌리의 흡수 면적을 증가시키지만, 초기에는 고갈 지역 내에서 생장하기 때문에 이 지역을 벗어나서야 효율성이 크게 증가한다.

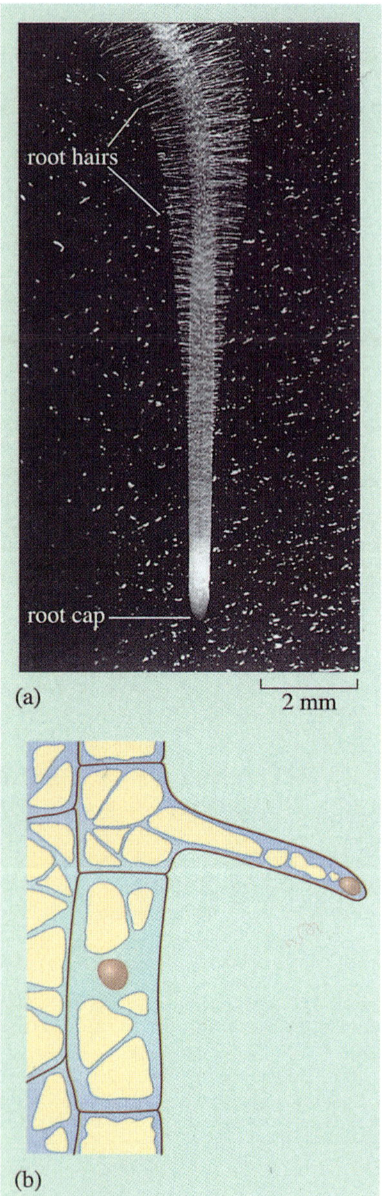

그림 4.23

(a) 뿌리털의 발달을 보여주는 무(radish) 근단. (b) 세포의 돌출물로서 생장하고 있는 뿌리털을 보여주는 표피세포 종단면.

○ 뿌리털은 어떤 이온의 흡수를 위하여 초기 고갈 지역 밖으로 확장하겠는가?

● 고갈 지역이 매우 좁은 인산염 또는 긴 뿌리털의 경우 K^+나 NH_4^+과 같이 토양 입자에 강하게 결합하는 이온들이다.

즉 뿌리털은 인산염과 같이 표피 표면 근처에서 농도가 낮은 비교적 비이동성인 영양소의 흡수에 가장 효과적이라고 할 수 있다. 실제로 유채와 애기장대 등 몇몇 식물의 뿌리털의 길이는 뿌리를 담그고 있는 배양액의 P_i 농도에 반비례하는 것으로 밝혀졌다. 하지만 인산염의 흡수는 매우 흔한 다른 방법, 즉 균근과 같은 공생 관계의 형성에 의해 훨씬 많은 영향을 받는다(4.5.3절).

4.5.3 미생물과의 공생을 통한 영양소획득

많고 가는 뿌리가 효과적인 영양소 흡수에 중요하다고 한다면, 들이나 정원에서 식물 특히 수목이나 관목을 캐었을 때 가는 뿌리가 매우 잘 발달된 근계가 아니라는 것은 아마 놀랄만한 일일 것이다. 중요한 이유 중의 하나는 대부분의 식물이 토양 미생물과 상호 공생연합을 형성하여 영양소 흡수를 미생물에게 맡기기 때문이다. (공생연합을 갖지 않는 두 가지 예외는 십자화과와 쐐기풀과이다.) 이러한 증진된 무기영양 방법은 **균근(mycorrhizal)** 공생의 특징인데(그리스어로 *mykos*는 균류, *rhizon*은 뿌리를 의미), 특수화된 특정 균류가 숙주 식물의 가는 뿌리와 매우 밀접한 접촉을 통하여 생장한다.

균근 공생

토양의 균류가 약 90%의 육상식물 뿌리와 상호공생적 균근을 형성하고 토양으로부터의 영양소 포획에 중심적 역할을 한다는 것은 놀라우면서도 널리 알려지지 않은 사실이다. 6000종 이상의 균류가 약 240,000종의 식물과 균근을 형성할 수 있지만, 이러한 다양성에도 불구하고 숙주식물과 균류의 상호작용은 해부학적으로 몇 가지 형태에 속한다. 변이가 많이 있긴 하지만 기본적으로 균근은 두 가지 형태이다. 하나는 **내균근(endomycorrhiza)**으로서(그림 4.24a), 균사(hypha)가 뿌리 표면에 걸쳐 느슨한 직물 구조를 형성하면서 세포벽을 침투하고, 접혀 있는 **온전한** 원형질막 내에 다양한 형태의 구조를 생산한다. 다른 형태는 **외균근(ectomycorrhiza)**으로서(그림 4.24b), 균사가 세포벽을 침투하지 않고 근단의 표면 위로 두터운 균투(mantle)를 형성하고(그림 4.25a) 피층 세포들의 간극으로 분지하여 **하티그망(Hartig net)**을 형성한다(그림 4.25b). 내균근은 다시 진달래과 식물과 그 근연종에서 볼 수 있는 **코일형균근(ericoid mycorrhiza)** 및 대부분의 다른 초본에 전형적으로 나타나는 형태로서 균사가 세포벽을 침투하고 원형질막에 함입되어 많은 분지를 만들면서 수지상체(arbuscule)라고 불리는 구조를 형성하는 **수지상균근(arbuscular mycorrhiza)**으로 나뉜다.

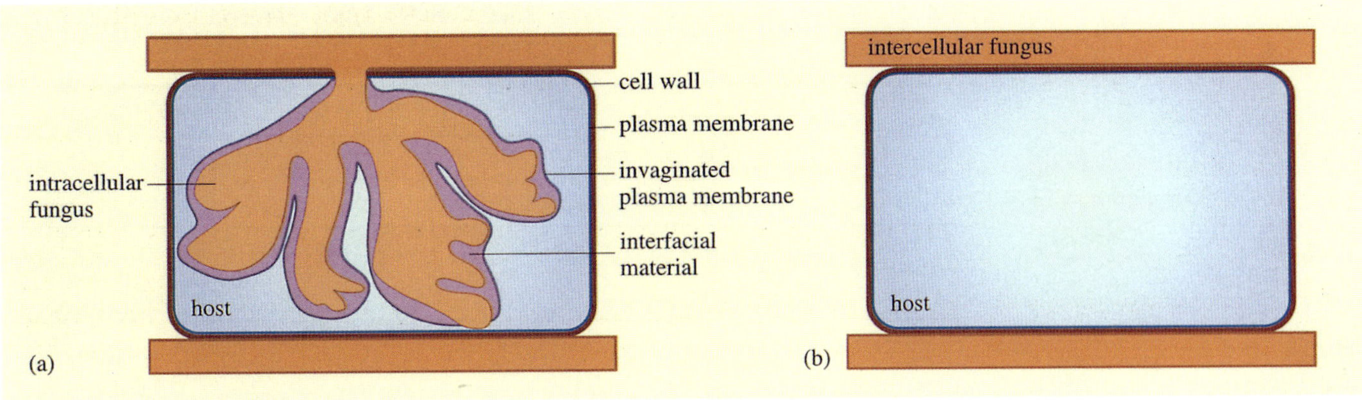

그림 4.24

균근 공생연합에 있어서 숙주식물과 균류 사이의 두 가지 접촉 형태. 균류는 (a) 세포 내(내균근) 또는 (b) 세포 밖에 있다(외균근). (a)의 경우 세포 내 균류는 함입된 숙주의 원형질막과 계면 물질에 의해 숙주 세포질과 분리되어 있다. (b)는 숙주와 균류 세포벽이 서로 접촉하지만 온전한 상태로 남아있다.

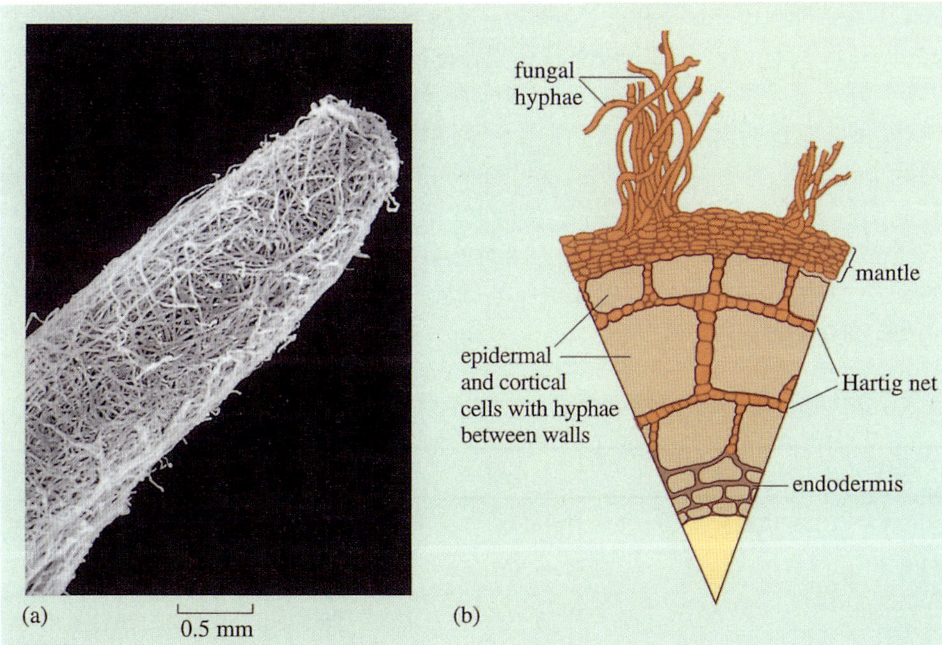

그림 4.25

(a) 주름우단비섯(*Paxillus involutus*)과 자작나무(*Betula* sp.)의 외균근 근단의 주사현미경 사진. 균사가 근단을 덮어 균투를 형성하고 있다. (b) 소나무 종류(*Pinus maritima*)의 외균근 근단의 횡단면 모식도. 균사가 균투를 형성하고 일부는 토양 속으로 뻗쳐있다. 균사는 또한 피층 및 표피 세포 사이로 침투하여 하티그망을 형성한다.

이 모든 경우에 있어서(특별한 경우에 속하는 난초과 균근은 언급하지 않았음) 숙주식물은 대부분 6탄당 형태인 탄수화물을 균근균(mycorrhizal fungus)에게 공급해 주고, 균근균은 숙주식물에게 무기영양소 공급을 증가시켜 줌으로써 숙주식물과 균근균 모두 이득을 얻는다(표 4.4).

표 4.4 외균근균의 존재 유무에 따른 엘리오티소나무(*Pinus elliotti*) 유식물의 생장과 영양소 함량.

	생장 (g건량/그루)	다량영양소(mg/그루)		
		N	P	K
-외균근	0.26	2.4	0.22	2.27
+외균근	2.81	38.9	3.9	35.6

○ 표 4.4에서 균근 연합이 숙주 생장에 미치는 영향은 무엇인가?

● 균근식물은 비균근식물에 비해 생장속도가 훨씬 빠르다. 균근식물의 생장이 10배 이상 증가한다.

균류가 숙주에게 영양소 공급을 증가시키는 이유는 몇 가지가 있다. 식물 뿌리에서 주위 토양으로 뻗쳐 나간 균사의 그물망(균사체, mycelium)은 pH가 낮고 영양소 농도가 낮은 토양에서 훨씬 더 효율적으로 영양소를 포획한다. 이러한 차이의 원인 중 하나는 균사가 식물 뿌리털보다도 훨씬 더 가늘기 때문에 같은 중량의 조직 당 더 많은 토양을 이용할 수 있기 때문이다. 또한 일부 균류는 고등식물이 이용하지 못하는 공급원으로부터 무기영양소를 얻을 수 있는 것으로 밝혀졌다. 균류는 불용성인 인산염을 용해시킬 수 있으며, 일부는 단백질가수분해효소와 같은 세포외효소를 이용하여 유기물 잔해를 분해하고 이로부터 영양소를 얻을 수 있다. 숙주와 균류 사이의 정확한 영양 관계는 균근의 형태에 따라 다르며 이를 표 4.5에 정리하였다.

표 4.5 균근 형태에 따른 영양 관계.

균근 형태	영양적 특징
외균근	유기탄소를 분해할 수 있음 - 다른 균근에 비해 탄소에 대한 숙주 의존도가 낮음. 단백질을 분해하여 질소를 얻음. 숙주의 중요한 질소 및 인 공급원.
코일형균근(내균근)	특히 산성 조건에서 유기탄소와 단백질을 잘 분해할 수 있음. 숙주의 중요한 질소 공급원. 수지상균근이나 외균근에 비해 숙주에 대한 인 공급이 덜 중요함.
수지상균근(내균근)	유기탄소와 단백질을 잘 분해하지 못함 - 탄소와 질소의 공급을 숙주식물에 많이 의존함. 인을 효율적으로 포획하여 숙주에 공급함.

더구나 균류는 가파른 농도기울기에 반하여 영양소를 흡수하여 숙주 쪽으로 운반할 수 있다. 영양소는 식물로 전달되거나 균사 내에 저장되며, 균사는 영양소 저장소로 작용하여 식물이 계절적인 가용성 변화를 극복할 수 있게 된다.

물론 식물 뿌리는 뿌리삼출물의 정상 구성원으로 당을 분비한다. 균근균은 이 귀중한 자원에 대한 경쟁에서 균사와 뿌리 피층세포 사이의 밀접한 관계로 인해 다른 미생물들을 능가하는 훌륭한 기회를 가지게 된다. 균류는 6탄당을 트레할로오스(trehalose) 및 만니톨(mannitol) 등의 당알코올(sugar alcohol,그림 4.26)로 전환시킴으로써 농도기울기를 유지하고 따라서 더 많은 당이 수동적으로 식물로부터 얻어진다. 그러나 숙주식물이 어떤 과정을 통해 균류로 하여금 많은 양의 인산염을 분비하도록 하는지는 명확하지 않다. 세포막은 보통 인산염의 통과를 허용하지 않는다. 많은 양의 인산염 유출은 균사 원형질막의 이온통로를 통하여 일어나며, 식물은 어떤 방법으로 이 통로를 열려있는 상태로 유지한다고 생각된다. 인산염은 균류로부터 가파른 농도기울기를 따라 확산될 것이다. 하지만 식물이 어떤 방법으로 균류의 이온 통로를 활성화시키는지는 아직 알려져 있지 않다.

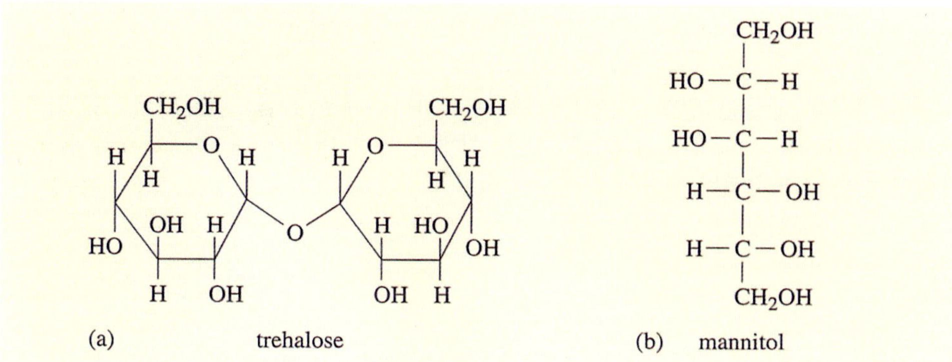

그림 4.26

2당류인 트레할로오스(a)와 당알코올 만니톨(b)의 구조.

일부 외균근의 경우 숙주 순생산량의 25~30% 또는 그 이상이 균류로 전달되어, 이러한 공생연합이 고등식물에게 큰 비용 부담이 된다. 이러한 식물 생산성의 외관상 감소는 그렇게 나쁘지만은 않은 것으로 보이는데, 그 이유는 이러한 비용이 아마도 루비스코(2.3절)의 더 큰 활성화에 의한 잎의 광합성 증가에 의해 상쇄될 수 있기 때문이다. 하지만 비용면에서 균근의 형성은 토양 영양소의 공급이 부족할 때 가장 효율적이다. 더구나 모든 공생균류가 숙주식물에게 균등하게 이로운 것은 아니다. 최근에 농업과 임업의 저비용 체제, 즉 비료 양을 줄이는 데 중점을 두어, 작물이 가장 효율적인 균근균을 가지도록 하는 것이 큰 관심의 대상이 되고 있다. 식물 묘상에서 특정 외균근 균주를 묘목에 접종하였을 때 농장의 수목 생산량을 증가시킬 수 있는지를 결정하기 위한 연구가 수행되고 있다. 그림 4.27은 (묘상에서) 여러 종류의 공생 균류 균주를 가솔송나무(Douglas fir)에 접종하고, 이전에 낙엽송 농장으로 이용되던 무비료, 빈영양, 산성 고지 토양으로 옮긴 다음 2년 동안 나무의 높이에 미치는 영향을 나타내는 결과이다.

그림 4.27

낮은 pH의 불모 토양에서 4종류의 균류와 균근을 형성하여 2년 동안 묘상에서 자란 가솔송나무(Pseudotsuga *menziesii*) 묘목의 생장 비교. (높이는 균근이 없는 대조구와의 차이로 나타냈다.)

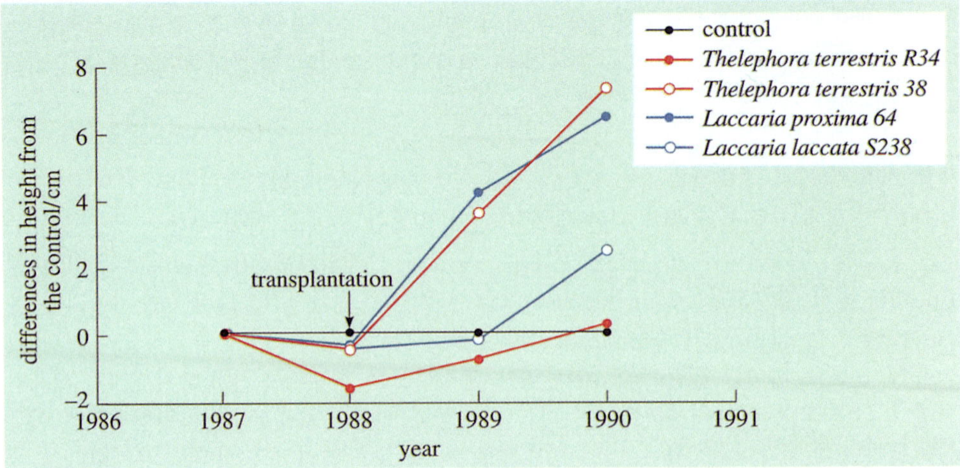

○ 접종하지 않은 대조구와 비교하여 모든 종류의 균류가 가솔송나무의 생장을 증가시켰는가?

● 그렇지 않다. *Telephora terrestris 38*과 *Laccaria proxima 64*의 두 종류는 나무의 높이를 상당히 증가시켰고, *Laccaria laccata 5238*은 약간, 그리고 *Telephora terrestris R34*는 옮긴 후 1~2년 동안은 실제로 해를 주었다.

이러한 종류의 연구는 열대지방에서 특히 유익하다. 예를 들어 열대 아메리카 지역은 40% 이상의 토양이 비옥하지 않고 산성인데, 토양을 특정 내균근으로 접종하였을 때 차와 커피를 비롯한 많은 작물의 생장이 크게 증가하였다.

질소고정

지구상의 가장 큰 질소원은 대기 중의 질소 기체(대기의 80%가 질소)이나 불행하게도 식물은 이를 이용할 수 없다!

○ 식물은 어떤 형태의 질소를 이용할 수 있는가?

● 질산염 또는 암모늄 이온(4.1절).

하지만 일부 원핵생물은 암모니아로 환원시킴으로써 기체상 질소를 '고정'할 수 있으며, 이러한 질소고정생물의 일부는 식물과 공생적 연합을 형성하고 있다. 원핵생물은 식물에게 NH_3 형태로 질소를 공급하고 대가로 광합성 산물을 얻는다. 완두, 강낭콩 등을 비롯한 콩과식물의 뿌리에는 뿌리혹세균(rhizobium, 복수 rhizobia)이라고 하는 질소고정세균(그림 4.28b)이 살고 있는 분홍색 혹(nodule, 그림 4.28a)이 있다.

뿌리혹이 분홍색을 띄는 것은 레그헤모글로빈(leghemoglobin)이란 단백질 때문이다. 레그헤모글로빈은 산소와 결합하여 O_2 공급량을 O_2 사용량(호흡을 위한)에 맞게 조절함으로써 혹 내의 O_2량을 매우 낮게 유지한다. 질소고정은 무기적인(anaerobic) 과정으로서 O_2에 의해 해를 입기 때문에 레그헤모글로빈의 존재는 필수적이다. 세균의 질소고정은 박테로이드(bacteroid) 막이 O_2에 투과되지 않기 때문에 가능하다. 세균은 전적으로 숙주의 탄소

화합물에 의존하여 에너지를 공급받으며, 따라서 균근의 경우와 마찬가지로 숙주에 상당한 '비용'이 따른다. 그 대가로 질소고정에 의해 생산된 암모니아의 대부분이 숙주 뿌리로 전달되어 아미노산과 아미드로 동화된다.

오리나무속 식물(*Alnus* spp.), 바다털갈매나무(*Hippophaë rhamnoides*), 버들소귀나무(*Myrica gale*)를 비롯한 일부 목본은 질소고정 방선균(actinomycete, 역시 원핵생물)을 포함하는 뿌리혹을 가진다. 그리고 물이끼(*Sphagnum*), 소철류(cycad, 나자식물), 일부 우산이끼류(선태류)는 질소고정 남세균(cyanobacteria)이 녹색 조직 내 주머니에 공생한다. 예를 든 거의 모든 경우에 숙주식물은 질소 공급이 특히 부족한 빈영양토, 예를 들어 산성의 침수 조건이나 배수가 쉬운 모래 토양에서 생장한다. 하지만 경작지에서는 토끼풀(*Trifolium* spp.)과 같은 콩과 작물이 죽어서 부패하면 토양의 질소 함량이 증가하기 때문에 오랫동안 '살아있는 비료'로서 사용되어 왔고, 특히 '양질'의 리조비움(*Rhizobium*) 균주를 토양에 접종하면 효과가 증가한다. 미래의 목표는 유전공학을 이용하여 곡류에 세균 유전자(이 방법은 최근에 진전이 있음)나 뿌리혹 공생 관계 확립에 필요한 콩과식물 유전자(어렵거나 불가능할 것으로 여겨짐)를 도입하여 질소고정 곡류를 생산하는 것이다. 목표는 적은 양의 질소 비료를 이용하여 곡물 수확량을 높이는 것이다.

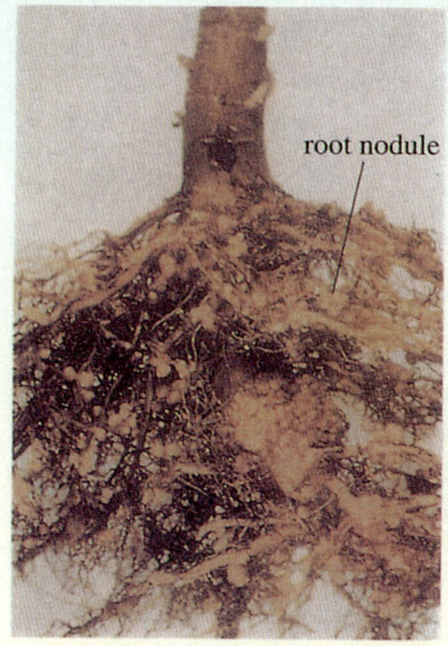

(a)

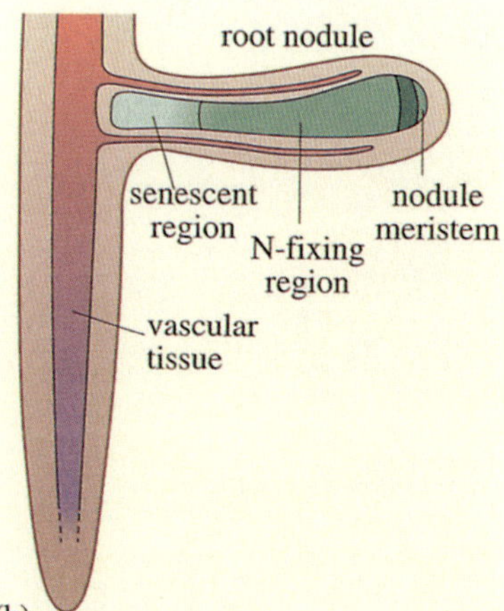

(b)

그림 4.28

(a) 뿌리혹이 달린 콩과식물의 뿌리. (b) 뿌리와 뿌리혹의 종단면 모식도.

4.5절의 요약

1. 식물은 영양소획득을 통하여 영양소를 포획하는 능력을 증진시키며, 뿌리삼출물, 뿌리 구조, 미생물과의 다양한 상호공생적 연합이 이에 속한다.

2. 식물 뿌리의 삼출물은 다당류의 점액, 다양한 세포외효소, 일련의 저분자량 구성원으로 이루어져 있다. 삼출물에 토양 미생물이 서식하여 점액겔이 형성된다. 뿌리삼출물은 토양 입자와의 접촉을 증가시키고, 토양 구성원과의 다양한 화학 반응을 통하여 영양소의 흡수를 증가시킨다.

3. 유채는 매우 효과적으로 인을 포획하는 식물이다. 유기산의 삼출로 인해 토양 pH가 낮아지고 리간드 교환에 의해 이온이 방출되어 인의 가용성이 높아진다. 산성 인산가수분해효소는 유기물 인산을 분해한다.

4. '정상' 토양에서 뿌리의 구조는 무기영양소 흡수에 매우 중요한 영향을 준다. 근계의 크기와 생장 속도, 뿌리의 굵기, 분지의 위치, 뿌리털의 유무 등은 뿌리가 얼마나 효과적으로 무기영양소를 발견하고 흡수하는가에 영향을 준다.

5. 균근은 균류와 종자식물 뿌리 사이의 상호공생 관계이다. 균류는 식물에서 탄수화물을 얻고 식물은 균류에서 무기영양소를 얻는다. 내균근은 균사체가 뿌리 피층의 세포벽으로 침투하여 영양흡수 구조를 형성하는 반면, 외균근은 균사체가 전적으로 세포 밖에 있다.

6. 균근균은 숙주식물에게 가용성이 없는 토양 영양소에 접근할 수 있다. 가는 균사는 식물 뿌리보다 더 효과적으로 토양을 탐사한다. 단백질가수분해효소는 영양소를 포획하는 균류의 장치 중 하나이다. 숙주식물의 생장을 증가시키는데 있어서 모든 균근균이 똑같이 효율적이지는 않다.

7. 뿌리혹세균은 콩과식물 뿌리와 질소를 고정하는 혹을 형성한다. 세균은 식물 뿌리세포에 침입하여 무기 조건 하에서 대기 질소가 암모니아로 전환되는 혹을 형성한다. 식물은 공생 세균에게 탄수화물을 공급하는 대가로 고정된 질소의 일부를 얻는다. 다른 종류의 질소고정 공생 관계는 일부 목본과 공생하는 질소고정 방선균, 일부 하등식물과 공생하는 질소고정 남세균 등이 있다.

4.6 독성 토양

인류는 자신의 이익을 위하여 토양을 이용하는 데에 최근 역사의 많은 부분을 사용하였으며, 그렇게 함으로써 종종 토양의 질을 저하시켰다. 농업적 방법을 남용하거나 부적절하게 사용함으로써 토양의 구조가 파괴되고, 그리하여 토양이 부식하며 미생물상과 동물상이 고갈될 수 있다. 인간의 다른 활동들도 많은 식물에 해로운 독성 토양을 초래할 수 있다. 금속 광석의 채굴과 용해는 광대한 양의 흙더미를 만든다. 관개지는 종종 표층의 염분 형성에 의한 **염화작용**(salinization) 이 나타난다. 그리고 산업 활동은 넓은 지역에 걸친 토양에 산성비 등을 통하여 해로운 영향을 준다. 인구 증가, 보조금의 약속 등은 농부들로 하여금 한계 토지를 경작하게 만든다. 그 결과 불리한 조건에서 좋은 수확을 낼 수 있는 재배종이 필요하다. 다행히도 인간이 토양 문제를 야기할 때마다 비슷한 조건에서 번성할 수 있는 식물을 자연이 이미 생산해 놓은 경우가 동시에 일어난다. 이 절에서는 일부 문제의 토양을 살펴보고, 특정한 **토양**(edaphic) 조건을 극복하기 위하여 영양소 획득과 분배를 위한 근본적 방법이 진화되어 온 과정에 대하여 살펴볼 것이다.

4.6.1 금속 채굴과 균근

잠재적 독성 농도의 납, 아연, 구리 등의 금속을 포함하는 토양이 광석 노두나 또는 광석이 채굴되고 용해되거나 다른 방법으로 처리된 지역에서 발견된다. 이들 금속의 일부는 필수영양소라는 사실에도 불구하고 과량으로 존재하면 식물 생장에 독성을 나타낸다. 많은 종류의 식물이 높은 농도의 금속에 노출되어 그에 대한 반응으로 내성을 발달시켜 온 것으로 알려져 있다. 알루미늄저항성에 대한 식물의 고유 메커니즘에 대해서는 4.6.3절에서 자세히 살펴볼 것이다. 하지만 아마 예상과는 반대로 균근균이 금속 독성에 대한 식물의 내성을 증가시킬 수 있는 것으로 밝혀졌다.

○ 균근균에 의한 금속 독성 내성 증가가 예상과는 반대인 이유는?

● 균근균은 공급이 부족한 영양소를 잘 획득하기 때문에 금속 독성을 완화시키기 보다는 악화시킬 것으로 예상할 수 있다.

예를 들어 높은 농도의 아연을 포함하는 조건에서 생장한 경우, 외균근을 가진 자작나무는 외균근이 없는 자작나무보다 생장 속도가 빠르고 줄기에 포함된 아연의 농도가 낮다. 그러나 전체 기관을 대상으로 연구한 결과에서는 균근을 가진 자작나무의 뿌리가 더 높은 농도의 아연을 포함하고 있는 것으로 밝혀졌는데, 이에 대한 가설은 균류가 균근의 근계 내 균류 구성원에 아연을 농축시킴으로써 공생하는 자작나무를 보호한다는 것이다. 이러한 가설을 조사하기 위하여 X선 미세분석(X-ray microanalysis)을 이용한 세 가지 실험을 수행하였다. X선 미세분석은 다음 심층학습 4.1에 요약하였다.

심층학습 4.1 X선 미세분석

투과전자현미경(transmission electron microscope, TEM)은 전자선으로 표본에 초점을 맞춘다. 표본은 부분에 따라 전자를 흡수하거나 통과시키는 정도가 다르다. 출사 전자선으로 조심스럽게 초점을 맞추면 화면에 상이 생성된다. 전자선이 표본에 충돌하면 입사 전자의 일부는 표본의 궤도 전자의 일부분이 방출되게 만든다. 생성된 간극은 높은 에너지 껍질(energy shell)의 전자에 의해 바로 채워진다. 이동하는 전자는 초과 에너지를 X선 광자(X-ray photon)로서 방출한다. 각각의 전자는 정확하게 정해진 에너지 수준에 존재하기 때문에, 방사된 X선은 고정 파장과 특정 에너지를 가지고 있다. 따라서 각각의 원소는 독특한 X선 에너지스펙트럼, 즉 특징적 복사(radiation)를 생성하기 때문에 동정이 가능하다. 어떤 원소는 여러 전자들의 이동으로 인해 스펙트럼에 둘 이상의 피크를 만들기도 한다. 입사 전자들이 원자의 핵과 상호작용할 때에는 다른 형태의 X선 복사가 생성된다. 전하를 띤 핵 주위의 장에 산란된 전자는 전 범위에 걸쳐 무작위로 생성된 에너지를 가진 X선 형태로 에너지를 잃어버린다. 이 연속적 복사를 연속파장 복사(continuum radiation) 또는 '백색' 복사(white radiation)라고 부른다. 연속파장 복사는 분석된 표본 공간에 존재하는 모든 원자의 기능으로서, 표본의 두께를 측정하는 데 이용된다. 그림 4.29는 두 종류의 X선이 생성되는 모습이다.

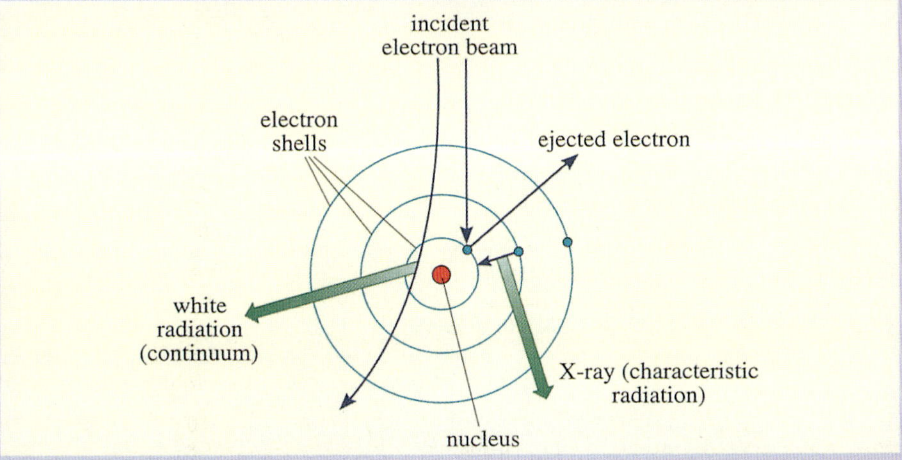

그림 4.29

전자현미경의 전자선이 표본의 원자들과 상호작용할 때 생성되는 특정 X선과 백색 X선.

이들 두 가지 형태의 X선은 양적 그리고 질적으로 표본의 매우 작은 부분까지 분석하는데 사용될 수 있다. 하지만 현실적으로 원자 번호가 적어도 10이상, 그리고 가능하면 훨씬 더 높은 원소의 분석에만 적용될 수 있다. 이는 전이금속(주기율표의 d 열에서 30개 원소, 예를 들어 구리, 니켈, 아연, 철 등)의 분포를 연구하는 데에는 유용하나, 탄소, 산소, 질소와 같은 일반적 생물학적 원소에는 소용이 없다는 것을 의미한다. 생물 재료의 분석에는 두 가지 접근 방법이 가장 유용하게 사용된다.

1. 반점 X선 미세분석(Spot X-ray Microanalysis)

이 방법에서는 표본을 고정시키고 수지(resin)로 포매(embedding)한 다음 90 nm 두께로 절편을 제작한다. 절편을 지지대 위에 올려놓고 표본의 한쪽에 바로 X선 검출기를 설치한 투과전자현미경으로 관찰한다(그림 4.30 참조).

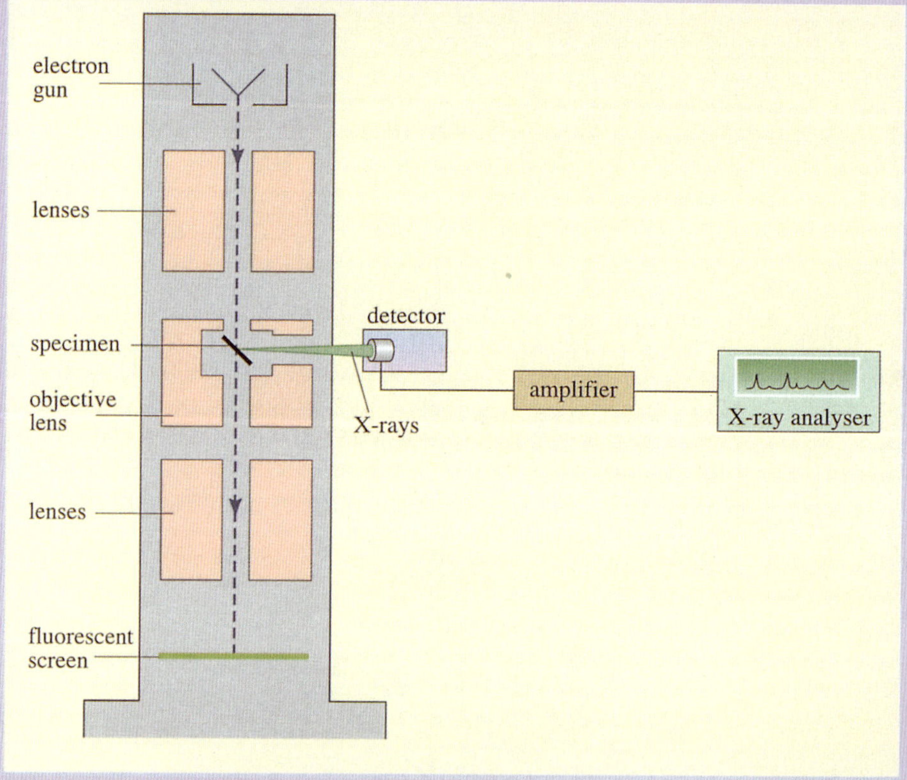

그림 4.30

X선 미세분석 장치가 부착된 투과전자현미경 모식도.

전자선은 관심의 대상인 조직이나 세포 구성원에 초점을 맞출 수 있고, 생성된 X선은 검출기로 수집되고 다중채널(multichannel) 분석기로 그림 4.31에 나타난 것과 같은 스펙트럼을 생성하도록 과정을 거친다.

이론적으로 원소의 상대적 농도는 그 원소에 특징적인 가장 큰 피크의 면적(그림에서 E로 표시됨)과 스펙트럼에서 특징적 피크를 포함하지 않는 고정 지역(그림에서 W로 표시됨)의 백색 복사의 양 사이의 비율로 측정될 수 있다. 그런 다음 농도를 알고 있는 표준 시료와 이 값을 비교하여 원소의 절대 농도를 구할 수 있다.

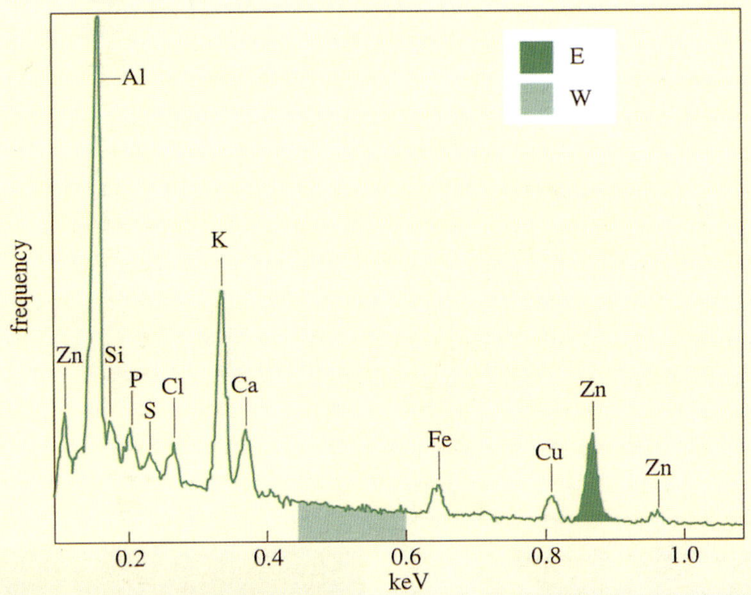

그림 4.31

높은 아연 농도에서 생장한 자작나무 뿌리 조직 절편의 X선 미세분석 스펙트럼. 아연의 피크(E)를 비롯한 특정 복사 피크들이 연속파장 복사(W) 위에 나타나는 것을 볼 수 있다. 가로축은 검출기로 측정된 X선의 에너지양을 나타낸다. 세로축은 검출기로 측정된 각기 다른 에너지를 가진 X선의 상대적 빈도를 나타낸다.

2. 주사투과전자현미경상 X선 분석(STEM X-ray Mapping)

이 방법에서는 약 1㎛ 두께의 약간 두꺼운 절편이 사용된다. 주사투과전자현미경상(scanning transmission electron image, STEM)을 생성하기 위하여, 장을 가로질러 왕복하는 검출기로 절편을 통과한 전자들을 수집하여 텔레비전 영상을 만든다. 분석 대상 지역에서 한 원소만의 X선을 수집하여 공간적 분포를 보여주는 상을 만들고, 같은 지역에 해당하는 보상적 X선 지도를 생성한다(그림 4.33은 이러한 자료의 예이다).

실제로 이들 두 방법 모두에서 잠재적으로 인위적 구조가 나타날 수 있다. 전통적인 전자현미경 표본 제작 방법은 표본 조성에 큰 변화를 초래하기 때문에 표본 제작이 특히 중요하다. 예를 들어 대부분의 전자현미경 염색제에는 피해야 되는 금속원소가 포함되어 있다. 가벼운 원소들의 손실과 외래 원소들의 도입을 최소화하는 방법들이 개발되었다. 또한 X선 스펙트럼은 표본 지지대를 비롯한 기계의 다른 부분에서 오는 신호들도 포함하며, 표본이 너무 두꺼우면 신호가 왜곡될 수도 있다. 그래서 초기 자료와 이후의 분석으로부터 이러한 외부 영향을 제거하기 위한 방법들이 개발되어 왔다. 하지만 많은 경우에 X선 미세분석은 매우 유용한 것으로 입증되었는데 다음에 이를 기술한다.

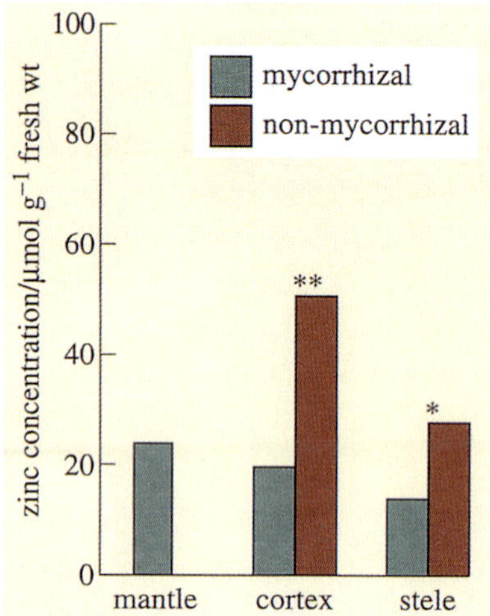

그림 4.32

균근균인 주름우단버섯(*Paxillus involutus*)의 유무에 따라 높은 아연 농도에서 생장한 자작나무 뿌리 조직의 평균 아연 농도를 X선 미세분석으로 측정한 결과. **는 1% 수준(P <0.01)에서 의미 있는 차이이고, *는 5% 수준(P <0.05)에서 의미 있는 차이를 나타낸다.

실험 1에서는 높은 아연 농도에서 외균근 균류인 주름우단버섯(*Paxillus involutus*)의 유무에 따라 무균 조건에서 생장한 자작나무 뿌리의 얇은 절편의 반점 분석을 이용하여 조직의 아연 농도를 측정하였다. 이 실험의 결과를 그림 4.32에 나타냈다.

○ 균근이 있는 식물과 없는 식물의 뿌리 조직의 아연 농도를 비교하여라.

● 균근이 있는 식물의 뿌리 조직이 없는 식물에 비해 아연 농도가 훨씬 낮다.

실험 2에서는 STEM을 이용하여 높은 농도의 아연에 노출된 균근의 절편으로 아연의 위치를 확인하였다. 그림 4.33a는 피층세포 및 인접한 균투(mantle)의 균사를 포함하는 절편의 STEM 상이며, 그림 4.33b는 같은 절편의 X선 지도이다. 이 그림에서 아연의 농도는 흰 점의 밀도에 비례한다.

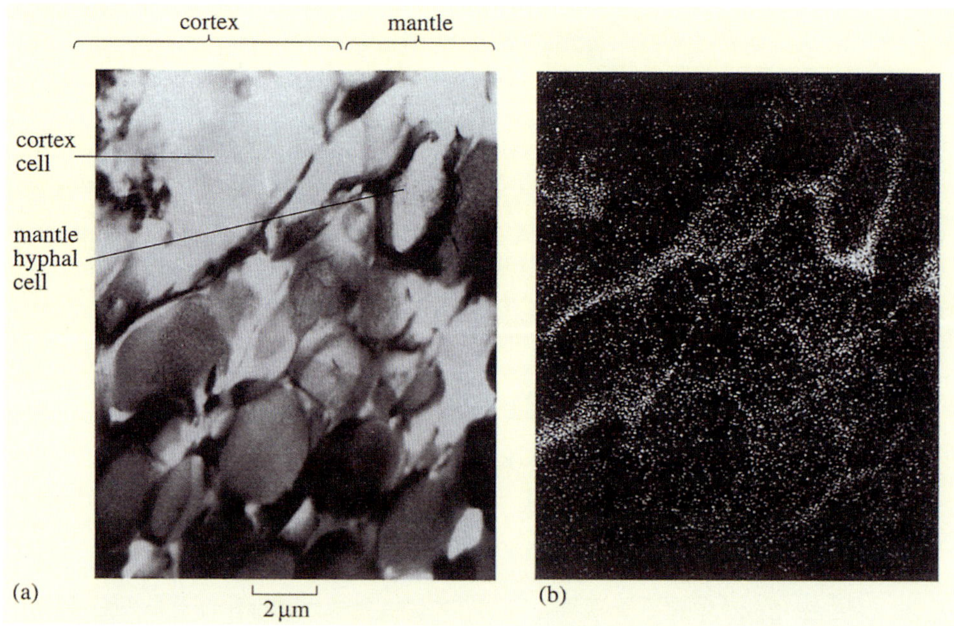

그림 4.33

(a) 아연을 처리하고 동결치환(freeze-substitution)된 자작나무 균근 종단면의 STEM 상으로서 식물 피층 세포와 균투에 있는 많은 균사 세포를 볼 수 있다. (b) 같은 부분에서 아연의 X선 지도. 동결치환이란 조직 내 이온의 농도와 분포를 가능한 한 보존하도록 고안된 표본 준비 방법이다.

○ 아연이 어디에 축적되어 있는가?

● 아연은 균사의 세포벽과 균사 사이의 간극에 축적되어 있다. 균사의 세포질이나 자작나무의 뿌리세포 내에는 축적되어 있지 않다.

○ 이들 두 실험의 관찰 결과가 가설과 일치하는가?

● 그렇다. 아연의 농도는 균근 식물의 뿌리 조직에서 낮고, 균류의 주위에 축적될 것으로 예상된다.

하지만 이러한 관찰은 기관 전체를 대상으로 한 연구에서 균근이 없는 식물보다 균근 식물에서 아연 농도가 더 높은 이유를 설명하지 못한다.

○ 실험 1과 2의 결과가 과량의 아연이 어디에 있는지 설명하지 못하는 이유는?

● 뿌리 전체에 대한 연구는 균근 식물의 근계가 균근이 없는 식물보다 아연을 더 많이 포함하고 있음을 나타냈다. 그러나 실험 1에서 균근 뿌리의 균투의 아연 농도가 대략적으로 뿌리 전체의 아연 농도와 비슷하였다.

이러한 외관상 역설을 설명하기 위하여 실험 3에서는 균투의 균사(man)와 생장 배지로 뻗쳐나간 균사체(em)의 얇은 절편에 대한 반점 분석을 이용하여 아연 농도를 비교하였다. 그 결과를 그림 4.34에 나타냈다.

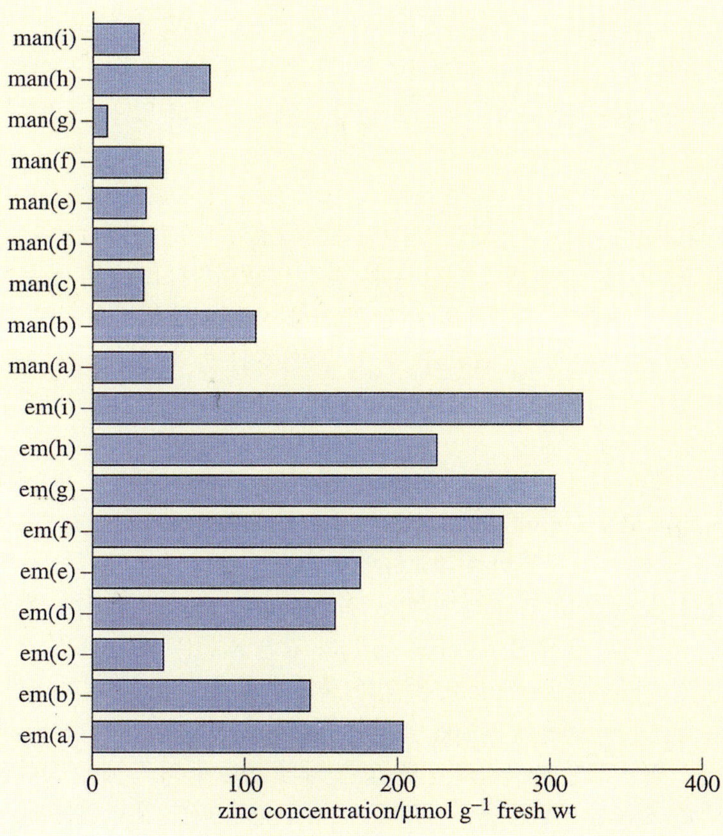

그림 4.34

높은 농도의 아연에서 생장한 외균근 자작나무의 외부 균사체(em)와 균투 균사(man)의 평균 아연 농도. 각 막대는 5개 균사체의 평균값이다. em과 man의 전체적 차이는 0.01% 수준에서 의미가 있다.

○ 균투와 외부 균사체의 아연 농도를 비교하여라.

● 외부 균사체의 아연 농도가 균투에 비해 일반적으로 훨씬 더 높다.

○ 이러한 결과가 균류가 자신의 조직에 아연을 축적함으로써 공생하고 있는 자작나무를 보호하고 있다는 가설을 지지하는가?

● 전체적으로 보면 가설을 지지한다.

하지만 균류가 균투 균사의 세포질 내에 아연을 축적함으로써 아연의 분포를 조절하는 것 같지는 않다. 금속이 균사를 따라 이동하지 않는다는 것을 알고 있으므로, 이러한 결과는 토양용액의 아연이 수동적으로 균사 표면에 흡수된 것을 시사할 수도 있다. 이 과정은 토양용액에서 아연을 제거하고, 균근 식물 뿌리의 표면이 균근이 없는 뿌리에 비해 낮은 농도의 아연에 노출되게 된다.

4.6.2 염분 토양: 고염 용액

염성 소택지(saltmarsh)는 농업적 가치가 거의 없는 토양에서 자연적으로 나타나는 특수화된 군집의 흥미 있는 예이다. 그러나 수분 관리를 제대로 하지 않고 관개된 농지의 인위적 염류화는 전 세계적으로 심각한 문제이다. 벼와 같은 작물의 수확량은 인도처럼 인구를 먹여 살리기 위하여 분투하는 지역에서 이미 심각한 제약을 받고 있다. 자연적이든 인간 활동에 의해 형성되었든 고염 조건이 야기하는 문제는 같다.

대부분의 관다발식물은 높은 농도의 Na^+이 해롭다(정도는 약하지만 Cl^-도). 토양용액의 염분 농도가 높으면 식물은 삼투에 의한 수분 흡수가 어려워지고 수분 부족 상태가 된다(3.6.2절의 생리적 가뭄을 참고). Na^+과 Cl^-의 과량 흡수는 효소 반응 등을 억제함으로써 이온 독성으로 이어질 수 있다. Na^+과 Cl^-은 다른 이온들의 흡수를 억제하거나 K^+과 Ca^{2+} 등 무기영양소의 내부 분포를 손상시킴으로써 영양소의 불균형을 초래할 수 있다.

습하고 염분이 많은 이런 토양에서 생장하기 위해서는 특별한 적응이 필요하다. 염성 소택지에 는 특징적인 식물 군집이 있다. 실제로 염성 소택지와 같이 자연적인 고염 지역에서 생장하는 식물들은 염성 조건에 아주 정교하게 조절되어 있어 다른 곳에서는 생장할 수 없다. **염생식물(halophyte)**이라고 불리는 이들 식물은 종종 형태가 독특할 뿐만 아니라 맛 또한 특이하다. 퉁퉁마디 종류(*Salicornia* spp.)와 같은 식물은 즙이 매우 많으며 약간 짠맛이 난다. 이러한 **다육식물(succulent)**은 잎과 줄기가 두껍고 다육질이며(그림 4.35), 이러한 특징 때문에 식물이 물속에 잠기면 부피에 대한 표면적 비율이 감소하여 염분에의 노출이 줄어든다. 그러나 또한 다육질로 인해 많은 양의 염분이 액포 내에 희석된 상태로 저장될 수 있으므로, 세포질의 염분 농도가 그렇게 높지 않아 해를 입지 않는다.

그림 4.35

염성 소택지의 퉁퉁마디 종류로서 다육질 줄기와 잎을 볼 수 있다.

반면에 갯질경 종류(*Limonium* spp., 그림 4.36a)는 잎이 매우 딱딱하며 핥으면 아주 짠 맛이 나는데, 이는 염분 배출에 의해 활발한 광합성 조직의 염분 농도가 감소하였기 때문이다. 잎에 있는 특수한 **소금샘(salt gland)**을 통하여 과량의 염분이 분비되어 잎 표면이 염분으로 덮여 있기도 하며, 비나 이슬에 의해 씻겨 나갈 수 있다(그림 4.36b는 갯질경 종류의 소금샘이다).

(a)

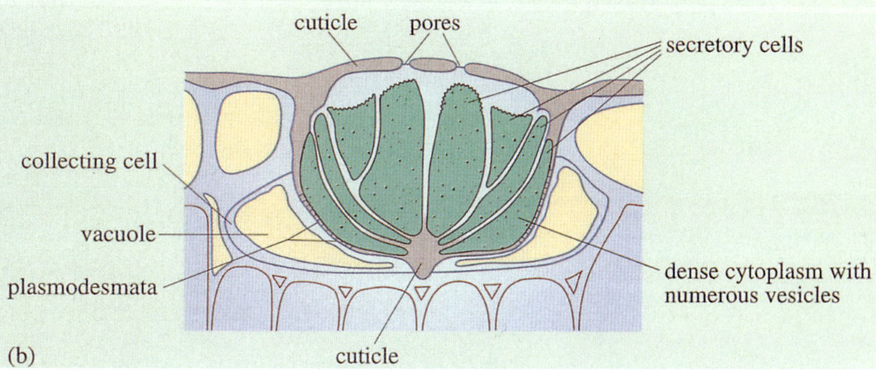

(b)

그림 4.36

(a) 영국 염성 소택지의 갯질경 종류(*Limonium latifolium*). (b) 갯질경 종류의 소금샘. Na^+과 Cl^- 이온은 수집세포의 액포 내에 축적되고 다음에 수동적으로 분비세포 복합체로 이동한다. 분비세포는 표면의 통로 몇 개를 제외하고 대부분 수분이 침투할 수 없는 각피층으로 둘러싸여 있다. 분비세포는 세포질 밀도가 높으며 운반세포의 특징인 주름진 외부 벽을 가지고, (아마 원형질막에서의 능동수송에 의해) 잎 표면으로 염분을 분비한다.

이들과는 대조적으로 관목성 나문재 종류(*Sueda fruticosa*, 그림 4.37)와 지채(*Triglochin maritima*)는 오래 된 잎을 잘 씹어야만 짠 맛이 난다. 이들 식물은 위와 같이 정교한 염분 배출 메커니즘을 가지고 있지 않다. 잘 씹어야 짠 맛이 나는 이유는 낙엽 세포의 액포로 과량의 이온을 모두 배출하기 때문이다.

그림 4.37

영국 염성 소택지의 관목성 나문재 종류(*Sueda fruticosa*).

하지만 호밀풀(*Lolium perenne*)을 비롯한 염성 소택지의 일부 식물은 정상 토양에서 더 전형적으로 생장한다. 염분에 적응된 군집을 가지는 이런 식물을 **비염생식물(glycophyte)**이라고 하며 보통 짠 맛이 나지 않는데, 염분이 줄기까지 도달하지 않는 것으로 보인다. 실제로 뿌리 조직도 염분의 농도가 높지 않다. 염성 소택지의 식물들은 여러 가지 방법으로 환경에 있는 과량의 염분 문제를 해결하는 것이 분명하다.

○ 위에 소개한 '맛 시험'을 토대로 염생식물과 비염생식물의 내염 전략에 어떤 차이가 있는지 짐작할 수 있는가?

● 내염성 비염생식물은 뿌리에서의 흡수를 제어함으로써 염분을 배제하는 경향이 있고, 반면 염생식물은 많은 양의 염분을 흡수하지만 거의 해가 없는 잎 표면 등에 염분을 한정시킴으로써 독성 영향을 최소화시킨다.

내염성 식물은 위의 두 전략 중 어느 것을 사용하느냐에 따라 **배염식물(excluder)**과 **함염식물(includer)**로 나눈다. 이러한 사실로부터 소금샘과 다육질 등은 내염성의 가장 적극적인 형태이긴 하지만 내염성에 반드시 필요한 것은 아니라는 것을 알 수 있다. 그렇다면 내염성의 본질은 무엇인가?

내염성의 기본

식물 세포막에는 Na^+ 펌프가 없으며, 나트륨은 필수원소가 아니다. 그러므로 가장 간단한 해결책은 대부분의 비염생식물과 같이 Na^+을 배제하는 것이다. 그러나 Na^+이 필요 없다면, 우선 어떻게 Na^+이 식물로 들어가고 문제를 일으키는가? 관목인 초록올리브나무(*Phillyrea latifolia*, 물푸레나무과) 연구 자료는 이에 대한 단서를 제공한다. 그림 4.38은 이 식물을 높은 농도의 소금에 노출시켰을 때 Na^+과 K^+의 함량 변화를 보여준다.

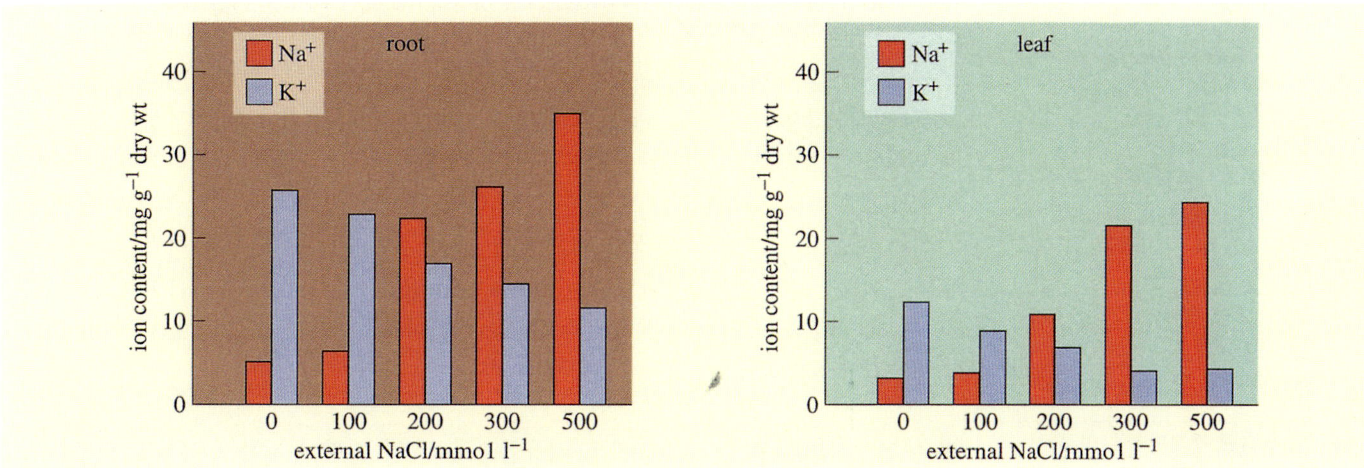

그림 4.38

온실에서 생장한 초록올리브나무(*Phillyrea latifolia*)의 뿌리와 잎 조직의 나트륨 및 칼륨 함량. 일정 시간 염분을 처리한 후 조직을 채취하였다.

○ 외부 소금 농도가 증가함에 따라 조직의 Na^+과 K^+ 함량은 어떻게 변하는가?

● 뿌리와 잎의 Na^+ 농도는 증가하고 K^+ 농도는 감소한다.

Na^+이 K^+ 수송단백질의 특정 결합부위에 대하여 K^+과의 경쟁에서 이김으로써 K^+ 흡수계를 통하여 식물 세포로 유입되고, 그 결과 K^+ 결핍이 야기된다. 따라서 Na^+의 흡수를 감소시키는 것은 아마 K^+ 결합부위의 수를 감소시켜야 하는 것을 의미한다.

○ K^+ 흡수 부위의 수가 적다는 것은 식물 생장력에 있어서 어떤 의미가 있는가?

● K^+ 결핍 때문에 식물의 생장 속도가 본질적으로 느려질 것이다.

실제로 이러한 내염 전략은 아마 유전적으로 쉽게 달성할 수 있기 때문에 화본과 비염생식물 대부분이 채택하고 있다. K^+ 흡수 부위의 밀도를 결정하는 유전자의 돌연변이는 개체의 내염성을 크게 증가시킬 수 있다. 이는 또한 비염성 토양에서 생장하는 개체군 내에서 내염성 개체들이 낮은 빈도로 발견되는 이유를 설명한다.

그림 4.39

고염 조건에 노출된 갯개미취의 여러 기관의 삼투압 균형을 위하여 사용된 용질의 분포.

○ 이러한 내염성 돌연변이체가 정상 토양에서 낮은 빈도로 존재하는 이유는?

● 생장력이 부족하고 생장 속도가 느리기 때문에 야생형과 경쟁하기 어렵다.

K^+ 배제(Na^+ 배제와 함께)에 의한 생장력 부족의 다른 원인은 수분 흡수에 충분할 정도로 세포의 삼투압을 증가시킬 수 있는 대체용질 합성에 귀중한 자원을 소비해야 한다는 사실이다. 비염생식물의 **대체용질(compatible solute)**은 보통 프롤린(proline), D-소르비톨(D-sorbitol), 만니톨(mannitol) 등인데, 그 이유는 한편으로는 독성이 없고 물에 녹으며 순전하가 없기 때문이고, 또 한편으로는 이미 세포 내용물의 정상적 구성원이기 때문이다.

염생식물의 함염작용(inclusion)은 수분 흡수를 위한 내부 삼투압 증가에 Na^+을 이용하기 때문에 배염작용(exclusion)에 비해 에너지 지출이 적다. 하지만 Na^+ 독성에 민감한 많은 부위들을 보호하고 K^+ 결핍 문제를 극복하기 위해서는 더 많은 메커니즘이 필요하다. 따라서 Na^+ 함유의 유전적 조절은 다유전자성이며, 식물은 반드시 특정한 방법으로 조절을 수행한다. 예를 들어 많은 염생식물은 가장 민감한 세포내 구성원을 보호하기 위하여 특히 효과적인 대체용질인 **글리신베타인(glycine betaine)**을 사용한다. 갯개미취(*Aster tripolium*)는 잎의 삼투압 조절을 위해 Na^+과 Cl^-를 사용하지만, 꽃은 K^+, 글리신베타인, 당 등으로 보호한다(그림 4.39).

많은 염생식물은 K^+을 효율적으로 사용함으로써 K^+ 결핍 문제를 극복하였다. 일부 세포 기능에는 K^+ 대신 Na^+을 사용함으로써 과량의 Na^+ 및 K^+ 결핍 문제를 동시에 극복하였다. 액포의 삼투압 조절에 양이 풍부한 Na^+을 사용하고, 필수 대사 작용을 위하여 K^+을 보존한다. 비름과(Amaranthaceae) 등의 **나트륨선호(natrophilic)** 식물은 단백질 합성과 같은 세포내 과정에서 K^+ 대신 Na^+을 사용함으로써 K^+ 요구량을 감소시킨다. 그러므로 함염작용의 본질은 이온의 효과적 내부 구획화와 동원으로서, 이는 막의 수송 능력 증가에 기인한다.

요지를 말하면 다육질과 소금샘은 고염 서식지에서 식물의 번성을 도와줄 수 있으나 이들 특징이 내염성의 기본은 아니다. 더 중요한 것은 식물로 하여금 Na^+과 Cl^-에 대한 과다 노출로부터 염에 민감한 부위를 보호하고, 부족한 영양소의 효율적 이용을 가능하게 해주는 막 수송 기능의 증가이다. 나아가 이온 수송 부위의 분포 및 세포막에서의 특이성에 대한 유전적 조작을 통하여 내염성 작물의 개발이 이루어질 수 있을 것이다.

4.6.3 알루미늄 독성과 산성 강수

알루미늄은 지각에 세 째로 풍부한 원소이다. 알루미늄의 화학은 매우 복잡하다. 중성에서 약산성에 이르는 pH에서는 불용성인 알루미노규산염(aluminosilicate)으로 존재하나, pH 5.5 이하에서는 주요 **식물독성(phytotoxic)**인 Al^{3+} 형태로 토양용액으로 분비된다.

따라서 알루미늄 독성은 세계 경작지의 40%를 구성하는 열대지방의 용탈현상이 심한 토양을 비롯한 산성 토양에서의 작물 생산성을 제한하는 중요한 요인이다. 그러나 알루미늄 독성 문제는 점점 더 넓은 지역으로 퍼지고 있는데, 이는 화석 연료 사용(그림 4.40)으로 인한 산성 강수뿐만 아니라 흔히 사용하는 농업적 처리에 의해서도 토양 산성화가 초래되기 때문이다. 연소 과정에서 기체상의 탄소, 질소, 황 등의 산화물이 방출되고 공기 중의 습기와 결합하여 탄산, 질산, 황산 등을 형성하는데 이들이 비와 눈으로 지상에 떨어진다.

그림 4.40

디젤과 석유 등의 화석 연료가 연소되면 기체상의 탄소, 질소, 황의 산화물이 방출된다. 이들 산화물은 공기 중 습기와 결합하여 탄산, 질산, 황산 등을 형성하고 강수에 의해 지상으로 떨어진다.

알루미늄 독성은 분열조직에서 뿌리 생장을 저해하여 수분과 영양소 획득에 문제를 야기한다. 독성의 메커니즘은 확실하지 않으나, Al^{3+}은 ATP, RNA, 단백질, 카르복실산(carboxylic acid), 인지질 등 일반적이고 중요한 많은 세포 구성원들과 복합체를 형성할 수 있다. 또한 알루미늄과 세포 구성원들 사이의 상호작용으로 독성이 나타나기에 충분히 빠른 속도로 상당한 양의 Al^{3+}이 심플라스트로 유입된다. Al^{3+}의 직경은 Mg^{2+}과 가장 비슷하다. 따라서 아마 Al^{3+} 흡수는 Mg^{2+} 통로를 통하여 주로 일어나고, 또한 인산염 전달 반응, 세포골격의 상호작용, 신호전달 등과 같이 Mg^{2+}에 의해 조절되는 과정을 방해할 수 있다.

다행히도 많은 식물들이 알루미늄 민감도에 대한 유전적 변이를 나타내고, 농부들은 이러한 변이를 이용하여 알루미늄저항성 작물 품종을 개발하였다. 알루미늄저항성 조절은 다유전자성으로서, 한 두 개 주요 유전자를 비롯한 많은 유전자들이 여러 가지 저항 메커니즘을 나타낸다. 알루미늄저항성 재배종은 뿌리 생장 속도와 단백질 합성 속도가 알루미늄 감수성 재배종보다 빠르다. 알루미늄저항성 재배종은 근단에 적은 양의 알루미늄을 축적하기 때문에, 알루미늄저항성은 일차적으로 알루미늄이 뿌리 정단부에서 배제되는 것에 기인하는 것으로 여겨진다.

알루미늄저항성 메커니즘

현재 증거에 따르면 주요 저항 메커니즘은 내염성과는 달리 원형질막의 이온흡수 수송단백질 차이가 아니다. 반대로 Al^{3+} 배제는 뿌리삼출물의 변화를 통하여 이루어지는 것으로 보인다. 뿌리삼출물의 유기산 같은 인자들이 Al^{3+}이온과 결합하여 독성을 약화시키고 흡수도 어렵게 만든다. 이에 관련하여 흥미 있는 결과들이 있다.

알루미늄과의 결합을 통한 저항성의 증거

알루미늄저항성 강낭콩(*Phaseolus* sp.)은 뿌리에서 시트르산을 배출하는 것으로 밝혀졌다. 옥수수는 시트르산과 무기인산을 방출하는데 무기인산은 불용성인 알루미늄인산을 형성한다. 하지만 대부분의 연구는 밀(*Triticum aestivum*)을 이용하여 이루어졌는데, 밀은 대부분 말산 이온을 분비하지만 어떤 환경에서는 인산도 분비한다.

그림 4.41은 알루미늄저항성 밀 재배종인 아틀라스와 알루미늄 감수성 재배종인 스카우트의 유식물에 고농도 알루미늄 용액을 처리하였을 때 뿌리의 말산 배출 속도를 보여준다.

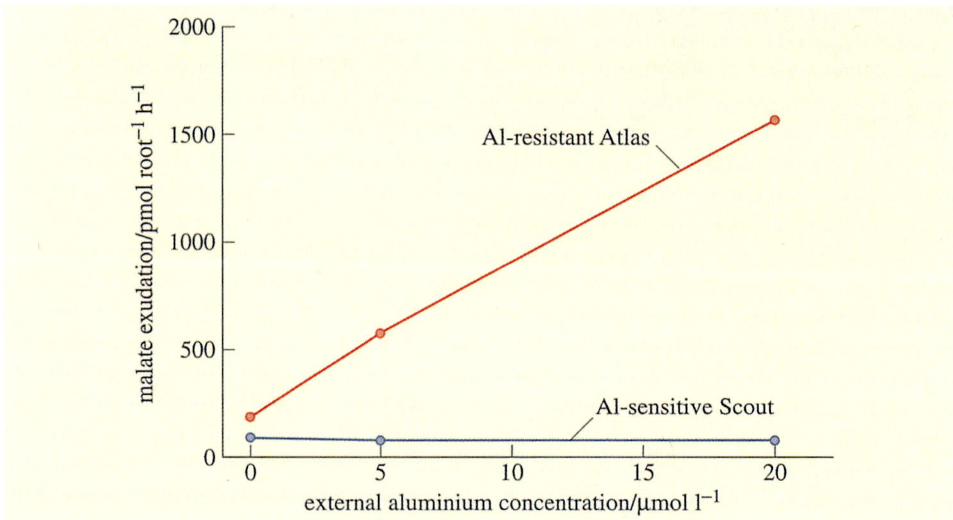

그림 4.41

밀 유식물 뿌리의 말산 배출 속도에 미치는 알루미늄 농도의 영향.

○ 아틀라스의 말산 배출이 스카우트와 어떻게 다른가?

● 아틀라스의 말산 생산은 외부 용액의 알루미늄 농도에 비례하나 스카우트의 경우는 적으면서 일정하다.

즉 알루미늄저항성 품종은 고농도의 알루미늄에 대하여 말산 배출 증가로 반응하지만 비저항성 품종은 반응하지 않는다. 또한 말산 유출은 특이적으로 Al^{3+}에 의해 유도되고, La^{3+}, Sc^{3+}, Mn^{2+}, Zn^{2+} 등에 의해서는 유도되지 않으며, 뿌리 정단부에서 일어나는 것으로 밝혀졌다. (La는 란탄, Sc는 스칸듐).

○ 이들 두 가지 관찰이 말산 분비가 알루미늄저항성 메커니즘이라는 가설을 어떻게 지지하는가?

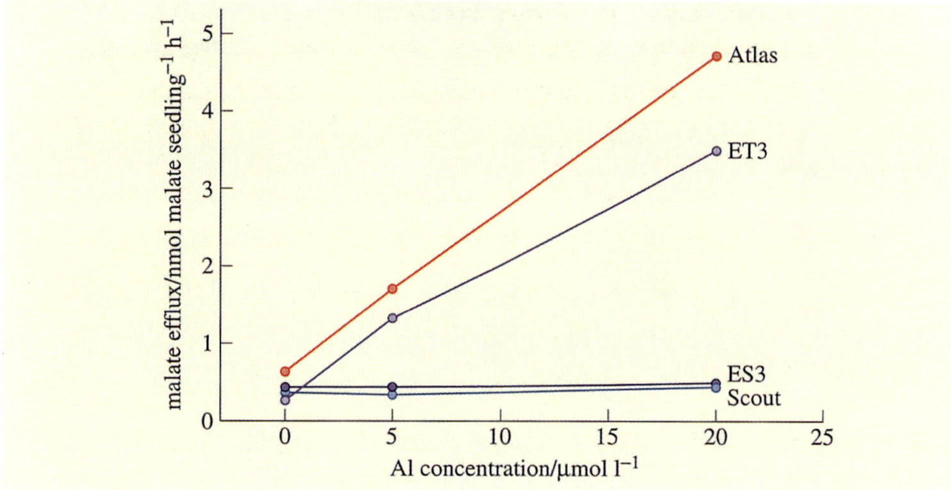

그림 4.42

두 종류의 알루미늄저항성 밀 유전자형(아틀라스와 ET3)과 두 종류의 알루미늄 감수성 유전자형(스카우트와 ES3) 식물체의 말산 배출에 미치는 알루미늄 농도의 영향. 유식물을 7시간 동안 알루미늄에 노출시켰다.

● 처음 관찰은 말산 분비가 알루미늄에 특이적인 반응이라는 것을 의미하고, 나중 관찰은 알루미늄 독성에 가장 민감한 식물체 부위에 국한되어 분비가 일어나는 것을 의미한다.

그러나 말산 분비가 알루미늄저항성의 일차적 메커니즘이라는 것을 입증한 결정적 증거는 유전학적 연구를 통하여 알루미늄에 의해 유도된 빠른 속도의 말산 유출이 알루미늄저항성 대립유전자와 연관되어 있다는 것을 보여준 것이다. 알루미늄저항성은 밀의 두 재배종, 즉 다유전자성의 알루미늄저항성 아틀라스와 알루미늄 감수성의 스카우트, 그리고 준동질유전자계통(near-isogenic line)인 알루미늄저항성 ET3과 알루미늄 감수성 ES3(이들 둘은 *ALT-1* 유전자자리에 있는 알루미늄저항성 유전자의 유무에서만 차이가 난다.)을 사용하여 조사하였다.

두 종류의 저항성 계통에서 말산 유출은 주위 용액의 알루미늄 농도에 비례하는 것으로 밝혀졌다. 감수성 유전자형에 의한 말산 유출은 알루미늄 농도에 관계없이 일정하게 낮은 값을 나타냈다(그림 4.42).

○ 알루미늄저항성의 두 유전자형은 말산 유출 반응이 비슷한가?

● 말산 유출은 다유전자성인 아틀라스에서 약간, 그러나 의미 있는 정도로 높았다.

아틀라스는 또한 인산 방출이 증가한다(그림 4.43).

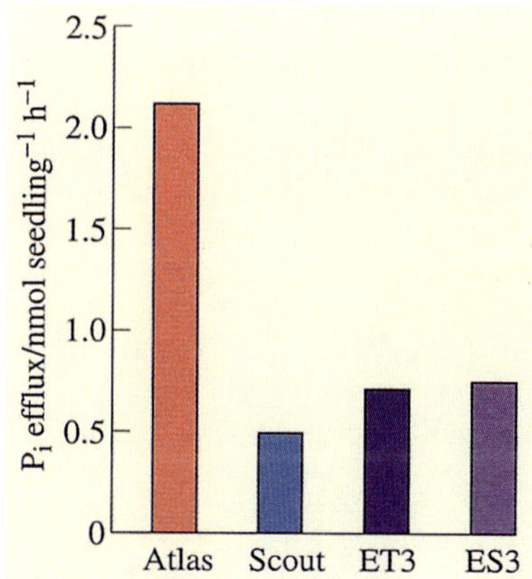

그림 4.43

두 종류의 알루미늄저항성 밀 유전자형(아틀라스와 ET3)과 두 종류의 알루미늄 감수성 유전자형(스카우트와 ES3)의 인산 배출. 속도는 세 가지 알루미늄 농도(0, 5, 20 μmol l^{-1})에 대한 평균값이다. 유식물을 7시간 동안 알루미늄에 노출시켰다.

○ 준동질유전자계통 사이의 인산 유출을 비교하라.

● ET3과 ES3의 인산 유출은 의미 있는 정도로 차이가 없고, 알루미늄 감수성의 스카우트 유전자형보다 약간 높은 정도이다.

ET3의 인산 유출 증가가 알루미늄저항성의 특징이 아니기 때문에, 이 특징은 *ALT-1*에 의해서 조절될 수 없다. 그러므로 저항성인 아틀라스의 인산 유출 증가는 하나 이상의 다른 유전자 자리의 알루미늄저항성 대립유전자에 의해 조절되어야 한다. 그림 4.44는 인산 유출의 증가도 근단에 국한되어 있는 것을 보여준다.

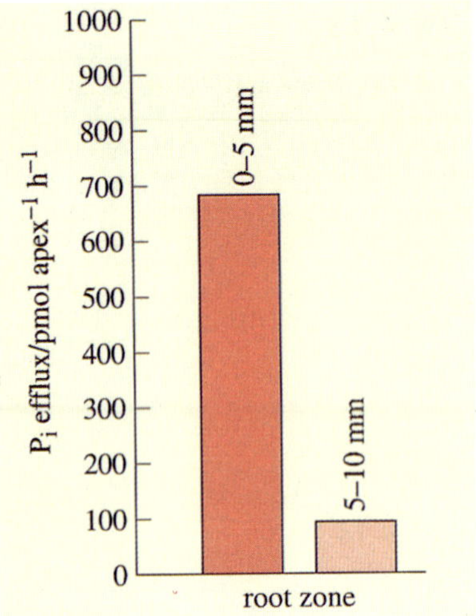

그림 4.44

알루미늄저항성 아틀라스 밀 품종의 절단된 뿌리 조각의 인산 배출. 길이는 근단으로부터의 거리를 나타낸다. pmol = 1×10^{-12} mol.

더구나 말산과 인산은 둘 다 알루미늄 독성을 완화시키는 것으로 밝혀졌다. 이들 이온을 알루미늄 독성 용액에 첨가하였을 때 알루미늄 감수성 뿌리가 독성으로부터 보호되었다.

○ 이들 실험의 결과에서 밀 재배종 아틀라스의 알루미늄저항성에 대한 유전적 근거가 어떤 것이라고 생각되는가?

● 이들 결과는 아틀라스의 알루미늄저항성이 적어도 두 개의 유전자에 의해 조절된다는 생리학적 증거를 제공한다. 일차적 메커니즘은 말산 이온의 배출이나(스카우트와 ET3에서 *ALT*-1에 의하여 조절되는 메커니즘), 말산과 인산 배출 모두가 일제히 알루미늄 배제와 알루미늄저항성을 증가시키는 작용을 한다.

종합하면, 알루미늄 배제가 알루미늄저항성의 주요한 메커니즘이고, 이 과정에는 말산과 시트르산 같은 유기산 형태의 결합 리간드 분비가 관여하고, 저항성이 다유전자성인 일부 품종에서는 인산 유출이 저항성의 보조 메커니즘이라는 믿을만한 증거가 있는 것으로 보인다. 어떤 경우에는 원형질막과 세포벽의 알루미늄 결합 특성에 작은 차이가 있으나, 그 영향이 비교적 작기 때문에 중요하지 않은 다른 유전자들에 의해 조절되는 것으로 생각된다.

유기산은 모든 식물에 의해 생산된다. 예를 들어 말산은 양이온의 내부 이동, pH 항상성, 토양 무기물 특히 철의 획득 등에 작용한다. 말산은 또한 TCA 회로와 C4 대사의 대사물질이다(2.5.2절). 그러므로 알루미늄저항성은 말산 조절계의 변형에 의해서 가능하다. 하지만 유기산 합성 증가는 불가결하게 알루미늄저항성 식물에 비용을 부과하고, 인 공급이 부족하면 인산 분비 역시 고비용적 선택이다. 따라서 알루미늄저항성 식물의 생장력이 떨어지고, 정상 토양에서 발견되는 개체군에는 낮은 빈도로 존재하는 것이 놀라운 일이 아니다.

4.6절의 요약

1. 많은 금속 필수원소는 광석 노두 및 금속 채굴이나 채취 등의 흙더미에서와 같이 높은 농도에서 독성을 나타낼 수 있다.

2. 균근은 아연 독성을 완화시키는 것으로 밝혀졌다.

3. X선 미세분석은 외균근에 의한 아연 독성의 완화 메커니즘을 설명하는데 이용되었다.

4. 아연 이온은 균사 표면으로 흡착되고, 그럼으로써 토양용액의 금속 농도를 낮추어 공생관계의 식물이 금속에 노출되는 것을 감소시키는 것으로 보인다.

5. 염성 소택지는 고염 서식지에서 생활하도록 특수화된 염생식물이 우점종이다. 염생식물은 환경의 Na^+과 Cl^- 이온을 처리하기 위하여 소금샘과 다육질 같은 여러 가지 독창적 방법을 가지고 있다.

6. 비염생식물은 염성 소택지에 내염성 개체군을 가지고 있는 보통 식물이다.

7. 대부분의 비염생식물은 과량의 염분에 대한 저항성으로 염분 배제 전략을 채택하고 있는데, 이는 염분 독성을 회피할 수 있으나 수분 결핍 문제를 극복하기 위하여 많은 양의 대체 용질 합성을 필요로 한다. 이러한 전략은 유전적으로 달성하기 쉬우나 영양소 결핍과 낮은 생장 속도 등으로 이어지는 경향이 있다.

8. 대부분의 염생식물은 염분 배제보다 에너지가 적게 들지만 많은 곳의 막 수송 기능 증가를 필요로 하는 염분 함유 전략을 취하고 있는데, Na^+과 Cl^- 이온을 해가 없는 장소에 국한시키고 K^+ 등을 매우 효과적으로 이용한다.

9. 나트륨선호식물은 일부 세포 과정에서 K^+ 대신 Na^+을 사용할 수 있다. 염생식물은 수분스트레스 식물에 국한된 대체 용질인 글리신베타인으로 감수성이 가장 강한 부위를 보호한다. 완전하고 고도로 발달한 이러한 적응에는 많은 유전자가 관여한다.

10. 막 수송 기능 증가는 모든 내염성 메커니즘에 기본적으로 나타난다. 내염성 작물 개발을 위한 열쇠는 막결합 이온 수송 부위의 특이성이나 분포의 유전적 조작에 있다.

11. 알루미늄 독성은 낮은 pH의 토양에 널리 퍼져있는 심각한 문제로서 산성 강수에 의해 악화된다.

12. 알루미늄 독성은 Al^{3+} 이온과 연관되어 있다. 알루미늄 독성은 뿌리의 발육 저해를 야기하고, 중요한 많은 세포 구성원들과 결합하여 작용을 방해할 수 있다.

13. 실험 연구에 의하면 알루미늄저항성의 일차적 메커니즘은 토양의 Al^{3+} 농도에 반응하여 뿌리 표면에서 유기산 방출이 증가하는 것이다. 이들 유기산은 Al^{3+}이온과 결합하여 독성을 중화시킨다.

4.7 작물의 개발

수천 년에 걸쳐 어떤 형태의 식물들은 작물로 이용하기 위하여 선택되었고 다른 식물들은 선택되지 않았다. 어떤 종들이 다른 종들보다 더 좋은 작물이 되는 이유는 무엇인가?

그림 4.45는 인산의 가용성 증가에 대한 세 종류 식물의 생장 반응을 나타낸다.

○ 인 공급 증가에 대하여 어떤 종이 생장 속도가 가장 많이 증가하고 어떤 종이 가장 적게 증가하는가?

● 쐐기풀 종류(*Urtica dioica*)의 생장 속도가 가장 많이 증가하고 좀새풀 종류(*Deschampsia flexuosa*)가 가장 적게 증가한다.

쐐기풀 종류와 같은 식물은 전형적인 **영양소반응성(nutrient-responsive)** 식물이다. 이들은 생장 속도가 매우 빠를 수 있으나 이러한 속도를 달성하기 위해서는 높은 농도의 가용성 무기영양소가 있어야 한다. (쐐기풀 종류는 전형적으로 비옥한 경작지 가장자리의 배수도랑에서 발견되는데 경작지에서 흘러나온 풍부한 영양분을 이용할 수 있다.) 좀새풀 종류

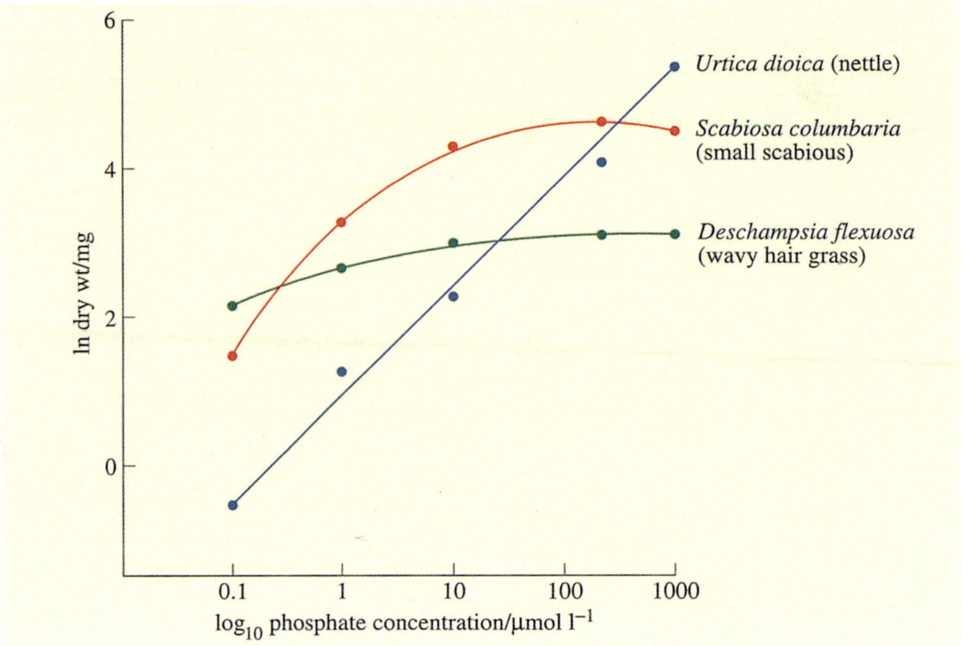

그림 4.45

생태학적으로 대조적인 3가지 야생종이 여러 농도의 인산이 포함된 생장 배지에서 6주 동안 나타낸 생장 반응.

는 전형적인 **영양소불감성**(nutrient-insensitive) 식물로서 영양소 공급이 부족한 조건에서도 높은 생장 속도를 유지할 수 있으나, 영양분을 충분히 공급하여도 생장 속도를 크게 증가시킬 수 없다. (좀새풀 종류는 산성 황무지, 습지, 넓게 트인 숲 등에서 생장한다.) 솔체꽃 종류(*Scabiosa columbaria*)의 생장 속도는 대략 중간 정도이나, 인산의 가용성이 높을 때 생장 속도가 감소하는 것이 흥미롭다. 이 특별한 식물은 인산의 80% 까지를 무기인산 형태로 저장하는데, 생장 속도의 감소는 인산이 풍부할 때 많이 흡수되는 것을 반영하는 것으로 보이며, 흡수된 인산은 부족 시 사용하기 위하여 식물이 저장하는 것으로 생각된다. (솔체꽃 종류는 건조한 석회질 초지나 암석 지역, 즉 인산 결핍이 매우 흔한 서식지에서 발견된다.)

석회질이나 산성, 고염 등의 빈영양토에 적응된 종은 영양소불감성이며, 고유 생장 속도가 낮은 경향이 있다. 독성 토양에 적응된 식물은 종종 영양소 흡수 능력이 감소되어 있다는 것을 기억하기 바란다. 칼륨 흡수의 감소는 내염성 식물이 나트륨 흡수를 제한할 때 지불하는 비용이라고 할 수 있다. 마찬가지로 혐석회식물은 알루미늄 흡수를 제한하는 결과로 철과 마그네슘 흡수가 감소한다. 이들 식물은 주요한 영양소의 공급이 크게 증가할 때 이에 반응하지 못하지만, 공급이 부족한 미량 영양소들은 효율적으로 포획할 수 있다. 부영양토에 적응된 종은 양이 아주 풍부한 주요 영양소들을 이용할 수 있는 능력이 있으나, 잠재적으로 결핍될 수 있는 미량 영양소들의 포획에는 그리 능숙하지 못하다. 따라서 석회질 초지의 종다양성은 오리새(*Dactylis glomerata*)와 다년생 호밀풀(*Lolium perenne*) 같은 영양소반응성 화본과 식물들을 효과적으로 배제함으로써 유지될 수 있는데, 그렇지 않으면 영양소 가용성이 낮은 환경에서의 생존에 적응되어 느리게 생장하는 호석회식물의 생장이 저해될 것이다. 이러한 상호작용은 또한 오래된 건초 목초지가 민감성 서식지인 이유를 설명한다. 이런 목초지는 빈영양 지역이지만 식물상이 풍부하다. 건초 생산량의 증가를 위하여 비료를 처리하면 곧 바로 영양소반응성 종들이 쑥쑥 자라고 영양소불감성인 초지 현화식물들이 배제된다. 작물은 영양소반응성인 경향이 있으며, 생장 속도가 빠르고 다수확의 잠재력이 있기 때문에 선택된다. 그러나 여기에는 문제가 있다. 인구가 계속 증가하면서 작물 수확량에 대한 압력은 점점 더 커진다. 하지만 염류화와 산성 강수 증가는 과다한 합성 비료와 살충제의 사용을 피하고 싶은 바램과 함께 영양소반응성 식물이 영양소불감성 식물보다 덜 적합한 조건을 만들고 있다. 해결책은 무엇인가?

전통적인 작물 육종은 특히 유리한 특성을 나타내는 개체나 개체군의 선택적 육종을 필요로 하였다. 그러나 이 방법에는 몇 가지 문제점이 있다. 시간이 매우 오래 걸리고 다소 우연에 의존하여, 교배에 의한 자손의 일부만이 바람직한 특성을 모두 나타내고, 이들 자손은 예견하지 못한 단점을 보이기도 한다. 더구나 일반적으로 교배는 가까운 연관 계통 사이에서만 가능하기 때문에 모든 교배가 가능한 것이 아니다. 재배종의 유전학적 개량을 위한 다른 방법은 한 계통의 특정 유전자를 다른 계통에 옮기는 생명공학을 시도하는 것이다. 이러한 접근은 빠르고 믿을만한 결과를 생산한다(5장 참조). 실제로 현대 세포유전학에서는 양적 형질의 유전자자리를 찾아내어 이동시킬 수 있다. 이들 유전자자리는 질소 결핍, 가뭄, 염분 스트레스 등의 조건 하에서 작용하는 요인의 조절 유전자들을 포함하는 염색체 부분이다. 이러한 유전자자리가 밀, 옥수수, 벼 등에서 확인되었고 염색체 지도 상에 표시되었다. 다유전자성 특징의 경우에는 전체 염색체나 염색체 팔을 재배치하는 방법이 필요하며 세계적인 연구 노력의 대상이다. 이러한 방법들은 염분이나 알루미늄 등에 의해 야기되는 독성에 대한 저항성을 증가시키고 철이나 인산 같은 희귀 영양소의 흡수 효율을 증진시킬 수 있는 잠재력을 가지고 있다(4.5.1절 참조). 또한 식물은 이러한 방법으로 자연적으로는 불가능한 공생연합을 형성할 수 있는 능력까지도 가지게 될지 모른다.

완전히 다른 전략은 가장 적당한 미생물 공생체로 작물을 접종하는 것이다. 균근의 공생체를 잘 선택하면 수확량을 상당히 늘릴 수 있다(4.5.3절). 마지막으로 특정한 조건에 특이적으로 적응된 식물들 사이에서 작물의 잠재력을 가지고 있는 새로운 종을 찾는 것도 유익할 것이다.

4.7절의 요약

1. 식물은 첨가된 영양소에 대한 생장 속도 증가 여부에 따라 영양소반응성 식물과 영양소불감성 식물로 분류할 수 있다.

2. 대부분의 작물은 비료를 대량으로 사용하는 조건 하에서만 수확량이 높기 때문에 영양소반응성 부류에 속한다.

3. 농업적 지속성에 대한 현대적 관심 때문에 현재의 경향은 살충제와 합성 비료의 광범위한 사용을 피하는 작물 수확 방법을 찾는 것이다.

4. 현대 세포유전학과 생명공학 방법을 이용하여, 유전학적 저항성 메커니즘을 통하여 해충과 질병을 피하면서 덜 비옥한 토양에서 높은 수확량을 올릴 수 있는 작물을 생산할 수 있을 것이다.

5. 균근균과 질소고정세균 같은 상호공생체도 이러한 문제의 해결책을 제공할 수 있을 것이다.

References

Clarkson, D. T. (1993) Roots and the delivery of solutes to the xylem, *Philosophical Transactions of the Royal Society of London Series B*, **341**, pp. 5–17.

Clarkson, D. T. and Saker, L. R. (1989) Sulphate influx in wheat and barley roots becomes more sensitive to specific-binding reagents when plants are sulphate-deficient, *Planta*, **178**, pp. 249–257.

Denny, H. J. and Wilkins, D. A. (1987) Zinc tolerance in *Betula* spp. IV The mechanisms of ectomycorrhizal amelioration of zinc toxicity, *New Phytologist*, **106**, pp. 545–553.

Gucci, R., Aronne, G., Lombardini, L. and Tattini, M. (1997) Salinity tolerance in *Phillyrea* species, *New Phytologist*, **135**, pp. 227–234.

Hoffland, E., Findenegg, G.R. and Nelemans, J. A. (1989) Solubilization of rock phosphate by rape. II. Local root exudation of organic acids as a response to P-starvation, *Plant Soil*, **113**, pp. 161–165.

Huang, J. W., Pellet, D. M., Papernik, L. A. and Kochian, L. V. (1996) Aluminium interactions with voltage-dependent calcium transport in plasma membrane vesicles isolated from roots of aluminium-sensitive and -resistant wheat cultivars, *Plant Physiology*, **110**, pp. 561–569.

Le Tacon, F., Alvarez, I. F., Bouchard, D., Henrion, B., Jackson, R. M., Luff, S., Parlade, J. I., Pera, J., Stenstrom, E., Villeneuve, N. and Walker, C. (1992) Variations in field response of forest trees to nursery ectomycorrhizal inoculation in Europe, in *Mycorrhizas in Ecosystems*, D. J. Read, D. H. Lewis, A. H. Fitter and I. J. Alexander (eds), CAB International, London.

MacQueen, H., Burnett, J. and Cann, A. (2001) The study of microbes, in *Microbes*, H. MacQueen (ed.), The Open University, Milton Keynes, pp. 1–63.

Novacky A., Ullrich-Ebercus, C.I. and Luttge, U. (1980) pH and membrane potential changes during glucose uptake in *Lemna gibba* G1 and their response to light, *Planta*, **149**, pp. 321–326.

Pellet, D. M., Papernik, L. A. and Kochian, L. V. (1996) Multiple aluminium-resistance mechanisms in wheat, *Plant Physiology*, **112**, pp. 591–597.

Ridge, I. (2001) Microbial metabolism, in *Microbes*, H. MacQueen (ed.), The Open University, Milton Keynes, pp. 65–97.

Rorison, I. H. (1968) The response to phosphorus of some ecologically distinct plant species. I. Growth rates and phosphorus absorption. *New Phytologist*, **67**, pp. 913–923.

Swithenby, M. and O'Shea, P. (2001) Membranes and transport, in *The Core of Life Vol. 1* J. Saffrey (ed.), The Open University, Milton Keynes, pp. 107–164.

Tarafdar, J. C. and Jungk, A. (1987) Phosphatase activity in the rhizosphere and its relation to the depletion of soil organic phosphorus, *Biology and Fertility of Soils*, **3**, pp. 199–204.

Further Reading

Marschner, H. (1995) *Mineral Nutrition in Higher Plants* (2nd edn), Academic Press, London. [Translated from the original German, this is an incredibly broad and deep treatment of the subject that includes lots of original research data, but it is rather a heavy read.]

Read, D. J., Lewis, D. H., Fitter, A. H. and Alexander, I. J. (1992) *Mycorrhizas in Ecosystems*, CAB International, London. [Collection of papers, by most of the current researchers in the field, on ecological aspects of mycorrhizal biology.]

Smith, F. A. and Read, D. J. (1997) *Mycorrhizal Symbiosis* (2nd edn), Academic Press, San Diego. [Standard textbook on mycorrhizal structure and function.]

Taiz, L. and Zeiger, E. (1998) *Plant Physiology* (2nd edn), Sinauer Associates Inc., Sunderland, Massachusetts. [A good general book which covers topics in this chapter.]

5장 식물의 생장과 발달

5

5.1 서론

현화식물은 생활주기(life cycle) 동안 종자 발아에서 시작하여 노화로 끝나는 일련의 예정된 발달 단계를 거친다. 이들 현상의 특징과 시간은 모두 유전적 조절을 받는다. 식물은 고정된 생물체로서 노출된 환경 조건을 견뎌야 하며, 그 결과 분화와 생장의 예정표를 적응시키는 능력을 진화시켰다. 이러한 **가변적 발달**(plastic development) 또는 **표현형적응성**(phenotypic plasticity)은 식물에 따라 크게 차이가 있으나, 일반적으로 대부분의 동물보다 더 뚜렷이 나타난다.

5장에서는 일부 식물 발달 현상의 개요를 살펴보고, 이러한 현상들에 미치는 환경의 영향을 논의할 것이다. 발달유전학의 발전과 식물 유전체(genome)의 염기서열 결정 방법의 발전 등으로 환경이 식물 생장에 미치는 메커니즘을 이해하는 데 빠른 진전이 있다. 특히 돌연변이체와 형질전환 식물의 연구는 식물학자들로 하여금 발달 가변성의 조절과 제어에 관한 중요한 질문들을 제시하게 한다.

5.2 배형성, 종자 형성 및 발아

현화식물의 생활주기는 화분관(pollen tube)에서 나온 정핵(sperm nucleus) 중의 하나가 씨방의 난세포(egg cell)와 융합하여 2배체의 접합체(zygote)를 형성하고, 다른 하나가 2개의 중앙 핵과 융합하여 3배수의 배유(endosperm)를 형성하는 것으로 시작된다(그림 1.24). **배형성(embryogenesis)** 초기에 접합체의 처음 두 분열이 병층(periclinal) 방향으로(주축에 평행하게) 일어나서 4개의 세포로 구성된 사상 구조가 된다(그림 5.1). 첫 분열은 비대칭적으로 일어나 작은 정단세포(apical cell)와 큰 기부세포(basal cell)가 형성된다. 불균등한 분열로 인해 낭핵은 각기 다른 환경에 처해지는데, 이러한 분열은 식물에서 극성(polarity)을 수립하는 데 흔히 관찰되는 현상이다. 정단세포는 **전배(proembryo)**를 형성하는 한편, 기부세포는 **배병(suspensor)**으로 발달하여 모체 조직에 부착된 상태로 남는다.

전배가 4세포 단계에 이르면 병층면과 수층면으로(anticlinal, 주축에 직각으로) 세포분열이 일어나서 구형이 된다. 이러한 구상 구조는 아직 기관이 구분되어 있지 않지만, 세포들은 이미 뚜렷한 층으로 배열되고, 쌍자엽식물의 경우 일단 심장형(heart) 단계에 도달하면 미발달 자엽(cotyledon)이 구분된다. 발달이 계속되면 어뢰형(torpedo)이 되고 다음에 지팡이형(walking-stick)이 되는데, 이때가 되면 유식물의 주요 형태가 모두 구분된다(그림 5.1).

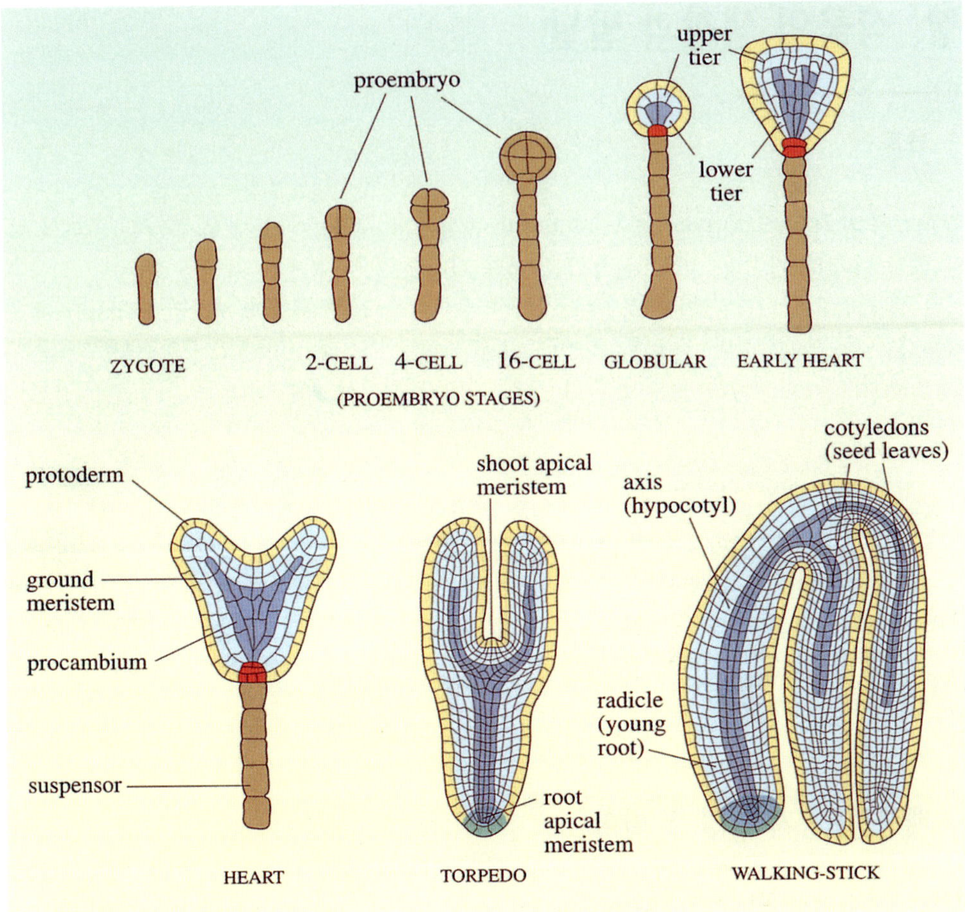

그림 5.1

전형적인 쌍자엽식물(애기장대)의 배형성 과정. 초기 단계는 전배(proembryo)의 세포 수에 따라 이름을 붙이고, 나중 단계는 배의 모양에 따라 이름을 붙인다. 구형 단계(globular stage)에서는 정단-기부축을 따라 횡으로 분열이 일어나, 전배를 상부세포열과 하부세포열로 나눈다. 원표피(protoderm, 나중에 표피가 됨), 기본분열조직(ground meristem, 피층이 됨), 전형성층(procambium, 수와 중심주가 됨)의 세 가지 기본 세포층으로의 조직 분화 신호도 이 단계에서 분명해진다. 뿌리와 줄기의 정단분열조직은 각각 초기 심장형 단계와 심장형 단계에서 분명해지는데, 그림에서는 어뢰형 단계에 표시하였다.

○ 그림 5.1과 1장의 내용에서 얻은 정보를 이용하여 지팡이형 배의 주요 구성요소들을 기술하시오.

● 지팡이형 배는 3개 세포층으로 구성된다. 외부의 원표피(protoderm) 밑에 기본분열조직(ground meristem)이 있고, 중앙에 전형성층(procambium) 가닥이 있다. 축을 따라 한쪽 끝에는 유근(radicle)과 뿌리 정단분열조직(apical meristem)이 있고, 다른 쪽 끝에는 줄기 정단분열조직과 영양소를 저장하는 2개의 자엽이 있다.

먼저 배형성의 조절(5.2.1)과 종자 발아의 일반적 특징(5.2.2)을 살펴보고, 마지막으로 보리 종자의 사례 연구를 통하여 발아 과정 중 식물생장조절물질(plant growth regulator)의 역할과 유전자 발현의 변화를 살펴보기로 한다.

5.2.1 배형성의 조절

배형성 과정은 한 개의 세포에서 시작하여, 매우 정확한 방법으로 뚜렷한 기관과 조직이 정렬된 다세포 구조로 끝난다. 배형성과 관련된 분자생물학적, 생화학적 현상들은 거의 밝혀져 있지 않으나, 애기장대(*Arabidopsis*)와 옥수수의 돌연변이체 연구는 몇 가지 단서를 제공한다. 두 가지 형태의 돌연변이체 특성이 규명되었다. 한 종류는 배발달 과정이 크게 파괴되어 치사돌연변이(lethal mutation)로 밝혀졌다. 이들 돌연변이 유전자의 일부는 배형성의 주요 조절물질을 암호화하고, 일부 유전자들은 일반 대사 기능에 관여한다. 다른 한 종류는 **체제돌연변이체(pattern mutant)**라고 하는데, 배의 구조가 재배열되는 결과를 초래한다. 추정에 의하면 애기장대의 배형성 과정에 4,000 개나 되는 유전자가 필요하지만, 그 중 단 1%만이 기본적인 식물체 구조 형성에 관여하는 것으로 여겨진다.

심층학습 5.1 표본식물로서의 애기장대

애기장대(*Arabidopsis thaliana*, 십자화과)는 한 세대가 6주 밖에 안 되는 작은 잡초이다(그림 5.2). 실험실에서 쉽게 재배할 수 있고, 한 개체에서 수천 개의 종자가 생산된다. 유전체가 작아서 DNA 반수체 크기는 100 mbp(megabase pair)이고, 2001년에 전체 염기서열이 결정되었다. 식물학자들의 목표는 서열이 결정된 약 3만 개의 유전자 기능을 확인하는 것이다. 이 목표를 달성하기 위한 한 가지 방법은 하나의 염기 또는 상당한 양의 DNA를 결실시키거나 재배열시키는 돌연변이원(mutagen)을 이용하여 개별 유전자의 파괴나 발현 억제를 유도하고, 이러한 돌연변이가 식물체 표현형에 미치는 영향을 결정하는 것이다. 생장과 같은 현상에서 결정적 역할을 하는 유전자는 확인하기 쉽지만, 영향이 미세한 유전자는 확인이 어렵다. 기공, 각피질의 왁스, 뿌리털뿐만 아니라 배, 뿌리, 잎, 꽃 등의 발달에 결함을 가져오는 돌연변이체들이 확인되었다. http //arabidopsis.info에서 자세한 내용을 알 수 있다.

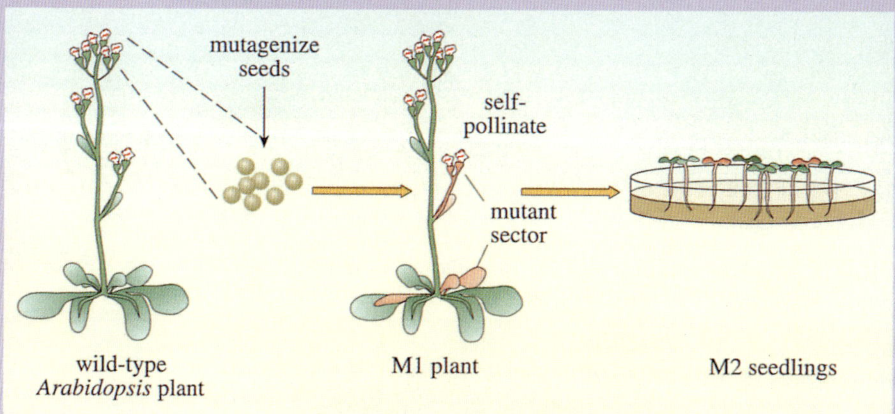

그림 5.2

애기장대의 돌연변이체 생성과 확인. 종자에 돌연변이원(에틸메탄술폰산, ethyl methane sulfonate)을 처리하고 발아시켜서 M1 식물을 만든다. 배의 줄기 정단분열조직은 다세포이기 때문에 돌연변이원 처리 시에 일부 세포만이 돌연변이가 일어나고(이형접합체 상태), 이들 세포가 M1 식물에서 인식할 수 있는 돌연변이체 부위가 된다. 돌연변이체 부위의 꽃들을 자가수정시켜 M2 유식물을 만드는데, 이중 1/4이 동형접합체 상태로 열성 돌연변이를 가지게 된다. 그러한 동형접합체의 돌연변이체를 진정한 육종 계통으로 번식시킬 수 있다.

체제돌연변이체

체제돌연변이는 배(embryo)의 체제(organization)를 결정하는 주조절유전자(master regulator gene)에서 일어나는 것으로 생각된다. 배의 체제에 관한 현재의 모델(가설)을 그림 5.3에 나타냈다. 이에 따르면 쌍자엽식물의 배 구조는 두 축을 따라 이루어진다. (i) 줄기 정단분열조직(shoot apical meristem, SAM), 자엽, 하배축(hypocotyl, 1차줄기), 유근(radicle, 1차뿌리), 뿌리 정단분열조직(root apical meristem, RAM)의 5영역(domain)으로 나뉘는 정단-기부축(apical-basal axis). 이들 영역은 배의 초기 횡단분열 시기에 확립된다. (ii) 표피세포, 피층세포, 관다발조직으로 각각 발달하는 L1, L2, L3 기본층(그림 5.1에서 원표피, 기본분열조직, 전형성층)으로 이루어진 방사상축(radial axis).

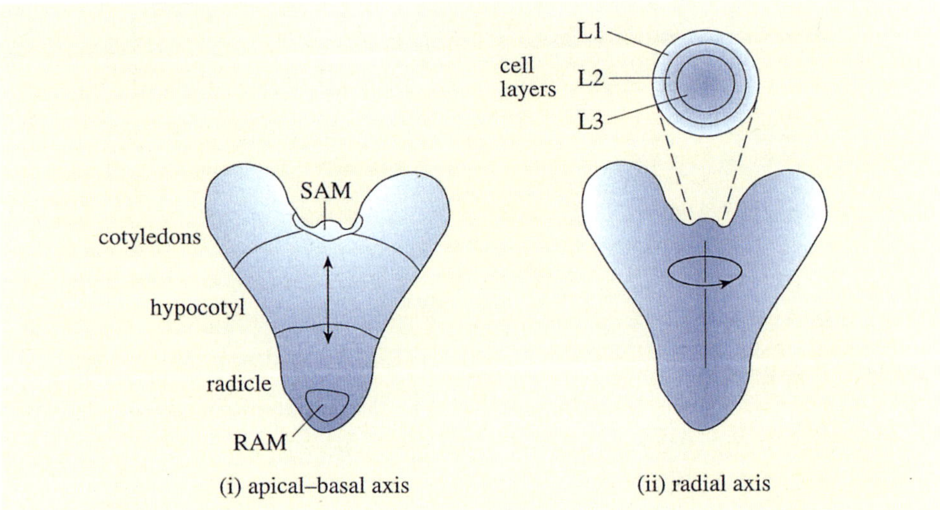

그림 5.3

정단-기부축(i)과 방사상축(ii)에 따른 애기장대 배의 체제와 체절 형성. SAM은 줄기 정단분열조직이고 RAM은 뿌리 정단분열조직이다.

정단-기부축을 따라 일부 영역이 결손된 것으로 보이는 몇몇 돌연변이체가 확인되었다(그림 5.4). 예를 들어 *gurke* 돌연변이체는 정단부 지역이 제거되어 성숙한 배에 자엽이나 줄기 정단부가 없다. 이러한 결함은 초기 심장형 단계의 분열 오류에 기인한다(그림 5.1). (식물유전학에서 관습상 열성돌연변이체는 소문자 이탤릭체로 나타내고, 우성돌연변이체는 첫 글자를 대문자로 쓴다. 야생형 유전자의 이름은 대문자 이탤릭체로 나타낸다.)

○ *monopteros*와 *fackel* 돌연변이체에서 결손된 영역은?

● *monopteros*에서는 배의 기저부 부분인 뿌리 정단분열조직, 유근, 하배축의 일부분이 결손되어 있고, 자엽도 둘이 아니라 하나밖에 없다. *fackel*에는 하배축이 없다.

그러므로 야생형 유전자 *GURKE*, *MONOPTEROS*, *FACKEL*은 어떤 방식으로 배의 정단-기부축 체제 결정에 관여한다. 이러한 유전자를 확인하고 그 작용을 규명함으로써 배 형성을 조절하는 생화학적 현상들을 완전하게 이해할 수 있을 것이다.

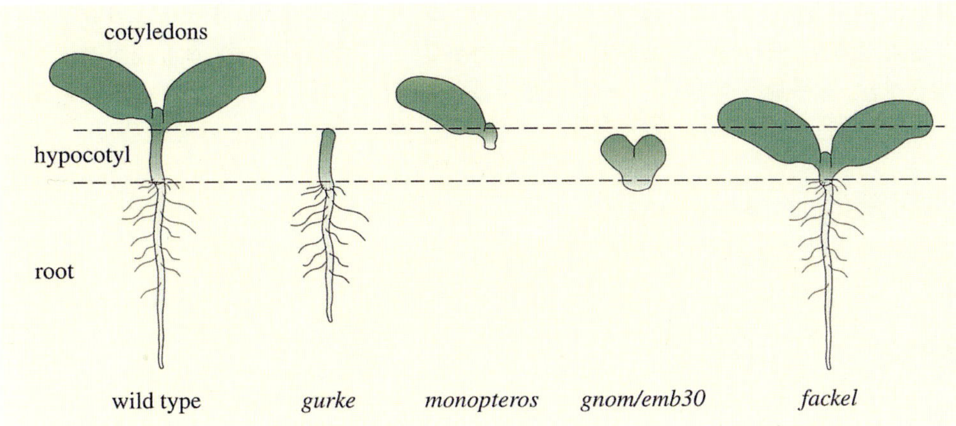

그림 5.4

애기장대 배의 일부 체제돌연변이체의 유식물체 표현형. *gnom/emb30*을 제외하고 배의 정단-기부축을 따라 다양한 체절의 결손이 일어난 것으로 해석된다. *gnom/emb30*은 정단-기부축의 형성과정에 결함을 가지고 있는 것으로 생각된다.

5.2.2 종자의 형성과 발아

배는 가장 중요한 부분일 수 있으나, 발달 중인 종자의 구성원 중 하나일 뿐이다. 수정 시 3중융합(triple fusion)에 의해 배유 조직 형성이 시작되고, 일련의 단계를 거치면서 배 형성이 진행된다(그림 5.1). 배유에 저장된 물질은 배에 영양을 공급하고, 배가 발달하는 동안에 자엽으로 흡수되거나 성숙한 종자에 남는 저장물질의 원료가 되기도 한다. 그러므로 성숙한 종자는 자엽 또는 배유에 영양분을 저장하게 된다. 발아하는 동안 배를 둘러싸고 있는 배유의 저장물질이 조금씩 이용되어 유식물이 나타나고 발달한다.

종자가 발달하는 동안에 배는 휴면기에 들어가고, 이때 조직의 평균 수분 함량은 15% 이하로 떨어진다. 휴면기는 모체 식물에서의 발아 가능성을 감소시키므로 매우 중요하다. 믿을만한 증거에 의하면 내재성 조절물질인 낙엽산(abscisic acid, ABA)이 휴면을 유지하는 역할을 한다. ABA 합성 능력이 없거나 ABA에 반응하지 못하는 돌연변이체는 모체에서 직접 발아한다(그림 5.5).

○ 3장에서 배운 ABA의 역할은 무엇인가?

● ABA는 기공 개폐 조절물질로서 수분 공급이 부족할 때 기공이 닫히게 한다.

휴면기의 지속 기간은 종에 따라 다르다. 밀과 보리 등 곡류의 휴면기는 매우 짧기 때문에, 습한 조건에서는 수확 전에 발아하여 제분이나 제빵에 부적합할 수도 있다. 반대로 많은 종류의 잡초 종자는 수개월 또는 수년까지 토양에서 휴면상태로 남아있을 수 있다.

○ 재배종인 귀리(*Avena sativa*) 종자는 적절한 조건에서 파종한 후 바로 발아할 수 있는데 비해, 경작이 가능한 잡초성 야생 귀리(*Avena fatua*)가 7년까지 휴면상태로 남아있는 경우의 장점은 어떤 것일까?

그림 5.5

viviparous-1 돌연변이의 영향을 보여주는 옥수수 속(corncob)의 일부분. 돌연변이 종자는 속에서 조기 발아한다(태생, viviparous).

● 휴면은 종자 발아가 오랜 시간에 걸쳐 산발적으로 일어나게 하고, 유식물이 만들어질 가능성과 성숙할 때까지 생존할 가능성을 증가시킨다. 재배 작물이 잡초성 친척에서 유래되었지만, 농부들은 파종 후 동시에 싹이 트는 종자를 선택하기 위하여 휴면기를 감소시켰다. 많은 종류의 잡초들은 휴면기가 길지만 재배종인 친척들은 그렇지 않다.

수분가용성(water availability), **빛**, **온도** 등 세 가지 중요한 환경 요인이 종자 발아 여부와 시기를 결정한다.

수분가용성

산파 시에 종자의 수분 함량이 낮기 때문에, 발아하기 전에 먼저 수분 **침윤**(imbibition)이 일어나야 한다. 침윤은 종피(seed coat, testa)의 투과성에 의해 조절되며, 종자의 높은 기질압 때문에 수분전위가 낮아져서 일어난다(3장 참조). 침윤은 종자가 죽었을 때도 일어난다. 건조한 환경에서 생장하는 건생식물(xerophyte)의 종자는 강우에 반응하여 빠르게 발아함으로써 유식물 생장과 발달에 유리한 짧은 기간의 조건들을 이용한다. 두꺼운 왁스층의 종피를 갖는 종자는 수분을 천천히 흡수하여, 어떤 경우에는 종피 일부가 토양 내에서 분해될 때까지 휴면 상태로 남아있을 정도로 발아가 지체되기도 한다. 예를 들어 정원사들은 스위트피(*Lathyrus odoratus*) 종자의 종피 일부를 손으로 제거하는데, 이렇게 하면 발아가 잘되고 또 동시에 일어날 수 있다.

○ 종피가 발아를 억제하는 다른 방법은 무엇인가?

● 종피는 배와 그 환경 사이에 필요한 기체 교환을 제한할 수 있다. 그리고 배나 배유에서 발아억제제가 유출되는 것을 방해할 수 있다. 또는 유근의 출현을 제한하는 물리적 장애물로도 작용할 수 있을 것이다.

실제로 어떤 종자에서는 위와 같은 효과가 모두 일어난다.

빛

빛이 발아의 중요한 조절물질인 이유 중 하나는 종자에게 환경에 대한 결정적인 정보를 제공한다는 것이다. 빛의 자극이 있어야만 발아하는 **광발아종**(photoblastic species)의 종자는 일반적으로 저장물질이 거의 없는데, 짧은 빛을 조사할 때까지 토양 내에 휴면 상태로 남아있다. 광발아종자의 발아 시기는 두 파장의 빛에 의해 조절된다. 적색광(red light, 약 660 nm)은 발아를 촉진하며, 원적색광(far-red light, 약 720 nm)은 발아를 억제한다. 태양광선은 자연적으로 원적색광보다 적색광이 많은 반면에, 엽록소가 적색광을 흡수하고 원적색광을 흡수하지 않기 때문에 수관(leaf canopy) 아래에서는 반대의 경우가 된다. 그 결과 광발아종자는 수관 아래의 심한 그늘에서는 휴면 상태로 남아있게 된다. 이러한 현상은 열대강우림의 수목에 있어서 특히 중요한데, 이들 식물의 종자는 극심한 그늘에서 산파되고 수관에 틈이 형성될 때가지 숲에서 휴면 상태로 남아있게 된다.

온도

온대지방에서는 많은 종자가 생장기가 끝날 때에 산파된다. 발아가 일어나기 전 최소한의 한랭기간(**후숙기, after-ripening**)과 이에 이어지는 따뜻한 시기로 인해 봄이 될 때가지 발아가 일어나지 않는다.

5.2.3 보리 종자의 발아

양조 산업에서는 맥아 제조 과정의 중요성 때문에, 보리의 발아 조절을 이해하기 위하여 상당한 양의 연구가 수행되었다. 보리 종자는 후숙기가 필요 없지만, 수확 즉시 짧은 기간 동안 건조 저장함으로써 발아가 촉진된다. 일단 이 시간이 지나면 적당한 수분 공급과 실온(15~20℃)에서 빠른 속도로 발아가 진행된다.

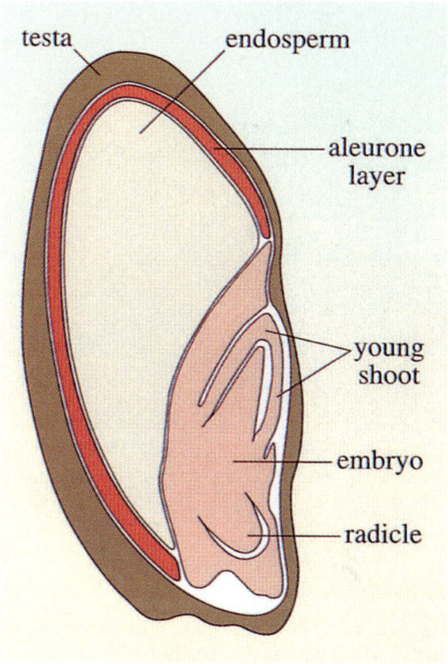

그림 5.6

보리 종자의 종단면.

보리 종자의 영양분은 배유 조직에 저장되어 있으며(그림 5.6), 주로 녹말과 단백질로 구성된다. 성숙한 배유는 죽은 저장세포로 구성되어 있으나 **호분층**(aleurone)이라고 하는 대사적으로 활성이 있는 세포층으로 둘러싸여 있다. 호분층 세포는 보리의 발아와 특히 배유 내 저장 영양분의 가동을 조절하는 데에 있어 결정적인 역할을 한다.

○ 종자의 저장 영양분이 조절된 방식으로 분해되어야 하는 이유는?

● 배는 배유가 공급하는 영양소로부터 에너지를 공급받아 생장하며, 따라서 자라나는 유식물이 효율적으로 사용할 수 있는 속도로 영양소가 공급될 필요가 있다. 당과 아미노산이 과량으로 공급되면 종자로부터 유출되어, 식물에 있어서는 손실로 이어지나 세균이나 균류의 생장에는 훌륭한 기질을 제공하게 된다.

발아의 가시적인 첫 신호는 종피(testa)를 통한 유근(radicle)의 출현이다. 그러나 이 현상이 진행되기 전에 배유에 저장된 녹말 일부가 포도당으로 가수분해되는 과정을 포함한 일련의 생화학적 반응이 진행된다. 단당류인 포도당은 호흡을 통한 ATP 합성 및 생장을 위한 탄소골격원으로 중요하다. 녹말로부터 포도당을 분비하는 주 효소는 **α-아밀라아제(α-amylase)**이다. α-아밀라아제 생산에 대한 간단한 실험은 보리 종자를 가로로 반을 잘라서, 녹말을 포함하는 한천 배지 위에 두 조각의 잘린 면을 올려놓는 것이다. 24시간이 지난 후에 종자 조각을 제거하고 한천 위에 요오드용액을 붓는다. α-아밀라아제가 한천으로 확산되어 녹말이 분해된 지역은 청색으로 염색되지 않는다. 실험의 전형적 결과를 그림 5.7에 나타냈다.

○ 다음 가설 중 그림 5.7의 결과를 설명할 수 있는 것은 어느 것인가?

(i) 수분 흡수가 배유세포에 있는 α-아밀라아제를 활성화시킨다.
(ii) 수분 흡수가 배의 α-아밀라아제 생산을 촉진한다.
(iii) 수분 흡수가 배로 하여금 종자의 다른 부위에서 α-아밀라아제의 생산을 유도하는 물질을 분비하게 한다.

그림 5.7

α-아밀라아제 생산을 시험하는 실험. (a) 보리 종자를 가로로 2등분하고, 잘린 표면을 밑으로 하여 두 조각을 녹말을 포함하는 한천 위에 올려놓는다. (b) 48시간 후에 두 조각을 제거하고 한천을 요오드로 염색하여 녹말의 존재를 확인한다.

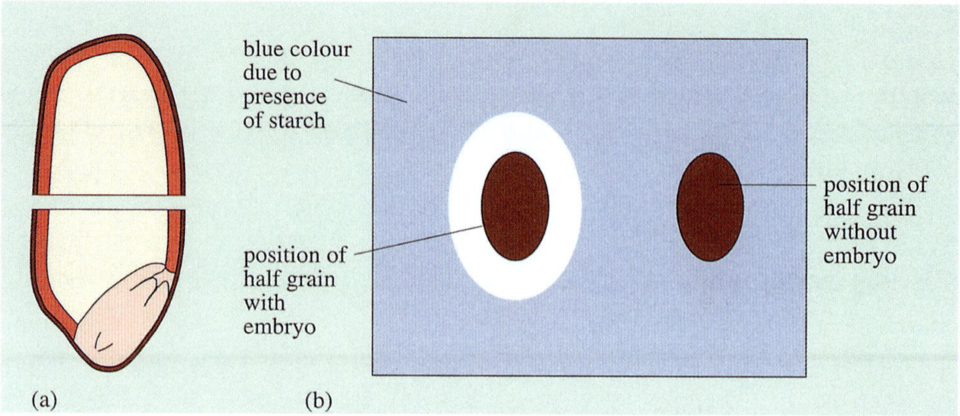

● 배가 없는 조각이 한천으로 α-아밀라아제를 분비하지 못하기 때문에 (i)의 설명은 고려 대상에서 제외된다. (iii)의 가설이 더 복잡하긴 하지만 (ii)와 (iii)의 가설 모두 가능성이 있다.

○ 녹말겔 방법(starch gel technique)을 사용하여 (ii)와 (iii)의 가설을 구분할 수 있는 실험을 제안하여 보시오.

● 배가 직접 α-아밀라아제를 생산할 수 있는지 보기 위하여, 배유로부터 배를 제거하여 직접 녹말 한천 위에 올려놓는다.

실제로 배에서 배유의 모든 흔적을 제거하는 것은 어렵다. 그러나 실험 방법을 변형시켜 (iii)의 가설이 옳다는 것을 증명하였다. 배와 적은 양의 배유만을 배양했을 때는 녹말이 가수분해되지 않았으나, 배가 없는 반 조각(배유 + 호분층)과 가깝게 배를 배양했을 때는 이 조각에 의해 녹말이 가수분해되었다. 즉 배가 호분층 세포로 하여금 α-아밀라아제의 생산과 분비를 촉진하는 것이다. α-아밀라아제(그리고 다른 가수분해효소들도)는 배유 조직으로 확산되어 녹말을 포도당으로 전환하고, 포도당은 배에 의해 흡수되어 생장의 연료로 사용된다. 배가 생산하는 물질은 **지베렐산(gibberellic acid, GA)**이라고 불리며, 식물의 생장과 발달을 조절하는 것으로 생각되는 일단의 분자들 중 하나이다. 이들 화합물은 식물생장조절물질(plant growth regulator, PGR)로 알려져 있다(5.3절 참조). 식물은 다양한 구조의 지베렐산(지베렐린)을 포함하나 GA_1과 GA_3 등 몇 개만이 생리적 활성을 나타낸다. 나머지는 모두 매우 복잡한 생합성 경로의 구성원이다.

보리의 배에서 GA 생합성은 침윤된 지 약 24시간 후에 시작되는데 이때 일어나는 일련의 현상을 그림 5.8에 나타냈다. GA는 호분층에서 α-아밀라아제의 생산을 촉진하는 이외에, 배유 세포 내 녹말을 분해하는 데에 필요한 다른 효소들과 저장 단백질을 분해하는 펩티드가수분해효소(peptidase)들을 분비하도록 유도한다. 침윤된 보리 종자로부터 호분층을 제거하여 세포벽 분해효소들을 처리하면, 호분층 세포의 **원형질체(protoplast**, 세포벽이 없는 세포)가 분리된다. 원형질체는 식물체의 원래 조직처럼 GA에 반응하여 α-아밀라아제를 분비한다(그림 5.9).

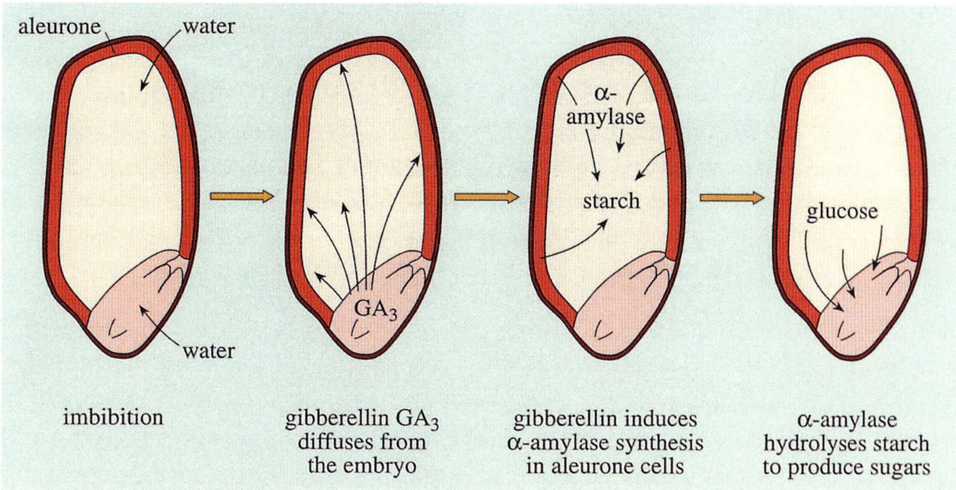

그림 5.8

보리 종자의 저장 녹말의 가동 단계.

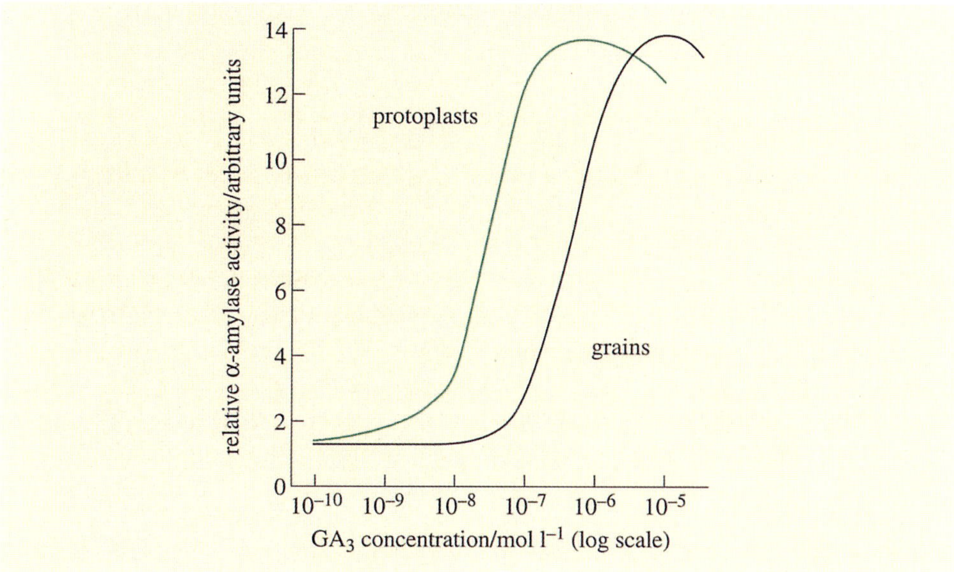

그림 5.9

지베렐린 GA_3 농도에 따른 보리 종자와 호분층 원형질체의 α-아밀라아제 활성의 반응 곡선.

○ 그림 5.9에서 호분층의 원형질체가 원래 종자보다 더 낮은 농도의 외부 GA_3에 반응하여 α-아밀라아제를 분비하는 관찰 결과를 설명하시오.

● 종자 그대로 GA_3을 처리하면 많은 양은 종자 내로 들어가지 못해 호분층에 다다르지 못한다. 그 결과 반응을 얻기 위하여 훨씬 더 높은 농도의 생장조절물질을 처리해야 한다.

이러한 형태의 관찰은 식물 전체를 이용하여 실험할 때 일어나는 전형적인 현상으로서, 단지 몇 개의 세포에서 변화를 유도하기 위해 높은 농도의 생장조절물질이 필요한 이유를 설명한다.

보리의 발아와 유전자 발현

보리의 발아는 일련의 유전자 발현 변화가 조정되어 나타나는 결과라는 것이 잘 알려져 있다. 발현이 **상향조절(upregulated)**되는 초기 유전자 중의 하나는 활성형 GA 생합성의 결정적 단계를 조절하는 효소(GA_{20} 산화효소)를 암호화한다. 이러한 관찰과 함께, 비록 느리기는 하지만 GA 생합성 억제제의 존재 하에 보리의 종자가 발아한다는 사실은 GA가 발아의 유일한 유도 물질이 아니라 발아 과정의 전체적 조정 역할을 한다는 것을 의미한다. GA에 의해 유도된 호분층의 α-아밀라아제 활성 증가는 유전자 전사 증가의 결과인 것으로 알려져 있다. 호분층의 원형질체는 DNA를 흡수하도록 유도될 수 있으며, 촉진유전자(promoter)의 영향 하에 일시적으로 발현된다. 원형질체는 α-아밀라아제를 합성함으로써 GA에 반응하므로, 촉진유전자의 조절 특성을 연구하여 어느 부분이 GA 특이적 발현을 조절하는지를 결정할 수 있다. β-글루쿠로니다아제(β-glucuronidase, GUS)를 **보고유전자(reporter gene)**로 이용한 유전적 연구에 의해 촉진유전자의 결정적인 세 영역이 확인되었고, 이들 부분을 GA반응성 유전자복합체(GA-responsive gene-complex)라고 한다.

5.2절의 요약

1. 현화식물의 생활주기는 정핵이 난세포 및 2핵 중심세포와 융합하는 것으로 시작된다. 접합체가 정단세포와 기저부세포로 비대칭성 분열을 함으로써 극성이 형성된다. 정단세포들이 전배를 형성한다.

2. 배형성은 자세히 밝혀져 있지는 않으나 돌연변이체 연구를 통해 이 과정을 이해하기 시작하고 있다. 애기장대를 표본 식물로 삼아서 애기장대를 비롯한 여러 식물의 돌연변이체 연구를 통하여 관련된 과정들을 규명하고 있다.

3. 배는 발달하는 종자의 한 부분에 불과하다. 배유는 발달하고 있는 배의 영양분 저장소를 제공한다. 종자는 오랜 기간 동안 휴면 상태로 남아있는 경우도 있고(아마도 ABA의 영향 하에), 빨리 발아할 수도 있는데 경우에 따라서는 모체 위에서 발아하기도 한다.

4. 발아에 영향을 주는 환경 요인은 수분, 빛, 온도 등이다. 수분 흡수는 종피의 투과성에 의해 조절되며, 수분 함량이 15% 이하이면 종자는 휴면 상태로 남는다. 빛은 적색광-원적색광 범위에서 작용하는 것이 확인되었다. 일부 종자는 발아 전에 한랭을 필요로 한다.

5. 종자의 발아는 유전자 발현 변화에 의해 조절되는 일련의 조정된 현상이다. 초기에 상향발현되는 유전자는 GA 생합성 경로에서 결정적 역할을 하는 효소를 암호화한다. GA는 발아를 시작하지는 못하지만 조절할 수 있다.

5.3 식물생장조절물질과 식물의 발달

발아의 예에서 보듯이 식물의 발달은 미리 정해진 프로그램대로 여러 현상들이 일어나는 것을 필요로 하며, 이 프로그램은 종종 환경적 또는 유전적 신호에 반응하여 조정된다. **옥신(auxin)**, 지베렐린(gibberellin), **시토키닌(cytokinin)**, **에틸렌(ethylene)**, 낙엽산(ABA) 등이 식물 발달에 있어서 결정적 역할을 하는 것으로 확인되었고, 이들은 식물호르몬(plant hormone), **식물생장조절물질(plant growth regulator, PGR)**, 또는 식물생장물질(plant growth substance) 등으로 불린다. 그러나 이들 용어 중 어느 것도 이들의 기능을 이상적으로 설명하고 있지 않다. 호르몬이라는 단어는 원래 동물에서 특정한 합성 장소가 있고, 표적 조직(target tissue)이 있으며, 그 화합물을 한 장소에서 다른 장소로 운반할 수 있는 수송계를 가진 분자를 규정하기 위하여 사용하는 용어이다. 식물에서는 합성과 반응이 종종 **같은 세포 내에서** 일어난다고 믿을만한 충분한 이유가 있고, 또한 옥신인 **인돌아세트산 (indoleacetic acid, IAA)**만이 운반 조절이 가능한 극성 수송계(즉 살아있는 세포를 가로질러 한 방향으로 일어나는)를 가지고 있다. 다른 조절물질들은 주로 물관부(ABA, 시토키닌)나 체관부(지베렐린) 내에서 이동하고, 운반은 증산작용이나 수용부의 세기에 의존한다. 에틸렌(C_2H_4)은 기체이고 대부분 확산에 의해 이동하기 때문에, 한 장소에서 다른 장소로 이동하는 것을 표적을 가지거나 또는 조절된 것으로 보기 어렵다. 이 책에서는 이들 화합물을 식물생장조절물질(PGR)로 기술한다.

5.3.1 식물 발달에 있어서 식물생장조절물질의 역할 연구를 위한 돌연변이체 이용

뒤에서 식물 발달에서의 특정 생장조절물질의 역할에 대해 살펴볼 것이며, 표 5.1에 주요 효과를 요약하였다. 이들 화합물이 결정적인 역할을 한다는 증거는 최근까지도 생장조절물질의 생합성이나 작용의 억제제가 식물 발달에 미치는 영향을 조사함으로써 얻어졌다. 예를 들어 은이온(silver ion, 에틸렌 작용 억제)을 처리하면 전환기(climacteric) 과실의 성숙, 꽃의 노화, 탈리(abscission) 등이 지연된다(5.6절). 마찬가지로 파클로부트라졸(paclobutrazol, 지베렐린 생합성 억제제)의 사용은 곡류의 발아를 지연시키고 마디 사이의 신장을 축소시킨다. 하지만 이들 화합물의 작용은 특이적이 아니고, 따라서 관찰되는 영향이 이들 화합물이 초래하는 다른 생화학적 작용에 기인할 수 있다는 점에서 억제제의 사용은 어려움을 내포한다. 이보다 더 정교한 전략은 특정 생장조절물질을 생산하거나 이에 반응하는 능력이 훼손된 돌연변이체를 분리하는 것이다. 특정 표현형의 특징을 확인하기 위하여 고안된 선별법을 이용하여 많은 수의 돌연변이체들이 애기장대에서 분리되었다. 예를 들어 ABA는 기공 개폐 조절에 결정적 역할을 하며, ABA 합성 능력이 축소된 돌연변이체는 수분 공급이 제한된 환경에서 '시듦' 표현형이 나타나야 한다. 실제로 ABA 합성의 돌연변이체가 이러한 방법으로 분리되었다.

○ 어떤 돌연변이체가 생장조절물질의 결핍 징후를 보이면, 이 돌연변이체는 반드시 이 물질을 합성할 수 없는가?

● 아니다. 돌연변이체가 생장조절물질에 반응할 수 없어도 관찰된 표현형이 나타난다.

생장조절물질을 처리한 후의 반응을 결정함으로써 생합성 돌연변이체와 불감성(insensitive) 돌연변이체의 구분이 가능하다.

○ 특정 생장조절물질이 어떻게 합성되는지 이해하기 위하여 얼마나 많은 돌연변이체가 필요한가?

● 생장조절물질 합성에 관여하는 효소의 결함 유전자를 동정함으로써 이 생장조절물질의 합성 경로 중 방해되는 단계에 관한 정보를 결정하는 것이 가능하여야 한다.

한편으로, 만약 돌연변이가 생장조절물질의 작용 방법에 영향을 주면, 관련된 유전자를 동정함으로써 생장조절물질이 어떻게 인지되는지(생장조절물질의 수용체), 또는 어떻게 그 영향이 전해지는지를 알 수 있을 것이다. 현재 생장조절물질의 생합성이나 작용과 연관되어 특정 발달 과정의 비정상적 특징을 가진 여러 종류의 돌연변이체들이 분리되어 있다.

돌연변이체 분리에서 중요한 단계는 적절한 선별법의 개발이다. 세포 생장에 결정적으로 중요한 화합물을 찾는 것이라면 선별 과정에서 유전적 왜소형(dwarf)을 확인하여야 할 것이다. 지베렐린 생산이 감소된 돌연변이체가 이러한 부류에 속하며, 옥신도 세포 신장을 조절하는 것으로 알려져 있지만 유전적 왜소형의 IAA 돌연변이체는 발견되지 않았다. 이에 대한 설명은 옥신 생산량이 적은 식물은 생존할 수 없다는 것이다. 한편으로는 세포 팽창(cell expansion) 조절에서의 IAA 역할을 다시 고려해야 할 필요가 있을지 모른다. 세포에서 IAA를 유입하거나 유출시키지 못하는 돌연변이체가 분리되었는데 이들은 **중력불감성(agravitropic)** 표현형을 나타낸다. 즉 이들 돌연변이체는 중력에 정상적으로 반응하지 않는데, 이는 중력에 대한 식물 반응에서 IAA가 역할을 한다는 것을 지지한다(5.4.1절).

표 5.1 식물생장조절물질이 식물의 생장과 발달에 미치는 영향

식물생장조절물질	영향	발달 현상
옥신	촉진	자엽초와 줄기세포의 신장
예: 인돌아세트산(IAA)	촉진	정단우성(정단부에 의한 측아 억제
	촉진	줄기의 부정근 형성
	촉진	에틸렌 합성
	억제	탈리
지베렐린	촉진	마디 사이의 신장(특히 왜소형과 로제트식물에서)
예: 지벨렐산(GA)	촉진	종자 발아
시토키닌	촉진	세포분열
	촉진	잎과 자엽의 세포 팽창
	억제	정단우성(측아의 생장을 촉진)
	억제	잎의 노화
낙엽산(ABA)	촉진	기공의 닫힘
	억제	발아
	촉진	잎의 노화
에틸렌	촉진	전환기 과실의 성숙
	촉진	탈리
	촉진	잎과 꽃의 노화
	촉진	육상식물의 줄기에서 측면으로의 세포 팽창
브라시노스테로이드	촉진	줄기 신장
	촉진	화분관 생장
	억제	뿌리 생장

새로운 생장조절물질의 분리 - 브라시노스테로이드

1990년대에 애기장대 돌연변이체 중에서 지베렐린이나 옥신이 결핍되어 있지도 않고, 또한 이들 생장조절물질에 불감성이지도 않은 것으로 보이는 많은 수의 왜소형이 확인되었다. 이들 돌연변이체 중 일부는 빛에 대하여 또는 빛이 없을 때 비정상적 반응을 나타냈는데, 예를 들어 암처에서 생장했을 때 빛에 반응하는 생장 형태를 보이기도 하였다. 즉 이들은 암처에서 7일 동안 자란 후 짧은 하배축, 팽창된 자엽, 그리고 암처에서 생장한 유식물체의 전형적인 황백화 잎 대신에 빛에서 생장한 식물의 전형적인 진정한 잎을 가지고 있었다. 이러한 **광형태발생**(photomorphogenetic) 돌연변이체(5.3.2절) 중 하나로 확인된 de-*etiolated2*(*det2*)는 포유류의 스테로이드 합성에 관여하는 중요한 효소와 유사한 단백질을 암호화하는 유전자의 돌연변이에 기인하는 것으로 밝혀졌다. **브라시노스테로이드**(brassi-nosteroid)라고 명명된 일단의 화합물들이 이전에 배추속(*Brassica*) 식물에서 분리되었고 식물에 처리하였을 때 생장촉진 활성을 가진 것으로 밝혀졌었다. 현재는 *det2* 돌연변이체에 브라시노스테로이드가 결핍되어 있고, 돌연변이의 분리와 분석에 의해 이들 화합물이 식물체 내에서(*in vivo*) 생장조절물질로서 중요한 작용을 하고 있는 것으로 판명되었다. 브라시노스테로이드는 세포의 신장을 촉진하나 GA결핍성 왜소형 돌연변이체의 형질은 회복시키지 못하는데, 이와 같은 사실은 두 종류의 생장조절물질이 서로 다른 방법으로 세포의 팽창을 조절하고 있다는 것을 암시한다.

5.3.2 생장조절물질의 작용 메커니즘

생장조절물질의 영향은 특정적이며, 어느 정도까지는 특정 형태의 세포를 표적으로 한다고 여길 수 있다. 생장조절물질에 의해 초래되는 많은 변화에는 새로운 유전자의 발현이 관여하고 있으며, 세포가 특정 생장조절물질을 인지하고 반응하는 메커니즘이 존재하여야 한다. 생장조정물질의 수용체는 원형질막과 같은 막과 연관되어 있거나 또는 세포질 내에 용해되어 있을 수도 있다. 방사성으로 표지된 생장조절물질을 이용하여 수용체를 분리하는 노력은 성공하지 못하였는데, 아마도 수용체의 수가 적고 결합이 가역적 반응이기 때문일 것이다. 하지만 1990년대에 돌연변이체를 이용하여 생장조절물질의 작용 메커니즘을 이해하는 데 있어 중요한 진전이 이루어졌다. 여기서 에틸렌이 관여하는 한 예를 살펴보기로 한다.

생장조절물질 수용체의 분리와 특징 - 에틸렌의 경우

에틸렌은 과실의 성숙, 노화, 탈리와 같은 과정의 중요한 조절물질이다(표 5.1). 또한 스트레스(예를 들어 감염 또는 기계적 상해)에 대한 식물의 반응을 매개하는 역할도 한다. 에틸렌이 기체라는 사실이 발달 반응의 조정자로서 에틸렌을 특별히 유용하게 만드는데, 빠른 속도로 식물체의 한 부분에서 다른 부분으로 확산하기 때문이다. 암처에서 생장한 식물에 에틸렌을 처리하면 3중반응(triple response)이라고 알려진 에틸렌 영향의 특정 증후군이 유도된다. 애기장대 유식물체에서 관찰된 이 반응의 두 가지 양상을 그림 5.10에 나타냈다.

○ 그림 5.10에서 애기장대 유식물체의 줄기 생장에 대한 에틸렌의 두 가지 영향을 확인하시오.

● 줄기 신장은 강하게 억제되나 측면 생장이 촉진된다. (그림 5.10a에서 줄기의 폭이 더 넓고 정단부의 팽창이 뚜렷하게 관찰된다.)

에틸렌의 이 두 가지 영향은 3중반응의 일부이다. 나머지 한 영향은 더 낮은 에틸렌 농도(10 ppm 이하)에서 관찰되는데, 신장 생장은 더 일어나나 줄기가 수직이 아닌 수평으로 생장한다(횡지성, diageotropism). 그림 5.10a에서 관찰할 수 있는 또 다른 영향은 정단부 갈고리(apical hook)의 굴곡 증가이다. 단단한 토양 조건은 에틸렌 합성을 촉진하고, 유식물체는 이러한 생장 변화로 인해 딱딱한 물체 주위를 돌아서 생장하며 토양을 뚫고 나간다.

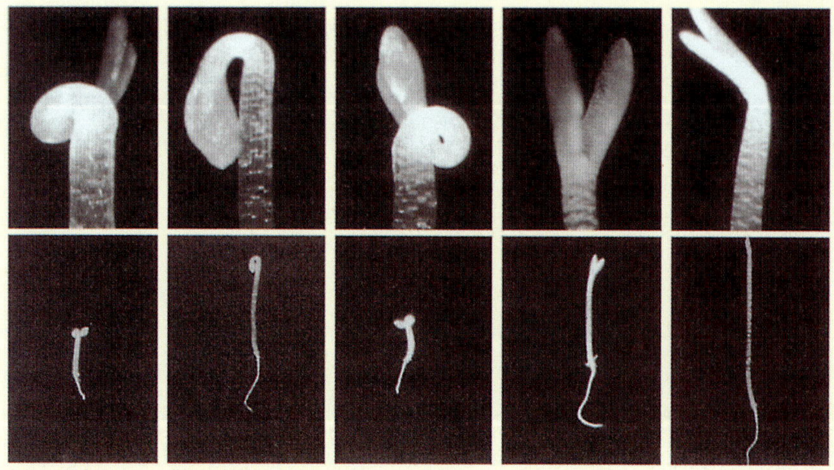

그림 5.10

애기장대 유식물의 생장과 3중반응 돌연변이체의 반응에 미치는 에틸렌의 영향. 아래 사진은 유식물 전체를 보여주고 위는 유식물의 정단부를 자세하게 보여주는 확대 사진이다. 3일된 유식물을 에틸렌(10 ppm)의 유무에 따라 암처에서 생장시켰다. (a)와 (b)는 에틸렌이 있을 때와 없을 때의 야생형이다. (c)는 *eto1*-1(*ethylene overproducer1*-1) 돌연변이체로서 에틸렌을 비정상적으로 많이 합성하기 때문에 에틸렌이 없을 때도 3중반응을 나타낸다. (d)의 *hls1*-1(*hookless1*-1) 돌연변이체는 정단부의 에틸렌 감수성이 변형되어 에틸렌이 없을 때 후크를 형성하지 못한다. (e)는 *ein2*-1(*ethylene insensitive2*-1)로서 에틸렌이 있을 때 3중반응을 보이지 않는다.

3중반응은 에틸렌 불감성인 애기장대 돌연변이체를 선별하는 데에 이용되었다. 에틸렌의 존재 하에서 계속 신장하는 유식물(그림 5.10e)은 쉽게 확인할 수 있고 그 특징을 알 수 있다. 이러한 방법으로 확인된 첫 돌연변이체를 *ethylene resistant 1(Etr1)*이라고 명명하였고, 놀랍게도 이 돌연변이체는 우성인 것으로 밝혀졌다.

○ 생장조절물질에 반응하지 않는 돌연변이가 우성인 것이 왜 흔치 않은 일인가?

● 돌연변이는 보통 유전자의 기능을 손상시킨다. 이형접합 식물체에서 한 염색체에 기능 있는 유전자가 없으면 보통은 다른 염색체에 있는 유전자가 전사되어 기능을 가진 단백질로 번역된다.

ETR1 유전자는 에틸렌 수용체로 작용하는 단백질을 암호화하는 것으로 생각된다. 이는 생장조절물질 중에서 처음으로 확인된 수용체이며, 흥미롭게도 세균이 환경의 화학물질을 감지하고 반응하는 데에 사용하는 2구성요소 조절계(two-component regulatory system)와 매우 비슷한 방식으로 작용한다. 세균의 조절계는 **감지단백질(sensor protein)**과 **반응조절단백질(response regulator protein)**로 이루어지는데, 감지단백질이 화학물질을 인지하여 반응조절단백질로 신호를 전달하면 반응조절단백질이 반응을 시작한다. 이들 구성원 사이의 통신은 단백질 인산화에 의해 이루어진다. 감지단백질이 자신의 히스티딘 잔기 중 하나를 인산화시키고(히스티딘인산화효소로 작용) 다음에 반응조절단백질의 아스파르트산으로 인산을 전달한다. 이들 두 단백질 모두에 해당하는 부분이 ETR1 단백질의 C 말단 영역에 있으며, 추가로 N 말단에는 세 개의 소수성 막관통 영역이 있는데 이들이 에틸렌 결합 부위이다. 그림 5.11의 윗부분은 이러한 구조를 나타내며, 또한 ETR1 단백질이 2합체(dimer)로 작용하는 것을 보여준다. 4개의 에틸렌 수용체 단백질이 추가로 분리되었는데, 이는 여러 개의 수용체가 서로 다른 조직에서 각기 다른 발달 현상을 조절할 가능성을 암시하는 것이다.

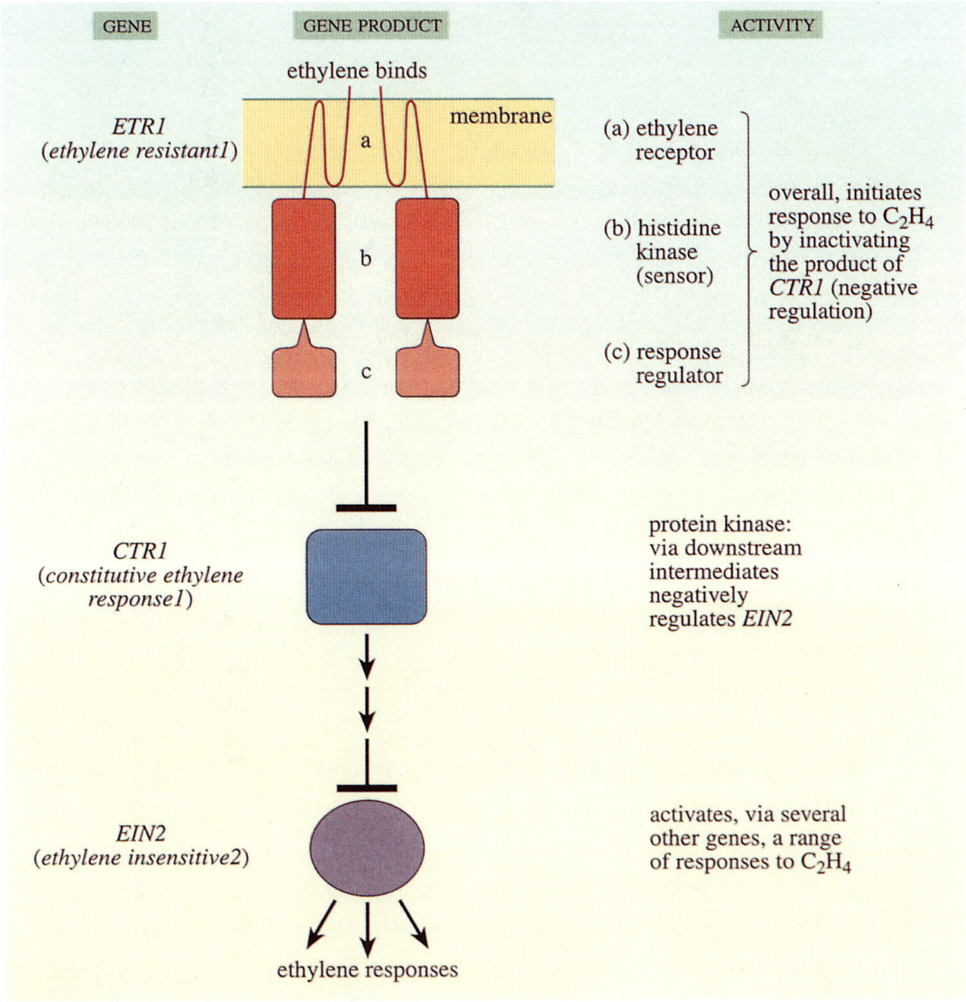

그림 5.11

*ETR1*에 의해 암호화되는 2구성원 수용체가 관여하는 에틸렌 작용 모델.

돌연변이에 의해 *ETR1* 유전자의 기능이 없어지면 왜 우성이 되는지 설명할 수 있는가? 대답은 에틸렌이 없을 때 3중반응을 나타내는 돌연변이체인 *ctr1(constitutive triple response1)*을 발견함으로써 얻어졌다. 정상적인 *CTR1* 유전자의 단백질은 에틸렌 반응을 저해하는 단백질인산화효소(protein kinase)로서 즉 음성 조절물질(negative regulator)이며, *CTR1* 유전자의 돌연변이는 에틸렌 반응의 영구적(즉 구성적) 활성화를 초래한다. 그림 5.11에서 *CTR1*이 *ETR1* 다음에(하류에서) 작용하고, *ETR1* 생성물이 에틸렌과 결합하면 *CTR1*의 작용을 저해한다. 그러므로 음성 조절물질의 음성조절이 일어나는 것이다.

그러면 이제 *etr1* 돌연변이체에는 무슨 일이 일어나는지 생각해보자. 돌연변이가 일어난 *ETR1* 유전자의 산물은 (돌연변이가 일어나지 않은 대립유전자의 산물로 희석된다고 해도) 에틸렌과 결합할 수 없거나 또는 결합하더라도 반응을 못하기 때문에 더 이상 *CTR1*을 저해하지 못한다.

○ 다음 단계는 무엇인가?

● 음성조절물질의 유전자인 *CTR1*은 이제 영구적으로 활성을 가지고 모든 에틸렌 반응이 저해될 것이다.

에틸렌 작용 경로에 있는 여러 종류의 유전자가 돌연변이체를 이용한 방법에 의해 확인되었으며(그림 5.11), 이러한 전략은 생장조절물질에 의한 신호전달 메커니즘을 밝히는 데에 효과적인 방법임이 증명되었다. 현재 애기장대의 유전체(genome) 서열이 완전히 밝혀져 있으며, 서열이 알려진 다른 생물체(효모, 초파리, 예쁜꼬마선충 등)와 비교가 가능하여 더 빠른 속도의 진전이 기대된다. 예를 들어 세균의 2구성요소 히스티딘인산화효소와 매우 흡사한 에틸렌 수용체는 남세균으로부터 유래되고, 엽록체로부터 핵으로 횡적 이동한 것으로 생각된다. 이에 해당하는 단백질이 균류나 동물의 유전체에는 발견되지 않는다. 그러나 경로 하류의 구성원인 *CTR1*은 동물의 세포신호전달 경로 구성원으로 널리 알려져 있는 유전자 종류(MAP인산화효소)와 흡사하다. 그러므로 식물은 세균에서 유래된 수용체를 전부터 있던(즉 보존된) 진핵세포의 연결 구성요소와 결합시킴으로써 독특한 신호전달 경로를 진화시킨 것이다.

적어도 20가지의 다른 MAP인산화효소 유전자가 애기장대에서 발견되었으며, 낙엽산과 시토키닌의 신호전달 경로도 MAP인산화효소를 구성원으로 가지고 있을 가능성이 있다. 다른 종류의 인산화효소들은 예를 들어 수용체 세린트레오닌인산화효소(receptor serine/threonine kinase) 같이 실제 수용체로 작용한다. 이러한 수용체는 동물에서 많이 발견되며, 애기장대는 적어도 340개의 유전자가 수용체 세린트레오닌인산화효소를 암호화한다. 그러나 식물에서 이들 수용체의 리간드는 거의 발견하지 못하였다. 그래서 유전체의 비교 분석에서 많은 수용체에 대한 유전자를 알고 있으나 수용체와 결합하는 신호분자는 모르고 있는 경우가 나타나고, 반대로 잘 알려진 일부 신호분자들(옥신 등)의 수용체는 알려져 있지 않다. 수용체와 신호분자를 서로 확인하고, 신호전달 경로를 구분하며 이 경로를 최종적인 생리적 반응(예를 들어 세포 팽창, 낙엽, 개화 등)과 연결시키는 것이 앞으로 할 일이다.

5.3.3 생장조절물질과 세포내 신호전달

앞에서 식물의 발달에 영향을 줄 수 있는 신호를 제공하는 데 있어서 환경이 중요한 역할을 한다는 것을 보았다. 빛의 질과 양 같은 요인들이 발아나 개화의 시기를 조절하고, 중력이나 빛의 방향이 생장 양상을 변형시킬 수 있다. 하지만 식물에 의해 감지되는 많은 환경 신호들은 수분, 영양소, 또는 산소 가용성과 병원체의 침입 등과 같은 스트레스와 관련이 있다. 생장조절물질이 스트레스에 반응하는 신호물질로 작용하고, 종종 한 조직에서 다른 조직으로 이동한다는 확실한 증거가 있다. 예를 들어 뿌리 주위의 수분 결핍은 물관액(xylem sap) 내 ABA의 농도 증가를 초래하고, ABA는 증산작용의 결과로 잎으로 이동하여 기공을 닫고 더 이상의 수분 손실을 제한하게 된다(3장). 토마토와 같은 식물은 뿌리 주위의 과잉 수분(수침, waterlogging)에 반응하여 엽병(petiole) 위쪽 표면의 생장이 증가하고, 그 결과 잎이 아래로 처지게 된다. 이러한 현상을 **상편생장(epinasty)**이라고 하며, 잎의 에틸렌 생산 증가에 의한 결과이다. 세포 간 신호분자는 에틸렌의 용해성 전구물질인 아미노시클로프로판 카르복실산(aminocyclopropane carboxylic acid, ACC)이라고 생각되는데, 수침된 뿌리로부터 증산류를 통하여 줄기로 이동하여 기체인 에틸렌으로 전환된다.

○ ACC가 에틸렌으로 전환되기 위해서는 산소가 필요하다. 이로부터 ACC가 뿌리의 수침 신호를 잎으로 줄 수 있는 이유를 설명할 수 있는가?

● 수침이 일어난 뿌리 주위의 산소 양이 크게 감소한다. 산화되지 않은 ACC가 뿌리에서 지상부로 수송되면 주위의 산소 농도로 인해 에틸렌으로 전환될 수 있다.

양생식물과 '홍수반응'

수침은 육상식물에게는 심각한 스트레스이지만 수생 환경에서 생장하는 식물은 이를 견딜 수 있다. 실제로 노랑어리연꽃(*Nymphoides peltata*)과 같이 부엽을 가진 양생식물(amphibious plant)의 엽병은 침수에 의해 생장이 촉진된다(그림 5.12). 줄기나 엽병의 생장은 엽편(leaf lamina)이 수표면 위로 나갈 때까지 물속에서 더 빠른 속도로, 계속적으로 진행된다. 이렇게 생장이 촉진되는 것은 침수된 조직에 에틸렌이 축적되기 때문이다. 축적이 일어나는 것은 에틸렌이 공기 중에 비해 물속에서 10,000배나 더 천천히 확산되기 때문이다.

○ 에틸렌의 3중반응(5.3.2절)을 고려할 때 침수된 조직의 생장 촉진이 놀라운 이유는?

● 에틸렌은 3중반응에서 강력한 생장 억제물질로 작용한다. 즉 침수 조직에 미치는 영향과 정확히 반대이다.

그림 5.12

노랑어리연꽃(*Nymphoides peltata*)의 잎이 공기 중에서 생장하였을 때(왼쪽)와 비교하여 침수된 상태로 생장하였을 때(오른쪽) 엽병의 신장이 많이 증가하는 것을 보여준다.

홍수반응(flood response)이라고 불리는 비슷한 효과가 몇몇 초지식물에서도 관찰된다. 예를 들어 기는미나리아재비(*Ranunculus repens*)는 홍수가 난 들판에서 보통 생장한다. 수침이 일어나면 새로 형성된 잎의 엽병이 신장하여 엽신(leaf blade)이 수면 위로 자라나와 식물이 공기 중에서 생존할 수 있게 된다. 소리쟁이속(*Rumex*)은 절대육상식물에서 양생식물에 이르기까지 여러 종류로 구성된다. 예를 들어 애기수영(*Rumex acetosella*)은 건조한 모래 토양에서 생장하는 반면 물소리쟁이(*R. palustris*)는 종종 강둑 옆에서 발견된다. 홍수에 내성이 있는 물소리쟁이는 침수되면 줄기의 신장이 증가하지만 홍수에 내성이 없는 애기수영은 반응이 없다. 두 식물 모두에 있어서 침수에 의해 엽병 조직에 에틸렌이 축적되지만, 물소리쟁이에서만 에틸렌에 의해 줄기의 신장이 촉진된다. 이러한 관찰은 생장조절물질에 대한 반응이 감수성 현상에 의해 크게 영향을 받을 수 있다는 것을 의미한다. 감수성이란 단순히 생장조절물질과 결합할 수 있는 수용체의 수와 연관될 수 있다. 에틸렌 수용체 ETR에 상응하는 분자가 물소리쟁이에서 분리되었는데, 저농도의 산소(3%)에 의해 유전자 발현이 증가하는 것으로 밝혀졌다. 애기수영에서 홍수반응이 일어나지 않는 이유가 이 유전자의 발현이 낮기 때문인지는 알려져 있지 않다.

5.3절의 요약

1. 식물의 발달 과정에서 유전적 또는 환경적 신호에 반응하여 여러 현상들이 정해진 순서대로 일어난다. 생장조절물질(옥신, 시토키닌, 지베렐린, 브라시노스테로이드, 에틸렌, 낙엽산)이 중요한 역할을 한다. 식물에서 생장조절물질의 합성과 이에 대한 반응은 같은 세포에서 일어날 수 있다. 옥신인 IAA만이 수송계를 가지고 있는 것으로 밝혀졌다. 에틸렌은 기체로서 조절되지 않는 방법으로 확산하고, 다른 생장조절물질들은 물관부나 체관부를 통하여 장거리에 걸쳐 수송된다.

2. 생장조절물질의 역할, 합성, 작용 메커니즘을 조사하기 위하여 돌연변이체가 이용된다. 세포 신장을 촉진하는 브라시노스테로이드는 GA가 결핍되지 않거나 불감성이 아니면서 브라시노스테로이드가 결핍되어 있는 왜소형 돌연변이체를 이용하여 생장조절물질로 밝혀졌다.

3. 생장조절물질의 영향은 매우 특이적이며 종종 새로운 유전자의 발현이 관여한다. 모든 생장조절물질은 특정한 수용체가 있는 것으로 생각되나 이에 대해서는 잘 알려져 있지 않다.

4. 돌연변이체를 이용한 최근의 연구에서 몇 가지 형태의 에틸렌 수용체가 밝혀졌는데, 이들은 히스티딘인산화효소로 작용하는 세균의 2구성요소 감지단백질과 매우 유사하다. 이들 수용체는 엽록체의 남세균 유전체로부터의 유전자 횡적 이동에 기인하는 것으로 생각된다. 동물과 효모에서 발견되는 수용체를 닮은 수백 종류의 다른 수용체 구조들이 완전히 밝혀진 애기장대의 유전체 서열에서 확인되었으나, 이들 수용체의 역할과 결합 리간드는 대부분 알려져 있지 않다.

5. 증거에 의하면 생장조절물질은 환경 스트레스와 병원체의 공격에 대한 반응을 매개하기도 한다. 침수된 홍수 내성 식물은 에틸렌의 축적 및 저농도 산소에서 에틸렌 수용체의 증가에 의해 줄기나 엽병의 신장이 일어난다.

5.4 유식물의 발달

유식물은 아마 식물의 생활주기에서 가장 중요한 단계일 것이다. 토양층을 통과하기 위하여 빠르게 생장하여야 할 뿐만 아니라, 일단 토양 밖으로 나오면 생장과 생식의 능력을 최적화하기 위하여 다양한 종류의 자극에 반응하여야 한다. 유식물은 이를 위해 자신의 생장 환경에 대한 정보를 제공하는 많은 감지분자(sensor)를 가지고 있다. **굴성(tropism)**은 한쪽 방향의 자극에 반응하는 식물의 정향성 운동(directional movement)으로 정의된다. 가장 중요한 두 가지 신호는 중력(gravity)과 빛(light)으로서, 이에 대한 반응은 각각 **굴지성(gravitropism)**과 **굴광성(phototropism)**이다. 중력은 발아 직후 생장의 방향을 정하는 자극이고, 빛은 생장 속도와 땅위에서의 줄기 생장 방향을 지시한다.

5.4.1 중력에 대한 반응

주근(primary root)은 중력 방향(아래쪽)으로 생장하기 때문에 **양성굴지성(positive gravitropism)**을 나타내고, 줄기는 반대 방향(위쪽)으로 뻗기 때문에 **음성굴지성(negative gravitropism)**을 나타낸다고 한다(그림 5.13a).

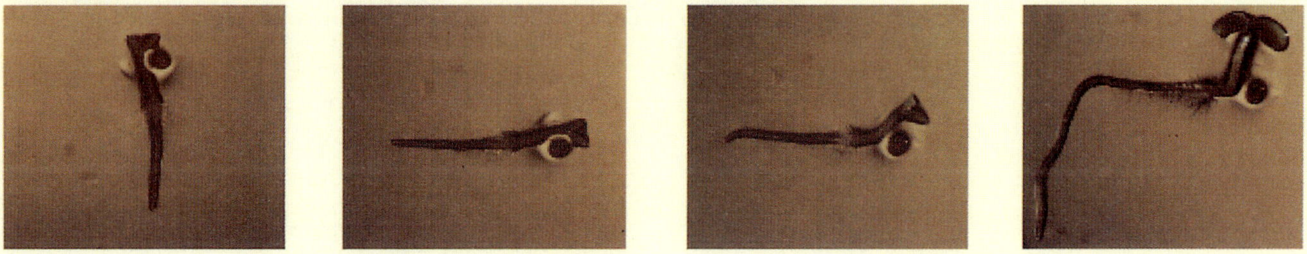

(a) (b) (c) (d)

그림 5.13

애기장대(*Arabidopsis*)의 뿌리와 유식물 줄기(하배축, hypocotyl)의 굴지성. (a) 수직 한천 배지에서 발아한 지 3일 후 뿌리와 하배축은 각각 수직 방향으로 아래와 위로 생장한다. (b) 배양접시를 90° 회전시킨 후, 뿌리와 하배축에서 굴지성에 의한 굴곡이 발달한다. (c) 3시간 후 발달한 굴곡. (d) 중력 자극을 준 지 24시간 후 굴곡은 완성된다. 뿌리와 하배축은 다시 수직 방향으로 아래와 위로 각각 생장한다.

수목의 가지나 측근과 같은 식물의 다른 부위들은 중력에 대하여 각도를 유지하며 생장한다. 식물 기관의 자연적인 위치를 결정하는 가장 간단한 방법은 기관의 방향을 다르게 놓고 어떻게 반응하는지 조사하는 것이다(그림 5.13b-d). 식물이 도달한 마지막 각도는 중력 반응과 빛 등의 다른 신호에 대한 반응 사이의 타협점이라고 볼 수 있을 것이다. 중력 반응은 세 단계로 구분할 수 있는 현상으로 이루어진다. 우선 식물의 기관은 자극의 방향을 인지(**중력감지, graviperception**)하여야 한다. 다음에 신호가 생성되어야 하고, 마지막으로 신호에 반응하여 다른 생장을 나타내야 한다.

중력감지

식물의 중력감지는 주위의 세포질보다 밀도가 높은 녹말립(starch grain)이나 또는 녹말로 채워진 색소체(**녹말체, amyloplast**)의 침강에 의해 매개된다는 가설이 상당량의 증거에 의하여 지지받고 있다. 이러한 주장의 근거는 녹말립이나 녹말체가 굴지성의 빠른 반응 시간(5분미만)을 설명할 수 있을 만큼 충분히 빠르게 자신의 위치를 변화시키는 유일한 세포소기관이라는 사실이다.

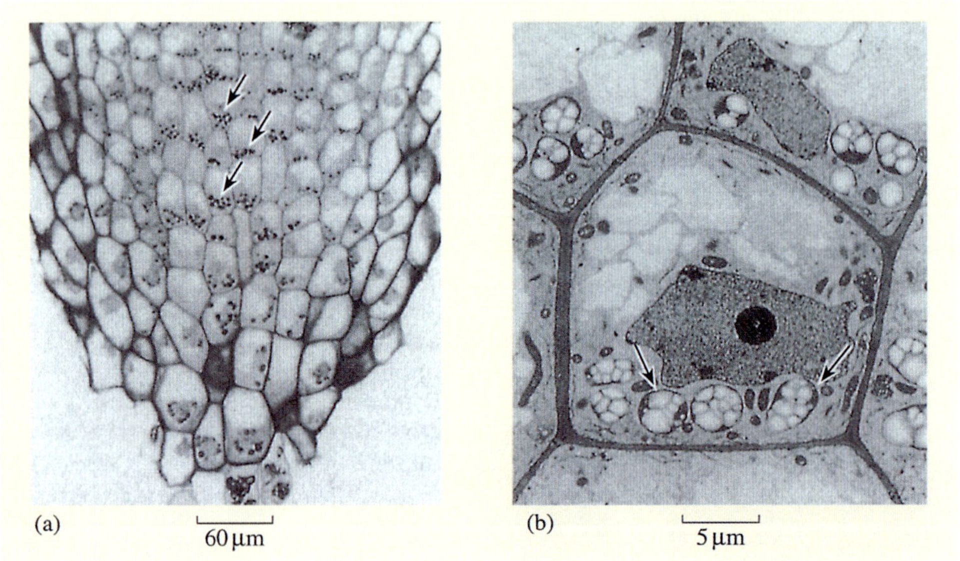

그림 5.14

뿌리골무와 뿌리의 굴지성. (a) 강낭콩(*Phaseolus vulgaris*) 뿌리골무의 종단면. 뿌리골무 중앙의 세포들(주상조직)은 세포의 아래 부분(화살표)에 많은 녹말체를 포함한다. (b) 주상조직의 세포를 확대한 모습. 화살표는 침강되어 세포 바닥에 위치한 녹말체를 가리킨다.

녹말립의 침강은 식물 내 특정한 세포에서만 나타난다. 뿌리에서는 뿌리골무(root cap)의 **주상조직(columella)**이라고 불리는 일단의 세포에서 발견할 수 있다(그림 5.14). 뿌리골무는 뿌리의 생장 방향에 대한 정보를 제공할 뿐만 아니라, 정단분열조직을 마멸되지 않게 보호하며 점액(mucilage)을 생산하여 근단이 토양을 뚫고 나가는 것을 도와준다.

쌍자엽식물 줄기에서 녹말체의 침강은 관다발조직을 고리모양으로 둘러싸고 있는 **녹말초(starch sheath)** 또는 줄기내피(shoot endodermis) 세포들에서 발견된다. 녹말초가 없으면 줄기는 중력에 반응하지 못한다. 곡류의 화서(inflorescence)에서는 줄기의 마디에서만 굴곡이 일어나는데, 녹말립은 이곳의 관다발조직에 인접한 세포들에서 발견된다.

녹말립의 이동이 어떻게 식물의 방향에 대한 정보를 제공할 수 있는지는 분명하지 않다. 움직임 그 자체보다는 녹말체의 침강 방향이 특정한 신호를 생성하는데 있어서 중요한 것으로 여겨진다(그림 5.15). 증거에 의하면 침강할 수 있는 녹말체들은 미세소관(microtubule)과 소포체(endoplasmic reticulum)와 같은 세포 구성원들과 연결된 밀집된 미세섬유(microfilament)의 그물망에 얽혀있는 것으로 관찰된다. 녹말립의 이동에 의해 그물망이 당겨져서 막 통로가 활성화되고, 이어서 칼슘과 같은 이온들이 한 세포 구획에서 다른 구획으로 이동하여 국지적인 신호를 생성할 수 있을 것이다.

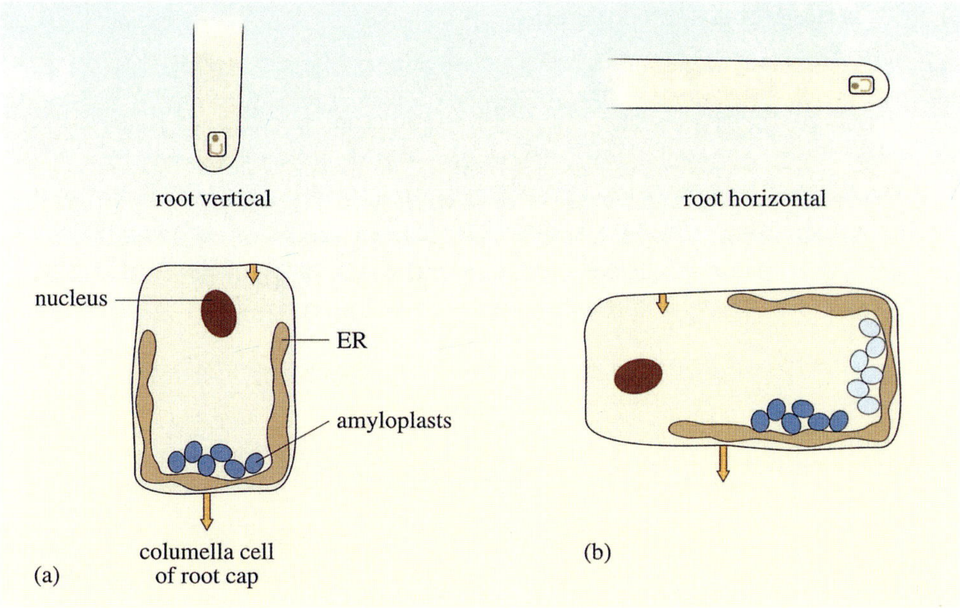

그림 5.15

뿌리골무의 중력감지. (a) 뿌리가 수직 방향으로 있으면 뿌리골무 주상조직 세포의 녹말체(검은 청색)가 세포의 물리적 바닥으로 침강한다. 중력 자극이 주어지면(b), 녹말체는 자극 전의 위치(밝은 청색)로부터 새로운 물리적 바닥으로 침강한다. 주상조직 세포는 원형질막과 세포의 반대편 세포벽 사이에 존재하는 신장력(tension)과 압력을 감지함으로써 중력을 인지하는 것으로 생각된다.

신호의 특성

비록 중력을 인지하는 세포들을 확인한다 하더라도, 이들 세포 자신이 자극에 반응하여 차별 신장을 나타내는 것은 아니다. 예를 들어 뿌리골무의 주상조직 세포들은 정단분열조직 뒤에서 빠르게 신장하고 있는 조직으로 중력 신호를 전달해야 한다. 마찬가지로 줄기내피(녹말초) 세포들도 피층이나 표피 세포에 신호를 전달하여 차별적 팽창이 일어나는 것으로 생각된다.

신호의 특성은 아직 확인되지 않았다. 하지만 중력 자극이 생장을 조절하여야 하는 사실에 비추어 생장조절물질인 옥신(IAA)에 관심이 주어졌다. 이에 대한 가설은 원래 75여 년 전에 제안되었으며 계속하여 연구와 논쟁의 주제가 되어 왔다(5.5절 참조). 그러나 중력 불감성 애기장대 돌연변이체를 이용한 최근의 연구는 IAA가 적어도 뿌리의 굴지성 반응에 중요한 역할을 한다는 것을 지지한다. IAA는 어린잎에서 합성되고 체관부를 통하여 뿌리 정단부(root apex)로 수송되는 것으로 믿어진다. 근단에 도착한 IAA는 다시 피층 세포들로 분포되어, 측근의 발달뿐만 아니라 세포분열과 신장을 조절한다. 근단에서 뿌리 위쪽으로의 IAA 수송은 세포와 세포 사이에 유입운반체와 유출운반체가 관여하며, 정확히 조절되는 메커니즘을 통하여 일어난다(**극성수송, polar transport**). 원형질막의 유입운반체는 해리되지 않은 형태의 IAA(IAA-H)를 흡수하고, 세포의 바닥 부분에 특정하게 위치한 유출운반체는 이온 형태의 옥신(IAA^-)을 배출한다. 이들 운반체 중 어느 것에 돌연변이가 일어나도 식물은 중력에 반응하지 않는다. 이러한 관찰은 굴지성에 있어서 IAA의 역할을 강력하게 지지한다. 옥신이 신호전달 사슬의 주요 연결 고리인지, 아니면 하나의 구성원에 불과한지는 아직 확실하지 않다.

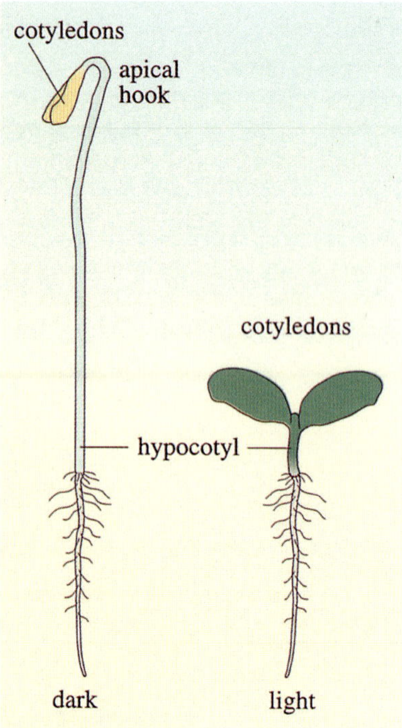

그림 5.16

암처와 빛에서 생장한 애기장대 유식물의 비교. 황백화된 유식물은 하배축(유식물의 줄기)이 길고, 정단부 갈고리가 있으며(이른 초기에), 자엽(유식물의 잎)이 팽창하지 않고 열려 있지 않다. 빛에서 생장한 유식물은 하배축이 짧으며, 정단부 갈고리가 없고, 자엽은 초록색으로서 열려 있고 팽창되어 있다.

5.4.2 빛에 대한 반응

빛은 중력과 함께 유식물의 발달을 조절하는 중요한 신호이다. 암처에서 생장한 유식물은 특징적인 발달 양상을 나타내는데 이를 **황백화(etiolated)**라고 한다. 황백화된 쌍자엽식물의 유식물은 빠른 신장(elongation) 생장, 잎의 제한된 팽창(expansion), 엽록소 결핍 현상 등을 나타내며, 보통 정단부가 갈고리를 형성한다(그림 5.16). 유식물은 이러한 특징들 때문에 광합성 기구나 정단분열조직에 손상을 입지 않고 가능한 한 빠르게 빛 속으로 나올 수 있다. 짧은 섬광으로도 황백화 생장이 탈황백화(de-etiolated) 생장으로 전환될 수 있는데, 따라서 빛을 인지하는 매우 민감한 체계가 있는 것이 확실하다.

○ 그림 5.16에서 자엽(잎)과 비교하여 하배축(줄기)의 세포 팽창에 빛이 미치는 영향은 어떤 것인가?

● 빛은 줄기 세포의 신장을 억제하나 잎 세포의 팽창을 촉진한다.

잎과 줄기의 이러한 차이는 식물 발달에 있어서 어떻게 같은 환경 신호가 서로 대조적인 반응을 촉진할 수 있는지에 대한 한 예이다. 줄기 세포와 잎 세포의 인지 메커니즘은 비슷하나 신호전달 과정이 서로 다른 것으로 여겨진다.

빛의 인지

빛에 대한 반응은 언제나 색소에 의해 매개되며, 색소는 빛의 수용체로 작용하여 특정 파장을 흡수한다. 빛에 대한 반응으로서의 생장 변화인 광형태발생(photomorphogenesis)은 원적색광, 적색광, 청색광, 자외선 파장에 의해 촉진될 수 있으며, 두 종류의 색소가 빛의 인지에 관여한다. **피토크롬(phytochrome)**은 적색광과 원적색광에 대한 반응을 시작하며, **크립토크롬(cryptochrome)**은 스펙트럼의 청색 부위에 대한 반응(3장의 청색광에 대한 공변세포 반응도 포함)을 시작한다.

몇 가지 종류의 피토크롬이 존재하는데, 각각은 피토크롬 종류에 따라 다른 폴리펩티드 부분(**아포단백질, apoprotein**)과 **발색단(chromophore**, 빛을 흡수하는 색소)으로 구성되어 있다. 각각의 피토크롬은 상호 변환이 가능한 두 가지 형태로 존재할 수 있는데, 생물학적으로 활성이 없는 적색광 흡수 형태(P_r)와 생물학적으로 활성이 있는 원적색광 흡수 형태(P_{fr})가 그것이다. 두 형태 사이의 변환은 빛에 의해 추진된다(그림 5.17a).

○ 그림 5.17b에서 P_r과 P_{fr}의 흡수스펙트럼은 각각 어느 곡선인가? 답을 확인하고 그림에 표시하시오.

● 적색선이 P_r의 흡수스펙트럼이며, 포화된 원적색광을 흡수한 후에 형성되는 피토크롬이다. 청색선은 P_{fr}의 흡수스펙트럼이고, 포화 적색광을 흡수한 후 형성되는데 흡수 최대 파장은 730 nm이다.

피토크롬의 상호 변환은 전기스위치로 생각해 볼 수 있다. 스위치가 켜있어서 P_{fr}이 우세한 형태이면, 잎의 팽창과 엽록소 생합성 같은 현상들이 촉진된다. 평형이 P_r 방향으로 있으면 스위치는 꺼져있는 상태이고, 다른 조절물질에 의해 줄기의 생장이 촉진된다. 피토크롬은 P_r 형태로 합성되고 따라서 암처에서 자란 유식물은 빛으로 나오면 P_r만 합성한다.

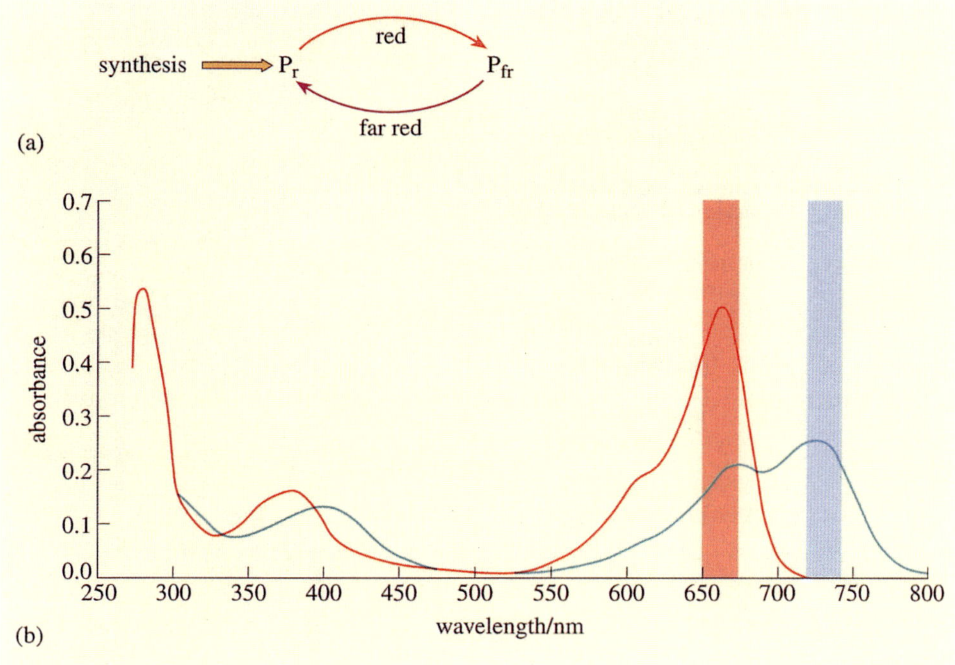

그림 5.17

(a) 피토크롬의 상호변환. P_r이 적색광을 흡수하면 P_{fr}로 변환된다. P_{fr}이 원적색광을 흡수하면 P_r로 변환된다. (b) 호밀(rye)의 정제된 피토크롬을 포화 상태의 적색 파장 또는 원적색 파장으로 조사한 후의 흡수스펙트럼. 막대는 피토크롬의 흡수 최대치를 나타낸다.

P_r과 P_{fr}의 흡수스펙트럼은 중첩되며(그림 5.17b) 따라서 P_{fr} : P_r의 비는 식물이 노출된 빛의 파장에 따라 달라진다. 정상적으로 식물은 백색광이 우세한 환경에서 생장하는데, 이 경우 평형은 P_{fr} 형성 쪽에 있다. 그러나 다른 식물의 그늘에서 생장하는 식물들은 위쪽의 잎에 있는 엽록소가 녹색 파장은 반사하고 적색과 청색 파장은 흡수하기 때문에 그 결과 원적색광이 풍부한 빛에 노출된다. 이러한 그늘 환경은 평형을 P_r 쪽으로 이동시키고, 그 결과 식물은 마치 암처에 있는 것처럼 행동하여 수관의 그늘을 벗어날 때까지 줄기가 빠르게 생장한다. 모든 식물이 이러한 방법으로 그늘에 반응하는 것은 아니다. 백합과의 블루벨(*Hyacinthoides nonscriptus*)과 산쪽풀 종류(*Mercurialis perennis*) 같은 일부 식물들은 빛의 양이 적은 조건에서 생장하도록 특별히 적응되어 있다. 이러한 식물의 특성을 **내음성**(shade tolerant)이라고 하고, 원적색광에 대해서 줄기 신장이 일어나지 않는다(그림 5.18).

○ 그림 5.18에서 왜 산쪽풀 종류의 식물이 내음성이 가장 강한 식물로, 개쑥갓(*Senecio vulgaris*)은 가장 약한 식물(음지를 피함)로 나타나 있는가?

● 원적색광의 비율이 증가함에 따라(P_{fr} : P_r의 비 감소) 산쪽풀 종류가 줄기 신장이 가장 적게 증가하고, 개쑥갓이 가장 많이 증가한다.

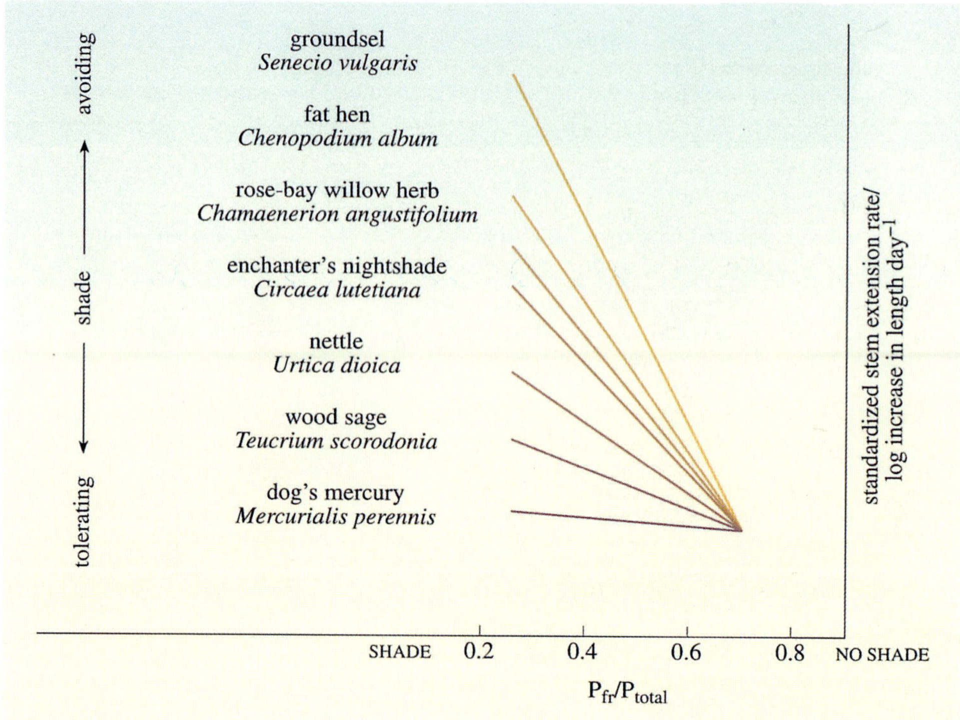

그림 5.18

여러 종류의 초본식물에서 줄기 신장과 피토크롬 광평형(P_{fr} : P_{total}의 비)의 추정치와의 관계.

빛은 유식물 생장 이외에 발아에도 뚜렷한 영향을 미친다(5.2.3절). 광발아종자의 발아는 원적색광에 의해 억제되고, 그 결과 수관 아래에서는 휴면 상태로 남아 있게 된다. 그러나 식생이 사멸하거나 제거되면, 종자가 백색광에 노출되어 발아한다. 이러한 현상은 일반적으로 종자의 저장물질이 적은 잡초 종류나 또는 다 자란 나무가 죽어서 공간이 트일 때 유식물이 빠르게 생장하는 삼림 식물에 있어서 중요하게 여겨진다. 피토크롬은 또한 개화의 조절(5.6.2절), 잎의 운동(2.2.3절에서 강한 빛에 갑자기 노출된 괭이밥 종류의 경우), 이끼류와 양치류의 생장 발달 양상에도 관여한다. 그러므로 피토크롬은 식물에 있어서 중요하고 오래된 조절계이다.

수관 음지 이외에 하루 중의 시간도 광스펙트럼의 질에 영향을 미친다. 예를 들어 새벽에는 빛의 산란 때문에 청색 파장의 상대적 비율이 증가하고, 이 신호를 크립토크롬이 인지하여 해뜨기 직전에 기공 열림을 촉진한다(3장과 5.3절). 물의 깊이가 증가함에 따라서도 스펙트럼 조성의 중요한 변화들이 발견되는데, 이는 수생식물과 조류의 생장과 발달에 있어서 중요하다. 오염되지 않은 물에서는 침투하는 빛의 양과 질이 처음 10~20 미터 깊이에서 꽤 일정하지만, 오염된 물에서는 이들 변수가 빠르게 변할 수 있다. 즉 오염된 물에서는 짧은 녹색과 청색 파장이 훨씬 더 빨리(낮은 깊이에서) 흡수된다.

굴광성

식물의 생장과 발달의 조절에 중요한 신호를 제공하는 것은 빛의 파장뿐만이 아니라 빛의 **방향**도 중요하다. 빛을 향하여 식물이 휘어지는 것(**굴광성**, phototropism)은 창턱에 식물을 놓아 본 사람이면 누구나 관찰할 수 있다. 실제로 굴곡은 빛이 줄기 생장을 억제하여 그늘진 쪽의 생장이 빨라지는 것에 기인하며, 빛을 향한 특징적 생장이 초래된다. 굴광성 반응을 유도하는데 가장 효과적인 빛의 파장은 스펙트럼의 청색 부분이며, 식물이 방향성 음지로부터 빠져 나오는 능력이 광합성 능력의 최적화에 있어서 매우 중요하다. 이 반응은 매우 빨리 일어나며, 신호의 특성은 다른 문제라 하더라도 굴광성은 굴지성(5.4.1절)과 매우 비슷하다. 이러한 관찰이 굴광성 분야의 초기 연구자들에게 인식되어, 줄기의 그늘진 쪽에 내생적(endogenous) 생장 촉진물질이 축적된 결과 때문에 굴광성이 일어난다고 제안하였다. 다음 절에서는 굴광성에 대한 연구 역사를 따라가 보면서, 돌연변이체 이용과 분자생물학적 방법이 일반화되기 이전에 어떻게 생장조절물질의 작용이 연구되었는지에 대한 고전적 사례를 살펴볼 것이다.

5.4절의 요약

1. 유식물은 식물의 생활주기에서 가장 중요한 단계로서, 수분과 온도뿐만 아니라 중력과 빛에도 반응한다.

2. 주근은 중력이 작용하는 방향으로 생장하여 양성굴지성을 나타내는 반면, 줄기는 위쪽으로 자라서 음성굴지성이다. 측근과 가지는 중력에 대하여 여러 각도를 이루며 생장한다.

3. 식물은 녹말체의 침강으로 중력을 인지하는데, 이는 생장대의 세포들에게 특정한 방향으로 팽창하라는 지시를 내리는 신호를 생성한다. 녹말체는 뿌리골무의 주상조직 세포나 줄기의 녹말초와 같은 특정 세포에서만 발견된다. 신호의 특성은 알려져 있지 않으나, 뿌리나 줄기의 정단부로부터 극성 수송에 의해 이동하는 IAA일 것으로 추측된다.

4. 빛은 몇 가지 방법으로 유식물의 발달을 조절한다. 광수용체는 피토크롬과 크립토크롬을 포함한다.

5. 피토크롬은 빛에 의해 합성되며, 적색광 흡수 형태인 비활성의 P_r에서 원적색광 흡수 형태인 P_{fr}로 전환된다. P_{fr}은 황백화된 유식물이 토양에서 출현할 때 탈황백화 상태로 변화시킨다. 줄기 생장이 억제되며 잎의 팽창과 엽록소 합성이 촉진된다.

6. 식물 아래의 음지에서는 원적색광의 비율이 증가하여 $P_r : P_{fr}$ 비가 높고, 양지 서식지에 적응된 유식물은 황백화된 생장 양상을 나타낸다. 음지 서식지에 적응된 유식물은 이 반응을 나타내지 않는다.

7. 굴광성은 크립토크롬에 의해 흡수된 청색광에 의해 매개된다. 굴광성 반응은 식물이 음지로부터 이동하게 하여 광합성을 최대화한다. 굴광성은 굴지성과 매우 닮아 있다.

5.5 굴광성과 옥신

줄기나 자엽초(coleoptile, 단자엽식물의 발달 중인 줄기를 싸고 있는 보호 기관) 같은 식물 기관의 굴광성 반응 메커니즘을 설명하기 위하여, 매우 오랜 기간에 걸쳐 굴광성에서의 생장조절물질 작용에 대한 증거가 수집되었다. 중력(굴지성)과 접촉자극(thigmotropism, 굴촉성)에 대한 줄기와 뿌리의 굴곡 반응에 대해서도 비슷한 메커니즘이 제안되었다.

여러분은 이 절을 공부하면서 실험 결과의 정당성을 판정하고, '표준적' 이론이나 설명을 직접 만들어 보게 될 것이다. 다음에 다른 증거 및 자료를 심층 분석하고 이를 바탕으로 '표준적' 설명의 타당성을 판단할 것이다. 이러한 사례 연구의 목적은 굴광성 메커니즘에 대한 사실 요약을 제공하기 위한 것이 아니라, 여러분에게 실험적 증거의 기초가 되는 문제점들과 가정들을 탐구하는 기회를 주기 위한 것이다.

이야기는 찰스 다윈과 그의 아들 프란시스 다윈에 의한 일련의 관찰에서 시작된다(1880년). 그들이 발견한 내용(실험 1)을 그림 5.19에 요약하였다.

그림 5.19

자엽초 선단부가 편향광(화살표)의 '인지 부위'로 작용하고, 선단부 아래의 생장 지역이 '효과 부위'로 작용하는 것을 암시한 다윈 부자의 실험.

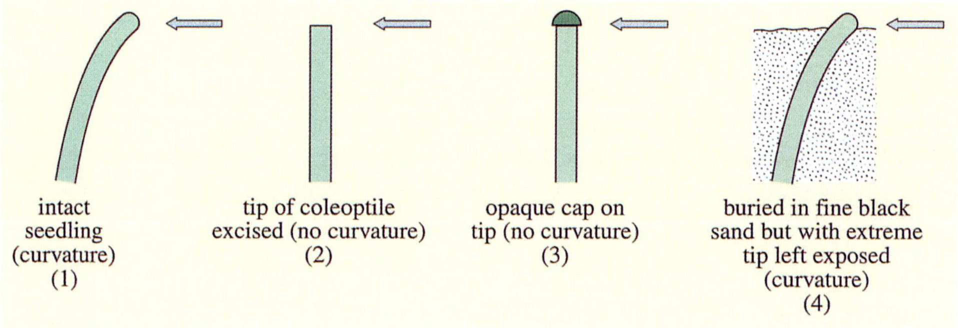

○ 관찰 1과 관찰 2를 비교하고, 그런 다음 관찰 1과 관찰 3을 비교하시오. 이들 결과로부터 굴광성의 특성에 대하여 알 수 있는 것은 무엇인가?

● 유식물은 선단부가 완전한 상태로 있으면서 빛에 노출될 때만 편향광(unilateral light)에 반응하여 그쪽으로 생장한다.

○ 관찰 3과 관찰 4를 비교하시오. 이 결과가 제시하는 것은?

● 자극은 유식물의 선단부에서만 감지되어도 되며, 반응은 아래쪽에서 일어난다.

반응의 수용부(선단부)와 반응이 일어나는 장소(선단부 아래쪽의 생장 지역)가 서로 다른 지역이라는 관계는 반응 메커니즘을 설명하는 데 있어서 주요 특징이 된다. 비록 다윈 부자는 이러한 관찰을 설명하기 위한 특정 이론을 제안하지 않았으나, 이 연구를 계속한 다른 연구자들은 선단부에서 생장 지역으로 이동하는 어떤 '영향'이 있어야 한다고 추론하였다(5.4.1절 굴지성 반응에서처럼).

초기 관찰 이후 30여 년에 걸쳐 몇몇 연구자들이 이 '영향'의 특성을 파악하기 위하여 서로 독립적으로 일련의 실험을 수행하였다.

이들 연구의 결과를 아래에 나타내었다. 괄호 안에 표시된 연도를 보면 연구 진전이 얼마나 천천히 이루어졌는지를 알 수 있을 것이다.

실험 2 (1913년)

자엽초의 선단부를 제거하고 작은 젤라틴 조각을 절단면 위에 올려놓았다. 그리고 선단부를 다시 올려놓고 편향광을 주었다(그림 5.20).

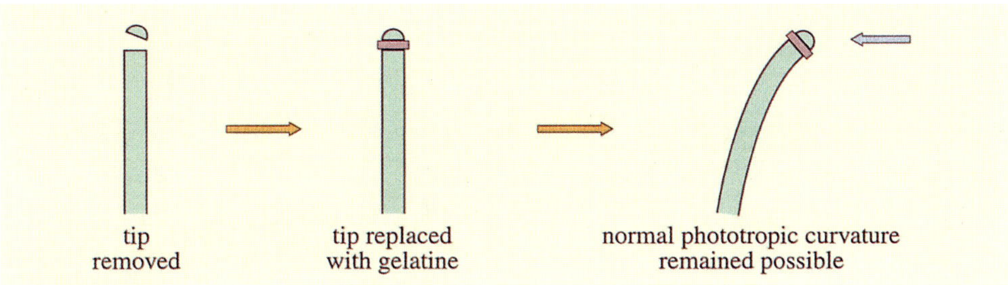

그림 5.20

유식물의 굴광성을 조사한 초기 실험(실험 2).

○ 그림 5.20의 결과와 다윈의 실험(그림 5.19) '관찰 2'의 결과를 비교하여 추정할 수 있는 것은?

● 자엽초 생장 지역의 절단부 위에 젤라틴을 덮고, 잘라낸 선단부를 다시 올려놓음으로써 굴광성 반응이 다시 일어날 수 있다. 다윈의 실험에서 추정된 '영향'은 선단부로부터 젤라틴을 통해 생장 지역으로 확산할 수 있다. 그러므로 '영향'이라고 하는 것은 '수용부' 지역과 '영향부' 지역 사이의 구조적 연결이 아니라 화학물질적인 특성을 가져야 한다.

실험 3 (같은 해인 1913년)

작은 운모판(유리 같은 물질)을 자엽초의 선단부와 생장 지역 사이에 반쯤 삽입하였다. 그런 다음 운모가 삽입된 방향 또는 그 반대편에서 자엽초에 빛을 주었다(그림 5.21).

○ 결과를 기술하시오. 선단부로부터 생장대(growth zone)로 확산하는 화학물질의 특성에 관하여 추정되는 것이 있는가?

● 화학물질이 자엽초의 그늘진 쪽을 따라 확산할 수 있는 경우에 굴광성에 의한 정상적 굴곡이 관찰된다. 그늘진 쪽을 따라 화학물질의 확산이 일어나지 못하면 생장 지역이 똑바로 자라게 된다. 이들 관찰에 대한 해석은 이 화학물질이 생장촉진제(growth promoter)라고 하는 것이다.

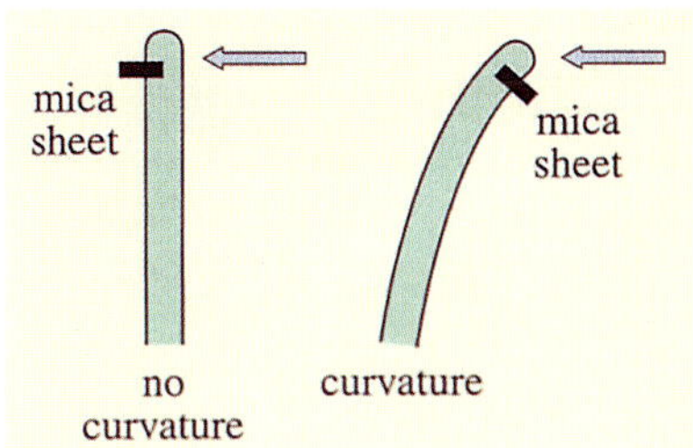

그림 5.21

실험 3의 결과.

실험 4 (1919년)

자엽초 선단부를 절단하여 생장대의 절단부 표면 위에 비대칭적으로 올려놓았다. 그리고 모든 방향에서 자엽초에 빛을 주었다(그림 5.22).

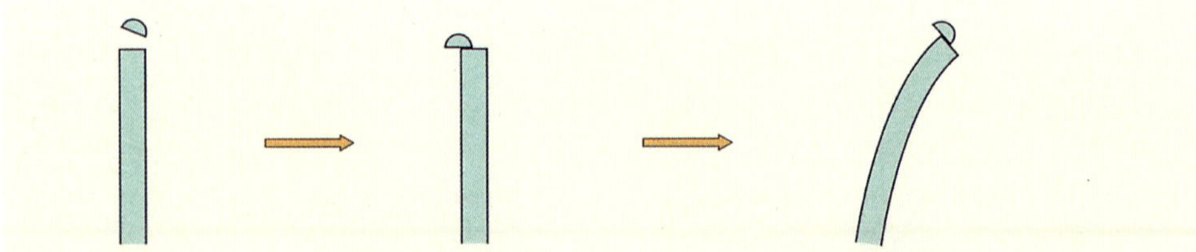

그림 5.22

실험 4의 결과.

○ 실험 4의 결과를 설명할 수 있겠는가?

● 이 실험 역시 선단부에서 생산된 화학물질이 생장촉진제라는 생각을 지지한다. 모든 방향에서 빛을 주어도 확산이 일어나는 한쪽만 더 빠른 속도로 생장하는 것으로 보이며, 생성된 굴곡은 완전한 자엽초에 편향광을 주었을 때 관찰되는 것과 비슷하다.

이후 생장촉진제의 특성을 규명하기 위한 연구가 시작되었으나, 1926년에 이르러서야 프리츠 벤트(Fritz Went)가 절단된 자엽초 선단부에서 요구를 충족시키는 물질을 얻을 수 있었다. 이 물질은 한천 조각 위에 놓아둔 귀리(*Avena*)의 자엽초 선단부에서 수집되었다(그림 5.23). 이 조각들을 절단된 자엽초 위에 비대칭적으로 올려놓았을 때, 실험 2에서 기술한 것과 비슷한 굴곡반응이 관찰되었다. 더구나 굴곡 각도는 한천 조각에 모인 '호르몬'의 양에 의존하였다. 실제로 자엽초에 유도된 굴곡 각도는 다른 조직에서 얻은 '호르몬'의 양을 측정하는 수단이 되었다(bioassay, 생물검정법의 한 예).

'호르몬'에 의해 유도된 굴곡은 한천 조각에 IAA를 첨가한 다음 선단부가 잘린 자엽초 위에 비대칭적으로 올려놓은 경우에 얻은 결과와 같은 것으로 생각되었다. 즉 많은 양의 IAA를 첨가할수록 굴곡 각도가 그 만큼 더 커졌다(그림 5.23c). 이 보다 훨씬 이후에(1970년대 초기) 다른 방법에 의해 자엽초에 IAA가 자연적으로 존재하는 것이 밝혀졌다.

○ 위의 실험과 정보로부터 IAA가 굴광성 반응을 조절하는 메커니즘을 제안해보시오.

● 선단부에서 생산된 옥신이 생장대를 따라 빛을 받은 쪽 보다 그늘진 쪽에서 더 많이 수송되고, 그 결과 형성된 옥신의 비대칭적 분포에 의해 자엽초나 줄기의 굴곡이 일어난다. IAA의 양이 많은 지역에서 세포 팽창이 더 많이 일어나고, 그 결과 생장 속도의 차이가 발생하고 빛 쪽으로 굴곡이 형성된다.

이러한 이론은 벤트(굴광성 연구)와 러시아의 콜로드니(Colodny, 굴지성 연구)에 의해 독립적으로 제안되어 **콜로드니-벤트설(Cholodny-Went theory)**로 알려져 있다. 이 학설을 연구하는 연구자들의 최대 관심사는 옥신의 비대칭적 분포가 (A) 빛 방향으로부터 그늘진 쪽으로의 측면 수송에 의한 것인지, 아니면 (B) 굴곡 '안쪽' 지역에서의 옥신 분해 때문인지를 가리는 것이었다(그림 5.24).

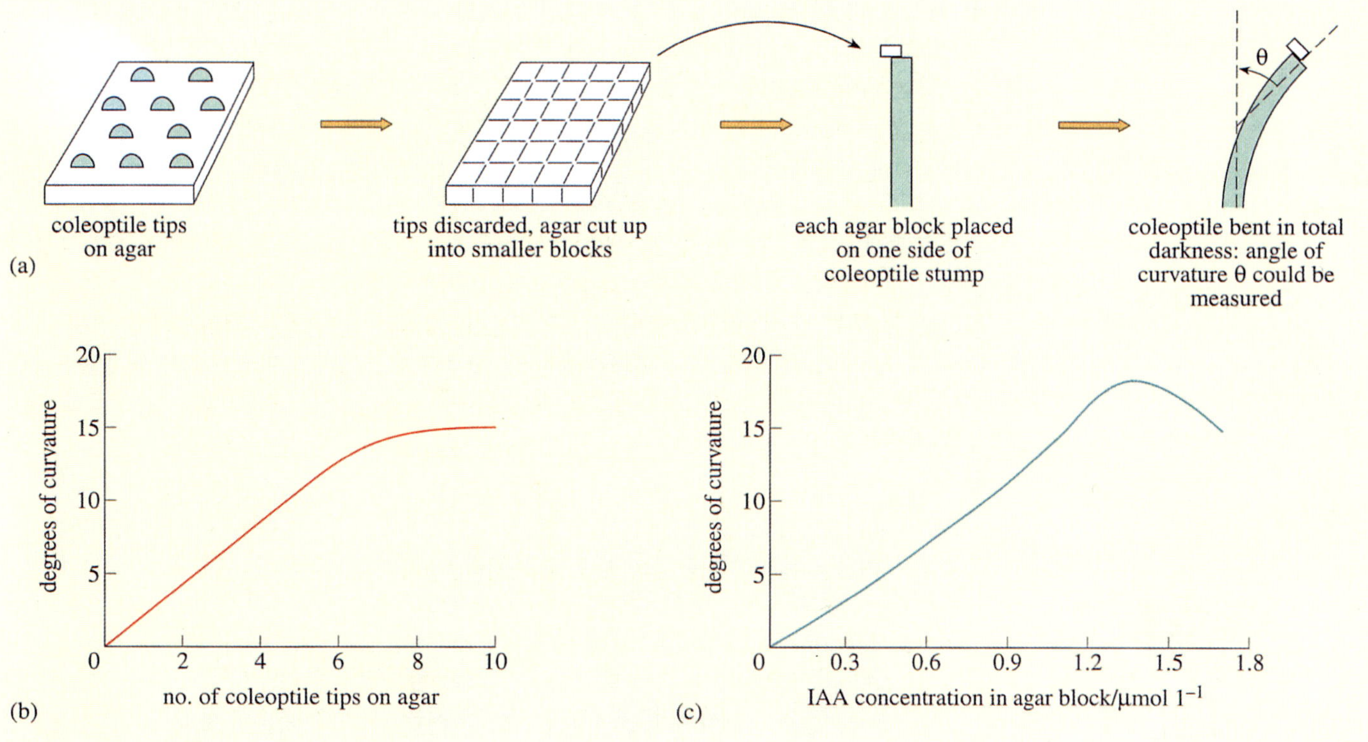

그림 5.23

귀리 자엽초의 굴곡 각도가 IAA의 불균등한 분포 때문이라는 것을 제시하는 실험. (a) 실험 과정. (b) 한천 조각에 올려놓은 자엽초 선단부의 수를 변화시킨 실험의 결과. (c) 한천 조각의 IAA 농도 변화에 따른 결과.

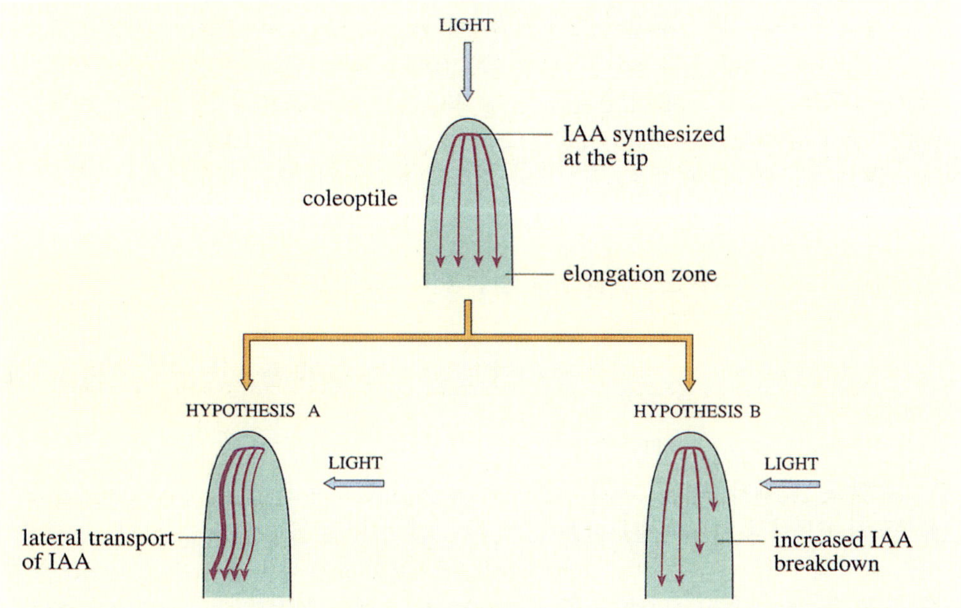

그림 5.24

굴광성 자극을 받은 옥수수 자엽초에서 빛을 받은 쪽과 어두운 쪽의 IAA 농도가 불균등하게 되는 것을 설명하는 두 가설.

○ IAA가 자엽초 선단부로부터 확산되어 한천 조각에 모일 수 있다는 것을 염두에 두고, 가설 A와 가설 B를 구분할 수 있는 실험을 고안하여 보시오.

● 자엽초 선단부를 한천 조각 위에 놓고 암처에 두거나 편향광을 준다. IAA가 한천 조각으로 확산되도록 둔 다음 일정 시간 후에 한천 조각의 IAA를 분석한다. 가설 A를 따르면 암처에서나 편향광을 주었을 때나 모두 같은 양의 IAA가 한천 조각에 존재할 것이고, 반면에 가설 B에 의하면 편향광을 준 경우에는 빛을 준 쪽에서 IAA가 파괴되어 적은 양의 IAA가 존재할 것이다.

생물검정법으로 IAA를 측정한 결과, 실험 결과는 가설 B와 일치하지 않고 가설 A를 폭넓게 지지하였다. 실제로 IAA를 수집하는 동안에 운모판으로 수용부 조각을 갈라놓은 경우의 결과를 보면, 측면에서 빛을 준 선단부의 그늘진 쪽으로부터 빛을 받은 쪽에 비해 두 배나 되는 IAA가 확산되는 것으로 밝혀졌다(그림 5.25). 50년 이상에 걸쳐 축적된 이러한 증거들은 생장조절물질(여기서는 IAA로 확인됨)이 굴성 반응을 조절한다는 콜로드니-벤트설을 지지하였다.

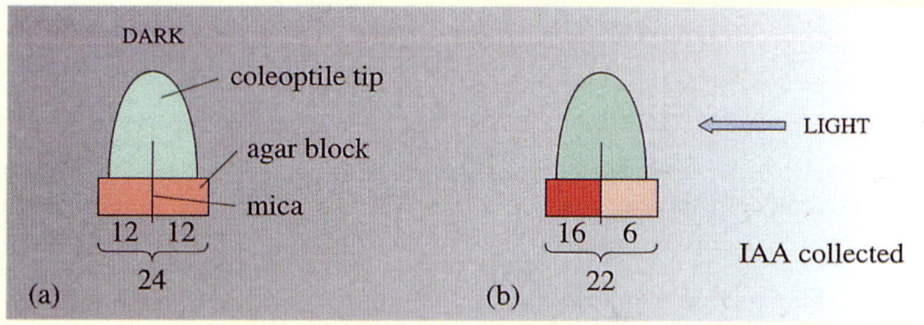

그림 5.25

암처와 편향광을 조사받은 옥수수 자엽초 선단부에서 3시간에 걸쳐 수집된 IAA 농도 분포. IAA가 운모판으로 나뉜 한천 조각으로 확산한 다음, 조각의 반쪽을 분리하여 생물검정법으로 분석하였다. 각 숫자는 40여회의 실험에서 얻은 IAA의 상대적 농도 평균값이다.

○ 콜로드니-벤트설의 주요 특징을 요약하시오.

● (a) 이 경우에 IAA인 화학물질이 선단부(광수용대, receptor of light zone)에서 생산된다. (b) IAA가 아래쪽으로 확산하여 생장대(growth zone, 목적 세포)로 이동한다. (c) IAA의 비대칭 분포로 인해 생장대의 두 방향(그늘진 쪽과 빛을 받은 쪽)에서 비대칭적 세포 확장이 일어나 굴곡 생장이 초래된다.

여러분은 지금까지 소개된 증거에 의해 확신을 가질 것이다. 실제로 여러분은 여기에서 설명한 이론이 굴성 반응에 대한 유일한 것으로 예전의 많은 교과서에 소개되어 있는 것을 발견할 것이다. 그러나 굴광성에 대한 다음 관찰을 고려해보자.

그림 5.26은 한 쪽에서 빛 자극을 받기 이전과 이후에 두 지역에서의 생장 속도를 측정한 결과이다.

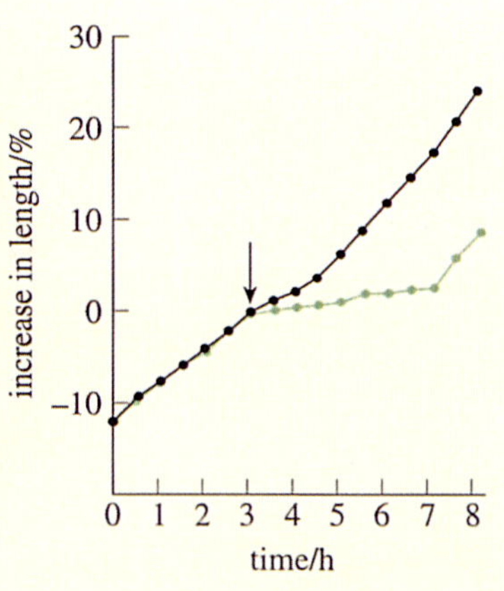

그림 5.26

편향광 자극을 받기 전과 받은 후(화살표로 표시)에 귀리 자엽초 양쪽의 생장을 비교한 곡선. 빛을 받은 쪽의 생장은 녹색으로, 그늘진 쪽의 생장은 검은색으로 나타냈다. (길이의 증가는 편향광 조사가 시작되었을 때 측정한 길이의 퍼센트로 나타냈다.)

○ 자극을 받고 난 후에 그늘진 쪽의 생장 속도에 어떤 변화가 일어났는가? 이러한 결과는 콜로드니-벤트설의 예측과 일치하는가?

● 그늘진 쪽의 생장 속도(선의 기울기로 표시)는 자극 전과 실질적으로 동일하다. 콜로드니-벤트설에 의하면 IAA의 농도가 증가하기 때문에 생장 속도가 더 빨라져야 할 것이다.

○ 빛을 받은 쪽의 생장 속도에는 어떤 변화가 일어났는가?

● 빛을 받은 쪽은 거의 즉시 생장이 '중단'되었다가 조금 후에 원래의 생장 속도가 회복되었다.

비슷한 모양의 곡선이 여러 식물의 자엽초와 줄기에 대한 실험에서 얻어졌다. 모든 굴광성 반응과 굴지성 반응은 굴곡 안쪽 지역의 생장 중단이라는 공통의 특징을 나타낸다. 가끔 굴곡 '바깥쪽'의 생장 속도 증가(자극 전의 생장 속도에 비해 10% 증가)가 나타나기도 하지만, 그러나 굴곡 안쪽의 생장 '중단'(자극 전 생장 속도의 90%까지 감소)은 일반적인 특징이다.

○ 그림 5.25에 나타난 반응 시간과 호르몬에 기초한 이론과는 어떤 관계가 있는가?

● 곡선에 의하면 편향광에 대한 반응은 거의 즉시 나타난다. 이 시간 동안에 IAA의 생산과 재분포는 불가능할 것이다.

○ 그림 5.27은 편향광을 받은 자엽초의 지역에 따른 생장 속도를 나타낸다. 이 자료는 호르몬 재분포설을 지지하는가?

● 아니다. 호르몬 재분포설에 의하면 재분포가 이루어짐에 따라 꼭대기 지역에서 아래쪽 지역으로의 차등 생장이 일어나야 할 것이다. 각 지역이 동시에 편향광에 반응한다는 사실은 이러한 이론과 배치된다. 자엽초나 줄기의 길이를 따라 모든 지역이 동시에 반응하는 것은 자극이 생장 세포에 직접 영향을 준다는 것을 강력히 암시하고 있다.

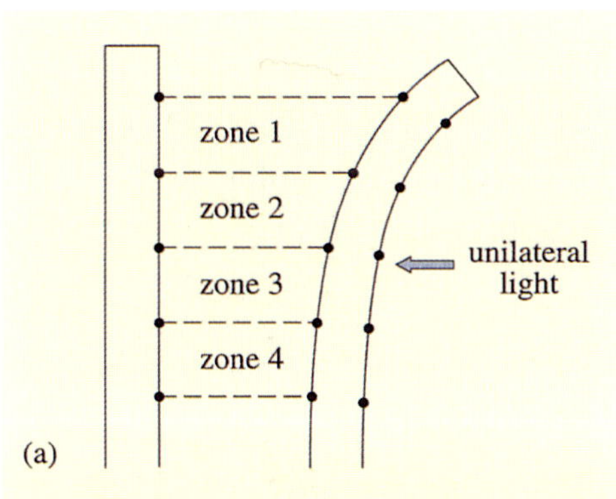

그림 5.27

자엽초의 여러 지역에서 굴곡을 측정한 실험. (a) 자엽초에 편향광을 조사하기 전에 플라스틱 구슬을 일정 간격으로 붙여 양쪽을 네 지역으로 나누었다. (b) 실험의 결과.

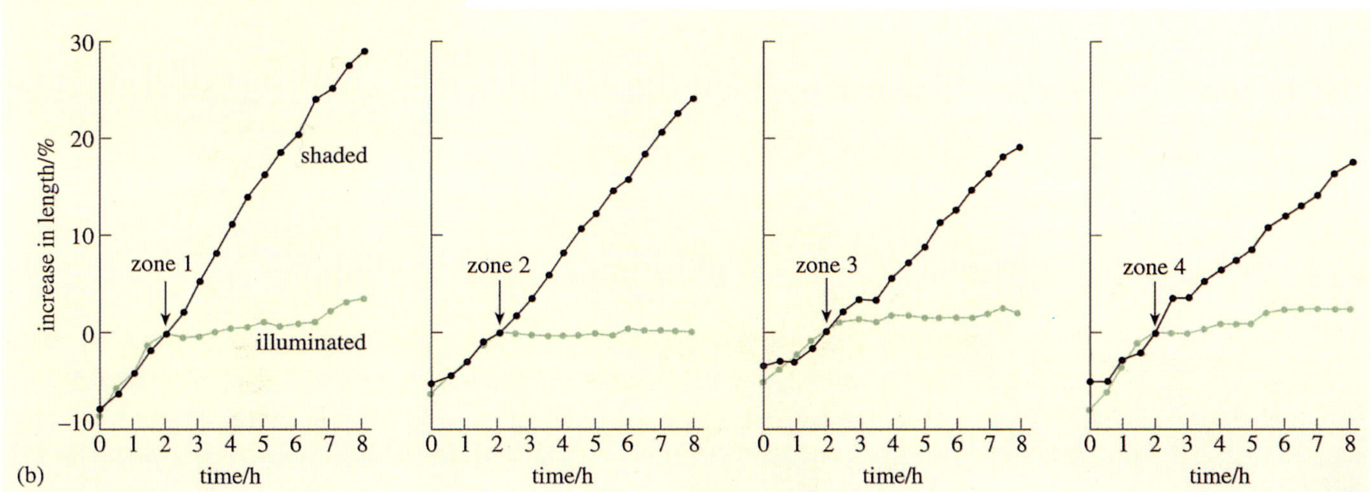

그림 5.25의 실험을 나중에 반복하였다. 생물검정법을 이용하여 빛을 받은 쪽과 그늘진 쪽의 IAA 활성을 측정하고, 이번엔 이들 결과를 직접적인 화학적 분석(박층크로마토그래피, thin-layer chromatography, 실험이 수행될 당시에는 없던 방법임) 결과와 비교하였다. 생물검정법은 원래의 결과를 확인하였다. 즉 빛을 받은 쪽의 IAA **활성**(activity)이 그늘진 쪽의 약 38% 정도로 나타났다. 그러나 양쪽에 존재하는 **실제 IAA의 양**은 같았다.

이러한 발견은 생장대의 IAA 농도가 횡적으로 차이가 없는 데도 불구하고 비대칭적 생장이 일어나기 때문에 원래의 콜로드니-벤트설에 심각한 문제를 야기한다.

○ 수용부 한천 조각의 실제 농도가 변하지 않는데도 불구하고 빛을 받은 쪽과 그늘진 쪽의 IAA 활성이 어떻게 서로 다를 수 있는가?

● IAA 활성을 감소시키는 억제물질이 빛을 받은 쪽과 그늘진 쪽에 불균등하게 분포할 수 있을 것이다.

억제물질이 존재하고 불균등하게 분포한다는 일부 증거가 있으나 화학적 특성은 아직 알려져 있지 않다. 한편으로는 IAA와 억제물질을 포함하는 생장조절물질이 굴성의 굴곡과 전혀 관계가 없을 수도 있다. 이 경우의 선택은 콜로드니-벤트설을 모두 포기하거나 새로운 증거에 맞게 이를 변형시키는 노력을 하는 것이다. 각 선택을 더 살펴보기 전에 어떻게 초기 실험에 관한 원래 해석이 우리(그리고 당시에는 모든 사람들)로 하여금 잘못된 결론에 도달하게 하였는지를 고려해보자.

첫째 이유는 일부 실험(experiment)은 실제로 관찰(observation)이었으며 적절한 **대조구**(control)가 결여되어 있었다는 것이다. 예를 들어 실험 4(그림 5.22)에 대한 다른 해석은 선단부가 없는 생장대의 절단된 표면에서 수분의 증산이 더 많이 일어나, 자엽초가 차등적으로 수축하고 그 결과 굴곡이 생성될 수 있다는 것이다.

○ 실험 4에 대한 적절한 대조구를 제시하시오.

● 절단된 자엽초에 운모와 같이 구멍이 없는 조각을 올려놓고, 이러한 자엽초의 굴곡과 선단부를 가진 실험구와 비교해야 한다. 굴곡이 증산에 의한 것이라면 양쪽이 같은 각도의 굴곡을 나타낼 것이다.

초기 실험에 의해 잘못된 결론을 내리게 된 다른 이유는 초기 관찰을 설명하기 위하여 고안된 이론의 바탕이 된 가정들 때문이다.

○ 나중에 알게 된 사실을 바탕으로 실험의 해석에 대한 잘못된 가정 세 가지를 제시하여 보시오.

● **가정 1** : 인지 부위가 반응 부위와 분리되어 있다는 가정이다. 초기 관찰은 이 가정을 지지할 수도 있을 것이다. 그러나 두 부위가 분리되어 있다는 것이 이 이론의 특징이라고 가정하는 대신에 실제로 분리되어 있다는 것을 증명하는 적절한 실험(대조구가 있는)이 수행될 필요가 있다. 다른 가설들에 의하면 빛은 반응 세포들에 직접 영향을 미치며,

선단부와 생장대 사이의 '호르몬' 이동에 기초한 설명을 전혀 필요로 하지 않는다. 초기 관찰에 대해서는 다른 설명이 가능할 것이다. 즉 생장하는 선단부를 절단해 버리면 발달하고 있는 전체 체계가 파괴될 것이다.

가정 2 : 차등 생장에 대하여 더 많은 IAA가 매우 국지적인 방법으로 세포 신장을 촉진한다는 오직 한 가지 해석만이 존재한다는 가정이다. 그러나 차등 생장은 한쪽의 생장 억제, 한쪽의 억제와 다른 쪽의 촉진, 양쪽의 차등 억제, 양쪽의 차등 촉진, 또는 이 모든 메커니즘의 조합 중 어느 것에 의해서도 가능하다. 그러므로 초기 연구자들은 다른 이론도 가능한데 자신의 이론이 유일한 해석인 것으로 가정하였다.

가정 3 : 호르몬과 같은 화학물질에 의해 '원인과 결과'가 매개되었다고 하는, 즉 IAA의 재분포가 신장의 원인이라고 하는 가정이다. 실제로 여기에서는 반응의 시간이 결정적이다. 최근 일부 연구자들은 반응 조직에서 측정 가능한 IAA 농도 변화는 반응이 시작된 다음에야 일어난다고 주장한다. 이러한 인과 관계의 가정은 호르몬 양의 증가가 표적 기관에 특정한 영향을 준다는 동물 호르몬과 정보 전달 방법에서 알려진 사실에 기초를 두고 있다.

여기에 이 이론과 관련한 기본적인 문제가 있다. 즉 동물 호르몬과 같은 특성에 기초하여 해석이 이루어진 것이다. 그러나 세포가 호르몬과 같은 화학물질의 농도 변화에 반응한다는 생각과는 다른 해석들이 있다.

일부 연구자들은 생장조절물질의 농도가 종종 일부 동물 호르몬처럼 급격하게 변하지 않는다는 사실로부터 생장조절물질의 작용 메커니즘이 동물 호르몬과는 기본적으로 다르다고 주장하게 되었다. 표적 조직들이 호르몬 농도 변화에 대하여 '동물과 같은' 방식으로 반응하는 것이 아니라, 상당히 일정한 생장조절물질의 양에 대한 조직 **감수성**(sensitivity)을 변화시킨다고 하는 것이다. 많은 실험에서 인위적으로 높은 농도의 생장조절물질이 첨가될 필요가 있었다는 사실은 식물의 체계가 내부 생장조절물질 농도의 작은 변화에는 반응하지 않도록 조정되어 있다는 것을 암시한다.

생장조절물질에 대한 세포의 감수성은 몇 가지 방법으로 변할 수 있는데 이중 일부를 5.3절에서 논의하였다. 우선 원형질막이나 세포 내의 수용체 부위로 수송되는 생장조절물질의 양이 변할 수 있을 것이다. 다음으로는 동물세포의 수용체에 의한 조절과 매우 비슷한 방식으로, 생장조절물질의 양은 변화가 없으나 수용체의 수가 증가하거나 감소하여 세포의 수용 능력이 변화할 수 있을 것이다. 셋째 가능성은 생장조절물질이 수용체에 결합하고 난 다음의 현상들이 변할 수 있을 것이다. 즉 세포는 발달 과정에 따라 다른 수용능력을 가지고 있을 수 있는 것이다. 이러한 가능성들을 그림 5.28에 요약하였다.

반응능력(response capacity)의 개념으로 여러 종류의 세포들이 같은 생장조절물질에 대하여 나타내는 다양한 종류의 반응을 설명할 수 있다. 서로 다른 세포들은 특정 생장조절물질과 결합할 수 있는 수용체가 서로 다르고, 각각의 경우에 생장조절물질과 수용체의 복합체가 형성됨으로써 세포 내에서 일련의 다른 현상들이 촉진되어 다른 반응이 일어날 수 있을 것이다(그림 5.28c).

이제 콜로드니-벤트설에 대하여 상충하는 증거들과 관련하여 고려되었던 두 가지 선택, 즉 완전히 포기하거나 또는 변형시키는 문제로 돌아가 보자. 실제로 각 전략을 지지하는 학자들이 있다.

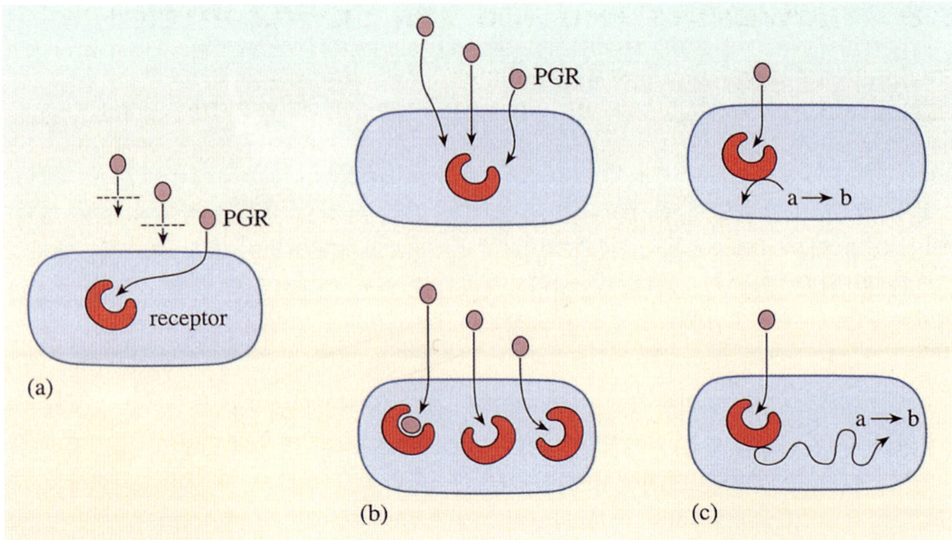

그림 5.28

생장조절물질에 대한 세포 감수성이 변할 수 있는 세 가지 방법. (a) 수용체 부위로 수송되는 생장조절물질의 양 차이. (b) 수용체의 수 차이. (c) 결합 후의 효과 차이.

○ 콜로드니-벤트설을 어떻게 변형하면 여전히 굴광성을 해석할 수 있겠는가?

● IAA의 불균등 분포가 불균등 생장 속도를 초래한다고 하는 대신에 IAA의 농도는 변함이 없으나 양쪽의 세포들이 이미 존재하는 IAA에 대하여 차등적 **감수성**을 나타낸다고 제안할 수 있을 것이다.

다른 선택은 콜로드니-벤트설을 포기하고 세포에 대한 빛의 직접적 영향을 제안하는 것이다. 즉 편향광이 세포에 미치는 직접적인 결과로서 신장이 억제된다는 이론이다. 이에 대한 의견 일치는 아직 없으나, 예를 들어 수용체가 결핍되거나 또는 IAA 등 생장조절물질의 생산이 결핍된 돌연변이체를 사용하면 가장 효율적인 진전이 있을 것이다. 굴지성에서는 이러한 연구 결과가 IAA의 역할을 분명히 보여주고 있으나(5.4.1절) 역할의 성격은 아직 불분명하다.

5.5절의 요약

1. 자엽초에 대한 초기 실험들은 굴광성에 의한 굴곡이 선단부에서 생산된 생장조절물질(IAA)이 편향광을 받은 생장대 세포들 사이에 불균등하게 분포하고 그 결과 불균등한 세포 신장과 굴곡이 일어난다고 제안하였다. 이러한 생각은 콜로드니-벤트설로 요약된다.

2. 이후의 실험들은 콜로드니-벤트설과 일치하지 않고, 대신에 그늘진 쪽의 생장이 촉진되는 것이 아니라 빛을 받은 쪽의 생장이 억제되며, 생물검정법에서 자엽초의 IAA 활성 차이는 있었을지 모르나 IAA 농도는 횡적으로 변화가 없다는 것을 보여주었다.

3. 초기 실험에 대한 잘못된 해석은 부적절한 대조구의 사용과 옳지 않은 가정들 때문에 발생하였다. 콜로드니-벤트설의 상태는 아직 해결되지 않았으나 돌연변이체의 사용으로 큰 진전이 있을 것으로 여겨진다.

5.6 개화와 꽃의 발달

식물이 겪는 중요한 변화 중의 하나는 영양상태(vegetative state)에서 개화상태(flowering state)로 전환되는 것이다. 개화는 어떤 식물에서는 일 년 중 특정 시기에 국한되어 일어나고, 어떤 식물에서는 오랜 시간에 걸쳐 일어난다. 생식발달(reproductive development)의 조정으로 인해 이계교배(outbreeding)가 촉진될 뿐만 아니라 개화시기와 수분매개자인 곤충의 활동 시간이 일치하게 된다. 개화시기에 깊은 영향을 미치는 것으로 밝혀진 두 가지 환경 자극은 **온도**와 **일장**(day length) 즉 낮의 길이이다. 온도는 식물이 생식기(reproductive phase)에 진입하는 능력에 영향을 주며, 일부 식물은 꽃이 발달하기 위하여 일정 기간 동안의 저온 상태(5℃ 또는 그 이하에서 수 주 동안)를 반드시 필요로 한다. 그러한 식물을 **춘화처리(vernalization)**가 필요하다고 하고, 겨울보리와 겨울밀이 이 부류에 속한다. 흥미롭게도 저온처리는 꽃기관(floral organ)의 발달을 직접 유도하는 것이 아니고, 어떤 방식으로 발달 프로그램에 영구적인 영향을 주어 여러 달 후에 꽃이 피도록 한다.

5.6.1 광주기성

많은 종류의 식물에서 개화시기를 조절하는 결정적 신호는 일장이다. 개화가 시작되기 위하여 특정한 일장을 필요로 하는 식물을 **광주기성(photoperiodic)** 이라고 한다. 광주기성 식물은 개화가 일어나기 위하여 최대 시간 이하의 일광(daylight)을 필요로 하는 **단일식물**(short-day plant, SDP)과 최소 시간 이상의 일광을 필요로 하는 **장일식물**(long-day plant, LDP)로 구분되며, 기준이 되는 낮의 길이를 임계일장(critical day length)이라고 한다(그림 5.29).

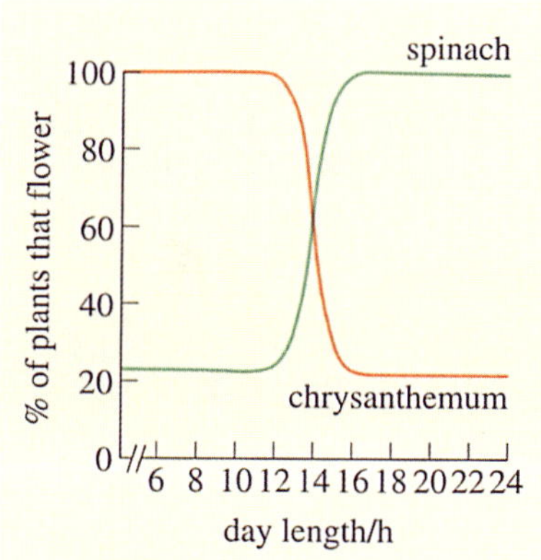

그림 5.29

국화와 시금치에서 낮의 길이와 개화의 관계.

○ 그림 5.29에서 어느 것이 단일식물이고, 어느 것이 장일식물인가?

● 국화는 일장이 약 14시간 이하일 때 개화가 일어나므로 단일식물이다. 시금치는 일장이 약 14시간 이상일 때 개화하므로 장일식물이다.

어떤 식물이 단일 조건이나 장일 조건을 절대적으로 필요로 하면 **절대적**(obligate) 광주기성 식물이라고 한다. 그러나 유도 조건에 의해 단지 개화가 촉진되는 경우에는 **조건적**(facultative) 광주기성 식물이라고 한다.

○ 식물과 동물 모두에 있어 일장의 어떤 특징 때문에 생식 조정을 위한 귀중한 자극이 되는가?

● 일장은 기후 조건에 따라 매일 달라지는 변이의 영향을 받지 않고 일 년 중 특정 시기를 가리키는 명백한 신호이다. 또한 낮의 길이를 다음 날과 비교함으로써 낮이 길어지고 있는지(봄) 또는 짧아지고 있는지(가을)를 결정하는 것이 가능하다.

광주기의 명기와 암기 중 어느 것이 더 중요한가?

비록 광주기성 식물을 기술할 때 사용하는 용어(단일식물, 장일식물)는 명기의 지속 시간에 중점을 두고 있지만, 개화에 중요한 요인은 암기의 길이라고 생각되었다. 광주기(photoperiod)의 어느 구성 요소가 개화에 중요한가를 결정하기 위하여, 대두(*Glycine max*)를 이용하여 고정된 시간의 명기 후에 다른 길이의 암기를 주는 조절된 환경 조건 하에서의 실험이 수행되었다. 대두는 단일식물로서, 실험에 사용한 명기는 4시간과 16시간, 암기는 각각 20시간과 8시간이었다.

○ 4시간과 16시간 중 어느 일장이 개화를 촉진하겠는가?

● 대두는 단일식물이므로 4시간 일장 조건에서 개화할 것이다. 16시간은 개화를 유도하기 위한 임계일장 이상일 것으로 예상된다. 실제로 4시간의 일장은 개화를 촉진하지만 조사 시간이 짧기 때문에 광합성이 제한되고 따라서 반응도 제한된다.

광주기의 명기의 시간을 고정시키고 밤의 길이를 변화시킴으로써 암기가 개화에 중요한 영향을 주는지를 결정할 수 있다(그림 5.30). 암기가 10시간 이하의 광주기가 식물체에 주어졌을 때 개화는 일어나지 않았다. 그러나 암기가 10시간 이상 되자 개화가 유도되었고, 16시간의 명기 후 16시간 암기가 이어지는 광주기에 반응하여 최적 상태에 도달하였다. 이러한 관찰은 암기의 길이가 광주기의 중요한 구성 요소라는 것을 보여주기는 하지만, 암기가 20시간 이상으로 길어졌을 때는 개화가 감소하였다. 명기와 암기의 길이 모두 중요한 것으로 밝혀지고, 따라서 단일식물과 장일식물이라는 명칭은 계속 유지된다.

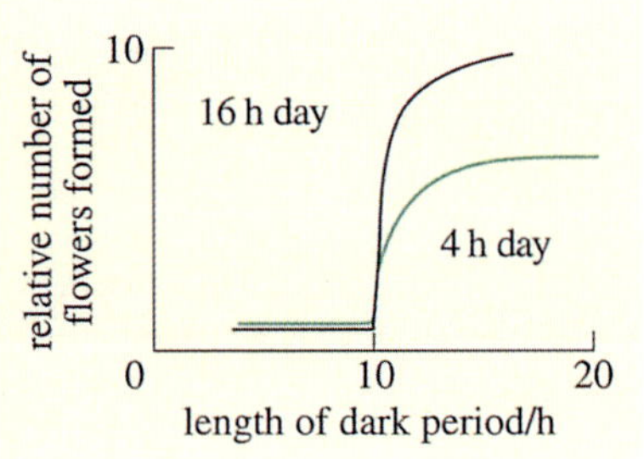

그림 5.30

16시간과 4시간의 일정 기간 명기에 암기 길이를 변화시킨 대두의 꽃 형성.

암기가 연속적이어야 하는가?

위의 실험에서 대두와 같은 단일식물의 개화에는 10시간 이상의 암기를 포함하는 광주기가 필요하다는 것을 알았다. 이제 의문점은 암기가 연속적이어야 하는가에 관한 것이다. 짧은 섬광으로 암기를 방해함으로써(광중단, night break) 이러한 처리의 영향은 자극의 시기에 따라 달라진다는 것이 밝혀졌다. 암기의 한 중간에 빛을 주었을 때 영향이 가장 커서, 이 시기에는 수 분 동안의 자극을 주어도 개화가 완전히 억제되었다(그림 5.31의 붉은 곡선). 흥미롭게도 장일식물을 단일 조건에서 생장시켰을 때 광중단에 의해 개화가 유도될 수 있었다.

○ 그림 5.31의 어떤 증거가 위의 마지막 기술을 지지하는가?

● 푸른색 곡선(단일 조건에서 기른 장일식물)은 암기 방해가 개화를 유도할 수 있으며, 암기의 한 중간에서 최적의 유도를 나타냈다는 것을 보여준다.

이후의 실험에서 암기 방해가 단일식물의 개화를 억제하는 데 있어서 가장 효과적인 파장은 적색광(660 nm)이고, 적색광의 영향은 원적색광(720 nm)에 의해 회복되는 것으로 밝혀졌다.

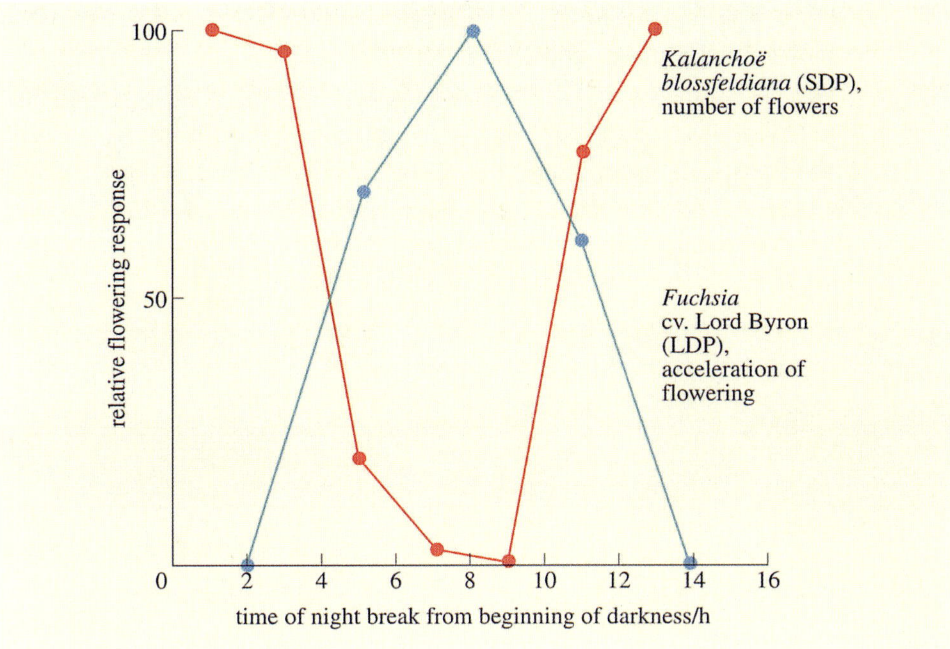

그림 5.31

암기 중 다른 시간의 광중단이 단일 조건에서 생장한 단일식물과 장일식물의 개화에 미치는 영향(꽃의 수 또는 개화 촉진으로 측정).

○ 적색광과 원적색광에 의한 이러한 가역성으로 보아 일장을 인지하는 색소가 무엇으로 생각되는가?

● 피토크롬의 분석적 특징은 적색광/원적색광에 의한 가역성이다(5.4.2절). 그러므로 피토크롬이 일장에 대한 단일식물과 장일식물의 반응을 조절하는 데 관여하는 색소라고 여겨진다.

5.6.2 피토크롬은 어떻게 시간 측정에 관여하는가?

광중단 실험 결과와 피토크롬의 관련성 입증으로부터 어떻게 식물이 정확하게 일장을 측정할 수 있는지에 대한 가설을 만들 수 있다. 일광은 원적색광보다 적색광을 더 많이 포함하고 있으며 그 결과 피토크롬의 평형은 P_{fr} 형성으로 기울게 된다(그림 5.17 참조). 밤에는 피토크롬의 **암전환(dark reversion)**에 의해 P_{fr} 함량이 줄어들고 P_r이 증가한다(그림 5.32). 밤의 개화 유도 효과가 적색 섬광에 의해 방해될 수 있으므로, 단일식물의 개화 발달에 P_{fr}이 억제 작용을 하는 것으로 결론지을 수 있을 것이다.

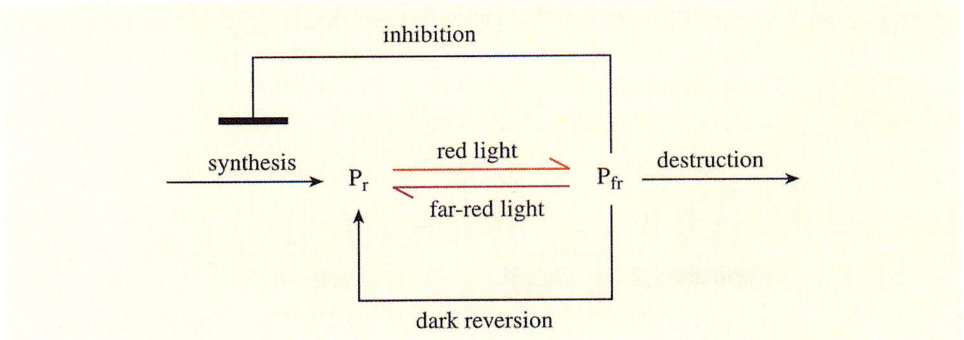

그림 5.32

피토크롬의 전환, 합성 및 분해. P_r 합성에 적색광이 필요하며 이는 P_{fr}에 의해 억제된다. 밤에 P_r로의 암전환과 분해에 의해 P_{fr}의 양이 감소한다.

이러한 관찰을 근거로 개화의 여부를 지시하는 것은 P_{fr}의 양이라는 가설을 세울 수 있다. 이러한 **모래시계설(hour-glass model)**에 따르면 명기 말미에 P_{fr}의 양이 많아서 개화가 억제된다. 밤에 P_{fr}의 양이 감소하고(모래시계의 모래처럼) 한계량 이하가 되면(즉 모래가 다 떨어지면) 개화는 더 이상 억제되지 않는다. P_{fr}이 한계량 이하로 감소하는 데 걸리는 시간을 **임계야장(critical night length)**이라고 하고, 대두에서는 임계야장이 10시간 이상일 것이다. 그림 5.33은 임계야장이 12시간인 식물에 대한 모래시계설을 설명한다.

○ 모래시계설에 따르면 그림 5.33의 어느 경우에 개화가 일어나는가?

● 어느 경우에도 개화가 일어나지 않을 것이다. (a)는 낮의 길이가 임계일장(critical day length)에 도달해 있지 않고, (b)의 경우 필수적인 암기가 너무 짧거나 (c)는 암기가 방해되어 P_{fr}이 임계치 이하로 감소하지 않았다.

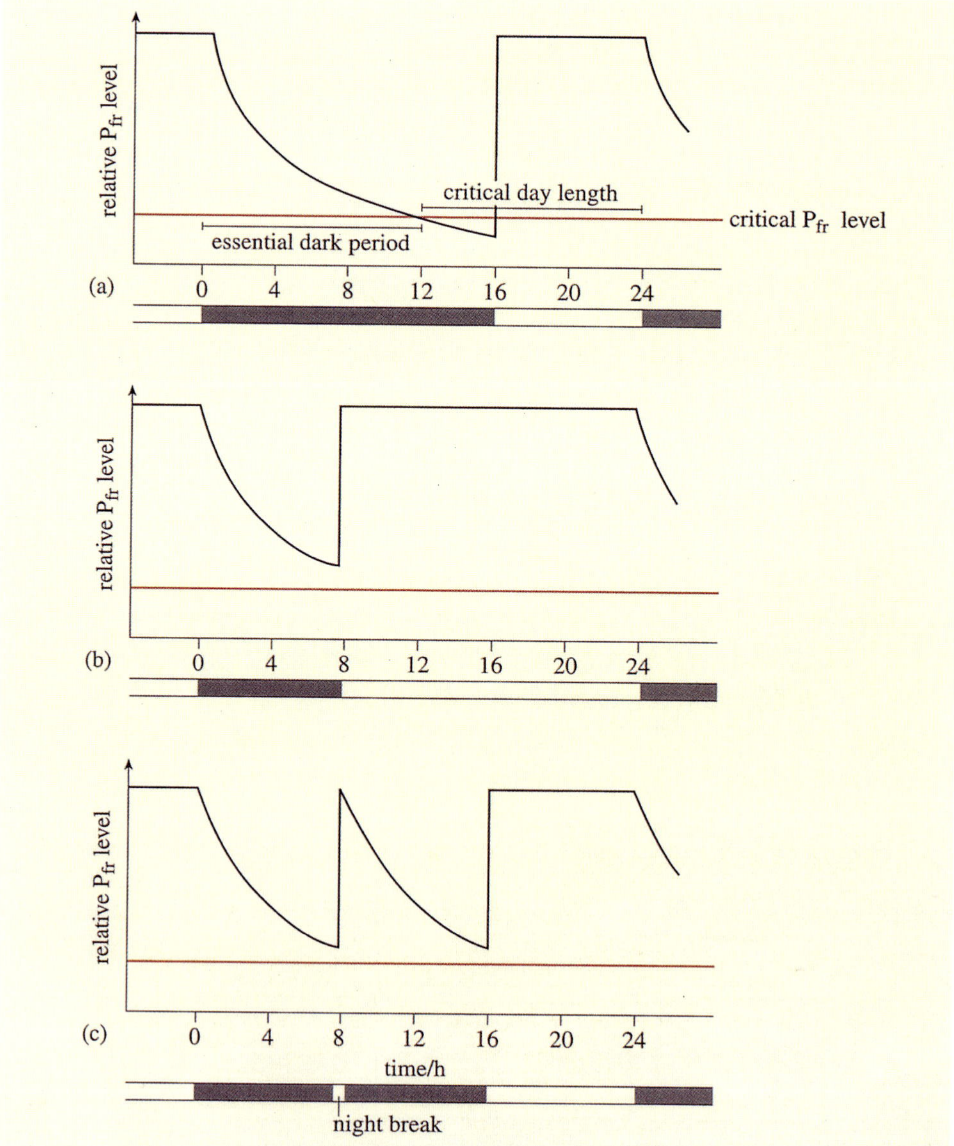

그림 5.33

임계일장이 12시간(24시간 주기에서 12시간 암기)인 단일식물의 P_{fr} 예상치 변화. (a) 16시간 암기와 8시간 명기. (b) 8시간 암기와 16시간 명기. (c) (a)와 같으나 암기 한 중간에 5 분 동안의 광중단. 이 실험에서 필수적 암기(essential dark period)는 임계야장과 같다.

○ 모래시계설을 어떻게 입증할 수 있는가?

● 한 가지 방법은 원적색광에 노출시키는 것이다. 이러한 처리는 P_{fr}의 양을 한계치 이하로 감소시켜 밤이 길지 않아도 개화를 유도할 것으로 예상된다. 불행하게도 그러한 효과는 관찰되지 않으며 따라서 모래시계설을 수정할 필요가 있다.

P_{fr}의 양은 단지 개화 기구의 한 구성요소에 불과한 것이 분명하며, 다른 구성요소는 **내생시계**(endogenous clock)라고 여겨진다. 그러므로 P_{fr}은 시간을 일러주기 위한 시계와 같이 사용되는 종소리의 일부라고 생각할 수 있으며, 내인성주기(endogenous rhythm)가 이 시계를 작동하도록 유지하는 메커니즘이고 이러한 가설을 **생체시계설**(clock hypothesis)이라고 한다.

5.6.3 개화와 내인성주기

식물체 내부의 시계와 관련된 변화를 **내인성주기**(endogenous rhythm)라고 하고, 이는 식물의 생활주기에 있어서 중요한 역할을 한다. 밤에 잎이 쳐지는 것(수면운동)과 같은 주기는 길이가 약 24시간으로서 이를 **일주기**(circadian rhythm)라고 한다(*circa dies*는 '약 하루'라는 뜻). 비록 빛과 같은 자극이 24시간 전후로 주기를 조정하는 작용을 하지만, 일주기는 외부 신호가 없이도 유지된다. 대두의 임계암기를 조사하기 위한 실험을 3일 이상 계속하면 개화가 일주기와 연관되어 있다는 것이 분명해진다(그림 5.34). 주기의 일부에서는 암기가 개화를 억제하고(24시간과 50시간, 즉 주기의 길이가 32시간과 58시간) 다른 부분에서는 강하게 개화를 촉진한다(16시간과 40시간, 즉 주기의 길이가 24시간과 48시간). 이와 같은 관찰은 P_{fr}의 양 및 주기 중에 P_{fr}의 양이 자연적으로 적은 시간 모두가 개화에 결정적일 수 있음을 암시하며, 이는 생체시계설을 지지하는 것이다.

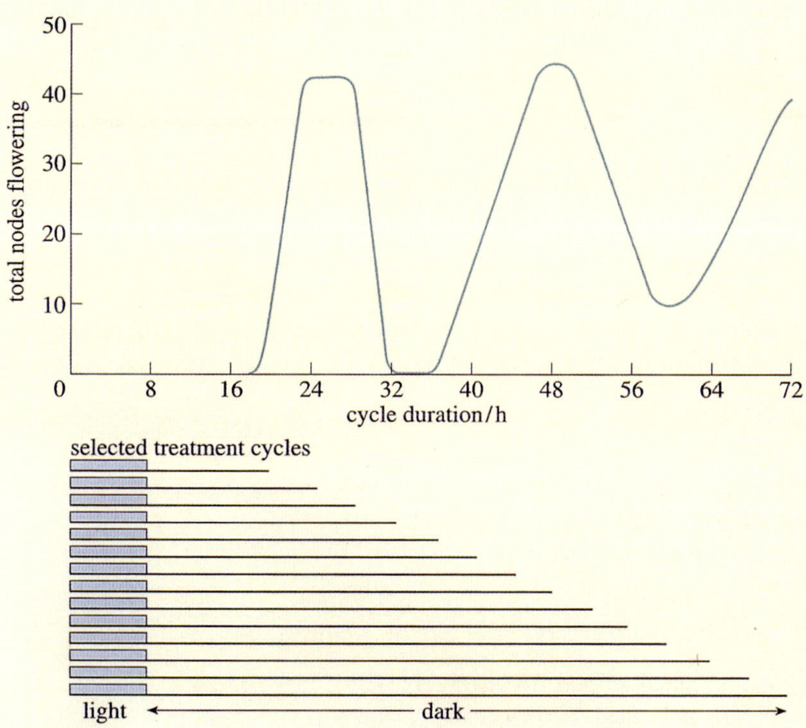

그림 5.34

대두(단일식물)의 개화와 일주기. 8시간의 명기와 서로 다른 시간의 암기로 구성된 처리 주기에 식물을 노출시켰다. 주기 전체 시간에 대해서 개화가 일어난 마디의 수를 표시하였다.

5.6.4 개화 자극이 인지되는 부위는 어디인가?

우리는 앞에서 일장이 광주기성 식물의 개화에 결정적인 요인이며, 개화를 매개하는 색소가 피토크롬이라는 것을 알았다. 남아 있는 중요한 문제는 일장 신호의 인지 부위이다. 이 문제의 답을 위한 고전적인 실험은 국화를 재료로 수행되었다. 국화는 단일식물이며, 화훼작물로서의 원예학적 중요성 때문에 실험 조작을 위한 유용한 재료로 사용된다. 줄기가 하나인 국화의 잎을 위쪽에서 1/3을 제거하고 나머지 2/3는 빛이 투과되지 않는 용기로 둘러싸면, 식물체의 윗부분과 아랫부분을 서로 대조적인 광주기에 노출시킬 수 있다(그림 5.35).

○ (i) 식물체 전체를 장일조건 또는 단일조건에 노출시키면 어떤 현상이 일어나는가? (ii) 어느 부위가 광주기 신호를 인지하는가?

● (i) 국화는 단일식물이기 때문에 장일조건에서는 영양 단계에 남아있고(a), 단일조건에서는 개화가 시작된다(b). (ii) 잎을 단일조건에 노출시켰을 때 개화가 일어나지만(c), 장일조건에서는 개화가 일어나지 않기 때문에(d) 신호 인지 부위는 잎이다.

그림 5.35

국화의 잎과 줄기 정단부의 개화 유도 처리 효과.

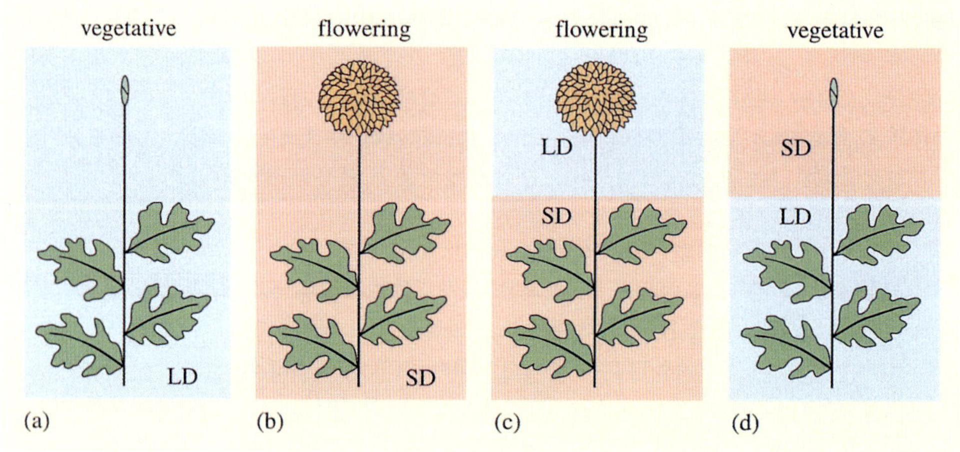

호밀(*Secale cereale*, 장일식물)과 도꼬마리(*Xanthium strumarium*, 단일식물)는 단지 하나의 잎을 처리하여도 개화가 유도된다. 더구나 대부분의 식물은 개화 발달의 정도가 유도 주기의 횟수에 따라 결정되지만, 도꼬마리의 경우는 식물체 전체를 한 번의 단일조건에 노출시켜도 개화가 유도된다.

5.6.5 전달 가능한 개화 자극에 대한 증거

광주기 자극을 인지하는 부위는 잎이지만, 꽃은 보통 줄기의 정단부에서 발달한다. 이와 같은 관찰은 개화 신호가 잎으로부터 줄기 정단부로 전달되어야 하며, 여기에서 영양단계로부터 생식단계로의 전환을 유발한다는 것을 암시한다. 이러한 주장을 지지하는 또 다른 실험적 증거는 비유도 조건 하에 유지된 식물체에 유도된 잎 한 개를 접목하면 개화가 촉진된다는 사실이다. 이러한 개화 유도 물질을 **화성소**(florigen)라고 명명하였다. 도꼬마리가 광주기 자극에 특별히 민감한 것으로 생각되어 접목 실험이 많이 수행되었지만, 장일식물도 비슷한 결과가 나타난다. 일반적으로 성공적인 접목은 같은 종끼리만 이루어질 수 있으나, 장일식물인 큰꿩의비름(*Sedum spectabile*)을 단일식물인 칼랑코에(*Kalanchoë blossfeldiana*)에 접목할 수 있는 것으로 밝혀졌다. 이러한 혼합 식물을 단일조건 하에 유지하였을 때의 개화 양상을 그림 5.36에 나타냈다.

그림 5.36
장일식물(큰꿩의비름)과 단일식물(칼랑코에)의 일부분을 접목하여 단일 처리한 실험의 결과.

○ 두 종이 모두 꽃이 발달한 결과를 어떻게 설명할 수 있는가?

● 칼랑코에는 단일식물로서 단일조건 하에 유지되면 화성소가 생산되어 개화가 일어난다. 이 자극이 접목 부위를 통해 이동하여 큰꿩의비름의 개화를 유도한다.

이 실험의 또 다른 결론은 개화 자극인 화성소가 단일식물과 장일식물에서 같은 방식으로 작용한다는 점이다. 접목 실험에서 공여자의 잎과 수용자 식물체 사이의 접촉 시간이 관다발의 연결이 이루어질 만큼 충분히 길어야 성공적이기 때문에, 화성소는 잎으로부터 체관부를 통하여 정단부로 운반되는 것으로 보인다. 더구나 유도된 잎의 위쪽에 있는 줄기를 증기환상박피 방법으로 체관부 조직을 죽이면(3장) 유도 광주기 하에서도 개화가 일어나지 않는다.

화성소가 이동하는 조직을 알고 있으므로, 유도 광주기 전후의 체관액(phloem sap) 내용물로부터 이를 분리하는 것이 가능할 것이다. 많은 학자들이 화성소를 분리하여 특징을 밝히고자 노력하고 있다. 하지만 아직 아무도 개화 '호르몬'의 예상에 맞는 특징을 가지는 화합물의 분리에 성공하지 못하였고, 이미 알려진 식물생장조절물질을 이용하여 개화를 촉진하려는 노력도 모두 실패하였다. 이에 대한 한 가지 설명은 화성소가 두 가지 이상 화합물의 혼합이거나 또는 개화 촉진제와 억제제 사이의 균형이라는 것이다. 실제로 어떤 식물은 다른 생장조절물질이 개화를 촉진할 수 있다. 예를 들어 파인애플(*Ananas comosus*)은 에틸렌이 개화를 유도하며, GA는 일부 로제트형 장일식물의 개화와 추태(bolting)를 유도할 수 있다.

개화 억제제의 존재에 대한 증거

유도된 잎을 유도되지 않은 식물체에 접목하였을 때 개화가 촉진되지만, 접목 부위 위쪽의 다른 잎들을 모두 제거하면 그 효과가 더욱 뚜렷하다. 이러한 관찰에 대한 가장 그럴듯한 설명은 다른 잎들이 개화 자극을 방해하여 정단부로의 이동에 영향을 주거나 작용을 억제한다는 것이다. 개화 유도에 있어서 촉진제나 억제제의 상대적 중요성은 해결해야 할 문제이다.

최근의 연구

애기장대 연구에 의하면 잎에서 발현되는 *FLOWERING LOCUS T(FT)* 유전자가 일장에 의하여 활성화되면, *FT* 유전자의 mRNA가 줄기 정단부로 이동하고 전사인자 FD와 작용하여 개화 조절 기구의 활성화를 유도한다. 이 연구에 따르면 *FT* mRNA가 화성소의 중요한 요소라고 할 수 있다(사이언스, 2005).

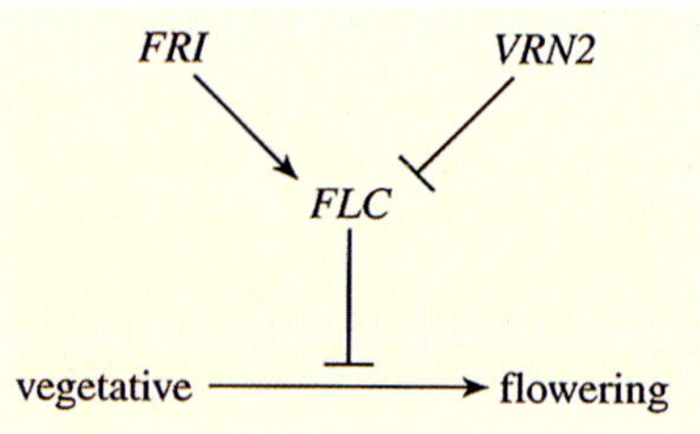

그림 5.37

애기장대의 개화에 영향을 미치는 세 유전자 사이의 상호작용을 나타낸 모식도.

5.6.6 개화 조절 유전자의 확인

위에서 기술한 전략들을 이용한 개화 조절물질 연구의 성과는 제한적이었다. 최근에 연구자들은 애기장대에 초점을 맞추어 변형된 개화 특징을 나타내는 돌연변이체를 찾기 위한 노력을 하고 있다. *FRIGIDA(FRI)* 라고 하는 우성 유전자는 일부 생태형에서 늦은 개화를 유도하며, 춘화처리 반응을 조절하는 데 중요한 작용을 하는 것으로 밝혀졌다. 다른 유전자인 *FLOWERING LOCUS C(FLC)*도 개화를 지연시키며, 저온에 대한 유도 반응을 매개하는 *VERNALIZATION2(VRN2)* 유전자가 분리되었다. 이들 돌연변이체를 연구함으로써 *FRI*는 개화 억제제로 여겨지는 *FLC* 유전자 산물의 합성을 촉진하고, *VRN2*는 이를 억제하는 것으로 밝혀졌다(그림 5.37).

개화와 같은 과정의 조절은 여러 영향이 균형을 이룬 결과로 보이며, 점점 더 많은 수의 개화 관련 유전자가 확인되면서 화성소나 항화성소(antiflorigen)와 같은 자극의 특징이 밝혀질 수 있을 것이다.

5.6.7 꽃기관의 형성

개화의 유도는 유성생식 과정의 첫 단계일 뿐이다. 둘째 단계는 정단부가 영양상태로부터 개화상태로 전환되는 것이다. 꽃기관은 네 개의 동심원 고리 즉 화륜(whorl)을 이루며 형성되는데(그림 5.38a), 각 화륜의 발달은 **호메오유전자(homeotic gene)**들의 특정한 시간적, 공간적 발현의 결과이다. 호메오유전자는 기관의 정체성(identity)을 결정하는 단백질을 암호화하며, 이 과정은 동물의 초기 배에서 나타나는 체절설계도(body plan)의 작성과 유사하다.

애기장대와 금어초(*Antirrhinum*)에서 심피(carpel)의 자리에 꽃잎(petal)이 분화하는 것과 같은 비정상적인 꽃의 발달을 나타내는 돌연변이체 연구를 통하여, 꽃기관 형성(floral patterning)을 설명하는 메커니즘의 고안이 가능하였다. 이 가설을 **ABC설(ABC model)**이라고 하는데, 이에 따르면 식물에는 세 종류의 호메오유전자가 있으며 이들 유전자의 발현이 조합되는 방식에 의해 꽃기관의 정체성이 결정된다. A형 유전자는 화륜 1과 2에서 작용하고, B형은 화륜 2와 3에서, 그리고 C형은 화륜 3과 4에서 작용한다. 예를 들어 화륜 1에서는 A형 유전자가 발현되어 꽃받침(sepal)이 형성되고, 화륜 2에서는 A형과 B형이 함께 발현되어 꽃잎이 형성되며, 화륜 3에서는 B형과 C형이 같이 작용한 결과 수술(stamen)이 발달하고, 화륜 4에서는 C형의 작용으로 심피(암술)가 발달한다(그림 5.38 아래). 한편 A형의 작용은 화륜 1과 2에서 C형 유전자의 작용을 억제하며, C형 유전자의 작용은 반대로 화륜 3과 4에서 A형 유전자를 억제한다.

ABC가설은 여러 가지 호메오돌연변이체(homeotic mutant)의 표현형(phenotype)을 예측할 수 있게 해준다.

○ B형 돌연변이체의 꽃은 어떤 형태일까?

● 화륜 2에서 꽃잎 대신 꽃받침이 발달하며, 화륜 3에서는 수술 대신 심피가 발달할 것이다.

이것이 바로 애기장대 *apetala3* 돌연변이체의 표현형이다(그림 5.39c).

○ A형 돌연변이체의 꽃은 어떤 형태일까?

● A형은 화륜 1과 2에서 C형의 작용을 억제하기 때문에, 화륜 1에서는 꽃받침 대신 심피가 발달하고(C의 작용만 효과가 있음), 화륜 2에서는 꽃잎 대신에 수술이 발달할 것이다(즉 B와 C가 함께 작용)(그림 5.39b).

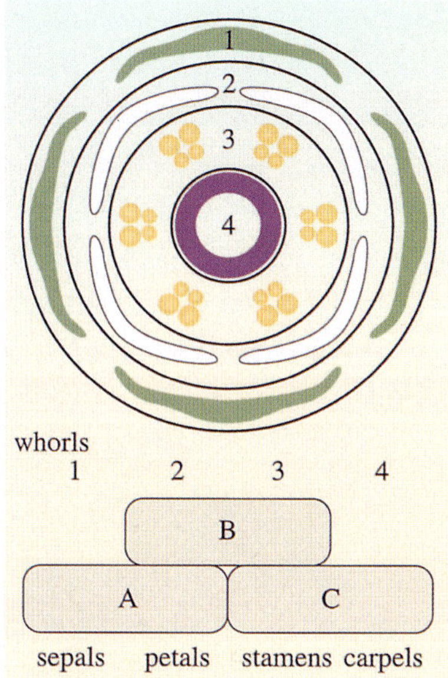

그림 5.38

(위) 애기장대 꽃기관의 4개 화륜. 1, 꽃받침. 2, 꽃잎. 3, 수술. 4, 심피(암술). (아래) ABC설을 간단히 소개한 그림. 각 화륜에서 A형, B형, C형 호메오유전자들의 중복 작용에 의해 꽃기관이 정해진다는 것을 보여준다.

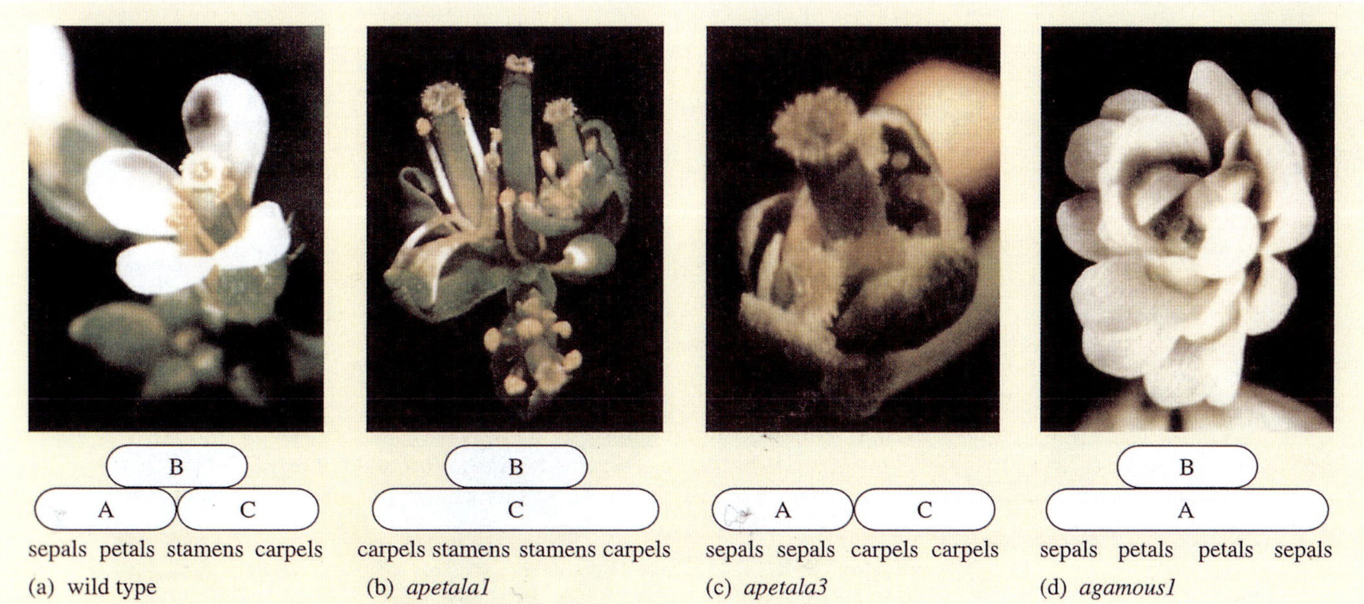

그림 5.39

애기장대의 꽃 호메오돌연변이체에서 관찰되는 꽃의 표현형. (a) 야생형. (b) A형 돌연변이체 *apetala1*. (c) B형 돌연변이체 *apetala3*. (d) C형 돌연변이체 *agamous1*. 각 사진 아래에 ABC설에 따른 설명이 있다.

지금까지 여러 종류의 꽃 호메오유전자가 분리되어 클로닝되었다. 이들 유전자는 모두 **MADS상자(MADS box)**라고 하는 특징적인 55~60개의 아미노산 서열을 포함하는 전사인자(다른 유전자의 발현을 조절하는 단백질)를 암호화하는 것으로 밝혀졌는데, MADS 상자는 DNA 결합 영역을 포함한다.

그러나 이후의 연구에 의하면 ABC설은 너무 단순화되어 있으며, 꽃기관의 형성에 다른 유전자들이 필요한 것으로 밝혀졌다. 비록 A, B, C형 유전자의 기능이 모두 결핍된 돌연변이체 식물은 모든 꽃기관이 잎으로 전환되었지만(즉 꽃의 형성에 ABC 유전자가 **필요함**), 식물의 모든 부분에서 A, B, C 유전자가 발현되는 형질전환식물체에서 잎이 꽃기관으로 되는 역변형은 일어나지 않았다(즉 꽃의 형성에 ABC 유전자만으로는 **충분하지 않음**). 새로이 밝혀진 유전자들을 E형이라고 하며(D형 유전자는 배주 형성에만 관여) 그 단백질 산물은 A, B, C 유전자들과 상호작용한다. 이러한 ABCE설을 그림 5.40a에 나타냈다.

○ ABCE설에 따라서 네 가지 형태의 꽃기관 형성에 필요한 유전자들은 무엇인가?

● 꽃받침, A; 꽃잎, A+B+E; 수술, B+C+E: 심피, C+E.

○ E 유전자의 기능이 결핍된 돌연변이 식물체에서 어떤 현상을 관찰할 수 있을 것으로 예상하는가?

● 모든 꽃기관이 꽃받침 형태를 가질 것이다(왜냐하면 꽃받침만이 E 유전자의 발현을 필요로 **하지 않으므로**).

A, B, C, E 유전자들의 단백질 산물이 상호작용하는 방식을 연구한 결과 이들은 네 개씩 연합하여 작용하는 것으로 생각되며, 이들이 유전자와 결합하는 모식도를 그림 5.40b에 나타냈다. 자세한 내용은 그림 설명에 기술하였다. 네 유전자형의 산물이 4합체(tetramer)로 연합되어 꽃기관 형성에 관여하므로 이 가설을 **4중체설(quartet model)**이라고 한다. 애기장대 유전체(genome)에는 100개에 가까운 MADS상자 유전자가 존재하는 것으로 보이며, 이들 중 많은 수는 꽃의 발달 이외에도 식물 기관의 분화에 있어서 중요한 역할을 하는 것으로 생각된다.

그림 5.40

(a) 네 종류의 MADS상자 유전자 산물 사이의 상호작용에 의해 꽃기관이 형성되는 것을 나타내는 ABCE설 또는 4중체설. (b) 아직 완성되지 않은 4중체설의 자세한 설명. 단백질이 네 개씩 연합된 4중체가 전사인자로 작용하여, 구성에 따라 다른 유전자의 촉진유전자 부위에 결합한다. DNA가 굽어지며 가깝게 놓이게 된 같은 DNA 가닥의 두 부위에서 결합이 이루어진다. 4중체의 정확한 구조와 조성은 아직 확실하지 않으며, 특히 꽃받침을 결정하는 물음표 구성요소의 특성은 알려져 있지 않다.

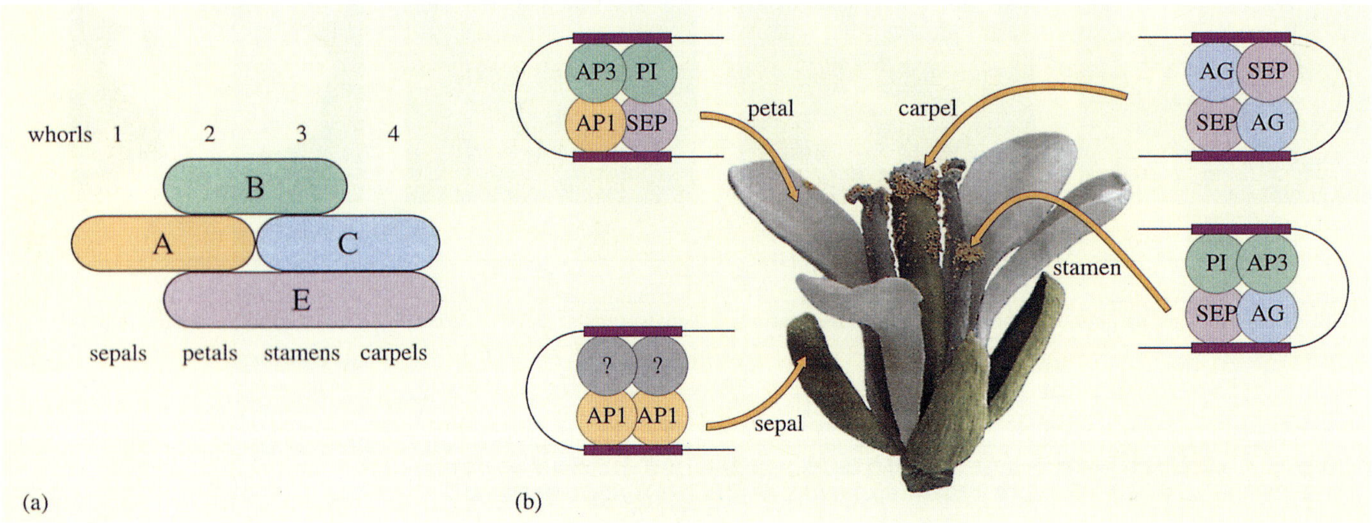

결론

최근 연구에서 꽃의 발달 과정은 연속된 두 단계로 이루어지는 것으로 밝혀졌다. 첫째 단계는 영양단계에서 생식단계로의 전환으로서, 온도나 광주기와 같은 자극에 의하여 조절받는 것으로 보인다. 둘째 단계는 개별적인 꽃의 시작과 특정한 꽃기관 형성이다. 현대 유전학의 방법을 이용하여 이들 두 단계에 관여하는 주요 유전자들이 확인되었으며, 미래의 도전 과제는 이들 유전자들의 발현 조절 메커니즘과 암호화된 단백질들의 상호작용 방식을 규명하는 것이다.

5.6절의 요약

1. 일 년 중 식물이 영양상태로부터 개화상태로 전환하는 시기는 보통 온도와 일장에 의해 결정된다.

2. 광주기성 식물은 일장과 야장의 변화에 반응한다. 두 자극 모두 중요하며 이들 변화를 감지하는 색소는 피토크롬이다.

3. 피토크롬은 P_r과 P_{fr}의 두 가지 형태로 존재한다. 적색광이나 일광에서 균형은 P_{fr}로 이동하고, 밤에는 조절된 속도로 이 과정이 역전환된다. 결정적 역할을 하는 것은 P_{fr}의 양이다. 개화는 P_{fr}의 양이 많을 때 억제된다.

4. 모래시계설에 의하면 개화가 유도되기 위해서는 P_{fr}의 양이 밤에 일정치 이하로 떨어져야 한다. 그러나 이 가설만으로는 일부 관찰들을 설명할 수 없다. 여기에는 내인성 24시간 주기(일주기)도 관여한다. P_{fr}의 양과 주기 중 P_{fr}의 양이 자연적으로 적은 시각이 개화에 결정적으로 중요하다.

5. 일장의 인지는 잎에서 이루어지고, 화성소라고 불리는 개화유도 물질이 체관부를 통하여 줄기 정단부로 이동한다. 화성소는 아직 분리되지 않았다. 돌연변이체의 증거에 의하면 개화 억제제도 존재하기 때문에 화성소는 한 가지 물질이 아닐 수도 있다. 따라서 개화는 이들 영향 사이의 균형이 자연적인 식물 주기와 맞물려 일어난다고 할 수 있다.

6. 꽃기관의 형성은 일단의 호메오유전자가 함께 작용하여 나타나는 결과이다. 세 종류의 유전자가 관여하는 초기의 ABC설은 ABCE설 또는 4중체설로 대체되었다. 꽃을 구성하는 4개의 동심원 화륜이 발달하는 과정에서, 이들 유전자의 발현이 변화하여 나타나는 결과를 예상할 수 있다. 이와 비슷한 조정 체계가 동물의 체절설계도 작성을 조절하는 과정에 작용한다.

5.7 과실의 성숙, 탈리 및 노화

마지막으로 식물체 또는 특정 기관의 생명 현상 끝 단계에서 일어나는 발달의 변화를 고려해보기로 한다. 이 모든 변화들은 계획에 의해, 그리고 유전적 조절을 받으며 일어나고, 종종 농업적, 원예학적으로 상당한 중요성을 가지고 있다.

5.7.1 과실의 성숙

과실의 성숙(fruit ripening)은 많은 종류의 현화식물에 있어서 매우 중요한 단계이다. 과실이 생장할 때의 중요한 역할은 발달하고 있는 종자에 영양을 공급하고 보호하는 것이다. 그러나 일단 종자가 성숙해지면 과실의 기능은 급격히 변하여, 종자의 산포를 최대화하는 것이 주요 목적이 된다(1장). 이 목적을 위하여 육질과(fleshy fruit)는 종자가 방출될 수 있도록 세포벽의 응집력이 감소되어야 한다. 더구나 동물에 의해 산포되는 과실의 경우 잠재적 종자 운반자들을 유혹하여 과실을 먹고 섭취된 종자를 식물 모체에서 얼마 떨어진 장소로 운반하도록 하여야 한다. 일부 종자의 발아는 동물의 내장을 통과하면서 용이해진다. 과실은 종종 색을 변화시키거나 식욕을 돋우는 냄새와 맛을 생산함으로써 잠재적 소비자에게 더 매력적이 된다. 그러한 변화는 인간이 먹는 작물의 열매에서 크게 나타난다. 그러나 일부 육질과는 성숙해도 녹색으로 남아있다(예를 들어 사과와 배 종류 중 일부, 참외, 열대성 망고 등).

○ 동물에 의해 산포되는 일부 육질과가 녹색으로 남아있는 이유를 제시하여 보시오.

● 동물 운반자가 녹색을 보지 못하거나, 종자를 산포시키지 않고 파괴하여 버리는 원치 않는 동물에게는 녹색이 똑같이 또는 더 매력적일 수 있다.

중요한 점은 색의 변화가 자연 선택 또는 인위 선택에 의하여 발생하는 유전적 특징이라는 것이다. 물론 민들레나 단풍처럼 바람이나 중력 등에 의해, 그리고 스위트피(*Lathyrus odoratus*)와 루핀(*Lupinus albus*)처럼 종종 이러한 방법이 과격한 방출(사출 산포)과 혼합되어 종자가 산포되는 육질과도 많이 있다.

5.7.2 과실 성숙 과정 중의 변화

과실은 성숙 기간에 겪는 변화에 따라 두 종류로 구분될 수 있다. **전환기과실(climacteric fruit)**은 성숙 과정이 진행되는 동안 호흡량이 크게 증가하며, 토마토, 바나나, 아보카도 등이 여기에 속한다. **비전환기과실(non-climacteric fruit)**은 호흡량 증가를 보이지 않으며, 많은 종류의 감귤류, 딸기, 포도 등이 이에 속한다. 전환기과실은 호흡량이 증가하는 이외에도 성숙하기 시작할 때 **에틸렌** 생산이 증가한다. 에틸렌은 중요한 생장조절물질이며, 미성숙 전환기과실에 처리하면(비전환기과실은 해당 없음) 과실의 성숙이 촉진된다. 이 효과는 과실을 익히는 가장 쉬운 방법은 상자 안에 이미 익은 과실을 넣어 두는 것이라는 속담을 설명한다.

○ 녹색 토마토가 들어있는 주머니에 익은 오렌지를 넣으면 토마토의 성숙이 촉진되겠는가?

● 아니다. 오렌지는 감귤류에 속하며, 따라서 비전환기과실은 에틸렌 생산이 증가하지 않는다. 토마토는 에틸렌 함량이 증가해야 그 영향에 의해 더 빠른 속도로 성숙한다. 주머니에 오렌지 대신 바나나를 넣으면 에틸렌이 많이 방출되어 토마토가 빨리 익을 것이다.

성숙은 결국 과실의 분해(구조의 파괴)로 이어지는 현상이므로, 초기에는 성숙 과정이 세포의 가수분해를 정점으로 하는 일련의 조절되지 않은 현상의 결과라고 제안되었다. 하지만 성숙에 수반하는 생화학적, 생리적 변화들을 연구한 결과, 고도의 조정을 거치는 일련의 현상의 결과라는 것이 분명해졌다. 이 가설을 지지하는 다른 증거는 성숙 속도가 줄어든 돌연변이체의 분리에서 얻어진다. 예를 들어 토마토의 돌연변이체 과실인 *Never ripe(Nr)*는 물러지지도 않고 적황색 카로티노이드 색소인 **리코펜(lycopene)**도 합성하지 않는 반면에, 다른 돌연변이체인 *ripening inhibitor(rin)*는 성숙의 징후 없이 1 년 이상 녹황색으로 남을 수 있다. 이들 돌연변이체는 각각 하나의 유전자 기능이 결핍되어 성숙 능력이 감소되어 있다. *RIN* 유전자 산물의 정체는 아직 확인되지 않았으나, *NR* 유전자는 에틸렌 수용체를 암호화하며 돌연변이 유전자형을 가진 식물체는 에틸렌에 반응하지 못한다. 이러한 관찰은 에틸렌이 전환기과실의 성숙 과정에 중심적 역할을 한다는 것을 다시 확인하여 주는 결과이다.

성숙은 몇 가지 현상으로 나누어질 수 있다. 첫째는 엽록소 생산 및 안정화에 필수적인 단백질을 암호화하며 과실 성숙에 결정적 역할을 하는 유전자들의 **하향조절(downregulation)**이다. 또 다른 변화들은 상향조절되는 유전자와 관련이 있는데, 이들이 암호화하는 단백질은 세포벽 분해, 색소 생합성, 그리고 삼투적으로 비활성인 탄수화물(예를 들어 녹말)의 당 전환, 유기산 생산, 휘발성 분자 생산, 전환기과실의 경우에 에틸렌 생합성과 관련된 효소들의 생산에 관여한다.

5.7.3 토마토의 성숙 : 사례 연구

토마토의 성숙에 관하여 많은 연구가 수행되었다.

○ 토마토를 실험 과실로 사용하는 실질적 이득은 무엇인가?

● 토마토는 온실에서 재배할 수 있다. 한 생육기간 내에 재배하여 과실을 얻을 수 있으며, 과실이 상업적 관심의 대상이다.

또한 토마토 식물체의 형질전환 방법이 확립되어 있어, 유전자 조작을 통하여 특정 의문점을 해결할 수 있다. 토마토는 수분(pollination) 후 약 2 주 만에 과실 내 세포분열이 중지되며, 3~4 주 동안의 세포 팽창이 이어진 다음 과실이 최대 크기에 달하게 된다. 그러므로 세포분열이 더 이상 일어나지 않는 조직을 이용하여 성숙 과정을 연구할 수 있다. 성숙이 진행되는 동안 일련의 생화학적, 생리적 변화가 일어난다(표 5.2).

이들 변화의 중심에 있는 것은 에틸렌 생산의 증가로서, 이는 에틸렌 생합성의 조절 역할을 하는 유전자들의 발현이 증가한 결과이다. 은이온(에틸렌 수용체와 상호작용함)이나 위의 *Nr*처럼 돌연변이에 의해 에틸렌의 작용이 억제되면 토마토의 성숙이 억제된다. 또한 에틸렌 생산이 억제되면 성숙 속도가 감소하는데, 안티센스(antisense) 방법을 이용하여 이와 같은 형질전환 식물체가 만들어졌다.

표 5.2 토마토 과실의 성숙 기간 중 주요 생화학적, 생리적 변화

에틸렌 생합성의 증가
유전자 발현의 변화
호흡의 증가(전환기)
틸라코이드막과 광합성 효소의 손실
엽록소 분해
색소, 특히 리코펜의 합성
유기산 대사의 변화
다당류 가수분해효소, 특히 폴리갈락투로나아제의 활성 증가
세포벽의 폴리우로나이드(polyuronides)의 분해
연화
병원체 침입에 대한 감수성 증가

에틸렌이 결핍된 식물체의 과실은 천천히 성숙된다. 그러나 에틸렌에 노출시키면 성숙이 촉진될 수 있다.

○ 과실 성숙을 조절할 수 있는 능력은 농부와 소비자에게 어떤 이득을 주는가?

● 운반 과정에서 감염에 의해 부패하거나 손실되는 것을 감소시키며, 가게에 도달할 때에 과실이 좋은 조건에 있도록 보장해준다. 특히 더운 지방에서는 수확된 과실의 50% 이상이 운반 도중에 손실될 수 있다.

토마토의 연화(softening)는 과실의 인접 세포들 사이에 있는 **중간박막층(middle lamella**, 1차 세포벽의 바깥 부분)이 분해되어 나타나는 결과이다. 중간박막층은 세포들을 서로 붙잡는 역할을 하므로, 이를 제거하는 것은 담의 벽돌 사이에 있는 모르타르를 제거하는 것과 마찬가지다. 중간박막층은 주로 **펙틴(pectin**, 갈락투론산의 중합체)으로 구성되어 있으며, 이를 분해하는 효소는 **폴리갈락투로나아제(polygalacturonase**, PG)이다. 녹색 토마토에는 PG가 거의 포함되어 있지 않지만, 과실이 황색에서 적색으로 변하면서 PG의 활성이 급격히 증가한다. 이러한 활성 증가는 PG mRNA의 축적이 증가한 결과이며 PG 유전자의 전사가 에틸렌에 의해 촉진됨이 밝혀졌다. 안티센스 RNA 전략을 사용하여(역자 주 :최근에는 RNAi 방법을 많이 사용) PG mRNA의 번역을 억제한 결과 PG가 거의 검출되지 않는 형질전환체를 생산하였다(그림 5.41). 형질전환체의 성숙한 과실에서 약간의 연화가 나타났고, 이는 PG 이외에 세포벽을 분해하는 다른 가수분해효소들이 있음을 암시한다. PG 활성이 감소한 형질전환 토마토의 과실은 펙틴 분해가 감소한 결과 과실 당 포함된 비수용성 고용물이 증가하였다. 이 방법에 의해 유전적으로 변형된(genetically modified, GM) 과실로 만든 토마토 수프가 1997년 영국에서 처음 판매된 형질전환 식품이다.

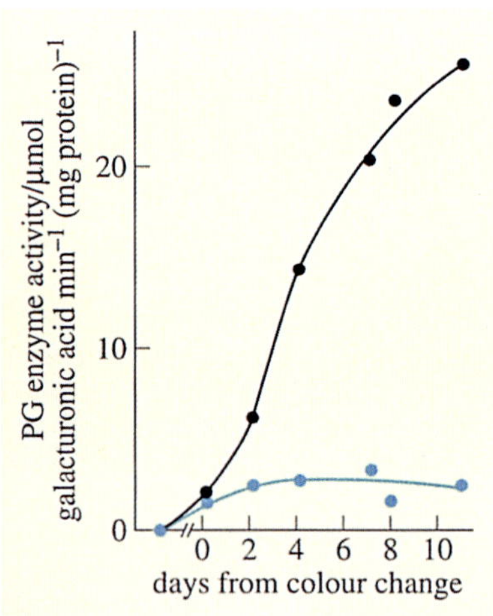

그림 5.41

대조구 토마토(검은색)와 폴리갈락투로나아제(PG)를 암호화하는 유전자의 안티센스 mRNA를 생산하는 토마토(청색)의 PG 활성. 성숙 과정 중 색소의 생산은 두 경우에 비슷하였다.

5.7.4 탈리

탈리(abscission)는 식물의 일부가 분리되는 과정이다. 식물의 일생 동안 잎, 꽃, 꽃기관, 과실 등을 포함하는 많은 기관들이 분리된다. 탈리는 중간박막층이 분해된다는 점에서 과실의 성숙과 비슷하나, 탈리는 **탈리대**(abscission zone)라고 불리는 특정한 부위에서 발생한다(그림 5.42). 또한 전환기과실의 성숙과 마찬가지로 기관의 분리시기를 결정하는 데 있어서 에틸렌이 중요한 역할을 하는 것으로 생각된다. 탈리와 연관된 중요한 효소 두 가지는 **섬유소분해효소**(cellulase)와 폴리갈락투로나아제(PG)이다. 섬유소분해효소는 세포벽의 β-1,4 글루칸(β-1,4 glucan)을 분해하며, PG는 펙틴이 풍부한 중간박막층을 공격하는 것으로 생각된다. 효소 활성의 증가는 이들 가수분해효소를 암호화하는 유전자들의 전사 속도가 증가한 결과이며, 발현은 탈리대를 구성하는 세포에 특정적으로 제한되어 있다. 세포벽 분해 효소 이외에도 보호 작용을 하는 펩티드나 병원관련성(pathogenesis-related) 펩티드의 현저한 축적이 관찰된다.

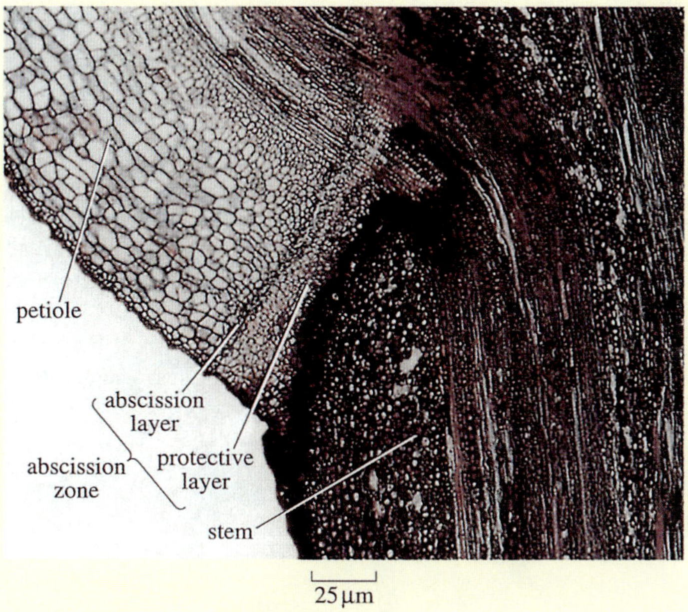

그림 5.42

엽병 기저부의 탈리대 절단면.

○ 탈리 부위에서 병원관련 단백질이 더 많이 발견되는 이유는?

● 병원관련 단백질이 축적되면, 일단 탈리가 일어나 분리된 표면이 노출되고 난 후에 병원성 균류나 세균의 침입으로부터 식물을 보호하는데 도움을 줄 것이다.

5.7.5 노화

노화(senescence)란 결국 죽음으로 이어지는 과정을 말하며, 식물에서 일어나는 노화 과정은 여러 가지가 있다(그림 5.43). 예를 들어 노화는 목질화된 물관부요소(xylem element)의 발달처럼 개개의 세포에서 진행될 수 있고(1장), 잎이나 꽃과 같은 기관 전체에 영향을 줄 수도 있으며, 1년생식물이 한 생육 기간의 생활주기를 마치면서 식물 전체가 죽기도 한다. 비록 이들 과정은 서로 다른 방법으로 조절되지만, 노화는 고도의 조정 하에 세포 구성요소들이 분해되어 일어나는 결과임이 분명하다. 노화가 일어나면 세포 내용물(단백질, 지질, 핵산 등)이 분해되면서 질소, 인, 탄소, 무기염류 등이 노화 세포에서 분비된다. 이들 물질의 많은 부분이 식물의 다른 부분으로 재분배되어 새로운 생장이나 저장에 이용된다.

그림 5.43

현화식물의 노화 현상. 정상적 발달 과정 중에 세포사멸이 일어나는 세포, 기관, 조직들을 나타낸다. 갈색은 예정세포사(세포자살)가 일어나는 것으로 생각되는 지역이다. 통기조직(aerenchyma)은 세포 파괴로 인해 커다란 기포가 발달하는 조직이다.

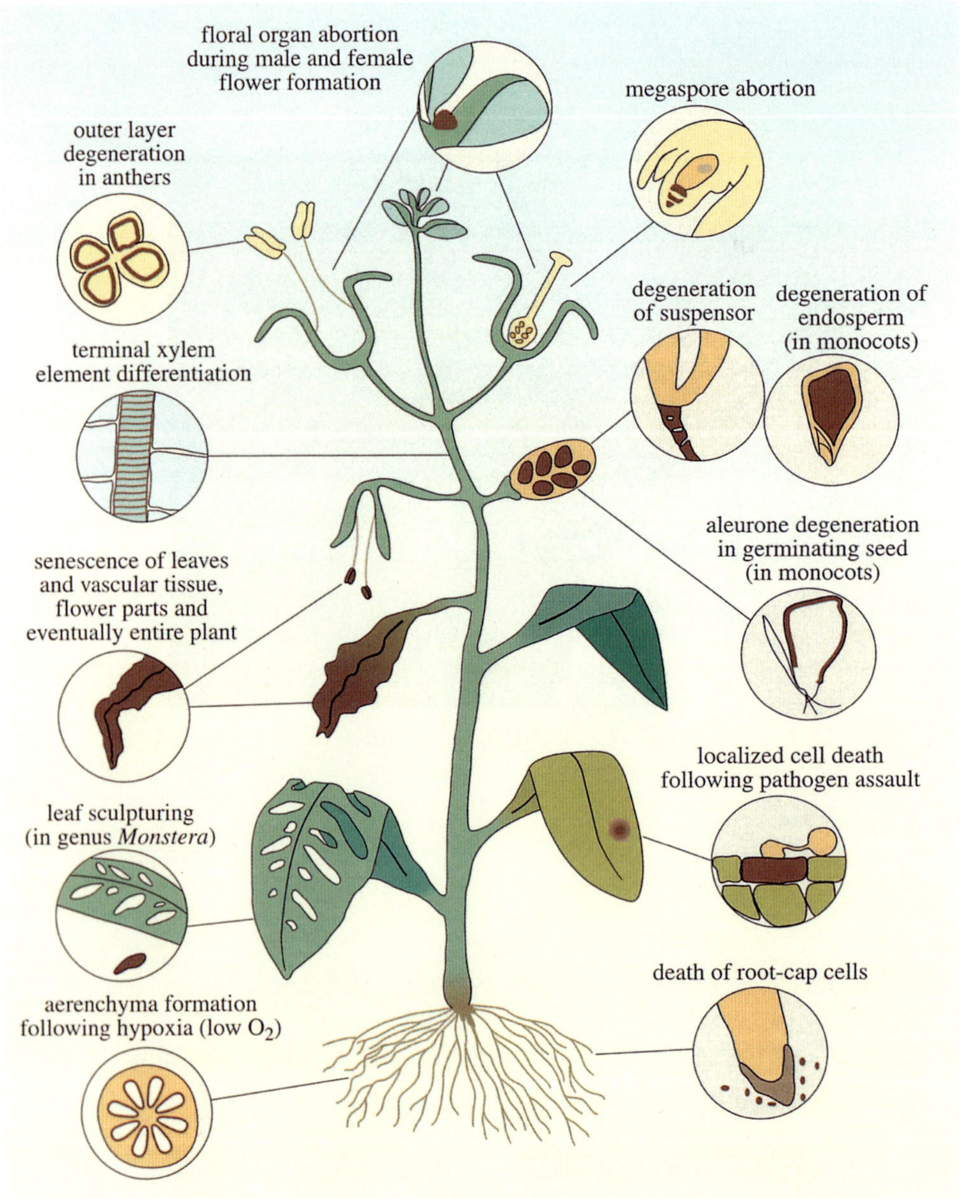

노화의 유도 요인

노화는 여러 종류의 자극에 의해 유도될 수 있다. 일부는 미리 예정된 자극이며, 일부는 환경 신호의 결과로 주어진다. 예를 들어 질소나 인의 부족으로 인한 영양 스트레스에 의해 잎의 노화가 조기에 유도될 수 있다. 오존과 같은 산화성 화학물질이나 UV-B 같은 방사선에 노출되면 국지적 세포사멸(cell death)이 촉진되어 잎과 줄기에 괴사성 반점(necrotic spot)들이 나타난다. 병원체 감염도 노화와 비슷한 증상을 유도할 수 있다(6장). 이 경우의 증상이 감염 부위에서 식물세포의 동화물질을 이용하여 병원체가 생장하여 나타나는 결과인지, 또는 식물이 감염 부위에서 영양분을 회수하며 나타나는 국지적 세포자살(apoptosis)에 의한 식물의 방어 반응인지는 확실치 않다. 일부 병원체는 잎의 노화를 억제하는 생장조절물질인 시토키닌(5.3절)을 생산하여 감염 부위에 녹색반점(green island)을 형성한다. 스트레스에 의해 촉진된 노화와 발달 과정 중에 나타나는 노화 사이의 유사점과 차이점은 아직 완전히 해결되어 있지 않지만, 궁극적으로는 이 과정들이 같은 방법으로 유도되었는지, 그리고 유사한 분자생물학적, 생화학적 현상들이 관여하는지의 여부를 알 수 있게 해줄 것이다.

아스파라거스, 브로콜리, 그리고 상치와 양배추 같은 잎작물처럼 아직 생장하고 있는 동안에 수확되는 식물은 수분과 영양소 공급원으로부터 일단 제거되면 엽록소 손실, 단백질 분해, 세포막 분해 등과 같은 파괴적인 변화를 겪는다.

○ 노화의 조절 과정을 이해하는 것이 농부들이나 소비자에게 어떠한 도움이 될 수 있을 것이라고 생각하는가?

● 노화의 중요한 생화학적, 분자생물학적 현상들을 확인함으로써 노화의 속도를 조절하여 야채의 품질과 저장 수명(shelf life)을 증진시킬 수 있을 것이다.

노화 과정 중의 변화

잎의 노화에서 가장 뚜렷한 징후는 황화현상(yellowing)이며, 엽록소 파괴로 인하여 카로티노이드 색소가 드러나기 때문에 나타난다. 황화현상은 노화의 아주 나중 단계에서 나타나는 것으로 생각되며, 그 전에 광합성이 감소하고 세포에서 가동되는 루비스코(Rubisco, 2장 참조)와 같은 단백질이 파괴된다. 엽록체가 분해되면서 틸라코이드막이 분해되며, 마지막으로 세포의 자가분해(autolysis)가 일어난다. 일련의 노화 촉진 유전자들이 분리되었는데, 이중에는 단백질가수분해효소(protease) 및 아미노산을 가동시켜 체관부 수송 형태로 변환시키는 효소들이 포함되어 있다. 많은 단백질인산화효소(protein kinase)와 전사인자들도 분리되었는데, 이들은 노화의 조정 또는 심지어 노화의 시작에 관여하기도 한다.

일부 형태의 노화에서는 물관의 성숙, 몬스테라(*Monstera deliciosa*) 잎의 구멍 형성, 병의 전파를 제한하는 병원체 감염 부위 주변의 세포사멸 등과 같은 **예정세포사(programmed cell death)** 즉 세포자살의 특징이 나타난다(그림 5.43). 동물세포의 세포자살은 DNA 분해와 막의 변화와 같은 특징적 변화를 포함한다. 물관요소의 발달 중이나 병원체 침입 부위에서 죽는 세포들에서도 비슷한 변화가 일어난다(과민성반응, 6장에서 논의함). 잎과 꽃의 노화는 핵 DNA의 완전성이 유지되어 세포 기구 파괴 과정의 잇따른 단계들이 활성화될 수 있다는 점에서 위와는 약간 다른 것으로 보인다.

잎의 노화 조절에 있어서 식물생장조절물질의 역할

앞에서 에틸렌이 일부 과실의 성숙 과정과 기관 분리에 있어서 중요한 역할을 하는 것을 보았다. 에틸렌 불감성 돌연변이체의 잎 노화는 지연되지만, 일단 노화가 시작되면 야생형 식물체와 같은 속도로 진행된다. 이러한 관찰은 에틸렌이 잎의 노화 시기는 조절하지만 노화 과정 자체를 유발하지는 않는다는 것을 암시한다. 많은 식물의 경우 시토키닌을 처리하면 노화가 지연되는데, 시토키닌은 주로 뿌리에서 합성되며 물관액의 시토키닌 양이 노화가 시작될 때 감소하는 것으로 밝혀졌다. 잎의 노화시기 조절에 대한 시토키닌 역할의 다른 증거는 시토키닌이 과량 생산되는 형질전환체에서 잎의 엽록소 손실이 현저히 지연된다는 것이다.

꽃의 노화

꽃의 노화, 특히 곤충에 의해 수분이 일어나는 충매화의 노화는 식물의 생식생물학에서 중요한 역할을 한다. 개방화(open flower)는 일단 수분이 되면 곤충의 유혹에 대하여 경쟁자로 작용한다. 어떤 꽃은 수분 후에 빠른 속도로 꽃잎이 탈리되고, 어떤 꽃은 시들거나(*Ipomea tricolor*, 고구마 종류) 또는 색소의 양상이 변형된다(*Digitalis purpurea*, 디기탈리스). 카네이션 꽃의 꽃잎은 에틸렌 생산이 크게 증가하면서 팽압을 잃는다. 에틸렌은 꽃잎과 암술에서 생산되며, 에틸렌 생합성을 조절하는 효소들 중 하나를 안티센스 RNA 방법으로 하향조절시켜 에틸렌 생산을 억제하면 꽃병에서 꽃을 보존하는 기간을 현저히 증가시킬 수 있다.

5.7절의 요약

1. 과실의 성숙, 탈리, 노화에는, 주로 유전적 조절 하에서 조정되며 환경 신호에 의해 변형되는 일련의 현상들이 관여한다.

2. 육질과는 에틸렌 생산이 호흡의 대량 증가를 유발하는 전화기과실이거나 또는 그러한 변화가 없는 비전환기과실이다.

3. 토마토는 과실 성숙 연구에 표본으로 사용되어 왔다. *rin*과 *Nr* 같은 돌연변이체 연구에서 과실의 성숙 도중에 일부 유전자들(예를 들어 엽록소 합성에 관여하는 효소)이 하향조절되며 일부 유전자들(예를 들어 에틸렌수용체 유전자)은 상향조절되는 것으로 밝혀졌다.

4. 안티센스 방법을 이용한 형질전환체를 이용하여 연화가 일어나지 않으며 저장 중에 썩지 않는 토마토가 생산되었다. 이러한 식물체는 중간박막층을 분해함으로써 과실 연화를 야기하는 폴리갈락투로나아제(PG) 유전자의 발현이 억제된다.

5. 탈리는 섬유소분해효소와 PG 같은 세포벽 분해효소의 작용으로 인해 탈리대에서 세포벽이 분해되어 일어난다. 에틸렌이 탈리의 유발 물질로 작용하는 것으로 보인다.

6. 노화는 개개의 세포(물관)나 기관(잎과 꽃기관), 그리고 식물체 전체적으로(1년생식물) 일어날 수 있다. 노화는 환경 신호 및 에틸렌과 시토키닌 같은 생장조절물질에 의해 조절되는 발달 과정이거나, 또는 영양분 부족, 오염물질, 병원체 등의 스트레스에 의해 유도되기도 한다.

7. 세포 구성물질의 분해에 관여하는 유전자들이 노화과정 중에 상향조절된다. 물관과 같은 개별 세포의 노화는 DNA가 분해되지 않는다는 점을 제외하고 동물의 예정세포사 즉 세포자살과 유사하다.

결론

5장의 목적은 식물 발달의 특정 시기들을 기술하는 것과 이들이 어떻게 조절되는 지를 논의하는 것이다. 특히 식물과 자신의 생활 주기가 이루어지는 환경 사이의 상호작용에 초점을 두었다. 유전체 분석 및 분자유전학의 응용과 애기장대나 토마토 같은 표본 식물 연구는 식물 생장과 발달의 조절을 이해하는 데 있어서 커다란 영향을 주었다. 우리는 그 결과가 농업과 원예 산업에 획기적인 영향을 줄 수 있는 새로운 녹색혁명의 시대에 진입해 있다.

References

Arabidopsis Genome Initiative (2000) Analysis of the genome sequence of the flowering plant *Arabidopsis thaliana*, *Nature*, **408**, pp. 796–815.

Briggs, W. R., Green, P. B. and Jones, R. L. (1982) Light quality, photoperception and plant strategy, *Annual Review of Plant Physiology*, **33**, pp. 481–518.

Hart, J. W. (1988) *Light and Growth*, Allen and Unwin, p. 178.

Honma, T. and Goto, K. (2001) Complexes of MADS-box proteins are sufficient to convert leaves into floral organs, *Nature*, **409**, pp. 525–529.

Clements M. and Saffrey, J. (2001) Communication between cells, in *The Core of Life, Vol. II*, J. Saffrey (ed.), The Open University, Milton Keynes, pp. 241–304.

Saffrey, J. (2001) Life and death of cells, in *The Core of Life, Vol. II*, J. Saffrey (ed.), The Open University, Milton Keynes, pp. 439–486.

Silva-Fletcher, A. (2001) Control of gene expression, in *The Core of Life, Vol. II*, J. Saffrey (ed.), The Open University, Milton Keynes, pp. 389–438.

Smith C. J. S., Watson, C. F., Ray, J., Bird, C. R., Morris, P. C., Schuch, W. and Grierson, D (1988) Antisense RNA inhibition of polygalacturonase gene expression in transgenic tomatoes, *Nature*, **334**, p.724.

Swithenby, M. (2001) Exploiting microbes: biotechnology, in *Microbes*, H. MacQueen (ed.), The Open University, Milton Keynes, pp. 237–296.

Further Reading

Howell, S. H. (1998) *Molecular Genetics of Plant Development*, Cambridge University Press, Cambridge. [A textbook for advanced undergraduates or graduates. Useful if you want to learn more about plant molecular genetics and available in paperback.]

http://nasc.nott.ac.uk/ (2001). [This website, of the Nottingham *Arabidopsis* Stock Centre, has information on the *Arabidopsis* Genome Programme.]

Taiz, L. and Zeiger, E. (1998) (2nd edn) *Plant Physiology*, Sinauer Associates Inc. [A good general textbook that covers much of the material in this chapter.]

6장 종자식물과 미생물의 상호작용

6.1 서론

식물과 미생물 사이의 상호작용 형태는 여러 가지이지만, 관련된 생물체 각각에 미치는 상호 관계의 영향에 따라 정의할 수 있다. 상호작용은 두 종 모두 이익을 얻는 상호 유익한 관계(+,+)에서부터 두 종 모두 어떤 방식으로든 손해를 보는 상호 유해 관계(−,−)에 이르기까지 다양하다. 그림 6.1은 생물체 사이의 이득균형(balance of advantage)의 관점에서 상호작용을 정리한 것이다.

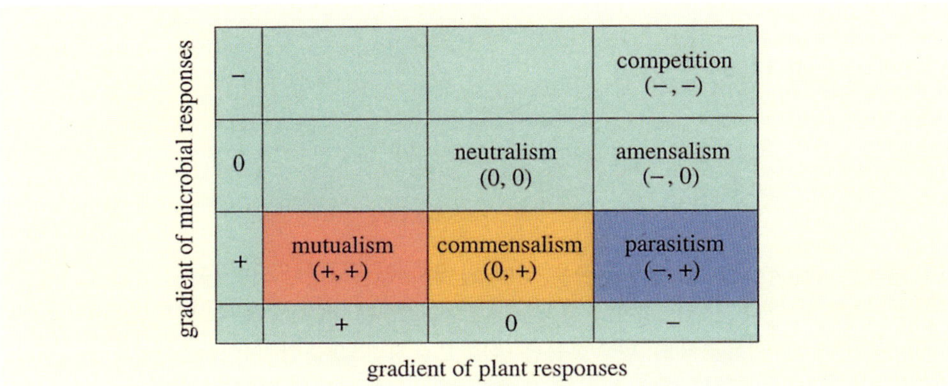

그림 6.1
식물과 미생물 사이에 가능한 상호작용 형태의 범위를 이득균형을 표시하여 나타냈다.

두 종이 모두 혜택을 받는 **상리공생**(mutualism) 이외에도, 생태학적으로 의미 있는 상호작용에는 한 종은 혜택을 받고 다른 종은 영향이 없는 **편리공생**(commensalism, +,+), 한 종은 해를 입고 다른 종은 영향을 받지 않는 **편해작용**(amensalism, −,−), 두 종 모두 해를 입기 때문에 상호 유해한 관계인 **경쟁**(competition), 한 종이 먹이의 공급원이 되고 다른 종이 이를 소비함으로써 영양을 얻을 때 억제가 되는 **기생**(parasitism) 관계(**포식**과 **초식**도 이 부류에 속하지만 식물과 미생물 사이의 관계에서는 적절한 용어가 아니다) 등이 있다.

이 장에서는 나자식물과 피자식물로 이루어진 종자식물(그림 1.3 참조)과 균류, 세균, 그리고 바이러스 같은 미생물 사이의 상호작용이 다루어질 것이다. 특히 그림 6.1에서 셋째 열에 색칠한 부분에 의해 대표되는 상호작용에 초점을 둘 것이다. 세 가지 경우 모두 미생물은 이익을 얻으나, 식물에 미치는 영향은 매우 유익한 관계에서부터 식물이 어떤 방식으로 억제되거나 사멸까지 하는 아주 유해한 관계까지 나타난다. 우리는 이미 4장에서 관련 당사자 모두가 혜택을 받는 균근 및 뿌리혹 연합(association)에 대해서 본 적이 있으며, 노련한 정원사들은 녹병(rust), 노균병(mildew), 감자마름병(potato blight)과 같은 질병이 번성할 때 식물이 입는 손상에 관하여 매우 잘 알고 있다. 이들 상호작용 중 많은 종류는 분명히 경제적으로 막대한 중요성을 가지고 있으며 그 이유만으로도 연구의 가치가 있으나, 현재 연구는 밀접하고 미묘한 관계 자체에 관심이 집중되어 있다.

전부는 아니지만 이들 상호작용 중 많은 종류는 공생(symbiosis) 즉 같이 **살고 있는** 종 사이의 연합으로 분류될 수 있다. 일부 공생관계는 육상식물의 출현 시기로 거슬러 올라가는데, 식물의 분자적 통신 체계가 친구와 적을 구분하고 상호작용을 적절히 조절할 수 있을 정도로 고도로 진화하기에는 너무 이른 시대이다.

우리는 네 가지 기본적 기준에 따라 일어나는 여러 형태의 상호작용에 관하여 배우게 될 것이며, 여러 종류의 사례연구를 접할 것이고, 또한 어떻게 식물이 미생물에 의한 질병으로부터 자신을 보호하며 어떻게 식물이 미생물을 인식하는지에 관하여 배우게 될 것이다. 그리고 6.7절과 6.8절에서는 초기 단계이지만 아직 논의의 여지가 있는 몇 가지 연구 영역, 즉 어떻게 상호관계의 특성이 변화하며, 어떻게 미생물에 의한 식물 사이의 연결이 군집 동역학 전체적으로 영향을 주는지에 관하여 보게 될 것이다.

6.2 상호작용의 네 가지 차원

식물과 미생물 사이의 특정 상호작용은 수천 가지가 되지만, 각 상호작용은 네 가지 차원의 관점에서 기술할 수 있다.

- 이득균형(balance of advantage)은 이미 앞에서 언급하였다. 여기서는 균근과 뿌리혹처럼 양쪽 당사자 모두 상호작용에서 이득을 얻는 상리공생적 연합(mutualistic association)과 식물로부터 탄수화물을 취함으로써 미생물만이 이득을 얻고 숙주식물은 아무 이득을 얻지 못하면서 손상까지 입을 수 있는 **병원성 연합(pathogenic association)**에 관하여 살펴 볼 것이다. 질병을 유발하는 미생물을 **병원체(pathogen)**라고 한다. (병원체는 숙주 조직에서 영양분을 얻는다. 살아있는 조직에서 영양분을 추출하면 **기생생물**이라고도 할 수 있다.)
- 밀접성(intimacy) : 느슨한 비구조성 외부 연합에서부터 미생물이 식물의 세포벽을 침투하여 형성된 매우 밀접하며 고도로 분화된 '2중기관'(미생물과 식물 조직 모두로 구성)에 이르기까지 다양하게 나타난다.
- 특이성(specificity) : 한 미생물이 여러 종류의 식물과 특정 연합을 형성하거나(넓은 **숙주범위, host range**), 또는 한 종류의 식물과만 연합을 형성하기도 하고, 심지어 한 종의 한 품종(race)과만 형성하는 경우도 있다(좁은 숙주범위).
- 의존성(dependence) : 어떤 미생물과 고등식물은 공생 상대가 없으면 적절히 기능을 발휘할 수 없는데 이들을 **절대공생생물(obligate symbiont)**이라고 한다. 반대로 어떤 조건 하에서는 상대 없이도 기능을 잘 나타내는 생물체들을 **조건공생생물(facultative symbiont)**이라고 한다.

미생물이 식물과 가지는 영양 관계의 형태는 이들 차원 모두에 매우 중요한 영향을 준다. **생물영양성(biotrophic)** 관계(미생물이 살아 있는 숙주와 함께 생활)는 공생적으로서, 상리공생적이거나 기생적일 수 있다. **사체영양성(necrotrophic)** 관계에서는 미생물이 숙주세포를 죽인 다음 사물기생적(saprotrophic)으로 소화시킨다. 이러한 관계는 언제나 병원성이며 매우 파괴적일 수 있다.

○ 다음 상호작용의 형태를 이득균형을 표시하는 −/+ 기호(식물을 먼저 표시)로 분류하시오. 생물영양성인지 사체영양성인지를 나타내시오.

상호작용의 형태	이득균형	영양 관계
기생적		
상리공생적		
병원성		

● 기생적 상호작용은 −/+ 공생이고, 생물영양성이다. 상리공생적 상호작용은 +/+ 공생이고, 생물영양성이다. 병원성 상호작용은 −/+ 관계이고, 생물영양성이거나 또는 사체영양성이다.

6.1절과 6.2절의 요약

1. 식물과 미생물 사이의 어떤 상호작용들은 식물에 유익한 반면에 어떤 상호작용들은 유해하다. 상호작용 참여자들 사이의 이득균형은 +/− 표시로 나타낼 수 있다.
2. 식물−미생물 상호작용은 이득균형, 밀접성, 특이성, 의존성의 네 가지 차원에서 분류할 수 있다.
3. 생물영양성 상호작용은 식물에게 유익하거나 유해하며, 공생 관계로 기술된다. 사체영양성 상호작용은 공생 관계가 아니며, 식물에 언제나 병원성이다.
4. 식물−미생물 상호작용은 인간에 있어서 경제적으로 큰 의미가 있다.

6.3 사례 연구

식물−미생물 상호작용의 범위는 매우 다양하여 사례 연구를 선택하는 것은 수박 겉핥기와 같다고 할 수 있다. 아래의 예들은 위에 제시한 네 가지 차원의 관점에서 서로 대조적인 특징을 나타내기 때문에 선택되었으며, 이미 앞에서 소개한 예들의 범위를 더 확대한 것이라고 할 수 있다.

6.3.1 근권

근권(rhizosphere)에 관해서는 3장과 4장에서 이미 살펴본 바 있다.

○ 근권이란 무엇인가?

● 뿌리 존재에 의해 변형되는 토양 부분이다.

○ 근권의 미생물 밀도가 주위의 토양보다 더 높은 이유는 무엇인가?

● 뿌리가 점액겔(mucigel)에 의해 근권에 서식하는 토양 균류, 세균, 선충류 등의 풍부한 영양소원이 된다. 또한 점액겔은 토양 입자가 뿌리 표면에 흡착하여 근초(rhizosheath)를 형성하게 한다(3.2.1절).

근권은 식물과 미생물 사이의 느슨한 비구조적 연합이다. 근권에서 발견되는 많은 종류의 미생물들은 많은 식물 형태의 근권에 서식한다는 점에서 비특이적이며, 연합을 형성하고 있는 식물에 직접적인 영향을 거의 주지 않으면서 사물기생적으로 뿌리삼출물을 먹이로 한다. 미생물들은 숙주가 없을 때는 토양 내에 포자나 다른 휴면 구조(대사 활동이 매우 낮은 구조) 상태로 생존한다. 뿌리삼출물에 의해 이들 중 일부 또는 모두가 발아하여 생장하게 된다(6.6절 참조).

그러나 병원성 미생물 역시 토양 내에 휴면 구조로 존재하며, 다른 미생물들과 비슷하게 뿌리삼출물의 물질에 의해 자극되어 뿌리 표면 쪽으로 생장한다. 병원성 미생물은 식물의 특정 과(family)에 특이적일 수 있다. 예를 들어 자낭균류의 균핵병균(*Sclerotinia cepivora*)은 백합과 식물의 삼출물에 특이적인 화합물에 의해 유인되어 양파 뿌리의 흰썩음병(white rot)을 일으킨다. 식물은 토양이 침수되어 뿌리에 산소 공급이 부족할 때 무기대사를 하고 그 결과 에탄올이 생성된다. 에탄올은 기생생물인 난균류의 감자마름병균(*Phy-tophthora infestans*)의 유영 포자(swimming spore)와 같은 많은 종류의 병원체를 끌어 들이고(6.3.4절 참조), 뽕나무버섯균(*Armillaria mellea*)의 근상균사속(rhizomorph)과 같은 감염 구조의 생성을 촉진한다.

사물기생 미생물들은 연합을 형성하고 있는 식물에게 병원체로부터의 보호 수단을 제공하기도 한다. 식물 삼출물에 **시데로포어(siderophore)**가 포함된 경우가 있는데, 철이 부족한 조건에서 생산되어 철과 결합하는 저분자량 물질이다(4.5.1절 참조). 시데로포어는 철의 가용성을 감소시킴으로써 뿌리 근처의 미생물 생장을 제한할 수 있다. 그러나 뿌리를 감염시키는 토양균류는 사물기생 균류보다 철과 같은 자원에 대한 경쟁력이 약한 경우가 많다.

○ 토양 사물기생 균류의 경쟁력 우위가 인근 식물에 어떤 혜택을 줄 수 있는가?

● 철 부족으로 인해 병원성 균류의 생장이 제한된다. 무해한 사물기생 균류가 **제한 영양소**에 대하여 병원체와의 경쟁에서 이김으로써 효과가 더 증진된다. (배지에서 생물체의 생장이 계속되어 어떤 특정한 영양소가 고갈되면 이 영양소가 **제한**되어 있다고 한다.) 그러므로 식물은 사물기생체가 있을 때 병원체에 대한 노출이 감소한다.

또한 토양 사물기생 균류는 뿌리 감염 균류의 생장을 억제하는 항생물질을 생산하기도 한다.

6.3.2 뿌리혹세균과 뿌리혹

뿌리혹세균(rhizobia)은 콩과식물(Fabaceae)의 뿌리혹을 형성하는 뿌리혹세균과(Rhizo-biaceae)의 여러 속(genus)들을 총칭하는 용어이다. 리조비움속(*Rhizobium*), 브라디리조비움속(*Bradyrhizobium*), 아조리조비움속(*Azorhizobium*) 등이 여기에 속한다. 뿌리혹세균은 근권 미생물상(microflora)의 정상 구성원이지만, 소수의 일부 개체군(p*Sym* 플라스미드를 갖고 있음)은 숙주식물의 뿌리세포를 감염시켜 뿌리혹(root nodule)을 형성할 수 있다.

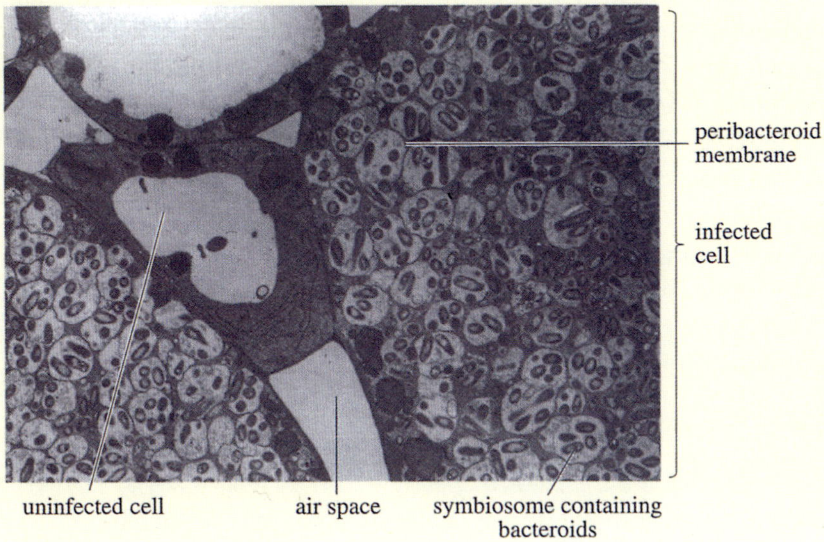

그림 6.2

대두 뿌리혹의 감염 세포를 보여주는 전자현미경 사진. 비감염세포와 통기간극(air space)의 양쪽에 많은 심비오솜을 포함하는 감염세포를 볼 수 있다. 오른쪽 감염세포에 주변박테로이드막을 표시하였다.

○ 식물의 무기영양에서 뿌리혹의 기능은 무엇인가(4장)?

● 뿌리혹은 그 안에 살고 있는 뿌리혹세균에 의해 질소고정(nitrogen fixation)이 일어나는 장소이다.

뿌리혹세균은 감염된 뿌리세포의 내부에서 **주변박테로이드막(peribacteroid membrane)**이라고 불리는 식물 원형질막 기원의 막에 싸여 있다. 뿌리혹세균은 여기에서 분열하여 질소를 고정하는 **박테로이드(bacteroid)**로 분화한다. 주변박테로이드막과 박테로이드로 구성된 세포소기관 구조를 심비오솜(symbiosome)이라고 하고, 뿌리혹의 질소고정 기본 단위이다(그림 6.2).

○ 심비오솜이라는 용어는 또 어떤 경우에 사용되는가?

● 많은 종류의 진디(aphid)에는 세균 심비오솜이 포함되어 있는데, 먹이가 공급하지 못하는 필수영양소를 합성하는 장소이다.

특정 뿌리혹세균은 제한된 범위의 식물 종과 상호작용한다. 뿌리혹 형성에 이르는 일련의 현상을 그림 6.3에 나타냈다.

뿌리혹세균과 뿌리털 세포 사이의 초기 접촉에 이어 뿌리털의 변형(그림 6.3a-d)과 **감염사(infection thread)**의 생성이 뒤따른다(그림 6.3f). 세균에 인접한 식물세포의 세포벽이 함입되고, 함입이 신장하여 뿌리털과 피층을 통해 관이 형성되는데, 이 감염사를 통하여 뿌리혹세균이 접근한다. 동시에 피층 세포가 체세포분열을 통하여 **뿌리혹원기(nodule**

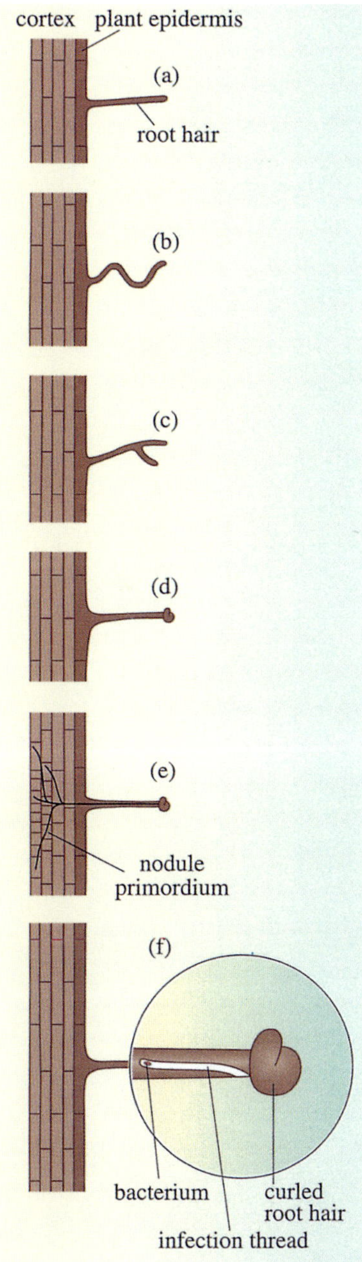

그림 6.3

뿌리혹세균-콩과식물 공생의 초기 단계. 뿌리혹세균이 숙주식물의 뿌리털에 신호를 보내면(a) 뿌리털의 변형(b), 분지 형성(c), 꼬임(d) 등이 초래된다. 피층의 세포분열에 의해 뿌리혹원기가 형성된다(e). 세균은 감염사를 통하여 식물 세포 내로 침입한다(f). 감염사는 식물 기원의 관으로서 이를 통해 세균이 뿌리혹원기 세포 내로 들어간다. 이 시점에서 세균은 박테로이드로 분화한다.

primordium)로 된다(원기는 기관이 형성되는 세포분열과 분화의 장소이다. 그림 6.3e). 감염사가 뿌리혹원기를 향하여 자란다. 다음에 감염사가 분해되고, 원형질막의 세포내섭취(endocytosis) 작용에 의해 발달 중인 뿌리혹 세포 내로 세균이 들어오게 된다. 일단 뿌리 세포 내에 들어오면 세균은 분열하여 박테로이드로 분화하며, 한편 감염된 세포가 심비오솜으로 가득 찰 때까지 주변박테로이드막이 발달하고 분화한다. 그러므로 세균은 세포벽을 통과하여 들어오긴 하였으나 기술적으로는 세포 밖에 남아 있는 셈이다.

성숙한 뿌리혹의 감염 세포에는 수천 개의 심비오솜이 포함된 경우도 있다. 주변박테로이드막은 식물세포와 뿌리혹세균 사이의 물리적 경계를 형성한다. 주변박테로이드막은 원형질막의 막대한 합성과 함입의 결과 형성되며, 원형질막 및 액포막과 유사하다. 모든 물질 교환과 통신이 주변박테로이드막을 통하여 이루어져야 하며, 주변박테로이드막이 분해되면 심비오솜은 노화한다.

○ 주변박테로이드막의 합성은 어떻게 조절되며, 식물과 세균의 상호작용에 있어서 주변박테로이드막의 중요성은 무엇인가?

● 주변박테로이드막은 식물에 의해 합성된다. 그러나 그 구조는 세균과의 상호작용에 의한 특정 산물이며, 주변박테로이드막 없이는 공생이 이루어질 수 없다.

6.3.3 수지상균근

4장에서 외균근에 대하여 언급하였지만, 균근의 가장 흔한 형태는 **수지상균근(arbuscular mycorrhiza)**으로서 전체 식물 종의 약 80%(대부분 초본식물)에서 나타난다. 이 때문에 수지상균근은 저투입 농업 프로그램을 위한 잠재적 이용 가능성이 가장 큰 형태로 여겨지고 있다. 수지상균근균은 접합균문(Zygomycota)에 속하며 내균근(endomycorrhiza)을 형성한다(4.5.3절 참조). 화석 증거에 의하면 수지상균근의 기원은 3억 5천만 년에서 4억 5천만 년 전에 이른다. 실제로 수지상균근은 초기 식물의 육상 이주에 일조를 하였을 것으로 생각된다. 수지상균근은 가장 오래된 식물-미생물 연합 중의 하나일 뿐만 아니라 가장 밀접하고 정교한 상호작용 중의 하나이기도 하다.

감염 균사는 집합적으로 **번식체(propagule)**라고 부르는 세 종류의 기원에서 생길 수 있는데, 포자, 감염된 뿌리 조각, 감염된 다른 식물에서 생장한 균사 등이 그 것이다. 대형 포자는 저항성이 강한 두꺼운 세포벽과 수천 개에 달하는 핵을 가지고 있는 장기 생존 구조로서, 여러 종류의 무척추동물, 조류, 포유류 등의 소화기관을 통과하며 생존할 수 있다. 그래서 대형 포자는 바람과 수분뿐만 아니라 동물의 배설물을 통하여 산포될 수 있는 것이다. 수지상균근균은 숙주에 대한 특이성이 거의 없다. 각각의 식물체는 여러 종의 수지상균근균과 연합을 형성할 수 있고, 그 반대도 마찬가지이다. 수지상균근균은 절대생물영양성(obligate biotroph)으로서 숙주식물이 없이는 거의 생장하지 않는다. (많은 종류의 외균근균과는 달리 수지상균근균은 섬유소와 같은 복잡한 탄수화물을 잘 분해시키지 못한다.) 따라서 토양을 갈아 일구거나 나무가 쓰러지는 등으로 인해 토양이 교란되면 균사망이 부서지고, 그 결과 토양의 감염성이 크게 감소하고 식물에 의한 영양소 흡수 속도가 느려진다. 표 6.1은 세 종류의 대조적인 서식지에서 토양이 교란되었을 때 토끼풀의 수지상균근 형성에 미치는 영향을 나타낸 것이다.

표 6.1 이전에 교란되지 않은 토양을 교란시켰을 때 토끼풀의 수지상균근 형성에 미치는 영향(전체 뿌리의 길이 중에서 균체가 형성된 뿌리의 길이 %).

토양	균근 형성	
	교란되지 않은 토양	교란된 토양
삼림	28 ± 2.9	15 ± 4.4
황야	11 ± 2.4	6 ± 1.5
목초지	52 ± 2.8	50 ± 4.3

○ 표 6.1에 나타낸 세 종류의 서식지에서 토양 교란이 토끼풀의 균근 형성에 어느 정도 영향을 미치고 있는가?

● 교란으로 인해 삼림과 황야에서는 약 반 정도로 감염 식물의 비율이 감소하였으나 목초지에서는 거의 영향이 나타나지 않았다.

이러한 차이에 대한 설명은 감염된 뿌리 조각 및 특히 포자는 교란에 의해 파괴되는 생장 중의 균사보다 더 튼튼한 경향이 있다고 하는 것이다. 목초지에서는 뿌리 조각과 포자가 주 번식체인 반면에 삼림과 황야에서는 균사가 훨씬 더 흔하게 나타난다.

균사가 식물의 뿌리와 접촉하면서 감염이 시작된다. 감염 과정에서 일어나는 일련의 현상을 그림 6.4에 정리하였다. 균사는 뿌리에 아주 가까이 접근하기 전까지는 방향성을 가지고 뿌리 쪽으로 생장하지 않지만, 일단 접촉이 일어나면 균사가 분지를 형성하고 뿌리 표면에 퍼져 나간다. 2~3일 후에 둥글고 거의 부풀어 있는 원반 모양의 **부착기**(appressorium)가 형성되어 균사를 뿌리 표면에 부착시킨다.

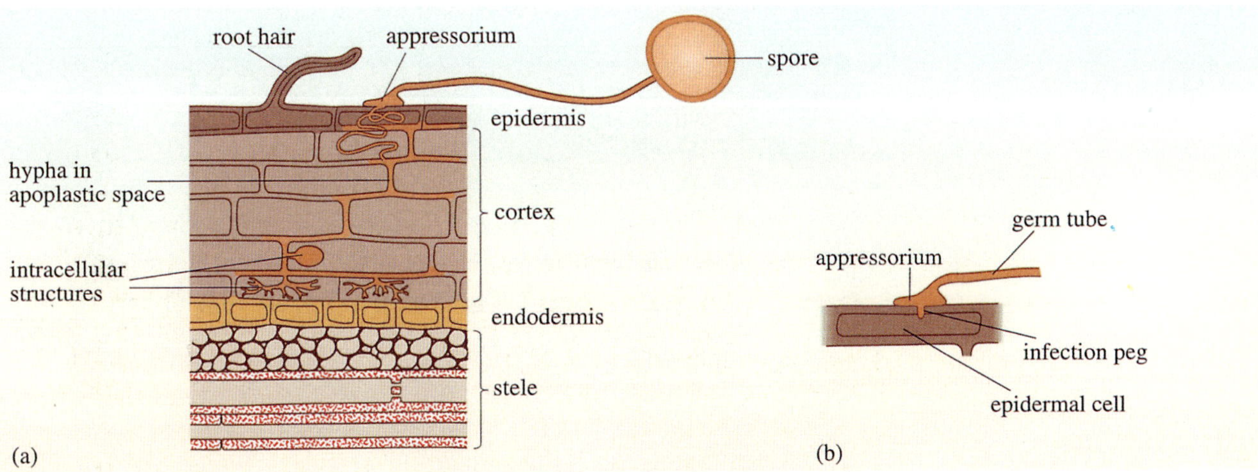

그림 6.4

(a) 수지상균근균에 의한 뿌리 감염과 연관된 구조. 토양 속의 큰 포자에서 자란 감염균사가 부착기와 감염발(infection peg)을 이용하여 표피를 통과한 다음, 내부의 피층 세포 내에 분지된 수지상체와 소포를 형성한다. (b) 식물 뿌리 표피세포의 세포벽을 통과하고 있는 감염발의 상세한 그림.

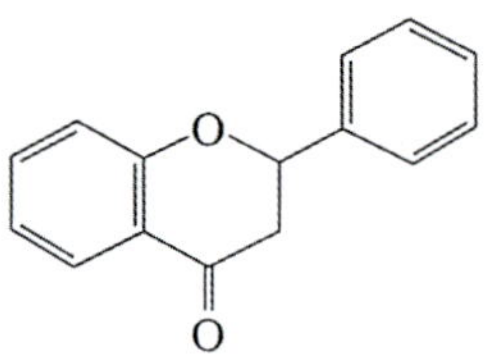

플라본
(플라보노이드의 전구물질)

식물에서 분비된 플라보노이드가 균사를 자극하고, 균사는 **감염발**(infection peg)을 발달시켜 기계적 압력과 세포벽 분해효소를 이용하여 인접 표피세포의 세포벽을 파괴한다.

다른 균사들은 아포플라스트 공간(4.2.1절)에 정착하여 비슷한 방법으로 다른 세포들로 들어간다. **수지상체**(arbuscule)는 침입하는 균사에서 발달하는 분지 구조이다(그림 6.5a). 뿌리혹세균과 마찬가지로 수지상균근균은 식물의 원형질막을 통과하지 않고, 대신 원형질막으로부터 변형된 돌출 구조에서 기원한 **주변수지상체막**(periarbuscular membrane)에 의해 균사가 둘러싸이게 된다(그림 6.5b). 식물세포와 균사 모두의 세포 내용물이 상당한 재배열과 많은 변화를 나타내는데, 이는 수지상체 주위의 경계면이 활발한 세포 활동의 장소라는 것을 의미한다. 주변수지상체막은 계속하여 식물 세포벽의 구성요소를 생산한다. 그러나 이들은 전형적인 단단한 구조로 조립되지 않고, 주변수지상체막과 균류의 세포벽 사이에 유동적인 **계면기질**(interfacial matrix)을 형성한다.

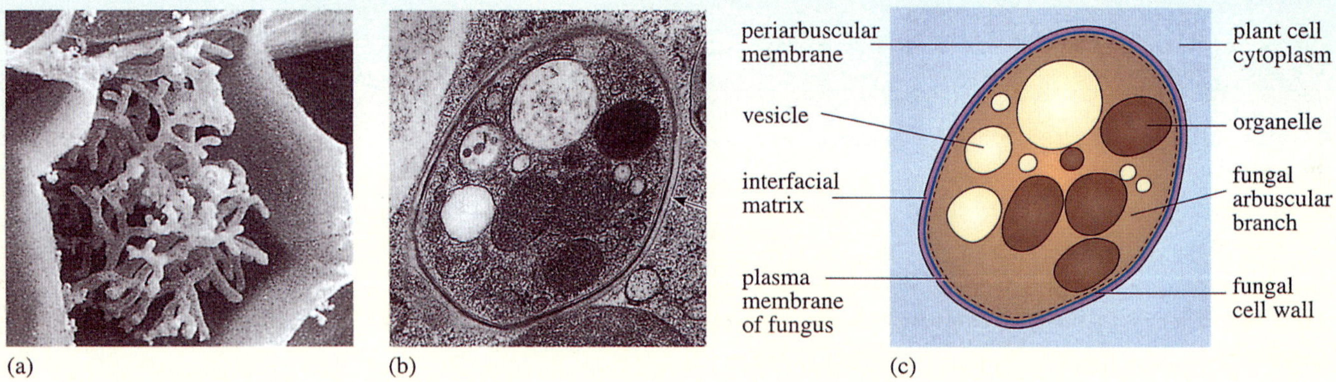

그림 6.5

(a) 튤립나무(*Liriodendron tulipifera*) 세포 내에 있는 수지상균근균 종류(*Glomus mosseae*)의 수지상체 주사전자현미경(SEM) 사진. 균사 가지들이 세포를 가득 채우고 있다. (b) 함입된 숙주 원형질막이 주변수지상체막(화살표)을 형성하여 수지상체 가지를 둘러싸고 있는 투사전자현미경(TEM) 사진. (c) (b)를 그림으로 나타낸 것.

이 경계면 지역은 새로운 구획으로서 공생 관계의 구조적 발현이다. 경계면 지역의 형성은 수지상균근균이 성공적으로 식물세포 내에 정착하였다는 것을 의미한다. 이 지역을 통하여 영양분의 양방향 교환이 일어나는데, 주변수지상체막과 균류 세포막 **모두에서** H^+-ATP 분해효소(H^+-ATPase)의 강한 활성이 나타난다.

○ 양쪽 막 모두에 H^+-ATP분해효소의 활성이 나타나는 것이 왜 영양분의 교환을 의미하는가?

● H^+-ATP분해효소는 식물 세포막을 통한 능동수송의 구동력을 제공하는 1차 양성자펌프이다(4장).

이러한 연합은 역동적으로서 식물세포는 계속 기능을 유지하지만, 수지상체는 2.5~4일 동안만 활동하다가 다음에 노화하여 붕괴된다. 한편 다른 균사들은 계속하여 새로운 수지상체를 형성하여 결국은 뿌리의 90%까지 정착하게 된다.

활동하는 수지상체는 균사체 생장에 필요한 탄소를 공급한다. 따라서 외부 균사는 일단 형성되면 무기영양분을 포획하기 위하여 주변 토양 속으로 생장할 수 있다. 어떤 경우에는 토양 속이나 죽은 식물 조직 내에 두꺼운 세포벽을 가진 **소낭**(vesicle)이 형성된다. 이 소낭은 다핵체로서 지질이 풍부한데 이는 균류 휴면 구조의 특징이다. 흥미롭게도 소낭 형성의 밀도는 다변적이지만, 특히 비옥도가 낮은 토양에서는 매우 높다.

○ 소낭 형성이 에너지와 자원의 관점에 있어서 균류에 의한 상당한 투자라고 하면, 토양 비옥도가 낮은 조건에서 소낭이 더 풍부한 이유에 대하여 설명하여 보시오.

● 아마도 숙주식물과 일종의 거래가 있을 것이다. 식물이 연합으로부터 무기영양분 공급 혜택을 많이 받을수록 균류에 대한 식물의 당 공급이 많아질 것이다.

6.3.4 감자만발성 마름병

뿌리가 미생물의 유일한 감염 통로는 아니다. 많은 생물체들이 지상부를 통하여 식물에 침입한다. 난균류인 감자마름병균(*Phytophthora infestans*)에 의해 발생하는 감자만발성 마름병(late blight of potato)은 감자가 생장하는 곳이면 어디서나 볼 수 있다. 이 병은 생산의 손실 면에서 가장 심각한 질병은 아니지만 분명 가장 악명이 높은 질병이다. 1845년과 1847 년 사이에 아일랜드를 감자 기근에 빠뜨려서 인구의 1/5이 사망하거나 이민을 가야 했다. (이 사건의 정치적 부산물로서 식물병리학이 과학의 한 분야로 탄생하게 되었다.)

균류와 비슷한 원생생물인 감자마름병균은 이전 생육기간에 감염한 괴경(tuber)에서 월동한다. 이러한 괴경 몇 개만 있으면 지상부가 감염되고, 이는 다시 감염의 원천으로 작용하여 질병이 전파된다.

포자낭(sporangium)은 **포자낭병**(sporangiophore, 포자생성 구조를 생장 배지 위로 들어 올리는 특수한 수직 균사)에 달리며 병든 잎 위에 형성된다(그림 6.6a). 포자낭이 바람에 날려가 건강한 잎 위에 떨어져서 **발아관**(germ tube, 단일 균사)이나 **유주자**(zoospore, 편모의 도움으로 이동하는 포자. 그림 6.6b)를 형성하여 발아한다. 유주자는 잠시 헤엄치다가 편모를 잃고 발아관을 형성하는데, 발아관은 보통 감자 잎 표피세포의 세포벽을 관통하거나 때로는 기공으로 들어간다.

○ 유주자가 효과적으로 활동하기 위하여 어떤 조건들이 필수적인가?

● 유주자가 숙주의 흡착 부위로 헤엄쳐 갈 수 있도록 충분한 습기가 필요하다.

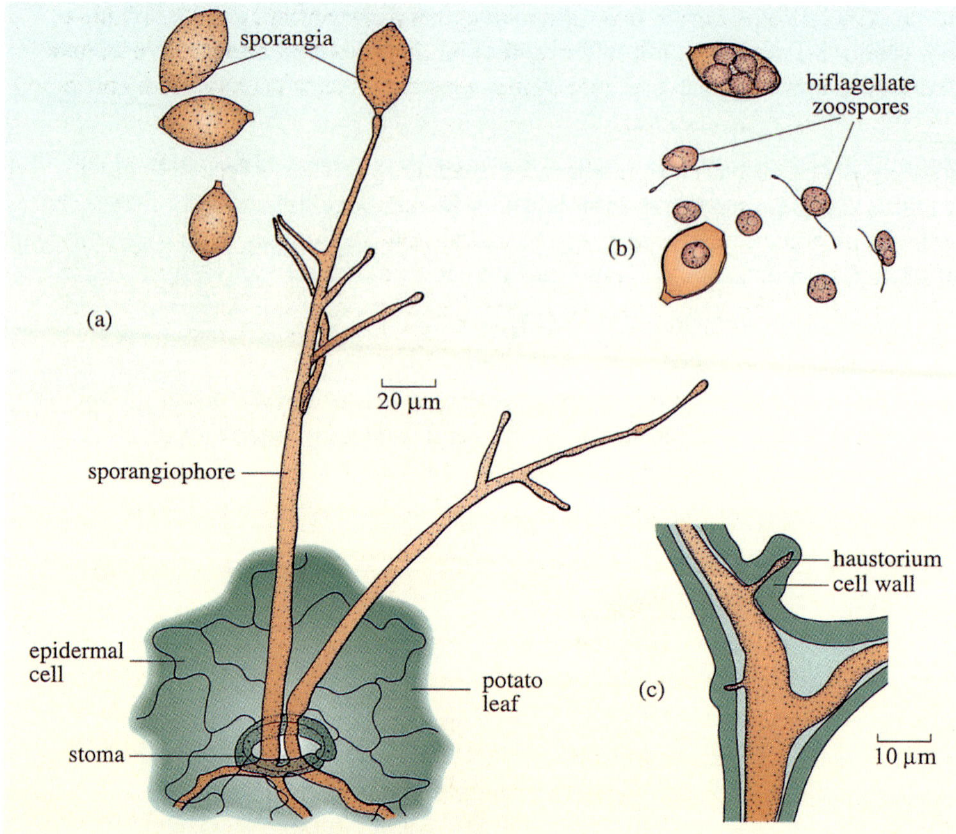

그림 6.6

감자마름병균. (a) 감자 잎의 기공을 관통하는 포자낭병. (b) 포자낭의 내용물이 분열하여 유주자를 방출하고 있다. (c) 감자 괴경의 세포간 균사체. 손가락 모양의 흡기가 세포벽을 관통하고 있다. 병원체 조직은 갈색으로 표시되어 있다.

발아관 선단부에 부착기(그림 6.4)가 형성되어 유주자포낭(zoospore cyst)을 단단하게 잎에 부착시킨다. 감염발을 통하여 기계적 압력이나 효소 작용에 의해 세포벽 관통이 이루어진다. 잎 조직 내에서 균사체가 발달한다. 초기에 균사체는 식물세포의 세포벽을 관통하는 손가락 모양의 돌출 구조인 **흡기(haustorium)**를 통하여 식물로부터 생물영양적(biotrophic)으로 영양분을 얻는다(그림 6.6c). 흡기는 자신과 식물의 원형질막 사이에 특징적인 계면지역을 가지고 있다. 그러나 일단 흡기 주위의 식물 원형질막이 파괴되면 세포는 죽고 식물과의 관계는 사체영양성(necrotrophic)이 된다.

○ 흡기는 수지상균근균의 수지상체와 어떤 점이 유사하며 또 어떤 점에서 상이한가?

● 흡기는 일단 식물 세포벽이 파괴되면 형성된다는 점에서 수지상체와 비슷하며, 이 둘은 모두 미생물이 특징적인 계면지역을 통하여 생물영양적으로 영양분을 얻는 방법이다(식물의 원형질막이 완전한 상태로 남아 있는 경우). 그러나 흡기는 식물의 원형질막이 파괴된 후에도 미생물이 계속하여 사체영양적으로 식물에서 영양분을 얻는다는 점에서 수지상체와는 차이가 있다.

이 결과 형성되는 상처는 아마도 독소 분비의 도움으로 와해된 조직 때문에 암녹색이고, 흠뻑 젖어 있는 외양을 나타낸다. 상처가 퍼지면서 다른 지역, 특히 잎의 아래 표면에서 포자낭병이 추가로 생성된다. 포자형성은 습한 조건에서 많이 일어난다.

○ 습한 조건에서 감자마름병균이 포자를 산포하는 것이 유리한 이유는 무엇인가?

● 수분이 유주자를 통한 질병의 전파를 용이하게 만들기 때문이다.

잎 손상 때문에 광합성이 감소하고, 감자 수확량이 감소한다. 잎 조직의 75%가 파괴되면 괴경의 발달이 중단된다. 괴경은 떨어지는 포자낭에 의해 직접 감염될 수 있다. 감염된 괴경은 저장 중에 빠른 속도로 부패하여 작물의 손실이 더 커진다. 감자마름병균의 어떤 종들은 유성포자(sexual spore)를 생산할 수 있는데, 유성포자는 크고 오랜 기간 동안 토양 속에 남아 있을 수 있다. 이는 이들 미생물이 생장과 생식에 있어 주로 식물에 의존하고 있음을 의미한다. 그럼에도 불구하고 수지상균근균과는 달리 숙주가 없이도 아주 쉽게 배양할 수 있다는 점에서 완전한 절대공생체는 아니다. 이는 아마도 병원성 상호작용의 기원이 수지상균근 연합보다 더 최근이라는 사실과 관련되어 있는 것으로 생각되며, 그래서 상호 의존도가 그렇게 높지 않을 것이다. 그러나 이러한 관계가 수지상균근 연합만큼 밀접하거나 정교하게 조절되지는 않지만 특이성의 정도는 훨씬 크다. 감자 재배종들 사이에는 감자마름병균에 대한 저항성의 변이가 있는데, 감자마름병균 자체는 감자와 매우 가까운 근연종들만 감염시키며, 유사한 종류의 다른 종들은 다른 식물 분류군을 공격한다.

농부들은 감자마름병을 제어하기 위하여 세 가지 방법을 사용한다. 적절한 시기에 살충제를 살포하면 효과적일 수 있으나 친환경적이지 않다. 철저한 원예학적 처리, 즉 감자를 캐내기 전에 흙을 덮고 잎을 제거함으로써 괴경이 감염되지 않도록 하는 것도 유익한 방법이나 이는 소규모 처리로서만 적당할 뿐이다. 상업적 재배자에게 가장 유익한 방법은 **저항성 품종의 육종**이다. 감자마름병에 저항성이 매우 강하나 상업성이 없는 야생 근연종(*Solanum demissum*)과 감자(*S. tuberosum*)를 교배시킴으로써 재배종의 숙주 저항성이 형성된다.

○ 생물다양성 유지에 있어서 이러한 선택적 육종의 의미는 무엇인가?

● 상업적으로 쓸모없이 보이는 식물종이 귀중한 유전적 형질을 제공할 수 있기 때문에 생물다양성을 유지시킬 가치가 있다.

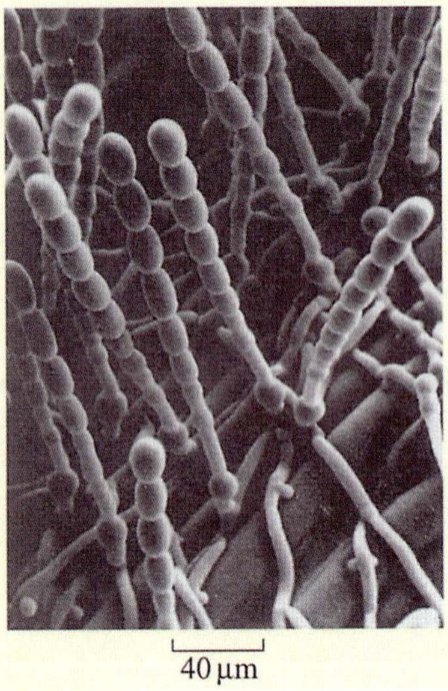

그림 6.7

흰가루병균(*Blumeria pisi*)에 의한 완두의 감염을 보여주는 주사전자현미경 사진. 균류의 생장이 표피에 국한되어 있다. 잎의 표면에는 수많은 분생자가 발달하여 있어 감염된 잎이 가루 모양의 외관을 나타내는데, 이들은 쉽게 털어낼 수 있다.

6.3.5 흰가루병균

두 종류의 흰가루병균(mildew)이 있는데 모두 싹이나 잎이 회색으로 감염되어 나타난다. 난균문(Oomycota)에 속하는 노균(downy mildew, Peronosporales목)은 회색의 축축한 탈지면과 비슷한 반면에, 자낭균문(Ascomycota)의 흰가루병균(powdery mildew, Erysiphales목)은 분류학적으로도 다르며 감염된 식물에 분생포자(conidial spore)가 가루 모양으로 발달하여 이름이 붙여졌다. 여기서는 후자에 대해 설명한다.

흰가루병균은 현화식물의 절대기생체이다. 흰가루병균속(*Blumeria*, 또는 *Erisyphe*)의 종들은 특이성의 변이가 있지만 많은 과에 속하는 식물에 흰가루병을 일으킨다. *B. polygonis*는 토끼풀에 흔히 나타나지만 다른 콩과식물도 많이 감염시켜 넓은 숙주 특이성을 나타낸다. 반면에 *B. graminis*는 다수의 숙주특이적 특별품종(*formae speciales*, f.sp.)을 포함한다. 예를 들어 *B. graminis* f.sp. *tritici*는 밀(*Triticum* spp.)은 감염시키나 보리는 감염시키지 못하고, 반면에 *B. graminis* f.sp. *hordei*는 보리(*Hordeum* spp.)는 감염시키지만 밀은 감염시키지 못한다. 분생포자는 밀의 잎에 떨어지면 하루나 이틀 안에 발아하여 짧은 발아관을 형성한다(그림 6.8a).

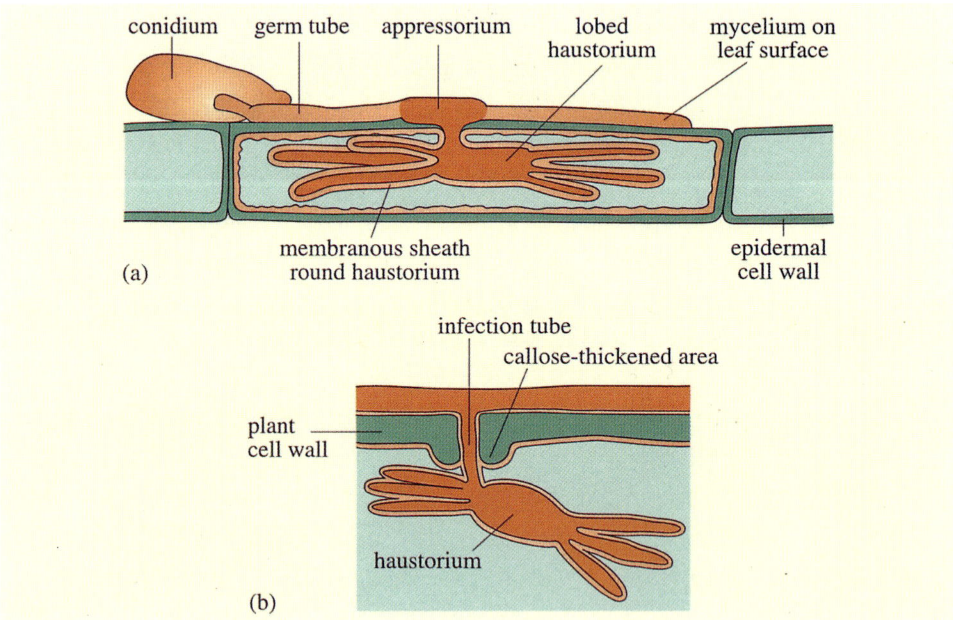

그림 6.8

(a) 숙주세포의 위와 안의 *Blumeria graminis* 감염 구조. (b) 표피세포 세포벽의 절단면으로서 흡기의 침투 부위를 보여준다. 침투 부위에 칼로오스가 축적되어 세포벽이 비후되어 있다.

발아관은 부착기에 의해 표피에 부착된다. 부착 지점 아래 부분에서 가는 감염관(infection tube)이 기계적, 효소적 분해에 의해 세포벽을 파괴한다. 감염관 아래와 주위의 숙주 세포벽은 **칼로오스(callose)**로 비후되어 있다(그림 6.8b). 칼로오스는 체관부의 체관 손상(3.7.1절) 등을 포함한 여러 종류의 상해(wounding)에 반응하여 생산되는 세포벽 탄수화물이다.

감염관은 숙주 표피세포 내에서 확장하여 기다란 단핵성(uninucleate) 흡기를 형성한다. *Blumeria graminis*의 흡기는 양쪽 끝이 손가락 모양으로 돌출되어 있으나(그림 6.8b), 대부분은 단순하고 둥근 구조이다. 흡기 전체는 초(sheath)로 둘러싸여 있는데, 변형된 원형질막과 액포막 사이에 기질을 포함하는 구조이다. 감염된 숙주세포는 살아있는 상태로 남아있고, 균류는 흡기에 의존하여 생물영양적으로 식물로부터 탄수화물을 추출한다. 일단 한 흡기가 완성되면 균사체는 새로운 흡기를 만들어 감염시키면서 잎 표면 전체에 퍼지게 된다. 균류가 식물에 정착하면 분생자(conidium)를 생산하기 시작한다. 포자가 떨어져 나가고 바람에 의해 산포된다. *Blumeria*속의 분생자는 습도가 낮을 때도 발아할 수 있다는 점에서 특이하며, 상대습도가 0일 때도 발아한다. 이들은 수분 함량이 높아서(공기 중에 산포되는 대부분의 다른 균류의 경우 10%인 것에 비해 70% 정도의 수분을 포함) 습도가 낮아도 발아할 수 있고, 이로 인해 흰가루병은 덥고 건조한 계절에 많이 발생한다.

*Blumeria graminis*는 자생포자(ascospore)를 통해서도 번식할 수 있다. 여러 개의 자낭(ascus)을 포함하며 여러 층의 세포로 구성된 암갈색 공 모양의 **폐쇄자낭과**(cleistothecium)가 곡류 숙주식물의 아래쪽 잎과 엽초(leaf sheath) 위에 밀집된 균사체 덩어리 사이에서 형성된다(그림 6.9). 내용물이 팽창하여 폐쇄자낭과가 갈라져 열릴 때 자낭으로부터 자생포자가 강제적으로 분출된다. 자낭의 꼭대기 부분이 파열되어 포자들이 산포된다. *Blumeria graminis*의 자생포자는 즉시 발아할 수 있으나 토양 속에서 13년 동안 생존할 수도 있다.

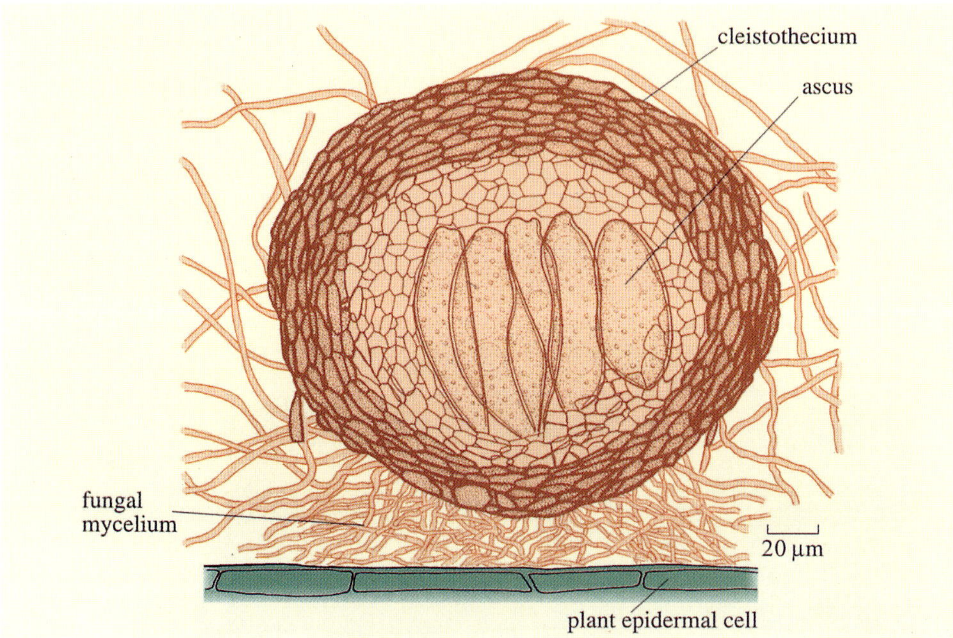

그림 6.9
여러 개의 자낭을 포함하는 *Blumeria graminis* 폐쇄자낭과의 절단면.

흰가루병은 감염된 식물의 호흡을 증가시키고 광합성을 감소시켜 작물 수확량에 영향을 준다. 이로 인해 잎이 뿌리와 수(ear)로 공급하는 탄수화물의 양이 감소한다. 흰가루병은 살진균제(fungicide) 처리, 선택적 육종, 저항성 숙주 품종의 유전적 변형 등으로 제어할 수 있다.

6.4 식물-미생물 상호작용 : 일반적 고찰

앞에서 기술한 예들로부터 우리는 식물과 미생물 사이의 상호작용에 관한 몇 가지 일반적 고찰을 할 수 있다. 예를 들어 대부분의 식물은 토양과 공기라는 두 가지 매우 다른 환경에 노출되어 있다. 그러므로 식물의 표면도 서로 대조적인 이들 환경에 적응하여 서로 차이가 있다.

지상부의 표면은 방수기능이 있는 각피(cuticle)나 수피(bark)의 외층을 가지고 있는데, 각각 기공이나 **피목(lenticel)**이 군데군데 형성되어 있다. 지상부 표면에 도달하는 미생물은 포자와 같이 기중 산포(airborne dispersal)에 알맞은 휴면 상태로 있어야 한다. 식물은 토양 속에서 수분이 있는 안정된 정상 조건에서 활동하는 미생물 및 동물과 계속 접촉하고 있는 상태이다. 가는 뿌리는 방수가 되지 않지만 점액으로 싸여 있다. 토양 미생물은 기중 병원체와 달리 포자로부터 빈영양인 노출된 환경에서 생장을 시작하지 않아도 된다. 토양에서 비교적 활동성이 없는 세균과 달리 균류 및 이와 유사한 원생생물은 균사의 생장이나 유주자의 유영을 통하여 뿌리에 직접 접근할 수 있다. 숙주특이적 절대공생생물의 경우 효과적인 산포와 감염 메커니즘은 특히 중요하다. 무작위적인 산탄총 같은 방법은 너무 비효과적이며, 특히 지상부를 감염시키는 미생물은 숙주식물의 감염에 잘 적응할 필요가 있다.

6.4.1 숙주의 발견

기중 포자는 적절한 조건에서 적절한 숙주를 만날 가능성이 높은 시간에 방출될 수 있지만 최종적으로 어디에 정착할 지는 매우 불확실하다. 그러나 일단 번식체가 산포되면 환경 자극에 반응함으로써 적절한 숙주 발견의 기회를 증가시킨다. 이러한 반응은 **굴촉성(thigmotropic**, 표면 조직에 의해 자극됨)일 수 있는데, 예를 들어 보리녹병균(barley rust fungus, *Puccinia hordei*)의 발아관은 숙주 잎의 표피세포의 세로축에 직각으로 생장하여 세포 간극에서 분지를 시작한다(그림 6.10).

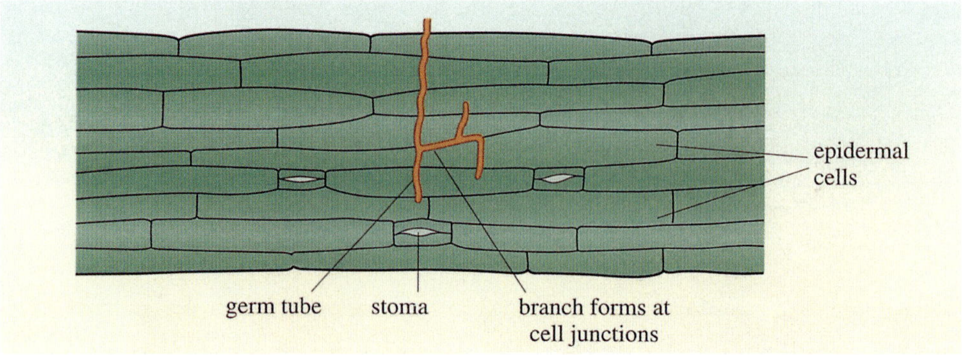

그림 6.10

잎 표면에 대한 보리녹병균의 굴촉성 반응을 보여주는 잎 표면의 개략도. 발아관은 숙주 잎의 세로축에 직각으로 생장하여 표피세포 사이의 간극에서 분지를 시작한다.

이러한 생장 양상은 균류가 잎 안으로 들어가는 통로인 기공을 만날 기회를 최대화시킨다. 이 보다 더 일반적인 방법은 식물이 분비하는 화합물에 미생물이 반응하는 **굴화성**(chemotropic) 반응이다.

○ 상리공생적인 수지상균근균과 뿌리혹세균은 숙주가 분비한 플라보노이드에 반응한다. 6.3.1절에서 뽕나무버섯균, 감자마름병균, 균핵병균이 각각 반응하는 화합물의 형태를 확인하시오.

● 뽕나무버섯균과 감자마름병균은 에탄올에 반응하는데, 이는 숙주가 병이 들고 침수되어 있다는 것을 가리킨다. 균핵병균은 숙주(백합과 식물) 특이적 화합물에 반응한다.

6.4.2 감염 방법

상리공생적이거나 병원성이거나 관계없이 식물을 감염시키는 많은 미생물은 숙주에 침입하기 위하여 공통된 전략을 취한다. 뿌리를 감염시키는 균류는 일반적으로 뿌리골무 바로 뒤 조직의 아포플라스트로 침입한다. 많은 종류의 세균과 외균근균같이 세포간극만 침투하는 미생물은 특별한 특징을 나타내지 않지만, 식물 세포벽을 파괴하는 미생물은 부착기와 감염발을 발달시킨다. 그러나 병원체와 상리공생생물의 접근 방법에는 분명한 차이가 있다. 사체영양성 생물은 쉽게 침입하기 위하여 효소에 의한 세포벽 분해 방법을 많이 이용한다. 분해 산물은 균류의 영양분으로 사용된다. 반면에 생물영양성 기생 균류는 기계적 압력에 의존하는 경향이 있어 감염발로 세포벽을 관통시킨다. (8 Mpa에 달하는 압력이 기록된 적이 있다. 이는 진핵세포에서 알려진 가장 높은 값이다.) 이들 균류는 세포벽 분해효소는 제한적으로 이용한다. 효소에 의한 분해는 기계적 침입에 비해 식물의 방어 반응이 더 격렬한 경향이 있다. 올리고당으로 이루어진 세포벽 조각이 식물에게 침입자에 대한 경고 신호로 작용할 수 있다(6.6절). 미생물이 조심스럽게 접근하면 할수록 숙주의 방어 반응이 유도될 가능성은 적다고 할 수 있다.

○ 이러한 관찰에 비추어 수지상균근균은 숙주 세포벽에 침투할 때 효소적 분해와 기계적 압력 중 어느 방법을 더 많이 사용하겠는가?

● 균류의 단백질 분비를 피함으로써 숙주식물에 의한 강한 방어 반응이 최소화될 수 있을 것이다. 수지상균근균은 주로 기계적 압력을 이용하여 식물세포에 침투한다.

6.4.3 영양 관계

수지상균근균의 수지상체, 흰가루병균과 같은 병원성 균류의 흡기, 그리고 심지어는 감자마름병균 같은 원생생물과 뿌리혹의 심비오솜까지도 구조와 기능에 있어서 분명한 유사점이 있다. 이들 구조는 모두 물질 교환과 흡수가 일어나는 넓은 표면적을 제공한다. 상리공생적이든 기생적이든 관계없이 생물영양성 관계는 오랜 기간 동안 지속될 수 있다. 생물영양성 연합에서 미생물의 세포벽 파괴 여부와 관계없이 두 생물체의 원형질막은 완전하게 남아있는 상태로 기능을 유지한다. 미생물은 세포 밖 아포플라스트 공간에 효과적으로 남아있다.

기생적 연합과 상리공생적 연합의 중요한 차이점은 막을 통한 용매 수송의 구동력인 H^+-ATP분해효소의 활성에 있다. 기생적 연합에서 흡기의 계면지역에 관여하는 식물 원형질막에는 H^+-ATP분해효소가 없으나, 미생물 원형질막에는 H^+-ATP분해효소가 있다. 이 효소는 상리공생적 연합(수지상균근과 뿌리혹)과 연관된 식물세포의 원형질막에는 정상적인 양으로 존재한다.

○ 이 차이를 설명하시오.

● 상리공생에서는 영양소의 상호 이동이 일어나지만, 기생 관계에서는 식물에서 미생물로의 일방적 이동이 일어난다.

사체영양성 생물은 생물영양성 병원체와는 달리 숙주식물을 공격하기 위하여 독소를 많이 사용한다. 미생물이 생산하는 효소와 독소는 식물의 방어를 극복하도록 도와준다. 생물영양성 생물과 사체영양성 생물 모두 숙주가 없을 때는 포자와 같은 휴면 구조 또는 사물기생생물(saprotroph)로서 독립적으로 생존한다.

사체영양성 상호관계는 상점의 진열장을 부수고 물건을 훔쳐가는 강도에 비유할 수 있다. 희생자인 식물은 최대의 노력에도 불구하고 공격적 가해자가 자신이 필요로 하는 것(예를 들어 당)을 가져가는 것을 막을 수 없다. 이 현상에 있어서 난해한 점은 없다. 희생자는 죽지 않으면 큰 손상을 입는다. 반면에 생물영양성 기생생물은 몰래 침입한 강도나 신용사기꾼과 같다. 이들은 필요한 것을 추출하기 위하여 숙주의 방어 반응을 유발하지 않는다. 대신에 희생자를 속여 밀접한 관계를 형성하고 자원을 고갈시킨다. 상리공생적 공생생물의 관계는 숙주가 단지 자신의 요구를 충족시키기 위해 도움이 필요하기 때문에, 마지못해 환영하는 손님을 위해 돈을 쓰는 것과 같다고 할 수 있다. 균류는 무기영양소의 형태로 지불하고, 그 대가로 숙주식물로부터 당의 형태로 하숙집을 제공받는다. 나아가 주인이 하숙생으로부터 이익을 얻으면 얻을수록 제공하는 식사는 더 풍족해진다.

6.3절과 6.4절의 요약

1. 근권은 식물과 미생물 사이의 느슨한 비구조적 연합으로서, 식물의 점액을 영양원으로 흡수하는 무해한 비특이적 사물기생생물과 다소 특이성인 일부 잠재적 병원체를 포함한다.

2. p*Sym* 플라스미드를 가지는 뿌리혹세균은 콩과식물에 감염하여 뿌리혹을 형성하고 질소를 고정한다. 이 연합은 상당히 특이성이 높고, 매우 밀접하며 상리공생적이다. 식물은 세균으로부터 질소를 얻고 대신 탄수화물을 제공한다.

3. 수지상균근은 대부분의 초본성 육상식물의 뿌리와 일부 자낭균 사이의 매우 오래되고 밀접한 상리공생이다. 균류의 숙주 범위가 넓으나 절대공생체이다.

4. 감자마름병균은 감자만발성 마름병의 원인균이다. 난균문에 속하는 원생생물인 감자마름병균은 감수성 숙주의 잎을 감염시켜서 생물영양적으로, 그리고 나중에는 사체영양적으로 영양분을 얻는다. 숙주로부터 분리된 포자는 시험관내 배양이 가능하다. 이 관계는 수지상균근 공생보다 절대성은 약하나 특이성은 더 높다.

5. 흰가루병균은 많은 현화식물의 절대적 균류 기생체이다. 기중 포자가 감수성 식물의 지상부를 감염시키고 흡기를 만들어, 밀접한 연합을 형성한다. 균류의 영양은 생물영양성이다. 숙주의 범위는 매우 좁아서 종, 품종, 또는 계통 특이적일 수 있다.

6. 미생물의 산포 및 감염 메커니즘은 산포의 매질(토양 또는 공기)과 숙주(뿌리, 잎, 줄기) 침입 경로에 적절하여야 한다.

7. 미생물은 표면 조직이나 화학물질과 같은 환경 자극에 반응함으로써 적절한 숙주에의 감염을 촉진할 수 있다.

8. 기계적 방법으로 식물 세포벽을 관통하는 미생물은 부착기와 감염발, 감염사와 같은 특수한 특징적 구조를 이용한다. 세포벽을 파괴하는 방법으로 세포외 세포벽 분해효소를 이용하는 미생물도 있고, 두 가지 방법을 다 사용하는 미생물도 있으나 병원성 미생물에 전형적으로 나타난다.

9. 생물영양성 공생에 있어서 식물과 미생물 사이의 계면 구조는 많은 유사점이 있으나, 한 가지 중요한 차이점은 상리공생적 연합은 식물과 미생물의 계면 막에 H^+-ATP분해효소가 모두 있으나 병원성 연합은 미생물의 원형질막에 국한되어 나타난다.

6.5 병원체, 독성 및 저항성

고대 수메르 왕국에서 농업이 시작된 이래 인간은 작물을 파괴하거나 감염시키는 미생물 질병에 맞서서 투쟁하여 왔다. 인간의 주요 무기 중 하나는 식물이 나타내는 질병에 대한 내재적 저항성 메커니즘을 개발하는 것이었다. 그러나 이들을 자세하게 논의하기 전에 앞에서 소개되었지만 혼동을 줄 수 있는 용어들을 정리하는 것이 중요하다. **병원체(pathogen)**는 질병을 야기할 수 있는 생물체이다. 그러나 한 식물에 병원성인 생물체가 다른 식물에는 병원성이 아닐 수도 있다. 병원체의 숙주 범위는 넓을 수도 있고 좁을 수도 있다. 병원성 생물종의 개별 균주(strain)들이 잠재적 숙주식물을 감염시키지 못하여 아무런 손상을 주지 못하는 **무독성(avirulent)**일 수도 있다.

이에 상응하여 어떤 숙주 품종은 특정 병원체 균주에 대하여 **저항성(resistance)**을 나타내는데, 이는 무독성 병원체(avirulent pathogen)가 식물의 대량 저항성 반응을 야기하여 감염을 방해하기 때문이다. 이와 대조적으로 독성 병원체(virulent pathogen)는 감염을 통하여 질병을 야기할 수 있으며, **감수성(sensitive)** 숙주는 이 질병에 걸리게 된다.

숙주의 감수성 정도와 저항성 반응의 강도에도 상당한 변이가 있다. **수직저항성(vertical resistance)**은 특정 무독성 병원체 균주에 대하여 숙주 품종을 전체적으로 보호한다. 반면에 **수평저항성**(horizontal resistance)은 넓은 범위의 병원체에 대한 보호 방법을 제공한다. 이 경우에 방어 메커니즘의 일부분만이 관여하는 더 일반적인 반응이 있으며, 이 반응은 병원체를 파괴하기 보다는 제지하는 작용을 한다. 실제로 수평저항성에 의해 유도되는 많은 방어 작용이 상해나 토양의 독성 금속 같은 비생물적 스트레스(abiotic stress)에 의해서도 야기될 수 있다.

6.6 종자식물의 방어 메커니즘

식물의 방어 메커니즘은 여러 면에서 동물이 질병에 반응하는 방식과 같다. 식물은 원하지 않는 병원성 미생물의 침입 시도에 대항하기 위한 다양하고 훌륭한 방어 메커니즘을 가지고 있다. 더구나 이들 메커니즘은 대부분 성공적이기 때문에, 대다수의 식물은 일생의 대부분을 질병 없이 살아간다. 식물의 질병 발생 여부는 질병을 야기하는 병원체의 능력과 질병에 대항하여 자신을 보호하는 숙주 능력 사이의 균형에 따라 결정된다. 일부 방어 메커니즘은 언제나 작용할 수 있는 **구성성**(constitutive)이다. 여기에는 비후화된 각피질과 항미생물활성이 있는 이차대사물질(secondary metabolite)의 축적 등이 포함되며, 식물의 일생을 통하여 일반적인 보호 작용을 한다. 다른 방어 메커니즘들은 **유도성**(inducible)으로서, 일단 감염 시도가 진행될 때에만 나타난다. 여기서 다루고자 하는 것은 바로 **유도방어**(inducible defense)이다. 식물의 유도방어체계는 매우 복잡하다(그림 6.19 참조). 이해를 쉽게 하기 위하여 개별 사항을 순서대로 기술하고 나중에 전체 체계를 조합하여 보기로 한다.

6.6.1 세포벽의 변화

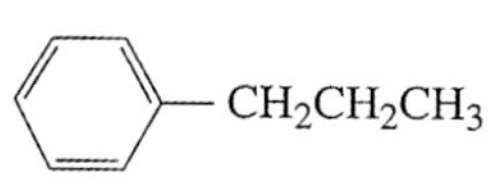

1-페닐프로판
(페닐프로파노이드 화합물의 전구물질)

균류 침입에 대한 빠른 국지적 반응으로서 식물 세포벽에 물질들이 첨가될 수 있다. 이들 중에는 **펙틴**(pectin)과 칼로오스 같은 탄수화물뿐만이 아니라, **페닐프로파노이드경로**(phenylpropanoid pathway) 산물인 리그닌 등의 페놀화합물, 그리고 **과산화효소**(peroxidase)를 포함한 여러 종류의 단백질이 포함된다. 이들 물질 대부분의 공통적 특징은 정상적인 세포벽 구성 물질에 비해 교차결합 능력이 매우 높다는 것이다. 리그닌의 예를 그림 6.11에 나타냈다. 교차결합은 세포벽을 단단하게 만들어 미생물 공격에 대한 감수성을 감소시킨다. 병원체의 공격이 일어나는 이른 시기에 과산화수소(H_2O_2)가 생성되어(6.6.6절), 세포벽 중합체의 산화적 교차결합의 기질로 작용한다. 균사나 감염발이 세포 내로 침입을 시도하는 곳에서는 국지적으로 칼로오스가 침적되어, 세포벽의 안쪽 면이 비후해진다(그림 6.8b). 세포벽의 과산화효소는 리그닌 합성을 비롯한 여러 교차결합 반응에 작용한다.

또한 타닌(tannin)과 리그닌은 단백질과 결합하여 효소의 활성을 억제한다. 식물은 이런 방법으로 자신의 조직을 공격하는 균류의 효소들을 불활성화시킨다. (가죽에 타닌을 첨가하면 미생물에 의한 분해 과정이 억제되어 오래 보존된다.)

그림 6.8b에 나타낸 것처럼 세포벽이 병원체와의 접촉 지점에서 칼로오스 등으로 빠르게 보강되면 병원체의 침입이 느려지고, 유전자의 활성화 및 방어 인자들의 생합성(*de novo* synthesis)이 요구되는 방어 과정의 활성화에 필요한 시간을 제공한다.

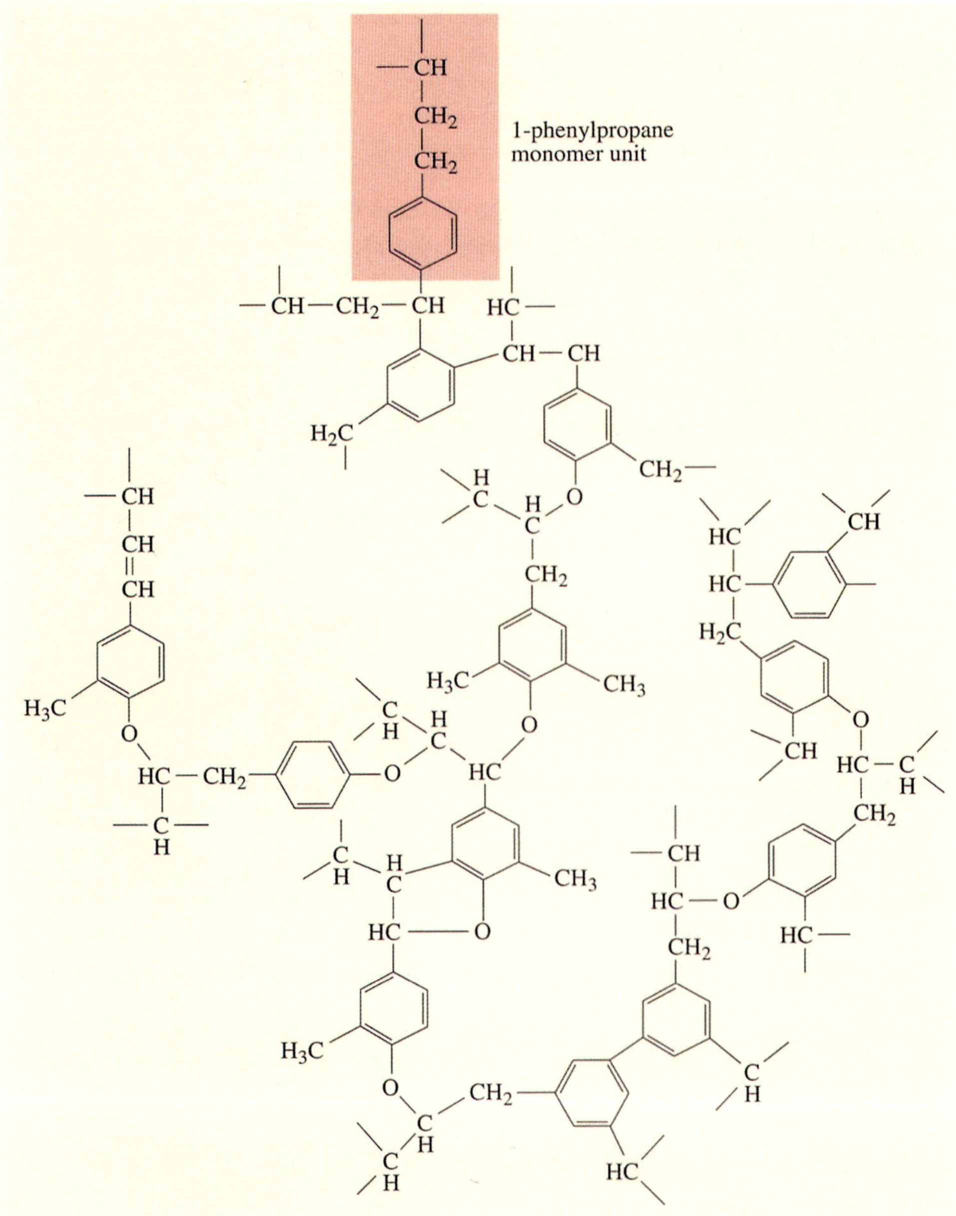

그림 6.11

페닐프로파노이드 단위체(subunit)로 구성되는 복잡한 3차원적 중합체인 리그닌 분자 구조의 일부분. 단위체들은 다양한 연결에 의해 무작위로 결합하여 3차원적인 비대칭 망을 형성한다.

6.6.2 피토알렉신

페닐프로파노이드경로에서는 많은 종류의 **피토알렉신**(phytoalexin)도 생산된다. 피토알렉신은 저분자량의 화합물로서, 미생물에 노출된 후 식물에서 합성되어 축적된다. (일부 알칼로이드도 피토알렉신이다.) 이들은 모두 이차대사물질로 분류되지만 식물의 중요한 방어무기이다. 300종 이상의 피토알렉신이 알려져 있으며, 이들은 종종 서로 연관되어 있지만, 플라보노이드와 세스퀴테르펜(sesquiterpene)을 포함하는 넓은 범위의 여러 화합물 범주에 속하는 것으로 밝혀졌다. 그러나 같은 과(family)의 식물에서 생산되는 피토알렉신들은 구조적으로 둘 또는 세 종류에 속한다. 예를 들어 콩과식물은 이소플라보노이드(isoflavonoid) 유도체를 생산하는 반면, 감자과식물은 세스퀴테르펜을 생산한다.

○ 6.4절에 식물 방어 이외에 플라보노이드의 다른 기능이 소개되어 있다. 무엇인가?

● 뿌리혹세균이 식물 뿌리의 삼출물에 포함된 플라보노이드에 의해 숙주인 콩과식물로 유도된다.

페닐알라닌암모니아분해효소(phenylalanine ammonia lyase, PAL)와 **칼콘합성효소**(chalcone synthase, CHS)는 피토알렉신 합성에 관여하는 중요한 효소이다. PAL은 페닐프로파노이드경로의 첫째 효소이다(그림 6.12).

그림 6.12

페닐프로파노이드경로. 페닐알라닌암모니아분해효소의 작용에 의해 페닐알라닌에서 합성된 신남산이 리그닌, 타닌, 일부 피토알렉신 등과 같은 페놀화합물의 전구체이다. 칼콘합성효소는 플라보노이드 및 글리세올린 등의 이소플라보노이드 유도체 합성 경로의 첫 효소이다.

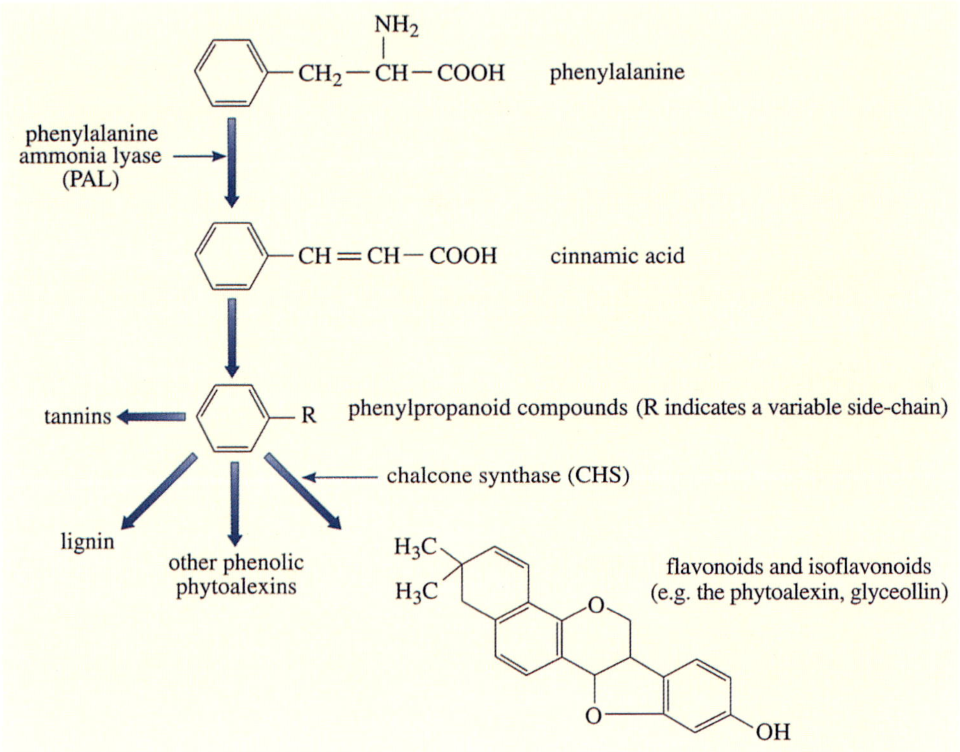

PAL은 페닐알라닌(phenylalanine)을 신남산(cinnamic acid)으로 전환시키며, 신남산은 리그닌, 타닌, 피토알렉신을 비롯한 많은 페놀화합물의 전구체이다. CHS는 플라보노이드 및 글리세올린(glyceollin), 메디카르핀(medicarpin) 등의 이소플라보이드 유도체 피토알렉신 합성을 위한 분지 경로의 첫 효소이다.

피토알렉신은 효능이 낮으며, 특이성이 매우 낮은 항생물질이다. 세균, 균류, 동물세포, 바이러스 및 심지어 다른 식물에 대해서도 효과적이다. 대부분의 피토알렉신은 **지용성(lipophilic)** 분자로서 지질에 용해되며, 이는 이들 물질이 원형질막을 가로질러 세포 내 장소에서 독성 효과를 나타낸다는 것을 의미한다. 피토알렉신은 라디칼을 형성하여 DNA에 손상을 주고 막을 파괴하며, 무기염류의 흡수와 신호전달에 여러 가지 영향을 주는 것으로 생각된다. 피토알렉신은 감염 부위에만 작용하여 병원체 생장을 억제하며, 식물이 병원체에 감수성일 때보다 저항성일 때 더 빨리 그리고 많이 축적된다.

병원체들은 피토알렉신에 대한 감수성에서 차이가 난다. 많은 종류의 균류는 대사를 통하여 독성이 적은 유도체로 피토알렉신을 변환시킬 수 있다. 특정 병원체의 독성이 더 강한 균주일수록 약한 균주에 비해 효율적으로 피토알렉신을 무력화시킨다. 그림 6.13은 완두의 독성과 뿌리 및 줄기 병원성 균류인 *Nectria haematococca*에 의한 피토알렉신 피사틴(pisatin)의 해독 능력 사이의 연관 가능성을 나타낸다.

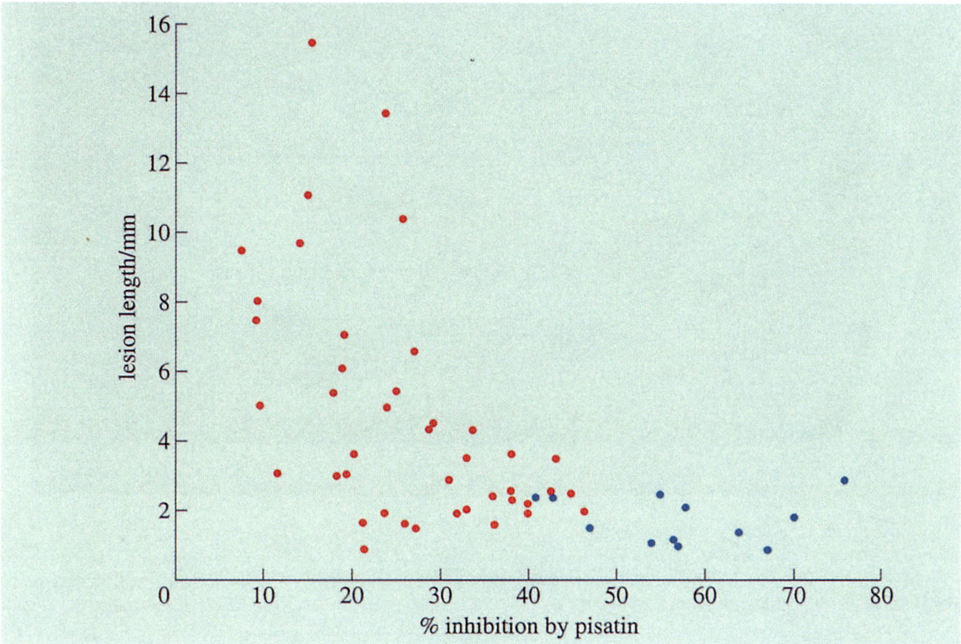

그림 6.13

피사틴에 대한 감수성(피사틴에 의한 억제 %), 완두에 대한 *Nectria haematococca* 분리균의 독성(손상 부위의 길이), 그리고 피사틴 탈메틸화 능력 사이의 관계. 각 점은 하나의 분리균을 나타낸다. 붉은 점은 피사틴을 탈메틸화할 수 있는 분리균을 가리키고, 푸른 점은 피사틴의 독성을 제거하지 못하는 분리균이다. 손상 부위의 길이는 분리균에 의한 손상 정도 즉 독성을 나타낸다. 억제 %는 피토알렉신에 대한 분리균의 감수성을 나타낸다.

피사틴을 탈메틸화(demethylation)할 수 없는 모든 *N. haematococca* **분리균(isolate)**은 피사틴에 대한 감수성이 매우 높았으며 완두에 대한 독성이 약하였다. 독성이 강한 분리균은 모두 탈메틸화 능력을 가지고 있어 피사틴의 독성을 제거하였다. 독성이 강한 분리균 중에서 피사틴에 감수성인 것은 없었다. 그러나 피사틴에 저항성이 매우 높은 몇몇 분리균은 독성이 약하였다.

○ 이러한 관찰이 미생물의 피토알렉신 무독화 능력과 독성에 대하여 의미하는 것은 무엇인가?

● 미생물이 피토알렉신에 대한 내성이 있다고 해서 반드시 병원체는 아니다.

일부 병원체는 공급원으로부터의 피토알렉신 축적을 억제하는 억제제를 합성할 수 있다. 이러한 억제제는 PAL과 CHS의 mRNA 축적을 억제하여 완두의 피사틴 합성을 감소시킨다.

6.6.3 과민성반응

과민성반응(hypersensitive response, HR)은 병원체에 의해 세포가 빨리 사멸하고 붕괴되는 과정이다. 병원체는 이와 같은 공격 부위의 국지적 세포사멸에 의해 고립되어 정착

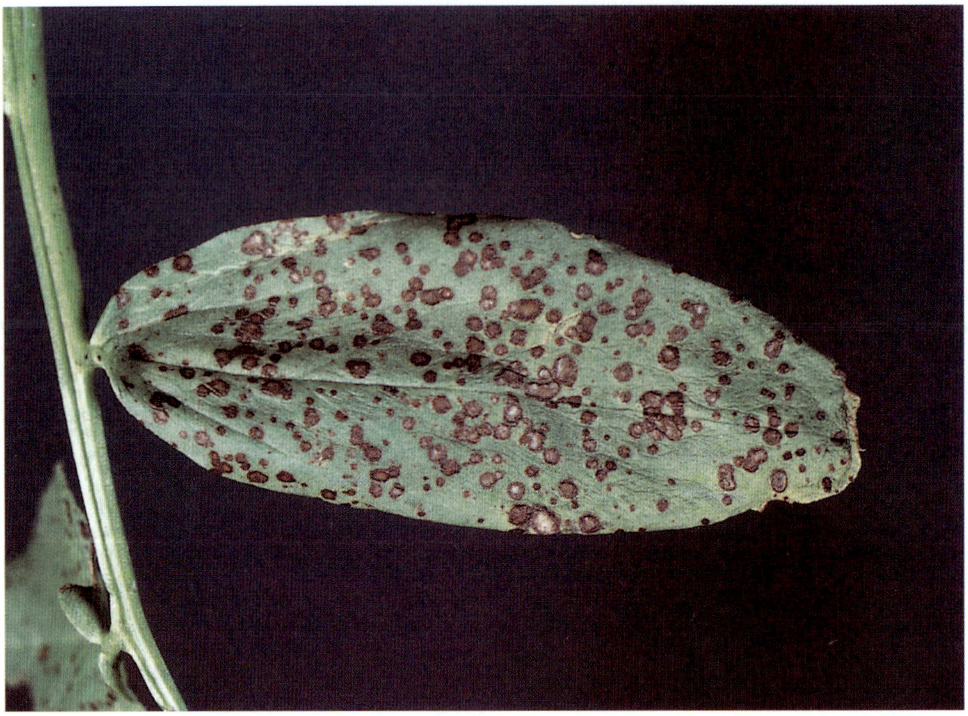

그림 6.14

병원체 감염 시도에 대한 과민성반응의 결과 나타난 괴사성 손상(반점).

과 전파가 억제된다. 보통 세포사멸은 감염된 잎에 작은 괴사성 반점(necrotic spot)으로 나타난다(그림 6.14).

이러한 예정세포사(programmed cell death)는 활동적이며 순서대로 진행되는 과정으로서(5장), 식물과 병원체의 접촉 부위에서 나타나는 현상들을 인식하여 일어나는 단백질 합성에 의존한다. 이는 전투에서 병사들을 보호하기 위한 전략적 후퇴에 비유할 수 있는데, 적군의 전진을 방해하기 위하여 후퇴하면서 작물을 태우고 다리를 파괴하는 것과 같은 것이다.

다양한 종류의 병원체에 반응하여 적어도 두 가지 경로로 세포사멸이 일어나는 것으로 보인다. 한 가지 경로는 동물의 **세포자살(apoptosis)**과 유사하여, 세포 과정들이 순서적으로 정지되고 세포소기관들이 응축되어 세포 내용물이 마른 시체처럼 된다. 다른 경로는 혼란스럽다는 점에서 피상적으로 **괴사성세포사(necrotic cell death)**와 유사하다(세포가 팽창하고 세포 내용물이 빠르게 파괴된다). 이는 예정세포사의 다른 예인 것으로 생각된다.

○ 과민성반응이 바이러스, 세균, 절대생물영양성 기생생물, 괴사성병원체 등에 대하여 어떤 효과를 나타낼 것으로 생각되는가?

● 바이러스는 과민성반응에 의해 원형질연락사를 통한 세포 간 이동이 영향을 받을 것이다. 세균의 경우 세포사멸 과정에서 탈수가 일어나면 생장과 장기 생존이 감소할 수 있다. 살아있는 세포에 의존하여 생장 발달하는 절대기생생물에 대해서 과민성반응은 효과적일 것으로 생각된다. 괴사성병원체는 실제로 죽은 세포의 영양분 방출에서 이득을 취할 것이다.

6.6.4 병원관련단백질

잠재적 병원체의 존재는 많은 종류의 단백질 합성을 유도한다. 이들 **병원관련단백질(pathogenesis-related protein, PR-protein)**은 PR-1에서 PR-11까지의 11개 종류로 나누어지는데, 아직 기능을 모르는 것이 많이 있다. PR-2, PR-3, PR-11은 β-1,3-글루카나아제(β-1,3-glucanase)와 키티나아제(chitinase)를 포함하는 가수분해효소이다. 이들 효소는 필요할 때까지 액포 내와 세포외 공간에 저장된다. 이러한 구획화가 중요한 이유는 균류와 식물의 세포벽 모두에 글루칸으로 구성된 중합체가 포함되어 있기 때문이다. 키티나아제의 경우는 이 정도로 문제가 심각하지는 않은데, 식물 세포벽은 균류와 달리 키틴을 포함하지 않고 따라서 키티나아제의 영향을 받지 않기 때문이다.

○ 글루카나아제가 무작위로 분포하면 식물에 어떤 위험이 있는가?

● 식물이 자신의 세포벽을 분해할 수 있다.

PR-1과 PR-4는 항진균 활성을 가지며 균류에 독성을 나타낸다. 다른 종류의 PR단백질은 아래에 기술한 전신획득저항성의 유도에 관여하기도 한다.

6.6.5 전신획득저항성

표 6.2는 무독성 담배모자이크바이러스(tobacco mosaic virus, TMV) 균주의 감염에 미리 노출된 담배와 그렇지 않은 담배에 여러 종류의 담배 병원체를 처리하였을 때 나타나는 실험 결과이다. 감염 저항성은 손상 부위의 크기로 표시하였으며, 작은 손상은 과민성반응의 증거로 여겨지고, 따라서 감염이 시도된 식물에 의한 저항성 반응을 의미한다. 큰 손상은 병원체의 감염이 성공적인 것으로 간주한다.

표 6.2 무독성 TMV 균주에 의한 초기 감염이 이후의 연속적 감염에 대한 담배의 저항성에 미치는 영향. 작은 손상은 병원체에 대한 식물의 저항성 반응의 증거로 간주하고, 반면에 큰 손상은 감수성 반응을 의미한다.

담배에 투여된 잠재적 병원체	A 그룹(대조구) : 이전에 감염이 안 된 식물	B 그룹 : 이전에 TMV로 감염된 식물
B 그룹에 먼저 투여된 것과 같은 잎에 독성 TMV 균주를 투여	많은 수의 큰 손상 부위	적은 수의 작은 손상 부위
B 그룹에 먼저 투여된 것과 다른 잎에 독성 TMV 균주를 투여	많은 수의 큰 손상 부위	적은 수의 작은 손상 부위
TEV(담배부식바이러스)	많은 수의 큰 손상 부위	적은 수의 작은 손상 부위
Pseudomonas tabaci (담배의 세균 병원체)	많은 수의 큰 손상 부위	적은 수의 작은 손상 부위
Perenospora tabacina (담배의 청색곰팡이)	많은 수의 큰 손상 부위	적은 수의 작은 손상 부위

○ 표 6.2의 자료를 이용하여 다음 물음에 답하시오.
(a) 이전의 TMV 감염이 다음 균주의 감염에 대한 저항성에 미치는 영향은 무엇인가? (i) 같은 병원체의 독성 균주, (ii) 다른 바이러스 병원체의 독성 균주, (iii) 세균 병원체의 독성 균주, (iv) 균류 병원체의 독성 균주.
(b) 이전에 감염된 식물체 부위에 국한되어 저항성이 나타나는가?

● (a) 이전 감염에 의한 결과는 다음과 같다. (i) 크기가 작은 손상 부위가 나타나며 따라서 같은 병원체의 독성 균주에 대한 저항성이 증가한다. (ii) 이렇게 유도된 저항성은 다른 바이러스 병원체와 (iii) 많은 종류의 세균 병원체, 그리고 (iv) 균류의 병원체까지 확장되어 적용된다.
(b) 저항성은 이전에 감염에 노출된 부위뿐만 아니라 식물체 전체로 확장된다(첫째 줄과 둘째 줄).

병원체에 식물을 노출시키면 다른 병원체의 침투에 대한 저항성이 전반적으로 증가하는 것으로 보인다. 이와 같은 **전신획득저항성(systemic acquired resistance, SAR)**은 동물에서 후천성 면역(acquired immunity)이 발달하는 것과 유사하다.

6.6.6 방어 반응의 조정

식물이 병원체에 의한 상시 침입 시도에 대항하기 위하여 일단의 세포 반응을 가지고 있다는 것은 오래 전부터 인식되어 온 사실이다. 그러나 최근에는 미생물 감염에 의해 유도된 일련의 다른 변화들이 주의를 받고 있다. 이들 중 일부는 세포 보호체계의 구성원이지만 많은 요소들은 신호전달경로(signal transduction pathway)에 관여하고 있으며, 따라서 중요한 방어 메커니즘들을 조정하는 역할을 한다. 세포 통신에 관해서는 5장에서 논의한 바 있다. 초기의 연구 대부분은 동물에 대하여 수행되었으나, 식물에 대한 연구가 진행됨에 따라 식물과 동물에서 작동하는 방어체계 사이에 가까운 공통점들이 있다는 것이 점차 명확해지고 있다. 이온유동(ion flux), 산화적 폭증(oxidative burst), 일산화질소(nitric oxide), 인산화반응(phosphorylation) 등의 현상이 모두 식물 방어체계의 조정 과정에 관여한다. 이 체계의 다양한 요소들이 점차적으로 모여서 전체적인, 그러나 아직은 임시적인 저항성 조절 메커니즘이 만들어지고 있다.

○ 자극에 대한 반응으로서, 여러 단계로 이루어지며 첫 단계에 관여하는 화학물질들이 자극(병원체 등)에 의해 활성화되고 이들 화학물질들이 다음 단계를 활성화하면서 이런 과정이 계속 진행될 뿐만 아니라, 각 단계에서 활성화되는 분자의 수가 증가하여 반응을 증폭시키는 현상을 기술하는 용어는 무엇인가?

● 단계적 연쇄반응(cascade reaction)이라고 하며, 식물의 방어체계에서 이런 현상이 일어난다.

이온유동

침입자에 대항하여 식물에서 일어나는 가장 초기 반응 중의 하나는 빠른 속도의 **이온유동(ion flux)**이다. 활성화된 칼슘 통로를 통하여 세포외 Ca^{2+}(세포벽 또는 토양으로부터)이 세포질로 유입되고, 동시에 H^{+}와 K^{+}의 상호 이동이 일어난다. Ca^{2+}와 H^{+}는 둘 다 세포질보다 세포 밖의 농도가 훨씬 더 높다. 파괴적인 병원체가 원형질막을 통과하여 막의 탈분극화(depolarization)를 일으키면 그 순간 이온의 이동이 빠른 속도로 일어난다. Ca^{2+}은 세포벽의 비후화, 피토알렉신 합성, 과민성 세포사멸 등을 촉진하는 데 관여하는 것으로 생각된다. 접촉 부위 원형질막의 칼슘이온통로가 관여하는 Ca^{2+} 신호에 의해 교차결합과 칼로오스 침적이 야기될 수 있다. (이 통로는 신장에 의해 활성화될 수 있으므로, 칼로오스가 보호층으로서 마찰 부위에 생산될 수 있다.)

산화적 폭증

산화적(또는 호흡적) **폭증(oxidative burst)**은 미생물의 감염 시도에 대하여 숙주가 나타내는 반응의 초기 특징이다. 그림 6.15에 식물의 질병 저항성에서 산화적 폭증의 역할을 요약하였다. 병원체의 감염 시도에 의해 막결합 NADPH산화효소(NADPH oxidase)가 활성화된다(활성화된 포유류의 호중성 백혈구와 매우 비슷함). 이로 인해 과산화물(superoxide, $O_2\bullet^-$)이 빠른 속도로 생산되고, 곧 다른 활성산소종(reactive oxygen species, 2장)과 과산화수소(hydrogen peroxide, H_2O_2)로 전환되며, 후자는 감염된 세포에 축적되는 경향이 있다. 활성산소종은 항미생물제(antimicrobial agent)로 작용하며, 다수의 활성산소종은 매우 강한 산화제로서 많은 유기분자와 연쇄적으로 반응하여 대량 세포 손상을 야기한다. 앞에서 과산화수소가 세포벽의 산화적 교차결합의 기질로 작용하는 것을 보았다(6.6.1절). 과산화수소는 또한 과민성반응을 야기할 뿐만 아니라, 페닐프로파노이드경로와 이온유동을 촉진하고, 이들 영향으로부터 숙주세포를 보호하는 효소들을 암호화하는 유전자를 활성화시킨다. 이들 효소 중에는 과산화수소를 제거하는 **카탈라아제(catalase)**와 위험한 라디칼을 제거하는 **글루타티온S전달효소(glutathione S-transferase)** 등이 포함된다.

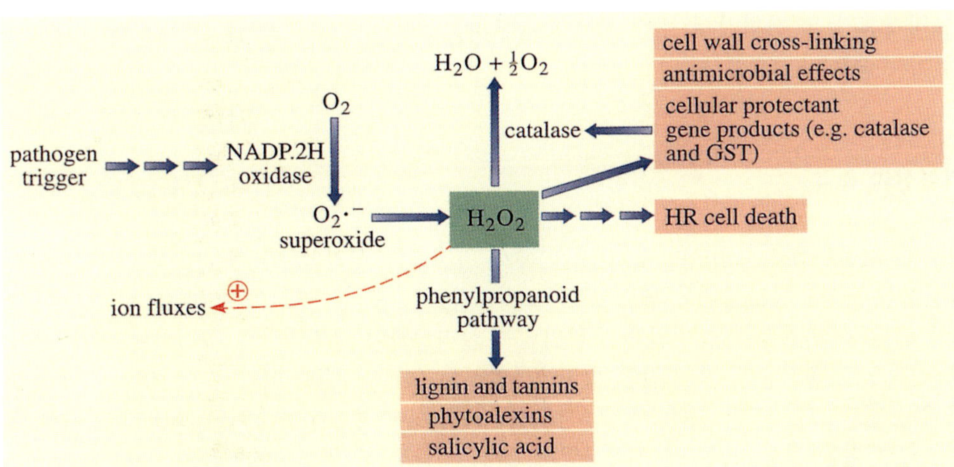

그림 6.15

유도성 식물 방어에서의 산화적 폭증의 역할. 과산화물이온이 빠른 속도로 과산화수소로 전환되고, 과산화수소는 많은 방어 반응, 예를 들어 세포벽의 교차결합, 피토알렉신 합성, (신호가 강한 경우에는)과민성반응(HR) 등을 촉진하는 신호로 작용한다. 과산화수소는 이온유동을 촉진하며 카탈라아제의 생산을 촉진함으로써 자신의 제거를 촉진한다. 붉은 색 점선은 양성되먹임(positive feed-back)을 나타낸다.

그림 6.16은 세균 감염에 따른 식물세포 내의 H_2O_2 축적과 세포사멸 유도에 대한 일반적 역학관계이다. 독성과 무독성 병원체 모두에 의해 빠른 속도로, 그러나 약하게 H_2O_2의 임시 축적 현상이 나타나고(단계 I), 이는 피토알렉신 촉진, 목질화(lignification), 세포벽 비후 현상 등과 같은 일반적인 스트레스 반응을 유도할 수 있다. 무독성 균주만이 감염 후 3 내지 6시간 사이에 오래 지속되는 두 번째의 대량 산화적 폭증 현상을 야기하는데(단계 II), 이는 과민성반응을 유도하기에 충분하다.

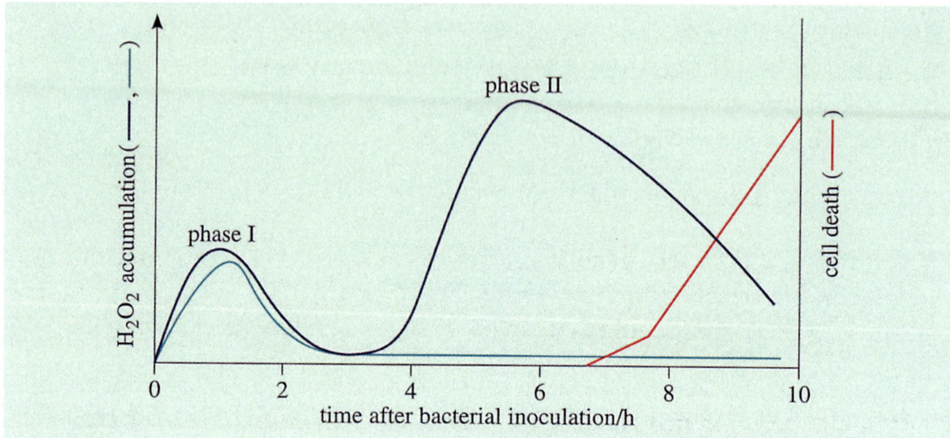

그림 6.16

세균 감염에 따른 식물세포 내의 H_2O_2 축적과 세포사멸 유도에 대한 일반화된 역학 관계. 하늘색 선은 독성 병원체나 비병원체의 감염에 따른 H_2O_2 축적을 가리킨다. 이로부터는 세포사멸이 초래되지 않는다. 짙은 청색은 무독성이나 비숙주 병원체의 감염에 따른 H_2O_2 축적을 나타낸다. 단계 II의 H_2O_2 생산에 이어서 (과민성반응의 부분으로서)세포사멸이 잇따른다(붉은색 선).

인산화균형

산화적 폭증은 인산화반응(phosphorylation)과 탈인산화반응(dephosphorylation) 사이의 균형에 의해 조절되는데 이를 **인산화균형(phosphorylation poise)**이라고 한다. 단백질인산가수분해효소(protein phosphatase)의 활성은 활성산소종의 생산을 감소시키고, 단백질인산화효소(protein kinase)는 반대로 작용하여 활성산소종의 생산을 증가시킨다. 이러한 조절적 균형은 산화적 폭증을 빠르게 유도하고 그 규모와 지속성을 엄밀하게 조절하는데 있어서 중요한 것으로 보인다.

살리실산의 축적

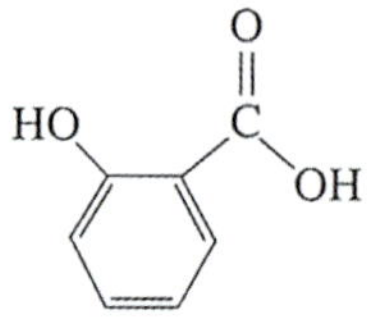

살리실산

버드나무(라틴어로 *salix*)의 수피(bark)에서 발견되는 **살리실산(salicylic acid)**은 벤조산(benzoic acid)의 유도체로서 페닐프로파노이드경로의 또 다른 산물이다. (아세틸살리실산은 '아스피린'이다.) 무독성 병원체로 감염되면 살리실산이 국지적으로 축적되며, 적은 양으로 전신적으로 축적된다. 직접적인 항미생물활성은 없으나 주로 여러 가지 역할의 신호 물질로 작용한다. (식물에 고유한 세포 신호전달물질로 여겨진다.) 방어의 조정에 있어서 살리실산의 역할을 그림 6.17에 요약하였다.

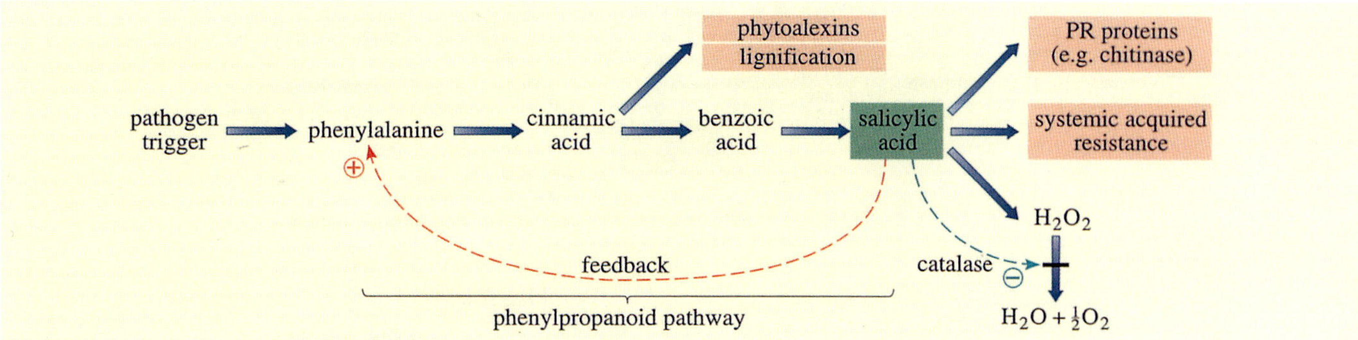

그림 6.17

유도성 식물 방어 반응에서의 살리실산의 역할. 살리실산은 페닐프로파노이드경로의 산물로서 PR단백질 유전자의 활성화와 전신획득저항성의 발달에 관여한다. 페닐프로파노이드경로를 직접 촉진하며 카탈라아제를 억제한다. 푸른 점선은 음성되먹임을 가리킨다.

살리실산은 PR단백질(병원관련단백질) 유전자의 활성화와 전신획득저항성의 발달에 관여한다. 살리실산이 축적되면 페닐프로파노이드경로가 직접적으로 촉진된다. 또한 살리실산은 카탈라아제와 결합하여 이를 억제한다.

○ 카탈라아제가 촉매로 작용하는 반응을 참고하여, 그림 6.16으로부터 카탈라아제의 활성 억제가 식물의 방어 반응에 미치는 영향을 제안하여 보시오.

● 카탈라아제는 과산화수소를 물과 산소로 분해한다. 이 반응이 억제되면 과산화수소가 축적되고, 세포벽의 교차결합, 항미생물성 효과, 세포 보호제 유전자의 활성화, 리그닌, 타닌, 피토알렉신의 합성, 그리고 과민성반응까지 촉진된다.

일산화질소

일산화질소(nitric oxide, NO)는 가장 최근에 식물의 저항성 반응 조정에 관여하는 신호전달물질 목록에 추가되었으나, 가장 중요한 물질일지도 모른다. 동물에서는 이온통로, 인산분해효소, 전사인자 등을 포함하는 세포 조절의 여러 양상을 조절하는 것으로 알려져 있다.

최근 증거에 의하면 일산화질소는 활성산소종과 협력하여 식물 방어 유전자의 전사 활성과 과민성반응을 촉진한다. 그림 6.18은 방어 조정 과정에 있어서 일산화질소의 역할로 가정되는 것을 요약한 것이다. 대두 세포에서 일산화질소는 활성산소종과 같이 작용하여 세포사멸의 증가에 있어서 상승효과를 나타낸다. 또한 PAL을 활성화시켜 페닐프로파노이드 경로의 활성이 확대되고, 그 결과 목질화(세포벽 비후화), 피토알렉신 합성, 살리실산 생산, 살리실산에 의한 전신획득저항성 등의 방어 반응 증가, 그리고 키티나아제와 카탈라아제와 같은 PR단백질의 생산 등으로 이어진다. 식물은 동물과 매우 비슷한 일산화질소합성효소(NO synthase)를 이용하여 아미노산인 아르기닌으로부터 일산화질소를 생산한다. 또한 일산화질소의 효과는 구아닐산고리화효소(guanylyl cyclase)와 고리형 GMP(cyclic GMP, cGMP)에 의해 중개되는데, 이들은 동물에서도 일산화질소 반응들을 중개한다.

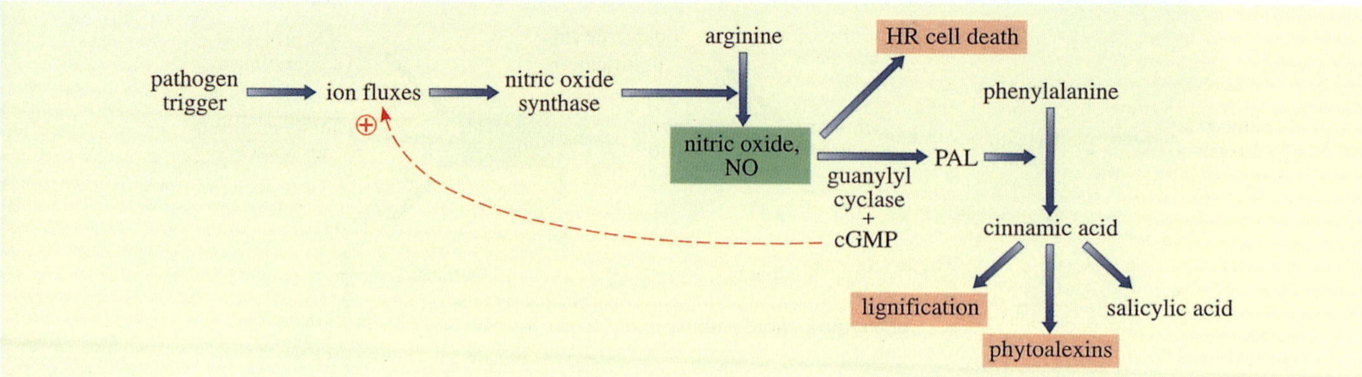

그림 6.18

이온유동이 아미노산인 아르기닌으로부터 일산화질소의 생산을 촉진한다. 일산화질소는 세포사멸 유도(과민성반응)와 PAL(페닐알라닌암모니아분해효소) 활성화에 관여하고, PAL은 페닐프로파노이드경로의 활성을 촉진시켜 세포벽 비후, 피토알렉신의 합성, 살리실산 생산 등으로 이어진다. 일산화질소의 생산은 구아닐산고리화효소와 cGMP에 의해서 증가한다.

○ 일산화질소, 구아닐산고리화효소, cGMP 사이의 기능적 관계는 무엇인가?

● 세포 내에서 1차전달자인 일산화질소가 구아닐산고리화효소와 결합하여 2차전달자인 cGMP를 생산하고, cGMP가 방어 반응을 촉진한다.

6.6.7 식물 방어체계의 종합

위에서 기술한 모든 방어 메커니즘과 신호전달 경로를 이용하여 식물 방어체계의 종합 이론을 만들면 그림 6.19와 같이 요약할 수 있다. 복잡한 체계이므로 앞의 내용을 비교하면서 정리하는 데 약간의 시간이 필요할 것이다.

현재 의견에 따르면 활성산소종과 일산화질소 사이의 상호작용이 방어 반응 경로를 거쳐 궁극적으로 과민성반응으로 이어지는 신호들의 규모를 미세조정하는 방법을 제공한다. 이에 대한 정확한 메커니즘은 아직 알려져 있지 않다. 그러나 일산화질소와 과산화이온의 균형적 합성으로 인해 **과산화아질산라디칼**(peroxonitrite radical, $NO_3\cdot^-$)이 생성되는데, 극도로 위험한 물질로서 세포사멸로 이어지는 대규모 세포 손상을 가져올 수 있다.

○ 그림 6.19의 조정 체계에서 다음 현상에 영향을 줄 수 있는 요소는 무엇인가(녹색으로 표시된 것 중에서)?

(a) 과민성반응(HR)

(b) 전신획득저항성(SAR)의 발달

(c) 카탈라아제 등의 세포 보호제 유전자의 활성화

● (a) 과민성반응은 이온유동, 일산화질소 합성, 산화적 폭증, 인산화균형, 과산화아질산라디칼 등에 의해서 조정이 이루어진다.

(b) 전신획득저항성은 과산화아질산라디칼을 제외한 위의 모든 요소와 살리실산에 의해서 조정이 이루어진다.

(c) 세포 보호제 유전자의 활성화는 인산화균형과 산화적 폭증에 의하여 조정이 이루어진다.

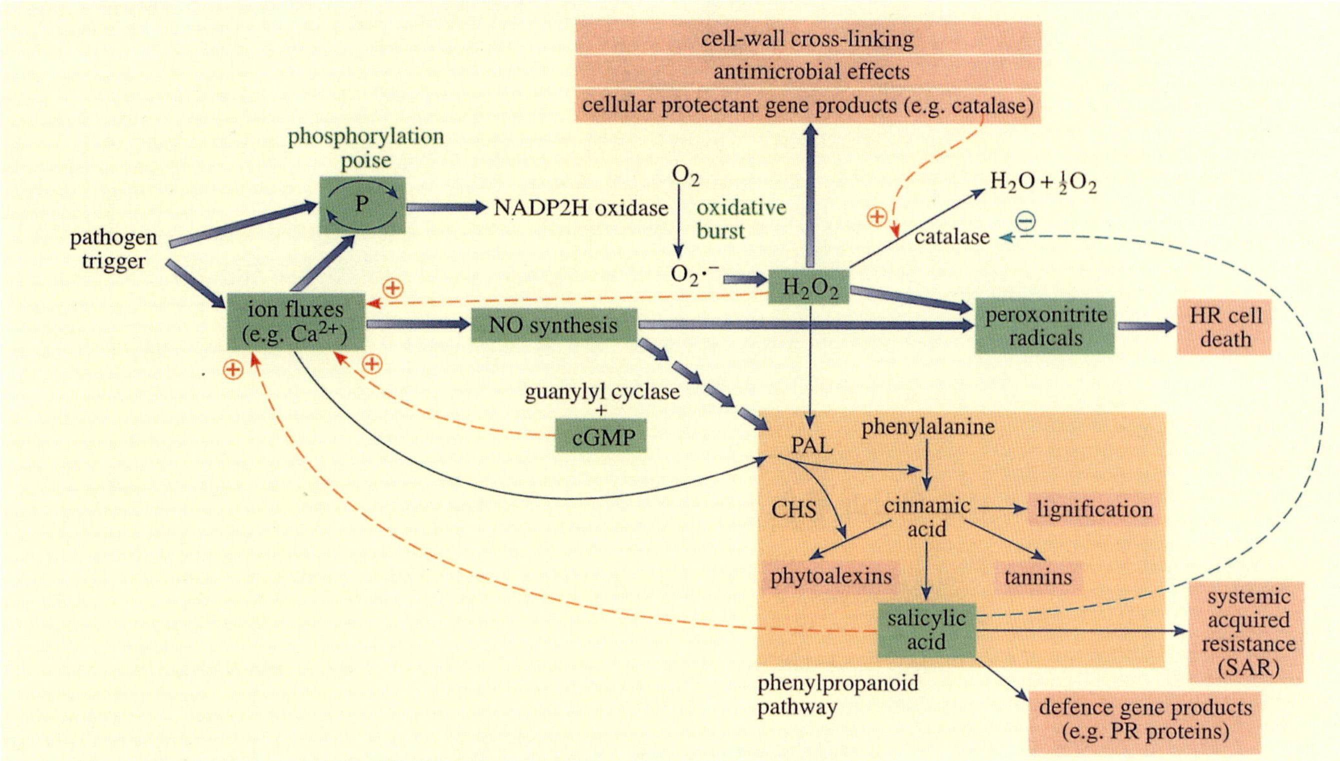

그림 6.19

종합적 유도성 식물 방어체계. 일산화질소와 산화적 폭증이 일반적인 단계 I 반응들을 조절한다. 여기에는 세포벽 교차결합, 항미생물성 효과, 세포 보호제와 PR단백질 유전자의 활성화, 피토알렉신 합성, 전신획득저항성 등이 포함된다. 강한 신호에 의해 단계 II의 과민성반응이 유도된다. (PAL은 페닐알라닌암모니아분해효소, CHS는 칼콘합성효소이다.)

식물 방어체계의 나머지 중에서 활성산소종만이 세포벽 교차결합과 글루타티온S전달효소 활성과 같은 더 일반적인 스트레스 반응의 최대 발현을 유도할 수 있지만, 페닐프로파노이드경로 효소들을 암호화하는 방어 유전자를 빠르게 유도할 수 있는 1차적 신호는 아니다. 일산화질소가 이 경로를 촉진하는 데 있어서 중심 역할을 하는 것으로 보이며, 피토알렉신, 리그닌, 타닌 및 살리실산의 합성, 살리실산에 의한 PR단백질의 합성 촉진, 전신획득저항성의 발달 등에 영향을 주게 된다. 물론 이것이 전체 이야기는 아니며 그림에서 빠진 요소들을 규명하기 위한 연구가 계속되고 있다.

6.5절과 6.6절의 요약

1. 독성 병원체 균주만이 성공적으로 감수성 숙주 식물에 병원성 감염을 일으킬 수 있다. 저항성 식물은 무독성 미생물 병원체에 강한 수직저항성 반응으로 반응할 수 있으며, 반면에 더 일반적인 수평저항성 반응은 넓은 범위의 잠재적 병원체를 저지할 수 있다.

2. 구성성 식물 방어는 항시 존재하나, 유도성 방어는 병원체의 공격이나 초식자에 의한 방목 등과 같은 더 일반적인 상해 현상에 반응하여서만 활성화된다.

3. 유도성 방어에는 다음이 포함된다.

(a) 세포벽 강화. 예를 들어 리그닌과의 교차결합, 타닌, 칼로오스의 축적 등.

(b) 특이성이 낮은 약한 항생제로 작용하는 피토알렉신. 예를 들어 글리세올린과 메디카르핀 같은 플라보노이드 유도체.

(c) 과민성반응, 즉 병원체의 침입에 의한 세포의 빠른 붕괴 및 사멸.

(d) 병원관련단백질. 키티나아제와 같은 일부 효소는 항미생물활성을 가지고 있으며, 또 다른 일부는 다른 저항성 반응의 유도에 관여한다.

(e) 전신획득저항성, 즉 일반적 저항성 증가로서 동물의 면역성 발달과 유사하다. 한 번의 감염으로 인해 다양한 범위의 병원체에 대하여 식물 전체의 저항성이 증가한다.

4. 방어 반응의 조정은 이온유동, 산화적 폭증, 인산화균형, 살리실산과 일산화질소의 축적 등이 관여하는 복합적 신호전달체계에 의해 이루어진다.

6.7 인식과 반응

위에서 식물의 방어체계에 대해서 살펴보았다. 그러나 물론 미생물이 침입할 때 식물이 항상 이들 방어 메커니즘을 활성화시키는 것은 아니다. 독성 병원체는 숙주의 방어 방법을 무력화시키거나 피할 수 있고, 상리공생생물은 거의 전적으로 이들 방어를 피하는 것으로 여겨진다. 병원체와 공생생물이 잠재적 숙주의 존재를 알아낼 수 있는 것과 마찬가지로 숙주식물도 분명히 미생물의 존재를 인식할 수 있고 따라서 이에 반응할 수 있다. 그러면 식물은 어떻게 친구와 적을 구분하는가?

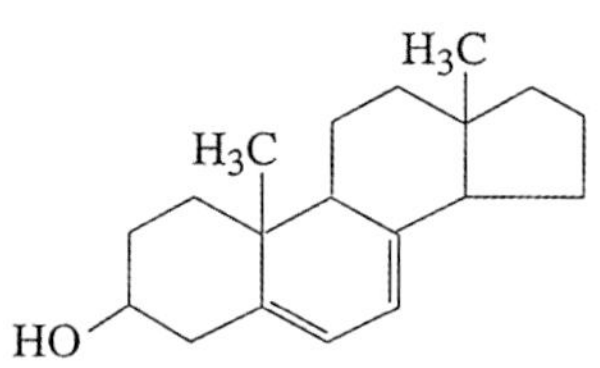

에르고스테롤

식물은 미생물에서 유도된 물질에 대하여 정교하게 민감한 화학인지(chemoperception) 체계를 가지고 있다. 식물은 올리고당(oligosaccharide) 및 에르고스테롤(ergosterol, 대부분의 고등 균류에 있는 주요 스테롤) 등의 지용성 물질 같은 많은 종류의 일반적 세포 구성원을 10^{-12}~10^{-10} mol l^{-1} 의 역치농도에서 인지할 수 있다. 실제로 균류와 세균에 특징적인 외래 분자를 식물이 높은 특이성을 가지고 인식할 수 있다는 점에서 식물의 화학인지 체계는 동물의 후각인지와 비슷하다. 그러나 일부는 빠른 속도로 탈민감화(desensitization)하여, 추가 자극이 반응을 유발하지 못하는 불응상태(refractory state)가 된다.

6.7.1 병원체의 인식

방어 반응을 촉진하는 인자를 **유도인자(elicitor)**라고 부른다. 병원체의 식물 세포벽 분해 효소들뿐만 아니라 다당류, 지질 및 단백질과 같은 세포벽 구성원을 포함하는 일반적 미생물 구성요소들에 식물이 노출될 때 항미생물성 화합물을 합성하고 방출하도록 유도될 수 있다는 것을 우리는 잘 알고 있다. 이러한 물질들은 숙주식물의 외부에 기인하기 때문에 **외생유도인자(exogenous elicitor)**라고 한다. 이와 대조적으로 숙주의 세포벽 조각도 방어 반응을 유도하는데(아마도 침입하는 병원체에 의해 야기된 세포벽 손상의 증상이기 때문에), 숙주에서 유도된 이러한 유도인자들을 **내생유도인자(endogenous elicitor)**라고 한다. 두 종류의 유도인자 모두 높은 비율로 많은 식물-병원체 상호작용에서 흔하게 나타나기 때문에, 이들이 수직저항성 반응을 유도할 수 있을 것으로는 생각되지 않는다. (수직저항성은 병원체 균주와 숙주 품종에 관하여 특이성이 매우 높고, 과민성반응을 포함한 완전한 방어 반응이 관여한다.) 과민성반응을 유도하는 유도인자는 훨씬 더 드물고 독특한 분자임이 틀림없으며, 숙주식물의 인식 메커니즘은 식별력이 더 크다.

인식 메커니즘으로서는 일종의 신호/수용체 배열(signal/receptor arrangement)이 가능성이 가장 높은 것으로 보인다. 1950년대에 제안된 **적대적유전자 이론(gene-for-gene model)**은 병원체에 대한 식물의 수직저항성의 유전적 토대를 설명한다. 아마(flax)의 녹병 병원체인 *Melampsora lini*의 **우성 무독성(avirulence, *AVR*)** 유전자는 우성의 상보적 **저항성(resistance, *R*)** 유전자를 포함하는 아마에 대하여 무독성을 결정한다. 이 이론에 따르면 이후에 품종 특이적 유도인자라고 명명된 *AVR* 유전자의 단백질 산물은 수용체인 *R* 유전자의 산물에 의해 인식되고, *AVR* 유전자와 *R* 유전자 산물들 사이에 정확한 결합이 일어나면 저항성 반응이 야기된다. 그림 6.20은 적대적유전자 이론의 작용 모식도이다.

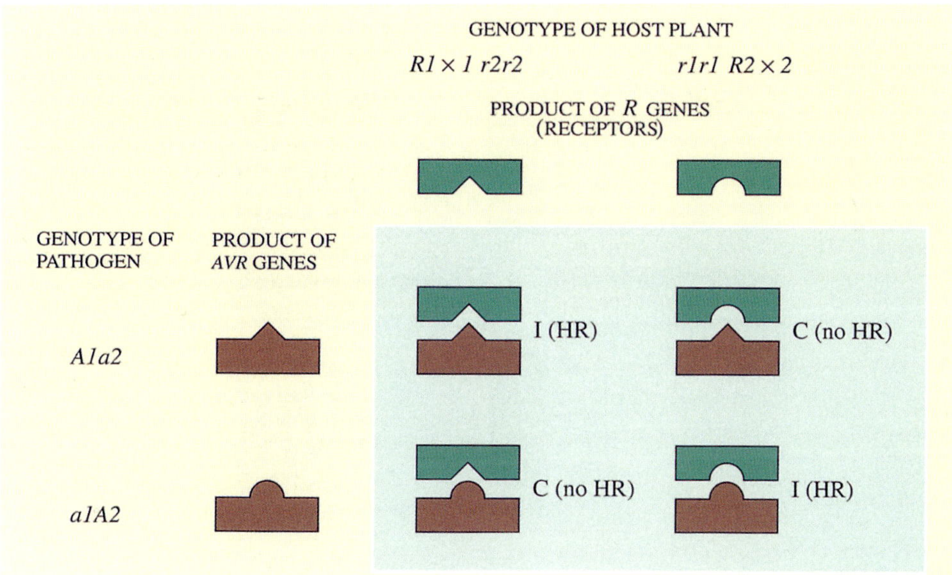

그림 6.20

AVR(무독성)유전자와 *R*(저항성)유전자에 대한 적대적유전자 가설. ×1은 대립유전자가 *R*1 또는 *r*1이 될 수 있다는 것을 가리킨다. ×2 역시 대립유전자가 *R*2 또는 *r*2가 될 수 있다는 것을 가리킨다. I, 과민성반응과 연관되는 부적합성 상호작용(incompatible interaction)(식물은 저항성이다.); C, 과민성반응과 연관되지 않는 적합성 상호작용(compatible interaction)(식물은 감수성이다.). HR은 과민성반응.

적대적유전자 이론에서 *AVR* 유전자의 **우성(dominant)** 대립유전자(그림 6.20의 *A1* 또는 *A2*)는 항원분자를 암호화하는데, 이 분자가 특정한 식물 유전자형의 상보성 수용체에 의해 인식되어 과민성반응 및 피토알렉신, PR단백질 등의 축적이 포함된 기타 식물 방어반응들을 시작한다. 무독성은 병원체 품종에 어떤 요소가 결핍되어 나타나는 결과가 아니라는 것을 인식하는 것이 중요하다. 저항성 숙주에 의해 신호로 인식되는 어떤 요소를 무독성 병원체가 생산하기 때문에 무독성이 초래된다.

○ 그림 6.20에서 *AVR* 유전자와 *R* 유전자 산물들 중 하나 또는 모두가 결핍되거나 또는 상보성이 없을 때 어떤 현상이 나타나겠는가?

● 신호분자가 수용체에 결합하지 않기 때문에 과민성반응이 시작되지 않는다. 그러므로 숙주가 미생물에 의해 감염된다.

이러한 메커니즘은 동물에서 발견되는 선천면역계(innate immune system)와 상당히 유사하나 대조적인 점도 있다. 예를 들어 동물의 경우에는 많은 세포 이동이 있으나 식물에서 세포는 정적이라는 것이다.

AVR 산물은 병원체의 생활주기에 따라 세포 내에서 또는 세포 외에서 인식될 수 있다. *AVR* 유전자는 구조적으로 세포벽 분해효소나 이온통로 저해제와 같은 병원성 인자의 생산에 관여하는 단백질을 암호화한다. 이러한 유도인자의 공통적 특징은 *R* 유전자 산물에 있는 수용체와 결합하는 데 관여하는 것으로 생각되는 시스테인영역(cysteine-rich domain)이 존재한다는 것이다. 매우 다양한 병원체에 작용하는 *R* 유전자 산물들은 높은 구조적 상동성을 나타낸다. 이들은 모두 한쪽 끝에 루신반복영역(leucine-rich repeating domain)이 있는데, 이는 수용체의 결합 부위라고 생각된다. 중앙 부분은 원형질막에 묻혀있는 반면(그림 6.21), 반대쪽 끝은 단백질인산화효소(protein kinase)로서 신호전달에 관여한다.

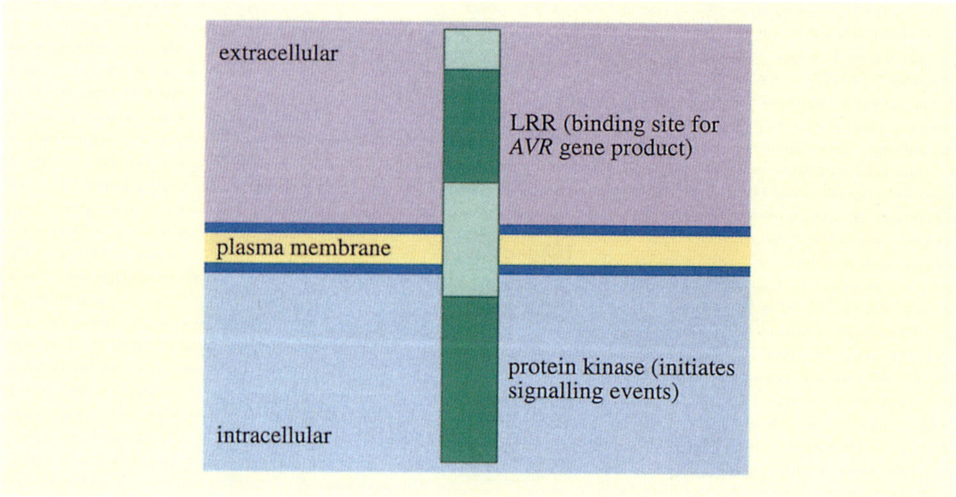

그림 6.21

식물의 질병 저항성 유전자 산물의 모식도. LRR = 루신반복영역.

○ 단백질인산화효소(protein kinase)는 어떤 종류의 반응을 촉매하는가?

● 단백질의 인산화반응(phosphorylation)을 촉매한다. (산화적 폭증의 인산화균형 조절에 관여한다.)

수평저항성의 조절에 관해서는 많이 알려져 있지 않다. 품종 특이성이라고 할 수 없는 일반적 세포벽 구성요소, 마멸, 독성 이온 등과 같은 다양한 요인들에 의해서 세포벽 비후, 피토알렉신 생산, 목질화 등이 유도될 수 있다. 이들은 직접 또는 수용체와 특이성이 낮은 결합을 통하여 이온유동을 생성시키거나, 또는 원형질막의 여러 다른 수용체와 결합하여 소량의 신호전달 분자를 생성시킴으로써 작용하는 것으로 생각된다.

6.7.2 상리공생생물의 인식

식물에 의한 미생물 물질의 화학인지는 상리공생에서도 작용한다. 수지상균근과 질소고정 뿌리혹의 형성 과정은 앞에서 어느 정도 상세히 설명하였으나, 여기서는 미생물이 어떻게 숙주의 방어 반응을 회피해 나가는지 고려해 보기로 한다.

뿌리혹세균과 숙주 반응

콩과식물의 질소고정 뿌리혹 형성은 신호 교환으로부터 시작된다. 첫 단계에서 식물에 의해 플라보노이드(페닐프로파노이드경로에서 생산)가 분비되고 세균의 뿌리혹형성 유전자(*NOD* gene)의 촉진유전자(promoter)를 활성화시켜 전사를 유도한다. *NOD* 유전자의 유도는 **Nod 인자(Nod factor)**라고 불리는 물질의 합성으로 이어진다. Nod 인자는 식물 뿌리에서 뿌리털 변형, 뿌리털 막전위의 탈분극화(이온유동), **노둘린(nodulin)** 유전자의 발현 유도, 뿌리혹원기의 형성 등과 같은 여러 가지 반응을 유도한다. 노둘린은 뿌리혹 형태발생에 관여하는 식물 단백질이다. 그림 6.22는 이와 같은 '분자 대화'의 모식도로서 Nod 인자가 어떻게 발견되는지를 설명한다.

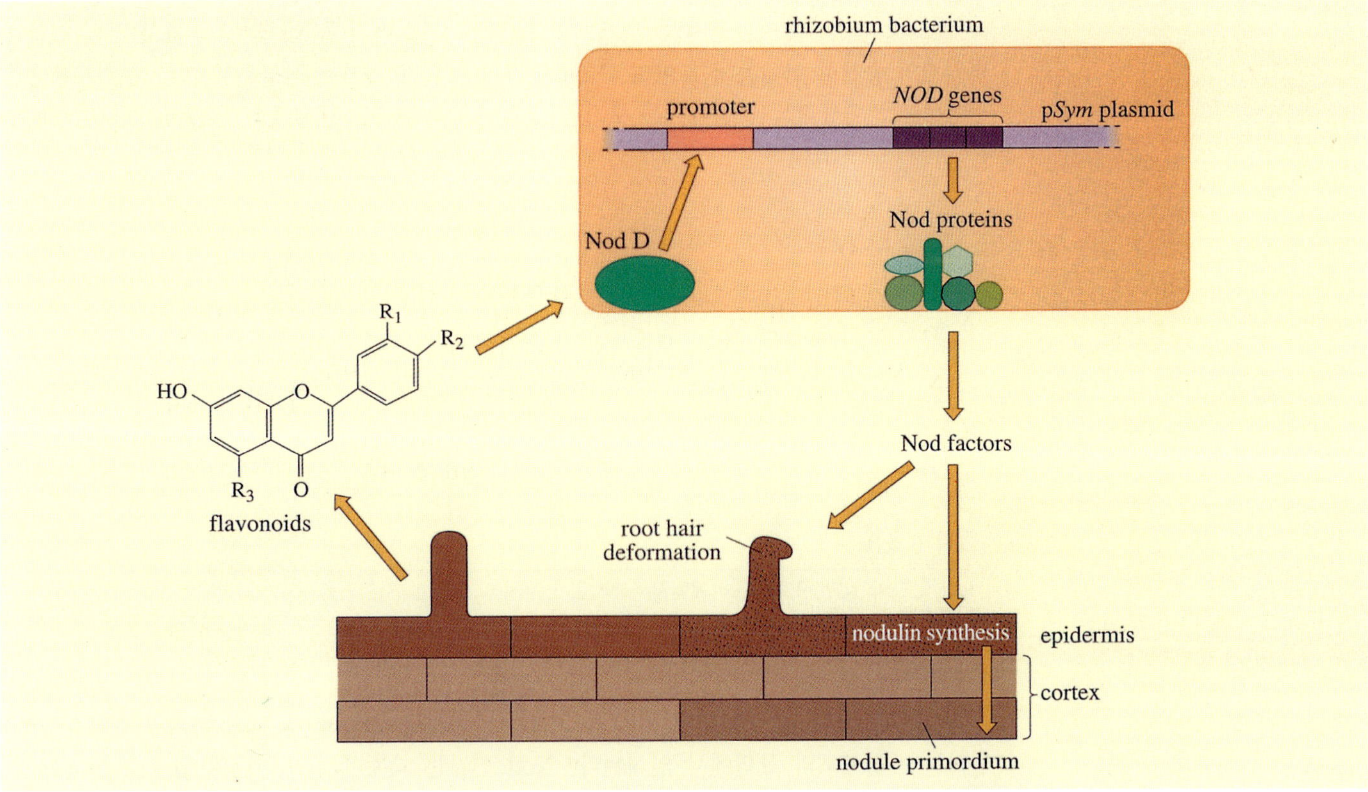

그림 6.22

콩과식물-뿌리혹세균 상호작용의 초기 단계. 식물이 분비한 플라보노이드가 세균의 뿌리혹형성 유전자(*NOD* 유전자)의 전사를 유도한다. *NOD D* 구성성 유전자의 발현 산물은 특정 플라보노이드에 대한 수용체이다. 다음에 이 복합체는 다른 *NOD* 유전자들을 활성화시킨다. Nod 단백질들은 Nod 인자의 합성에 관여하고, 이들은 다시 뿌리털 변형, 노둘린 유전자 발현, 뿌리혹원기의 생성과 같은 반응들을 유도한다.

NOD 유전자들은 뿌리혹 형성이 가능한 *Rhizobium* 종의 p*Sym* 플라스미드에 존재한다. 각각의 뿌리혹세균 균주는 일단의 *NOD* 유전자들을 가지고 있는데, 이들 중 일부는 세균의 숙주 범위를 결정하는 데 도움을 준다. 대부분의 *NOD* 유전자는 숙주로부터의 플라보노이드에 의해 유도된다. 그러나 *NOD D* 유전자는 구성적으로 발현되며 특정 플라보노이드의 수용체를 암호화한다. 식물들은 서로 다른 종류의 플라보노이드 유도물질을 분비하여 뿌리혹세균의 숙주 인식 메커니즘을 제공한다. 리간드와 결합한 *NOD D* 유전자 산물은 다른 *NOD* 유전자들을 활성화시킨다. 이렇게 생성된 신호분자인 Nod 인자들은 키틴과 매우 유사하다.

○ 어떤 종류의 생물체에 키틴이 많이 포함되어 있는가?

● 키틴은 모든 균류(원생생물인 난균류 제외) 세포벽의 주요 구성원이다. 키틴은 또한 절지동물의 골격에서 발견된다.

키틴은 β-1,4-연결 *N*-아세틸글루코사민(*N*-acetylglucosamine, 그림 6.23) 중합체로서 많은 숙주에서 과민성반응을 유도한다(6.6.3절). 그러나 Nod 인자의 인식은 극도의 숙주 특이성을 보이며, 뿌리혹의 발달을 주도한다. Nod 인자는 키틴 분자의 말단 β-1,4-연결 *N*-아세틸글루코사민 단위체에 치환기가 있으며(그림 6.23), 이 치환기는 세균 균주에 따라 다르다. 그러므로 키틴(변형되지 않은 β-1,4-연결 *N*-아세틸글루코사민)은 식물이 병원체의 증거로 여기는 신호이며, Nod 인자의 치환기 첨가는 식물로 하여금 뿌리혹세균을 공생생물로 수용하도록 설득하는 추가적 변형이라고 할 수 있다.

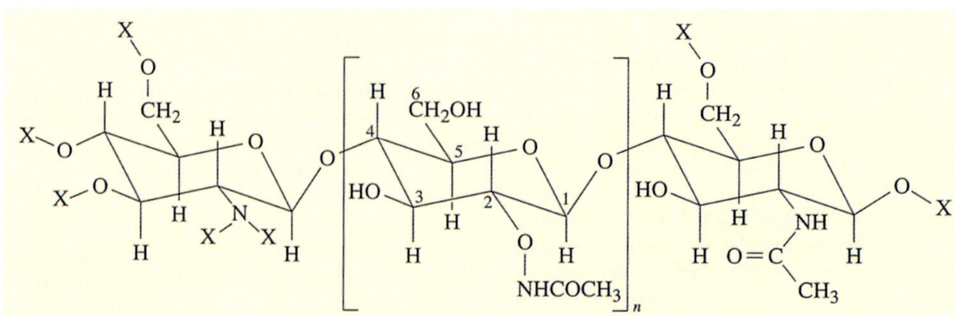

그림 6.23

Nod 인자의 일반 구조. *N*-아세틸글루코사민 단위체의 다양한 치환기를 X로 표시하였다. X의 구조는 세균에 따라 다르다.

분명한 것은 Nod 인자의 인지에 수용체가 관여하여야 하며, 증거에 따르면 실제로 Nod 인자는 식물세포의 표면에서 인식된다. Nod 인자는 숙주에서 노듈린의 합성을 비롯한 몇 가지 변화를 유도한다. 일부 노듈린은 시토키닌(5장) 같은 생장조절물질과 유사한데, 이는 확산 가능한 신호전달 분자로서 뿌리혹원기의 활성화에 관여하는 역할과 일치한다. 뿌리혹 형성에 이르는 과정은 병원체 인식에 이르는 과정으로부터 진화했을 가능성도 있지만, 그렇다 하더라도 이 과정은 아직 완전한 것이 아니다. 감염의 단지 일부만이 성공적이다. 과민성반응에 의해 대부분의 시도가 좌절되고, 페닐알라닌암모니아분해효소(PAL)와 칼콘합성효소(CHS)의 활성화도 일반적이다. 성공적인 세균은 활동적으로 식물의 방어를 억제하여 감염에 대한 감수성을 증가시키는 것으로 보인다.

수지상균근의 형성

균근(mycorrhiza) 형성의 인식 과정에 관여하는 유전적 인자들의 역할에 대한 연구는 식물-병원체 상호작용이나 뿌리혹세균-콩과식물 상호작용에 대한 연구에 비해 다소 뒤쳐져 있다. 그러나 유익한 비교를 하기에 충분한 자료는 존재한다. 뿌리혹이나 수지상균근(arbuscular mycorrhiza) 연합 어느 것도 형성할 수 없는 완두의 돌연변이체가 발견되었다.

○ 이러한 관찰이 수지상균근 형성에 있어서 숙주 유전체(genome)의 역할에 관하여 의미하는 것이 무엇인가?

● 수지상균근의 형성은 부분적으로 숙주 유전체의 조절 하에 있다.

더구나 공생생물의 발달이 여러 단계에서 정지될 수 있기 때문에 여러 유전자가 관여하고 있는 것으로 파악된다. 이들 유전자의 돌연변이가 적어도 두 가지 형태의 식물-미생물 상호작용, 즉 뿌리혹과 균근에 영향을 주는 것으로 보아, 소위 '공생' 유전자들의 작용은 일반적인 것으로 보인다. 그러나 일부 특이성도 나타나는데, 이들 유전자는 일단의 병원체와의 상호작용에는 영향을 주지 않는다. 완두의 어떤 돌연변이체는 균근은 형성하나 뿌리혹은 형성하지 못한다.

○ 이러한 발견의 유전적 의미는 무엇인가?

● 뿌리혹 또는 균근에 특이적인 상리공생의 형성에 다른 공생 유전자들이 관여하고 있다.

수지상균근균은 일시적이고 약한 방어 메커니즘의 활성화를 유도하는 유도인자를 생산하여 과민성반응이 나타나지 않는다. 그러나 페닐프로파노이드경로, 칼로오스 생산, PR단백질 생산 등의 약한 활성화는 있을 수 있다. 이 반응에는 플라보노이드 생산의 일시적 촉진이 포함될 수 있으며, 페닐프로파노이드경로의 몇몇 플라보노이드/이소플라보노이드 중간물질이 수지상균근균의 균사 생장과 뿌리 정착을 촉진하는 것으로 알려져 있다.

○ 플라보노이드는 또 어떤 상리공생적 연합에서 공생생물 간의 신호물질로 작용하는가?

● 뿌리혹세균의 뿌리혹 연합(6.3.2절).

균근균은 세포벽 분해효소보다는 기계적 압력을 가하여 세포벽을 관통한다는 것을 이미 알고 있으나 이 차이가 전부는 아니다. 수지상균근 형성 시에 나타나는 식물의 약한 방어 반응은 공생 균류에 필수적 신호분자가 결핍되어 있기 때문이 아닌데, 이는 이들 분자가 돌연변이 숙주 식물에서 저항성 반응을 유도할 수 있는 것으로부터 알 수 있다. 식물의 방어 반응은 균근이 형성되는 동안에 제어되거나 억제되는 것이 틀림없다. 정확하게 어떤 방법으로 억제가 이루어지는지는 아직 명확하지 않으나, 현재까지의 연구결과에 의하면 식물-미생물 상호작용에 관여하는 것과는 다른 메커니즘이 작동하는 것으로 보인다. 실제로 수지상균근균과의 공생적 연합 형성 능력을 감소시키지 않고 병원체 저항성이 증가된 유전적 변형식물을 생산하는 것이 가능하다.

더 일반적인 해석에 따르면 초기에 식물 뿌리삼출물에 포함된 플라보노이드에 의해 균류가 유인된다. 균사가 뿌리 정단부에 접근함에 따라 생장조절물질을 만나고(예를 들어 시토키닌 종류인 제아틴), 이 물질은 균사 생장에 있어서 분지 양상의 변화 등을 유도하는데 이러한 변화는 균근 형성의 시작에 필요한 과정이다. 균류는 올리고당을 생산하는데, 이는 예를 들어 키티나아제의 축적과 같은 식물 방어 반응의 일시적 폭증 및 전신획득저항성의 유도와 일치한다. 균류는 또한 **하이파포린(hypaphorine)** 같은 신호전달 분자도 생산하는데, 이 물질은 뿌리털의 신장을 억제하여 식물생장조절물질인 IAA의 뿌리털 생산 촉진 효과를 상쇄시킨다.

○ 뿌리털의 결핍이 식물에 해를 주지 못하는 이유는?

● 뿌리털은 균근 식물에게는 필요하지 않는데, 균류가 대신하여 수분과 무기영양분을 흡수하기 때문이다.

그러나 각 단계에 관여하는 정확한 메커니즘은 아직 완전히 규명되어 있지 않으며, 활발한 연구의 대상이 되고 있다. 식물생장조절물질이 작용하는 것은 분명한 것으로 보인다. 한 가지 가능성은 식물의 공생 관련 유전자들의 산물이 균류의 활성화 인자의 영향을 받아 방어 유전자의 발현을 직접 억제하는 것이다. 또 다른 가능성은 올리고당 유도체와 같은 균류의 억제분자가 균류의 활성화된 공생 관련 유전자들에 유도되고, 이들이 숙주의 방어 반응을 감소시킨다고 하는 것이다.

6.7.3 적을 숙지함 : 결론

모든 미생물이 숙주 식물의 방어 반응을 유도하는 것은 아니다. 반응의 종류와 상호작용 경로는 분자 간의 복잡한 대화에 의해 결정된다. 상리공생성 연합과 기생성 연합의 형성에 관여하는 분자 간 대화의 일부 양상은 비슷하다. 즉 미생물이 고등식물의 삼출물에 의해 유인되고, 식물은 방어 반응을 유도하거나 상리공생 구조의 형성을 시작하는 미생물의 산물을 인식한다. 병원성 상호작용의 경우 양쪽 모두 상대방에 의한 인식을 최소화하는 것이 유익하며, 반면에 상리공생 관계에서는 양쪽 모두 상대방에 의한 인식을 촉진하는 것이 유익하다. 무독성 병원체와 뿌리혹세균 균주의 인식은 균근균과 독성 병원체의 인식과는 달리 매우 정확하고 특이적이다.

상리공생성 연합의 감염 과정의 일부 단계는 일반적인 유전적 결정자에 의해 조절되며, 반면에 병원체의 인식에는 아주 다른 종류의 유전자들이 관여한다. 수지상균근은 육상식물이 관여된 가장 오래된 연합으로서, 공진화에 의해 두 공생생물 사이의 상호의존성이 점차로 강해진 것으로 생각된다. 균근의 진화가 뿌리혹의 진화를 용이하게 하였을 가능성이 있는데, 많은 유전자가 이들 두 종류의 상리공생 관계 형성 과정의 초기 현상에 공통적으로 관여한다. 이와 대조적으로 병원성 연합은 보다 최근에, 그리고 무기 경쟁에서처럼 병원체가 숙주식물의 방어를 극복하는 새로운 방법을 진화시키면 식물이 새로운 방어 메커니즘을 진화시키는 방식으로 상호적인 단계에 의해 진화한 것으로 생각된다.

6.7절의 요약

1. 식물은 정교하게 민감한 화학인지 체계가 있고, 이를 이용하여 인접 미생물과의 다소 정교한 분자 대화에 참여함으로써 상리공생생물과 병원체를 구분한다.

2. 식물의 수직저항성에 대한 적대적유전자 이론에 의하면, 무독성 병원체의 무독성 유전자 산물이 저항성 숙주의 상보성 저항성 유전자에 의해 암호화되는 수용체를 인식하여 결합한다. 이 현상은 감염 형성을 억제하는 식물의 방어 반응을 시작한다.

3. 뿌리혹은 뿌리혹세균과 콩과식물 뿌리 사이의 매우 특이적 상호작용에서 초래되는데, 식물의 플라보노이드가 세균의 Nod 인자 생산을 유도하는 과정이 관여한다. 일부 Nod 인자는 변형된 키틴이며, 식물 뿌리의 수용체에 의해 상리공생생물의 증거로 인식되어 뿌리혹이 형성된다.

4. 수지상균근의 형성은 특이성이 낮으나, 뿌리혹형성에서 작동하는 것과 같은 일부 식물 유전자들이 작용하며, 식물의 플라보노이드에 대한 균류의 반응이 관여한다.

5. 상리공생생물이 숙주 방어 반응을 최소화하는 방법은 아직 완전히 이해되어 있지 않다. 세포벽 분해효소보다 기계적 압력을 사용한다는 것은 전체 내용의 일부일 뿐이다. 식물과 미생물의 다른 유전자들이 숙주의 방어 반응 억제에 관여하고 있음이 틀림없다.

6. 상리공생은 공생생물에 의한 공진화에서 초래된 것으로 보이며, 반면에 병원성 연합은 무기 경쟁처럼 상호적 단계에 의해 진화한 것으로 생각된다.

6.8 군집에서의 균근

여러분은 이 장에서 역사적으로 과학자들은 병원성 미생물에 초점을 맞추어 온 경향이 있다는 것을 알았을 것이다. 작물, 산업 원료 물질, 그리고 인간에 주는 손상 때문에 상리공생생물보다는 병원체 연구에 더 많은 연구 과제가 주어졌다. 그러나 인구과잉, 오염, 농업 포기 등에 대한 최근의 우려 때문에, 군집 생산성과 동역학에 있어서의 상리공생생물의 역할에 대해 주의가 전환되고 있다. 결과는 우리가 생태계 기능에 있어서 미생물, 특히 균류의 역할에 관하여 생각하는 방식을 혁명화하여야 할 정도로 매우 놀랄만한 발견들이다.

6.8.1 기생-상리공생 축의 변이

균근(mycorrhiza)은 무기염류와 유기물 자원의 상호 교환이 일어난다는 점에서 고전적인 상리공생이라고 여겨진다. 그러나 이러한 해석이 언제나 옳은 것은 아니다. 일부 균근 연합은 균류가 숙주식물의 자원을 일방적으로 고갈시킨다는 점에서 기생(parasitism)과 같다는 증거가 있다. 대부분의 균근균은 절대생물영양체로서 연합에서 분명한 이득을 얻지만, 숙주식물에 대한 이득균형(그림 6.1 참조)에는 어떤 요인들이 영향을 줄 수 있을 것인가?

균근 연합은 복잡한 계층체계(hierarchical system)이다(그림 6.24).

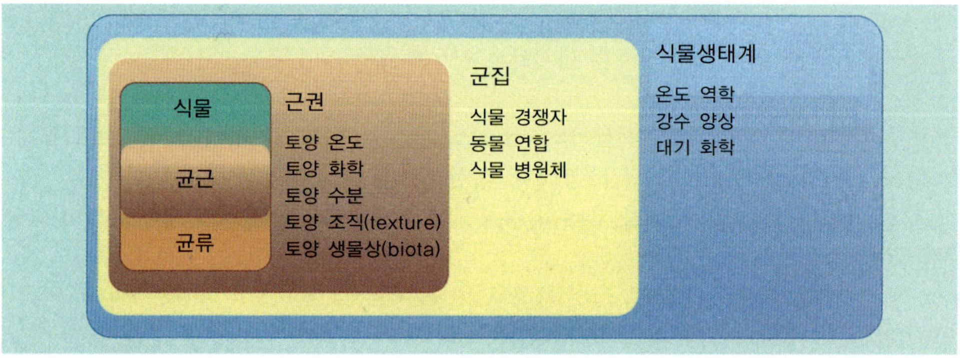

그림 6.24

균근 체계의 기능은 생물적, 비생물적 요인들로 이루어진 계층에 의해 수행된다.

○ 다음과 같은 형태의 변화에 영향을 주는 수준(식물, 균류, 근권, 군집, 생태계)은 무엇인가?
(a) 석탄을 사용하는 발전소가 폐쇄되었다.
(b) 숙주 나무가 나방 유충의 침입으로 인해 피해를 보고 있다.

● (a) 산성강우를 초래하는 배기가 감소하여 생태계(대기 화학)와 근권(토양 화학)에 영향을 줄 것이다.
(b) 군집(식물 병원체/초식동물)에 영향을 주고 이는 다시 식물(숙주의 건강)에 영향을 줄 것이다.

계층체계의 중심에 있는 것은 공생을 하는 균류와 식물이다. 그러나 균근은 고립적으로 작용하지 않는다. 균근은 주위의 근권, 군집, 그리고 생태계의 생물적(biotic) 및 비생물적(abiotic) 요인으로부터 직간접적인 영향을 받는다. 더구나 상호관계의 규모가 클수록, 간접적 상호작용의 영향을 받는 균근의 반응 잠재력도 커진다. 균근은 환경의 생물적, 비생물적 요인으로부터 고립된 배양실 내에서 무균 배지에 접종된 식물과 균류 번식체(propagule)로부터 생장할 수 있다.

○ 이러한 종류의 실험실 조건에서 얻어진 자료를 다음 질문의 대답에 이용할 수 있겠는가? (a) 연합의 생리적 현상 (b) 균근의 생태.

● 생리학적 질문(a)에는 대답이 가능하나 생태학적 질문(b)에는 불가능하다.

그러므로 균근균의 기생적 영향에 대한 일부 보고는 너무 단순화된 실험 체계에 의해서 또는 너무 짧은 시간 동안에 걸쳐 이루어졌을 가능성이 있으며, 이는 실험실에서의 발견을 자연 환경 또는 농업 환경에서의 결과 예측에 사용하는 데 있어서 내재된 위험성을 강조하고 있다. 어떤 현상에 대한 설명을 찾을 때에는 계층의 적절한 수준에 역점을 두는 것이 중요하다.

균근 연합은 순비용이 순이익보다 적을 때 식물에게 유익하며(상리공생적), 비용이 이익을 초과하면 해롭다(기생적)(그림 6.25). 그러나 연합이 기생적인지를 판단하는 것은 비용과 이익의 측정 방법에 따라 결정되는데, 이들 값은 관심의 대상에 적절하게 측정될 필요가 있다. 식물적응도(plant fitness)에 주는 균근의 영향에 대한 비용과 이익의 분석에 있어서 가장 중요한 요소는 역시 영양분의 제약이다. 그러나 균류에 의해 유도된 다른(포착이 어려운) 변화들이 식물 적응도에 더 중요할 수도 있다. 즉 균근은 식물 발달의 많은 양상에 영향을 주며, 병원체(6.7.2절)와 토양 내 독성 농도의 금속(4장, 5.6.1절)으로부터 식물을 보호함으로써 식물적응도에 기여한다.

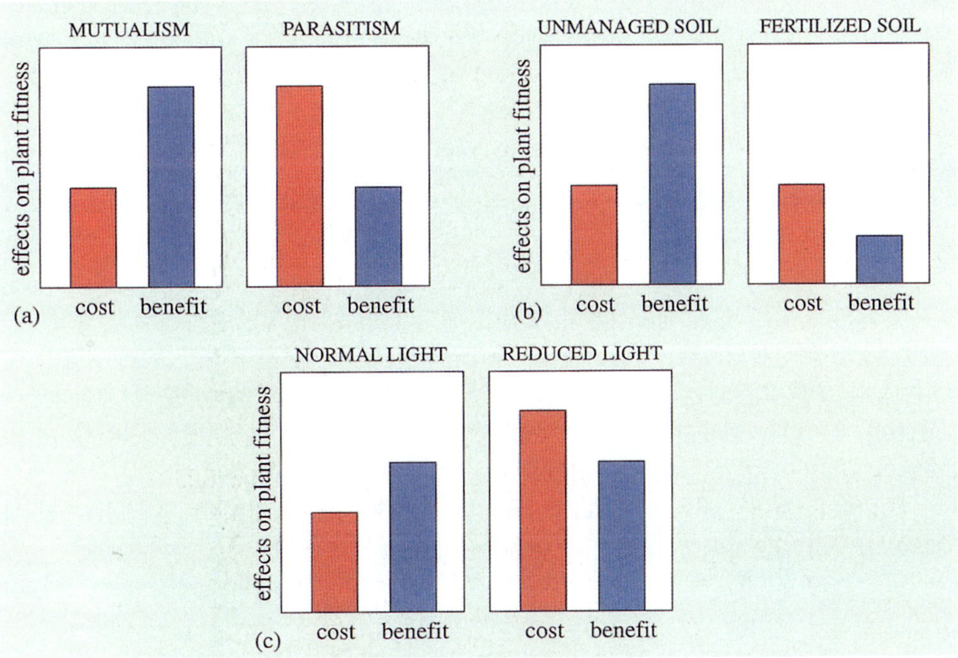

그림 6.25

(a) 균근 연합은 이익이 비용을 초과할 때 식물에 상리공생적이며, 비용이 이익을 초과할 때는 기생적이다. (b) 비료의 사용은 이익을 감소시키고 기생성 연합을 생성시킬 수 있다. (c) 빛의 양 감소 등과 같이 광합성을 제한하는 요인들은 상대적 비용을 증가시킴으로써 기생성 연합을 생성할 수 있다.

○ 균근균이 어떻게 병원체로부터 식물을 보호할 수 있는가?

● 균근균에 의한 감염은 전신획득저항성을 유도하고, 이는 넓은 범위의 잠재적 병원체의 감염에 대한 식물 저항성을 증가시킨다.

이러한 고려에는 의미론적 관심 이상의 것이 있다. 균근은 비료와 농약의 사용을 감소시키면서 생산성 증가에 이용될 수 있는 잠재력이 있다. 그러나 우리가 인위적 변화의 결과를 예견하고, 복원, 임학, 농업 등에서 이러한 변화를 지속적으로 운영할 수 있을 만큼 이들 체계를 이해하길 바랄 수 있을까?

그림 6.24에서 균류 기생은 다음으로부터 초래된다고 가정할 수 있다.

1. 발달 요인(식물-균근-균류의 일시적 관계)

(식물에 의한) 단기적 손실은 종종 장기적 이득에 의해 보상된다(그림 4.27의 예 참조). 균근 연합이 발달하는 동안 순비용과 순이익 사이의 균형은 대단히 동적으로서 환경과의 상호작용에 의존한다.

2. 환경 요인(식물-균근-균류의 외부 요인)

균근 체계에 비료를 공급하면 자원 제약 문제를 제거할 수 있어, 균근은 숙주식물에게 불필요한 존재가 된다(그림 6.25b). 인간은 무심코 식물과 균근균 사이의 관계를 변경할 수 있고, 이로 인해 비용-이익 균형에 영향을 줄 수 있다. 인간에 의한 요인은 다음을 포함한다.

- 오랜 기간 동안의 비료 사용 증가
- 가축 생산물에서 방출된 질소의 침착(암모니아 형태로)
- 내부 연소 엔진으로부터의 질소산화물 생성(대기 중에서 $NO_3 \cdot ^-$로 전환 가능). 많은 생태계에서 고정 질소의 자연적 유입을 초과함

불균형적 수의 외균근 분류군을 포함한 버섯형성 균류가 사라지고 있는 놀라운 현상이 질소의 인위적 유입과 연관이 있을 수 있다. 질소 시비(fertilization)는 수지상균근균 군집의 종 조성을 변화시킬 수 있다.

인위적 오염은 빛의 양과 숙주식물의 광합성 능력을 바꿀 수 있다. 빛의 양과 광합성이 제한되면, 광합성 산물의 균류 할당 때문에 식물의 적응성과 관련된 기능을 위한 할당이 감소할 수 있다(그림 6.25c). 초식동물은 광합성 기관을 소비하므로 많은 수의 초식동물은 균근 연합을 유지하는 비용이 이익을 초과할 정도로 식물의 탄소 저장물을 고갈시킬 수 있다. 식물의 밀도가 증가하면 아마도 인접한 균근 뿌리 사이의 경쟁 결과로 양성 균근 생장 반응이 감소한다. 그러므로 서로 멀리 떨어져 있는 식물의 생장과 비교하여 인접한 개별 식물 모두의 생장이 감소하게 된다.

○ 농부에 있어서 이러한 관찰의 의미는 어떤 것일까?

● 집약농업의 식물 생산성 증가에 있어 균근은 가장 비효율적일 것이다.

밭에서 수지상균근 연합의 생장 증진으로부터 이익을 거의 얻을 수 없는 것은 드문 일이 아니다.

3. 유전자형 요인(식물-균근-균류의 내부 요인)

식물의 분류군과 품종에 따라서 균근 의존성은 매우 다양하다. 그러나 거의 대부분의 식물은 어느 정도 **균영양성**(mycotrophic, 균류를 통해 영양을 얻음)이다. 균류의 분류군들과 분리균들은 균근의 효율성에 있어 다양성을 나타내어, 수지상균근균의 일부 분리균은 어떤 작물에는 유익하나 다른 종에는 해로울 수 있다. 식물에 공통적으로 나쁜 균류 유전자형이 존재하는지는 알려져 있지 않다. 그러나 논리적으로 숙주를 속이는(즉 기생생물로 작용하는) 균류 유전자형의 진화 가능성은 매우 높은데, 이러한 균류에 의해 단기(short-term) 이득이 대량으로 이루어지고 있기 때문이다.

○ 단기 이득이 이러한 균류 유전자형의 진화 가능성이 매우 높은 것을 의미하는 이유는?

● 이러한 유전자형을 가진 돌연변이체들이 진짜 상리공생자보다 식물과의 연합 형성에서 상대적으로 더 많은 순이익을 얻기 때문이다. 그러므로 이들 사기꾼들은 상리공생자보다 더 많은 자손을 남길 수 있고 따라서 개체군 내에 이러한 대립유전자가 퍼질 것이다.

자연적 식물 개체군들은 국지적 균근균을 포함한 환경이 가하는 선택압(selection pressure)을 통하여 계속적으로 변형되는 다양한 유전자풀(gene pool)을 가지고 있다. 시간이 지나면서 균근의 이익을 최대화하는 식물 유전자형이 선택이익(selective advantage)의 대상이 되어 개체군 내에서 우세하게 될 것이다. 그러나 작물과 농장 재배식물은 자신의 유전자풀을 균근의 기능과 연결시키는 메커니즘을 가지고 있지 않다. 시비와 쟁기질은 식물과 균근균 진화 사이의 연결을 더욱 멀어지게 할 것이다. 그러므로 농업 경영의 실행은 실제로는 사기꾼 균근균을 선택하는 것일 수도 있다.

결론적으로 상리공생과 기생은 종간 상호작용의 역학적 연속체의 극단적 형태이다. 일반적으로 균근 연합은 연속체의 상리공생 쪽 극단에 있으나, 공생생물들의 유전자형이 서로 적합한 조합을 형성하지 못할 때나 또는 식물의 발달 단계나 환경 조건에 따라 비용이 이익보다 클 때에는 기생적이 될 수 있다(그림 6.26).

○ 토양의 영양상태가 좋아지면 균근의 표현형은 상리공생-기생 연속체의 어느 쪽 말단으로 이동할 것인가?

● 균근의 표현형은 연속체의 기생 말단으로 이동할 것이다. (식물 유전자형은 적절한 토양 자원을 얻는 데 있어서 균근에 덜 의존하게 된다. 또한 균류가 제한적인 자원을 식물에 전달할 가능성도 줄어들 것이다.)

일반적으로 식물과 균근균은 함께 삶으로써 상대방의 생존 가능성과 생식적 성공을 증진시키지만 때로는 그들의 이익이 충돌할 때도 있다.

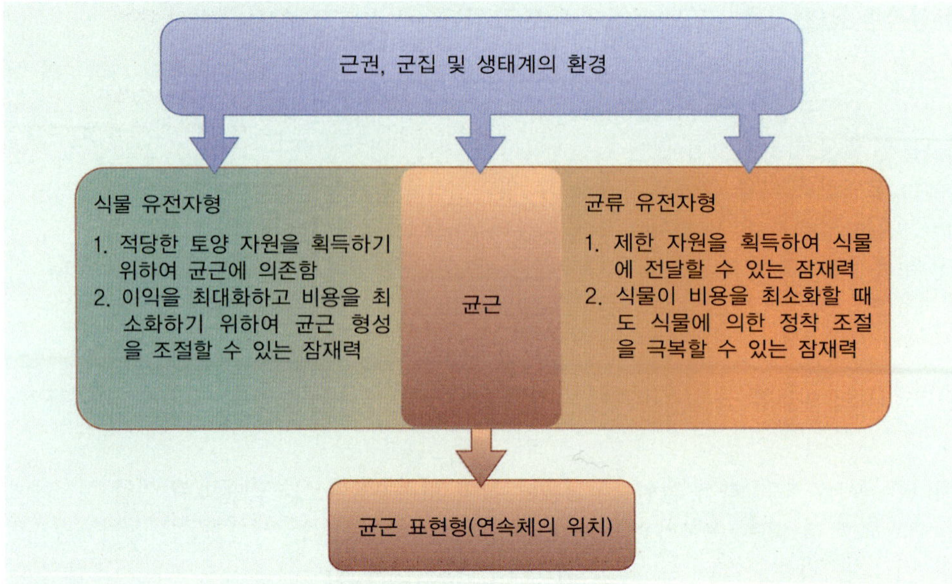

그림 6.26

균근의 표현형은 식물 및 균류의 유전자형과 환경 조건 사이의 상호작용의 표현이다. 이들 요인들은 상리공생-기생의 연속체에서 균근의 기능을 결정한다. 1은 상리공생적 경향, 2는 기생적 경향을 나타낸다.

○ 어떤 조건에서 그러한 이익 충돌이 일어날 수 있는가?

● 고도로 경영된 농업 체계에서 일어날 가능성이 매우 높다. 시비에 의해 토양 영양분의 부족이 해결되고, 방목은 식물의 광합성을 감소시키며, 수천 년에 걸친 자연선택이 아니라 인간에 의해 식물 유전자형이 선택된다.

6.8.2 다생물체망 : 전산림망(Wood-Wide Web)

앞에서 인접 균근 식물을 포함한 환경과의 맥락에서 균근 식물을 생각해보는 것이 중요하다고 강조하였다. 그러나 최근 야외 연구에서, 식물 사이의 연결망 형성에 있어서 균근균의 놀랄만한 역할이 새로 밝혀졌는데, 이는 자원 할당과 군집 조성에 중요한 영향을 미친다.

삼림에 만연하는 빈영양 조건에서 수목의 영양 흡수 뿌리는 적어도 90%가 외균근균이 정착하여 있다. 그러나 대부분의 균근균은 광범위하게 숙주식물 종을 선택하기 때문에, 하나의 균류가 많은 수의 수목 뿌리를 감염시킬 수 있다. 가솔송나무(*Pseudotsuga menziesii*)나 자작나무(*Betula* spp.) 같은 수목의 뿌리에는 많은 종류의 균류가 정착할 수 있고, 이들의 균사는 이 나무에서 저 나무로 확장하면서 나무들을 연결하고 있다(그림 6.27). 교란되지 않은 삼림생태계(forest ecosystem)에서 분류학적 친화성과 관계없이 거의 모든 종류의 수목이 다양한 집단의 균사체 조직에 의해 서로 연결되어 있다.

그림 6.27

구과식물들을 연결하는 외균근균. 어린 유식물이 오래된 식물과 연합을 형성한 기존 균근과 균근을 형성한다.

최근의 야외 연구에서, 인접한 외균근 수목 종 사이의 **탄소** 순전달(net transfer)이 발견되었는데, 이들 두 종은 10종에 이르는 균류 공생자를 공유하고 있었다. 많은 학자들이 아직 현재의 증거에 확신을 가지고 있지 않다는 것을 주목하는 것이 중요하다.

전산림망과 탄소 전달

최근에 많은 보고서가 적어도 실험실에서 공통 균근망을 통하여 식물 사이에서 탄소가 전달될 수 있다고 주장하고 있다. 한 논문의 증거에 따르면 자연 상태에서도 이러한 탄소 전달이 일어날 수 있다. 이 연구에서는 자연에 존재하는 세 종의 수목 유식물을 작은 집단들로 나누었다. 이들은 두 종류의 외균근종(자작나무 종류와 가솔송나무)과 내균근종인 측백나무 종류(*Thuja plicata*)이다.

○ 내균근종인 측백나무가 실험에 포함된 이유는?

● 대조구로 사용하기 위해서다. 측백나무는 내균근종이기 때문에 다른 두 종과 균류 연결망을 형성하지 못한다. 그러므로 외균근균에 의해 형성된 연결망과는 다른 경로를 통해 수목 사이의 탄소 전달을 알아내는 것이 가능하여야 한다.

나무 사이의 탄소 전달을 조사하기 위하여 자연 상태에 소량으로 존재하는 탄소의 동위원소 ^{13}C와 ^{14}C를 사용하였다. 각 집단의 자작나무와 가솔송나무를 기체상의 $^{13}CO_2$ 또는 $^{14}CO_2$로 표지하였다. (이 방법으로 한 유식물이 받은 탄소 동위원소와 다른 유식물에 처리한 동위원소를 구분할 수 있다.) 그런 다음 동위원소의 이동을 추적하였다. 또한 가솔송나무는 깊은 그늘, 부분 그늘, 강한 햇빛 등 세 가지로 빛 처리를 하였다.

그 후에 유식물을 수확하여 **뿌리**에서 탄소 동위원소의 존재를 조사한 결과, 자작나무와 가솔송나무 사이의 탄소 전달이 양방향으로 일어났음이 발견되었다. 2차년도가 끝날 때에 세 종류의 빛 처리에서 모두 가솔송나무의 탄소 순유입이 있었다(그림 6.28).

그림 6.28

실험 2년째에 깊은 그늘, 부분 그늘, 강한 햇빛 하에서 자작나무에서 가솔송나무(*P. menziesii*)로의 탄소 순전달 평균값(±표준오차). 같은 글자로 표시한 평균은 통계학적으로 차이가 없는 값이다($P < 0.05$). 별표는 순전달 값이 0보다 큰 처리구를 가리킨다. (세로축은 약간 차이가 나는 ^{13}C와 ^{14}C의 상대원자질량을 고려하기 위하여 ^{13}C 상당량으로 표시하였다.)

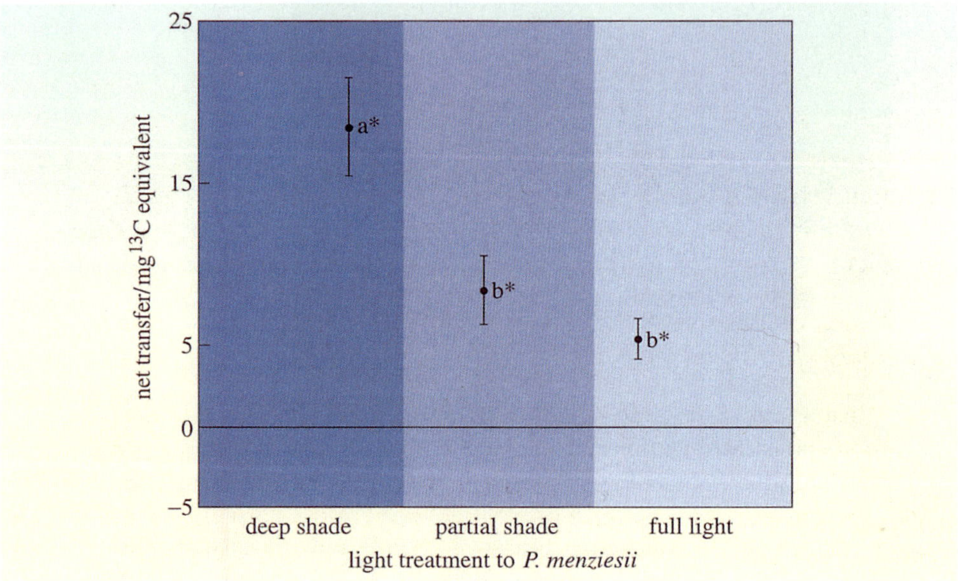

○ 그림 6.28에서 가솔송나무로의 순전달이 가장 큰 빛 처리는 무엇인가?

● 깊은 그늘이다.

밝은 조건 보다 그늘진 조건에서 가솔송나무로의 탄소 전달이 큰 것은 그늘진 가솔송나무의 광합성률이 낮기 때문이며, 이는 광합성 산물의 양이 상대적으로 많은 종에서 광합성 산물이 적은 종으로 탄소가 전달되었다는 것을 암시한다. 더구나 외균근종들과 내균근종인 측백나무 사이에서는 이러한 전달이 일어나지 않았다.

○ 이러한 결과가 영양분 전달에 있어서 식물 간 균사 연결의 중요성에 대하여 암시하는 것은 무엇인가?

● 외균근종들 사이의 탄소 전달 대부분은 균사 연결을 통해 일어났으며, 호흡으로 인한 CO_2, 삼출물, 또는 뿌리의 허물이나 균류 세포에 의한 것이 아니라는 것을 의미한다.

이 연구는 탄소의 순전달 방향이 수용 식물에 이미 존재하는 탄소의 양에 의해 결정될 수 있다는 것을 명백히 입증하였다. 이러한 결과를 자연 개체군으로 확대하여 적용할 수 있다면 삼림 개체군 동역학에 매우 중요한 의미를 가지게 된다. 대부분의 산림 수목은 일생의 초기 부분을 산림 바닥의 어둠 속에서 유식물로서 보내게 된다. 전산림망의 균류는 수관 수목으로부터의 탄소 공급에 의해 유지되며, 이들 균류와 균근을 형성하는 유식물은 당연히 균류로부터 공짜 무기 영양분을 얻게 된다. 그러나 그늘진 아래층의 식물은 완전한 일광을 받는 위층 식물로부터 균류 공생자에 의해 제공되는 경로를 통하여 탄수화물도 얻을 수 있다. 이는 당연히 유식물에 있어서 생존과 사멸의 차이가 될 수 있는 것이다. 수정란풀과(Monotropaceae)의 식물처럼 어떤 식물들은 엽록소가 전혀 없어서 광합성을 하는 수목으로부터 균근 연결을 통하여 모든 탄소를 공급받는다. 이 연구에서 제안된 것처럼 균근 정착으로 인해 자원 가용성이 균등화되면 식물들 사이의 경쟁이 감소하며, 공격적 종의 우점(dominance)이 제한되어 공존(coexistence)이 촉진되고 생물다양성(biodiversity)이 증가할 것으로 예상된다.

그러나 유토피아 같은 이러한 시나리오에 도취되기 전에 이와는 반대 의견에 대해서도 관심을 가져야 할 것이다. **공통균근연결망(common mycorrhizal network)**을 통한 식물 사이의 탄소 이동에 대한 증거의 신빙성에 대하여 많은 이의가 제기되어 왔다.

○ 제시된 자료의 취약점은 무엇이며, 확신을 가지기 전에 더 알고 싶은 내용은 무엇인가?

● 제기된 이의의 내용은 다음과 같다. (i) 공통균근연결망을 통해 전달된 탄소의 양이 정량되지 않아서 그 양이 생리적으로 또는 생태적으로 의미가 있는지 알 수 없다. (ii) 전달된 탄소가 수용 식물의 지상부에 존재하는지 입증되지 않았으므로, 전달된 탄소가 균근 뿌리의 균류 조직을 떠나는지에 대한 증거가 전혀 없다.

○ 이러한 반대 의견 때문에 식물이 공통균근연결망을 통하여 다른 식물로부터 생물학적으로 의미 있는 탄소 공급을 받을 수 있다는 가설을 포기하여야 하는가?

● 그렇지 않다. 가설을 절대적으로 수용하기에 불충분한 증거일 따름이다.

그러므로 회의론자와 열광주의자 모두 이 사태를 설명하기 위한 추가 증거를 기다리고 있다.

전산림망과 식물 다양성

식물의 생물다양성(biodiversity)을 조절하는 메커니즘은 아직 논쟁의 대상이다. 그러나 아직 식물-미생물 상호작용의 영향, 특히 균근 공생의 영향에 대해서는 거의 주의를 기울이고 있지 않다. 하지만 또 다른 최근 연구에서, 특징적으로 종풍요도가 높은(species-rich) 두 곳의 초지, 즉 유럽의 석회질 초지 서식지를 대표하는 초지와 북아메리카의 폐기된 밭 초지의 식물 다양성은 토양의 균류 공생자들이 종풍요도가 높은 집합을 형성하기 때문인 것으로 밝혀졌다.

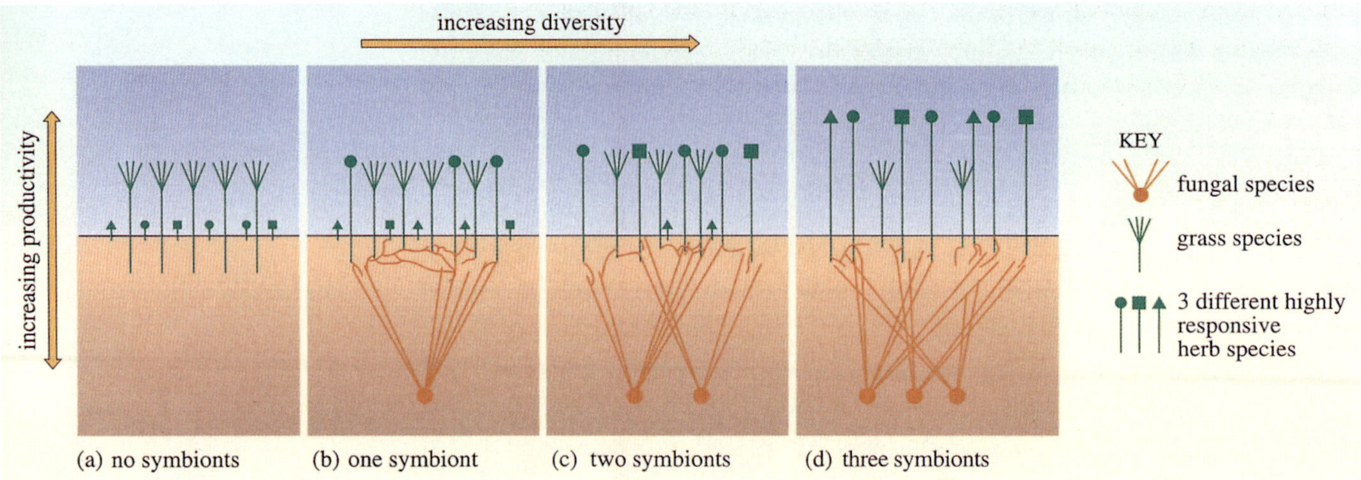

그림 6.29

식물의 생물다양성과 생산량에 미치는 균류 종풍요도의 영향의 근거를 설명하는 모식도. 공생자가 없는 경우(a), 균근균에 비교적 반응성이 없는 종(예를 들어 화본과)이 우점한다. 균류를 첨가하고 종의 수를 늘리면 화본과 식물을 희생시키고 점차적으로 더 많은 수의 반응성이 높은 초본 종들이 발달한다.

첫째 실험에서 온실에 재구성된 석회질 초지 군집에 4종의 수지상균근균을 개별적으로 또는 조합하여 첨가하였는데, 그 결과 균류 종에 따라 다른 숙주식물이 촉진되었다. 다시 말하면 균류 종류의 조합이 변해서 식물 군집의 구조와 조성이 상당히 달라진 것이다. 이러한 결과는 균류 공생자의 수가 증가할수록 각 균류의 유익한 영향이 추가되기 때문에 식물의 생물다양성이 증가할 것이라는 것을 의미한다. 이러한 개념을 그림 6.29에 나타냈다.

이 가설을 둘째 실험에서 폐기된 밭의 군집으로 조사하였다. 이 경우에는 처리구 당 0에서 14종의 균류를 첨가하였다. 균류의 종 수가 증가함에 따라 지상부와 뿌리의 생체량(biomass)이 증가하면서 식물 군집의 집합종다양성(collective species diversity)이 증가하였다(그림 6.30).

그림 6.30

수지상균근의 균류 종풍요도가 여러 변수에 미치는 영향. (a) 식물 군집의 다양성, (b) 지상부 생체량, (c) 뿌리 생체량.

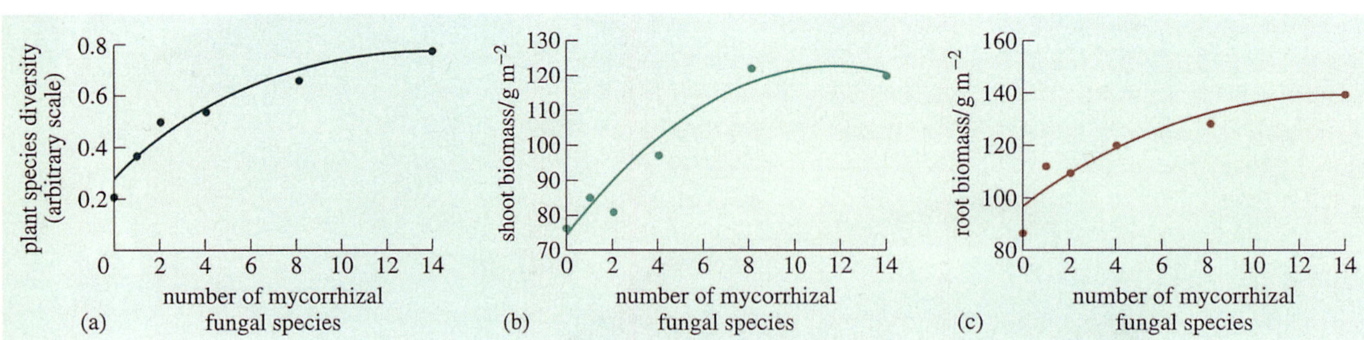

○ 이 자료에서 생물다양성과 생산성 사이에는 어떤 관계가 있는가?

● 생물다양성이 증가할수록 생산성이 향상된다(b와 c가 생산성을 나타낸다).

기능적 화합성(functional compatibility)의 차이가 각 식물 종에 미치는 촉진적 영향 및 식물 군집의 전체적 구조에 미치는 균류 종다양성의 영향을 모두 설명할 수 있다. 근계를 차지하고 있는 집단 중에서 한 종의 균류가 특정 식물 종을 다른 식물보다 뛰어나게 만들면 기능적 화합성이 높아진다.

실험적 연구 결과는 식물상이 풍부한 체계는 생산적이며 스트레스 하에서 안정성이 높고, 대기 CO_2 농도의 증가에 이해 야기된 세계적 문제들을 개선시킬 가능성이 높다는 견해를 지지한다. 위에서 소개된 결과가 의미하는 것은 초지뿐만이 아니라 온대 산림에서도 식물 다양성을 위해서 다양한 균류 군집이 필수적이라는 것이다. 우리는 균근 군집이 특히 경작 및 부영양화와 연관된 환경 동요에 민감하다는 것을 잘 알고 있다. 그러므로 이러한 발견은 자연보존, 토양복원, 농업, 임업 등의 분야에 종사하며 식물 다양성을 최적화하거나 생산성을 증진시키려는 사람들에 있어서 중요한 의미가 있다.

1980년대에 많은 균근 학자들은 균근 연합을 이용하여 화학 비료에 대한 의존도를 성공적으로 감소시킬 수 있을 것이라고 낙관적으로 예견하였다. 그러나 지금까지 농업, 임업, 원예업에 있어서 균근의 응용 가치와 관련한 기대가 충족된 것은 거의 없다. 한 가지 문제는 상업적 생산을 위해서 집약적 **단일재배**(monoculture, 넓은 지역을 한 종의 작물로 밀집하여 파종함)가 선호된다는 사실일 것이다. 이러한 결과는 균근이 이들 조건에서 적극적 도움이 되지 못한다는 것을 암시한다.

○ 상업적 재배자들에게 균근이 도움이 되지 못하는 이유는?

● 균근에 의한 생장 촉진이 가장 적은 곳은 토양이 비옥하고, 작물 간의 경쟁이 심하며, 숙주식물이 지역 환경에 적응되지 않은 곳이다. 여기에 보고된 실험 결과 역시 공통균근 연결망이 실제로 작물의 경쟁자인 잡초의 생장을 촉진함으로써 작물 수확량을 감소시킬 수 있다는 것을 의미한다.

분명 균근 체계의 생태적 복합성이 과소평가되어 있다. 균근 형성에 대한 식물의 반응을 완전히 이해하고, 복잡한 체계에서 이들 반응의 생성 요인들을 알고 있으면, 균근의 기능을 예견할 수 있는 이론을 만들어 경영이나 접종을 위한 적당한 균류를 선택할 수 있을 것이다. 그때 가서야 균류의 완전한 잠재력을 깨달을 수 있을 것이다.

6.8절의 요약

1. 최근 연구에 의하면 균근은 식물 군집과 기능에 중요한 영향을 미치는 것으로 보인다.

2. 일반적으로 상리공생적 균근균은 발달 요인, 영양분 가용성, 교란, 개체군 밀도와 같은 환경 요인, 그리고 공생자들 사이의 화합성에 영향을 주는 유전자형 요인 등을 포함하는 일부 조건 하에서 기생적으로 될 수 있다.

3. 자연적 임지 군집에서 각각의 수목은 다양한 종류의 균근균에 의해 서로 연결되어 전산

림망을 형성한다.

4. 실험에 따르면 균근균의 균사체를 통하여 탄소가 식물 사이를 이동할 수 있다.

5. 유식물 및 바닥에서 생장하는 식물 종들은 균근균으로부터 무기염류와 탄수화물을 얻을 수 있는데 이 과정은 임관 수목의 도움으로 이루어진다.

6. 실험에 따르면 균근 균류 군집의 다양성이 연관된 식물 군집의 다양성 및 생산성과 정비례할 수 있다.

7. 균근 균류 군집의 다양성을 증가시키면 오염과 같은 문제들을 극복하고 농업과 임업의 지속성을 촉진하는 데 도움이 될 가능성이 있다.

References

Clements, M., and Saffrey, J. (2001) Cell communication. In J. Saffrey (ed.), *The Core of Life* Volume II, The Open University, Milton Keynes.

Davey, B., and Gillman, M. (2001) Defence. In M. Gillman (ed.), *Generating Diversity*, Tl Open University, Milton Keynes, pp. 151–200.

De Wit, P. J. G. M. (1997) Pathogen avirulence and plant resistance: a key role for recognition, *Trends in Plant Science*, **2**, pp. 453–8.

Heidstra, R., and Bisseling, T. (1996) Nod factor induced host responses and mechanisms Nod factor perception, *New Phytol*ogy **133**, pp. 25–43.

Johnson, N. C., Graham, J. J., and Smith, F. A. (1997), Functioning of mycorrhizal associations along the mutualism–parasitism continuum, *New Phytol*ogy, **135**, pp. 575–85.

MacQueen, H., Burnett, J., and Cann, A. (2001) The study of microbes. In H. MacQueen (ed.), *Microbes*, The Open University, Milton Keynes, pp.1–64.

Pond, C. (2001) Dealing with food. In M. Gillman (ed.), *Generating Diversity*, The Open University, Milton Keynes, pp. 37–88.

Read, D. (1998) Plants on the web, *Nature*, **396**, pp. 22–3.

Robinson, D., and Fitter, A. (1999) The magnitude and control of carbon transfer between plants linked by a common mycorrhizal network', *Journal of Experimental Botany*, **50**, pp. 9–13.

Simard, S. W., Perry, D. A., Jones, M. D., Mynold, D. D., Durall, D. M., and Molina, R. (1997) Net transfer of carbon between ectomycorrhizal tree species in the field, *Nature*, **38** pp. 579–82

van der Heijden, M. G. A., Klironomos, J. N., Ursic, M., Moutoglis, P., Streitwolf-Engel, I Boller, T., Wiemken, A., and Sanders, I. R. (1998) Mycorrhizal fungal diversity determine plant biodiversity, ecosystem variability and productivity, *Nature*, **396**, pp. 69–72.

VanEtten, J. D., and Tegtmeier, K. J. (1982), *Phytopathology*, **72**, p. 609.

Walker, C. (2001) Microbes in the environment. In H. MacQueen (ed.), *Microbes*, The Op University, Milton Keynes, pp. 99–162.

Further Reading

Dickinson, C. J., and Lucas, J. A. (1992) *Plant Pathology and Plant Pathogens* (3rd edn), Blackwell. [Classic textbook on plant pathology.]

Read, D. J., Lewis, D. H., Fitter, A. H., and Alexander, I. J. (1992) *Mycorrhizas in Ecosystems*, CAB International. [Collection of papers by many current researchers in the field, giving a thorough overview of the ecological importance of mycorrhizas.]

Smith, F. A., and Read, D. J. (1997) *Mycorrhizal Symbiosis* (2nd edn), Academic Press. [Standard textbook on mycorrhizal structure and function.]

Postgate, J. (1992) *Microbes and Man* (3rd edn), Penguin.

Postgate, J. (1989) *Nitrogen Fixation* (2nd edn), Edward Arnold [A useful paperback, although now somewhat out of date.].

한글 색인

굵은 글씨는 주요 용어를 가리킴. 그림이나 그림 설명에만 나오는 용어는 이탤릭체로 표시함.

ㄴ

ㄷ

ㄹ

ㅁ

ㅂ

ㅅ

ㅇ

ㅌ

ㅍ

ㅎ

1-4

A-Z

영문 색인

Note: Entries in **bold** are key terms. Page numbers referring to information that is given only in figure or caption are printed in *italics*.

A

B

C

D

E

F

G

H

I

J

K

L

M

N

O

P

Q

R

S

T